NOTIONS
DE CHIMIE

AVEC

. APPLICATIONS AUX USAGES DE LA VIE

DE

M. L'Abbé COTTEREAU

PROFESSEUR AU PETIT-SÉMINAIRE MONGAZON — ANGERS

SIXIÈME ÉDITION

Contenant la notation atomique et la notation en équivalents

ANGERS

GERMAIN & G. GRASSIN, IMPRIMEURS-LIBRAIRES

de Monseigneur l'Évêque, du Grand-Séminaire et du Clergé

40, rue du Cornet et rue Saint-Laud

—

· 1896

NOTIONS

DE CHIMIE

NOTIONS
DE CHIMIE

AVEC

APPLICATIONS AUX USAGES DE LA VIE

DE

M. l'Abbé COTTEREAU

PROFESSEUR AU PETIT-SÉMINAIRE MONGAZON — ANGERS

———

SIXIÈME ÉDITION

Contenant la notation atomique et la notation en équivalents

———

ANGERS

GERMAIN & G. GRASSIN, IMPRIMEURS-LIBRAIRES

de Monseigneur l'Évêque, du Grand-Séminaire et du Clergé

40, rue du Cornet et rue Saint-Laud

—

1896

OUVRAGE DU MÊME AUTEUR

NOTIONS

DE

COSMOGRAPHIE

A L'USAGE

DES SÉMINAIRES, COLLÈGES
ÉTABLISSEMENTS D'ENSEIGNEMENT SECONDAIRE SPÉCIAL

3ᵉ édition

280 pages et 87 figures dans le texte

LETTRE

ADRESSÉE A L'AUTEUR

PAR MONSEIGNEUR FREPPEL

Évêque d'Angers

———

Angers, le 2 novembre 1872.

MON CHER ABBÉ,

Je vous remercie de m'avoir envoyé la deuxième édition de vos *Notions de chimie avec applications aux usages de la vie*. Ce livre a toutes les qualités que vous avez su porter depuis tant d'années dans votre enseignement : il est clair, méthodique, et, sans se perdre dans trop de détails, résume les principes et les observations de la science avec autant de largeur que de précision. Une méthode à la fois si simple et si sûre ne peut que profiter à vos élèves ; et j'en ai pour preuve les succès qu'ils obtiennent chaque année dans les examens du baccalauréat.

C'est pour moi une vive satisfaction de voir avec quelle ardeur l'on cultive les sciences naturelles ou exactes dans les établissements de mon diocèse. Cela prouve que MM. les professeurs se rendent un compte exact des besoins de notre époque. Car il est incontestable que les progrès de l'industrie et des arts mécaniques nous obligent à faire aux sciences proprement dites une part plus large que par le passé ; et sans vouloir rien retrancher aux lettres qui resteront toujours le charme de la vie et l'honneur de

l'esprit humain, il importe néanmoins de consacrer,
dans les collèges, un temps considérable à un ordre
de faits et d'idées dont la haute portée et l'utilité
pratique ne sauraient être méconnues par personne.

Et d'ailleurs, quoi de plus propre à élever l'esprit
et à nourrir le sentiment religieux que ces sciences
auxquelles saint Grégoire de Néocésarée ne craignait
pas d'appliquer l'épithète de « sacrées (1) » ? N'est-ce
pas l'œuvre du Créateur qui forme l'objet de vos
études, mon cher professeur, quand vous analysez
avec vos élèves ce vaste ensemble qu'il a fait avec
nombre, poids et mesure ? N'est-ce pas le reflet de sa
sagesse, l'empreinte de sa puissance que vous sur-
prenez à chaque pas, soit que les sciences exactes
vous tiennent suspendu entre l'infiniment petit et
l'infiniment grand ; soit que les sciences physiques
vous mettent en présence de ces lois dont la simplicité
n'a d'égale que leur inépuisable fécondité ? Quel est
l'objet de celles-ci, sinon de mieux nous faire connaître
cet immense poème de la création où resplendissent
les perfections divines ? Et qu'est-ce que ces idées de
nombre et de grandeur sur lesquelles opèrent celles-là,
sinon le reflet du Verbe divin dans l'intelligence
humaine ? Si les mathématiques n'ont pas l'infini pour
objet, elles le côtoient sans cesse et y touchent par
tous les endroits, car l'infini en puissance ou l'indéfini
est l'image la plus frappante de l'infini réel et concret.
Quand les arts viennent s'appliquer à l'industrie, pour
le bien-être de la société humaine, ils ne font que
raconter la gloire de Dieu, en montrant ce que la
main du Tout-Puissant a déposé de ressources
merveilleuses dans les forces et dans les éléments de
la nature. A chaque découverte, à chaque invention
nouvelle, le dogme de la Providence s'illumine d'une
clarté plus vive : c'est un coin de la vérité qui se
dévoile, une page qui vient s'ajouter à l'histoire des
révélations divines ; car cette Bible de la nature, elle

---

(1) Panégyrique d'Origène, par Grégoire le Thaumaturge,
VII, VIII.

aussi, est signée de la main de Dieu. Donc, loin d'être hostile au progrès des sciences naturelles ou exactes, des mathématiques pures ou appliquées, la Religion ne peut qu'y applaudir : elle voit dans leur concours fraternel une force pour son propre enseignement. Ces voix réunies pour célébrer le Verbe, par qui toutes choses ont été faites, forment un magnifique prélude à l'hymne de reconnaissance et d'action de grâces qu'elle chante elle-même à la gloire du Verbe incarné.

Mais je ne veux pas faire un traité à l'occasion de votre livre, mon cher abbé ; mon intention est uniquement de vous encourager à poursuivre le genre d'études auquel vous avez consacré votre vie de prêtre. On peut dire qu'à certains égards le physicien, le géomètre, le chimiste, l'astronome, eux aussi, font de la théologie ; et ce n'est pas une vaine métaphore que ce mot de sacerdoce, si souvent employé pour exprimer ce que l'Écriture sainte appelle si bien la fonction religieuse de la science, *scientiæ religiositas*. Relisez le traité de Copernic *sur les Révolutions des sphères célestes*, ou le V° livre de Keppler *sur les Harmonies du monde*, ou bien les *Principes mathématiques de philosophie naturelle* de Newton, et vous verrez quelles professions de foi l'étude des lois de la nature arrachait à ces grands initiateurs du progrès scientifique. Lorsqu'on trouve de pareilles conclusions sur les lèvres d'hommes qui ont tenu parmi leurs semblables le sceptre de l'intelligence, on se console aisément de la faiblesse d'esprit qui ne permet pas à quelques savants modernes de s'élever au-dessus des réalités sensibles. Ces rares exceptions n'enlèvent pas aux sciences physiques ou exactes leur caractère religieux, ni la mission qui leur est propre. Elles prouvent tout simplement que les mathématiques ne sauraient se passer du secours des sciences morales et historiques ; que l'on peut être chimiste, astronome, géomètre, et n'avoir pas le sens commun pour tout ce qui regarde l'ordre religieux et moral. Cela s'est vu plus d'une fois, cela se voit encore de nos jours ; et

Lalande, pour ne parler que des morts, a été un exemple frappant de cette cécité intellectuelle dont certains savants paraissent atteints, du moment qu'ils sortent des formules où une longue habitude les a tenus comme emprisonnés. On dirait que ce mécanisme artificiel les a rendus inhabiles à juger sainement des choses de l'âme, de la raison et de la société, tant leur esprit s'est rétréci et faussé en suivant une direction unique. Il faut donc bien se garder de développer exclusivement ce côté de l'intelligence, si l'on ne veut aboutir à un vain formalisme et se frapper soi-même d'aveuglement pour tout ce qu'il est impossible de résoudre par voie d'équation. Voilà pourquoi, à Mongazon, comme ailleurs, nous avons soin d'ajouter aux mathématiques ce qui doit en corriger l'action et en compléter les résultats, les exercices littéraires, les études philosophiques et morales, et, avant toutes choses, les leçons de la foi, qui apprennent à gouverner la vie dans le sens du vrai et du bien. Ainsi s'achève la grande œuvre de l'éducation, par l'harmonie de toutes les forces qui doivent contribuer à la rendre sérieuse et vraiment utile.

Je termine par où j'ai commencé, en vous félicitant, mon cher abbé, des efforts que vous faites pour initier vos élèves aux éléments d'une science qui, pour être l'une des dernières venues, n'en a pas moins acquis une importance de premier ordre. Vous êtes heureux de pouvoir vous appliquer sans relâche à des études qui, pour moi, avaient autrefois tant de charme, et auxquelles m'ont enlevé les travaux de mon ministère. Continuez à montrer, par votre enseignement et vos publications, que nous ne sommes ni hostiles ni indifférents à aucune des connaissances humaines, et que nous nous efforçons de les développer le plus possible, pour la gloire de Dieu et pour le bien de tous ceux dont l'éducation nous est confiée.

Croyez à mes meilleurs sentiments d'estime et d'affection.

† CH.-ÉMILE, évêque d'Angers.

PRÉFACE

DE LA DEUXIÈME ÉDITION

En faisant imprimer pour nos élèves ces Notions de Chimie, nous nous sommes proposé d'atteindre ce but : beaucoup de choses en peu de mots et à bon marché. A l'aide d'une grande concision et d'une méthode aussi rigoureuse que possible, nous aurions voulu condenser dans ce volume peu considérable tous les faits essentiels de la Chimie, tant organique qu'inorganique, et ses applications les plus importantes.

Pour augmenter l'intérêt, nous avons multiplié les indications d'expériences curieuses et de recettes utiles. Les détails difficiles à retenir, ceux d'une utilité moins générale, mais exigés par les programmes officiels, sont imprimés en petits caractères ; les élèves les plus studieux, comme ceux qui ont à préparer des examens, les liront avec profit.

Nous avons fait graver des figures, qui, intercalées dans le texte, en faciliteront l'intelligence, sans prendre une place trop grande. La disposition des titres, plusieurs tables et tableaux aideront le lecteur à faire des recherches et à comparer les propriétés des corps soumis à son étude.

Nous remercions ceux de nos confrères qui ont bien voulu nous encourager et nous donner des avis que nous avons été heureux de suivre ; nous accueillerons avec reconnaissance de nouveaux conseils.

Puisse ce livre aider nos élèves dans l'étude de l'une des plus belles sciences naturelles, et leur faire admirer l'ordre infini que Dieu a mis, non seulement dans l'immensité des cieux, mais jusque dans les moindres atomes ! « *Vous avez tout* « *disposé, mon Dieu, avec mesure, nombre et* « *poids. Omnia in mensura, et in numero, et in* « *pondere disposuisti.* » (Sap., xi, 21).

M. Cottereau.

Mongazon, 29 septembre 1872.

PRÉFACE

Le principal changement qu'on trouvera dans cette nouvelle édition est l'introduction de la notation atomique. Cependant nous avons gardé la notation en équivalents : d'abord parce que plusieurs professeurs peuvent désirer de la conserver; en second lieu parce que la plupart des ouvrages publiés en France jusqu'à présent étant écrits en équivalents, on ne pourrait plus les lire, ni les consulter, si on abandonnait complètement cette notation. D'ailleurs le texte a été rédigé de telle manière qu'on puisse prendre l'une des notations sans tenir compte de l'autre.

Nous avons remanié l'Introduction pour la coordonner et pour faire une plus large place à l'exposé de la théorie atomique. La chimie organique a été refaite à la manière moderne et traitée exclusivement en notation atomique.

Malgré ces modifications nous espérons qu'on reconnaîtra l'ouvrage de M. Cottereau, qu'on y retrouvera son esprit méthodique et sa clarté et que les professeurs et les élèves accorderont à cette nouvelle édition la même faveur qu'aux précédentes.

R. D., professeur à Mongazon.

NOTE SUR L'ARGON

(Comptes rendus des séances de l'Académie des Sciences,
4 février 1895)

On appelle *argon* un corps découvert dans l'air atmosphérique
par MM. Rayleigh et Ramsay.

L'azote se prépare de deux manières : 1° au moyen de l'air
atmosphérique, par le cuivre, le phosphore (*azote atmosphérique*);
2° au moyen des composés azotés, par exemple en décomposant
l'azotite d'ammoniaque par la chaleur (*azote chimique*). Or, les
produits de ces deux préparations ne sont pas identiques : l'azote
chimique a une densité inférieure d'un demi-centième à la densité de l'azote atmosphérique. Cette anomalie vient de ce que
l'azote atmosphérique est un mélange d'azote chimique et d'un
corps nouveau, l'*argon*.

Préparation. — L'azote ayant la propriété de se combiner avec
divers corps tels que le silicium, le bore, le magnésium, l'oxygène (v. p. 78), on utilise ces corps pour absorber l'azote chimique contenu dans l'azote atmosphérique et on a un résidu
d'argon.

Propriétés. — L'argon est caractérisé au point de vue chimique
par une inertie encore beaucoup plus grande que celle de l'azote,
d'où son nom (αργον, inactif). Densité par rapport à l'oxygène $\frac{20}{16}$;
$S = 0,040$; réduit à l'état liquide, il bout à 187° au-dessous de 0.

NOTIONS
DE CHIMIE

INTRODUCTION

CHAPITRE Ier

CORPS SIMPLES, CORPS COMPOSÉS ; COMBINAISONS.

1. Objet de la Chimie. — Différence entre les phéno-mènes physiques et les phénomènes chimiques. — Par des manipulations convenables on peut transformer un corps donné en des substances nouvelles.

Exemple. — Je mets du phosphore dans une coupelle, sous une cloche, et je l'allume ; il brûle avec vivacité et il se dépose sur les parois une poussière blanche, un corps nouveau qui n'a ni l'aspect ni les propriétés du phosphore et qu'on appelle acide phos-phorique (*fig. 1*).

Fig. 1. — Combustion du phosphore.

Les transformations de ce genre s'appellent des *phéno-mènes chimiques.*

La *physique* étudie les modifications passagères qui n'altèrent pas la nature des corps.

Exemple. — Un fil de fer soumis à l'action de la chaleur devient rouge ; si on enlève le feu, il reprend sa couleur : c'est un *phénomène physique.*

1

Au contraire, le même fil de fer, abandonné à l'air humide, se recouvre d'une substance terreuse, pulvérulente, qu'on appelle de la rouille, qui persiste dans l'air sec, et qui n'est plus du fer : il y a une transformation chimique.

Pour étudier les transformations chimiques, pour les expliquer et en établir les lois, il faut connaître la constitution des corps ; ainsi, en ce qui concerne le premier exemple, il faut savoir que l'acide phosphorique est un composé de phosphore et d'oxygène qui se sont combinés par la combustion.

La chimie est la science qui a pour objet l'étude de la constitution des corps, et des phénomènes qui la modifient d'une manière permanente.

2. Corps simples, corps composés. — Les *corps composés* sont ceux dont on peut retirer, par des traitements convenables, plusieurs substances différentes.

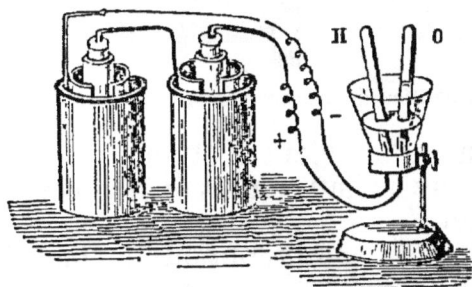

Fig. 2. — Analyse de l'eau.

Exemple. — L'eau est un corps composé. Pour le démontrer, on se sert d'un appareil appelé voltamètre (*fig. 2*). C'est un vase de verre, dont le fond est formé d'un corps mauvais conducteur de l'électricité, comme la résine, et traversé par deux tiges de platine. A ces tiges on attache les fils d'une pile électrique formée de trois ou quatre éléments Bunsen. Si le vase contient de l'eau, le courant la traverse et la décompose en deux corps gazeux, dont l'un, appelé oxygène, se dégage sur le fil positif en O, et l'autre, appelé hydrogène, sur le fil négatif en H. L'eau est donc formée de deux corps : l'hydrogène et l'oxygène.

Le marbre est aussi un corps composé. On en met quelques morceaux dans une cornue en grès, placée dans un fourneau à réverbère (*fig. 3*) et on chauffe jusqu'au blanc. Il sort de la cornue un gaz qui se rend dans une éprouvette D et qui est de l'acide carbonique. Il reste un corps différent du marbre, la chaux vive. Le marbre est donc un corps composé de chaux et d'acide carbonique.

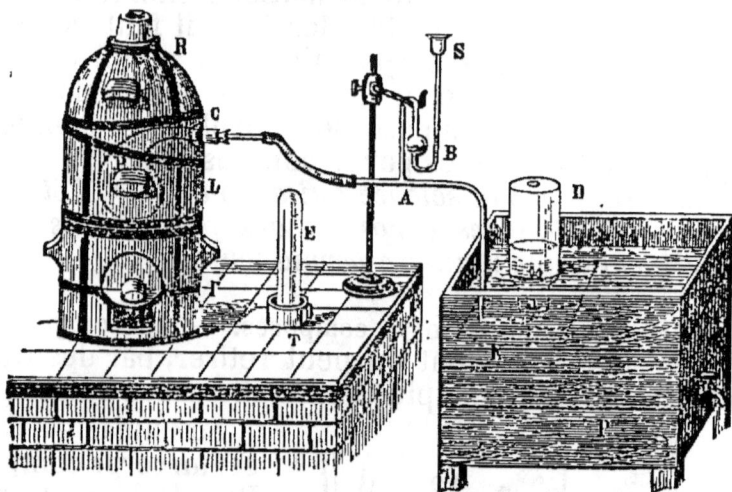

Fig. 3. — Décomposition du marbre par la chaleur.

La transformation qu'on vient d'étudier est celle qui se fait dans les fours à chaux; mais on n'y recueille pas l'acide carbonique.

L'acide carbonique et la chaux sont eux-mêmes des composés, comme on le verra plus loin.

On appelle corps *simples* ceux qu'on ne peut pas décomposer en d'autres corps, par exemple : l'oxygène, l'hydrogène, le fer.

On connaît, aujourd'hui, soixante-treize corps simples; on en trouvera le tableau au n° 8. Mais ce nombre peut changer. Il peut augmenter par la découverte de corps nouveaux. Il diminuerait si on décomposait des corps regardés jusqu'à présent comme simples.

3. **Combinaison, dissolution, mélange.** — Tout composé n'est pas un *composé chimique*. Dans l'union des corps on peut distinguer trois degrés : le *mé-*

lange, la *dissolution*, la *combinaison;* dans le dernier cas seulement on a un composé chimique.

Le *mélange* est un composé dans lequel les particules des corps sont simplement juxtaposées, sans liaison réelle. C'est de cette manière que le charbon, le soufre et le salpêtre forment la poudre : après les avoir réduits en poussière impalpable, on les mêle dans un mortier et on les triture de façon qu'on obtienne une masse homogène. Mais cette homogénéité n'est qu'apparente ; les grains des trois corps sont distincts les uns des autres. Chacun garde ses propriétés, le salpêtre, sa saveur fraîche et piquante, le charbon, sa couleur noire. Le salpêtre continue d'être soluble dans l'eau et, quand on filtre la dissolution, il se sépare du soufre et du charbon. Le soufre lui-même se dissout dans le sulfure de carbone et le charbon reste seul.

Dans la *dissolution*, les particules des corps sont reliées par une force, qu'on appelle *force dissolvante*. Mêlons de l'eau et de l'huile, les gouttelettes d'huile remontent à la surface ; versons de l'alcool dans l'eau, les deux liquides ne se séparent pas, malgré l'inégalité des densités : c'est la différence entre un mélange et une dissolution.

Quand les corps sont solides, la force dissolvante les amène d'abord à l'état liquide et les dissémine ensuite dans toute la masse du dissolvant. *Ex. :* Le sucre dans l'eau.

Cependant les corps dissous gardent leurs propriétés, ce qui prouve que leurs particules, quoique liées d'une certaine manière, conservent leur indépendance. Un simple phénomène physique, comme l'évaporation, suffit à les isoler.

La combinaison est l'union de corps qui perdent leurs propriétés et leur indépendance pour former un corps nouveau avec des propriétés toutes différentes. Comme exemple, on peut citer l'hydrogène et l'oxygène, deux gaz, qui forment un liquide : l'eau.

Les particules des composants sont reliées par une

force appelée *affinité*, et tellement unies, que les causes physiques ne peuvent les séparer.

Les combinaisons se distinguent encore des mélanges et des dissolutions par les lois auxquelles elles sont soumises. En particulier, le mélange et la dissolution se font en toutes proportions ; les corps ne se combinent que dans des proportions déterminées et invariables pour chaque composé.

4. Lois des combinaisons. — I. Loi de Lavoisier. — *Le poids d'un corps composé est égal à la somme des poids des corps qui le composent.*

Ex. : 8 grammes d'oxygène et 1 gramme d'hydrogène forment 9 grammes d'eau.

Rien ne se perd, rien ne se crée dans les réactions chimiques ; il y a seulement des substances qui s'ajoutent, des substances qui se séparent, mais qui conservent leurs poids. Lorsque le charbon brûle, le poids disparu se retrouve intégralement dans les gaz qui résultent de la combustion. Lorsque le fer rouille, son poids augmente du poids de l'oxygène et de la vapeur d'eau qui se sont fixés dessus.

On ne soupçonnait pas ces faits avant Lavoisier qui, le premier, a appliqué la balance à l'étude de la chimie.

II. Loi des proportions définies ou de Proust. — *Deux corps pour former un même composé se combinent toujours dans les mêmes proportions.*

Ex. : L'eau est toujours formée de 8 grammes d'oxygène contre 1 gramme d'hydrogène.

On peut donner de cette loi un autre énoncé.

Quand il s'agit de mélange ou de dissolution, on peut mettre les corps dans telles proportions qu'on veut (au moins jusqu'à saturation dans les dissolutions). Ainsi, pour les mélanges d'alcool et d'eau, on peut avoir tous les degrés depuis l'eau pure jusqu'à l'alcool absolu. Au contraire :

Deux corps qui se combinent ne s'unissent pas en toutes proportions.

Ex. : L'oxygène et l'hydrogène ne se combinent que dans deux proportions :

1° 8 grammes d'oxygène et 1 gramme d'hydrogène pour former de l'eau ;

2° 16 grammes d'oxygène et 1 gramme d'hydrogène pour former de l'eau oxygénée.

Mais on ne peut pas obtenir un composé contenant, par exemple, 9 grammes d'oxygène et 1 gramme d'hydrogène. Les 8 premiers grammes d'oxygène se combineraient avec l'hydrogène pour former de l'eau et le neuvième resterait gazeux, en dehors du composé.

III. Loi des proportions multiples ou de Dalton. — *Lorsque deux corps s'unissent en plusieurs proportions pour former plusieurs composés, le poids de l'un des corps étant constant, les poids de l'autre croissent proportionnellement à des nombres entiers, ordinairement simples.*

Ex. : L'azote et l'oxygène forment cinq combinaisons :

14 gr. d'azote avec 8 gr. d'oxygène forment du protoxyde d'azote.

14 gr.	—	16 gr. (2 × 8)	—	du bioxyde d'azote.
14 gr.	—	24 gr. (3 × 8)	—	de l'acide azoteux.
14 gr.	—	32 gr. (4 × 8)	—	de l'acide hypoazotique.
14 gr.	—	40 gr. (5 × 8)	—	de l'acide azotique.

Mais on ne trouve pas de combinaisons intermédiaires.

Ici, les poids du second corps sont proportionnels à la suite des nombres entiers.

IV. Loi des volumes ou de Gay-Lussac. — *Quand des gaz et des vapeurs se combinent, les volumes qui s'unissent sont dans un rapport simple. Quand le composé est lui-même gazeux, son volume est aussi dans un rapport simple avec celui des composants.*

Le volume du composé étant supposé égal à 2, les volumes des composants sont, en général, représentés par des nombres entiers.

Exemples :

1 vol. d'hydrogène et 1 vol. de chlore font 2 vol. d'acide chlorhydrique.
1 — d'oxygène et 2 — d'hydrog. — 2 — de vapeur d'eau.
1 — d'azote et 3 — d'hydrog. — 2 — de gaz ammoniac.

Les deux lois de Gay-Lussac et de Dalton sont le fondement de la théorie atomique.

5. Causes des réactions chimiques. — Pour qu'une action chimique se produise, il faut certaines conditions qui seront exposées dans chaque cas particulier.

Voici quelques principes généraux :

1° *État des corps.* L'action chimique ne s'exerce qu'entre les molécules en contact ; dans les solides et les gaz, les molécules sont trop fixées ou trop éloignées pour réagir les unes sur les autres ; aussi les anciens chimistes avaient posé cet axiome : « Les corps ne réagissent qu'autant qu'ils sont dissous, c'est-à-dire liquides ; *corpora non agunt nisi soluta.* » On peut citer comme exemple le bicarbonate de soude et l'acide tartrique, dans l'appareil de Briet, pour la production artificielle de l'eau de Seltz.

2° La *chaleur* favorise généralement l'affinité ; mais une chaleur trop intense la diminue. Le contact d'un corps enflammé allume le phosphore et le mélange d'oxygène et d'hydrogène ; une température élevée décompose la craie ; l'oxygène s'unit au mercure, ou l'abandonne, suivant la température plus ou moins élevée à laquelle il est porté.

3° L'*électricité statique* fait combiner l'oxygène et l'hydrogène mélangés dans l'eudiomètre ; elle décompose l'ammoniaque. L'*électricité dynamique* est le plus puissant agent de décomposition ; elle décompose l'eau dans le voltamètre ; elle a permis à Davy de tirer le potassium de la potasse, le calcium de la chaux.

4° La *lumière* directe du soleil fait combiner avec violence le mélange d'hydrogène et de chlore ; elle décompose l'iodure et le chlorure d'argent, propriété utilisée dans la photographie.

5° *État naissant.* Au moment où un corps se dégage d'une combinaison, *vient de naître*, il possède une aptitude plus grande à se combiner avec un autre corps : ainsi le chlore de l'eau régale.

6° La *seule présence* de certains corps détermine des combinaisons. *Ex.* : L'éponge de platine dans le mélange d'oxygène et d'hydrogène.

7° L'*intervention d'affinités plus puissantes* détermine fréquemment des *décompositions*. En général, un corps quitte le corps pour lequel il a moins d'affinité et se porte vers celui pour lequel il a une affinité plus grande.

L'affinité des corps est mesurée par la quantité de chaleur qu'ils dégagent en se combinant. L'étude de ces quantités de chaleur s'appelle *thermo-chimie*.

6. Principes de thermo-chimie. — En général, les combinaisons se font avec dégagement de chaleur. *Ex.* : 1 gramme d'hydrogène se combinant avec 8 grammes d'oxygène produit 34.500 calories ; avec 35 gr. 5 de chlore, il produit 22.000 calories. (On appelle calorie la quantité de chaleur nécessaire pour élever de 1° la température de 1 gramme d'eau.)

Quelques composés se forment avec absorption de chaleur. *Ex.* : Les composés d'azote et d'oxygène, d'azote et de chlore, d'oxygène et de chlore. On les appelle *endothermiques* par opposition aux autres corps qui sont dits *exothermiques*.

Inversement, un corps qui se décompose doit absorber la même quantité de chaleur qu'il avait dégagée en se formant s'il est exothermique. — S'il est endothermique, il rend, en se décomposant, sa chaleur de formation.

Berthelot a démontré qu'en toute réaction chimique effectuée sans le concours d'une énergie étrangère, les corps se composent et se décomposent de la manière qui dégage la plus grande somme de chaleur. Toute réaction chimique dégage donc de la chaleur, et si quelques corps se forment avec absorption de chaleur, il faut qu'il y ait, en même temps, d'autres transformations leur fournissant cette chaleur.

Les corps endothermiques, qui fournissent de la chaleur par leur décomposition, se décomposent très facilement ; souvent même la décomposition est instantanée et accompagnée d'une explosion.

Outre la chaleur, les réactions produisent de la lumière, *ex.* : *la combustion du charbon ;* et de l'électricité, *ex.* : *les piles électriques.* — On sait en effet que la chaleur, l'électricité et la lumière sont des effets de même ordre, que ce sont des transformations du mouvement ; il n'est donc pas étonnant qu'ils se produisent en même temps dans les réactions chimiques.

CHAPITRE II

NOMENCLATURE

7. — Les premières règles de nomenclature ont été établies en 1787 par Guyton de Morveau, secondé par Lavoisier, Berthollet et Fourcroy.

Le but est : 1° de donner à chaque corps un nom qui rappelle sa composition et ses propriétés ; 2° de former ces noms avec un très petit nombre de radicaux et de terminaisons, de façon que la mémoire n'en soit pas chargée. C'est ainsi qu'en numération on énonce tous les nombres possibles avec une trentaine de termes.

Ces règles supposent une classification des corps fondée sur les théories chimiques du temps : *la théorie dualistique*. Lavoisier admettait que les combinaisons chimiques sont binaires, c'est-à-dire s'opèrent toujours entre deux éléments simples ou composés : ceux-ci s'attirent en vertu d'une certaine opposition de propriétés qui est précisément neutralisée par le fait de leur union. Dans le composé, les deux éléments ne se confondent pas, mais restent juxtaposés.

Ex. : L'oxygène et le carbone forment l'acide carbonique ; l'acide carbonique et la chaux forment la craie.

Lorsqu'on décompose un corps par un courant électrique, l'un des composants se charge d'électricité positive et se rend au fil négatif ; on l'appelle *électro-positif*. L'autre se charge d'électricité négative et se rend au fil positif ; on l'appelle *électro-négatif*.

Bien que la théorie dualistique ne soit plus admise même par ceux qui écrivent les formules en équivalents, la nomenclature a subsisté et elle est employée par tous les chimistes, avec très peu de modifications.

1.

Avant d'exposer les règles de nomenclature, nous don-
nons la classification des corps telle que la comprenait
Lavoisier. Nous verrons au n° 28 une autre définition des
acides et des sels (1).

§ 1ᵉʳ. — Classification des corps

8. — Les corps sont simples ou composés.

Corps simples. — Les corps simples se divisent en
métalloïdes et en métaux.

Les métaux sont des corps doués d'un éclat particulier, appelé *éclat métallique* ; ils sont bons conducteurs de la chaleur et de l'électricité ; ils sont tous
solides, à la température ordinaire, excepté le mercure qui est liquide ; ils peuvent former, en se combinant avec l'oxygène, au moins un *composé basique*.
(Voir n° 9.). — Leur nombre est de plus de 50.

Les métalloïdes sont généralement privés de l'éclat
métallique ; ils conduisent mal la chaleur et l'électricité ; jamais ils ne forment de composés basiques avec
l'oxygène. Ils sont au nombre de 15 : 9 solides,
1 liquide et 5 gaz.

Voici le tableau des corps simples avec leurs *symboles*,
leurs *poids atomiques* et leurs *équivalents* (valeurs approchées). Nous expliquerons plus tard le sens de ces mots.

Tableau des Corps simples

MÉTALLOÏDES

	Symbole	Poids atomique	Équivalent		Symbole	Poids atomique	Équivalent
Arsenic.....	As	75	75	Iode.........	I	127	127
Azote	Az	14	14	*Oxygène*....	O	16	8
Bore	Bo	11	11	Phosphore..	P ou Ph	31	31
Brome......	Br	80	80	*Selenium*...	Se	80	40
Carbone....	C	12	6	*Silicium*....	Si	28	14
Chlore......	Cl	35,5	35,5	*Soufre*.....	S	32	16
Fluor..... ..	Fl	19	19	*Tellure*.....	Te	125	62,5
Hydrogène..	H	1	1				

---

(1) « La nomenclature chimique n'est plus en harmonie avec la science,
ion ne saurait trop recommander aux commençants de l'apprendre comme
une langue et non comme l'expression d'un système. » *Dumas*.

MÉTAUX

	Symbole	Poids atomique	Équivalent		Symbole	Poids atomique	Équivalent
Aluminium.	Al	27	13,5	*Manganèse*..	Mn	55	27,5
Antimoine.. (Stibium.)	Sb	120	120	*Mercure*.... (Hydrargyrum.)	Hg	200	100
Argent	Ag	108	108	*Nickel*	Ni	59	29,5
Baryum	Ba	137	68,5	*Or*.......... (Aurum)	Au	197	98,5
Bismuth....	Bi	208	208	*Platine*.....	Pt	191	97
Calcium	Ca	40	20	*Plomb*......	Pb	207	103,5
Chrôme.....	Cr	52	26	Potassium.. (Kalium.)	K	39	39
Cobalt......	Co	59	29,5	Sodium..... (Natrium.)	Na	23	23
Cuivre......	Cu	63	31,5				
Etain....... (Stannum.)	St	118	59	*Strontium*..	Sr	88	44
Fer.........	Fe	56	28	*Zinc*	Zn	65	32,5
Magnésium .	Mg	24	12				

Voici la liste des métaux moins importants :

Cadmium. | Holmium. | Palladium. | Thorium.
Cerium. | Indium. | Praséodyme. | Thulium.
Cœsium. | Iridium. | Rhodium. | Titane.
Didyme. | Lanthane. | Rubidium. | Tungstène.
Erbium. | Lithium. | Ruthénium. | Uranium.
Gadolinium. | Molybdène. | Scandium. | Vanadium.
Gallium. | Néodyme. | Tantale. | Ytterbium.
Germanium. | Niobium. | Terbium. | Yttrium.
Glucinium. | Osmium. | Thallium. | Zirconium.

On remarquera que le poids atomique est égal à l'équivalent, excepté pour les corps soulignés, pour lesquels il est double.

Comme toutes les classifications naturelles, celle-ci admet des transitions. Ainsi l'arsenic et l'antimoine sont deux corps très voisins par leurs propriétés physiques et chimiques. Or l'arsenic est rangé parmi les métalloïdes, l'antimoine parmi les métaux.

On admet aujourd'hui que l'hydrogène est un métal gazeux ; cependant on l'étudie parmi les métalloïdes.

9. *Corps composés*. — On divise les corps composés en cinq classes : les acides, les bases, les corps neutres, les corps indifférents, les sels.

1° *Acides*. — Les acides ont pour caractères :
d'avoir une saveur piquante quand ils sont solubles ;

de rougir le tournesol, le sirop de violettes et les autres couleurs végétales ;

de se combiner avec les bases pour former des sels.

Ex. : L'acide carbonique, l'acide sulfurique, l'acide chlorhydrique.

2° *Bases.* — Les caractères des bases sont :

de ramener au bleu le tournesol rougi par les acides, et de verdir le sirop de violettes ;

de s'unir aux acides pour former des sels ;

un très grand nombre sont insolubles, les autres ont une saveur âcre et caustique ou n'ont pas de saveur.

La plupart des bases sont formées d'un métal et d'oxygène.

Ex. : La potasse, la soude, l'ammoniaque, la chaux, l'oxyde de zinc.

3° *Les sels.* — Les sels sont des composés d'un acide et d'une base.

Ex. : la craie, qui est composée d'acide carbonique et de chaux. En la chauffant dans une cornue, on obtient de l'acide carbonique qui se dégage et de la chaux.

Le salpêtre est un sel composé d'acide azotique et de potasse.

Quand on verse de la potasse dans une dissolution d'acide sulfurique, il arrive un moment où la dissolution cesse de rougir le tournesol bleu et ne ramène pas au bleu le tournesol rouge. A ce moment tout l'acide sulfurique s'est uni à la potasse pour former un sel, le sulfate de potasse qu'on obtiendrait en faisant évaporer l'eau.

4° *Corps neutres.* — Un corps neutre est celui qui n'est ni acide ni base, ni composé d'un acide et d'une base.

Ex. : Le protoxyde d'azote.

5° *Corps indifférents.* — Ce sont des corps qui jouent le rôle d'acide avec les bases, et le rôle de base avec les acides.

Ex. : L'eau s'unit à la chaux vive pour former de l'hydrate de chaux (chaux éteinte), qu'on regarde comme un sel; l'eau s'unit à l'acide sulfurique pour former de l'acide sulfurique hydraté qu'on peut regarder comme un sel.

§ 2. — Nomenclature

NOMENCLATURE DES CORPS SIMPLES

10. — Il n'y a pas de règle pour nommer les corps simples. Ceux qui sont connus depuis longtemps ont conservé leur ancien nom. Les autres ont reçu, au moment de leur découverte, un nom emprunté à quelqu'un de leurs composés plus anciennement connu : *calcium*, tiré de la chaux ; *potassium*, de la potasse. Souvent aussi, on leur donne des noms qui rappellent quelqu'une de leurs propriétés. Par exemple l'oxygène entre dans la composition de beaucoup d'acides . on lui a donné un nom formé de deux mots grecs, οξυς, acide, γεννάω, j'engendre. L'iode, du grec ιωδης, violet, est ainsi nommé parce que ses vapeurs sont violettes. Le savant qui découvre un corps a toute liberté pour lui donner le nom qu'il veut.

Les noms des corps simples étant connus, on s'en sert pour former le nom des composés.

NOMENCLATURE DES CORPS COMPOSÉS

11. — **Nomenclature des acides.** — RÈGLE GÉNÉRALE. — On met d'abord le nom *acide*, puis un adjectif formé des noms des corps combinés, convenablement abrégés, avec la terminaison *ique*. On commence par le corps électro-négatif.

> *Ex. :* Chlore et hydrogène,   acide *chlor–hydr–ique.*
> Iode et hydrogène,   acide *iod–hydr–ique.*

CAS PARTICULIERS. — 1° Un grand nombre d'acides sont formés d'oxygène et d'un autre corps. Dans ce cas, on ne nomme pas l'oxygène.

Ex. : Oxygène et carbone, acide *carbonique*, et non *oxy-car-bonique*.

Oxygène et silicium, acide *silicique*,   et non *oxy-silicique*.

2° Lorsque l'oxygène forme deux acides en se combinant avec un même corps dans des proportions différentes, on réserve la terminaison *ique* à celui qui contient le plus d'oxygène, et on donne la terminaison *eux* à celui qui en contient le moins.

Ex. : 16 grammes de soufre se combinant avec 16 grammes d'oxygène forment de l'acide sulfur*eux ;* 16 grammes de soufre avec 24 grammes d'oxygène, de l'acide sulfur*ique.*

3° Si l'oxygène produit plus de deux acides avec un même corps, on adopte, pour les nommer, un procédé que fera comprendre l'exemple suivant.

Le chlore et l'hydrogène forment :

L'acide *hyperchlorique ;*
L'acide *chlorique ;*
L'acide *hypochlorique ;*
L'acide *chloreux ;*
L'acide *hypochloreux.*

On peut voir qu'il y a ici deux acides principaux qu'on a appelés chlorique et chloreux, d'après une règle précédente. — Ceux-là servent de terme de comparaison : l'acide *hypochloreux,* c'est un acide qui contient moins d'oxygène que l'acide chloreux (υπο, sous) ; l'acide *hyperchlorique* en contient plus que l'acide chlorique (υπερ, au-dessus); on dit aussi *perchlorique,* le préfixe *per* signifiant beaucoup, parce que cet acide est le plus oxygéné de tous.

12. — Nomenclature des bases et des corps neutres. — Règle générale. — On met le nom du premier élément avec la terminaison *ure,* la particule *de* et le nom du second élément.

On nomme d'abord le corps électro-négatif.

Ex. : Carbone et fer,   *carb—ure de fer.*
Carbone et hydrogène,   *carb—ure d'hydrogène.*
Iode et argent,   *iod—ure d'argent.*

CAS PARTICULIERS. — 1° Quand l'oxygène fait partie du composé, on le nomme le premier, mais en disant *oxyde* au lieu de *oxygénure*.

Oxygène et calcium, *oxyde de calcium.*

2° Beaucoup de corps sont plus communément désignés par les noms vulgaires.

On dit : *eau,* et non *oxyde d'hydrogène.*
chaux, et non *oxyde de calcium.*

3° Les composés gazeux et neutres de l'hydrogène avec un corps solide se dénomment encore par le mot hydrogène, suivi du nom du corps solide terminé en *é*.

Hydrogène carboné, au lieu de *carbure d'hydrogène.*
Hydrogène sulfuré, au lieu de *sulfure d'hydrogène.*

4° Lorsque plusieurs corps sont composés des mêmes éléments combinés dans des proportions différentes, on les distingue les uns des autres par des préfixes qui indiquent les proportions croissantes de l'un des éléments.

1er exemple. — Le soufre et le potassium forment cinq composés dont le nom commun est sulfure de potassium. Ils contiennent pour le même poids de potassium, 39 grammes, des poids croissants de soufre, 16 grammes, 2 fois 16 grammes ; 3 fois 16, etc.

Voici comment on les désigne :

39 gr. de potassium,	16 gr. de soufre		*Mono*sulfure de potassium.
39 gr.	—	2×16	—	*Bi*sulfure de potassium.
39 gr.	—	3×16	—	*Tri*sulfure de potassium.
39 gr.	—	4×16	—	*Quadri*sulfure de potassium.
39 gr.	—	5×16	—	*Penta*sulfure de potassium.

On verra que 16 est l'équivalent du soufre. Les préfixes veulent dire qu'il y a un, deux, trois équivalents de soufre...

2° exemple :

28 gr. de fer et 35,5 de chlore   donnent du *protochlo-*
                                                  rure de fer.

28 gr.   — et 35,5 × 1 ¹/₂ de chlore —   du *sesqui*-chlo-
                                                  rure de fer.

Proto veut dire le premier composé, et *sesqui*, qu'il y a un équivalent et demi de chlore.

5° Quand on rencontre plus tard un composé moins oxygéné que le composé nommé protoxyde, on l'appelle sous-oxyde.

Ainsi il y a l'oxyde de mercure et le sous-oxyde de mercure.

En résumé, pour distinguer les corps formés de divers éléments en proportions différentes, on a recours à divers moyens. Nous venons d'exposer les principaux. Nous en donnerons d'autres dans le cours du traité.

13. — Nomenclature des sels. — Un sel est composé d'un acide et d'une base. Pour former le nom d'un sel, on met le nom du corps acide, mais en supprimant le mot acide, et en remplaçant la terminaison *ique* par *ate*, ou la terminaison *eux* par *ite ;* on met ensuite la particule *de*, puis le nom de la base.

Ex. : L'acide carbonique et la chaux forment du *carbonate* de chaux ; l'acide hypochloreux et la chaux l'*hypochlorite* de chaux.

Souvent on abrège le nom de l'acide :

Le composé d'acide sulfurique et de chaux, s'appelle sulfate de chaux.

On dit de même phosphate de chaux, et non phosphorate, pour la combinaison de l'acide phosphorique et de la chaux.

Cas particuliers. — 1° Au lieu de nommer la base, on nomme le métal de la base, toutes les fois que la base ne se nomme pas en un seul mot : *sulfate de zinc*, et non *sulfate d'oxyde de zinc*. — Toutefois, on dit par exemple : *sulfate de sesquioxyde de fer*, au lieu de *sulfate de fer*, quand on veut le distinguer du sulfate de *protoxyde* de fer.

2° *Eau combinée avec un acide ou une base.* — L'eau, étant un corps indifférent, entre dans la composition des sels comme acide ou comme base. — Quand l'eau agit comme acide, on nomme le composé suivant la règle générale.

Eau (acide hydrique) et chaux : *hydrate de chaux.*

Quand l'eau agit comme base, on ajoute au nom de l'acide le mot hydraté. On dira donc *acide sulfurique hydraté* au lieu de *sulfate d'eau*. On fait souvent la même chose quand l'eau est combinée à une base et joue le rôle d'acide ; on dit :

Chaux hydratée.	*oxyde de cuivre hydraté,*
au lieu de : hydrate de chaux,	hydrate de cuivre.

3° *Plusieurs sels composés du même acide et de la même base.* — Quand le même acide se combine avec la même base pour former des composés différents, on indique les proportions par les mêmes préfixes que pour les oxydes et les corps neutres.

Ex. : La soude se combinant avec l'acide carbonique forme deux sels : l'un s'appelle carbonate de soude, et le second bicarbonate. Le bicarbonate contient 2 fois plus d'acide carbonique que l'autre.

Remarque. — On trouvera au n° 28, à la question des sels acides et des sels neutres, une autre manière de nommer les sels formés du même acide et de la même base.

CHAPITRE III

NOTATION. — SYSTÈME DES ÉQUIVALENTS

14. Conventions préliminaires. — La notation a pour but de représenter chaque corps par une formule qui indique exactement de quels corps simples il est composé et en quelle proportion. Pour cela :

1° On convient de représenter chaque corps simple par un symbole. C'est la première lettre du nom latin, que l'on écrit *majuscule;* le plus ordinairement on la fait suivre d'une lettre *minuscule* prise dans le mot, ce qui sert à éviter la confusion pour les corps qui commencent par la même lettre :

Carbone, C ; Chlore, Cl ; Cuivre, Cu ; Hydrogène, H ; Mercure, Hg (de *Hydrargyrum*) ; Or, Au (de *Aurum*).

2° On convient que le symbole du corps simple en représente un certain poids qu'on appelle son équivalent.

Nous avons donné, au tableau des corps simples, le symbole de chaque corps et son équivalent. Les équivalents sont exprimés avec une unité arbitraire; nous supposerons ordinairement que c'est le gramme (1).

15. Règles générales. — La formule d'un corps composé est formée des symboles de ses éléments. On les affecte d'exposants et de coefficients convenables, pour indiquer dans quelle proportion chaque corps est représenté.

Ex. : CO (oxyde de carbone) veut dire un corps composé de carbone et d'oxygène. Comme C représente 6 gr. de carbone et O, 8 gr. d'oxygène, la formule indique que les éléments sont combinés dans la proportion de 6 pour 8.

Signification de l'exposant. — En chimie, l'exposant multiplie la quantité qui en est affectée.

Ex. : CO^2 (acide carbonique). Ce corps contient 2 fois O, c'est-à-dire 2 fois 8 gr. d'oxygène, contre 6 gr. de carbone.

Coefficient. — Le coefficient multiplie toute la formule qui le suit.

---

(1) Cette définition de l'équivalent suffit en pratique. Nous n'exposons pas ici pour quelles raisons théoriques on a choisi tels nombres plutôt que d'autres.

$2CO^2$ veut dire 2 fois le poids d'acide carbonique représenté par CO^2.

Usage des parenthèses. — Les parenthèses servent à préciser le sens des coefficients et des exposants.

Ex. : Dans la formule $NaOHO,(CO^2)^2$ la parenthèse tout entière est multipliée par l'exposant 2.

Cas particuliers. — *Règle pour les acides, bases, corps neutres (composés binaires)* (1). — On écrit le symbole du corps électro-positif, puis le symbole du corps électro-négatif, en les affectant d'un exposant convenable.

Ex. : NaCl   *Chlorure de sodium.*

L'ordre de la notation est l'inverse de celui qu'on suit en nomenclature.

Règle pour les sels. — On écrit le symbole de la base, puis une virgule et le symbole de l'acide, et on met les exposants et les coefficients convenables.

Ex. : 1o *Sulfate de chaux :*

$$CaO, SO^3$$
Chaux   ac.sulf.

2o *Bichromate de potasse :* c'est un sel qui contient de la potasse comme base et deux équivalents d'acide chromique :

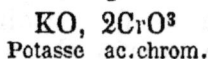

$$KO, 2CrO^3$$
Potasse   ac.chrom.

Nota. — On appelle *équivalent* d'un corps composé le poids représenté par sa formule ; cette notion suffit en pratique.

16. Égalités chimiques. — Les égalités chimiques sont des réunions de formules par lesquelles on représente des réactions quelquefois compliquées, d'une manière très simple, et bien plus facilement qu'on ne pourrait le faire en se servant du langage ordinaire.

Le premier membre de l'égalité contient les symboles des corps mis en présence, tels qu'ils sont avant la réaction ; on les sépare par le signe +. Après le

---

(1) *Binaires,* formés de deux éléments, par opposition aux corps ternaires qui contiennent trois éléments, comme le sulfate de chaux.

signe =, dans le second membre, on met les symboles des corps nouveaux, produits dans la réaction, séparés aussi par le signe +. Le second membre doit contenir *tous les éléments* qui se trouvent marqués dans le premier. Ce principe sert à vérifier qu'on ne s'est pas trompé en écrivant l'expression de la réaction.

L'égalité $Ph + 5O = PhO^5$ indique que, si l'on fait réagir le phosphore sur l'oxygène, 1 équivalent de phosphore avec 5 équivalents d'oxygène se combinent pour produire 1 équivalent d'acide phosphorique. — Si on remplace les lettres par les équivalents on a : $31 + 5 \times 8 = 71$; ce qui montre que 31 grammes de phosphore, en se combinant avec 40 grammes d'oxygène, donnent 71 grammes d'acide phosphorique.

Quand on met en présence de *l'eau,* du *zinc* et de *l'acide sulfurique,* il se produit de *l'hydrogène* et du *sulfate de zinc.* Cela s'indique par l'égalité :

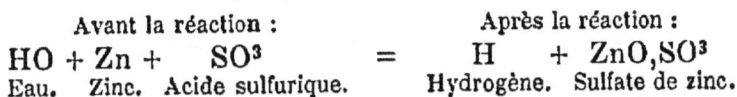

Avant la réaction :				Après la réaction :	
HO +	Zn +	SO^3	=	H +	ZnO,SO^3
Eau.	Zinc.	Acide sulfurique.		Hydrogène.	Sulfate de zinc.

17. Emploi des formules. — Les formules servent aux chimistes et aux industriels à trouver immédiatement la composition des corps et les poids de leurs éléments, et aussi les poids des corps qu'il faut employer pour opérer les combinaisons et former les composés dont ils ont besoin.

1er exemple : *Trouver le poids du zinc contenu dans 50 grammes de sulfate de zinc.*

La formule du sulfate de zinc est ZnO,SO^3 :

Il a pour équivalent : $33 + 8 + 16 + 8 \times 3 = 81$.

En prenant le gramme pour unité de poids, on peut raisonner ainsi :

Dans 81 gr. de sulfate de zinc, il y a 33 gr. de zinc ;

dans 1 gr., il y en a 81 fois moins, ou $\frac{33}{81}$;

et dans 50 gr., il y en a 50 fois plus, ou $\frac{50 \times 33}{81} = 20,37$ gr.

2e exemple : *Combien 100 grammes de chlorate de potasse donnent-ils d'oxygène?*

On cherchera d'abord le *poids*, puis le *volume* de l'oxygène produit.

1° *Poids*. — L'égalité chimique est $KO,ClO^5 = 60 + KCl$.

En mettant les équivalents, on a :

$$39 + 8 + 35,5 + 40 = 48 + 74,5 \; ; \text{ d'où } 122,5 = 48 + 74,5.$$

Donc 122,5 gr. de chlorate de potasse donnent 48 gr. d'oxygène.

1 gr. en donne 122,5 fois moins $\dfrac{48}{122,5}$;

et 100 gr. en donnent 100 fois plus $\dfrac{100 \times 48}{122,5} = 39,183$.

Donc 100 grammes de chlorate de potasse donnent près de 39,2 grammes d'oxygène.

2° *Quel est le volume de cet oxygène ?*

Comme 1,3 grammes d'air ont pour volume 1 litre ;

1 gr. d'air a un volume 1,3 fois plus petit $\dfrac{1}{1,3}$ litre ;

1 gr. d'oxygène dont la densité est 1,1056, a un volume d'autant plus petit $\dfrac{1}{1,1056 \times 1,3}$;

et 39,2 ont un volume d'autant plus grand $\dfrac{39,2 \times 1}{1,1 \times 1,3} = 27,41$.

Les 100 grammes de chlorate de potasse donnent plus de 27 litres d'oxygène.

3° exemple : *Quel poids de zinc et d'acide sulfurique monohydraté faut-il employer pour avoir 300 litres d'hydrogène ?*

On cherche d'abord ce que pèsent 300 litres d'hydrogène.

Comme 1 litre d'air pèse 1,3 gr.

1 litre d'hydrogène, dont la densité est 0,069, pèse $0,069 \times 1,3$;

et 300 litres pèsent $308 \times 0,069 \times 1,3 = 26,91$ gr.

On a d'ailleurs l'égalité chimique............ $Zn + SO^3,HO = H + ZnO,SO^3$, qui donne, en mettant les équivalents .... $33 + 49 \qquad = 1 + 81$.

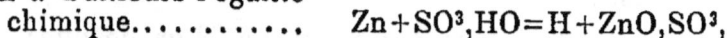

Pour 1 gramme d'hydrogène, il faut 33 de zinc et 49 d'acide sulfurique.

Pour 26,91 grammes, il faut $26,91 \times 33$ et $26,91 \times 49$.

Il faut donc 888 grammes de zinc, et 1,318 d'acide sulfurique, pour avoir 300 litres d'hydrogène.

CHAPITRE IV

THÉORIE ATOMIQUE ; NOTATION ATOMIQUE

18. — Remarque. —!La théorie qu'on va exposer est une hypothèse. — Pour qu'une hypothèse scientifique soit légitime, il suffit qu'elle explique d'une manière satisfaisante les faits connus. La preuve de la théorie atomique se fera donc dans tout le cours du traité en montrant qu'elle rend compte des phénomènes constatés par l'expérience mieux que toute autre théorie chimique. Ce qui lui donne une grande probabilité, c'est qu'elle a beaucoup aidé les progrès de la chimie organique en faisant prévoir un grand nombre de faits nouveaux qu'on a réalisés ensuite.

19. — **Atomes et molécules.** — On admet que les corps ne sont pas formés d'une matière continue, mais qu'ils sont composés de particules infiniment petites, distinctes et indivisibles, qu'on appelle *atomes*.

Infiniment petites, cela veut dire, *d'une grandeur et d'un poids inappréciables à tous nos instruments de mesure ; indivisibles*, on entend par là *que les atomes ne se divisent dans aucun phénomène physique ou chimique*, sans préjuger s'ils sont métaphysiquement simples et inétendus.

Les *molécules* sont des agrégats d'atomes, reliés par la force que nous avons appelée affinité, qui restent indivisibles dans les phénomènes physiques, mais qui se dissocient dans les transformations chimiques. Dans les corps simples, les molécules sont formées d'atomes semblables ; dans les corps composés, d'atomes dissemblables.

Exemples : 1° La molécule d'hydrogène est composée de 2 atomes qu'on peut représenter ainsi :

$$H-H \ (1)$$

La molécule d'oxygène est aussi formée de 2 atomes :

$$O=O$$

2° La molécule d'eau contient deux atomes d'hydrogène et un atome d'oxygène qu'on figure ainsi :

$$H-O-H$$

Elle est physiquement indivisible; c'est-à-dire que, dans toutes les transformations physiques de l'eau, congélation, liquéfaction, vaporisation, etc., chaque agrégat H—O—H reste intact.

Mais, dans les transformations chimiques, les molécules sont désagrégées et reconstruites autrement : si, par exemple, on met 2 molécules d'hydrogène et une molécule d'oxygène et qu'on applique une chaleur suffisante pour provoquer la réaction, les trois molécules se dissocient et se reforment en deux molécules d'eau.

Avant la réaction, on a les trois molécules :

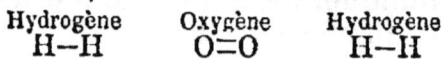

Hydrogène	Oxygène	Hydrogène
H—H	O=O	H—H

et après, les 2 molécules :

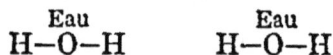

Eau	Eau
H—O—H	H—O—H

On voit que, dans la combinaison, les atomes restent les mêmes.

20. — Poids atomiques. — Tous les atomes d'un même corps ont un même poids, qu'on appelle *poids atomique* de ce corps.

Les atomes étant des quantités infiniment petites, on ne peut pas évaluer leur poids avec nos mesures usuelles (gramme ou milligramme). Mais on prend comme unité une grandeur de même ordre, le poids de l'atome d'hydrogène.

Ex. : Le poids atomique de l'oxygène est 16 : cela veut dire que l'atome d'oxygène pèse 16 fois autant que l'atome d'hydrogène.

---

(1) Les lettres représentent les atomes ; les traits, les liaisons qui existent entre les atomes. — V. n° 25.

La détermination des poids atomiques se fait d'après certains principes que nous n'exposerons pas ici. On trouve les résultats au tableau des corps simples, n° 8.

Le poids d'une molécule s'obtient en faisant la somme des poids des atomes qui la constituent. — Comme toutes les molécules d'un corps sont constituées de la même manière, pour savoir dans quelles proportions les corps simples se trouvent dans un composé, il suffira de connaître la composition en poids de la molécule.

Ex. : La molécule d'eau est formée de 2 atomes d'hydrogène qui pèsent 2, et d'un atome d'oyygène qui pèse 16. Cela permettra de résoudre tous les problèmes numériques sur la composition de l'eau.

21. — **Volume des molécules. Relation entre la densité des gaz et des vapeurs, et leur poids moléculaire.** — On admet que les molécules des corps gazeux occupent toutes le même volume, quel que soit le nombre des atomes composants. Autrement : *dans les mêmes conditions de température et de pression, un même volume contient toujours le même nombre de molécules, quel que soit le gaz ou la vapeur considérée.* On a été amené à cette hypothèse en cherchant l'explication de deux lois physiques : la loi de Mariotte, et la loi de Gay-Lussac sur l'égale dilatation des gaz par la chaleur. — On convient ordinairement de regarder le volume constant des molécules comme égal à 2. Comme la molécule d'un corps simple contient en général 2 atomes, il en résulte que l'atome d'un corps simple occupe 1 volume.

On sait que la *densité* d'un gaz est le rapport entre le poids d'un certain volume de ce gaz et le poids du même volume d'un autre gaz pris comme terme de comparaison. Ordinairement on prend l'air comme terme de comparaison. Mais l'air n'est qu'un mélange : en chimie atomique on rapporte les densités à l'hydrogène.

Comme les volumes des molécules sont égaux, la densité sera le rapport entre le poids p de la molécule du gaz considéré et le poids p' de la molécule d'hydrogène.

$$D = \frac{p}{p'}$$

La molécule d'hydrogène, contenant 2 atomes, pèse 2 unités. Donc :

$$D = \frac{p}{2}$$

La densité d'un gaz par rapport à l'hydrogène est la moitié de son poids moléculaire.

De la densité par rapport à l'hydrogène on passe à la densité par rapport à l'air, en multipliant par la densité de l'hydrogène relativement à l'air. En effet :

Soit p le poids d'un certain volume de gaz,

 p' le poids du même volume d'hydrogène,

 p'' le poids du même volume d'air :

$\dfrac{p}{p'}$ est la densité par rapport à l'hydrogène,

$\dfrac{p'}{p''}$ est la densité de l'hydrogène par rapport à l'air

et le produit des deux densités $\dfrac{p}{p'} \times \dfrac{p'}{p''}$, qui devient $\dfrac{p}{p''}$ après simplification, est la densité du gaz par rapport à l'air, puisque c'est le rapport entre les poids de 2 volumes égaux de gaz et d'air.

22. — Comment les lois des combinaisons sont expliquées par la théorie atomique. — 1° *La loi de Dalton*. — Si les atomes sont indivisibles, on ne peut ajouter à une même quantité du premier corps qu'un nombre entier d'atomes. Ainsi, à 1 atome d'azote on pourra ajouter 1 atome d'oxygène, 2 atomes d'oxygène, etc., mais on ne peut pas former les combinaisons intermédiaires, qui contiendraient par exemple 1 atome $\frac{1}{2}$, 1 atome $\frac{1}{4}$.

2° *La loi de Gay-Lussac.* — Rappelons-nous que toutes les molécules ont le même volume : ce volume pourra être pris comme unité. Cela posé, les exemples cités à propos de la loi de Gay-Lussac reçoivent une interprétation très naturelle.

1er exemple : 2 *volumes* d'acide chlorhydrique sont formés par 1 *volume* d'hydrogène et 1 *volume* de chlore, cela veut dire que 2 *molécules* d'acide chlorhydrique sont formées par 1 *molécule* de chlore et 1 *molécule* d'hydrogène. Les atomes s'échangent entre la molécule de chlore et la molécule d'hydrogène, de telle sorte qu'après la réaction il y ait 2 molécules d'acide chlorhydrique.

2º exemple : 2 *volumes* d'hydrogène et 1 d'oxygène forment 2 *volumes* de vapeur d'eau, c'est-à-dire que 2 *molécules* d'hydrogène et 1 *molécule* d'oxygène forment 2 molécules de vapeur d'eau, etc.....

Le fait que les volumes des composants et du composé peuvent s'exprimer par des nombres entiers simples résulte de ce que le nombre des molécules qui agissent les unes sur les autres dans une réaction est nécessairement entier, et qu'après la réaction il y a nécessairement un nombre entier de molécules des corps nouveaux. D'ailleurs, ces nombres sont petits ordinairement.

La loi de Gay-Lussac s'appliquera donc non seulement au cas des corps simples qui se combinent pour former un seul composé, mais à toutes les réactions.

Ex. : Le gaz des marais, brûlant dans l'oxygène, donne de l'acide carbonique et de la vapeur d'eau : 1 volume de ce gaz se combinant avec 3 volumes d'oxygène, donne 2 volumes d'acide carbonique et 2 de vapeur d'eau : les volumes, avant et après la réaction, sont entiers.

REMARQUE I. — Dans les formules, le premier membre et le second devraient toujours contenir un nombre entier de molécules.

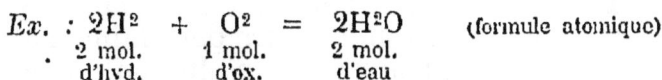

$$Ex. : 2H^2 + O^2 = 2H^2O \quad \text{(formule atomique)}$$
$$\text{2 mol.} \quad \text{1 mol.} \quad \text{2 mol.}$$
$$\text{d'hyd.} \quad \text{d'ox.} \quad \text{d'eau}$$

Mais, pour simplifier l'écriture, on divise souvent les formules par 2 :

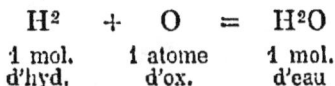

$$H^2 + O = H^2O$$
$$\text{1 mol.} \quad \text{1 atome} \quad \text{1 mol.}$$
$$\text{d'hyd.} \quad \text{d'ox.} \quad \text{d'eau}$$

REMARQUE II. — Dans les calculs on suppose plus souvent le volume de la molécule égal à 2. Quelques-uns le supposent égal à 4.

23. Notation atomique. — La notation atomique a pour but de représenter la composition des molécules des corps composés.

Préalablement, il faut convenir d'un signe par lequel on représentera l'atome de chaque corps simple. On emploie les mêmes symboles que dans la notation en équivalents ; c'est-à-dire la première lettre du mot latin que l'on écrit majuscule, à laquelle on ajoute, en général, une lettre minuscule (1).

Voir le tableau des corps simples. N° 9.

Ceci posé, il y a deux sortes de formules, les formules abrégées et les formules développées.

24. Formules abrégées. — On écrit à la suite l'un de l'autre les atomes qui composent la molécule. Lorsqu'il y a plusieurs atomes d'un même corps, on indique leur nombre par un exposant. L'ordre est quelconque dans l'intérieur de la formule.

Ex. : ClO^3H (acide chlorique) figure une molécule composée de 1 atome de chlore, 3 atomes d'oxygène et 1 atome d'hydrogène.

25. Formules développées. — Ces formules indiquent les relations des atomes qui composent la molécule ; ou, si l'on peut ainsi parler, l'architecture de la molécule ; car chaque molécule est un édifice dont les atomes sont les pierres, et la place des pierres n'est pas indifférente.

Il faut d'abord savoir qu'un atome ne peut s'unir directement qu'à un nombre déterminé d'atomes.

Ceux dont le pouvoir est le plus faible ne s'unissent qu'à 1 seul atome. On les appelle *monovalents*. Ce sont, parmi les métalloïdes, l'hydrogène, le chlore, le brome, l'iode, le fluor.

Il y a des atomes qui peuvent s'unir à 2 atomes monovalents. On les appelle *bivalents*. Ce sont l'oxygène, le soufre, parmi les métalloïdes usuels.

---

(1) Pour distinguer les formules en équivalents des formules atomiques, nous employons les caractères italiques dans ces dernières.

Ex. : Dans l'eau, 1 atome d'oxygène s'unit à 2 atomes d'hydrogène.

L'atome est *trivalent, tétravalent, pentavalent* s'il s'unit à 3, 4 ou 5 atomes d'hydrogène ou de tout autre corps monovalent.

On appelle *valence* le pouvoir que possède 1 atome de s'unir à 1 atome d'hydrogène ou d'un corps monovalent. Il y a donc des corps qui ont 1, 2, 3... valences.

Nous représenterons les valences comme des liens qui uniraient entre eux les atomes.

Ex. : Soit la molécule

$$H-O-H$$

L'oxygène a 2 valences, par lesquelles il s'unit aux 2 atomes d'hydrogène.

Soit la molécule $\overset{\text{O - O}}{\underset{\text{S}}{\diagdown\diagup}}$ de l'acide sulfureux. — Le soufre a

2 valences qui l'unissent aux 2 atomes d'oxygène. — Chaque atome d'oxygène a 2 valences; par la première il s'unit à l'atome de soufre et, par la deuxième, il s'unit à l'autre atome d'oxygène.

En règle générale, toute valence doit être satisfaite. Ainsi, il n'y a pas de molécule dont la formule soit —O—H, parce que l'atome d'hydrogène, étant monovalent, ne peut satisfaire qu'une des valences de l'oxygène ; il y aurait donc une valence libre.

Dans une *formule développée* on indiquera donc de quels atomes la molécule est composée, comment ils sont arrangés et comment leurs valences se satisfont mutuellement.

Cet arrangement des atomes est une chose si importante que certains corps ne diffèrent que par là. — On appelle corps *isomères* ceux qui sont composés des mêmes éléments, en même proportion, mais dont les atomes sont arrangés différemment à l'intérieur de la molécule.

Nota. — Cet exposé sera complété, dans le cours du traité, par des notions sur les radicaux, les substitutions, etc...., à mesure que les exemples rencontrés en fourniront l'occasion.

26. Méthode pour passer de la notation atomique à la notation en équivalents et vice-versa.

1º *Passage de la notation atomique à la notation en équivalents.*

Soit une formule atomique abrégée, ex. : $C^2H^4O^2$, acide acétique.

On a sous les yeux le tableau des corps simples avec les équivalents et les poids atomiques ; on voit dans ce tableau que l'atome C vaut 2 équivalents ; que l'atome H vaut 1 équivalent ; que l'atome O vaut 2 équivalents. — En passant aux équivalents, pour conserver le poids, il faut donc doubler le carbone et l'oxygène ; on aura $C^4H^4O^4$.

Remarque I. — La transformation étant faite, on divise souvent par 2, quand tous les exposants sont pairs. *Ex. :* La formule atomique de l'acide carbonique est CO^2 ; en transformant on a C^2O^4 en équivalents ; mais on écrit CO^2 (ce qui ne change pas les proportions).

Remarque II. — L'ordre des corps étant indifférent dans la notation atomique abrégée, il faudra le rétablir conformément aux règles dans la notation en équivalents. *Ex. :* En transformant la formule SO^4H^2 de l'acide sulfurique hydraté, on trouvera $S^2O^8H^2$, puis en divisant par 2, SO^4H ; mais on écrira SO^3,HO pour mettre en évidence l'eau d'hydratation.

27. — 2º *Passage de la notation en équivalents à la notation atomique.*

Soit la formule $C^4H^4O^4$ de l'acide acétique en équivalents. Comme il faut 2 équivalents de carbone pour valoir 1 atome, C^4 deviendra C^2 ; de même O^4 devient O^2 ; H^4 reste le même parce que 1 équivalent d'hydrogène vaut 1 atome. — Donc on a : $C^2H^4O^2$.

Ce procédé ne convient que si les corps dont le poids atomique est égal à 2 équivalents sont écrits, dans la formule proposée, avec un exposant pair.

Dans le cas contraire, on double la formule donnée, puis on applique la méthode. *Ex. :* Soit AzO^5, la formule de l'acide azotique en équivalents. L'oxygène porte l'exposant 5 ; on double, ce qui donne Az^2O^{10}. Comme les 10 équivalents d'oxygène valent 5 atomes, il vient Az^2O^5.

REMARQUE. — La formule atomique représente la molécule du corps. Or le poids moléculaire doit être le double de la densité prise par rapport à l'hydrogène (n° 21).

Cela peut obliger à modifier les résultats du calcul précédent. *Ex.* : La densité du cyanogène obtenue par les méthodes physiques est 26. Sa formule doit donc correspondre au poids 52. Si on transforme la formule en équivalents C^2Az, on trouve CAz qui pèse seulement 26 : il faut doubler et écrire C^2Az^2.

CHAPITRE V

CONSTITUTION DES SELS : THÉORIE UNITAIRE

28. — Lavoisier admettait que les sels sont formés d'un acide et d'une base. L'acide et la base resteraient distincts dans le composé, ce qui est mis en évidence par les formules de la notation en équivalents. C'est la *théorie dualistique.*

Dans la théorie qu'on va exposer et qui s'appelle *théorie unitaire*, on regarde la molécule d'un sel comme un édifice unique, où on ne peut plus distinguer ni acide ni base. — Elle ne suppose pas nécessairement la théorie atomique, et elle est admise de ceux qui écrivent en équivalents.

29. **Définition des sels.** — On modifie d'abord la notion *d'acide.* On appelle *acides* des corps possédant les caractères énoncés au n° 9 et *renfermant de l'hydrogène remplaçable par un métal.*

On appelle *sel* le résultat qu'on obtient *en remplaçant par un métal l'hydrogène d'un acide.*

1er exemple. — L'acide chlorhydrique est composé *d'hydrogène* et de *chlore* : si on le met en contact avec du *sodium*, l'hydrogène est déplacé et on a un composé de chlore et de

sodium, qui est le chlorure de sodium. Le chlorure de
sodium est *un sel*.

en équivalents $$Na + HCl = H + NaCl.$$
en atomes   même formule.

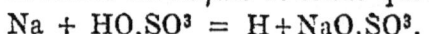

2ᵉ exemple. — L'acide sulfurique hydraté, réagissant sur
le *sodium*, perd de l'*hydrogène*, lequel est remplacé par du
sodium ; et il se forme du *sulfate de soude* qui est un *sel*.

en équivalents $$Na + HO,SO^3 = H + NaO,SO^3.$$
              acide sulfur.   sulf. de soude
              hydraté
en atomes $$2Na + H^2SO^4 = H^2 + Na^2SO^4.$$

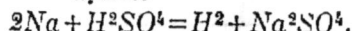

L'acide sulfurique hydraté est un *acide* suivant la définition nouvelle parce que son hydrogène peut être remplacé
par un métal.

30. — REMARQUES. I. — Selon cette définition, tout
acide doit contenir de l'hydrogène. L'acide carbonique
CO^2, l'acide sulfurique anhydre (1) SO^3, l'acide azotique anhydre AzO^5 (2), ne sont donc pas des acides.
On les appelle *anhydrides* : on dira *anhydride carbonique, anhydride sulfurique, anhydride azotique.*

II. — Dans la nomenclature on indiquera seulement
le nom du métal substitué et non celui de la base.
Ainsi, on dira régulièrement *sulfate de potassium*,
comme on dit *sulfate de zinc*.

Le rôle de la base est presque nul dans cette
théorie.

III. — La partie qui persiste quand on passe de
l'acide au sel s'appelle *radical*. Dans l'acide sulfurique le radical est donc SO^3,O en équivalents, en
atomes SO^4 : c'est un *radical composé*.

Dans l'acide chlorhydrique c'est Cl, comme on le
voit en comparant les formules : le radical est *simple*.

Un sel est composé d'un radical et d'un métal.

IV. — Dans la décomposition d'un sel par l'électricité le métal est électrisé positivement et se rend
au pôle négatif ; le radical est électrisé négativement
et se rend au pôle positif.

_____

(1) *Anhydre,* c'est-à-dire qui ne contient pas d'eau, par opposition à
hydraté.
(2) En atomes : mêmes formules.

31. — Action des acides sur les bases. — L'acide perd son hydrogène, la base son oxygène : puis le radical de l'acide et le métal de la base se réunissent, tandis que l'oxygène et l'hydrogène se réunissent pour former de l'eau.

Cette manière de voir est positivement confirmée par l'expérience quand il s'agit des hydracides, c'est-à-dire des acides de la famille de l'acide chlorhydrique (qui ne contiennent pas d'oxygène). — Soit l'acide chlorhydrique et la chaux : ils donnent de l'eau et du chlorure de calcium,

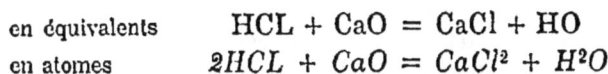

en équivalents $HCL + CaO = CaCl + HO$

en atomes $2HCL + CaO = CaCl^2 + H^2O$

le métal se substitue à l'hydrogène et réciproquement.

On admet, par analogie, qu'il en est de même pour les oxacides. Soit l'acide sulfurique réagissant sur la chaux — il donne du sulfate de chaux et de l'eau, par la substitution du calcium à l'hydrogène, de l'hydrogène au calcium.

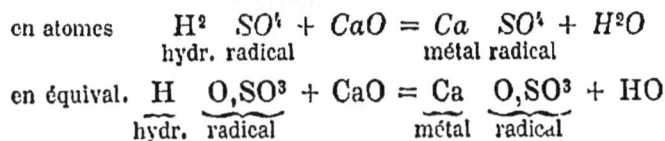

en atomes $H^2 \underset{\text{hydr. radical}}{SO^4} + CaO = Ca \underset{\text{métal radical}}{SO^4} + H^2O$

en équival. $H \underset{\text{hydr. radical}}{O,SO^3} + CaO = Ca \underset{\text{métal radical}}{O,SO^3} + HO$

Anciennement on admettait que l'eau de l'acide sulfurique hydraté se déplaçait sans se dissocier et était remplacée par la base.

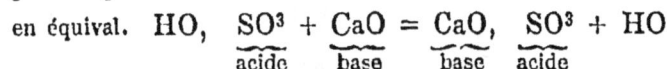

en équival. $HO, \underset{\text{acide base}}{SO^3} + CaO = CaO, \underset{\text{base acide}}{SO^3} + HO$

32. — Sels acides, sels neutres. — Lorsque tout l'hydrogène qui peut être remplacé par un métal dans un acide l'est en effet, on a un *sel neutre*. — Un *sel acide* est un sel dont tout l'hydrogène n'a pas été remplacé par un métal.

Ex. : 98 grammes d'acide sulfurique contiennent 2 grammes d'hydrogène. Si les 2 grammes sont remplacés par du potassium, on a du sulfate neutre de potassium. — Mais il existe un composé dans lequel un seul des deux hydrogènes est remplacé par du potassium ; c'est le *sulfate acide* de potassium ; en effet, ce composé contenant encore un gramme d'hydrogène, remplaçable par un métal, a encore des propriétés acides.

La propriété caractéristique des sels neutres, c'est d'être sans action sur le tournesol.

Il y a des exceptions : le carbonate neutre de potasse, par exemple, bleuit le tournesol rouge.

Tous les acides ne fournissent pas des sels acides et des sels neutres ; ainsi l'acide azotique ne donne que des sels neutres. La chimie atomique rend compte de ce fait par la constitution des molécules : si la molécule d'un acide contient 2 atomes d'hydrogène remplaçables par un métal, il pourra se faire qu'un seul soit remplacé, ou les deux ; on aura un sel acide dans le premier cas, un sel neutre dans le second ; si, au contraire, la molécule ne contient qu'un atome d'hydrogène, il n'y aura que des sels neutres.

Dans la notation en équivalents, pour mettre en évidence l'aptitude d'un acide à donner des sels acides et des sels neutres, on double la formule. Ainsi, l'acide sulfurique s'écrit $S^2O^6,2HO$, au lieu de SO^3,HO. La formule contient alors 2 équivalents d'hydrogène, dont le premier peut être remplacé sans que le deuxième le soit.

32. Avantages des nouvelles définitions. — 1° Suivant Lavoisier, un sel est composé d'un acide et d'une base. Or, il n'y a que les acides oxygénés (oxacides) qui s'unissent aux bases pour former des sels.

Ex. : L'acide carbonique avec la chaux pour former le carbonate de chaux.

en équivalents $CO^2 + CaO = CaO,CO^2$

Les hydracides, c'est-à-dire les acides qui ne contiennent pas d'oxygène, tels que l'acide chlorhydrique, l'acide bromhydrique, etc., ne s'unissent à une base qu'en perdant leur hydrogène, tandis que la base perd son oxygène, et il se forme de l'eau.

Ex. : L'acide chlorhydrique réagissant sur la soude, donne :

en équivalents $HCl + NaO = HO + NaCl$
            et non : $HCl + NaO = NaO,HCl$

Le chlorure de sodium ne devrait donc pas être appelé sel, non plus que tous les chlorures, bromures, etc. Or, ces corps ont toutes les propriétés des sels formés avec les oxacides.

La nouvelle définition fait disparaître ces anomalies.

2° On remarque que les acides usuels sont presque toujours hydratés. L'acide sulfurique anhydre, par exemple, est très difficile à obtenir ; l'acide du commerce a, en équivalents, la formule SO^3,HO, qui se prête à la définition nouvelle, puisqu'elle met l'hydrogène en évidence.

3° La nouvelle définition met en évidence qu'un sel doit être regardé comme composé d'une partie métallique, et d'une partie non métallique, qu'on appelle radical. Or, lorsqu'on décompose un sel par un courant électrique, il se divise en *métal* et en *radical,* et non pas en *acide* et *base.*

Ex. : Dans la galvanoplastie, le sulfate de cuivre se décompose suivant la formule.

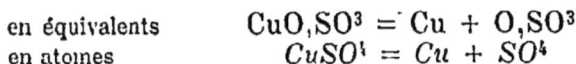

en équivalents $\qquad CuO,SO^3 = Cu + O,SO^3$
en atomes $\qquad\qquad CuSO^4 = Cu + SO^4$

La nouvelle définition est donc mieux en harmonie avec les phénomènes électro-chimiques.

CHAPITRE VI

MANIPULATIONS CHIMIQUES. CRISTALLISATION

34. Appareils. — Les matières, généralement solides ou liquides, qui doivent servir à une réaction, sont mises, suivant les circonstances, dans différents appareils. Quand

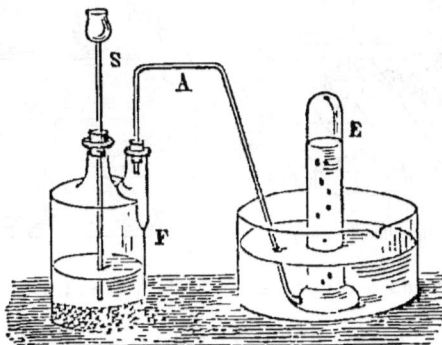

Fig. 4. — Flacon à hydrogène.

la réaction se fait *à froid*, sans chauffer, on se sert d'un *flacon* F (*fig. 4*) à deux tubulures, ou plus simplement d'un flacon à une seule tubulure fermée avec un bouchon en caoutchouc à plusieurs trous. — Quand la réaction se fait *à chaud*, on emploie un *ballon* (*fig. 8*) ou une *cornue* en verre C (*fig. 5*), que l'on chauffe avec quelques charbons,

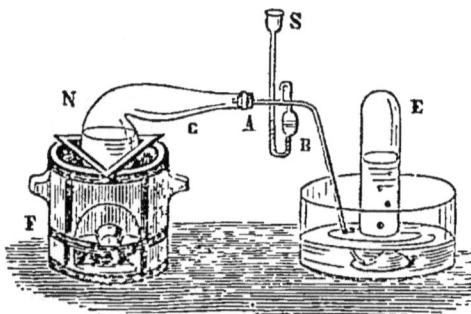

Fig. 5. — Préparation de l'oxygène.

une lampe à alcool ou avec un bec de gaz. Quand on a besoin d'une température élevée pour déterminer la réaction des corps, on les met dans une *cornue en grès;* et on la chauffe dans un fourneau à réverbère.

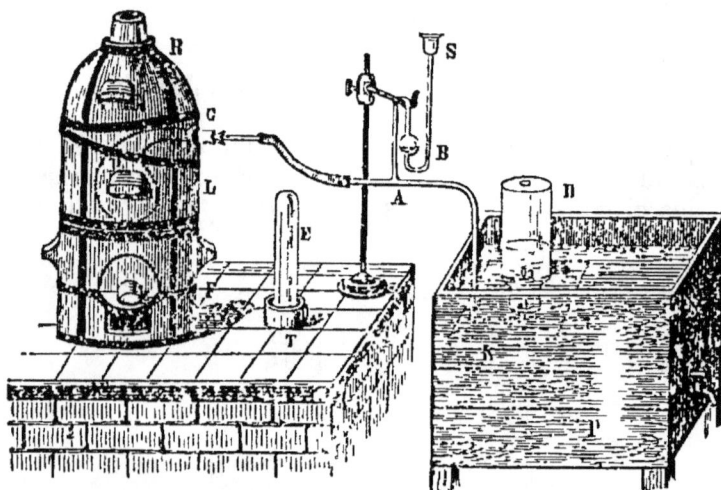

Fig. 6 — Fourneau à réverbère; tube de Welter; cuve à eau.

Le *fourneau à réverbère* (*fig. 6*) est en terre réfractaire, et se compose de trois parties : la partie inférieure F ou *fourneau* avec cendrier, grille et foyer ; le *laboratoire* L, où se passe la réaction, le travail chimique ; le *dôme* R, qui réverbère ou rejette la chaleur sur la cornue.

On remplit de charbon le foyer ; puis on fixe, au milieu du laboratoire, la *panse* de la cornue, dont le *col* C sort par une ouverture latérale. On finit de remplir le laboratoire avec du charbon ; puis on allume par la partie inférieure ; la combustion se propage de bas en haut, et permet de porter la cornue à la température voulue. Pour ne pas la briser, il faut éviter de la chauffer, comme aussi de la refroidir, trop brusquement.

35. Manière de recueillir les gaz ; tube de sûreté. — Au col de la cornue C *(fig. 5 et 6)*, on adapte, avec un bouchon percé en liège ou mieux en caoutchouc, un tube en verre A. appelé *tube abducteur*, destiné à emmener le gaz. Ce tube est plusieurs fois recourbé, et aboutit dans une cuve pneumatique.

La *cuve à eau* ou *cuve pneumatique* est un grand vase, en zinc ou en bois, toujours plein, où l'on peut remplir les flacons et les retourner sans les sortir de l'eau. — Une *planchette*, évidée en côté et percée de trous, est fixée dans les couches supérieures de l'eau. L'extémité du tube abducteur s'engage dans l'échancrure, se relève, et aboutit, par l'un des trous, à l'orifice du flacon D. (*fig. 6.*)

Fig. 7 — Tête à gaz.

La grande cuve à eau peut être remplacée par un vase quelconque, plat, terrine ou capsule en verre (*fig. 5*), et la planchette par un *têt à gaz* (*fig. 7*). C'est une petite coupe en terre, percée d'une ouverture latérale et d'un trou au milieu, pour le passage du tube à dégagement.

Quand le gaz se produit, il presse et chasse le liquide qui se trouve dans le tube abducteur, et se dégage par l'extrémité de ce tube. — Mais quand il cesse de se produire ou se refroidit, il n'y a plus, dans le tube abducteur, assez de pression de dedans en dehors ; l'air extérieur pèse plus fort sur l'eau de la cuve, peut la faire monter dans le tube et passer dans la cornue. Elle fait manquer l'expérience, peut rompre l'appareil et même produire des explosions dangereuses. Cet accident se nomme *absorption*. — On l'évite à l'aide du *tube de sûreté* ABS (*fig. 6.*) L'air qui

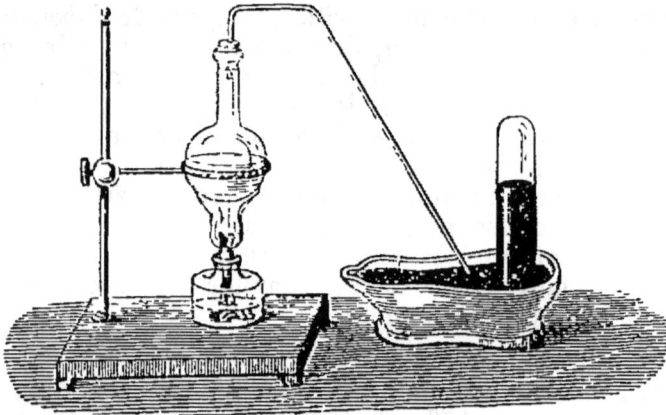

Fig. 8. — Cuve à mercure.

pèse sur l'eau de la cuve, pèse aussi sur l'eau qu'on a eu
soin de verser par l'entonnoir du haut du tube S, de
manière à remplir à moitié la boule B ; cet air refoule l'eau
du tube dans la boule, monte à travers cette eau et pénètre
dans l'appareil pour rétablir l'équilibre de pression. Le tube
à entonnoir S (fig. 4) produit le même effet. — Si, au
contraire, le dégagement est trop abondant, et que le gaz
ne trouve pas une issue suffisante par le tube abducteur, il
refoule le liquide du tube de sûreté et s'ouvre un passage
par ce tube.

Quand les gaz sont *solubles dans l'eau*, on les recueille
sur le *mercure*, à l'aide de cuves spéciales (fig. 8).

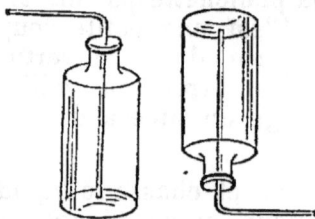

Fig. 9.   `Fig. 10.
Gaz recueillis à sec.

On peut recueillir *à sec* les gaz
qui sont notablement plus lourds
que l'air, comme l'acide carbonique (fig. 9), ou plus légers,
comme l'ammoniaque (fig. 10).

Pour relier entre eux les tubes
en verre et les appareils que
doivent traverser les gaz, on
emploie commodément des *tubes
en caoutchouc* et des *bouchons* de
même matière, percés de un ou plusieurs trous.

36. Manipulation des gaz. — On laisse perdre les premières portions des gaz qui sortent par le tube abducteur,
parce qu'elles sont mélangées avec l'air de l'appareil et des
tubes. Pour les *recueillir* ensuite, quand on les juge assez
purs, on se sert d'une petite éprouvette en verre épais E

3

(fig. 4, 5 et 6) : on la plonge dans la cuve, l'ouverture en haut, on la retourne, sans sortir du liquide son extrémité ouverte, et on la passe, pleine d'eau que retient la pression atmosphérique, sur la planchette ou le têt à gaz. On fait de même pour un flacon plus grand D *(fig. 6)*. On peut aussi remplir d'eau l'éprouvette, la boucher avec la main ou une soucoupe, la renverser, en plonger le bas dans l'eau, et la poser au-dessus du trou où aboutit le tube abducteur. Le gaz arrive au bas de l'éprouvette, monte à la partie supérieure, à cause de sa légèreté, et en chasse l'eau.

Quand l'éprouvette est pleine de gaz, d'une main on introduit dessous une soucoupe ou une tasse, de l'autre on soulève l'éprouvette, et, sans la sortir de l'eau, on plonge son extrémité inférieure dans la tasse. On la *transporte* alors facilement, sans que l'air puisse rentrer, en E *(fig. 6)*. On fait de même pour remplir une bouteille.

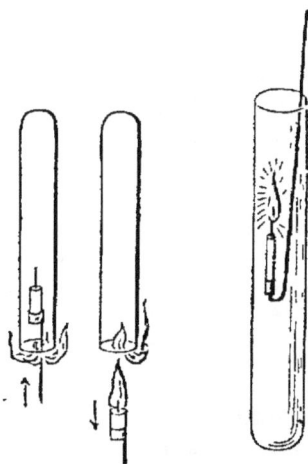

On peut *conserver* longtemps dans des bouteilles les gaz peu solubles, en maintenant le goulot renversé dans l'eau, ou mieux, fermé d'un bouchon de liège surmonté d'un peu d'eau.

Les gaz se *transvasent sous l'eau*, comme on transvase les liquides dans l'air, mais en tenant renversé et plein d'eau le vase qui doit recevoir le gaz, et redressant peu à peu, au-dessous du premier, le vase qui contient d'abord ce gaz.

Pour *expérimenter à l'air* le gaz dont une éprouvette est pleine, il faut tenir celle-ci l'ouverture en bas si le gaz est plus léger que l'air *(fig. 11)*, et en haut s'il est plus lourd *(fig. 12)*.

Fig. 11.   Fig. 12.
Essai des gaz.

CRISTALLISATION

37. — La cristallisation est un phénomène par lequel un corps, en passant à l'état solide, prend de lui-même des formes régulières, limitées par des faces planes, qui se coupent sous des angles déterminés. La structure intérieure des *cristaux* correspond à leur forme extérieure, et quand on les brise, leur cassure présente elle-même des formes régulières. — On appelle *amorphes* les corps non cristallisés.

On trouve beaucoup de cristaux formés naturellement, comme le spath d'Islande, le quartz. On peut en produire par des procédés artificiels. En général, un corps cristallise lorsqu'il passe lentement de l'état liquide ou de l'état gazeux à l'état solide.

38. Voie sèche, voie humide. — On fait cristalliser les corps par voie sèche et par voie humide.

Dans la cristallisation par *voie sèche*, on utilise la chaleur, sans aucun liquide dissolvant. On opère par fusion ou par sublimation.

1o On fait *fondre*, en le chauffant, le corps solide que l'on veut faire cristalliser : puis on le laisse refroidir lentement, et à l'abri de toute agitation. La surface du liquide et les couches en contact avec les parois du vase où la fusion s'est opérée se refroidissent plus rapidement que les couches centrales, et cristallisent les premières. On perce la croûte qui se forme à la surface et on décante, en faisant écouler la partie liquide, pour isoler les cristaux. On réussit facilement avec le soufre et le bismuth.

2o On *sublime*, c'est-à-dire on volatilise le corps solide, en le chauffant dans une cornue qui communique avec un récipient convenablement refroidi. Les vapeurs sortent de la cornue et vont se condenser dans le récipient, sous forme de cristaux. Ce moyen est employé pour l'iode et la fleur de soufre.

La *voie humide* consiste à faire dissoudre le corps à cristalliser dans un liquide, qui l'abandonne ensuite par refroidissement ou par évaporation.

1o On fait dissoudre le corps, dans un liquide chaud, jusqu'à saturation, puis on le laisse refroidir. Le dissolvant refroidi ne peut retenir tout le corps dissous ; une partie se solidifie en cristallisant. Ce procédé réussit très bien pour les corps qui, comme le salpêtre, l'alun, le sucre, sont beaucoup plus solubles à chaud qu'à froid.

2o On dissout le corps dans un liquide qu'on laisse ensuite évaporer. C'est ainsi que, sur les bords de la mer, le sel ordinaire cristallise dans les marais salants. Le soufre cristallise de même dans le sulfure de carbone.

Les *courants électriques* faibles, en déplaçant les molécules des corps, produisent aussi des cristallisations.

39. Systèmes cristallins. — Les formes qu'affectent les corps en cristallisant sont extrêmement nombreuses et variées : cependant chaque co ps prend presque toujours une forme invariable. L'étude de ces formes, la *cristallographie*, est très utile pour déterminer les corps et les distinguer les uns des autres.

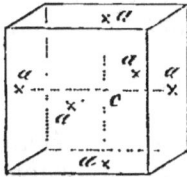

Fig. 13. — Cube de sel gemme.

Dans les cristaux (*fig. 13*), il y a un point intérieur *c* appelé *centre*, tel que toute ligne droite qui y passe et se termine aux faces, est divisée par ce point en deux parties égales. Les *axes aa* sont des lignes menées par le centre, coupant en deux parties égales toutes les lignes qui leur sont perpendiculaires ; les faces sont *symétriques* par rapport aux axes.

C'est par la considération des axes et par la mesure des angles formés par les faces de cristaux, qu'on peut distinguer, comparer et classer les formes cristallines. On a donné le nom de *système cristallin* à l'ensemble des formes qui peuvent se ramener à un premier type ou forme fondamentale. L'abbé Haüy, le principal inventeur de la cristallographie, admettait six systèmes, ayant chacun pour type le solide de géométrie le plus simple dont on peut faire dériver toutes les formes secondaires du sys'ème.

1° Cube; trois axes rectangulaires (se coupant à angle droit), égaux : sel ordinaire (*fig. 13*), alun.

2° Prisme droit à base carrée; trois axes rectangulaires, deux égaux, le troisième inégal : oxyde d'étain naturel.

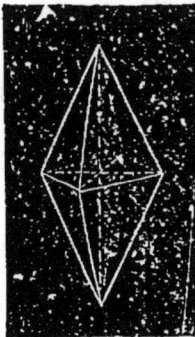

Fig. 14. — Octaèdre de soufre natif.

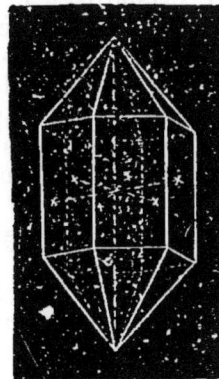

Fig. 15. — Prisme hexagonal de quartz.

3º Prisme droit à base rectangle ; trois axes rectangulaires, inégaux : aragonite, soufre natif ou par dissolution (*fig. 14*).

4º Prisme droit à base rhombe ou losange, trois axes égaux, dans le même plan, faisant des angles de 60º ; un quatrième perpendiculaire au plan des autres : spath d'Islande, quartz (*fig. 15*).

5º Prisme oblique à base rectangle ; trois axes inégaux, deux obliques entre eux, le troisième perpendiculaire au plan des premiers : gypse, soufre par fusion.

6º Prisme oblique à base parallélogramme : trois axes inégaux et obliques : sulfate de cuivre.

Un cristal n'a pas ordinairement toutes ses faces également développées ; mais on peut déterminer son système en mesurant l'inclinaison toujours constante de ses faces les unes sur les autres.

40. Isomorphisme, dimorphisme et polymorphisme. — L'*isomorphisme* est la propriété qu'ont plusieurs corps de cristalliser de la même manière, quoiqu'ils soient de compositions différentes. Les corps isomorphes peuvent même se substituer les uns aux autres dans les mêmes cristaux. Tels sont les *aluns* ; un cristal commencé dans une solution d'alun à base de potasse pourra se développer successivement dans une solution d'alun à base de soude, ou d'alun à base d'ammoniaque, se formant ainsi de couches superposées de ces divers aluns. Si les dissolutions sont mélangées, chacun des cristaux renfermera à la fois les différents aluns. — Les corps isomorphes ont toujours une composition chimique analogue.

Le *dimorphisme* est la propriété qu'ont quelques corps de pouvoir cristalliser chacun dans deux formes différentes, appartenant à des systèmes incompatibles. Tel est le soufre, qui cristallise par voie sèche autrement que par voie humide : tel est aussi le carbonate de chaux, dans les deux variétés, aragonite et spath d'Islande.

Le *polymorphisme* est la propriété qu'ont quelques corps de pouvoir prendre plus de deux formes cristallines, appartenant à des systèmes différents. Tel est l'oxyde de titane, qui peut cristalliser de trois manières.

41. Remarques sur la méthode suivie dans l'étude d'un corps. — Au commencement du paragraphe consacré à un corps, on a réuni dans un tableau les renseignements les plus importants relatifs à ce corps, principalement les données qui servent à résoudre les problèmes numériques.

Ce sont :

— pour les corps simples : le symbole, l'équivalent, le poids atomique et le nombre de valences de l'atome; pour les corps composés : la formule en équivalents, la formule atomique, le poids moléculaire.

— les densités. La densité des gaz prise par rapport à l'air D_a sert, dans les problèmes, à passer des poids aux volumes ; le poids d'un litre de gaz s'obtient en multipliant la densité par le poids d'un litre d'air. Pour les solides et les liquides, on prend la densité par rapport à l'eau et elle exprime le poids de l'unité de volume. La densité des gaz ou des vapeurs, prise par rapport à l'hydrogène, sert beaucoup à connaître leur constitution moléculaire ; nous la désignons par D_h.

— le coefficient de solubilité S. Pour un gaz, c'est le volume de ce gaz qui se dissout dans un litre d'eau. Pour les solides ou les liquides, c'est le poids qui se dissout dans 1 kilog. d'eau. Le coefficient de solubilité varie avec la température.

— le point de fusion F.

— le point d'ébullition.

Après ce tableau vient une courte notice historique.

Le texte proprement dit comprend les propriétés du corps, sa composition, son état naturel, sa préparation, ses applications à la médecine, à l'industrie, aux arts.

Quand le paragraphe relatif aux propriétés est un peu étendu, pour aider la mémoire nous le divisons de la manière suivante :

1° *Caractères.* Nous réunissons sous ce nom des propriétés plus remarquables qui servent à reconnaître un corps et à le distinguer des autres. C'est, ordinairement, la couleur, l'odeur, la saveur : ex. : *le chlore est un gaz verdâtre, d'une odeur caractéristique, qui provoque la toux.* Quelquefois, on a recours à une expérience très simple ; ex. : *l'oxygène est un gaz incolore, inodore ; si on y plonge une bougie, elle brûle avec plus d'éclat que dans l'air.* — Ou bien on emploie *des réactifs.* On appelle *réactifs* des corps capables d'en révéler d'autres par des réactions ou phénomènes caractéristiques et constants. *Ex. : le tournesol,* qui rougit au contact d'un acide ; *l'eau de chaux,* qui est troublée par l'acide carbonique.

2° *Propriétés physiques.* .

3° *Propriétés chimiques.*

LIVRE I

MÉTALLOÏDES

CHAPITRE Ier

OXYGÈNE. — COMBUSTION. — RESPIRATION.

OXYGÈNE

Etymologie : οξυς acide, γεννάω, j'engendre, parce qu'il forme un grand nombre d'acides.

Equiv.	$O = 8$	$S = 0,041$
P. at.	$O = 16$	$D_a = 1,1056$
	Bivalent	$D_h = 16$

L'oxygène a été découvei ꞉n 1774, en même temps par l'Anglais Priestley et le Suédois Scheele. Deux ns après Lavoisier fit connaitre les propriétés principales de ce gaz et le rô qu'il joue dans la respiration.

42. Propriétés. — *Cc 'ctères.* L'oxygène est un gaz sans couleur, sans od r, sans saveur. Une bougie y brûle avec beaucoup lus d'éclat que dans l'air (*fig. 16*); elle s'y rallume 'orsqu'on l'a éteinte, pourvu qu'elle présente encore u point rouge.

Propriétés physiques. — 'oxygène est remarquable par la résistance qu'il offr la liquéfaction. C'est l'un des six gaz que l'on n'avai ias pu liquéfier avant les expériences de M. Pictet et 'e M. Cailletet, en 1877, et qui étaient dits *permane. 's* : l'oxygène, l'hydrogène, l'azote, le bioxyde d'az te, l'hydrogène proto-carboné et l'oxyde de carbc e. — L'oxygène se condense à 136° au-dessous e 0, sous une forte pression, en un liquide incolore et transparent, qui bout à — 181° sous la pression ᵔthmosphérique et qu'on n'a pu solidifier même à 2? au-dessous de 0.

Ce gaz est peu soluble dans l'eau ; 44 centimètres cubes seulement se dissolvent dans un litre (1).

Propriétés chimiques. — L'oxygène a beaucoup d'affinité pour la plupart des corps et se combine avec eux en dégageant de la chaleur et de la lumière, phénomène qu'on appelle *combustion*.

1ᵉʳ exemple. — On a vu l'action de l'oxygène sur une bougie allumée.

Fig. 16. — Bougie dans l'oxygène.

Fig. 17. — Charbon dans l'oxygène.

2ᵉ exemple. — Combustion du charbon. — Pour expérimenter la combustion du *charbon* dans l'oxygène, on fixe une petite coupelle en terre (*fig. 17*) à un gros fil de fer ; on y met un morceau de charbon dont on a fait rougir un bout, et on l'introduit dans un flacon à large goulot, rempli d'oxygène. Au lieu de s'éteindre, comme il ferait dans l'air, le charbon brûle avec une vive lumière, jusqu'à ce qu'il n'y ait plus d'oxygène. Le gaz qui reste éteint une bougie, il est soluble dans l'eau, rougit la teinture de tournesol et trouble l'eau de chaux ; c'est l'*acide carbonique* CO^2 (CO^2).

Le *soufre*, placé dans les mêmes conditions, brûle

(1) On remarque que les gaz difficiles à liquéfier sont peu solubles dans l'eau.

avec une belle flamme bleue. Le produit de la combustion est un gaz d'une odeur suffocante, très soluble
dans l'eau, et qui rougit le tournesol; on l'appelle
acide sulfureux SO^2 (SO^2).

Le *phosphore*, allumé dans l'oxygène, y brûle avec
une flamme d'un éclat éblouissant. Il se produit une
poussière blanche d'*acide phosphorique* PhO^5 (Ph^2O^5),
soluble dans l'eau, et qui rougit fortement le tournesol.

On constate que les corps formés dans les combinaisons précédentes sont des *acides*, en versant de la
teinture de tournesol dans le vase où la réaction
s'est produite. Le réactif rougit aussitôt : l'acide
carbonique lui communique la couleur vineuse, qui
est le caractère des acides faibles ; l'acide phosphorique lui donne la teinte dite rouge *pelure d'oignon*,
qui est le signe d'un acide fort ; l'acide sulfureux tient
le milieu entre les deux (1).

Les *métaux* brûlent aussi dans l'oxygène, mais ils
forment des oxydes *neutres* ou *basiques*.

Fig. 18. — Fer dans
l'oxygène.

Suspendons à un large bouchon
un fil de *fer* ou un ressort de montre
recuit, enroulé en spirale (*fig. 18*),
et attachons à son extrémité un petit
morceau d'amadou. Enflammons cet
amadou et descendons-le dans un
flacon d'oxygène. L'amadou brûle,
échauffe et allume le fer, qui brûle
lui-même avec éclat, en lançant de
vives étincelles. Il se forme de
l'*oxyde de fer* Fe^3O^4 (Fe^3O^4). Ce corps,
fondu par la chaleur, se réunit en
petites gouttes incandescentes, qui tombent et vont
s'incruster dans le verre, malgré la couche d'eau
qu'on a soin d'y laisser pour empêcher la rupture
du flacon. L'oxyde de fer est insoluble et sans action
sur le tournesol.

Un fil de *magnésium* brûle aussi dans l'oxygène, et

(1) En réalité, ces corps sont des anhydrides ; nous les appelons acide
en nous conformant à l'ancienne nomenclature.

3.

même dans l'air, avec un éclat éblouissant ; il produit une poudre blanche de *magnésie* MgO (*MgO*), qui se dissout lentement dans l'eau et ramène au bleu le tournesol rougi par les acides. La magnésie est donc une *base*.

On fond du *sodium* dans un godet et on le descend dans un flacon d'oxygène. Il y brûle avec une flamme jaune et produit une poudre blanche de *soude* qui bleuit le tournesol.

Les corps qui n'ont pas d'affinité pour l'oxygène sont l'azote, le chlore et les métalloïdes de la famille du chlore parmi les métalloïdes ; le platine, l'or et l'argent parmi les métaux.

Action de l'oxygène sur l'organisme. — L'oxygène est l'agent de la respiration, comme on le verra plus loin. Cependant, pur ou trop concentré, il excite trop énergiquement et devient poison. On peut s'en assurer en mettant un oiseau sous une cloche remplie de ce gaz : il semble éprouver d'abord un bien-être inaccoutumé, mais il ne tarde pas à périr. La trop grande force de l'oxygène est tempérée dans l'air par la présence de l'azote.

43. État naturel. — A l'état libre l'oxygène forme $\frac{1}{5}$ de l'air athmosphérique. A l'état de combinaison, il se trouve dans la plupart des substances minérales, végétales ou animales. On a calculé qu'il forme le $\frac{1}{2}$ du poids de la terre.

44. Préparation. — L'oxygène a été découvert par Priestley, qui l'obtint en chauffant de l'oxyde rouge de mercure, dans une cornue (*fig. 19*), à une température

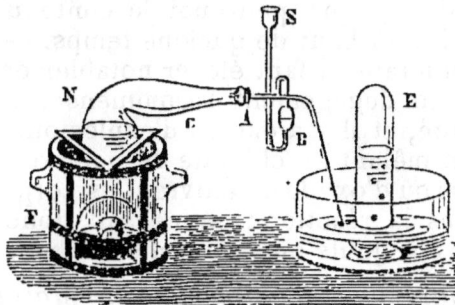

Fig. 19. — Préparation de l'oxygène.

voisine du rouge. Ce corps se décompose : en mercure, qui se dégage sous forme de vapeur pour se condenser dans le col de la cornue en goutelettes brillantes ; et en oxygène, qui se rend dans une éprouvette placée sur la cuve à eau,

en équiv. $$HgO = Hg + O$$
en at. même formule

Aujourd'hui on emploie une substance artificielle, le chlorate de potasse, ou le bioxyde de manganèse, minéral abondant et peu cher.

Préparation par le chlorate de potasse. — Ce sel donne rapidement une grande quantité d'oxygène pur. On l'introduit dans une cornue en verre N (*fig. 19*), que l'on chauffe modérément sur des charbons placés dans un fourneau F, ou avec une lampe à alcool. Le chlorate de potasse fond d'abord, puis il se décompose. La formule du chlorate de potasse est KO,ClO^5 (*$KClO^3$*). Il est donc formé de chlore, de potassium et d'oxygène : le chlore et le potassium restent pour former du chlorure de potassium ; l'oxygène se dégage :

en équiv. $$KO,ClO^5 = KCl + 6O$$
en at. *$KClO^3 = KCl + 3O$*

En réalité le phénomène est plus complexe. Au commencement une partie de l'oxygène mis en liberté se porte sur le sel non décomposé, et le transforme en perchlorate de potasse, qui est moins fusible et plus stable,

en équiv. $$2O + KO,ClO^5 = KO,ClO^7$$
perchl. de pot.
en at. *$O + KClO^3 = KClO^4$*

Ce nouveau sel est beaucoup moins fusible que le précédent , ce qui explique pourquoi le contenu de la cornue redevient solide au bout de quelque temps. — Pour décomposer le perchlorate, il faut élever notablement la température. Quand le dégagement recommence, il se fait avec trop de rapidité, et il y a danger d'explosion. On régularise l'opération en mêlant au chlorate de potasse un poids égal de manganèse ou d'oxyde de cuivre. Ces corps se retrouvent inaltérés après la réaction ; on ne sait donc pas quel est leur rôle : on dit qu'ils ont une *action de présence*.

Préparation par le bioxyde de Manganèse MnO^2 (*MnO^2*). — On chauffe ce corps jusqu'au rouge dans

une cornue de grès, au moyen du fourneau à réverbère. Il se dégage de l'oxygène et il reste un corps
brun dont la formule est Mn^3O^4 (Mn^3O^4), qu'on appelle
oxyde salin de manganèse.

en équiv. $3MnO^2 = Mn^3O^4 + 2O$

en at.   même formule

Le bioxyde a fourni le $\frac{1}{5}$ de son oxygène.

*Préparation par le bioxyde de manganèse et l'acide sulfu-
rique.* — On mélange ces matières dans un ballon et on
chauffe légèrement ; il se dégage de l'oxygène.

en équiv. $MnO^2 + HO,SO^3 = HO + O + MnO,SO^3$

en at. $MnO^2 + H^2SO^4 = H^2O + O + MnSO^4$

On voit sur l'une et l'autre formules que l'hydrogène se
substitue au manganèse et réciproquement, ce qui donnerait
du sulfate de manganèse et du bioxyde d'hydrogène HO^2
(H^2O^2) ; mais ce dernier corps n'étant pas stable se décompose en eau HO (H^2O) et en oxygène.

Préparation par la baryte. — La baryte, chauffée au
contact de l'air, passe de la formule BaO (BaO) à la formule
BaO^2 (BaO^2) (bioxyde de baryum), en absorbant l'oxygène
de l'air. On peut lui faire rendre cet oxygène, soit en chauffant à une température plus élevée (procédé Boussingault),
soit en faisant le vide sans élever la température (procédé
Brin). Ce dernier procédé permet de faire servir indéfiniment la même baryte ; dans l'autre elle perd rapidement la
propriété d'absorber de l'oxygène.

COMBUSTION

45. Définitions. — *Combustion.* On appelle combustion
une combinaison qui se produit avec dégagement de
chaleur. *Ex.* : la combinaison de l'oxygène avec le
carbone, le soufre, le fer, etc., dans les expériences
précédentes. — On peut aussi faire brûler du fer, du
cuivre...., dans le chlore, dans la vapeur de soufre.....

Combustion vive, combustion lente. Si la combinaison est assez rapide pour que le dégagement de
chaleur soit sensible et accompagné de lumière, on
dit que la combustion est *vive.* — La combustion est
lente, lorsque la combinaison se fait peu à peu et que
la chaleur développée se perd au fur et à mesure

dans le milieu ambiant, sans élever la température d'une manière sensible. C'est en se combinant lentement avec l'oxygène de l'air humide, que le fer se transforme en rouille, le phosphore en acide phosphoreux. C'est aussi l'oxygène de l'air qui, aidé par la lumière, brûle lentement et détruit les matières colorantes des toiles écrues qu'on fait blanchir sur les prairies. — La respiration est un phénomène de combustion lente : l'oxygène introduit dans les poumons se combine avec les éléments contenus dans le corps pour former de l'eau et de l'acide carbonique.

La quantité de chaleur dégagée dans une combustion lente est la même que dans une combustion vive.

Comburant, combustible. L'un des deux corps forme le milieu dans lequel se passe le phénomène, on l'appelle *comburant* ; l'autre s'appelle *combustible*. Ainsi, lorsqu'on allume un bec de gaz d'éclairage dans l'air, l'oxygène de l'air est le comburant, le gaz est le combustible. Mais cette distinction n'a pas d'importance ; car on pourrait diriger un jet d'oxygène dans un récipient plein de gaz, et l'y allumer ; ce serait alors l'oxygène qui brûlerait dans le gaz d'éclairage.

46. — Théorie de la combustion. — La théorie des combustions a été faite par Lavoisier, en 1775. Auparavant on croyait que les corps en brûlant perdaient une substance particulière appelée phlogistique. Il montra que la combustion est une combinaison : dans les cas usuels l'un des composants est l'oxygène, l'autre est ordinairement le carbone ou l'hydrogène, comme on peut le voir en consultant la liste des combustibles usuels ; le résultat est de l'acide carbonique (carbone et oxygène) pour la combustion du carbone, de l'eau (hydrogène et oxygène) pour la combustion de l'hydrogène.

Pour établir que la combustion est une combinaison et que l'un des composants est l'oxygène, on donne les preuves suivantes :

1° On montre *qu'un corps qui brûle augmente de poids*. — Le fer est moins pesant que l'oxyde de fer, l'acide carbonique et la vapeur d'eau qui s'échappent d'un foyer pèsent plus que le bois qui a servi à les former.

2° *L'oxygène est nécessaire à la combustion.* — Une bougie placée sous le récipient de la machine pneumatique s'éteint aussitôt qu'on fait le vide. Elle s'éteint dans un air confiné, faute d'oxygène, par exemple quand on la couvre d'une cloche. Le feu *dort* quand le tirage d'une cheminée est moins actif.

3° *L'oxygène est absorbé par la combustion.* — Si on fait brûler du phosphore sous une cloche placée sur une cuve à eau, le volume diminue, et à la fin on constate qu'il n'y a plus d'oxygène.

4° *Il se forme de l'eau.* — Une cloche sèche sous laquelle brûle un bec de gaz se recouvre bientôt d'un dépôt de vapeur d'eau condensée.

5° *Il se forme de l'acide carbonique.* — Car l'air modifié par la combustion trouble l'eau de chaux qu'on lui fait traverser au moyen d'un aspirateur.

47. Combustibles usuels. — On donne ce nom à toute substance pouvant produire économiquement de la chaleur et de la lumière par la combustion.

Ce sont des charbons : *anthracite, houille, lignite, tourbe, coke, charbon de bois ;* ou des carbures d'hydrogène : *goudron, pétrole, paraffine ;* ou des substances organiques formées de carbone, d'hydrogène et d'oxygène : *bois, alcool, huiles.*

En prenant comme unité la calorie, c'est-à-dire la quantité de chaleur nécessaire pour élever 1 gramme d'eau de 0° à 1°, voici la quantité de chaleur que dégage, en brûlant, 1 gramme des principaux combustibles :

Hydrogène et oxygène..	34.500	Alcool (42° Baumé)....	7.000
(L'hydrogène brûlant avec le chlore dégage 22.000 calories.)		Phosphore............	6.750
Gaz de l'éclairage.....	12.500	Coke.................	6.500
Huile moyenne........	8.000	Houille..............	6.000
Carbone pur..........	8.000	Bois très sec.........	4.000
Charbon de bois......	7.500	Bois séché à l'air (1)...	2.000

(1) Quand on fait brûler du bois vert, presque toute la chaleur est employée inutilement à vaporiser l'eau qu'il contient.

RESPIRATION

48. Dans la respiration des animaux il y a un phénomène de combustion lente, l'air fournissant le
comburant, qui est l'oxygène, et l'être vivant, le combustible, hydrogène et carbone.

L'air aspiré pénètre dans les poumons ; son oxygène
s'y dissout dans le sang. Le sang chargé d'oxygène,
prend une teinte d'un rouge vif, et retourne au
cœur ; de là, il est poussé par cet organe dans les
artères et jusque dans les derniers vaisseaux capil-
laires. Pendant cette circulation, l'oxygène, mis en
contact avec les matériaux combustibles de l'alimentation, les brûle et les transforme en *eau* et en *acide
carbonique*. Ce gaz remplace ainsi l'oxygène et donne
au sang une teinte noire. Le sang passe ensuite dans
les veines, revient au cœur, qui le renvoie aux poumons Là, à travers les membranes qui forment les
parois des cellules pulmonaires, il s'opère un échange
de gaz ; le *sang veineux* exhale de l'eau et de l'acide
carbonique, et reprend à l'air une nouvelle quantité
d'oxygène, pour redevenir *sang artériel*.

On retrouve dans la respiration *les mêmes circonstances que dans la combustion d'une bougie*. 1° *L'air
est nécessaire.* Un oiseau périt dans le vide de la
machine pneumatique ou dans l'atmosphère confinée
d'une cloche bien fermée.

2° *De l'oxygène disparaît.* L'analyse montre que
l'air que nous aspirons contient 21 0/0 d'oxygène, et
que l'air rejeté des poumons n'en a plus que 16 0/0.
Un homme de force moyenne absorbe par heure plus
de 20 litres d'oxygène. On conçoit d'après cela comment l'air confiné des appartements habités devient
irrespirable. Il est donc nécessaire de le renouveler
par un bon système de ventilation. On estime qu'il
faut environ 10 mètres cubes d'air neuf, par heure
et par individu, et dans les salles de malades, 70ᵐᶜ.

3° L'air expiré est chargé de *vapeur d'eau.* C'est
cette vapeur qui, en se condensant, forme l'espèce de
brouillard qui sort de notre bouche lorsque nous res-

pirons dans un air froid, ou qui ternit momentanément
la surface d'un miroir sur lequel nous soufflons (1).

4° *Il est chargé d'acide
carbonique.* — On le prouve
en soufflant, avec un petit
tube, l'air qui sort des poumons dans un verre rempli
d'eau de chaux. On trouble
cette eau bien plus rapidement qu'en y faisant passer
de l'air ordinaire, au moyen
d'un soufflet. On rend le
fait encore plus évident à
l'aide d'un appareil (*fig 20*) disposé de manière que
l'air aspiré passe à travers l'eau de chaux d'un flacon
B, et que l'air rejeté des poumons traverse l'eau de
chaux d'un second flacon F. On respire par le tube D.

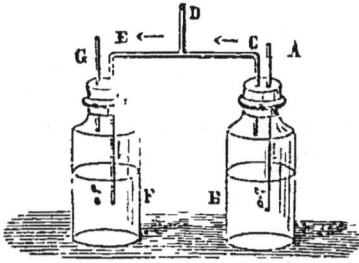

Fig. 20. — Acide carbonique produit par la respiration.

5° La combustion intérieure est la cause principale
de la *chaleur animale*. Quand la respiration est
active, la température du corps de l'animal reste
constante, et supérieure en général à la température
extérieure ; c'est ce que l'on constate dans les animaux
à sang chaud, et, en particulier, dans l'homme, dont
la température moyenne est de 37°, dans tous les pays
et toutes les saisons. Celle des oiseaux est plus
élevée ; elle est de 42° en moyenne. — Quand la respiration est *lente*, la température de l'animal suit les
variations des corps environnants, ainsi qu'on
l'observe dans les animaux à *sang froid*, comme les
reptiles, les poissons.

L'*asphyxie* est la suspension des phénomènes de
la respiration, tels qu'on vient de les décrire. —
L'oxygène est indispensable pour cet acte. D'autres
gaz peuvent être respirés sans danger comme l'azote,
l'hydrogène ; mais ils ne peuvent suppléer l'oxygène,
et, quand ils sont respirés seuls, ils produisent

---

(1) Cette eau vient en partie des substances hydrogénées qui sont oxydées
par la fonction respiratoire. Mais la plus grande partie a été introduite dans
l'organisme avec les aliments, et vient simplement s'évaporer à la surface
des poumons.

l'asphyxie. Il y a des gaz *délétères*, comme l'oxyde de carbone, qui empoisonnent, en agissant directement sur nos organes.

Les *végétaux* respirent, absolument comme les animaux, avec production d'acide carbonique ; mais, pour se nourrir, ils décomposent une bien plus grande quantité d'acide carbonique, pour en garder le carbone, et en restituer l'oxygène à l'air.

OZONE

49. Caractères. — L'ozone est une variété d'oxygène qu'on trouve mélangée à l'oxygène ordinaire dans certaines expériences, par exemple dans la décomposition de l'eau par la pile ; on n'a pas pu l'obtenir pur. Il a une odeur particulière, celle qui se dégage du phosphore quand il s'oxyde dans l'air humide ; c'est à cette odeur qu'il doit son nom, *ozone*, de ὄζω, je sens. Il est bleu, quand on le voit sous une certaine épaisseur. Son réactif est le papier amidonné imprégné d'une dissolution d'iodure de potassium : il le bleuit.

Propriétés. — L'ozone est plus facile à liquéfier que l'oxygène. Il se condense à — 106° sous la pression athmosphérique.

L'ozone a un pouvoir oxydant bien plus énergique que l'oxygène ordinaire : il s'unit directement au mercure, à l'argent et même à l'azote ; il décolore le tournesol et beaucoup de matières organiques. — Ce pouvoir oxydant explique son action sur le papier amidonné imprégné d'iodure de potassium : l'ozone prend le potassium, et l'iode, mis en liberté, colore l'amidon en bleu.

50. Préparation. — On fait passer une série d'étincelles électriques, ou mieux de décharges obscures (effluves) dans de l'oxygène sec, à basse température. On obtient ainsi de l'oxygène qui contient jusqu'à 30 0/0 d'ozone. Mais on ne peut pas transformer tout l'oxygène.

51. Composition moléculaire de l'ozone. — L'ozone est de l'oxygène condensé : 3 volumes d'oxygène se condensent en 2 volumes d'ozone, de sorte que la densité de l'ozone est égale à 1 fois 1/2 la densité de l'oxygène. On le vérifie par l'expérience suivante.

En faisant passer des décharges électriques dans une éprouvette pleine d'oxygène on le transforme en partie en

ozone et on observe une diminution de volume : supposons le volume disparu égal à 1. On introduit de l'essence
de cannelle qui absorbe l'ozone : la nouvelle diminution de
volume sera égale à 2. Donc l'oxygène qui a disparu occu-
pait 3 volumes à l'état d'oxygène et 2 à l'état d'ozone.

D'après les hypothèses faites sur le volume des molécules (1), on doit admettre que, dans cette transformation,
3 molécules d'oxygène se condensent en deux molécules
d'ozone. La 3ᵉ molécule d'oxygène se divise donc : une
moitié se reportant sur chacune des 2 autres : ce qui justifie une supposition que nous avions admise sans preuve
jusqu'à présent, savoir, que la molécule d'oxygène contient
2 atomes.

Avant la transformation, on a 3 molécules d'oxygène :

$$OO \qquad OO \qquad OO$$

et après, 2 molécules d'ozone :

$$OOO \qquad OOO$$

Pour représenter les liaisons de ces 3 atomes on peut
admettre la formule $O\big<{}^O_O$. Chaque atome d'oxygène est
bivalent : les valences du premier sont satisfaites par une
valence de chacun des deux autres ; ceux-ci sont reliés
entre eux par leur dernière valence.

CHAPITRE II

HYDROGÈNE. — EAU. — EAUX NATURELLES. EAUX POTABLES

HYDROGÈNE

Étymologie : Ὕδωρ, l'eau ; γεννάω, j'engendre ; parce qu'il forme de l'eau
en se combinant avec l'oxygène.

Équiv.	H = 1	D_a = 0,0693
Poids atom	H = 1	S = 0,019
	Monovalent.	

Découvert dès le commencement du XVIIᵉ siècle, l'hydrogène n'est bien
connu que depuis les travaux de Cavendish, en 1777.

52. Caractères. — L'hydrogène est un gaz sans couleur, sans odeur, sans saveur ; si on y plonge une

---

(1) Ici on suppose le volume constant des molécules égal à 1.

bougie, il l'éteint et brûle avec une flamme extrêmement pâle en produisant un dépôt de rosée sur les
corps froids. La bougie se rallume en passant dans la
flamme (*fig. 21*).

Propriétés physiques. — La *densité* de l'hydrogène
est *très faible :* c'est le plus léger de tous les corps
connus ; il pèse quatorze fois moins que l'air. Pour
mettre cette légèreté en évidence, on-place une éprouvette remplie d'hydrogène au-dessous d'une autre
pleine d'air, les orifices convenablement abouchés
(*fig. 22*) : aussitôt l'hydrogène monte dans la seconde
éprouvette : on le constate à l'aide d'une bougie.

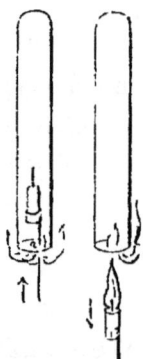

Fig. 21. — Essai de
l'hydrogène.

Fig. 22 — Transvasement de
l'hydrogène.

On peut aussi faire avec ce gaz des bulles de savon
qui s'élèvent dans l'air et s'enflamment à l'approche
d'une bougie.

L'hydrogène est *très diffusible* et traverse facilement les tissus les plus serrés, et même les métaux
pourvu qu'ils soient chauffés au rouge. Cette propriété endosmotique explique pourquoi les petits ballons gonflés par ce gaz se dégonflent rapidement.
Elle rend compte aussi de l'expérience suivante : on
adapte un petit ballon en caoutchouc au goulot d'un
flacon plein d'air ; puis on place ce ballon sous une
cloche remplie d'hydrogène ; le gaz entre dans le bal-

lon par endosmose plus vite que l'air n'en sort et peut
même finir par le faire éclater.

L'hydrogène est le seul gaz qui *conduise sensiblement la chaleur et l'électricité*; cette propriété le
rapproche des métaux.

Il est *très peu soluble dans l'eau*. C'est le gaz *le plus
difficile à liquéfier*. Dans les expériences de Pictet, le
11 janvier 1878, il a été liquéfié sous une pression de
650 athmosphères avec un froid de 140 degrés. Il a
même été solidifié : en sortant du tube où il avait été
comprimé, il a formé un jet liquide d'une teinte bleu
acier ; le froid produit par la détente et l'évaporation
de ce liquide en a solidifié une partie qui tombait sur
le sol avec le crépitement d'une grenaille métallique.

Propriétés chimiques. — L'hydrogène a beaucoup
d'affinité pour l'oxygène. Il brûle dans l'air avec une
flamme très chaude. La température est encore plus
élevée lorsque la combustion se fait dans l'oxygène
pur. C'est, de tous les combustibles, celui qui dégage
le plus de chaleur ; 1 gramme de ce gaz en donne
assez pour élever de 1° la température de 34.600
grammes d'eau.

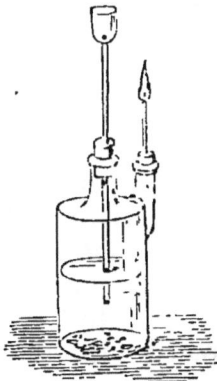

Pour observer la flamme de l'hydrogène, on fixe un tube effilé au flacon
producteur (*fig. 23*). On attend que l'air
intérieur soit complètement expulsé de
l'appareil, sans quoi il y aurait détonation ; puis on allume le jet d'hydrogène
qui sort par le tube. — Cet appareil s'appelle *lampe philosophique*.

Quand on entoure la lampe philosophique avec un large tube de verre bien
sec, et qu'on abaisse ce tube peu à peu,
la flamme se rétrécit et on entend un
son continu et harmonieux (*Harmonica
chimique.*)

Fig. 23. — Lampe
philosophique.

Si on met le feu à un mélange
d'oxygène et d'hydrogène, la combus-
tion se propage instantanément dans toute la masse et
il y a une détonation très forte qu'on explique ainsi : les
gaz combinés forment de la vapeur d'eau : celle-ci portée

à une température excessivement élevée se dilate subitement, fouette l'air avec violence, puis se condensant aussitôt par refroidissement, produit un vide dans lequel l'air se précipite. Les deux bruits qui résultent de ces mouvements brusques des gaz se confondent en une seule détonation. Pour que le mélange détonne avec plus de violence, il faut mettre les deux gaz dans la proportion suivant laquelle ils se combinent. — On prépare le mélange dans une cloche à robinet établie sur la cuve à eau ; puis on adapte un tube de caoutchouc à la tubulure, et on dirige les gaz dans un mortier de fer rempli d'eau de savon. On met le feu à la masse savonneuse qui se soulève. Pour transvaser les gaz on peut aussi se servir d'une vessie à robinet à laquelle se visse une tubulure de cuivre (*fig. 24* et *25*).

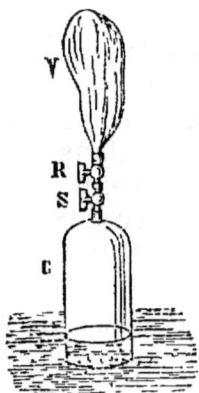

Fig. 24. — Cloche à robinet.   Fig. 25. — Vessie à robinet.

L'affinité de l'hydrogène pour l'oxygène se manifeste encore par le pouvoir qu'il a de le tirer de ses combinaisons. C'est ce qu'on appelle *pouvoir réducteur*. On le montre par l'expérience suivante. On prend un tube de verre renflé en son milieu en B (*fig. 26*); on y met du sesquioxyde de fer Fe^2O^3 (Fe^2O^3) qu'on chauffe au moyen d'une lampe à alcool et on établit un courant d'hydrogène bien desséché. L'oxygène s'unit à l'hydrogène pour former de la vapeur d'eau et il reste du fer très divisé qui s'enflamme spontanément au contact de l'air à la température ordinaire. C'est pourquoi il s'appelle *fer pyrophorique*. On sait, en effet, que les corps prennent

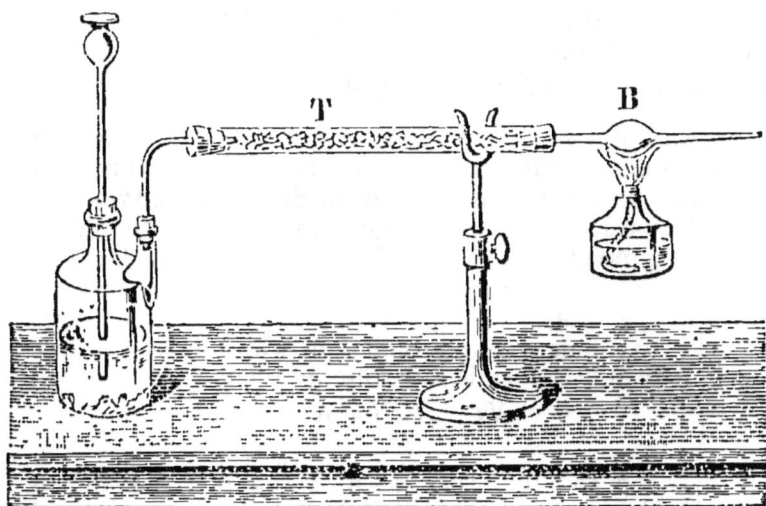

Fig. 26. — Fer Pyrophorique.

feu à une température d'autant plus basse qu'ils sont plus divisés. — L'expérience réussit mieux avec de l'oxalate de fer. On peut réduire de même l'oxyde de cuivre, l'oxyde de plomb....

L'hydrogène a aussi une grande affinité pour le chlore et les corps de la même famille ; nous le verrons en traitant de ces corps.

53. Etat naturel. — L'hydrogène ne se trouve pas en liberté dans la nature, mais il y est très répandu à l'état de combinaison dans l'eau et dans les matières organiques, surtout dans les matières inflammables : alcool, corps gras, pétrole, etc.

54. Préparation. — On obtient de petites quantités d'hydrogène en décomposant l'eau par la pile (n° 2). Mais on le prépare ordinairement par l'action d'un métal sur l'eau ou par l'action d'un métal sur un acide dilué.

1° *Préparation par l'action d'un métal sur l'eau.* — L'eau est composée d'hydrogène et d'oxygène : la plupart des métaux ont la propriété de la décomposer, de s'unir à son oxygène pour former un oxyde et de mettre l'hydrogène en liberté. Les métaux qu'on emploie sont le sodium ou le potassium, et le fer.

Par le Sodium. — La réaction se fait à froid. Dans une éprouvette pleine d'eau, ou de mercure surmonté d'un peu d'eau, on fait passer un petit morceau de sodium enveloppé de papier buvard. Il monte au haut de l'éprouvette, s'empare de l'oxygène et met l'hydrogène en liberté (*fig. 27*).

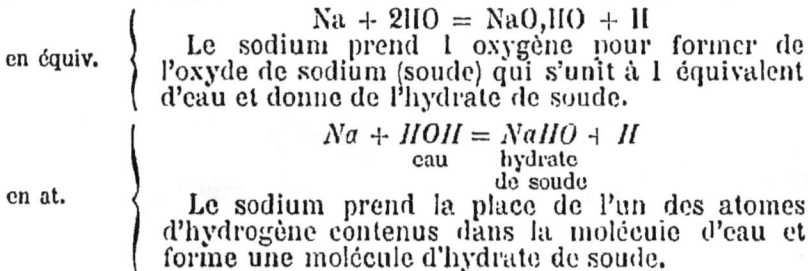

en équiv. $\left\{\begin{array}{l} \end{array}\right.$
$$Na + 2HO = NaO,HO + H$$
Le sodium prend 1 oxygène pour former de l'oxyde de sodium (soude) qui s'unit à 1 équivalent d'eau et donne de l'hydrate de soude.

en at. $\left\{\begin{array}{l} \end{array}\right.$
$$Na + HOH = NaHO + H$$
eau   hydrate
de soude
Le sodium prend la place de l'un des atomes d'hydrogène contenus dans la molécule d'eau et forme une molécule d'hydrate de soude.

Cette réaction est intéressante pour la théorie, mais elle ne donne que de petites quantités d'hydrogène. — Avec le potassium on procède de la même manière.

Fig. 27. — Préparation de l'hydrogène par le sodium.

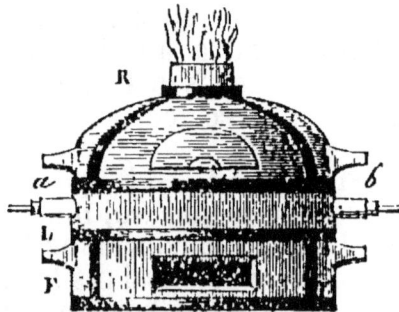

Fig. 28. — Préparation par le fer.

Par le fer. — La réaction exige la température d'un fourneau à réverbère. Dans un fourneau à réverbère allongé F (*fig. 28*) on met un tube de porcelaine *ab* rempli de faisceaux de fils de fer. A l'une des extrémités *a* du tube aboutit le col d'une cornue en verre qui contient de l'eau ; de l'autre extrémité *b* sort un tube à dégagement. On chauffe d'abord au rouge le tube de porcelaine, puis on fait bouillir l'eau. La vapeur d'eau passe sur le fer, qui la

décompose en hydrogène et en oxygène : l'oxygène reste
attaché au fer qu'il transforme en oxyde salin de fer ; ·
l'hydrogène est mis en liberté et se dégage par le tube.

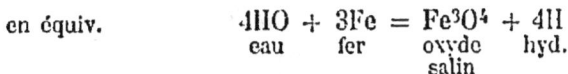

en équiv. $4HO + 3Fe = Fe^3O^4 + 4H$
              eau   fer   oxyde   hyd.
                            salin

en at. $4H^2O + 3Fe = Fe^3O^4 + 8H$

2° *Préparation par l'action d'un métal sur un acide
dilué*. — On se sert le plus souvent du zinc et de
l'acide sulfurique. — Dans un flacon à deux tubulures
F (*fig. 29*) on met de l'eau jusqu'à moitié ; puis on y

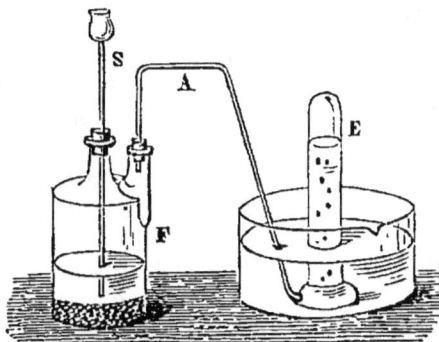

Fig. 29. — Préparation de l'hydrogène.

introduit de la grenaille de zinc. L'une des tubulures
porte le tube à dégagement A, l'autre un tube droit à
entonnoir S qui plonge dans l'eau. Par ce tube on
verse de l'acide sulfurique peu à peu, de manière à
obtenir un dégagement régulier. A mesure que la
réaction s'opère, le zinc se dissout et se transforme
en sulfate de zinc, qui se dépose en cristaux blancs
quand on fait évaporer.

La réaction est

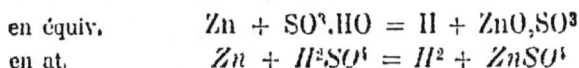

en équiv, $Zn + SO^3.HO = H + ZnO,SO^3$
en at, $Zn + H^2SO^4 = H^2 + ZnSO^4$

L'hydrogène de l'acide sulfurique est déplacé par
le zinc.

On peut remplacer le zinc par le fer, l'acide sulfurique par l'acide chlorhydrique. Avec le zinc et l'acide chlorhydrique on aura

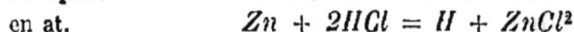

en équiv. $Zn + HCl = H + ZnCl$

en at.   *$Zn + 2HCl = H + ZnCl^2$*

La même substitution se produit.

55. Usages. — 1° *Ballons.* — La grande légèreté de l'hydrogène le fait employer pour gonfler les ballons. Les gros ballons sont aussi remplis avec du gaz d'éclairage. Ce gaz, plus dense que l'hydrogène, nécessite des ballons plus grands, mais il est moins cher, plus facile à obtenir et se conserve mieux que l'hydrogène parce qu'il traverse moins vite les enveloppes.

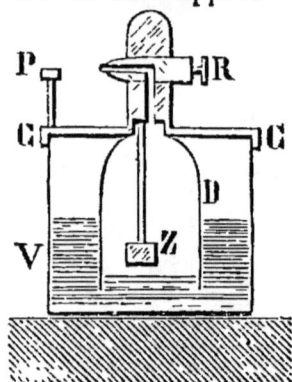

Fig. 30. — Briquet à hydrogène. — Schema.

2° *Briquet à hydrogène.* — L'hydrogène a servi avant les allumettes chimiques à donner du feu. — L'appareil se compose d'un vase de verre V *(fig. 30)* rempli d'eau acidulée et fermé d'un couvercle métallique C. Au couvercle est mastiquée une cloche D, dans laquelle est suspendue une lame de zinc Z. La cloche est tubulée, et la tubulure fermée au moyen d'un robinet R. Le zinc plonge d'abord dans l'eau acidulée, mais l'hydrogène, se produisant dans un espace fermé, refoule l'eau et la réaction cesse. Si on tourne le robinet d'un quart de tour, il se place dans la position indiquée *(fig. 30)* ; le gaz pénètre dans un conduit creusé suivant son axe et se dirige horizontalement vers une éponge de platine P qui l'enflamme (1).

Le briquet d'hydrogène est un exemple d'*appareil à production continue.* On emploie ces appareils pour les gaz dont on a souvent besoin dans les laboratoires, comme l'hydrogène sulfuré, l'acide carbonique. Le principe en est toujours le même : le gaz se produit par l'action d'un liquide sur un solide et, lorsqu'on ferme l'appareil, le gaz, en se dégageant, refoule le liquide et empêche la réaction.

_____

(1) L'éponge de platine est du platine très divisé. Elle possède la propriété d'enflammer le mélange d'hydrogène et d'oxygène : en effet, elle absorbe les gaz, comme font les corps poreux, et l'élévation de température qui en résulte suffit pour enflammer ce mélange.

4

3° *Chalumeau oxhydrique.* — La flamme de l'oxygène, très chaude lorsque la combustion se fait dans l'air, atteint une température beaucoup plus élevée lorsqu'elle se fait dans l'oxygène pur (environ 3.000°). On se procure cette chaleur à l'aide du chalumeau oxhydrique, où l'oxygène et l'hydrogène ne se mêlent, dans un tube étroit, qu'à une petite distance du point où se fait leur combustion.

Au moyen de deux robinets on règle la quantité des deux gaz. Avec ces appareils on peut fondre le platine, volatiliser l'or et l'argent et réunir les métaux par soudure autogène, notamment les lames de plomb qui recouvrent les parois des chambres à acide sulfurique.

4° *Lumière de Drummond.* — La flamme du chalumeau oxhydrique est très pâle à cause de l'absence de particules solides incandescentes. Mais si on y introduit un corps infusible, comme un bâton de chaux, on obtient une lumière éblouissante, qui est utilisée dans des expériences d'optique. Souvent on alimente le chalumeau avec du gaz d'éclairage au lieu d'employer l'hydrogène.

COMPOSÉS

Hydrogène et Oxygène

L'hydrogène forme avec l'oxygène deux composés différents :

Eau ou protoxyde d'hydrogène,

en équiv. HO

en at. H^2O

Eau oxygénée ou bioxyde d'hydrogène,

en équiv. HO^2

en at. H^2O^2

Eau ou Protoxyde d'hydrogène

En équiv. HO

En at. $H—O—H$ ou H^2O

Poids moléculaire 18

À l'état liquide $D = 1$.

À l'état de vapeur $D_a = 0,623$.

— $D_h = 9$.

56. Caractères. — L'eau pure est sans odeur et sans saveur ; elle est incolore, vue sous une petite épaisseur, et vert bleuâtre, sous une épaisseur plus grande. Ces propriétés changent d'ailleurs, dans l'eau naturelle, à cause des matières qu'elle contient en dissolution.

Propriétés physiques. — L'eau existe dans la nature sous les *trois états :* à l'état *solide;* sous forme de glace, de neige, de givre ; à l'état *liquide*, dans les fleuves, les lacs, la mer ; à l'état de *vapeur*, dans l'atmosphère.

Glace. — Par le *refroidissement*, l'eau se *solidifie* à 0°, et *cristallise* en aiguilles allongées, composées de petits cristaux enchevêtrés, que l'on peut observer à la loupe dans les flocons de neige. Ces cristaux ont des formes très variées et très jolies, qui représentent presque toutes des solides à six pans réguliers (*fig. 31*). L'eau, en se solidifiant, *augmente de volume*,

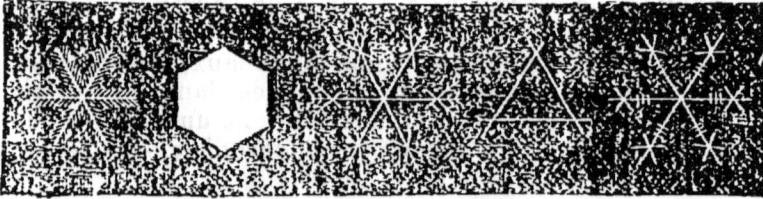

Fig. 31. — Cristaux de neige.

et la densité de la glace n'est plus que 0,93. Ce phénomène, qui est le contraire de ce qu'on observe dans la plupart des autres corps, est providentiel : si la glace était plus dense que l'eau, au lieu de flotter à la surface, elle tomberait au fond de nos cours d'eau, les ferait déborder, et, dans ceux qui sont plus profonds, la chaleur de l'été ne suffirait pas pour la fondre. La force de dilatation de l'eau qui se congèle est considérable et peut faire éclater un canon de fusil. Elle a l'avantage de désagréger, pour en faire de la *terre arable*, les terres et les roches trop compactes, les pierres poreuses ; et cet avantage compense la rupture des tuyaux laissés en hiver remplis d'eau, et des tissus cellulaires de quelques plantes gélives.

Eau liquide. — Lorsqu'on *chauffe* l'eau à l'état de glace, elle entre en *fusion* à une température qu'on a prise pour le 0 du thermomètre, et diminue de volume ; elle continue à se contracter par la chaleur jusqu'à 4°, et se dilate ensuite. C'est donc à 4° que l'eau occupe le plus petit volume et a sa plus grande densité ; elle pèse alors 1 gramme le centimètre cube et 1 kilogramme le litre ; et c'est à cette densité de l'eau, prise pour une unité, qu'on rapporte celle des corps liquides et solides. — Ce *maximum de densité* de l'eau à 4° est encore une preuve de l'ordre admirable qui existe dans la création. La température, au fond des lacs et des mers, ne descend guère au-dessous de 4°, et le froid ne peut compromettre l'existence des êtres qui y vivent.

Vapeur. — L'eau émet, à toutes les températures, des *vapeurs* qui se mêlent à l'air et retombent à l'état de pluie. Elle entre en ébullition à une température qui a été prise pour le 100ᵉ degré du thermomètre centigrade. La vapeur d'eau occupe un volume 1.700 fois plus grand que celui de l'eau liquide, et sa densité, rapportée à l'air, est 0.623.

Capacité calorifique. — L'eau prend ou perd une *quantité de chaleur* très grande, tout à fait exceptionnelle si on la compare aux autres corps, pour s'échauffer ou se refroidir, et surtout pour changer d'état. Elle dégage 79 calories pour se congeler ; elle en absorbe 540 pour se transformer en vapeur. Cette propriété est très utile pour empêcher, dans la nature, des variations trop brusques de température.

L'eau est aussi très remarquable par le *pouvoir dissolvant*, qu'elle exerce sur les solides, les liquides et les gaz.

57. Propriétés chimiques. — L'eau est un corps *indifférent*, c'est-à-dire : 1° qu'elle s'unit aux acides anhydres pour former des acides hydratés, qu'on peut regarder comme des sels d'hydrogène. *Ex.* :

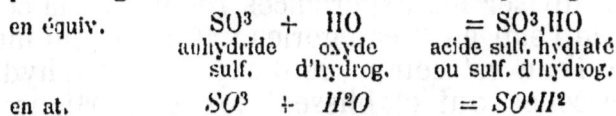

en équiv. $SO^3 + HO = SO^3,HO$
anhydride   oxyde   acide sulf. hydraté
sulf.   d'hydrog.   ou sulf. d'hydrog.

en at. $SO^3 + H^2O = SO^4H^2$

2° Elle réagit sur les bases pour former des oxydes hydratés, qu'on peut regarder comme des sels, dont l'acide serait l'eau : *acide hydrique. Ex.* :

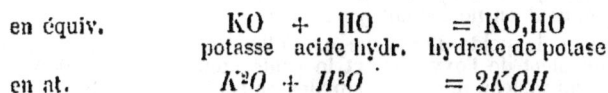

en équiv. $KO + HO = KO,HO$
potasse   acide hydr.   hydrate de potasse

en at. $K^2O + H^2O = 2KOH$

La constitution moléculaire des acides hydratés et des hydrates a des rapports très remarquables avec la constitution de la molécule d'eau. V. nº 64.

Quelques *métalloïdes* décomposent l'eau, soit pour s'emparer de son oxygène, comme le carbone, soit pour s'unir à son hydrogène, comme le chlore. La plupart des *métaux* lui enlèvent son oxygène, et ils ont été classés en six sections, d'après la facilité avec laquelle ils produisent cette réaction. Elle est décomposée aussi par la chaleur et l'électricité.

58. Etat naturel. — L'eau est le corps le plus abondamment répandu : libre, elle couvre les $\frac{3}{4}$ de la surface de la terre ; combinée, elle forme les $\frac{3}{4}$ du poids des animaux, la moitié et quelquefois les $\frac{9}{10}$ de celui des végétaux.

59. Composition. — L'eau était regardée autrefois comme un des quatre éléments de la nature (1) ; sa véritable composition a été fixée par Lavoisier, en 1784. Après huit années de discussions avec les savants les plus éminents (Cavendish, Watt, Priestley), il établit que l'eau est composée d'hydrogène et d'oxygène. Des expériences ont été faites ultérieurement par divers savants pour en déterminer les proportions avec une grande exactitude.

L'eau est formée :

en poids Hydrogène 1 en volume Hydrogène 2
Oxygène 8 (2) Oxygène 1

On peut diviser les expériences relatives à la composition de l'eau en 3 catégories : 1º celles qui montrent que l'eau est composée d'oxygène et d'hydrogène, 2º celles qui établissent les proportions en

(1) Ces éléments étaient : l'eau, l'air, la terre et le feu. On sait à présent que l'eau est une combinaison de deux corps simples ; l'air un mélange de deux gaz : la terre, un composé d'un grand nombre de corps ; le feu, un agent physique, dont on ne connaît pas la nature.

(2) Exactement, le poids d'oxygène est 7,98. Ce nombre est la véritable valeur de l'équivalent de l'oxygène, et le poids atomique est 15,96. — Les valeurs écrites au tableau des corps simples ne sont qu'approchées.

4.

volume, 3° celles qui établissent les proportions en poids.

60. — I. *L'eau est composée d'oxygène et d'hydrogène.* La première expérience est due à Cavendish. Il obtint de l'eau en quantité appréciable. en enflammant, dans un vase clos, un mélange d'oxygène et d'hydrogène, ou un mélange d'air et d'hydrogène. — En 1783, Lavoisier amena, dans un ballon plein d'oxygène, de l'hydrogène, par un tube effilé, et l'enflamma au moyen d'une étincelle électrique ; l'oxygène était renouvelé par un second tube. Il put recueillir 19 grammes d'eau. — Dans les laboratoires, pour montrer que la combustion de l'hydrogène produit de l'eau, on suspend une cloche froide au-dessus de la lampe philosophique ; elle se recouvre de rosée, et l'eau peut tomber en gouttelettes dans une assiette placée au-dessous. Mais comme cette eau pourrait

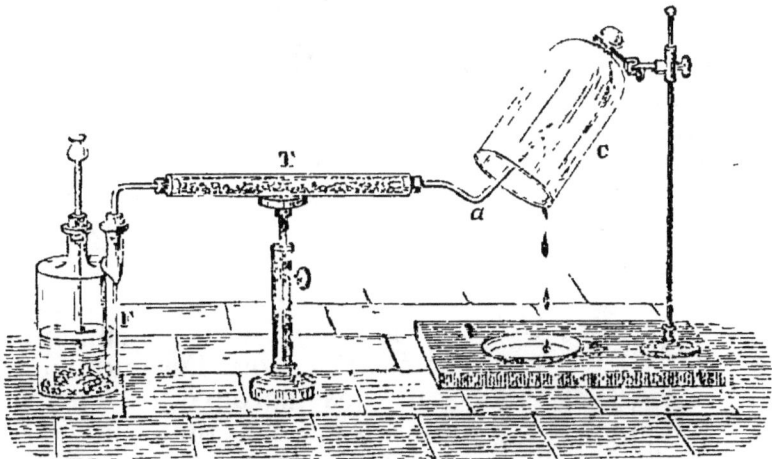

Fig. 32. — Synthèse de l'eau.

venir du flacon producteur, on a eu soin de dessécher le gaz en lui faisant traverser un tube T rempli d'une substance avide d'eau (*fig. 32*) ; avec cette précaution l'expérience est concluante.

61. — II. *Composition en volumes.* La composition d'un corps s'établit par deux opérations qu'on appelle *analyse* et *synthèse*. Dans l'analyse on décompose le corps en ses éléments ; dans la synthèse on prend les éléments et on en recompose le corps.

Analyse de l'eau en volumes. — On se sert du voltamètre (V. n° 2). Lorsque le courant est établi (*fig. 33*) il se rend de l'hydrogène au pôle négatif

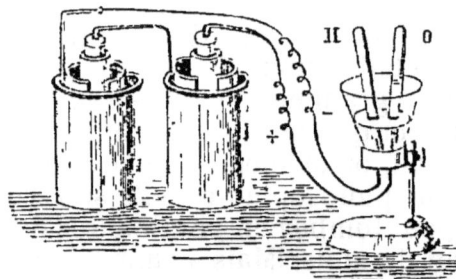

Fig. 33. — Analyse de l'eau.

en H, et de l'oxygène au pôle positif en O. — On reconnaît ces gaz à leur action sur une bougie, qui allume l'hydrogène avec une petite explosion et qui brûle avec plus d'éclat dans l'oxygène. Les éprouvettes O et H sont graduées : on constate que *le volume de l'hydrogène est double du volume de l'oxygène.*

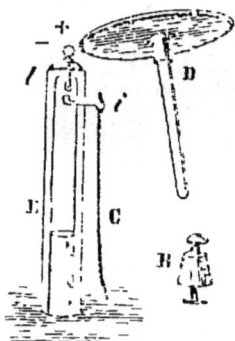

Fig. 34. — Eudiomètre. Synthèse de l'eau.

Synthèse de l'eau en volumes. — On se sert d'un instrument, appelé *eudiomètre.* Les eudiomètres sont des éprouvettes en verre dans lesquelles on combine des gaz mélangés, avec le concours de l'étincelle électrique. Le plus simple est un tube E, à parois très épaisses (*fig. 34*), traversées par deux tiges métalliques. L'une *t* se termine à l'extérieur par un bouton, et à l'intérieur par une partie arrondie, très rapprochée de l'autre tige *i*, sans cependant la toucher; la seconde tige *i* porte à l'extérieur une petite chaînette de fer C, qui plonge dans la cuve. — Pour faire la *synthèse de l'eau*, on introduit dans l'eudiomètre 200 volumes d'hydrogène et 100 volumes d'oxygène ; puis, le bas du tube étant fermé par un bouchon à soupape B, et maintenu dans l'eau ou le mercure, on approche un *électrophore* D, du bouton extérieur *t*. Une étincelle jaillit entre l'électrophore et la tige *t*; une autre, entre les deux tiges ; celle-ci met le feu au mélange des gaz et les combine en eau. La vapeur d'eau se condensant aussitôt, la soupape s'ouvre, et l'eau ou le mercure de la cuve remplit entièrement le tube, ce qui prouve que les deux gaz ont disparu et se sont combinés dans le rapport de *2 volumes d'hydrogène pour 1 volume d'oxygène*. On met ordinairement un des gaz en excès ; cet excédant reste dans le tube après la combinaison, mais il affaiblit le pouvoir brisant du mélange.

L'eau liquide obtenue dans l'eudiomètre a un volume très petit ; on ne l'aperçoit pas sur le mercure. Mais si on entoure le tube d'un manchon en verre rempli d'huile à 120°, l'eau se réduit en vapeur, et on constate, toutes corrections faites, que la vapeur occupe exactement *un volume égal à celui de l'hydrogène employé*.

On en conclut que *2 volumes de vapeur d'eau sont formés de 2 volumes d'hydrogène et un volume d'oxygène*.

62. — III. *Composition en poids.* — Connaissant les volumes d'hydrogène et d'oxygène qui se combinent pour former de l'eau, on peut calculer les poids, en se servant des densités. Mais on peut aussi établir la composition en poids par des expériences directes.

Analyse de l'eau par le fer (Lavoisier, 1781). — La vapeur d'eau se décompose quand on la fait passer sur du fer, dans un tube de porcelaine chauffé au rouge. (V. n° 54.) L'oxygène s'unit au fer : on en connaîtra le poids en pesant le tube avant et après l'expérience. On recueille l'hydrogène dans une cloche graduée ; de son volume et de sa densité on peut déduire son poids. On connaîtra ainsi les poids d'oxygène et d'hydrogène qui se combinent pour former de l'eau.

Synthèse de l'eau par l'oxyde de cuivre (Dumas, 1843). —
L'hydrogène passant sur de l'oxyde de cuivre chauffé au
rouge, lui enlève de l'oxygène et se transforme en eau. On
peut recueillir et peser cette eau. Le poids de l'oxygène est
égal au poids perdu par l'oxyde de cuivre. Le poids de
l'hydrogène s'obtient par différence. — Cette méthode a
été suivie par Berzélius et Dulong, en 1820, et reprise
par Dumas. L'hydrogène est produit au moyen du zinc et

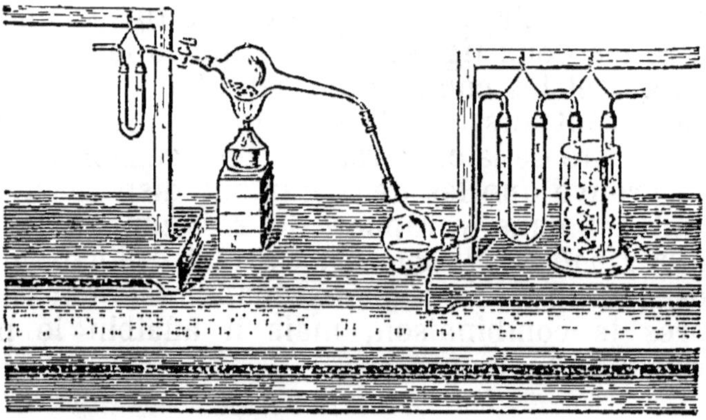

Fig. 35. — Synthèse de l'eau par Dumas.

de l'acide sulfurique dans l'appareil ordinaire ; il traverse
une série de tubes en U qui le purifient et le dessèchent.
Ensuite il pénètre par un tube à robinet dans un ballon qui
contient de l'oxyde de cuivre chauffé au moyen d'une lampe
à alcool ; la vapeur formée se condense dans un deuxième
ballon ; puis les dernières traces sont absorbées par des
tubes en U qui contiennent des substances avides d'eau.

Le ballon qui contient l'oxyde de cuivre est pesé avant
et après l'expérience, la perte de poids est le poids de
l'oxygène employé. Le deuxième ballon et les tubes qui le
suivent augmentent de poids : c'est le poids de l'eau formée.

63. — Constitution de la molécule d'eau. — De la composition de l'eau en volumes on déduit que 2 molécules
(2 volumes) d'hydrogène réagissent sur une molécule (1 volume) d'oxygène pour former deux molécules (2 volumes)
de vapeur d'eau (1).

La molécule d'oxygène se partage donc dans cette réaction, puisqu'une partie entre dans chacune des 2 molécules

(1) V. n° 22. Ici on fait le volume de la molécule égal à 1.

d'eau, ce qui confirme la conclusion énoncée dans l'étude de l'ozone, que la molécule d'oxygène contient deux atomes. — Un raisonnement semblable fait sur d'autres réactions prouve que la molécule d'hydrogène contient 2 atomes. Par conséquent, avant la combinaison, on a :

$$\underbrace{H\ H} \qquad\qquad \underbrace{O\ O} \qquad\qquad \underbrace{H\ H}$$

et après :

$$\underbrace{H\ O\ H} \qquad\qquad\qquad \underbrace{H\ O\ H}$$

Comme l'atome d'oxygène satisfait les affinités de 2 atomes d'hydrogène, il est bivalent et la formule développée de l'eau sera H–O–H.

Poids atomique de l'oxygène. — Les 2 atomes d'hydrogène pèsent 2 (v. n° 20). Le poids de l'oxygène étant 8 fois plus grand (comme le montre l'analyse de l'eau en poids), l'atome d'oxygène doit peser 16.

REMARQUES. — 1° On voit par cet exemple comment on peut savoir que les molécules des corps simples se divisent, et connaître le nombre de leurs molécules. — Ici nous admettons que la molécule d'hydrogène contient 2 atomes, parce que nous la voyons se partager en deux parties, et comme on ne connaît aucune réaction où elle se partage d'une autre manière, nous admettons qu'elle contient 2 atomes seulement.
2° On voit aussi comment on peut connaître le poids atomique d'un corps.

Vérification de la composition moléculaire de l'eau par la densité de sa vapeur. — La molécule d'eau pèse 18. savoir 16 pour l'oxygène et 2 pour l'hydrogène. Sa densité, par rapport à l'hydrogène, doit être 9 d'après le principe énoncé au n° 21.

Or en prenant, par les méthodes physiques, la densité de la vapeur d'eau par rapport à l'air, on trouve 0,622 ; en divisant par 0,069, densité de l'hydrogène par rapport à l'air, on obtient la densité de la vapeur d'eau par rapport à l'hydrogène : $\dfrac{0,622}{0,069} = 9$ sensiblement.

Les résultats concordent.

64. Constitution des hydrates et des acides hydratés. — La constitution des hydrates et celle des acides hydratés présente un grand intérêt en chimie atomique. Ces corps dérivent de la molécule d'eau de la manière suivante.

Hydrates. — La molécule d'eau est H — O - H. Si on remplace le premier atome d'hydrogène par un métal, on a un hydrate. Soit un métal monovalent, le potassium : on a K — O — H hydrate de potassium qu'on appelle aussi potasse-hydratée. potasse caustique.

Dans le cas des métaux bivalents, 1 atome du métal remplacera le premier hydrogène de 2 molécules d'eau.

$$\text{Soit 2 molécules d'eau :} \quad \begin{array}{l} \text{H} - \text{O} - \text{H} \\ \text{H} - \text{O'} - \text{H} \end{array}$$

$$\text{Le calcium donnera} \quad \text{Ca} \Big\langle \begin{array}{l} \text{O} - \text{H} \\ \text{O} - \text{H} \end{array}$$

et 2 atomes d'hydrogène se dégageront.

Etc......

Le groupe — O — H qui reste de la molécule d'eau s'appelle *oxhydrile*.

Acides hydratés. — *1er exemple*. Soit l'acide azotique AzO^3H. Sa constitution est $AzO^2 - O - H$. C'est de l'eau dans laquelle 1 atome d'hydrogène a été remplacé par le groupe AzO^2.

$$\begin{array}{ll} \text{Mol. d'eau} & \text{H} - \text{O} - \text{H} \\ \text{Mol. d'acide azotique} & AzO^2 - \text{O} - \text{H} \end{array}$$

2e exemple. — Soit l'acide sulfurique SO^4H^2. Sa constitution est $SO^2 \Big\langle \begin{array}{l} \text{O} - \text{H} \\ \text{O} - \text{H} \end{array}$

$$\text{Il résulte de 2 molécules d'eau} \left\{ \begin{array}{l} \text{H} - \text{O} - \text{H} \\ \text{H} - \text{O} - \text{H} \end{array} \right.$$

dans lesquelles le groupe SO^2 a remplacé les deux premiers hydrogènes $\quad SO^2 \Big\langle \begin{array}{l} \text{O} - \text{H} \\ \text{O} - \text{H} \end{array}$

Les acides hydratés dérivent donc de la molécule d'eau dans laquelle 1 atome d'hydrogène a été remplacé par un groupe d'atomes. Dans cette transformation il reste, de chaque molécule d'eau, un oxhydrile — O — H ; c'est l'hydrogène de cet oxhydrile qui peut être remplacé par un métal et qui donne à la molécule le caractère *acide*.

65. Usages de l'eau. — L'eau est employée en boisson et sert dans la préparation de nos aliments ; la médecine utilise les eaux minérales.

A l'état solide, l'eau sert pour produire des froids artificiels ; l'usage de la glace est répandu dans l'économie domestique. A l'état liquide, dans la mer et les fleuves, l'eau est un véhicule pour le transport des marchandises. une force motrice qui fait tourner les roues des moulins et de nombreuses usines. A l'état gazeux, elle est une force encore plus puissante, dans les machines à vapeur.

En *agriculture*, l'eau joue un rôle immense. L'eau de pluie apporte cette faculté dissolvante sans laquelle les meilleures terres seraient stériles ; elle dissout les engrais, les sels, les gaz, pénètre dans les racines des plantes, forme la sève, et porte dans toutes les parties du végétal les aliments dont il a besoin.

L'eau est l'intermédiaire nécessaire de presque toutes les réactions chimiques.

Eaux naturelles (1) ; eaux potables

66. — Les *eaux naturelles* ne sont jamais complètement pures ; elles tiennent toujours en dissolution des matières gazeuses, solides et liquides. L'eau, qui tombe sous forme de pluie ou qui séjourne à l'air, dissout les gaz contenus dans l'atmosphère ; celle qui sort du sol en apporte aussi des gaz et des solides, dont la nature varie avec celle des terrains traversés.

67. Gaz dissous dans l'eau. — Les gaz en dissolution dans la plupart des eaux naturelles sont :

1° *L'air.* Cet air est plus riche en oxygène que l'air ordinaire, parce que ce gaz est plus soluble que l'azote. Il contient, en volume, environ 33 0/0 d'oxygène, au lieu que l'air atmosphérique n'en a que 21 0/0.

2° *L'acide carbonique* est dissous dans l'eau en quantité très variable ; il contribue à y faire dissoudre avec lui plusieurs sels, qui, par eux-mêmes, seraient insolubles. Par exemple, le carbonate de chaux est insoluble : l'acide carbonique le rend soluble. A l'ébullition, ou simplement quand on expose à l'air, l'eau perd son acide carbonique et le carbonate, n'étant pas soluble dans l'eau pure, se précipite.

Pour *recueillir* les gaz en dissolution dans l'eau, on remplit complètement de ce liquide un ballon de verre ; puis on le fait communiquer, par un tube, avec une éprouvette remplie d'eau, ainsi que le tube, et placée sur la cuve à mercure. On chauffe le ballon jusqu'à l'ébullition, et les gaz passent dans l'éprouvette. On mesure d'abord le volume des gaz obtenus, en moyenne 25^{cmc} par litre d'eau ; puis on les agite avec de la potasse, qui absorbe l'*acide carbonique*, dont on connaît le volume par la diminution du volume

_____

(1) Cet article peut n'être étudié qu'après la chimie minérale.

total. Le phosphore permet ensuite de connaître la quantité d'oxygène, et, par suite, d'azote.

68 Solides dissous dans l'eau. — Les plus communs sont le chlorure de sodium, les carbonates et sulfates de chaux et de magnésie, la silice, quelques matières organiques.

1° Le *chlorure de sodium* se trouve dans l'eau de mer en grande quantité, et dans la plupart des eaux de source. — On reconnaît la présence des chlorures à l'aide de quelques gouttes d'une dissolution d'*azotate d'argent*, qui donne un précipité blanc de chlorure d'argent, soluble dans l'ammoniaque et noircissant à la lumière.

2° Les *sels de chaux* se manifestent par la solution d'*oxalate d'ammoniaque*, qui donne un précipité blanc, insoluble dans l'acide acétique. — Le *carbonate de chaux* trouble l'eau, quand on la fait bouillir ou qu'on l'expose à l'air. Les eaux qui en contiennent beaucoup, sont appelées *eaux calcaires*. — Le *sulfate de chaux*, comme les autres sulfates, essayé avec une dissolution d'*azotate de baryte*, donne un précipité blanc. Les eaux qui en contiennent une quantité notable, sont appelées *eaux séléniteuses*. Elles ne peuvent servir à cuire les légumes ni à dissoudre le savon, parce qu'elles produisent, avec ces corps, des composés durs et insolubles ; on les corrige en leur ajoutant, par litre, 1 gr. de carbonate de soude, qui précipite la chaux.

3° La *silice*, dissoute dans l'eau en petite quantité, pénètre dans les plantes ; c'est elle qui donne de la rigidité à la tige du blé et des autres graminées.

4° Les *matières organiques* se reconnaissent quand on verse dans l'eau bouillante quelques gouttes de chlorure d'or ; il se produit une coloration brune, due à l'or réduit, parce que les matières organiques ont de l'affinité pour le chlore et l'enlèvent au chlorure d'or.

Les eaux trop chargées des substances qu'on vient d'énumérer, ne sont plus propres aux principaux usages domestiques. Elles déterminent, en déposant ces corps, les engorgements des conduites d'eau ; elles forment, sur les parois des chaudières à vapeur, des couches d'une matière dure, appelée *calcin*. On les purifie en les recevant dans de vastes réservoirs, dans lesquels on ajoute du chlorure de baryum ou de la baryte, qui précipite les matières incrustantes.

69. Eaux diverses. — Outre les *eaux calcaires* et les *eaux séléniteuses*, que l'on nomme aussi *eaux crues*, on distingue : l'*eau salée*, qui contient beaucoup de chlorure de sodium,

5

ou d'autres chlorures, comme l'eau de mer ; *l'eau douce*, qui a trop peu de corps étrangers en dissolution pour en recevoir une saveur particulière.

Les *eaux thermales* sont des eaux de source qui, venant d'une grande profondeur, possèdent une température plus élevée que celles des sources ordinaires. Les plus chaudes, en France, sont celles de Chaudes-Aigues (Cantal), qui atteignent 81°.

Les *eaux minérales* ou *médicinales* contiennent assez de substances salines ou autres pour exercer sur l'économie une action spéciale, dont la médecine sait tirer parti. On les divise en eaux :

Gazeuses , d'une saveur aigrelette due à l'acide carbonique. Ex. Eau de Seltz.
Alcalines, goût fade et douceâtre dû au carbonate de soude. Vichy, Ems, Plombières.
Ferrugineuses, goût d'encre. . . . . . carbonate de fer. Spa, Forges.
Sulfureuses, odeur d'œufs pourris. acide sulfhydrique et
                                           sulfures alcalins. Barèges, Eaux-Bonnes.
Salines, goût amer. . . . . . . sulfate de magnésie. Sedlitz, Epsom.

On obtient *artificiellement* la plupart de ces eaux, en faisant dissoudre dans l'eau ordinaire les gaz ou les sels qui existent dans les eaux naturelles.

TABLEAU des matières trouvées dans **1.000** grammes de quelques eaux naturelles

MATIÈRES DISSOUTES	OCÉAN	MÉDITER- RANÉE.	LOIRE	SEINE	RHONE	TAMISE
Chlorure de sodium ...	25,10	28,22	0,01	0,02		
— potassium....	0,50	0,70				
— magnésium ..	3,50	6,14				0,02
Carbonate de chaux...	0,02	0,01	0,02	0,12	0,14	0,21
— magnésie....	0,18	0,19	0,01	0,04		
— soude........			0,01		0,01	
— potasse......	0.23	0.20				
Sulfate de chaux	0,15	0,15		0,04	0,01	
— magnésie....	5,78	7,02		0,01	0,02	0,01
— soude........			trace.	0,01		0,06

70. Purification de l'eau. — On amène l'eau à l'état de pureté par le filtrage, et surtout par la distillation.

Les *filtres* retiennent les matières en suspension et purifient les eaux troubles : on obtient le même effet en faisant passer l'eau à travers une couche épaisse de charbon et de sable. — Par la *distillation* on sépare de l'eau les matières qu'elle tient en dissolution. Pour cela, on chauffe l'eau dans un vase clos, muni d'un tube de dégagement. Les gaz dissous s'échappent les premiers et on les laisse perdre ; l'eau, à son tour, se réduit en vapeurs ; ces vapeurs passent dans un vase où elles se refroidissent et reviennent à l'état liquide. Les principes salins et organiques qui ne sont pas volatils, restent au fond du premier vase. Il faut cependant éviter de faire distiller toute l'eau, pour ne pas décomposer ces matières. — Lorsqu'on ne veut distiller qu'une petite quantité d'eau, on se sert d'une cornue en verre (*fig. 36*),

Fig. 36. — Distillation de l'eau

dont le col s'engage dans un ballon plongé dans de l'eau froide. Pour une plus grande quantité de liquide à distiller, on emploie l'*alambic* ordinaire, étudié dans les cours de physique.

L'*eau distillée* ne doit donner de précipité avec aucun réactif ; évaporée dans une capsule de porcelaine, elle ne laisse aucun dépôt.

71. Eaux potables. — Les eaux potables sont celles qui peuvent servir de boisson journalière, sans qu'il résulte de leur emploi aucun trouble dans l'économie animale. Elles doivent être limpides, fraîches, sans odeur, d'une saveur faible mais agréable, bien aérées ; elles doivent bien dissoudre le savon, et cuire les légumes en les ramollissant.

Les eaux les plus pures ne sont pas les meilleures à boire ; une eau potable doit tenir en dissolution, par litre, de 25 à 50^{cmc} de *gaz*, surtout de l'oxygène et de l'acide carbonique. Ces gaz rendent les eaux *légères* pour l'estomac ; quand elles en sont dépourvues, les eaux sont *lourdes* et moins digestives, comme l'eau distillée, l'eau qui provient de la fonte des neiges et

même l'eau de pluie. L'eau potable doit contenir
aussi, par litre, de 1 à 3 décigrammes de *matières
solides*, surtout du chlorure de sodium et du carbonate de chaux, utiles pour la digestion et le développement du système osseux. Le carbonate de chaux
en excès, et le sulfate de chaux, même en petite
quantité, sont nuisibles. Ce dernier sel contrarie la
digestion et occasionne des douleurs d'entrailles ; on
remarque ces effets dans l'eau des terrains à plâtre,
comme celle des environs de Paris. — Les eaux bourbeuses et *dormantes* de mare et d'étang sont malsaines ; elles renferment des substances animales et
végétales en décomposition, qui absorbent l'oxygène
à mesure qu'il se dissout.

Bioxyde d'hydrogène ou Eau oxygénée

On l'appelle *bioxyde d'hydrogène*, parce que la molécule contient 2 atomes
d'hydrogène ; *eau oxygénée*, parce que c'est de l'eau ordinaire avec de
l'oxygène en plus.

en équivalents	HO^2	liquide	$D = 1,452$
formule atomique	H^2O^2	poids moléculaire	31

Le bioxyde d'hydrogène a été découvert par Thénard, en 1815.

72. Caractères. — L'eau oxygénée s'obtient mélangée à
l'eau ordinaire en dissolution plus ou moins concentrée.
C'est un liquide sirupeux quand elle est au maximum de
concentration, d'une saveur métallique, rappelant l'acide
azotique par son odeur. Comme l'ozone, elle bleuit l'amidon imprégné d'iodure de potassium.

Propriétés chimiques. — Ce corps est très instable et perd
facilement son oxygène, d'autant plus qu'il est plus concentré. Il agit comme un corps oxydant. Par exemple : il
décompose l'iodure de potassium, forme de l'oxyde de
potassium et met l'iode en liberté ; il blanchit la peau et les
matières organiques ; il transforme le sulfure de plomb PbS
(PbS) en sulfate PbO,SO^3 ($PbSO^4$). Cette dernière propriété
fait employer l'eau oxygénée à la restauration des peintures
au blanc de céruse. Cette couleur s'altère par la formation
de sulfure de plomb, qui est noir ; l'eau oxygénée forme du
sulfate, qui est blanc.

Constitution moléculaire. — On peut admettre la formule H-O-O-H ; les deux atomes d'oxygène seraient reliés entre eux par une valence, et par l'autre, à un atome d'hydrogène.

Préparation. — Dans de l'acide chlorhydrique étendu et entouré d'un mélange réfrigérant on verse une bouillie formée de bioxyde de baryum et d'un peu d'eau :

en équiv.   HCl + BaO² = BaCl + HO²

en at.   *2HCl + BaO² = BaCl² + H²O²*

Le baryum se substitue à l'hydrogène et réciproquement, et on a de l'eau oxygénée et du chlorure de baryum.

On précipite le chlorure de baryum au moyen du sulfate d'argent ; il se forme du chlorure d'argent et du sulfate de baryum, tous deux insolubles. On a ainsi une dissolution très étendue d'eau oxygénée, qu'on concentre en distillant dans le vide, en présence de l'acide sulfurique.

CHAPITRE III

AZOTE. — OXYDES D'AZOTE. — ACIDE AZOTIQUE. AMMONIAQUE

AZOTE

Etymologie : α, sans, ζωη, vie, parce qu'il n'entretient pas la respiration. Synonyme : *Nitrogène*, parce qu'il forme le nitre ou salpêtre.

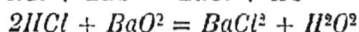

Equiv. et p. at.   Az = 14 D_a = 0.9714

pentavalent D_h = 14

                     S = 0,023

L'azote a été découvert, en 1772, par Rutherford, et mieux étudié par Lavoisier et Scheele.

73. Caractères. — L'azote est un gaz qui n'a que des propriétés négatives. Incolore, inodore, il éteint une bougie allumée et ne brûle pas, ne trouble pas l'eau de chaux, ne rougit pas le tournesol.

Propriétés physiques. — L'azote est très peu soluble. Il est très difficile à liquéfier ; c'était un des six gaz permanents. Il devient liquide sous la pression atmosphérique à — 193°, et se solidifie à — 214°.

Propriétés chimiques. — A une température élevée, l'azote se combine directement avec le bore, le silicium et quelques métaux. Il ne se combine avec les autres corps que rarement, lorsqu'il est *à l'état naissant*, c'est-à-dire au moment où il se dégage de l'une de ses combinaisons; ou sous l'influence de l'électricité : par exemple, en faisant passer des étincelles électriques dans un mélange d'azote et d'oxygène, on obtient des vapeurs rouges d'acide hypoazotique. — Ses composés sont instables, ce qui explique la décomposition facile des matières azotées, qui font partie des corps organisés.

Propriétés physiologiques. — Il n'entretient pas la respiration ; les animaux plongés dans l'azote périssent asphyxiés, faute d'oxygène; de là vient le nom d'azote : α ζωη, sans vie. Cependant il n'est pas délétère, car l'air que nous respirons en renferme, à l'état de mélange, les $\frac{4}{5}$ de son volume.

74. Etat naturel. — L'azote existe dans l'air, mélangé avec l'oxygène. Il est à l'état de combinaison dans un grand nombre de matières animales, dans les végétaux et dans quelques minéraux.

75. Préparation. — On retire l'azote de *l'air*, en lui enlevant l'oxygène par le *phosphore* ou le *cuivre*.

Fig. 37. — Préparation de l'azote par le phosphore.

1° *Par le phosphore.* On place sur l'eau (*fig. 37*) un large bouchon de liège, sur lequel on met une petite coupelle en terre, contenant un morceau de *phosphore*. On allume le phosphore, et on recouvre le tout d'une cloche remplie d'air, que l'on tient enfoncée dans l'eau. Le phosphore brûle aux dépens de l'oxygène de l'air, et forme une poussière blanche d'*acide phosphorique*, qui se dissout dans l'eau. Bientôt la cloche redevient transparente : elle contient de l'azote mêlé à un peu d'oxygène et d'acide carbonique.

2° *Par le cuivre*. On fait passer lentement un courant d'air dans un tube de porcelaine BA (*fig. 38*), contenant de la *tournure de cuivre*, et chauffé au rouge dans une grille G. L'oxygène de l'air se combine avec le cuivre et forme de l'*oxyde de cuivre*, qui reste dans le tube ; l'azote sort par l'extrémité A.

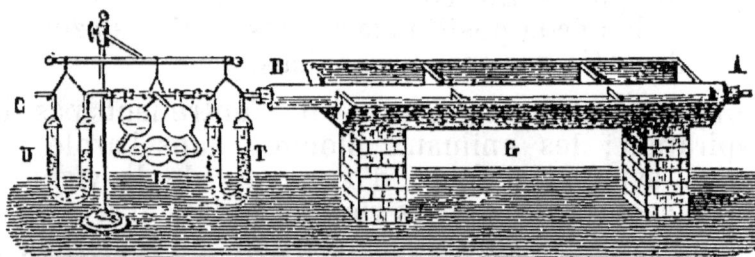

Fig. 38. — Préparation de l'azote par le cuivre.

Pour faire passer l'air, et en même temps le purifier, on se sert d'un grand flacon à deux tubulures, plein d'air ; on verse de l'eau par un tube droit terminé supérieurement en entonnoir et qui descend au fond du flacon. Cette eau déplace l'air et le force à passer, d'abord par un tube en verre U, contenant de la pierre ponce imbibée d'acide sulfurique, pour retenir l'humidité ; puis dans les boules L, qui contiennent une dissolution de potasse pour arrêter l'*acide carbonique ;* puis par un second tube T, rempli de ponce sulfurique pour absorber la vapeur d'eau qui a pu venir de l'appareil à boules ; enfin, par le tube renfermant le cuivre chauffé, qui retient l'oxygène.

76. Usages. — L'azote de l'air tempère l'action trop viv. de l'oxygène, dans la respiration et la combustion.

Il entre dans la composition de nos *aliments* ; une matière est d'autant plus nourrissante qu'elle contient plus d'azote. Comme les plantes en ont très peu, les *herbivores* sont obligés d'introduire dans leur appareil digestif un volume considérable de fourrages, pour y trouver une dose suffisante d'aliments réels.

En agriculture, l'azote est un des éléments nécessaires à la végétation : on estime la valeur des engrais par la quantité qu'ils en contiennent.

COMPOSÉS

1° Azote et oxygène *mélangés : air atmosphérique.*
2° Azote et oxygène *combinés :* 5 composés.
3° Azote et hydrogène *combinés : ammoniaque.*

Air atmosphérique

77. Propriétés. — L'air atmosphérique est une masse gazeuse qui entoure la terre ; sa hauteur ne paraît pas dépasser 100 kilomètres. L'air est transparent et incolore ; mais, vu sous une grande épaisseur, il prend une teinte bleue.

Les propriétés *chimiques* de l'air sont les mêmes que celles de l'oxygène, moins l'intensité ; une bougie y brûle avec moins d'éclat. L'air est le seul gaz qui convienne parfaitement à la respiration.

78. Composition. — Les anciens regardaient l'air comme un élément ; Lavoisier en a trouvé la véritable composition, en 1774. Il est formé d'oxygène et d'azote, *mélangés* à peu près dans les rapports suivants :

En poids		ou		En volume			
Oxygène.	23,13	ou	23	Oxygène.	20,9	21	1
Azote....	76,87		77	Azote,...	79,1	79	4
	100,00		100		100	100	5

L'air atmosphérique contient, en outre :

1° De la *vapeur d'eau,* en quantité qui varie dans des limites très étendues, de 3 à 12 centièmes. Cette proportion varie avec l'état hygrométrique de l'air et avec la température. C'est cette vapeur qui, en se condensant par le refroidissement, se dépose en gouttelettes sur les vitres de nos croisées et les carafes froides, et forme les nuages, la pluie et la neige. Une soucoupe ou un verre contenant de l'acide sulfurique se remplit peu à peu en absorbant cette vapeur d'eau.

2° De l'*acide carbonique* est mêlé à l'air ; il y en a environ 4 dix-millièmes de son poids. Pour en constater la présence, on expose à l'air un vase large et peu profond, rempli d'une dissolution limpide de chaux. Cette base fixe l'acide carbonique de l'air et produit une pellicule blanche de carbonate de chaux.

3° On trouve aussi dans l'air des traces d'*ozone*, d'*ammoniaque* libre ou à l'état de carbonate d'ammoniaque, de *carbures d'hydrogène*.

4° De nombreux corpuscules, minéraux et organiques, flottent dans l'air et deviennent visibles sur le trajet d'un rayon solaire traversant une chambre peu éclairée. Parmi eux se trouvent des animalcules et des végétaux, les uns développés, les autres à l'état de germes. Tels sont les *microbes :* les uns provoquent les fermentations alcoolique, acide, putride, etc. ; les autres, les maladies infectieuses ; d'autres, le développement de ces êtres dont on a attribué l'origine à des générations spontanées.

79. Analyse de l'air. — 1° *Expérience de Lavoisier*. Le *mercure*, chauffé au contact de l'air, en absorbe lentement l'oxygène et se change en *oxyde de mercure* HgO (*HgO*) ; cet oxyde, porté à une température plus élevée, de 400°, se *réduit*, c'est-à-dire se décompose en mercure et en oxygène. Ces principes feront comprendre le procédé suivi par Lavoisier, dans son expérience demeurée célèbre.

Il se servit d'un ballon de verre B (*fig. 39*), dont le

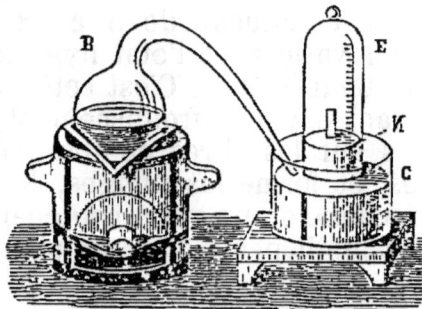

Fig. 39. — Expérience de Lavoisier.

5.

col, très long et doublement recourbé, s'élevait jusqu'au milieu d'une cloche E, reposant sur du mercure
C. Il y avait du mercure dans le ballon, et de l'air en
remplissait le reste, ainsi que le tube et la plus
grande partie de la cloche jusqu'au niveau N.
Lavoisier chauffa le mercure et maintint le feu pendant douze jours. Le mercure se combina peu à peu
avec l'oxygène de l'air, pour former de l'oxyde rouge
de mercure. Quand l'appareil fut refroidi, le volume
total du gaz se trouva réduit d'environ $\frac{1}{5}$. Le gaz
restant était impropre à la combustion et à la respiration : c'était l'*azote*. Lavoisier rassembla les pellicules
rouges dont le mercure s'était couvert, et les chauffa
dans une petite cornue de verre munie d'un tube
abducteur. L'oxyde de mercure se décomposa en mercure et en un gaz éminemment propre à entretenir
la combustion et la respiration ; ce gaz était l'*oxygène*. Les deux gaz mélangés reproduisaient de l'air
ordinaire. — Lavoisier avait ainsi fait successivement
l'*analyse* et la *synthèse* de l'air.

2° *Analyse de l'air par le phosphore.* On introduit
un bâton de phosphore mouillé dans une petite
cloche (*fig. 40*), reposant sur l'eau et contenant de

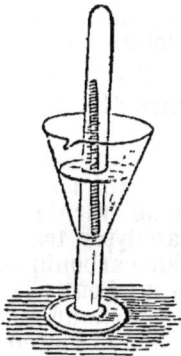

Fig. 40. — Analyse de l'air par
le phosphore à froid.

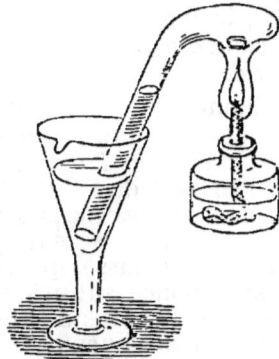

Fig. 41. — Analyse de l'air par
le phosphore à chaud.

l'air, dont on mesure le volume. Le phosphore s'empare lentement de l'oxygène de l'air ; il forme de
l'acide phosphoreux, qui se dissout dans l'eau. Le
volume du gaz restant, qui n'occupe plus que les $\frac{4}{5}$ de

la cloche, est celui de l'azote ; par différence, on a celui de l'oxygène.

Pour opérer plus *rapidement*, on emploie une petite cloche (*fig. 41*), dont le haut est recourbé et présente un renflement ; on y pousse un morceau de phosphore, et on la met sur l'eau ; on aspire, avec un tube en caoutchouc, un peu de l'air de la cloche, pour y faire monter l'eau, dont on marque le niveau. On chauffe alors le phosphore avec une lampe à alcool, lentement d'abord pour le sécher, puis vivement. Le phosphore s'allume et se combine avec l'oxygène ; quand l'acide phosphorique formé est dissous dans l'eau, on mesure le volume d'azote restant.

3° *Par l'acide pyrogallique.* On mesure sur la cuve à mercure, dans un tube gradué, 100 volumes d'air ; on y fait passer une solution concentrée de potasse, puis d'acide pyrogallique. On agite le tout, en bouchant l'extrémité du tube avec le pouce. Tout l'oxygène est rapidement absorbé, et, lorsqu'on débouche le tube sous le mercure, on constate que les 100 volumes d'air sont réduits à 79 volumes environ d'azote.

4° *Par l'eudiomètre.* On introduit dans l'eudiomètre 100 volumes d'air, et une quantité d'hydrogène plus que suffisante pour brûler tout l'oxygène contenu dans cet air, par exemple 100 volumes. Après l'étincelle 63 volumes disparaissent, tout l'oxygène de l'air s'étant combiné avec une partie de l'hydrogène, pour former de l'eau, qui se condense.

Or, le mélange d'oxygène et d'hydrogène qui forme de l'eau est composé de 1 volume d'oxygène et 2 volumes d'hydrogène ; l'oxygène en est le $\frac{1}{3}$. Les 100 volumes d'air introduits dans l'eudiomètre contiennent donc $\frac{63}{3}$, c'est-à-dire 21 volumes d'oxygène ; le reste, 79 volumes, est de l'azote.

5° *Analyse de l'air en poids.* MM. Dumas et Boussingault ont fait l'analyse de l'air à l'aide de pesées ; ce qui leur a permis d'opérer sur des masses plus grandes et d'obtenir des résultats plus exacts. Dans leur procédé, l'air à analyser traverse des boules L à potasse, qui retiennent son acide carbonique, et des tubes à ponce sulfurique U, T, qui le dessèchent (*fig. 38*). Il passe ensuite dans un tube en porcelaine BA chauffé au rouge et rempli de tournure de cuivre ; l'oxygène se fixe en totalité sur le cuivre, et l'azote se rend seul dans un ballon de 15 à 20 litres.

Avant l'opération, le ballon et le tube étaient vides et avaient été pesés séparément, avec soin. On ouvre un robinet qui ferme le tube en B, et, après quelque temps, ceux qui font communiquer le ballon et le tube en A, de manière que l'air passe très lentement, et qu'il ait le temps de perdre tout son acide carbonique, toute sa vapeur d'eau et tout son oxygène. Après l'expérience le ballon pèse davantage, ce qui donne un premier poids d'azote. Le tube de porcelaine est pesé plein d'azote, puis vide : on a un second poids d'azote. Le tube vide pèse plus qu'au commencement de l'expérience ; la différence représente le poids d'oxygène qui s'est fixé sur le cuivre.

80. Eau et acide carbonique. — Pour déterminer exactement les quantités de *vapeur d'eau* et d'*acide carbonique* contenues dans l'atmosphère, on fait passer, à l'aide de l'aspiration produite par l'écoulement d'un liquide, un volume d'air connu, dans des tubes en U. Ces tubes contiennent des substances propres à absorber complètement les unes la vapeur d'eau, les autres l'acide carbonique. L'augmentation de poids des tubes donne le poids de l'eau et de l'acide carbonique contenus dans le volume d'air employé, ce volume d'air égalant lui-même le volume d'eau écoulée.

81. Constance dans la composition de l'air. — L'air contient partout et a toujours contenu la même proportion d'oxygène et d'azote ; on n'a pu constater aucune différence entre l'air ordinaire qui nous enveloppe, celui que Gay-Lussac a rapporté d'une hauteur de 7.000 mètres, et celui qu'on a trouvé dans un vase en métal, hermétiquement fermé, d'un tombeau romain.

82. L'air est un mélange. — Quoique l'air soit un composé homogène, et en proportion peu variable, d'oxygène et d'azote, on ne doit pas le regarder comme une combinaison, mais comme un mélange, dans lequel les deux gaz conservent leurs propriétés (n° 3). En voici les principales raisons :

1° Si l'air était une combinaison, nous devrions trouver, entre les volumes de l'azote et de l'oxygène qui le composent, un *rapport simple*, comme on l'a observé dans toutes les combinaisons des gaz (n° 4, loi de Gay-Lussac) ; or, nous voyons tout le contraire, le rapport étant de 20,9 à 79,1 et ce rapport étant irréductible.

2° Quand on unit de l'oxygène et de l'azote pour refaire de l'air, on ne constate aucun dégagement de chaleur ni d'électricité, comme dans les autres combinaisons (n° 6).

3° L'air mis en contact avec l'eau *se dissout* comme le fait un mélange, chaque gaz proportionnellement à sa solubilité propre ; en effet, l'air dissous dans l'eau contient plus d'oxygène que l'air ordinaire, 33 0/0 au lieu de 21, parce que l'oxygène est plus soluble que l'azote.

83. Usages. — L'air a de nombreuses applications *physiques* et *mécaniques*, dont nous n'avons pas à nous occuper. — La *combustion*, qui constitue tous nos moyens de chauffage et d'éclairage, se fait par l'air. Il sert à la *respiration* des animaux ; pour celle des poissons, il se dissout dans l'eau ; il contribue à la respiration et à la nutrition des plantes par son oxygène, son azote, et surtout par l'acide carbonique, qui leur fournit du carbone. Il intervient dans la germination et les fermentations.

C'est à l'oxygène qu'il faut attribuer toutes les propriétés chimiques de l'air : l'azote ne prend aucune part à ces effets, et n'a d'autre utilité que de tempérer l'action trop vive de l'oxygène.

Combinaisons d'azote et d'oxygène. — Généralités

84. — L'azote forme avec l'oxygène cinq combinaisons dans lesquelles nous trouvons un des plus beaux exemples de la loi des proportions multiples et de la loi des volumes. – On les appelle dans l'ancienne nomenclature :

Protoxyde d'azote......... en éq. AzO en at. Az^2O
Bioxyde d'azote........... — AzO^2 — AzO
Acide azoteux............. — AzO^3 — Az^2O^3
Acide hypoazotique....... — AzO^4 — AzO^2
Acide azotique........... — AzO^5 — Az^2O^5

Les formules en équivalents montrent que pour 1 équivalent d'azote, on a 1, 2, 3..... équivalents d'oxygène, ce qui est conforme à la loi de Dalton. — Si, dans la notation atomique, on double le bioxyde et l'acide hypoazotique, les formules montrent que pour une même quantité d'azote, 2 atomes, on a 1, 2, 3..... atomes d'oxygène.

Les formules atomiques expriment aussi la composition en volume. Car chaque atome d'oxygène ou d'azote occupe 1 volume avant la combinaison (1) et la formule représente une molécule ou 2 volumes, les corps étant à l'état gazeux.

2 vol. de protoxyde Az^2O contiennent 2 vol. d'azote et 1 d'oxygène.
2 vol. de bioxyde AzO — 1 vol. d'azote et 1 d'oxygène.
2 vol. d'acide azoteux Az^2O^3 — 2 vol. d'azote et 3 d'oxygène.
2 vol. d'acide hypoazot. AzO^2 — 1 vol d'azote et 2 d'oxygène.
2 vol. d'acide azotique Az^2O^5 — 2 vol. d'azote et 3 d'oxygène.

(1) Ici nous faisons le volume des molécules égal à 2. Les molécules d'azote et d'oxygène contenant 2 atomes, chaque atome occupe 1 volume (Voir n° 21).

L'acide azoteux et l'acide azotique ne pouvant pas s'obtenir à l'état de vapeur, on n'a pu vérifier si leur formule correspond bien à 2 volumes.

L'acide hypoazotique est un corps neutre, car, mis en présence des bases, il ne forme pas de sels. C'est pour cette raison qu'on l'appelle maintenant *hypoazotide*.

L'acide azoteux et l'acide azotique ne sont pas des acides proprement dits, parce qu'ils ne contiennent pas d'hydrogène. On les appelle *acide azoteux anhydre*, ou *anhydride azoteux ; acide azotique anhydre*, ou *anhydride azotique*. En s'unissant à l'eau, ils forment le véritable acide azoteux et le véritable acide azotique :

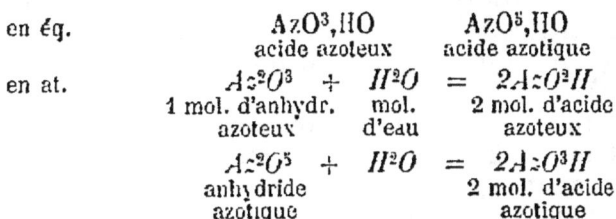

en éq.

$$AzO^3,HO \qquad AzO^5,HO$$
acide azoteux   acide azotique

en at.

$$Az^2O^3 + H^2O = 2AzO^2H$$
1 mol. d'anhydr.   mol.   2 mol. d'acide
azoteux   d'eau   azoteux

$$Az^2O^5 + H^2O = 2AzO^3H$$
anhydride   2 mol. d'acide
azotique   azotique

Outre ces deux acides, on admet l'existence d'un acide hypoazoteux, qui dériverait du protoxyde d'azote, comme les autres dérivent de l'anhydride azoteux et de l'anhydride azotique.

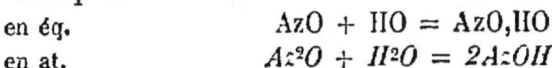

en éq. $AzO + HO = AzO,HO$

en at. $Az^2O + H^2O = 2AzOH$

Cet acide n'a pas été réalisé, mais on connaît un de ses sels, l'hypoazotite de potassium.

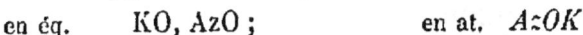

en éq. $KO, AzO ;$ en at. $AzOK$

Protoxyde d'azote

en éq.	AzO	$D_a = 1,527$
formule atomique	Az^2O	$D_h = 22$
poids moléculaire	44	$S = 1$

Synonymes : *gaz hilarant, oxyde azoteux*. Il s'appelle oxyde azoteux, par opposition au bioxyde d'azote, qu'on appelle oxyde azotique. On donne la terminaison *eux* au corps qui contient le moins d'oxygène, par extension d'une règle qui avait été faite d'abord pour les acides (n° 11).
Découvert par Priestley en 1772, étudié par Berthollet et Davy.

85. Caractères. — Le protoxyde d'azote est un gaz sans couleur, sans odeur, d'une saveur légèrement sucrée. Lorsqu'on y plonge une bougie allumée, elle brûle avec le même éclat que dans l'oxygène. Il se distingue de l'oxygène en ce qu'il ne réagit pas sur le bioxyde d'azote, ni sur le phosphore à froid.

Propriétés. — Le protoxyde est soluble dans l'eau dans la proportion de 1 litre dans 1 litre d'eau. — Il se liquéfie à — 87° sous la pression atmosphérique. En abaissant encore la température, on l'obtient à l'état solide.

Soumis à l'action de la chaleur, il se décompose, vers la température du rouge, en azote et en oxygène. C'est à cet oxygène qu'il doit son pouvoir comburant.

Aussi le protoxyde d'azote n'entretient pas les combustions qui se font à une température peu élevée, comme la combustion du soufre (à moins qu'il ne soit bien allumé); ni les combustions lentes, comme la respiration ; il n'oxyde pas le phosphore à froid, il n'agit pas sur le bioxyde d'azote, parce qu'à la température de ces réactions, il n'est pas décomposé et son oxygène n'est pas mis en liberté.

Action sur l'organisme. — Respiré, le protoxyde d'azote occasionne une sorte d'ivresse, ce qui lui a valu le nom de *gaz hilarant*. Il détermine aussi une insensibilité de courte durée et remplace l'éther et le chloroforme comme anesthésique. Il n'est pas délétère, mais il n'entretient pas la respiration ; pour s'en servir en médecine, dans des opérations de quelque durée, il faut le mélanger avec de l'oxygène (expériences de Paul Bert). Il faut aussi le purifier avec beaucoup de soin, car il contient souvent quelques-uns des autres oxydes d'azote qui sont dangereux à respirer.

86. Composition. — La formule atomique Az^2O exprime que la molécule (2 vol.) de protoxyde d'azote est formée de 2 atomes d'azote (2 vol.) et 1 atome d'oxygène (1 vol). Pour le vérifier, on introduit dans l'eudiomètre 2 volumes du gaz et 2 volumes d'hydrogène. Après l'étincelle : il reste *2 volumes d'azote;* les 2 volumes d'hydrogène ont dû se combiner avec *1 volume d'oxygène* pour former de l'eau.

Donc 2 volumes de protoxyde d'azote contiennent 1 volume d'oxygène et 2 d'azote.

Vérification par la densité. — La densité du protoxyde d'azote par rapport à l'air est 1,527 ; par rapport à l'hydrogène $\frac{1,527}{0,069} = 22$ sensiblement.

Le poids moléculaire doit être 44.

Cela correspond justement à la formule Az^2O, c'est-à-dire $2 \times 14 + 16 = 44$.

87. Préparation. — On obtient le protoxyde d'azote en chauffant doucement de l'*azotate d'ammoniaque*, dans une cornue en verre (*fig. 42*). Le sel, peu stable,

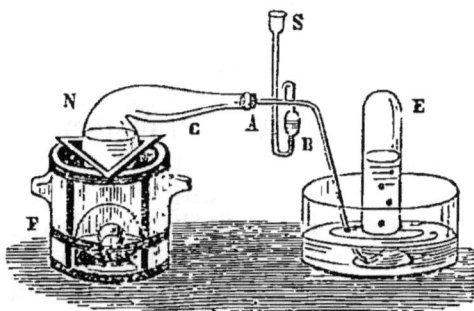

Fig. 42. — Préparation du protoxyde d'azote.

puisqu'il contient de l'azote, se décompose en eau, qui s'en va en vapeur, et en protoxyde d'azote. Si le sel est pur, il ne doit rien rester dans la cornue.

Le sel fond vers 152° et se décompose à partir de 210°. Si on pousse trop le feu, la réaction devient explosible ; si on ne chauffe pas assez, le sel se volatilise sans se décomposer.

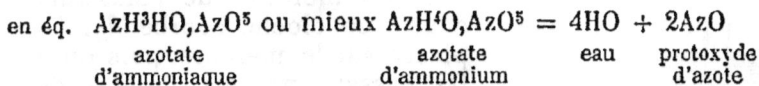

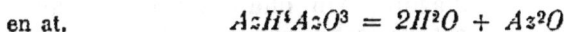

en éq. AzH^3HO,AzO^5 ou mieux $AzH^4O,AzO^5 = 4HO + 2AzO$

azotate d'ammoniaque — azotate d'ammonium — eau — protoxyde d'azote

en at. $AzH^4Az O^3 = 2H^2O + Az^2O$

Bioxyde d'azote

Synonyme : *oxyde azotique*. — Voir le paragraphe précédent.

en éq.	AzO^2	$D_a = 1,039$	
formule atomique	AzO	$D_h = 15$	
poids moléculaire	30	$S = 0,05$	

Découvert par Hales en 1772, étudié par Priestley et analysé par Gay-Lussac et Thénard.

87. Caractères. — Le bioxyde d'azote est un gaz incolore qui, exposé à l'air, donne des vapeurs rouges d'acide hypoazotique (vapeurs rutilantes).

Propriétés. — Il est très peu soluble dans l'eau. Pour le liquéfier, il faut une pression de 71 atmosphères et un froid de — 93°. — Il entretient difficilement la combustion ; la chaleur, en effet, le dédouble bien en azote et en oxygène, mais l'oxygène se porte sur le gaz non décomposé et le transforme en acide hypoazotique qui ne se décompose qu'à une température très élevée. Une bougie s'éteint dans le bioxyde d'azote, mais le phosphore allumé y brûle avec éclat. — Le bioxyde d'azote, mis en présence de l'oxygène, donne de l'hypoazotide ou de l'anhydride azoteux, suivant les températures et les proportions.

88. Composition. — Il faut vérifier si 1 molécule d'oxyde azotique ($AzO = 2$ vol.) est composée de 1 atome d'azote ($Az = 1$ vol.) et de 1 atome d'oxygène ($O = 1$ vol.).

On ne peut pas se servir de l'eudiomètre comme pour le protoxyde d'azote, parce que le mélange d'hydrogène et de bioxyde d'azote n'est pas enflammé par l'étincelle électrique. — On introduit un morceau de potassium dans une cloche courbe (*fig. 43*) placée sur le mercure, puis on y fait passer 2 volumes de bioxyde d'azote. On chauffe : l'oxygène est absorbé par le potassium et il reste 1 vol. d'azote. Donc *la*

Fig. 43. — Analyse du bioxyde d'azote par le potassium.

molécule contient 1 atome d'azote. — D'autre part, la densité du bioxyde d'azote prise par rapport à l'hydrogène est 15, son poids moléculaire sera 30. Retranchons le poids de l'atome d'azote, on aura le poids d'oxygène :

$$30 - 14 = 16$$

C'est le poids d'un atome d'oxygène.

89. Préparation. — On prépare le bioxyde d'azote en enlevant à l'acide azotique une partie de son oxygène au moyen d'un métal. En présence d'un métal, l'acide azotique se décompose suivant la formule :

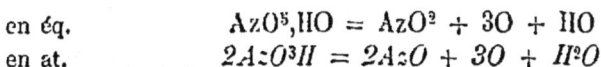

en éq. $AzO^5,HO = AzO^2 + 3O + HO$

en at. $2AzO^3H = 2AzO + 3O + H^2O$

L'oxygène se porte sur le métal et donne un oxyde. Si l'oxyde formé n'est pas basique, il persiste ; c'est le cas de l'étain, qui donne de l'acide stannique SnO^2 (SnO^2). S'il est basique, au contact de l'acide azotique non transformé il donne un azotate ; c'est le cas de l'argent, du mercure, du cuivre. — Avec les métaux facilement oxydables, l'acide azotique peut être décomposé davantage et être amené à l'état de protoxyde d'azote ; il en est ainsi avec le cuivre. Il vaudrait donc mieux se servir de l'argent ou du mercure, qui sont moins oxydables. Cependant on emploie le cuivre, qui est moins cher, en ayant soin de maintenir l'appareil à une basse température ; on l'environne d'eau froide.

On se sert de l'appareil à hydrogène (*fig. 44*), on y met de la tournure de cuivre et de l'eau et on verse

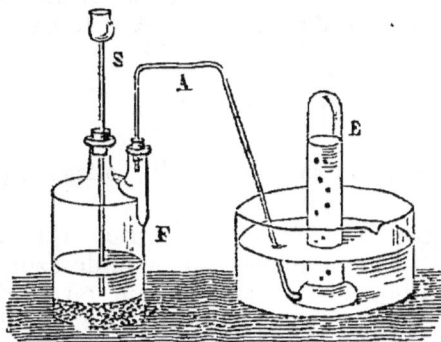

Fig. 44. — Préparation du bioxyde d'azote.

de l'acide azotique ordinaire par le tube à entonnoir. La réaction commence aussitôt. Il se dégage du bioxyde d'azote; il reste de l'azotate de cuivre, qui colore la liqueur en bleu. Le bioxyde d'azote qui se dégage d'abord se combine avec l'oxygène de l'air contenu dans le flacon, et se convertit en vapeurs rutilantes ; mais, le dégagement du bioxyde d'azote continuant, l'atmosphère du flacon se décolore peu à peu et on commence à recueillir le gaz.

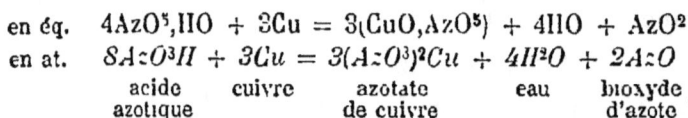

en éq. $4AzO^5, HO + 3Cu = 3(CuO, AzO^5) + 4HO + AzO^2$

en at. $8Az O^3H + 3Cu = 3(AzO^3)^2Cu + 4H^2O + 2AzO$

acide   cuivre   azotate   eau   bioxyde

azotique   de cuivre   d'azote

Acide azoteux anhydre ou anhydride azoteux

en éq. AzO^2 ; formule atomique Az^2O^3 ; poids moléculaire 76

90. Propriétés. — C'est un liquide bleu qui bout à — 2°. En se transformant en vapeurs, il se décompose, au moins partiellement, en bioxyde d'azote et en acide hypoazotique.

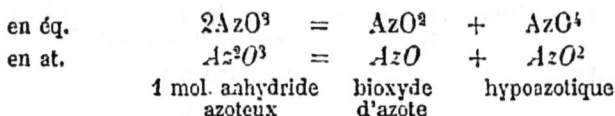

en éq. $2AzO^3$ $=$ AzO^2 $+$ AzO^4

en at. Az^2O^3 $=$ AzO $+$ AzO^2

1 mol. anhydride   bioxyde   hypoazotique

azoteux   d'azote

Préparation. — On peut l'obtenir en dirigeant, dans un récipient refroidi à 18° au-dessous de 0, un mélange formé de 1 vol. de bioxyde d'azote et de 4 volumes d'oxygène.

Acide azoteux

en éq. AzO^3, HO ; en at. (AzO^2H) ; poids moléculaire 47

91. Propriétés. — C'est un liquide qu'on obtient en faisant réagir de l'eau glacée sur l'acide azoteux anhydre. Mais il se décompose très rapidement en acide azotique et en bioxyde d'azote, de sorte qu'il est impossible de l'avoir pur. — Les sels qu'ils forment sont bien stables. *Ex. :* l'azotite de potassium AzO^3, KO (AzO^2K).

Acide hypoazotique ou hypoazotide

Synonymes : peroxyde d'azote, vapeurs rutilantes

en éq.	AzO^4	liquide	$D = 1,45$
formule atomique	AzO^2	à l'état de vapeur à 150°	$D_a = 1,57$
poids moléculaire	46		$D_h = 23$

92. Propriétés. — Ce corps est un liquide rouge, à la température ordinaire ; en se refroidissant, il prend une teinte moins foncée et est incolore à — 10°, température à laquelle il se solidifie. Il bout à 22°. Ses vapeurs sont rouges, d'une odeur forte et caractéristique, très corrosives et dangereuses à respirer. — La densité de ces vapeurs diminue très rapidement ; pour les basses températures, elle correspond à la formule atomique Az^2O^4 ; vers 150°, elle devient 2 fois moindre et correspond à la formule AzO^2. Pour interpréter ce fait singulier, on admet que les molécules ont d'abord la formule Az^2O^4, mais qu'elles se dédoublent graduellement en 2 molécules AzO^2, décomposition qui s'achève vers 150°.

En présence de l'eau ou d'une base, il se dédouble en acide azoteux et en acide azotique et donne un mélange d'azotite et d'azotate. Avec de l'eau en excès, il se change en bioxyde d'azote et en acide azotique.

Préparation. — 1° L'acide hypoazotique se forme quand on fait passer des décharges électriques dans un mélange d'oxygène et d'azote ; 2° on peut l'obtenir en préparant du bioxyde d'azote auquel on ajoute de l'oxygène au moyen d'une vessie à robinet ; 3° il se prépare aussi en chauffant au rouge, dans une cornue en verre peu fusible, de l'azotate de plomb très sec ; les vapeurs se liquéfient dans un tube en U plongé dans un mélange réfrigérant.

Acide azotique anhydre ou anhydride azotique

en éq.	AzO^5	Poids moléculaire	108
en at.	Az^2O^5		
ou	$\begin{array}{c} Az O^2 \\ Az O^2 \end{array} \Big\rangle O$		

Découvert en 1850 par H. Sainte-Claire-Deville.

93. Propriétés. — L'anhydride azotique est un corps solide, blanc, cristallisé. Il fond à 30°, se transforme en vapeurs vers 45°. Il est très instable : en se décomposant il donne de l'oxygène et de l'hypoazotide. Avec l'eau, il forme de l'acide azotique.

Composition. — Lorsqu'on fait passer des étincelles électriques dans un mélange d'oxygène et d'azote, en présence d'une base, l'oxygène et l'azote se combinent en anhydride azotique, qui est absorbé par la base et transformé en azotate. Dans une éprouvette contenant 2 vol. d'azote, 7 volumes d'oxygène et une dissolution de potasse, on fait passer des étincelles électriques. A la fin, il reste 2 volumes d'oxygène pur. Donc 5 volumes d'oxygène se sont combinés à 2 d'azote pour former de l'anhydride azotique.

Préparation. — On prépare l'anhydride azotique en faisant passer un courant de chlore sec sur de l'azotate d'argent chauffé à 95° (Deville). On peut aussi déshydrater l'acide azotique au moyen de l'acide phosphorique anhydre ; puis on distille le mélange.

Acide azotique

en éq. AzO^5,HO ; en at. $Az O^3H$ ou $AzO^2\text{-}O\text{-}H$

Connu d'Albert le Grand et de Raymond Lulle, étudié par Cavendish en 1784. On l'appelle aussi *acide nitrique,* parce qu'on le tire du salpêtre ou *nitre*; *eau forte,* parce qu'il attaque la plupart des métaux.

94. Acide monohydraté, acide quadrihydraté. — On distingue deux sortes d'acide azotique, l'acide azotique monohydraté et l'acide quadrihydraté.

L'acide *monohydraté* ou *fumant* est presque toujours coloré en jaune par de l'hypoazotide, bien qu'on puisse l'obtenir incolore. A l'air il répand d'abondantes fumées, d'une odeur caractéristique : c'est parce que sa vapeur s'unit à la vapeur d'eau contenue dans l'air, pour former un liquide moins volatil qui se condense en brouillard. Il bout à 86°. Sa densité est 1,53. On peut le regarder comme formé de 1 équivalent d'acide azotique anhydre et de 1 équivalent d'eau, comme l'indique la formule :

en éq. $$AzO^5,HO$$

ou comme résultant de l'action d'une molécule d'anhydride azotique sur une molécule d'eau, ce qui fournit 2 molécules d'acide azotique :

en at. $$Az^2O^3 + H^2O = 2AzO^3H$$

C'est pourquoi on l'appelle *monohydraté.*

En réalité il contient toujours un peu plus d'eau et sa densité varie de 1,49 à 1,53.

L'acide azotique du commerce contient 40 0/0 d'eau, il s'appelle *quadrihydraté*, parce qu'il contient environ 4 molécules d'eau pour une molécule d'anhydride.

Il est incolore. Il est moins volatil que le précédent (il bout à 123°). Il est moins dense (D = 1,42).

Quand on distille de l'acide azotique fumant, il entre en ébullition à 86° ; mais le point d'ébullition s'élève peu à peu jusqu'à 123°. A partir de cette température il reste constant et l'acide qui distille est quadrihydraté. C'est que l'acide monohydraté est peu stable ; il se décompose en hypoazotide, en oxygène et en eau ; l'eau se reporte sur l'acide non distillé et en élève le point d'ébullition.

95. Caractères. — L'acide azotique a une odeur forte et piquante et une saveur brûlante. On le distingue facilement des autres acides en le versant sur le cuivre ; il se dégage des vapeurs rutilantes, faciles à reconnaître à leur couleur et à leur odeur.

Propriétés chimiques. — *L'acide azotique est un acide énergique,* qui rougit fortement le tournesol et forme, avec les bases, des sels appelés azotates, en échangeant son hydrogène contre le métal de la base. *Ex.* : avec de la soude de l'azotate de sodium il donne :

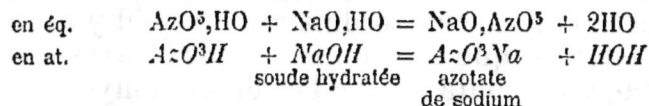

en éq. $AzO^5,HO + NaO,HO = NaO,AzO^5 + 2HO$

en at. $AzO^3H \quad + NaOH \quad = AzO^3Na \quad + HOH$
$\quad\quad\quad$ soude hydratée $\quad$ azotate
$\quad\quad\quad\quad\quad\quad\quad\quad$ de sodium

La formule ne contient qu'un atome d'hydrogène, il n'y aura donc pas de sels acides.

Lorsqu'un métal est bivalent, son atome se substitue à 2 atomes d'hydrogène pris dans 2 molécules d'acide azotique. *Ex.* :

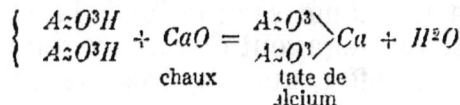

$$\left\{ \begin{array}{l} AzO^3H \\ AzO^3H \end{array} \right. + CaO = \begin{array}{l} AzO^3\diagdown \\ AzO^3\diagup \end{array}\!\!Ca + H^2O$$
$\quad\quad\quad\quad\quad$ chaux $\quad\quad$ tate de
$\quad\quad\quad\quad\quad\quad\quad\quad\quad$ alcium

Action oxydante. — L'acide azotique contient beaucoup d'oxygène, et l'abandonne facilement en passant à l'état d'acide hypoazotique, de bioxyde d'azote, de protoxyde ou même d'azote. *C'est donc un corps oxydant.* Son action peut être étudiée sur les métalloïdes, les métaux et les corps organiques. — Parmi les *métalloïdes*, les seuls sur lesquels il n'agisse pas sont le chlore, le brome et l'azote (1), ces corps ayant trop peu d'affinité pour l'oxygène. Il oxyde tous les autres avec plus ou moins de vivacité. Son action est plus vive quand il est concentré. — *Exemples :* 1° Lorsqu'on verse de l'acide azotique dans l'appareil à hydrogène, tout dégagement cesse : l'hydrogène s'unit avec tout l'oxygène de l'acide azotique pour former de l'eau ; et l'azote, mis en liberté a l'état naissant, s'unit à d'autre hydrogène pour former de l'ammoniaque : l'ammoniaque se dissout. 2° Un charbon allumé qu'on présente à la surface de l'acide azotique concentré, brûle avec éclat en donnant de l'acide carbonique ; l'acide azotique se transforme en vapeurs rutilantes. 3° Le phosphore ferait une explosion.

Tous les *métaux* sont attaqués, excepté l'or et le platine. On a vu (*préparation du bioxyde d'azote*) quelle est la réaction. L'acide monohydraté agit moins bien que l'acide étendu. L'action sur *le fer* est remarquable. Dans l'acide monohydraté des pointes de fer restent intactes, tandis qu'elles réagissent avec effervescence dans l'acide ordinaire. Ce qu'il y a de plus singulier, c'est que ces pointes, après être restées quelque temps en contact avec l'acide monohydraté, ne sont plus attaquées isolément par l'acide étendu : on dit alors que le fer est devenu passif, en se couvrant d'une couche de gaz ; il redevient actif si on lui ajoute une autre pointe ou si on le touche avec un fil de cuivre. — L'acide azotique dilué n'agit pas sur les métaux de la troisième section (2) à la manière des acides dilués, qui dégagent de l'hydrogène (n° 54). On vient de voir, en effet, que l'hydrogène naissant don-

---

(1) L'acide azotique agissant comme oxydant, il est clair qu'il n'agira pas sur l'oxygène même.
(2) V. 2ᵉ partie, classification des métaux.

nerait de l'ammoniaque et, ensuite, de l'azotate d'ammoniaque, ce qui a lieu, en effet, avec le zinc. Dans ce cas la réaction est très complexe et donne de l'azotate d'ammoniaque, de l'azote, du bioxyde d'azote, etc.

Action sur les matières organiques. — L'acide azotique agit de diverses manières sur les matières organiques. Il peut les oxyder et les détruire en transformant leur hydrogène en eau, leur carbone en acide carbonique ; cette combustion se produit quand on verse de l'essence de térébenthine dans une soucoupe qui contient un peu d'acide azotique. Il colore en jaune la peau et la plupart des matières animales, comme la soie, la laine, les plumes ; si l'action est prolongée il les désorganise. C'est donc un poison violent. Le contre-poison est la magnésie et, à son défaut, la craie ou la cendre délayée, ou l'eau de savon. Ces corps agissent par leur base qui neutralise l'acide. — Enfin, l'acide concentré, s'unissant aux matières organiques, donne lieu à des produits très remarquables : *coton-poudre* (cellulose et acide azotique), *nitro-glycérine* (glycérine et acide azotique), *nitro-benzine* (benzine et acide azotique), *acide picrique* (phénol et acide azotique), qui seront étudiés en chimie organique.

96. État naturel. — L'électricité des nuages fait combiner l'oxygène et l'azote de l'air pour produire de petites quantités d'acide azotique. Il se forme partout où des matières organiques azotées se décomposent à l'air humide, en présence de bases alcalines ; il en résulte divers azotates dont le mélange constitue le salpêtre naturel. On trouve au Pérou des mines importantes d'azotate de soude.

97. Préparation. — On prépare l'acide azotique en décomposant le *salpêtre* (azotate de potasse) ou *l'azotate de soude*, par l'acide sulfurique :

1° On met des poids égaux d'azotate de potasse et d'acide sulfurique dans une cornue en verre, dont le col s'engage, sans bouchon, dans un ballon qu'on maintient froid. Il se dégage des vapeurs d'acide azotique qui se condensent dans le ballon (*fig. 45*).

Fig. 45. — Préparation de l'acide azotique.

La réaction est :

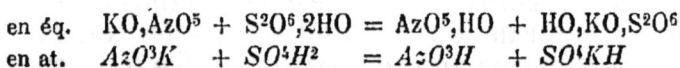

en éq. $KO,AzO^5 + S^2O^6,2HO = AzO^5,HO + HO,KO,S^2O^6$

en at. $Az O^3 K + SO^4 H^2 = Az O^3 H + SO^4 KH$

Un atome d'hydrogène de l'acide sulfurique est remplacé par l'atome de potassium de l'azotate, et on a de l'acide azotique (*azotate d'hydrogène*) et du sulfate acide de potassium. Cet échange a lieu en vertu d'une loi de Berthollet : *Un acide et un sel échangent leurs éléments lorsque de cet échange il peut résulter un composé gazeux.* Ici la substitution se produit parce que l'acide azotique est volatil, à la température à laquelle on opère.

Pour avoir de l'acide azotique monohydraté, il faut de l'azotate bien sec et de l'acide sulfurique concentré à 66°. — Au commencement de l'opération et à la fin il apparaît des vapeurs rutilantes, qui sont produites par la décomposition de l'acide azotique. — L'acide azotique contient un peu d'acide sulfurique entraîné, et de l'acide chlorhydrique provenant des chlorures alcalins mêlés au salpêtre. On le purifie en le distillant avec de l'azotate de baryte et de l'azotate d'argent : l'acide sulfurique se transforme en sulfate de baryte insoluble, et l'acide chlorhydrique en chlorure d'argent insoluble.

2° Dans l'industrie on emploie de préférence l'azotate de soude, qui coûte moins cher, et donne, à poids égal, plus d'acide azotique. La réaction se fait dans des cylindres en fonte A (*fig. 46*). On verse de l'acide sulfurique moins concentré, par un entonnoir E ; les vapeurs d'acide azotique sortent par une allonge T,

6

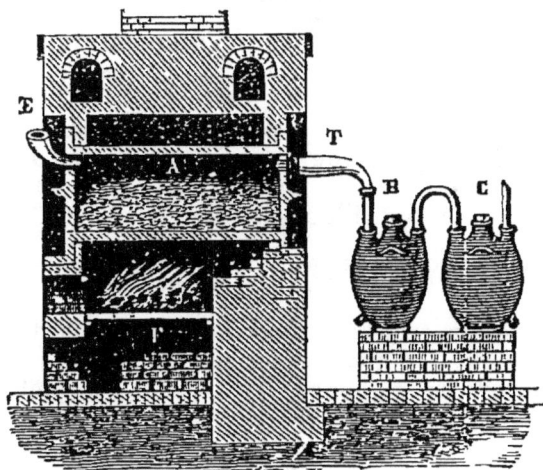

Fig. 46. — Préparation industrielle de l'acide azotique.

et vont se condenser dans des *bonbonnes* ou touries
en grès BC, contenant un peu d'eau.

98. Usages. — En *médecine*, l'acide azotique est employé
pour cautériser; pour enlever une verrue, il suffit de l'en-
tamer et de déposer dessus une goutte d'acide azotique. —
Il sert à teindre en *jaune* la soie, les plumes, la laine.

On l'emploie dans l'*impression lithographique* et la *gravure
sur métaux*, dite gravure à l'*eau forte*. Pour obtenir des
caractères en relief, on les dessine sur une plaque de cuivre
ou d'acier, avec un vernis inattaquable par l'acide azotique,
et on la couvre d'acide. Le métal est attaqué et creusé,
partout où le vernis ne le préserve pas. Les caractères
restent en relief, et peuvent servir à imprimer, si on les a
dessinés renversés. — Pour *graver* sur un métal, faites-le
chauffer un peu, frottez-le avec de la cire, puis laissez-le
refroidir. Ensuite, avec une pointe fine, vous tracez les
caractères dans la cire, de manière à bien découvrir le
métal. Vous versez alors de l'acide azotique, retenu, s'il le
faut, par un bourrelet de cire. Lorsque l'*eau forte* a suffisamment *mordu*, vous lavez le métal et vous trouvez le
dessin gravé en creux.

Pour nettoyer un métal, le *décaper*, on le plonge dans
l'acide étendu et on le laisse jusqu'à ce qu'il soit décrassé.
— Si l'on veut retirer l'*or* d'un alliage, il suffit de laisser

quelque temps le composé dans l'acide azotique : les autres métaux forment des sels solubles, l'or seul reste intact et se trouve isolé.

L'acide azotique sert à préparer un grand nombre de *produits chimiques :* acide sulfurique, azotates d'argent et de cuivre, coton-poudre et dynamite. — En France, on en dépense environ 5 millions de kil. par an.

Marquant 30° à l'aéromètre de Baumé, il coûte 0 fr. 60 le kil. ; à 40°, 0 fr. 70; pur à 40°, 1 fr. 40, et monohydraté à 48°, 1 fr. 40.

N. B. — On trouvera dans la seconde partie (métaux), *des notions sur les azotates* en général, et sur les *azotates les plus usuels,* spécialement les azotates d'argent, de potasse et de soude.

Azote et Hydrogène

AMMONIAQUE

L'ammoniaque devrait s'appeler *azoture d'hydrogène* d'après les règles de la nomenclature.

en éq.	AzH^3	$D_a = 0,596$
en at.	même formule	$D_h = 8,5$
poids moléculaire 17		$S = 1000$ à $0°$

La dissolution ammoniacale a été découverte au XVe siècle ; le gaz ammoniac a été isolé par Priestley en 1774 et analysé par Berthollet en 1785.

99. Caractères. — L'ammoniaque est un gaz d'une saveur âcre, d'une odeur vive et piquante, qui provoque les larmes, et que l'on trouve dans les lieux d'aisances mal aérés.

Propriétés physiques. — Le gaz ammoniac se liquéfie à la pression de 6 atmosphères, la température étant de 0°.

Pour opérer cette liquéfaction on se sert du *tube de Faraday (fig. 47).* C'est un tube de verre coudé, à parois épaisses, fermé à une de ses extrémités A.

Le chlorure d'argent a la propriété d'absorber un volume considérable de gaz ammoniac et de le dégager ensuite quand on chauffe. On introduit en A du chlorure d'argent ammoniacal, on ferme, à la lampe, l'extrémité B et on la plonge dans un mélange réfrigérant, tandis que A est chauffé au bain-marie. L'ammoniaque se dégage et se comprime en B ; la pression et le refroidissement l'amènent à l'état liquide.

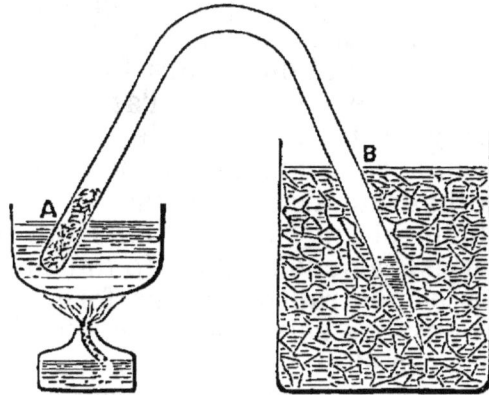

Fig. 47. — Tube de Faraday.

L'ammoniaque liquéfiée s'évapore rapidement et, en s'évaporant, absorbe beaucoup de chaleur, propriété qu'on utilise dans la fabrication de la glace.

L'ammoniaque est *très soluble dans l'eau* ; 1 litre d'eau en dissout jusqu'à 1000 litres à 0° et 740 litres à 15°. Pour le montrer, on recueille sur la cuve à mercure une éprouvette de ce gaz, on ferme l'éprouvette avec une soucoupe contenant du mercure et on transporte le tout au fond d'un vase rempli d'eau

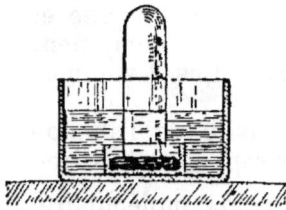

Fig. 48. — Solubilité du gaz ammoniac.

(*fig. 48*). Dès qu'on soulève l'éprouvette, en laissant la soucoupe, l'eau dissout intantanément l'ammoniaque, s'élance avec force dans l'éprouvette et peut la briser, si le gaz est bien pur.

L'ammoniaque du commerce ou alcali volatil est la dissolution du gaz ammoniac dans l'eau. Il faut la conserver dans un flacon bien bouché, car le gaz s'échappe à l'air ; il se dégage complètement quand on chauffe la solution à 60°.

100. Propriétés chimiques. — L'ammoniaque n'entretient pas la combustion et ne brûle pas à l'air ; cependant, un jet de ce gaz, sortant par un tube effilé dans un flacon d'oxygène, peut y être allumé ; il brûle avec une flamme jaune. Il s'allume spontanément dans le chlore et donne des fumées blanches de sel ammoniac : le chlore met l'azote en liberté, s'unit à l'hydrogène pour former de l'acide chlorhydrique ; celui-ci, avec l'ammoniaque non décomposée, forme du chlorhydrate d'ammoniaque.

L'ammoniaque est *une base puissante* qui verdit le sirop de violettes, ramène au bleu le tournesol rougi par les acides et neutralise les plus forts acides, en formant avec eux des sels nombreux. Elle agit à la façon de la potasse et de la soude ; comme ces bases, elle donne des savons au contact des corps gras ; elle agit de même sur nos organes et est un poison. Le contre-poison le plus facile à employer est le vinaigre, qui la neutralise par son acide acétique.

101. Analyse du gaz ammoniac. — Il faut montrer qu'une molécule d'ammoniaque ($AzH^3 = 2$ volumes) est composée d'un atome d'azote ($Az = 1$ volume) et de 3 atomes ($H^3 = 3$ volumes) d'hydrogène. Il est plus simple d'opérer sur 4 volumes : on devra trouver 2 volumes d'azote et 6 d'hydrogène. On met 4 volumes d'ammoniaque dans l'eudiomètre sur la cuve à mercure et on fait passer des étincelles qui décomposent le gaz ; le volume devient double (8 volumes). On introduit 3 volumes d'oxygène et on fait passer une étincelle ; ces 3 volumes se combinent avec 6 d'hydrogène pour former de l'eau. Les 2 volumes qui restent sont de l'azote.

Vérification par les densités. — La densité de l'ammoniaque par rapport à l'air est 0,596 ; par rapport à l'hydrogène c'est $\frac{0.595}{0,069}$, c'est-à-dire $8\frac{1}{2}$. Le poids moléculaire, devant être le double, sera 17. C'est, en effet, le poids représenté par la formule AzH^3.

102. Constitution des sels d'ammoniaque. Théorie de l'ammonium. — On a vu (n° 31) que les bases réagissant sur les acides (hydracides ou oxacides hydratés) donnent un sel et *de l'eau*. L'ammoniaque AzH³ s'unit simplement aux acides sans qu'il se produise d'eau.

Avec l'acide chlorhydrique on a :

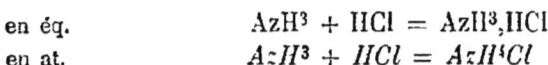

en éq. $\qquad$ $AzH^3 + HCl = AzH^3,HCl$

en at. $\qquad$ $AzH^3 + HCl = AzH^4Cl$

Avec l'acide sulfurique hydraté :

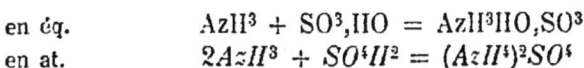

en éq. $\qquad$ $AzH^3 + SO^3,HO = AzH^3HO,SO^3$

en at. $\qquad$ $2AzH^3 + SO^4H^2 = (AzH^4)^2SO^4$

La potasse donnerait :

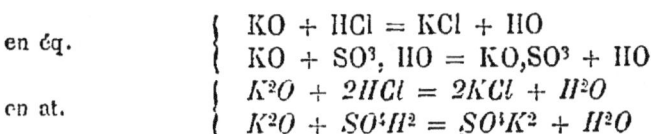

en éq.
$$\begin{cases} KO + HCl = KCl + HO \\ KO + SO^3, HO = KO,SO^3 + HO \end{cases}$$

en at.
$$\begin{cases} K^2O + 2HCl = 2KCl + H^2O \\ K^2O + SO^4H^2 = SO^4K^2 + H^2O \end{cases}$$

Le cas de l'ammoniaque est donc une exception : on l'explique par la théorie suivante :

On admet l'existence d'un métal composé appelé ammonium, ayant pour formule AzH⁴ (AzH^4) et ayant des propriétés analogues à celles du potassium et du sodium. On n'a pas pu l'isoler mais on a obtenu un alliage d'ammonium et de sodium. Tous les sels d'ammoniaque contiennent ce corps. Ainsi, le chlorhydrate d'ammoniaque peut s'écrire AzH⁴Cl(1) : c'est du chlorure d'ammonium, comme on a le chlorure de potassium KCl. Le sulfate d'ammoniaque, en équivalents AzH³HO.SO³, peut s'écrire AzH⁴O.SO³ : c'est du sulfate d'oxyde d'ammonium comme on a le sulfate de potasse KO.SO³. La formule atomique du sulfate d'ammoniaque est $(AzH^4)^2SO^4$: c'est du sulfate d'ammonium comme on a le sulfate de potassium K^2SO^4. — Ce métal aurait un oxyde AzH⁴O $(AzH^4)^2O$, qui correspondrait à l'oxyde de potassium KO (K^2O) et un hydrate AzH⁴O,HO (AzH^4OH), qui correspondrait à l'hydrate de potasse KO,HO (KOH) : cet hydrate serait contenu dans la dissolution ammoniacale.

Ceci admis, les sels d'ammoniaque ont absolument la même constitution que les sels de potassium et de sodium et n'en diffèrent que par la substitution de l'ammonium à ces métaux. Dans les réactions chimiques ils se comportent

_____

(1) Au lieu de AzH3HCl, en équivalents.

absolument de la même manière. Par exemple, la dissolution ammoniacale, avec l'acide chlorhydrique, donne :

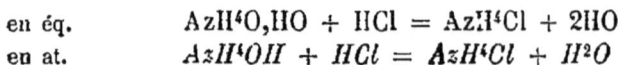

en éq. $\quad AzH^4O,HO + HCl = AzH^4Cl + 2HO$

en at. $\quad AzH^4OH + HCl = AzH^4Cl + H^2O$

et avec l'hydrate de potasse on aurait,

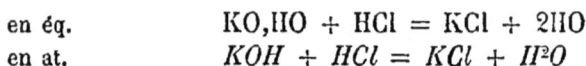

en éq. $\quad KO,HO + HCl = KCl + 2HO$

en at. $\quad KOH + HCl = KCl + H^2O$

Les sels d'ammoniac sont étudiés dans la 2e partie (métaux), après les
sels de potasse ou de soude.

103. État naturel de l'ammoniaque. — L'ammoniaque
se forme fréquemment dans la nature. L'électricité de
l'atmosphère en produit, par la combinaison de
l'azote de l'air, et de l'hydrogène de la vapeur d'eau;
elle se combine avec l'acide azotique, qui se produit
dans les mêmes circonstances, pour former de l'azotate
d'ammoniaque que l'on trouve dans les pluies d'orage.
La décomposition des matières organiques, par la
chaleur ou par la putréfaction spontanée, en forme de
grandes quantités, parce que l'hydrogène naissant se
combine avec l'azote; cette ammoniaque s'unit à
divers acides. Il en résulte du carbonate d'ammoniaque dans la distillation de la houille et la putréfaction des urines et des eaux vannes, du chlorhydrate
d'ammoniaque dans la calcination des excréments du
chameau. Ce dernier sel, appelé aussi *sel ammoniac,*
se retirait autrefois de l'Afrique, des environs du
temple de Jupiter Ammon; de là vient le nom de
l'ammoniaque.

104. Préparation de l'ammoniaque. — On décompose
un sel d'ammoniaque par la chaux ou toute autre
base énergique, telle que la potasse ou la soude. On
préfère la chaux parce qu'elle coûte moins cher.

1° Pour avoir le gaz pur et sec, on emploie parties
égales de chlorhydrate d'ammoniaque et de chaux
vive. Ces deux corps sont pulvérisés séparément,
puis mélangés dans un mortier. On les verse ensuite

dans un ballon de verre (*fig. 49*). La réaction commence à froid; on l'active en chauffant légèrement.

en éq. AzH^3HCl ou mieux $AzH^4Cl + CaO = CaCl + AzH^3 + HO$
chlorhydrate   chlorure   chaux chlorure ammo-   eau
d'ammoniaque   d'ammonium   de calcium niaque

en at. $2AzH^4Cl + CaO = CaCl^2 + 2AzH^3 + H^2O$

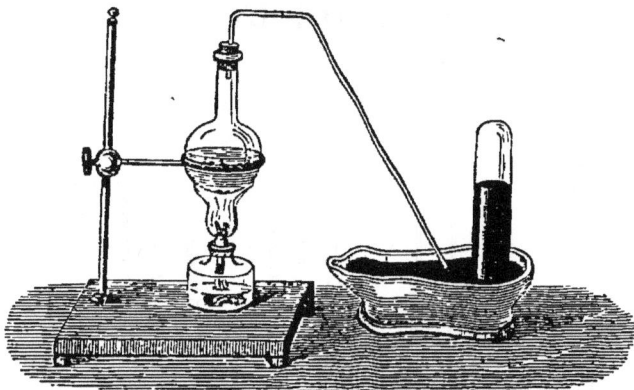

Fig. 49. — Préparation de l'ammoniaque.

Le calcium déplace l'ammonium : il devrait en résulter du chlorure de calcium et de l'oxyde d'ammonium AzH^4O $(AzH^4)^2O$; mais celui-ci, n'étant pas stable, se dédouble en gaz ammoniac et en eau. — Cette substitution a lieu en vertu d'une loi de Berthollet : *un sel et une base échangent leur métal lorsque cet échange peut produire un composé volatil*. Dans cette réaction le composé volatil est le gaz ammoniac.

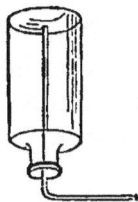

Fig. 50. — Ammoniaque recueillie à sec.

Pour arrêter l'eau, on peut achever de remplir le ballon avec des morceaux de chaux vive; ou mieux, faire passer le gaz à travers une éprouvette à pied remplie de chaux vive. Le chlorure de calcium ne conviendrait pas, parce qu'il s'unit à l'ammoniaque. Le gaz doit être recueilli sur la cuve à mercure. Quelquefois on le recueille à sec (*fig. 50*), en engageant le tube abducteur jusqu'au fond d'un flacon renversé; l'ammoniaque, plus légère, reste au haut du flacon et en fait sortir l'air.

105. — 2° *La dissolution ammoniacale* se prépare avec le chlorhydrate d'ammoniaque, ou le sulfate qui est moins cher, et la chaux éteinte. Le gaz passe dans l'appareil de Woulf (*fig. 51*). C'est une série de

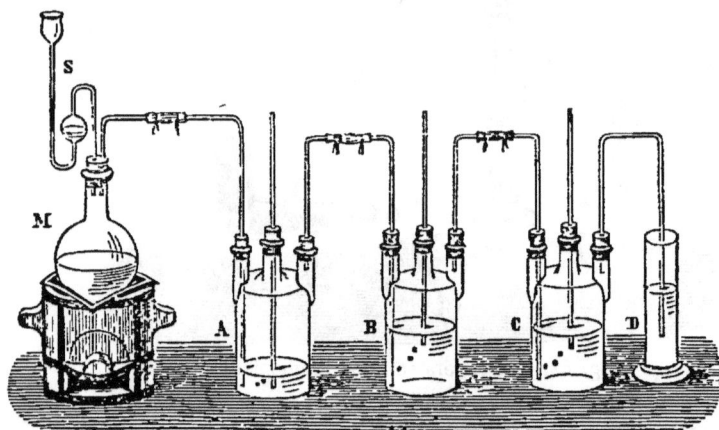

Fig. 51. — Appareil de Woulf.

flacons à trois tubulures A, B, C, reliés entre eux et munis de tubes de sûreté; le premier flacon, A, contient peu d'eau; les autres, B et C, en sont remplis à moitié. Le gaz se lave dans l'eau du premier, appelé flacon laveur, et, après l'avoir saturée, il va saturer successivement l'eau des autres flacons. L'éprouvette D contient un acide étendu d'eau, pour absorber l'excès du gaz ammoniac non dissous. Les tubes doivent plonger jusqu'au fond, parce que la dissolution est plus légère que l'eau.

3° *Dans l'industrie* on chauffe avec de la chaux les eaux ammoniacales qui viennent de l'épuration du gaz de l'éclairage, ou les eaux vannes des dépôts de vidanges. On prépare ainsi les sels ammoniacaux.

4° *Dans les laboratoires* on obtient du gaz ammoniac d'une manière prompte et commode en chauffant, dans un ballon muni d'un tube abducteur, la dissolution ammoniacale que l'on trouve dans le commerce. Avant 60° elle abandonne toute son ammoniaque.

106. Usages. — 1° *En médecine*. — Appliquée sur la peau, la dissolution d'ammoniaque concentrée forme un *vésicatoire*. On l'emploie pour cautériser les brûlures, les piqûres des guêpes et des abeilles, la morsure des vipères et des chiens enragés. — L'*odeur* forte de l'ammoniaque ranime les personnes asphyxiées ou tombées en syncope. Celles qui sont exposées aux spasmes et aux évanouissements, peuvent porter sur elles un flacon d'ammoniaque, et, au besoin, l'ouvrir pour en respirer.

Quelques gouttes d'ammoniaque dans un verre d'eau suffisent pour arrêter les effets de l'*ivresse*. — Elle sert à dissiper le *météorisme* ou gonflement qui se manifeste chez les bestiaux, lorsqu'ils ont mangé trop de légumineuses fraîches. Les gaz, acides carbonique et sulfhydrique, qui se produisent dans l'appareil digestif, sont transformés par l'ammoniaque en sels solubles : 20 à 30 grammes d'alcali étendu d'eau suffisent pour guérir un cheval ou un bœuf. On emploie aussi, contre ces accidents, la magnésie, le charbon ou la suie.

2° *Dans l'industrie*. — L'ammoniaque est employée à la fabrication de la glace. La figure 52 donne la coupe d'un appareil dû à Carré (1860), qui permet d'obtenir quelques kilogrammes de glace. Dans un récipient B se trouve une

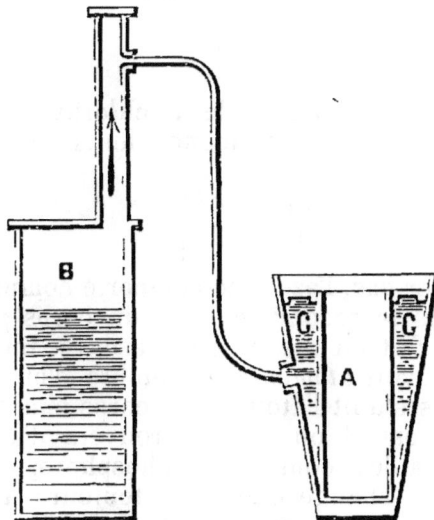

Fig. 52. — Appareil à glace de Carré.

dissolution d'ammoniaque ; on la chauffe de manière à lui faire dégager tout le gaz. L'ammoniaque gazeuse se rend dans un espace annulaire CC, et comme cet espace est clos, elle s'y liquéfie par sa propre pression ; un courant d'eau froide circulant autour du récipient CC aide la liquéfaction. Ensuite on place en A l'eau qu'on veut congeler et on refroidit B. L'ammoniaque s'y dissout de nouveau, la pression diminue et il se produit dans le liquide CC une ébullition rapide, accompagnée d'un grand abaissement de température, qui suffit à congeler l'eau contenue en A. — On peut obtenir 3 kil. de glace avec moins de 1 kil. de charbon. Cet appareil est intermittent ; il existe de grands appareils à fonctionnement continu dans lesquels on emploie aussi l'ammoniaque.

L'ammoniaque étendue d'eau enlève facilement les taches des acides et des graisses. Elle sert au teinturier pour produire plusieurs couleurs.

3° *En chimie.* — Elle est employée comme réactif ; versée en excès dans la solution d'un sel de cuivre, elle colore la liqueur en bleu magnifique et produit l'*eau céleste*.

REMARQUES SUR LA CONSTITUTION MOLÉCULAIRE DES COMPOSÉS DE L'AZOTE

107. Atomicité de l'azote. — Dans la molécule d'ammoniaque 1 atome d'azote est uni à 3 atomes d'hydrogène.

$$Az{\overset{\displaystyle /H}{\underset{\displaystyle \backslash H}{-H}}}$$

D'autre part, dans la molécule de chlorhydrate d'ammoniaque il est uni à 5 atomes monovalents : 4 d'hydrogène et 1 de chlore.

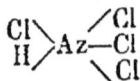

$$\begin{matrix} Cl\backslash \\ H/ \end{matrix}Az{\overset{\displaystyle /Cl}{\underset{\displaystyle \backslash Cl}{-Cl}}}$$

Dans le premier cas, l'azote se comporte comme un corps *trivalent* et, dans le second, comme un corps *pentavalent*. On exprime ce fait en disant que l'azote a une atomicité variable, en appelant *atomicité* le nombre d'atomes monovalents auxquels s'unit l'atome d'un corps simple : l'atomicité de l'azote est 3 ou 5. On trouvera d'autres corps d'atomicité variable, comme le phosphore, le carbone. Quand l'atomicité change elle varie toujours d'un nombre pair : pour le phosphore elle est 3 ou 5, pour le carbone 2 ou 4. Cela revient à dire que toutes les valences d'un atome ne sont pas nécessairement satisfaites. Remarquons toutefois que les valences qui cessent d'être satisfaites par des atomes étrangers étant en nombre pair, on peut les regarder comme deux forces qui se font équilibre deux à deux, comme cela a lieu, en chimie organique, dans les radicaux composés non saturés.

108. Ammonium. Radicaux. — Dans l'ammonium, 1 atome d'azote est uni à 4 atomes d'hydrogène, il reste une valence libre.

$$\mathrm{H}\!\!>\!\!\mathrm{A}\!\!<\!\!\genfrac{}{}{0pt}{}{\genfrac{}{}{0pt}{}{\mathrm{H}}{\mathrm{H}}}{\mathrm{H}}$$

Cette valence lui permet de s'unir à un atome étranger, et elle explique pourquoi l'ammonium joue dans les combinaisons le rôle d'un corps simple monovalent, comme le potassium et le sodium.

Le groupe AzH^4 présente une certaine stabilité qui le rend comparable aux atomes ; comme eux, il passe sans se diviser d'une molécule à une autre, dans un grand nombre de réactions. On appelle *radicaux* les groupes d'atomes qui jouent ainsi le rôle d'atomes et qui *peuvent passer d'un composé à un autre sans se diviser* (1).

Un radical a toujours des valences libres par lesquelles il peut s'unir à d'autres atomes et entrer dans une molécule. Il est monovalent, bivalent, trivalent... comme les atomes, selon le nombre de valences libres qu'il présente.

Nous avons déjà trouvé des exemples de radicaux : tout acide est composé d'hydrogène et d'un radical qui passe à tous les sels dérivés de cet acide ; l'oxhydrile –O–H (n° 64) est un radical monovalent ; le groupe AzO^2 qui figure dans l'acide azotique AzO^2–O–H, est un radical monovalent.

109 Acide azotique, acide azoteux. — L'acide azotique AzO –O–H est composé d'un oxhydrile et du radical AzO^2. AzO^2 est monovalent ; en effet, l'azote a 5 valences dont 4 sont satisfaites par les 2 atomes d'oxygène qui sont bivalents : il reste 1 valence.

L'acide azoteux AzO–O-H est composé du radical AzO monovalent et d'un oxhydrile. AzO est monovalent ; car Az fonctionne comme un atome trivalent ; 2 valences sont satisfaites par l'atome d'oxygène : il reste 1 valence.

---

(1) Rigoureusement, ces groupes doivent s'appeler radicaux *composés*, les atomes eux-mêmes étant des *radicaux simples*.

Les radicaux AzO² et AzO ne sont autres que l'acide hypoazotique et le bioxyde d'azote. À l'état libre, leur molécule présente une valence non satisfaite, par une exception au principe énoncé au n° 25. Toutefois, à basse température, la densité de l'hypoazotide, devenant double, correspond à une molécule AzO²-AzO² : les deux groupes AzO² satisfont mutuellement leurs valences.

CHAPITRE IV

CARBONE. — OXYDE DE CARBONE, ACIDE CARBONIQUE. — CARBURES D'HYDROGÈNE. — GAZ DE L'ÉCLAIRAGE; FLAMME. — CYANOGÈNE ET ACIDE CYANHYDRIQUE.

CARBONE

Équiv. C = 6 ; Poids at. $C = 12$; Tétravalent.

Le carbone, connu de tout temps à l'état impur de charbon, existe dans la nature sous des formes très diverses. Nous décrivons d'abord ses différentes variétés ; nous donnerons ensuite les propriétés physiques et chimiques qui leur sont communes.

Les charbons se divisent en deux groupes : 1° Les charbons naturels : *diamant, graphite* ou *plombagine, anthracite, houille, lignite, tourbes ;* 2° les charbons artificiels : *coke* et *charbon des cornues, charbon de bois, noir de fumée, noir animal.*

CHARBONS NATURELS OU FOSSILES

110. Diamant. — *Caractères et propriétés.* Le diamant se trouve dans la nature sous forme de cristaux appartenant au système cubique : ce sont des octaèdres modifiés par des faces secondaires. Sa densité varie de 3,50 à 3,55. Il est généralement incolore, quelquefois jaune, rose, bleu et même noir. Il est *très réfringent* (indice 2,5) ; par suite il

7

décompose et disperse la lumière blanche d'une façon très
remarquable et produit ces jeux de lumière qui le font
rechercher dans la bijouterie ; on multiplie les feux du
diamant en le taillant de manière à augmenter le nombre
de ses facettes. C'est le plus *dur* des corps connus : il les
raye tous sans être rayé par aucun ; pour le tailler on l'use
avec sa propre poussière.

Production artificielle. — Le diamant est du carbone cristallisé ; car, chauffé en présence de l'oxygène, il se transforme en acide carbonique. On doit donc en produire, en
faisant cristalliser du carbone ordinaire. Or tous les moyens
essayés jusqu'à présent donnaient du graphite. Par
exemple, quand on fait dissoudre le carbone dans la
fonte de fer (le seul dissolvant qu'on lui connaisse), il se
sépare, par le refroidissement, en paillettes graphitoïdes.
M. Moissan a montré qu'il n'en est plus ainsi lorsque la
cristallisation se fait sous une pression considérable ; par
un procédé communiqué à l'Académie des sciences le
6 février 1893, il a produit des cristaux transparents,
ayant la densité et la dureté des diamants naturels. Malheureusement il n'a obtenu que des échantillons microscopiques.

111. — *Extraction.* Le diamant se trouve dans les sables
d'alluvion. Autrefois on le retirait des Indes Orientales ;
aujourd'hui on le retire de Bornéo, des monts Ourals, de
l'Australie, du Brésil et surtout de l'Afrique australe. Pour
le recueillir, on fait subir aux sables qui le contiennent des
lavages fort longs ; il se sépare, avec les sables les plus
lourds, des matières plus légères, qui sont entraînées par
l'eau. Le résidu est étendu sur un sol bien battu, et le
diamant y est recherché à la main, sous la surveillance
d'inspecteurs.

112. — *Usages.* La *bijouterie* emploie les plus gros diamants. Leur *valeur* dépend de leur *eau*, c'est-à-dire de leur
transparence ou éclat, de leur forme et de leur poids.

Le premier diamant taillé le fut au xvᵉ siècle ; il appartint
à Charles le Téméraire et est aujourd'hui à l'Autriche. On
taille le diamant en *rose* ou en *brillant*. Le diamant en rose
a peu d'épaisseur ; il présente d'un côté une pyramide à
24 facettes triangulaires : l'autre surface est plate et cachée
dans la monture. Les brillants sont les plus recherchés ; ils
sont montés à jour. D'un côté, ils se terminent par une face
assez large, appelée *table*, entourée de facettes triangulaires

et de facettes en losanges; la partie inférieure est formée par une pyramide tronquée. Pour tailler un diamant on le dégrossit d'abord en le fendant suivant ses plans de clivage (1). Ensuite on use ses faces sur des plaques d'acier huilées, saupoudrées d'*égrisée*, c'est-à-dire de poussière de diamant. — L'unité de poids employée pour peser les pierres précieuses et les diamants, a pour origine la fève d'un arbre d'Afrique ; c'est le *carat*, dont la valeur a été fixée à 205 ᵐᵍ. — Les diamants bruts, pesant 1 carat et destinés à être taillés, valent, pour les roses, de 50 à 125 fr. ; pour les brillants, 210 à 240 et même 300 fr. Au-delà de 1 carat, leur prix croît comme le carré du nombre de carats qu'ils pèsent. On nomme *parangons* les diamants qui pèsent plusieurs carats.

Le plus gros des diamants connus est celui du radjah de Bornéo ; il pèse plus de 300 carats. L'*Orlow*, à l'empereur de Russie, qui est d'une belle eau, mais d'une forme défectueuse, a été payé 2.250.000 fr., avec une pension viagère de 100.000 fr. Le plus *beau* est le *Régent*, acheté par le duc d'Orléans, *régent* sous Louis XV, à un anglais nommé *Pitt* ; il fut payé 2.500.000 fr. ; aujourd'hui il est estimé plus de 10 millions. Il a 30ᵐᵐ sur 31, et pèse 136 carats, moins de 28 grammes. Trouvé dans les Indes, il pesait d'abord 410 carats ; on a mis 2 ans à le tailler et dépensé pour 20.000 fr. d'égrisée.

A cause de sa *dureté*, le diamant est employé à faire des pivots pour l'horlogerie, des pointes d'outil pour couper le verre, graver les pierres dures, et même forer des puits artésiens, des galeries, ou des tunnels pour les chemins de fer.

113. Graphite ou Plombagine. — Le graphite (γραφω, j'écris) est encore nommé *mine de plomb*, quoiqu'il ne contienne pas trace de ce métal. C'est un corps d'un gris de plomb, doux au toucher et assez peu dur pour tacher les doigts, plus léger que le diamant (d = 2,2 à 2,5) et *cristallisé dans un système différent.* Il conduit bien la chaleur et l'électricité, et ne s'allume qu'à une température élevée.

On le trouve en Angleterre, en Autriche, en Sibérie.

Usages. — Le graphite pur, découpé en petites baguettes et introduit dans des cylindres en bois, constitue les

---

(1) On appelle ainsi certaines directions suivant lesquelles les cristaux se fendent plus facilement.

crayons à la *mine de plomb*. Les rognures, pulvérisées et
mêlées avec un peu d'argile, donnent une pâte qui, moulée
et chauffée à une température d'autant plus élevée qu'on
veut avoir des crayons plus durs, forme les crayons *Conté*.
— La plombagine, unie à l'argile réfractaire, sert à faire
des creusets pour la fusion de l'acier ; délayée dans un peu
d'huile, elle est employée pour peindre le fer et la fonte.
Pétrie avec des matières grasses, elle forme un excellent
graisseur pour les machines. — En *galvanoplastie*, on l'utilise pour rendre la surface des moules conductrice de l'électricité.

114. — Anthracite ou Charbon de pierre. — L'anthracite
renferme 90 0/0 de carbone (d = 2). Dur et compact, il est
difficile à allumer ; il brûle avec une flamme courte et sans
fumée, en produisant beaucoup de chaleur.
On le trouve aux Etats-Unis, en Angleterre et en France,
sur les bords de la Loire.

115. Houille ou Charbon de terre. — La houille (d = 1,16
à 1,60) est d'un noir brillant. Elle contient 80 0/0 de carbone ; le reste est un mélange de matières terreuses et de
bitume qui lui donne une flamme allongée, accompagnée
d'une odeur particulière. — La houille, comme l'anthracite,
est due à la décomposition lente de végétaux enfouis dans
le sol, surtout de cryptogames (fougères, prêles). Des
empreintes de tiges, de feuilles et de fruits, indiquent suffisamment cette origine de la houille. — On la trouve en
couches superposées, à des profondeurs variables.
La houille est un excellent combustible, qui donne, à
poids égal, plus de chaleur que le bois. Les houilles *grasses*,
à longue flamme, se ramollissent en brûlant et se bour-
souflent ; elles sont très appréciées des forgerons. Les
houilles *sèches*, à courte flamme, donnent moins de chaleur ;
on les utilise pour le chauffage des chaudières, la cuisson
des briques. — La houille sert à la préparation du *coke* et
du *gaz de l'éclairage*.
La France en emploie 20 millions de tonnes ; la moitié
lui vient de l'étranger. L'Angleterre en produit 150 millions ;
le prix de la tonne y est descendu de 20 à 10 fr.

116. Lignites. — Les lignites (*lignum*, bois fossile) sont
de formation plus récente que la houille ; ils conservent la.

forme et même la structure intime des végétaux d'où ils proviennent. Plus impurs, ils brûlent avec une flamme longue et peu chaude. accompagnée d'une fumée noire et d'une odeur désagréable. — Le *jayet* ou *jais* naturel, employé pour les ornements de deuil, est une variété de lignite, luisante et très dure.

117. Tourbe. — La tourbe, d'origine plus récente que les lignites, est formée presque exclusivement de végétaux qui croissent dans les marais. C'est un charbon très impur, qui brûle lentement et produit peu de chaleur. Cependant en desséchant et comprimant la tourbe, on en fait un combustible excellent, d'un prix peu élevé.

118. Gisements des charbons fossiles. — Les charbons naturels se trouvent dans la terre à des profondeurs variables, et enfouis dans des terrains plus ou moins anciens. On a divisé l'écorce de la terre en 5 parties ou terrains : 1° Les terrains *ignés*, qui ne contiennent aucune trace de débris organiques. Leurs roches granitiques, en se désagrégeant, ont fourni les sables où nous trouvons le *diamant* ; le *graphite* appartient aussi à ces terrains. — 2° Les *terrains primaires* contiennent des traces de végétaux ; à leur 2ᵉ étage se trouve le schiste ardoisier ; au 3ᵉ l'*anthracite* ; au 4ᵉ et 5ᵉ sont les gisements de *houille*. — 3° Les *terrains secondaires*, plus riches en fossiles, contiennent des *lignites*, dans leurs étages supérieurs. — 4° les *lignites* se trouvent aussi dans plusieurs parties des *terrains tertiaires*. — 5ᵉ Les *terrains quaternaires* renferment la *tourbe*.

CHARBONS ARTIFICIELS

119. — Les charbons artificiels sont ceux que l'art nous apprend à produire par la décomposition, à l'abri de l'air, des matières organiques. Cette opération est désignée sous le nom de *carbonisation*.

120. Coke et charbon des cornues. — Le coke est un charbon gris noirâtre, poreux et boursouflé quand il provient des houilles grasses. Il brûle sans flamme ni fumée. C'est le combustible qui donne le plus de chaleur, mais il s'éteint facilement. — Il est le résidu solide de la houille, quand on la distille pour en retirer le gaz d'éclairage. Pour les usines et les locomotives, on fabrique du coke plus dense et qui donne plus de chaleur, en calcinant la houille amassée en meules ou dans des fours, comme pour la carbonisation du bois.

Les *agglomérés* ou péras artificiels sont des briquettes que l'on obtient en mélangeant des menus ou poussiers de houille avec $\frac{1}{10}$ de brai solide (résidu de la distillation du goudron), en introduisant le mélange dans des moules et le chauffant sous pression.

Le *charbon des cornues* est un charbon à peu près pur, très dense et très dur, qui incruste les parois des cornues à gaz ; il résulte de la décomposition de produits volatils riches en carbone. On l'emploie en physique, à cause de sa propriété de bien conduire l'électricité.

121. Charbon de bois. — Le charbon de bois est léger, poreux, sonore et fragile. Il ne conduit pas l'*électricité*, à moins d'avoir été fortement chauffé et changé en *braise*. Il est formé de carbone, qui retient habituellement 8 à 15 0/0 de principes volatils.

La composition du bois n'est pas toujours la même ; celle du bois sec s'éloigne peu de la suivante :

Carbone..	39
Oxygène et hydrogène dans les proportions de l'eau........	35
Eau libre..	25
Matières minérales fixes ou cendres : silice, potasse, chaux.	1
	100

Si on chauffe le bois à l'air, il se décompose et brûle ; ses éléments se transforment en acide carbonique et en eau ; il ne reste qu'un peu de cendre. Mais si on le chauffe à l'abri de l'air, il se décompose sans brûler. Il reste un corps fixe qui conserve la forme des végétaux, et qui est le charbon de bois ; il se dégage des produits volatils : goudron, vinaigre de bois, esprit de bois, gaz éclairants. La carbonisation du bois se fait par *meules* et par *distillation*.

1° *Meules.* Le procédé des meules se pratique sur place, au milieu des forêts où le bois a été coupé ; il est le plus usité, bien que tous les produits volatils soient perdus et que le rendement en charbon ne soit que de 20 0/0. — Il fournit le charbon employé pour la cuisine.

Pour construire une *meule* (*fig. 53*), autour de quelques

pieux enfoncés dans un terrain sec et formant une sorte de
cheminée, on dispose des rondins de bois, debout et serrés
les uns contre les autres. On établit par-dessus un second
lit de bois, puis un troisième, de manière à constituer une
espèce de dôme. On recouvre le tout d'une couche de gazon
et de terre battue, qui ne laissent libres que la cheminée et
quelques ouvertures latérales ou *évents*. Cela fait, on remplit
la cheminée de bois enflammé. La combustion se communique de proche en proche, et on la règle en ouvrant ou en
fermant les évents, pour donner de l'air ou l'arrêter. L'ai:
brûle l'hydrogène et les gaz combustibles, avec un peu de
charbon, et produit la chaleur nécessaire pour décomposer
le bois. Quand la carbonisation est suffisante et que la
fumée, d'abord noire et épaisse, devient transparente, on
bouche toutes les ouvertures de la meule, et, après avoir
laissé refroidir, on sépare les charbons bien *cuits* des
fumerons ou morceaux de bois incomplètement carbonisés,
qui flambent au feu.

Fig. 53. — Meules de charbon.

2° *Distillation*. Le bois est chauffé dans de grands cylindres
en tôle, munis d'un tube de dégagement. Il reste 30 0/0 de
charbon ; il se dégage des liquides volatils qui vont se
condenser dans des appareils convenables, et des gaz très
combustibles que l'on dirige dans le foyer pour économiser
le combustible étranger. — Le charbon ainsi préparé sert à
la fabrication de la poudre : il brûle facilement ; on le fait
d'ailleurs avec des bois légers, de bourdaine, de peuplier
ou de saule.

Quand on veut avoir du charbon très pur on calcine du
sucre.

122. Noir de fumée. — Le charbon à l'état de noir de fumée est en poussière très fine ; il contient 80 0/0 de carbone. — C'est lui qui s'échappe d'une lampe fumeuse, et qui s'attache à un corps froid appliqué sur la flamme d'une bougie. On le fabrique en grand, en brûlant incomplètement, en présence d'une quantité d'air insuffisante, des matières riches en carbone : résine, corps gras, goudron. La fumée, qui est du carbone échappé à la combustion, va se déposer dans de grands sacs ou dans des chambres. On la recueille et on la calcine.

Le noir de fumée est employé dans la peinture et dans la fabrication des encres d'imprimerie et de Chine, des crayons noirs des dessinateurs, du cirage.

123. Noir animal. — Ce charbon se rencontre en grains poreux, ou en poudre impalpable, noire et brillante ; il ne contient guère que 10 0/0 de carbone ; le reste est formé de la matière minérale des os : phosphate et carbonate de chaux.

On le prépare par la calcination de matières animales, surtout des os. On remplit de ces corps des marmites de fonte, que l'on superpose de manière que le fond de l'une serve de couvercle à l'autre. On chauffe les premières ; la matière animale se décompose : des gaz sortent, et, en brûlant, échauffent les marmites supérieures ; le charbon reste, et est ensuite réduit en grains ou en poudre.

Le noir animal *absorbe* les matières colorantes ; agité avec de la teinture de tournesol ou du vin rouge, il forme une bouillie qui, jetée sur un filtre, donne un liquide incolore. Cette propriété est utilisée dans l'industrie, pour décolorer le jus de la betterave, les sirops bruts de la canne à sucre, le vinaigre. — Après avoir servi quelque temps, le noir perd son pouvoir absorbant ; mais on peut le revivifier plusieurs fois en le calcinant de nouveau, et il est ensuite employé en agriculture comme engrais.

Le *noir d'ivoire* se prépare avec des rognures d'ivoire ou avec des os de pieds de mouton. Il sert à la fabrication du cirage et à la peinture.

PROPRIÉTÉS GÉNÉRALES DU CARBONE ; USAGES

124. Propriétés physiques. — Les propriétés physiques du carbone sont très différentes dans ses diverses variétés.

Le carbone du diamant, carbone *adamantin*, est cristallisé dans un système (le système cubique) ; celui du graphite et du charbon des cornues, carbone *graphitoïde*, cristallise dans un système différent ; les autres variétés sont *amorphes*.

Qu' ques charbons sont bons *conducteurs* de la chaleur et de l'électricité, comme le graphite, le charbon des cornues, la braise, et conduisent d'autant mieux qu'ils sont plus denses et ont été préparés à une température plus élevée. Les autres sont mauvais conducteurs, comme le diamant, le charbon de bois.

Pouvoir absorbant. — Les charbons poreux, récemment préparés, principalement le charbon animal, et, après lui, le charbon de bois, le noir de fumée, le coke, absorbent, sans les altérer, et retiennent dans leurs pores des matières solides et liquides, et surtout les gaz. Quelques charbons de bois prennent à l'air humide un poids d'eau égal à leur propre poids ; aussi est-il bon d'acheter le charbon à la mesure et non au poids. Le volume des *gaz* absorbés par le charbon, augmente avec la solubilité de ces gaz dans l'eau, et diminue avec la température. A 0°, le charbon de bois peut absorber jusqu'à 90 fois son volume de gaz ammoniac.

Pour le démontrer, on prépare, sur la cuve à mercure, une éprouvette d'ammoniaque ; on fait chauffer au rouge un morceau de braise, pour chasser les gaz déjà absorbés, et, le plongeant dans le mercure pour l'éteindre, on le fait passer dans l'éprouvette, qu'il remplit entièrement.

Voici pour plusieurs gaz le volume qui est absorbé par 1 volume de charbon, et le volume qui se dissout dans un litre d'eau à 0°.

Ammoniaque	90	1000	Acide carbonique	35	1,80
Acide chlorhydrique	85	500	Oxygène	9	0,04
Acide sulfureux	65	80	Azote	7	0,02
Protoxyde d'azote	40	1	Hydrogène	1,7	0,02

L'absorption des gaz est souvent accompagnée d'une grande élévation de *température* ; c'est pour-

7.

quoi des incendies se déclarent quelquefois spontanément dans les poudreries, où sont des amas de
charbon pulvérisé, préparé pour la confection des
poudres, et dans les vaisseaux chargés de noir
animal.

On *utilise* le pouvoir absorbant du charbon contre les
ulcères, les plaies gangreneuses, la fétidité de l'haleine, le
météorisme des animaux enflés pour avoir trop mangé de
légumineuses fraîches. — Pour conserver des *viandes* ou
les désinfecter, on les recouvre de poussier de charbon,
qui les garantit du contact de l'air et absorbe les gaz
putrides à mesure qu'ils se produisent. En éteignant
quelques charbons dans l'eau qui sert à cuire la viande
avancée ou le poisson, on enlève l'odeur que pourraient
avoir ces aliments. On purifie et on rend potables les eaux
boueuses les plus sales, en les filtrant à travers plusieurs
couches superposées de sable fin et de charbon.

125. Propriétés chimiques. — Le carbone n'est pas
attaqué par les agents atmosphériques, à la température ordinaire. C'est pourquoi il est inaltérable. Les
encres et les peintures au charbon gardent toujours
leur netteté première, comme on le constate dans les
manuscrits des anciens. Pour conserver les pièces de
bois qui doivent séjourner dans un sol humide, on
les carbonise superficiellement ; la pellicule de charbon isolé préserve la masse intérieure.
A une température plus ou moins élevée les charbons brûlent dans l'air, c'est-à-dire qu'ils s'unissent à
l'oxygène pour former de l'acide carbonique, ou de
l'oxyde de carbone ; ce dernier corps se produit
lorsque l'oxygène est insuffisant. Ils brûlent d'autant
plus facilement qu'ils sont plus légers, plus divisés
et moins bons conducteurs de la chaleur. Le linge
carbonisé prend feu comme de l'amadou ; au contraire
le charbon des cornues est très difficile à allumer,
parce que la chaleur que l'on communique à l'un de
ses points se disperse dans toute sa masse et est
insuffisante pour l'élever à la température nécessaire à la combustion.

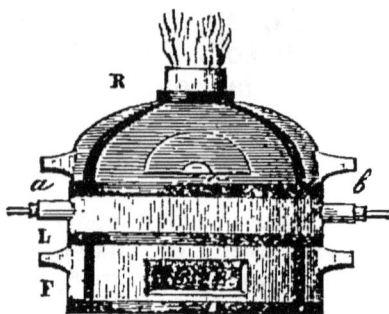

Fig. 54. — Décomposition de l'eau par le charbon

Pouvoir réducteur. — Le carbone réduit les corps oxygénés, c'est-à-dire leur enlève l'oxygène. L'*eau* est décomposée au rouge. Si l'on fait passer de la vapeur d'eau dans un tube de porcelaine *ab* (*fig. 54*) rempli de braise et chauffé au rouge vif, on recueille, par l'autre extrémité du tube, de l'hydrogène, de l'oxyde de carbone et un peu d'acide carbonique. On fait encore l'expérience en introduisant rapidement, à l'aide d'une pince, des charbons sous une cloche pleine d'eau. Comme l'hydrogène et l'oxyde de carbone, qui se produisent dans ces circonstances, sont très combustibles, on comprend pourquoi une petite quantité d'eau, projetée sur un brasier ardent, augmente l'intensité de la combustion. Les forgerons et les serruriers utilisent ce fait en aspergeant, avec un goupillon humide, les charbons dont ils veulent activer la combustion :

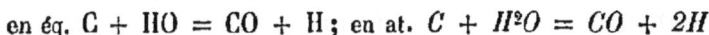

en éq. $C + HO = CO + H$; en at. $C + H^2O = CO + 2H$

Les *oxydes métalliques* sont réduits par le charbon et leur métal isolé. L'oxyde de cuivre se réduit à 300°, les oxydes de zinc et de fer à une température plus élevée. Quant au charbon, il passe à l'état d'acide carbonique ou d'oxyde de carbone. Ces propriétés du carbone sont fréquemment utilisées en métallurgie :

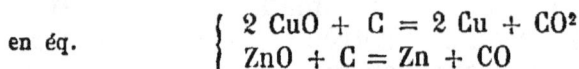

en éq.
$$\begin{cases} 2\,CuO + C = 2\,Cu + CO^2 \\ ZnO + C = Zn + CO \end{cases}$$

en at. Mêmes formules.

Outre l'oxygène, le carbone a encore une affinité remarquable pour le soufre : il brûle dans la vapeur de soufre en donnant du sulfure de carbone : CS^2 (CS^2).

COMPOSÉS DU CARBONE

Carbone et Oxygène

L'oxygène et le carbone forment deux composés :

Oxyde de carbone	CO	CO
Acide carbonique	CO^2	CO^3

Oxyde de carbone

en éq.	CO	$D_a = 0,967$
en at.	CO	$D_h = 14$
poids moléculaire	28	$S = 0,033$

Découvert par Priestley en 1799.

123. Caractères. — L'oxyde de carbone est un gaz sans couleur, sans odeur, sans saveur, sans action sur le tournesol ni sur l'eau de chaux ; il éteint une bougie allumée et brûle *avec une flamme bleue,* en se transformant en acide carbonique qui trouble l'eau de chaux.

Propriétés. — L'oxyde de carbone est peu soluble et très difficile à liquéfier. Il a été liquéfié par Cailletet en 1877.

L'oxyde de carbone a beaucoup d'affinité pour l'oxygène. Il se combine avec lui pour former de l'acide carbonique. Cette propriété en fait un corps réducteur ; il enlève, en effet, l'oxygène à la plupart des oxydes métalliques, notamment à l'oxyde de fer, dans le traitement des minerais de fer par la méthode des hauts fourneaux.

L'oxyde de carbone se combine aussi au chlore pour former du *chlorure de carbonyle* COCl ($COCl^2$) et au soufre pour former du sulfure de carbonyle COS (COS). Ces composés sont importants au point de vue théorique ; on les égarde composés d'un radical CO (CO) qu'on appelle *carbonyle,* qui s'unit au soufre et au chlore. L'atome de carbone est tétravalent ; 2 valences seulement sont satis-

faites par l'atome d'oxygène dans le carbonyle. Il reste
2 valences par lesquelles ce radical pourra prendre 2 atomes
de chlore monovalent ou 1 atome de soufre bivalent.

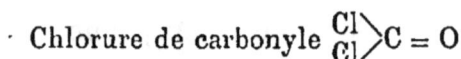

Chlorure de carbonyle $\begin{matrix}Cl\\Cl\end{matrix}\rangle C = O$

Sulfure de carbonyle $S = C = O$

L'acide carbonique est de l'oxyde de carbonyle $O = C = O$.

Action sur l'organisme. — L'oxyde de carbone est
très délétère. C'est lui qui produit les empoisonnements que l'on attribue à la vapeur de charbon. Un
centième de ce gaz suffit pour rendre l'air mortel. Il
est d'autant plus redoutable qu'il ne traduit sa présence par aucune odeur; lorsqu'on ressent ses effets,
maux de tête, vertiges, on n'a ordinairement plus
assez de force pour fuir. Voici le mécanisme de l'empoisonnement. On sait que les globules rouges du
sang contiennent une substance appelée *hémoglobine*, qui s'unit à l'oxygène et devient de l'*oxyhémo-
globine* dans les poumons ; c'est sous cette forme que
l'oxygène est porté dans l'organisme. Mais l'oxyde de
carbone a plus d'affinité pour l'hémoglobine que
l'oxygène. L'oxygène se trouve donc exclu des
globules et, par suite, n'arrive plus aux organes, ce
qui est la condition essentielle de la respiration.

127. Composition. — On introduit dans l'eudiomètre
2 volumes (1 molécule) d'oxyde de carbone, avec 1 volume
(1 atome) d'oxygène, et on fait passer l'étincelle. Il se
forme 2 volumes (1 molécule) d'acide carbonique, qui est
complètement absorbé par la potasse.

La molécule d'acide carbonique contient donc 1 atome
d'oxygène de plus que la molécule d'oxyde de carbone. La
formule de l'acide carbonique étant CO^2, comme on l'établira, celle de l'oxyde de carbone est CO.

Vérification par les densités. — La formule CO donne 28
pour poids moléculaire. C'est bien le double de la densité
de l'oxyde de carbone, prise par rapport à l'hydrogène.

128. Formation naturelle. — L'oxyde de carbone se
forme toutes les fois que du carbone brûle en présence

d'une quantité d'oxygène insuffisante : dans les fourneaux et dans tous les foyers dont le tirage est mauvais, il produit cette flamme bleue qui surmonte
souvent les charbons allumés.

Il faut donc avoir soin d'aérer les cuisines et les autres
appartements où l'on brûle du charbon, éviter l'emploi de
calorifères dans lesquels il n'y a aucune issue pour porter
au dehors les produits de la combustion, et ne pas fermer
la clef d'un poêle pour mieux conserver la chaleur. Les
poêles en fonte portés au rouge laissent échapper ce gaz ; il
s'en produit encore quand on éteint des charbons avec de
l'eau.

Préparation. — On obtient l'oxyde de carbone en
décomposant l'*acide oxalique* par l'*acide sulfurique*.
On introduit dans un ballon B (*fig. 55*) de l'acide

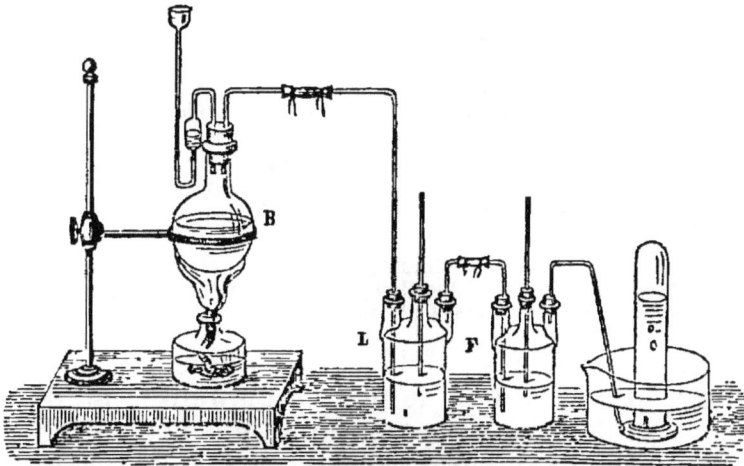

Fig. 55. — Préparation de l'oxyde de carbone.

oxalique cristallisé, sur lequel on verse 5 à 6 fois son
poids d'acide sulfurique *concentré*, et on chauffe.
L'acide oxalique se décompose par la chaleur en
oxyde de carbone, en acide carbonique et en vapeur
d'eau :

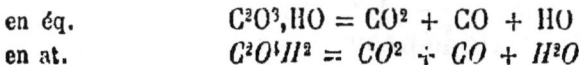

en éq. $\qquad C^2O^3,HO = CO^2 + CO + HO$

en at. $\qquad C^2O^4H^2 = CO^2 + CO + H^2O$

L'acide sulfurique régularise l'opération en s'emparant de l'eau. L'acide carbonique et l'oxyde de carbone passent dans des flacons laveurs L,F, qui contiennent une dissolution de potasse ou du lait de chaux. Cette base absorbe l'acide carbonique, et l'oxyde de carbone peut seul parvenir dans l'éprouvette destinée à le recevoir.

On peut remplacer l'acide oxalique par l'*acide formique* qui donne immédiatement le gaz pur :

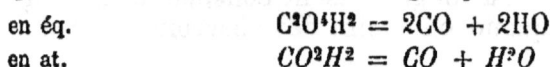

en éq. $C^2O^4H^2 = 2CO + 2HO$

en at. $CO^2H^2 = CO + H^2O$

On obtiendrait aussi de l'oxyde de carbone en faisant passer de l'acide carbonique dans un tube rempli de braise et chauffé au rouge, ou en calcinant un mélange de charbon et d'oxyde de zinc.

Acide carbonique

L'acide carbonique, CO^2 (CO^2), est un anhydride (n° 30). Cependant on dit indifféremment *acide carbonique* ou *anhydride carbonique.*

en éq.	CO		$D_a = 1,529$
en at.	CO^2		$D_h = 22$
poids moléculaire	44		$S = 1$ à $15°$

L'acide carbonique est le premier gaz que l'on ait distingué de l'air atmosphérique, dès 1648. Sa composition, déjà établie par Lavoisier, en 1776, a été fixée exactement par Dumas et Stass.

129. Caractères. — L'acide carbonique est un gaz incolore, d'une odeur faible et piquante, et d'une saveur aigrelette, qu'il communique à l'eau de Seltz et aux boissons mousseuses dans lesquelles il est dissous. Il éteint une bougie. Son réactif est l'eau de chaux : il la trouble, parce qu'il forme du carbonate de chaux, corps blanc insoluble. Si l'acide est en excès, le trouble disparaît, parce que le carbonate de chaux est soluble dans l'eau chargée d'acide carbonique.

Propriétés physiques. — L'acide carbonique est plus dense que l'air. On le prouve par les expériences suivantes :

1º On place une bougie au fond d'un verre et on penche au-dessus une éprouvette pleine d'acide carbonique *(fig. 56)*; le gaz tombe à travers l'air et va éteindre la bougie ; 2º on remplit une large éprouvette à pied avec de l'acide carbonique; on y introduit un flacon moins large, qui fait sortir une partie du gaz, et on retire le flacon : celui-ci est remplacé par de l'air. Si l'on fait descendre dans l'éprouvette deux bougies fixées à un même fil de fer, l'une au-dessus de l'autre, la bougie inférieure s'éteint et l'autre continue à brûler. Cette expérience rend compte de ce qui se passe dans les *grottes du chien*, près de Clermont-Ferrand et près de Naples. Un chien qui entre, ne tarde pas à tomber asphyxié, tandis qu'un homme n'y court aucun danger ; c'est que du gaz acide carbonique se dégage par les fissures du sol et se maintient dans les parties inférieures de la grotte avant de s'écouler par l'ouverture. La tête du chien se trouve au milieu du gaz ; celle de l'homme, au-dessus.

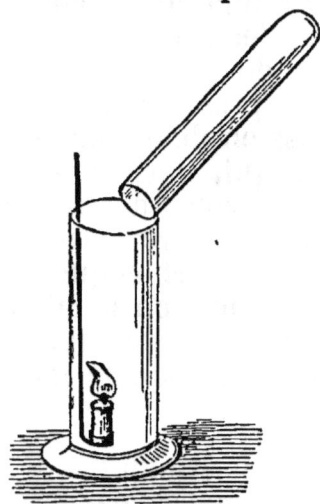

Fig. 56. — Acide carbonique versé.

L'acide carbonique se liquefie à 0°, sous une pression de 36 atmosphères ; il se solidifie par un froid de 65° environ. Cette liquéfaction se faisait autrefois au moyen de l'appareil de Thilorier qui consiste en deux cylindres de fonte, reliés par un tube ; l'un contenait les matières destinées à produire l'acide carbonique, l'autre était maintenu froid et le gaz s'y liquéfiait par sa propre pression. Aujourd'hui on se sert de pompes de compression. L'acide carbonique liquide se trouve dans le commerce; on le vend dans des cylindres d'acier qui en contiennent 7 à 8 kilogrammes.

L'acide carbonique est *soluble* dans l'eau ; pour le prouver, on remplit une éprouvette de ce gaz aux deux tiers ; puis, la fermant avec la main, on l'agite pour faciliter la dissolution dans l'eau. Le gaz se raréfie dans l'éprouvette ; aussi se maintient-elle

appliquée contre la paume de la main ; et, si on la
retire un peu, de l'air rentre pour remplacer l'acide
dissous. A la température ordinaire, l'eau en dissout
une fois son volume, et le poids de gaz dissous
augmente proportionnellement à la pression. Ainsi
1 litre d'eau dissoudra, sous la pression de 5 atmosphères, 1 litre d'acide carbonique, qui, sous cette
pression, équivaut à 5 litres sous la pression ordinaire.
On peut donc, à l'aide de la pression, faire entrer
dans l'eau des quantités notables d'acide carbonique ;
mais si on supprime la pression, comme on le fait
quand on débouche un vin mousseux, le gaz sort
vivement de la dissolution et entraine le liquide, si
on ne prend pas des précautions.

130. **Propriétés chimiques.** — L'acide carbonique est
un corps très stable qui ne se décompose par la
chaleur qu'à une température très élevée. En présence
des corps acides d'oxygène il se réduit et passe à
l'état d'oxyde de carbone ; c'est ce qui a lieu quand
on fait passer de l'acide carbonique sur des charbons
chauffés au rouge dans un tube de porcelaine.

en éq. $CO^2 + C = 2CO$
en at.   .   même formule.

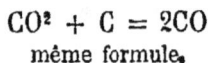

Cette réaction se produit dans nos foyers, quand ils
contiennent une couche épaisse de charbon. A la partie
inférieure, où l'air est en excès, il se forme de l'acide
carbonique ; plus haut, ce gaz se transforme en oxyde de
carbone en passant sur des charbons rouges. L'oxyde de
carbone se dégage à la partie supérieure, où il brûle avec
sa flamme bleue, pourvu que la température soit encore
assez élevée : sinon il se répand dans l'atmosphère.

Le magnésium brûle dans l'acide carbonique, en
s'emparant de son oxygène, et il reste du carbone.

Propriétés acides. — L'acide carbonique s'unit aux
bases pour former des sels. Ainsi il trouble l'eau de
chaux en formant du carbonate de chaux ; il est
absorbé par la potasse, qui forme du carbonate de
potasse.

Cependant, comme il ne contient pas d'hydrogène remplaçable par un métal, ce n'est pas un acide proprement dit, mais un anhydride. Le véritable acide carbonique serait une combinaison d'anhydride carbonique et d'eau :

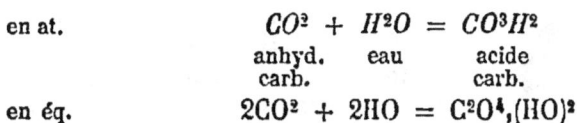

en at. $$CO^2 + H^2O = CO^3H^2$$

anhyd.   eau   acide
carb.   carb.

en éq. $$2CO^2 + 2HO = C^2O^4,(HO)^2$$

Cet acide carbonique n'existe pas à l'état libre ; il doit se trouver dans la dissolution aqueuse de l'anhydride carbonique.

L'acide carbonique est bibasique, c'est-à-dire qu'il contient 2 atomes d'hydrogène : si un seul est remplacé par un métal, on a un carbonate acide ; si les deux sont remplacés, le carbonate est neutre.

Carbonate acide de soude :   en at. $NaHCO^3$
  (anciennement bicarbonate) :   en éq. $NaOHO,C^2O^4$
Carbonate neutre : Na^2CO^3 ; $(NaO)^2,C^2O^4$

Dans le cas des métaux bivalents, un seul atome suffit pour remplacer les 2 atomes d'hydrogène :

Carbonate neutre de chaux : $CaCO^3$ (en at.)

L'acide carbonique est un acide faible. Il donne au tournesol la couleur rouge vineux. Il est facilement chassé de ses combinaisons par un autre acide : si on verse sur du marbre ou de la craie (qui sont du carbonate de chaux) de l'acide chlorhydrique, de l'acide azotique, ou simplement du vinaigre (acide acétique), du jus de citron (acide citrique), il se produit une vive effervescence due au dégagement du gaz acide carbonique.

Action sur l'organisme. — L'acide carbonique est un poison, quoiqu'il agisse avec beaucoup moins d'énergie que l'oxyde de carbone. On ne pourrait pas vivre dans une atmosphère qui en contiendrait 20 0/0.

131. Composition. — La molécule d'acide carbonique est composée de 2 atomes d'oxygène et de 1 atome de carbone. Pour le prouver, on prend un ballon d'environ 1 litre (fig. 57) ; on le remplit d'oxygène pur, sur une cuve à

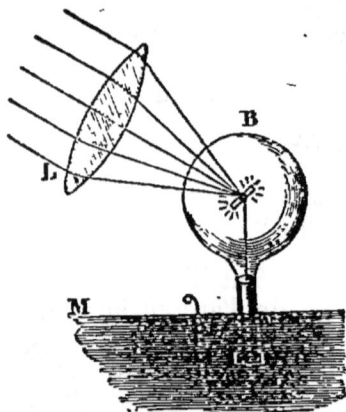

Fig. 57. — Synthèse de l'acide carbonique

mercure, et on note l'affleurement du mercure. On introduit au centre du ballon un petit fragment de carbone pur (diamant ou plombagine) porté par un fil de platine ; puis on l'allume, en concentrant sur lui des rayons solaires, à l'aide d'une forte lentille. Le charbon brûle et se transforme en acide carbonique. Lorsque la combustion est achevée et que le gaz a repris sa température première, on reconnaît que son volume reste le même et que la potasse l'absorbe complètement.

Donc *le volume de l'acide carbonique*, formé par la combustion du carbone, *est précisément égal au volume de l'oxygène introduit.*

Cela posé, une molécule d'acide carbonique (2 volumes) contiendra une molécule d'oxygène (2 volumes), c'est-à-dire 2 atomes. D'autre part, la densité de l'acide carbonique par rapport à l'hydrogène est 22, son poids moléculaire est 44. Si on retranche les 2 atomes d'oxygène qui pèsent $2 \times 16 = 32$, on trouve que le poids de carbone contenu dans la molécule d'acide carbonique est 12 : c'est le poids d'un atome de carbone. La formule CO_2 est établie.

Dumas et Stass font passer un courant d'oxygène bien pur sur du diamant ou du graphite pesé d'avance. Ce carbone est placé dans un tube de porcelaine chauffé au rouge dans un fourneau à réverbère. L'acide carbonique est absorbé par des tubes à potasse. Leur augmentation de poids donne le poids de l'acide carbonique formé. Retranchant du poids de l'acide le poids du carbone brûlé, ils trouvent par différence celui de l'oxygène. Cette méthode donne la composition en poids, sans faire intervenir les volumes.

132. État naturel. — L'acide carbonique est très répandu en mélange dans l'air et en dissolution dans l'eau, surtout dans les eaux gazeuses de Seltz, de Vichy. Combiné avec les bases il forme des masses considérables, principalement à l'état de carbonate de chaux, dans les calcaires.

133. Préparation. — On prépare l'acide carbonique en décomposant le *carbonate de chaux*, craie ou marbre, par un acide ou par la chaleur.

1° *Par un acide.* — On introduit des fragments de marbre dans un flacon à deux tubulures F (*fig. 58*) ;

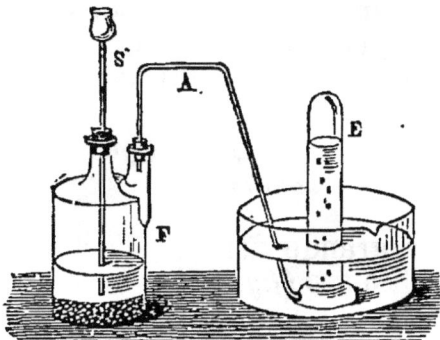

Fig. 58. — Préparation de l'acide carbonique.

on le remplit d'eau à moitié et l'on verse peu à peu de l'acide chlorhydrique par le tube à entonnoir S. On voit aussitôt une vive effervescence ; l'acide carbonique se dégage, étant chassé par l'acide chlorhydrique.

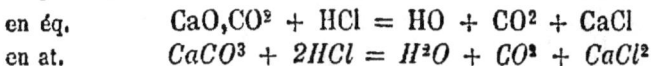

en éq. $CaO,CO^2 + HCl = HO + CO^2 + CaCl$
en at. $CaCO^3 + 2HCl = H^2O + CO^2 + CaCl^2$

Dans cette réaction, l'hydrogène de l'acide chlorhydrique se substitue au calcium du carbonate de chaux, et réciproquement, d'où il résulte du chlorure de calcium et de l'acide carbonique hydraté CO^2,HO (CO^3H^2) ; mais ce dernier, n'étant pas stable, se décompose en eau et en anhydride carbonique $CO^2 + HO$ ($CO^2 + H^2O$).

L'acide sulfurique peut remplacer l'acide chlorhydrique. Il a l'inconvénient de produire du sulfate de chaux insoluble, qui recouvre le marbre et arrête la réaction. Cependant, pour faire de l'eau de Seltz, on le préfère, parce qu'il n'est pas volatil comme l'acide chlorhydrique. On le fait agir sur de la craie pulvérisée, que l'on a soin d'agiter continuellement.

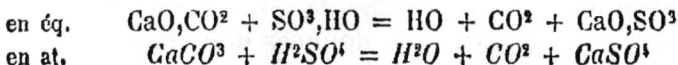

en éq. $CaO,CO^2 + SO^3,HO = HO + CO^2 + CaO,SO^3$
en at. $CaCO^3 + H^2SO^4 = H^2O + CO^2 + CaSO^4$

Le calcium se substitue à l'hydrogène comme dans le cas précédent.

2° *Par la chaleur*. On chauffe des fragments de marbre ou d'un autre calcaire dans une cornue, à l'aide d'un fourneau à réverbère. Sous l'influence de la chaleur, l'acide carbonique se dégage en laissant la chaux. C'est cette réaction qui se produit dans les fours à chaux.

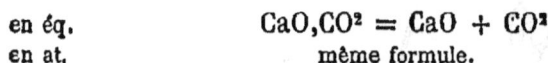

en éq. $CaO,CO^2 = CaO + CO^2$
en at.   même formule.

A cause de sa grande densité, l'acide carbonique peut être recueilli à sec (*fig. 59*).

134. Usages. — L'acide carbonique sert à préparer la céruse (carbonate de plomb) et le bicarbonate de soude. Il

Fig. 59.

entre dans la formation des vins de Champagne, des vins mousseux et de l'eau de Seltz. Il donne à ces boissons une saveur agréable, les rend plus fraîches et facilite la digestion, pourvu qu'on en use modérément. L'eau de Seltz est aussi appelée eau gazeuse ou acidule ; on en trouve des sources naturelles à Seltz et à Vichy.

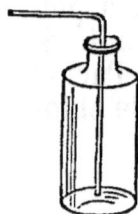

On la fabrique *artificiellement* en comprimant du gaz acide carbonique dans l'eau, sous une pression de 5 ou 6 atmosphères, et en soutirant la dissolution dans des siphons. — On fait aussi usage de petits appareils en verre épais. Les plus employés, ceux de *Briet*, se composent de deux ballons qui communiquent entre eux. Dans l'un on met de l'eau, dans l'autre des corps en poudre qui doivent produire le gaz acide carbonique ; on ferme bien l'appareil. Les poudres ne réagissent pas d'abord ; mais si on fait passer un peu d'eau dans le ballon qui les contient, les matières se dissolvent et réagissent rapidement. A mesure qu'il se produit, le gaz se presse lui-même et va se dissoudre dans l'eau de l'autre ballon. La dissolution sort d'elle-même, dès que l'on ouvre un robinet.

N. B. Les notions sur les *carbonates* en général, et sur les *carbonates les plus usuels*, sont données dans la seconde partie (métaux) : voir spécialement les carbonates de plomb,·

de fer, de magnésie, de chaux, de potasse, de soude et d'ammoniaque.

135. Acide carbonique de l'atmosphère. — En étudiant la composition de l'air, nous avons vu qu'il contient de l'acide carbonique, environ 4 dix-millièmes de son poids. On le vérifie en exposant à l'air de l'eau de chaux ; elle se couvre d'une pellicule de carbonate de chaux.

Origine. — Cet acide carbonique de l'air provient de diverses sources : 1° De la *terre*. Les *volcans* en activité en donnent de grandes quantités ; certaines *eaux minérales*, qui en sont chargées, l'abandonnent quand elles sont exposées à l'air ; il se dégage par de nombreuses *fissures* du sol, comme dans la grotte du Chien. — Quand on craint qu'une cave, un puits où l'on doit descendre, contienne de l'acide carbonique, il faut d'abord y introduire une torche allumée, ou mieux, une cage renfermant un animal, oiseau ou souris. Si la bougie brûle dans le puits, mais surtout si l'animal n'y est pas asphyxié, l'homme pourra y pénétrer sans danger. Dans le cas contraire, il faut d'abord l'assainir, en neutralisant l'acide carbonique par une base (chaux ou ammoniaque), ou en renouvelant l'air.

2° Les *combustions* qui constituent nos moyens de chauffage et d'éclairage, les *décompositions* des matières organiques, les *fermentations*, sont autant de sources d'acide carbonique. Dans la fermentation du vin, la production de ce gaz est si abondante qu'on a vu des vignerons asphyxiés pour s'être tenus imprudemment auprès des cuves.

3° La *respiration des animaux* est une autre source d'acide carbonique, qui se répand dans l'atmosphère. On le prouve en respirant (*fig. 60*) de manière à faire passer séparément dans de l'eau de chaux l'air aspiré et l'air expiré. Celui-ci blanchit rapidement l'eau de chaux du flacon F, pendant que celle de l'autre flacon B est à peine troublée.

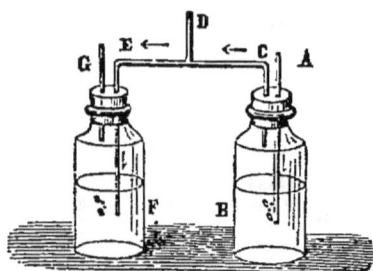

Fig. 60. — Acide carbonique produit par la respiration.

Destruction. — On a calculé que, dans Paris, la respiration des animaux et les différentes combustions produisent, en 24 heures, environ *3 millions* de mètres cubes d'acide carbonique, et ces deux sources ne sont pas les plus abondantes. Malgré cela, la composition de l'air atmosphérique reste invariable : c'est que l'acide carbonique est *décomposé par les végétaux*, et se *dissout* dans l'eau.

1° Les *végétaux*, pour se *nourrir*, enlèvent de grandes quantités d'acide carbonique à l'air. Par leurs feuilles, ils absorbent cet acide ; puis, dans leurs parties vertes, où se trouve de la *chlorophylle*, sous l'influence de la lumière, ils le décomposent en carbone et en oxygène ; ils fixent le carbone dans leurs tissus et exhalent l'oxygène qui retourne à l'air. On peut le constater en exposant à la lumière solaire une plante garnie de feuilles vertes, sous une cloche remplie d'air chargé d'acide carbonique. L'acide disparaît peu à peu de la cloche et est remplacé par de l'oxygène ; aussi, une bougie qui s'éteignait d'abord dans cette cloche, après l'expérience, y brûle mieux que dans l'air. — On peut aussi introduire une plante aquatique dans un ballon plein d'eau. Sous l'action du soleil, on voit des bulles d'oxygène se rassembler au sommet du ballon.

Pendant la *nuit*, les parties vertes des végétaux et leurs autres organes, même à la lumière, produisent des effets contraires. Ils *respirent* comme les animaux, absorbent de l'oxygène, brûlent du carbone et dégagent de l'acide carbonique. Mais les végétaux produisent beaucoup moins d'acide carbonique, dans ces dernières circonstances, qu'ils n'en détruisent dans les premières.

2° Une partie de l'acide carbonique de l'air se

dissout dans l'eau et lui donne la faculté de dissoudre plusieurs sels qui servent, sur les continents, à la nutrition des animaux et des végétaux, ou qui, transportés dans la mer, fournissent aux mollusques et aux animaux inférieurs les matériaux nécessaires à la sécrétion de leur enveloppe solide.

C'est ainsi que, par une loi providentielle, l'atmosphère garde une composition constante. L'acide carbonique, sous l'action de la lumière, fournit à l'air de l'oxygène, et aux végétaux le carbone qui est nécessaire à leur développement. Le carbone, élaboré par les plantes, prépare à l'homme de nouveaux combustibles pour ses foyers, et aussi de nouveaux aliments pour soutenir sa vie et entretenir sa respiration. Le carbone redeviendra acide carbonique, et ainsi tout se transforme avec la plus grande régularité, sans que l'on puisse prévoir épuisement ou trouble quelconque dans cette admirable économie.

Combinaisons de carbone et d'hydrogène

136. — Le carbone forme avec l'hydrogène un très grand nombre de composés, qu'on appelle *carbures d'hydrogène*. Beaucoup sont importants, mais leur étude appartient à la chimie organique, qui s'occupe spécialement des composés du carbone. Il faut cependant étudier dès à présent quatre de ces composés : le *protocarbure d'hydrogène* C^2H^4 (CH^4), le *bicarbure* C^4H^4 (C^2H^4), l'*acétylène* C^4H^2 (C^2H^2), la *benzine* $C^{12}H^6$ (C^6H^6), et de plus le gaz de l'éclairage qui est un mélange de nombreux carbures.

Protocarbure d'hydrogène

Synonymes : Hydrogène protocarboné, gaz des marais, carbure léger, grisou, formène. (Le dernier nom est le plus usité en chimie organique.)

en éq.	C^2H^4	$D_a = 0{,}559$	
en at.	CH^4	$D_h = 8$	
poids mol.	16	S	presque nulle.

Connu depuis longtemps, il a été étudié par Volta qui l'a distingué de l'hydrogène avec lequel on le confondait auparavant.

137. Caractères, propriétés. — Le protocarbure d'hydrogène est un gaz incolore, inodore, qui brûle avec une flamme jaunâtre bordée de bleu.

Il est très léger (deux fois moins lourd que l'air) ; très peu soluble ; très difficile à liquéfier, c'était l'un des gaz dits *permanents*.

Il brûle dans l'oxygène en donnant de l'eau et de l'acide carbonique.

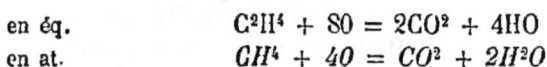

en éq. $\qquad C^2H^4 + 8O = 2CO^2 + 4HO$

en at. $\qquad CH^4 + 4O = CO^2 + 2H^2O$

Le protocarbure, mélangé à l'oxygène, ou simplement à l'air, détonne avec violence : c'est lui qui produit les explosions si redoutables des mines de charbon.

Lorsqu'on mélange du chlore au protocarbure d'hydrogène, le chlore se substitue plus ou moins complètement à l'hydrogène et donne 4 produits dont 2 sont remarquables : le chlorure de méthyle, C^2H^3Cl (CH^3Cl), et le chloroforme C^2HCl^3 ($CHCl^3$). Cette réaction se fait avec beaucoup de violence et exige des précautions.

Le gaz des marais n'entretient pas la respiration, mais il n'est pas délétère : les mineurs respirent souvent de l'air chargé de $\frac{1}{10}$ de ce gaz.

138. Composition. — Il faut démontrer la formule CH^4 (notation atomique). Si cette formule est exacte, 2 volumes de protocarbure, pour brûler complètement, exigent 4 volumes d'oxygène et donnent 2 volumes d'acide carbonique et de la vapeur d'eau selon la formule :

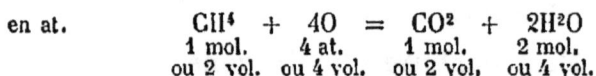

en at. $\qquad CH^4 \quad + \quad 4O \quad = \quad CO^2 \quad + \quad 2H^2O$
$\qquad\qquad$ 1 mol. $\quad$ 4 at. $\quad$ 1 mol. $\quad$ 2 mol.
$\qquad\qquad$ ou 2 vol. $\;$ ou 4 vol. $\;$ ou 2 vol. $\;$ ou 4 vol.

On vérifie qu'il en est ainsi, au moyen de l'eudiomètre. Dans l'eudiomètre on introduit 2 volumes de protocarbure et 4 d'oxygène ; après le passage de l'étincelle il reste de la vapeur d'eau qui se condense et 2 volumes d'acide carbonique, absorbables par la potasse. On met ordinairement l'oxygène en excès pour amortir la violence de l'explosion.

139. État naturel. — Le protocarbure d'hydrogène est très répandu ; il prend naissance partout où des matières organiques se décomposent, spontanément

8

ou par la chaleur. Les débris des végétaux, en pourrissant au fond des eaux stagnantes, y produisent le *gaz des marais*. On peut l'en retirer, en remuant la vase avec un bâton, et en faisant pénétrer les bulles de gaz dans un flacon rempli d'eau, muni d'un large entonnoir, et maintenu renversé dans l'eau. Le gaz ainsi recueilli est mêlé d'azote, d'acide carbonique, etc. — Les végétaux enfouis dans le sol y ont formé, en se décomposant, de grandes quantités d'hydrogène protocarboné. Il s'en dégage sans interruption dans plusieurs localités et, comme il est combustible, il ne s'éteint plus une fois qu'il a été enflammé. On le met à profit pour la cuisson des aliments, de la chaux, des poteries.

Les mineurs appellent *feu grisou* le gaz qui, confiné entre les assises de houille, se dégage et s'accumule dans les galeries des mines dont la ventilation n'est pas bien faite. Le mélange détonant qu'il forme avec l'air, en s'allumant au contact des lampes, détermine de terribles explosions, dans lesquelles périssent beaucoup d'ouvriers. Les uns sont brûlés par les gaz enflammés ; d'autres sont brisés contre les parois de la mine par la force de projection du mélange, ou broyés par les éboulements que détermine l'explosion. — Nous verrons, en étudiant la *flamme* comment on peut éviter ces explosions avec la *lampe de sûreté*.

140. **Préparation.** — On prépare le protocarbure d'hydrogène en décomposant, par la chaleur, l'acide acétique ou l'acétate de soude.

Dans le premier cas, on fait passer des vapeurs d'acide acétique dans un tube de porcelaine chauffé au rouge. Le corps se décompose en hydrogène protocarboné et en acide carbonique ; on dirige le mélange de ces deux gaz dans un flacon laveur contenant une dissolution de potasse qui retient l'acide carbonique.

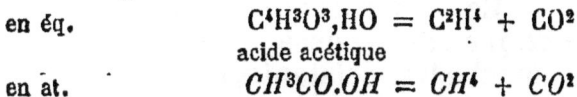

en éq. $C^4H^3O^3,HO = C^2H^4 + CO^2$
                acide acétique
en at. $CH^3CO.OH = CH^4 + CO^2$

Dans le second·cas on met dans une cornue (*fig. 61*) en verre vert, peu fusible (parce que la réaction se fait au rouge), 10 grammes d'acétate de soude et 40 grammes de soude et de chaux préalablement calcinées ensemble. L'acétate de soude et la soude donnent du carbonate de soude et du protocarbure

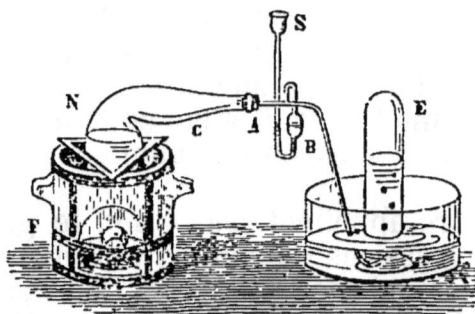

Fig. 61. — Préparation de l'hydrogène protocarboné

d'hydrogène. La chaux exerce une action de présence : elle empêche la soude de couler et d'attaquer le verre de la cornue.

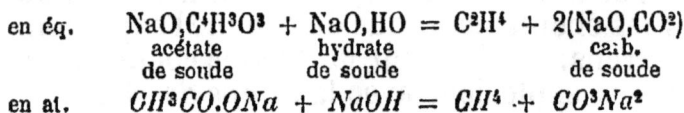

en éq. $NaO,C^4H^3O^3 + NaO,HO = C^2H^4 + 2(NaO,CO^2)$
acétate — hydrate — carb.
de soude — de soude — de soude

en at. $CH^3CO.ONa + NaOH = CH^4 + CO^3Na^2$

Bicarbure d'hydrogène

Synonymes : hydrogène bicarboné, gaz oléfiant, éthylène (ce dernier est le plus usité en chimie organique).

en éq.	C^4H^3	$D_a = 0,98$	
en at.	C^2H^4	$D_h = 14$	
poids moléculaire	28	$S = 0,15$	

Connu au XVIIe siècle, mieux étudié en 1795 par quatre chimistes hollandais qui ont découvert la réaction qu'il donne en présence du chlore ; liquéfié par Faraday.

141. Caractères. — Ce gaz est doué d'une légère odeur *empyreumatique*, de graisse brûlée. Il brûle avec une flamme blanche très éclatante, en donnant un dépôt de charbon si l'air est insuffisant.

Propriétés chimiques. — Le bicarbure d'hydrogène brûle dans l'oxygène en donnant de l'eau et de l'acide carbonique. Le mélange des deux gaz détonne avec violence et le flacon est presque toujours brisé.

Le chlore agit de deux manières :

1° Si on met le feu à un mélange de 1 volume de bicarbure avec 2 volumes de chlore, il se produit une flamme rougeâtre qui dépose une quantité considérable de charbon ; l'hydrogène et le chlore se combinent en acide chlorhydrique :

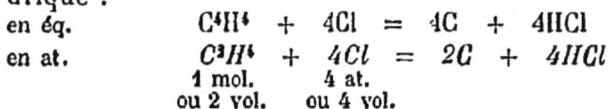

en éq. $C^4H^4 + 4Cl = 4C + 4HCl$

en at. $C^2H^4 + 4Cl = 2C + 4HCl$
                1 mol.   4 at.
                ou 2 vol.   ou 4 vol.

2° On met des volumes égaux de gaz oléfiant et de chlore dans une éprouvette renversée sur l'eau. Ces gaz se combinent d'eux-mêmes, lentement à la lumière diffuse, rapidement à la lumière directe du soleil. L'eau monte dans l'éprouvette, et il se dépose au fond un liquide huileux, d'une odeur éthérée, nommé bichlorure d'éthylène, ou *huile des Hollandais*. De là vient le nom de *gaz oléfiant*, donné au bicarbure :

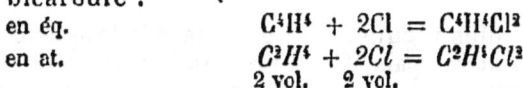

en éq. $C^4H^4 + 2Cl = C^4H^4Cl^2$

en at. $C^2H^4 + 2Cl = C^2H^4Cl^2$
                2 vol.   2 vol.

142. Composition. — Il faut établir la formule C^2H^4. Si elle est exacte, 2 volumes de bicarbure exigeront, pour brûler, 6 volumes d'oxygène, et donneront 4 volumes d'acide carbonique.

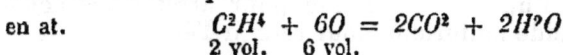

en at. $C^2H^4 + 6O = 2CO^2 + 2H^2O$
                2 vol.   6 vol.

On vérifie qu'il en est ainsi au moyen de l'eudiomètre.

143. Préparation. — Le bicarbure d'hydrogène se prépare avec l'alcool et l'acide sulfurique. L'alcool peut être regardé comme composé de bicarbure d'hydrogène et d'eau.

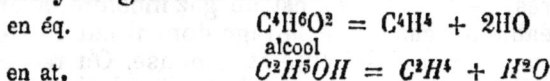

en éq. $C^4H^6O^2 = C^4H^4 + 2HO$
                    alcool
en at. $C^2H^5OH = C^2H^4 + H^2O$

L'acide sulfurique, qui est très avide d'eau, s'empare de l'eau et met en liberté le bicarbure.

On remplit un ballon (*fig. 62*), jusqu'au tiers, avec du sable sec ; on verse sur le sable une partie d'alcool, puis on y fait tomber peu à peu quatre parties d'acide sulfurique concentré. On chauffe ensuite avec la lampe à alcool de manière à faire bouillir légèrement la liqueur. Le sable rend

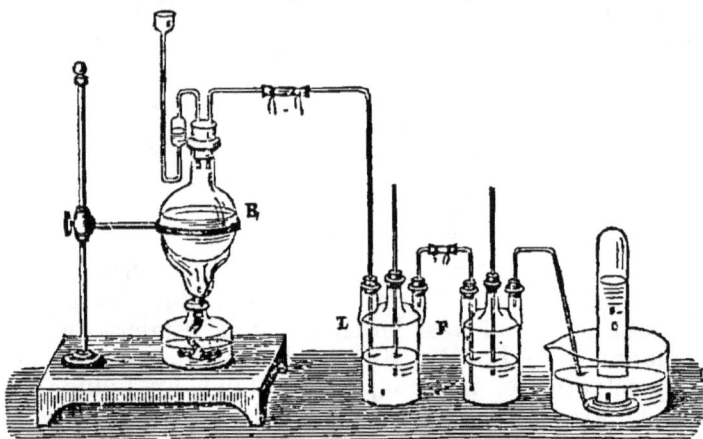

Fig. 62. — Préparation de l'hydrogène bicarboné.

la décomposition plus régulière. Elle est terminée quand le liquide devient noir et épais. Cette préparation demande de l'attention ; il faut porter et maintenir les matières à une température d'environ 160° ; en chauffant moins, on obtient de l'éther; en chauffant trop, on reçoit de l'acide sulfureux et de l'acide carbonique. Pour arrêter ces produits et avoir du gaz plus pur, on emploie deux flacons laveurs qui contiennent, l'un de la potasse pour arrêter les acides, l'autre de l'acide sulfurique pour retenir l'éther.

Acétylène

en éq.	C^4H^2	$D_a = 0,92$	
en at.	C^2H^2	$D_h = 13$	
poids moléculaire	26	$S = 1$	

144. Caractères. — L'acétylène est un gaz incolore, ayant l'odeur désagréable du gaz de l'éclairage dont il fait partie. Il brûle avec une flamme éclairante et fumeuse. On reconnaît des traces d'acétylène au moyen de la dissolution ammoniacale de protochlorure de cuivre, qui donne un précipité rouge d'acétylure de cuivre.

8.

Préparation. — 1° *Synthèse.* En 1863, M. Berthelot a préparé l'acétylène *en combinant directement le carbone avec l'hydrogène.* Il emploie pour cela un ballon à deux tubulures latérales. au milieu duquel jaillit l'arc voltaïque entre deux charbons bien purs. Par une des tubures arrive de l'hydrogène pur et sec. Ce gaz se combine en partie avec le carbone et forme de l'acétylène. Par l'autre tubulure, le nouveau gaz va se condenser dans une dissolution de chlorure de cuivre ammoniacal.

Le précipité, lavé, et chauffé avec de l'acide chlorhydrique, laisse dégager l'acétylène.

Cette préparation est remarquable, parce qu'on ne pouvait obtenir, auparavant, les combinaisons hydrogénées du carbone que par la décomposition des matières organiques, c'est-à-dire en opérant *par la voie analytique.* Maintenant, en partant de l'acétylène, qu'on obtient par synthèse, on fait la *synthèse* de nombreux corps appartenant à la chimie organique. L'acétylène, chauffé avec lui-même, se triple dans la benzine C^6H^6, se quadruple dans le styrolène C^8H^8, se quintuple dans la naphtaline $C^{10}H^{10}$. Chauffé avec de l'hydrogène, dans une cloche courbe, il donne de l'éthylène C^2H^4; sous l'influence d'une effluve électrique, il s'unit à l'azote pour faire de l'acide cyanhydrique.

2° *Par la combustion incomplète des hydrocarbures.* — L'acétylène prend naissance quand on brûle incomplètement une substance hydrocarburée ou quand on la porte à une température élevée. Pour préparer l'acétylène, on brûle incomplètement du gaz de l'éclairage à l'intérieur d'un bec de Bunsen, ou bien l'on fait passer, dans un tube de porcelaine chauffé au rouge, du gaz oléfiant, du gaz de l'éclairage, ou des vapeurs d'alcool ou d'éther. Dans tous les cas on fixe l'acétylène en le faisant passer dans la dissolution de chlorure de cuivre.

Benzine

en éq.	$C^{12}H^6$		liquide D = 0,89
en at.	C^6H^6		bout à 80°
poids moléculaire	78		se solidifie à 0°

Découverte par Faraday en 1825 ; tirée de l'acide benzoïque par Mitscherlich en 1823.

145. Propriétés. — La benzine est un liquide mobile, incolore, d'une saveur sucrée, d'une odeur agréable et éthérée, quand elle est pure.

Insoluble dans l'eau, soluble dans l'alcool et dans l'éther, elle est un des meilleurs dissolvants du soufre, du phosphore jaune, des corps gras et des résines.

L'étude des propriétés chimiques de la benzine appartient à la chimie organique. Elle est le type des carbures d'hydrogène qu'on appelle *aromatiques* ; elle donne naissance à un grand nombre de produits dérivés, tels que les chlorures de benzine, les nitro-benzines, les phénols, l'alizarine, etc.

Préparation. — On *retire* de grandes quantités de benzine du goudron de houille, qui en contient environ 10 0/0. On le distille et on recueille les huiles légères qui passent au-dessous de 150°. On les purifie par des lavages successifs avec l'acide sulfurique et la soude, distillant plusieurs fois et ne conservant que ce qui passe entre 80 et 85°. Cette benzine du commerce peut être purifiée au moyen de plusieurs cristallisations.

Usages. — La benzine est *employée* pour dégraisser et pour dissoudre le vernis ; pour ces usages, on peut lui ajouter un tiers ou moitié d'alcool. Elle sert surtout à la production de la nitro-benzine, qui sert à fabriquer l'aniline et les matières colorantes qui en dérivent.

Gaz de l'éclairage

146. Historique. — La découverte de l'éclairage au gaz est due à un ingénieur français, Philippe Lebon. Dès 1785, il fit les premiers essais, avec du gaz provenant de la distillation du bois ; mais on n'y fit pas attention en France, parce que le gaz n'était pas épuré et répandait une odeur infecte. Il fallait, pour qu'on y portât intérêt, que l'invention française nous revînt perfectionnée à l'étranger.

En 1798, l'anglais Murdoch éclaira au gaz les ateliers du célèbre ingénieur Watt. En 1810, associé avec l'allemand Winsor, il établit à Londres une usine pour l'éclairage public. Winsor vint à Paris en 1816 et y éclaira d'abord le passage des Panoramas, le Palais-Royal, etc. Depuis cette époque, l'éclairage au gaz s'est répandu dans toutes les villes.

147. Composition, propriétés. — Le gaz de l'éclairage est formé de plusieurs gaz combustibles, mélangés dans des proportions très variables : hydrogène 40 0/0, formène 40 0/0, éthylène 6 0/0, acétylène 5 0/0, oxyde de carbone 5 0/0. Il contient en outre de l'azote, de l'acide carbonique, de l'acide sulfhydrique et quelques carbures volatils. Il doit à quelques-uns de ces composants une odeur particulière qui avertit heureusement des *fuites* du gaz ; mais l'acide sulfhydrique a le fâcheux effet de noircir l'argenterie et les peintures au blanc de céruse.

Il est notablement plus léger que l'air (d = 0,45), ce qui explique son emploi pour gonfler les aérostats.

Le gaz de l'éclairage, en *brûlant*, donne de l'eau et de l'acide carbonique ; il lui faut 10 fois son volume d'air pour brûler complètement. Il forme avec l'air un *mélange détonant* ; aussi faut-il éviter d'entrer avec une lumière dans un endroit où on soupçonne la présence du mélange. On comprend facilement qu'il n'y a rien à craindre tant que le gaz est seul ; il lui faut, pour brûler instantanément et avec explosion, le mélange préalable avec l'air.

148. Préparation. — On peut obtenir le gaz de l'éclairage par la distillation de toutes les matières riches en carbone et en hydrogène, comme les graisses, la résine ; on emploie de préférence la *houille* ou charbon de terre, parce que cette matière est d'un prix peu élevé, et qu'elle fournit, outre le gaz, plusieurs produits utiles. — Dans les laboratoires, on peut préparer du gaz en chauffant, à l'aide du fourneau à réverbère, dans une cornue en grès, de la houille pulvérisée.

La fabrication industrielle du gaz de l'éclairage comprend trois phases : la *distillation*, l'*épuration physique* et l'*épuration chimique*.

1° On met la houille concassée dans des cornues cylindriques CC (*fig. 63*), en terre réfractaire, rangées en batterie de 7 autour d'un foyer unique, dans un four en maçonnerie F. On les chauffe au coke, et on maintient la température au rouge cerise vif. A cette température, la houille se décompose en carbone ou *coke*, qui reste dans les cornues, et en divers produits, liquides volatils et gaz. Ces derniers se dégagent par un tube T ; mais il faut en séparer un grand nombre de matières inutiles ou nuisibles, avant d'avoir le gaz propre à l'éclairage.

2° Les vapeurs et les gaz, montant par le tube de dégagement T, passent dans un long cylindre horizontal B, appelé *barillet*. Ce cylindre, qui reçoit le gaz de toutes les cornues, refroidit et retient, en les condensant, les produits les moins volatils : vapeur d'eau, goudrons, sels ammoniacaux. — Les corps non condensés passent dans un autre réfrigérant, appelé *jeu d'orgue* O. Il se compose de tubes en U renversés

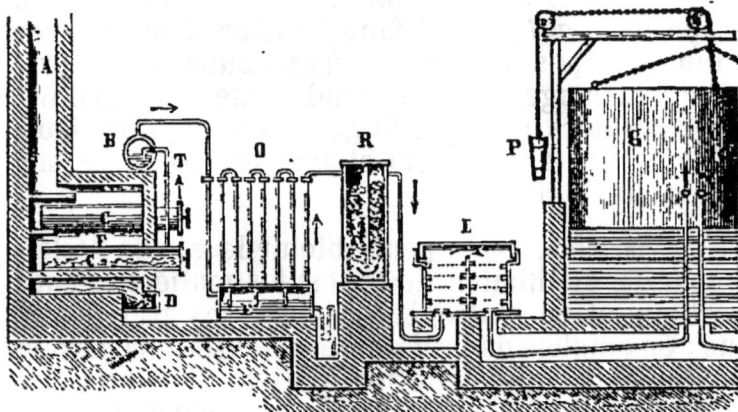

Fig. 63. — Fabrication du gaz de l'éclairage.

et dont les extrémités aboutissent à une caisse à compartiments E. De nouvelles matières se liquéfient dans ces tubes, et coulent dans la caisse. — L'épuration *physique* se termine dans un grand cylindre de fonte R, séparé en deux compartiments, et rempli de coke, sur lequel coule un mince filet d'eau. Le gaz arrive à la partie supérieure de l'un des compartiments et laisse, en filtrant dans les interstices du coke, les derniers restes des matières huileuses et liquides, ou solubles dans l'eau, notamment des sels ammoniacaux.

3° L'épuration *chimique* s'obtient en faisant passer les gaz dans de grandes caisses L, garnies de claies superposées, sur lesquelles on a répandu de la paille couverte de chaux légèrement humide. Cette base retient les gaz acides sulfhydrique et carbonique.

On emploie aussi un mélange de sesquioxyde de fer et de sulfate de chaux, divisé par de la sciure de bois. Ces matières arrêtent l'acide carbonique, l'acide sulfhydrique et les dernières traces d'ammoniaque ; il se forme du carbonate de chaux, du sulfure de fer et du sulfate d'ammoniaque. Quand les matières épurantes sont épuisées, on les lessive avec de l'eau, qui dissout le sulfate d'ammoniaque ; on les expose ensuite à l'air, en leur ajoutant de la chaux : elles se revivifient et peuvent servir de nouveau.

Enfin, le gaz épuré se rend dans une grande cloche en tôle G, appelée *gazomètre*. Cette cloche est renversée sur l'eau d'une fosse et maintenue en équilibre à l'aide de contre-poids P. A mesure que le gaz arrive, la cloche s'élève. Lorsqu'elle est suffisamment pleine, on supprime les contre-poids ; elle presse de toute sa masse sur le gaz qu'elle renferme, et le chasse, par des conduits souterrains, jusqu'aux différents becs de consommation.

149. Usages. — La houille, employée habituellement pour produire le gaz de l'éclairage, est la houille demi-grasse. Voici les produits utiles de sa distillation : 100 *kilogrammes de houille* donnent en général :

1° 75 kil. de *coke*, qui représente la moitié de la valeur de la houille. Une partie sert à chauffer les cornues ; le reste est vendu pour le chauffage domestique.

2° 5 kil. de *goudron* ou *coaltar*, composé surtout de très nombreux carbures d'hydrogène liquides ou solides. Il est employé comme peinture noire et grossière. L'industrie a réussi à en tirer un nombre étonnant de produits plus ou moins précieux : benzine, acide phénique, etc.

3° Des eaux *ammoniacales*, avec lesquelles on prépare l'ammoniaque et ses principaux sels, entre autres le sulfate d'ammoniaque, recherché comme engrais.

4° 25 mètres cubes de *gaz éclairants*.

Paris dépense annuellement 140 millions de mètres cubes de gaz, dont 120 millions pour l'éclairage. Le prix du mètre cube est de 30 centimes pour l'éclairage particulier et de 15 centimes pour l'éclairage public. — Un bec en consomme par heure, suivant les séries, 120, 140 ou 150 litres.

Voici ce que coûtent les différents combustibles donnant, pendant une heure, la même quantité de *lumière :*

Bougies stéariques de 10 au kilog.	63 gr.	à 3 fr. le kilog.	19 c.
Chandelles......................	80 —	à 0,80 —	14,35
Huile de colza épurée............	48 —	à 1,40 —	5,88
Gaz de houille........ 100 litres	50 —	à 0,30 le m. c.	3
Huile de schiste, pétrole.........	21 —	à 1,20 le kilog.	2,52

(A. Payen, 1859.)

Le gaz de l'éclairage sert pour le *chauffage*. Son emploi est très commode pour les fourneaux des cuisines, les laboratoires de chimie, et pour l'industrie. Il permet de produire instantanément et de supprimer à volonté des quantités de chaleur très faciles à régler. La chaleur obtenue de cette façon coûte 1 fois 1/2 autant que celle du charbon de bois, et 4 fois plus que celle de la houille et du coke.

Enfin, dans la petite industrie, on remplace avantageusement les machines à vapeur par des *machines à gaz*, inventées par Lenoir. Dans ces appareils, il n'y a ni foyer, ni chaudière ; un mélange d'air et de gaz de l'éclairage pénètre et s'enflamme successivement de chaque côté du piston. La vapeur d'eau et l'acide carbonique, produits à une haute température, l'azote et l'oxygène en excès, contribuent par leur force expansive à mettre le piston en mouvement.

APPENDICE

Flamme. — Lampe de sûreté

150. Flamme. — *Définition.* La flamme est *un gaz ou une vapeur portée à une haute température par l'effet de la combustion.* Les seuls corps qui brûlent avec flamme sont ceux que la chaleur peut volatiser, comme le soufre et le phosphore. — Lorsqu'un corps est *fixe*, en brûlant, il peut devenir lumineux ou *incandescent*, mais il ne forme pas de flamme ; tels sont le charbon et le fer.

Température. — La température des flammes surpasse celle du blanc ; on le constate facilement en mettant à travers une flamme un fil de fer ou de platine, qui prend la température de la flamme, sans brûler lui-même. Cette température est d'autant plus élevée que les matières qui brûlent ont plus d'affinité pour l'oxygène, sont plus condensées et brûlent plus complètement. La flamme de l'hydrogène est plus chaude que celle du phosphore, qui l'emporte elle-même sur celle du soufre. On a trouvé que la température de la flamme de l'hydrogène, quand il brûle avec de l'oxygène pur, est de de 2.500°, et de 2.000 quand il brûle à l'air.

Pouvoir éclairant. — L'*éclat* de la flamme est dû à la présence de particules solides, qui s'y trouvent en suspension et incandescentes. Si elle ne contient pas de corps solide, la flamme est pâle ; celle de l'hydrogène (*fig. 64*) est à peine visible, parce qu'elle ne contient que des gaz : oxygène, azote, hydrogène et vapeur d'eau ; elle devient brillante si on y place un fil métallique, si on projette dessus de la limaille de fer, ou si on fait passer le gaz dans du coton

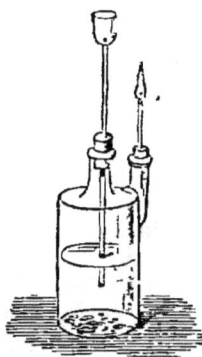

Fig. 64. — Flamme de l'hydrogène

imbibé de benzine ou d'une autre substance volatile et riche en carbone. Il en est de même de la flamme de l'alcool. Celle du phosphore, au contraire, bien qu'elle soit beaucoup moins chaude, donne une lumière éblouissante, parce qu'elle contient un corps solide, l'acide phosphorique, produit de la combustion.

Si l'huile, la bougie ou le gaz de l'éclairage brûlent avec éclat, c'est que, par suite de la combustion incomplète du milieu de la flamme, il y a des parcelles de carbone solide, qui deviennent incandescentes, avant de brûler dans les parties extérieures. On peut en démontrer la présence en coupant la flamme avec une soucoupe froide : il s'y forme un dépôt de noir de fumée.

Coloration. — La *coloration* des flammes est due aux matières qu'elles tiennent en suspension. On l'expérimente facilement en introduisant dans la flamme de l'hydrogène de petites quantités de diverses substances : l'acide borique colore la flamme en vert pur ; le cuivre et ses composés, en bleu ou en vert ; la baryte, en vert jaunâtre ; la strontiane, en beau rouge ; le calcium et le sodium, en jaune ; le potassium et les sels ammoniacaux, en violet.

On utilise cette coloration dans l'*analyse au chalumeau,* pour reconnaître la présence des métaux. On obtient surtout des résultats étonnants quand on examine, à l'aide du *spectroscope,* les bandes lumineuses et les raies que présentent les *spectres* des différentes flammes. C'est ce procédé qui a fait découvrir, de 1859 à 1863, quatre nouveaux métaux : le rubidium, à raie rouge ; le césium, à raie bleue ; le thallium, à raie verte, et l'indium, à raie bleu–indigo ; et, plus récemment, le *gallium,* découvert en 1875 par M. Lecoq de Boisbaudran. Ce procédé a même permis d'étudier la composition chimique du soleil et des étoiles.

151. Constitution de la flamme d'une bougie. — Il y a lieu de distinguer la flamme *simple* et la flamme *composée.* La flamme produite par un corps simple ou qui ne se décompose pas, comme l'hydrogène et l'oxyde de carbone, présente une teinte uniforme. Mais la flamme d'une *bougie* (*fig. 65*), ou du gaz de l'éclairage est *composée* de plusieurs zones. On y reconnaît trois parties : 1° à l'intérieur et autour de la mèche, en *m*, un espace *sombre*, où la température est peu élevée ; 2° autour de cet espace, une première enveloppe *l*, très *brillante*, qui constitue la partie éclairante ; 3° une enveloppe extérieure, mince, peu lumineuse, jaune vers le haut *J*, bleue vers le bas *b* ; c'est la partie la plus *chaude*.

Un fil de fer ou de platine, traversant la flamme, rougit à peine au milieu, se colore dans la partie lumineuse et devient incandescent dans la couche extérieure. Un fil de verre ne change pas, rougit ou se ramollit, suivant la partie de la flamme où il est plongé. Une feuille de papier, appliquée sur la flamme (*fig. 66*), présente d'abord une auréole

Fig. 65. — Constitution d'une flamme.   Fig. 66.

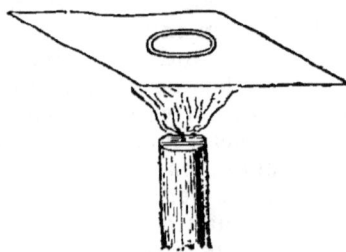

roussâtre, parce que la partie extérieure, la plus chaude, carbonise le papier avant de l'allumer ; l'intérieur de cette couronne reste blanc, parce que le milieu de la flamme n'est pas assez chaud pour décomposer le papier.

Cette constitution de la flamme est facile à expliquer : 1° La matière de la bougie, fondue par la chaleur qui rayonne de la mèche, coule au fond d'une sorte de godet, dont le contour est maintenu froid par l'air qui afflue pour alimenter la flamme ; elle monte ensuite par capillarité dans la mèche, se volatilise et se décompose, en donnant des gaz et des vapeurs riches en carbone et en hydrogène, qui s'élèvent autour de la mèche. Ils constituent la partie obscure de la flamme : ils n'y brûlent pas, faute d'oxygène. — 2° Dans la première enveloppe *l*, la combustion com-

mence ; mais, comme il y a excès de combustible et trop
peu d'oxygène, l'hydrogène brûle seul, et porte à l'incandescence le carbone, qui donne ainsi de l'éclat à la flamme.
— 3° Dans l'enveloppe extérieure J, le carbone brûle complètement, au contact d'un excès d'oxygène. Il y a là
plus de chaleur que dans la couche intermédiaire ; mais,
comme il n'y a pas de corps solide, la flamme y est peu
brillante. La partie inférieure b est bleue, parce qu'elle est
formée par la combustion de l'oxyde de carbone et du protocarbure d'hydrogène, premiers produits de la décomposition du combustible sous l'influence d'une température
peu élevée.

Avec un tube en verre, terminé en pointe, et communi-
quant par l'autre extrémité avec un *aspirateur*, poire en
caoutchouc d'abord comprimée ou flacon de Mariotte, on
peut recueillir les matières qui constituent les différentes
parties de la flamme. La pointe du tube étant dans la partie
sombre m, on en retire des vapeurs blanches qu'on peut
faire brûler ensuite. On les observe en éteignant une bougie
et on peut rallumer la pointe du cône qui se forme au-dessus
de la mèche ; la flamme se transmet jusqu'à la mèche. Dans
la partie brillante l, on trouve une épaisse fumée noire.
Dans la partie la plus chaude J, on obtient de l'eau et de
l'acide carbonique qui trouble l'eau de chaux.

152. Chalumeau ; brûleurs. — On augmente la température d'une flamme à l'aide d'instruments particuliers. *Le
chalumeau de Berzélius*, le plus en usage pour activer la
flamme d'une bougie ou d'une lampe à alcool, se compose
(*fig. 67*) d'un tube tt, dont une extrémité est placée dans la

Fig. 67. — Chalumeau de Berzélius

bouche pour souffler de l'air dans la flamme : l'autre extrémité s'enfonce dans une petite chambre c, où se dépose la
vapeur d'eau provenant de l'air. On plonge dans la flamme
l'ajutage a, terminé par une pointe en platine n. Il faut un
peu d'habitude pour obtenir, sans se fatiguer, un courant
d'air continu.

La flamme (*fig. 68*) est modifiée par le courant d'air. Dans son centre *a* paraît un jet bleu, dont la pointe présente la plus haute température ; la combustion y est complète. Cette pointe est entourée d'une partie brillante, dans laquelle l'oxygène fait défaut et où les particules de carbone incandescent ne brûlent pas. La zone externe *b* est pâle ; l'oxygène y est en excès et la combustion complète.

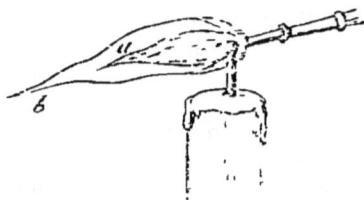

Fig. 68. — Effet du chalumeau sur la flamme

Chaque partie de la flamme a son utilité. Si l'on veut faire *fondre* un corps, on le place dans la pointe du cône bleu *a*. Si l'on veut *réduire* un oxyde, enlever l'oxygène à un métal, on le met dans la partie brillante, en contact avec les parcelles de carbone. Si on veut *oxyder* un corps, on utilise l'extrémité de la flamme *b*, où il y a excès d'oxygène.

Le chalumeau *oxhydrique*, à gaz oxygène et hydrogène, procure des températures plus élevées et une lumière éblouissante.

Le *brûleur de Bunsen* est formé d'un tube percé de deux trous opposés, que l'on peut fermer plus ou moins complètement au moyen d'une virole Le gaz de l'éclairage arrive à l'intérieur par un tube plus petit et détermine un appel d'air qui varie avec la grandeur des ouvertures latérales. Le mélange de gaz, allumé au bout du tube, brûle plus ou moins complètement. On tourne la virole de manière que la flamme cesse d'être éclairante ; c'est alors qu'elle est le plus chaude.

153. Fumée. — Lorsque l'air en contact avec la flamme n'est pas en quantité suffisante pour fournir tout l'oxygène nécessaire à la combustion complète de l'hydrogène et du carbone, l'élément le plus combustible, l'hydrogène, brûle le premier, avec une portion seulement du carbone ; l'autre partie du carbone, en se refroidissant, devient rougeâtre, puis noire, et constitue la fumée qui se répand dans l'atmosphère. Ce fait se présente souvent dans la combustion des chandelles et des matières trop riches en carbone ; on le rend très sensible en allumant une boule de coton imprégnée d'essence de térébenthine.

Pour rendre son éclat à une lampe fumeuse, on lui fournit une plus grande quantité d'oxygène, ou on établit un contact plus étendu entre ce gaz et le combustible : alors la quantité de carbone non brûlé diminue, pendant que la chaleur et la lumière développées par la combustion augmentent d'intensité. C'est pour arriver à ces résultats que l'on emploie les *cheminées en verre*, disposées de manière à établir un tirage convenable et accélérer le passage de l'air ; les meilleures sont celles qui donnent une flamme aussi allongée que possible, sans fumer cependant. Dans les lampes dites *à double courant*, la flamme a la forme tubulaire et reçoit de l'air à l'intérieur et à l'extérieur. On augmente aussi la surface de la flamme, en lui donnant la forme d'un éventail déployé, comme dans les becs à gaz d'éclairage.

154. Moyens d'éteindre une flamme. — Pour arrêter une combustion, on peut supprimer l'accès de l'air. Si on couvre d'une cloche une bougie allumée, elle s'éteint bientôt ; on éteint de même le feu qui aurait pris aux vêtements d'une personne en les serrant sous une couverture ou un tissu propre à empêcher le contact de l'air. — On arrête aussi le feu en refroidissant le corps enflammé. Ainsi on éteint une bougie en envoyant sur la flamme une grande quantité d'air froid, qui agit par sa basse température ; si on employait moins d'air, il pourrait agir par son oxygène et activer la combustion. On éteint un incendie en projetant de grandes quantités d'eau froide ; en petite quantité, l'eau serait décomposée et raviverait le feu.

155. Effet des toiles métalliques. — Les corps solides, bons conducteurs de la chaleur, servent aussi à éteindre le feu. Si on écrase une flamme avec une toile métallique très serrée (*fig. 69*), les matières gazeuses se refroidissent assez, en lui cédant leur chaleur, pour cesser de brûler au-delà de la toile ; elles passent cependant à travers, et peuvent se rallumer à l'approche d'un autre corps enflammé. Le phénomène est d'autant plus sensible que le métal conduit mieux la chaleur et que les mailles sont plus serrées.

156. Lampe de sûreté. — Davy a utilisé cette propriété des toiles métalliques dans la *lampe de sûreté*, destinée à éclairer les mineurs, tout en prévenant les terribles explosions du *feu grisou*. — C'est, en résumé, une lampe ordinaire à huile (*fig. 70*), entourée de tous côtés par un cylindre en toile métallique très fine. Si l'air de la galerie se trouve mélangé de protocarbure d'hydrogène, ce mélange pénètre dans la lampe et s'y enflamme : mais les gaz allumés sont refroidis par l'enveloppe métallique et la flamme ne peut se propager au dehors. La lampe s'éteint faute

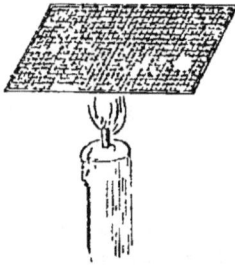

Fig. 69. — Effet des toiles métalliques   Fig. 70. — Lampe de sûreté

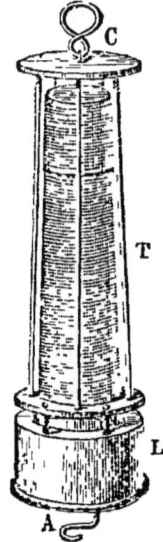

d'oxygène, et le mineur en est quitte pour regagner dans l'obscurité l'ouverture de la galerie. — Combes, ingénieur des mines, a rendu cette lampe plus éclairante en remplaçant la partie de la toile qui est à la hauteur de la flamme, par un verre renflé et épais. Une spirale de platine est quelquefois placée au-dessus de la mèche ; elle s'échauffe, devient incandescente, augmente l'éclat de la flamme, et continue d'éclairer quelque temps après que la lampe est éteinte.

CARBONE ET AZOTE

Cyanogène

Étymologie : κυανος, bleu, γεννάω, j'engendre, parce que ce corps entre dans la composition du bleu de Prusse.

en éq.	C^2Az ou Cy (1)		$D_a = 1,806$
en at.	$(CAz)^2$ ou $(Cy)^2$		$D_h = 26$
poids mol.	52		$S = 4$

Le cyanogène a été découvert en 1814, par Gay-Lussac, qui montra que ce corps jouit des mêmes propriétés que les métalloïdes de la famille du chlore.

157. Caractères. — Le cyanogène est un gaz incolore. d'une odeur pénétrante d'amandes amères, dangereux à respirer ; en dissolution, il a une saveur amère. Il brûle avec une flamme pourpre, en donnant de l'azote et de l'acide carbonique.

Propriétés. — Le cyanogène est assez soluble dans l'eau (4 litres dans 1 litre d'eau), mais sa dissolution s'altère à la lumière. Il est facile à liquéfier ; à 15°, il suffit d'une pression de 5 atmosphères.

Au point de vue chimique, il se comporte comme les métalloïdes de la famille du chlore. Ainsi : 1° chauffé avec de l'hydrogène, il donne de l'acide cyanhydrique,

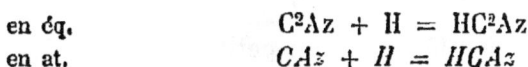

en éq.	$C^2Az + H = HC^2Az$
en at.	$CAz + H = HCAz$

comme le chlore donnerait de l'acide chlorhydrique.

2° Avec le potassium et le sodium légèrement chauffés, il brûle en donnant du cyanure de potassium et du cyanure de sodium, comme le chlore brûlerait en donnant du chlorure de potassium ou de sodium. A une température plus élevée, il s'unit au fer et au zinc.

3° L'acide cyanhydrique, réagissant sur les oxydes métalliques, donne des cyanures, comme l'acide chlorhydrique donne des chlorures ; et les cyanures sont isomorphes des chlorures.

(1) Pour abréger et parce que le cyanogène joue le rôle d'un corps simple, on désigne souvent l'équivalent C^2Az, ou la demi-molécule CAz par le symbole Cy.

4° Le cyanogène, réagissant sur une dissolution de potasse ou de soude, donne un cyanure et un cyanate, comme le chlore donne un chlorure et un hypochlorite, ainsi que le montrent les formules.

Avec le cyanogène on a :

en éq. $\quad 2C^2Az + 2KO,HO = KC^2Az + KO,C^2AzO + 2HO$
cyanogène $\quad$ potasse $\quad$ cyanure $\quad$ cyanate
de potassium $\quad$ de potasse

en at. $\quad 2CAz + 2KOH = KCAz + KOCAz + H^2O$

Avec le chlore :

en éq. $\qquad 2Cl + 2KO,HO = KCl + KO,ClO + 2HO$
en at. $\qquad 2Cl + 2KOH = KCl + KOCl + H^2O$

Dans toutes ces réactions, le groupe d'atomes CAz (la demi-molécule) se comporte comme l'atome de chlore : c'est donc un radical monovalent ; l'azote y est trivalent. le carbone tétravalent ; il reste une valence non satisfaite par où le radical peut s'attacher à une molécule.

Dans le cyanogène libre deux groupes CAz sont accolés dans la même molécule et satisfont mutuellement leurs valences.

158. État naturel. — Le cyanogène n'existe pas à l'état libre, dans la nature. Il prend naissance, sous forme de cyanure de potassium. quand on fait passer un courant d'azote sur des charbons imprégnés de potasse ou de carbonate de potasse et chauffés à blanc. Le même corps se forme lorsqu'on décompose des matières animales en présence de la potasse à haute température.

Préparation. — On chauffe, dans un petit ballon (*fig. 71*), du *cyanure de mercure* pur et sec. Ce corps se décompose

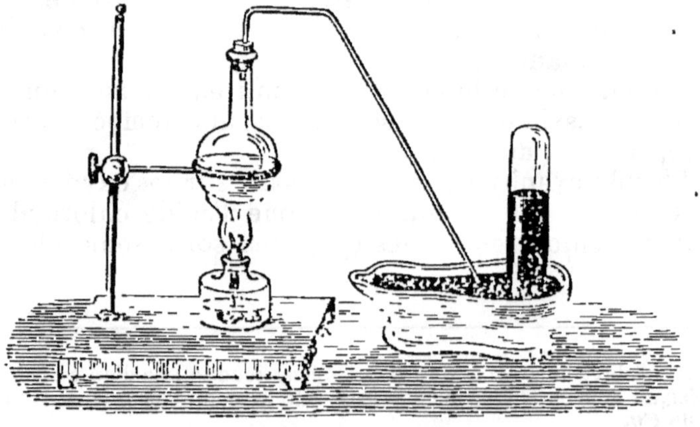

Fig. 71. — Préparation du cyanogène.

en mercure qui se condense dans le tube abducteur, et en cyanogène gazeux qu'on recueille sur la cuve à mercure.

en éq. $HgCy = Hg + Cy$

en at. $Hg(CAz)^2$ ou $HgCy = Hg + Cy^2$

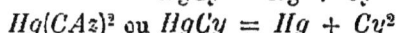

Il reste dans le ballon une matière brune, qui a la même composition que le cyanogène, et se nomme *paracyanogène*.

159. Usages. — Libre, le cyanogène n'a pas d'applications; combiné avec l'or, l'argent ou le potassium, il forme des cyanures très employés dans la dorure, l'argenture, la photographie, etc.

Acide cyanhydrique

Synonyme : *acide prussique*, parce qu'on l'a retiré d'abord du bleu de Prusse.

en éq.	HC^2Az ou HCy	poids moléculaire	27
en at.	$HCAz$ ou HCy	à l'état liquide	$D = 0,7$

Découvert par Scheele, en 1782.

160. Caractères. propriétés. — Ce corps est un liquide volatil, d'une odeur pénétrante d'amandes amères, qui bout à 26° et devient solide à — 15°.

Il est très soluble dans l'eau : on le conserve ordinairement en dissolution et à l'abri de la lumière, parce qu'il s'altère rapidement lorsqu'il est pur et exposé à la lumière.

C'est un acide faible, sans action sur le tournesol, et ne chassant pas l'acide carbonique des carbonates.

Action sur l'organisme. — L'acide cyanhydrique est le poison le plus violent et le plus rapide que l'on connaisse. De très petites quantités de sa vapeur, répandues dans l'air, suffisent pour occasionner des maux de tête et des serrements de poitrine. Scheele passe pour en avoir été la victime. Si on met sur la langue d'un chien vigoureux une seule goutte de cet acide, l'animal tombe roide mort, après des convulsions terribles. Le chlore et l'ammoniaque seraient les meilleurs contrepoisons, si l'on avait le temps de les administrer.

161. État naturel. — L'acide cyanhydrique existe tout formé dans un grand nombre de plantes, dans les feuilles et les amandes du laurier-cerise, du pêcher, de l'abricotier.

Il donne au *kirsch* et à l'*eau de noyau* leur saveur et leur arome.

Préparation. — 1° On obtient l'acide cyanhydrique pur en chauffant dans un petit ballon de verre du *cyanure de mercure* et de l'*acide chlorhydrique*. Les vapeurs passent dans un tube contenant des morceaux de marbre pour arrêter l'acide chlorhydrique, et du chlorure de calcium pour arrêter la vapeur d'eau ; puis elles vont se condenser dans un tube en U entouré d'un mélange réfrigérant.

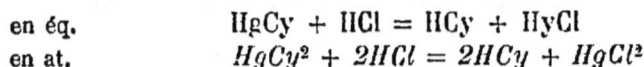

en éq. $$HgCy + HCl = HCy + HgCl$$
en at. $$HgCy^2 + 2HCl = 2HCy + HgCl^2$$

Le chlore se substitue au cyanogène, et réciproquement.

2° On décompose par l'acide sulfurique étendu *le prussiate jaune de potasse*. Il se dégage de l'acide cyanhydrique et de l'eau, qui se condense en traversant des tubes remplis de chlorure de calcium.

162. Usages. — Mêlé a beaucoup d'eau, l'acide cyanhydrique est employé quelquefois en médecine dans certaines maladies nerveuses, d'après cet adage : « *Poison violent, remède héroïque.* »

Autres composés du cyanogène

163. ·Acide cyanique. — C'est un composé de formule $C^2AzO.HO$ *(CAzOH)*. Il est très instable ; il forme des cyanates qui sont plus stables, par exemple le cyanate de potassium KO,C^2AzO *(CAzOK)*.

Acide sulfocyanique. — C'est un corps qui ne diffère de l'acide cyanique que par la substitution du soufre à l'oxygène. Il forme des *sulfocyanates* (on disait autrefois *sulfocyanures*). *Ex.* : sulfocyanate de potassium.

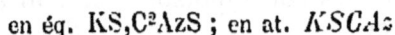

en éq. KS,C^2AzS ; en at. *KSCAz*

Prussiates ou ferrocyanures. — Ce sont des corps à composition complexe. Le principal est le *prussiate jaune de potasse* ou *ferrocyanure* de potassium.

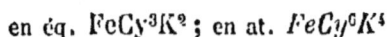

en éq. $FeCy^3K^2$; en at. *FeCy^6K^4*

9.

Il se présente en beaux cristaux jaunes. Il est employé en teinture et comme réactif. On le prépare en chauffant au rouge sombre un mélange de carbonate de potasse, de limaille de fer et de matières azotées (débris de cuir, chairs desséchées, chiffons de laine). Le *prussiate rouge* de potasse ou *ferricyanure de potassium* $Fe^2Cy^6K^3$ ($Fe^2Cy^{12}K^6$) se présente en cristaux d'un brun rouge orangé. Il se prépare en traitant par le chlore le prussiate jaune en dissolution.

Le *bleu de Prusse* se trouve dans le commerce en masses légères et insolubles. On l'obtient en versant une solution de prussiate jaune dans une solution de sulfate de fer.

CHAPITRE V

SOUFRE. — ACIDE SULFUREUX ; ACIDE SULFURIQUE. — ACIDE SULFHYDRIQUE. — SULFURE DE CARBONE

SOUFRE

en éq.	$S = 16$	point de fusion	$110°$
en at.	$S = 32$	point d'ébullition	$440°$
bivalent		à l'état de vapeur	$D_a = 2,22$
à l'état solide	$D = 2$ environ		$D_h = 32$

164. Caractères. — Le soufre est un corps solide, jaune, sans saveur, sans odeur, qui brûle à l'air avec une flamme bleue, en donnant de l'acide sulfureux dont l'odeur est caractéristique.

Propriétés physiques. — Le soufre conduit mal l'électricité : aussi l'électrise-t-on facilement par frottement ; il dégage alors l'odeur d'ozone, particulière aux corps électrisés. Il conduit mal la chaleur : un morceau de soufre qu'on serre dans la main ou qu'on plonge dans l'eau chaude, fait entendre de petits craquements, parce que les parties extérieures reçoivent seules la chaleur, sans la transmettre, se dilatent et se séparent des couches intérieures.

Le soufre est *insoluble* dans l'eau et sans action sur elle ; mais il se dissout dans les essences, la benzine et surtout dans le sulfure de carbone.

La *chaleur* produit sur le soufre des effets très remarquables. Quand on le chauffe dans un ballon ou dans un creuset, vers 110°, il entre en fusion et forme un liquide très fluide et plus léger, d'une belle couleur citrine. Si l'on continue à chauffer, le liquide brunit et s'épaissit peu à peu. Vers 200°, sa viscosité est telle qu'il cesse de couler quand on renverse le vase qui le contient. A une température plus haute, de 250°, le soufre redevient fluide, en conservant sa couleur brune. Enfin, à 440°, il entre en ébullition et se réduit en vapeur orange. — *Refroidi lentement* à partir de 440°, le soufre repasse par ses premiers états de couleur et de fluidité. Quand on refroidit *brusquement*, en le versant dans l'eau froide, du soufre liquide chauffé au-delà de 110°, il redevient solide, jaune, très friable. Si on refroidit de même le soufre chauffé à 300°, on obtient une variété, le *soufre mou*, élastique comme du caoutchouc ; mais il perd bientôt son élasticité, et redevient dur et cassant.

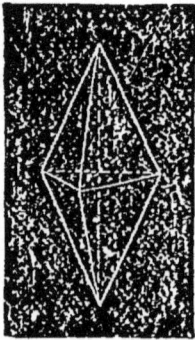

Fig. 72. — Cristal de soufre.

Le soufre *cristallise* sous deux formes différentes et offre un exemple remarquable de *dimorphisme*. Par voie sèche, il cristallise en longues aiguilles transparentes de *prisme* oblique à base rectangle. Par voie humide, à l'aide du sulfure de carbone, il donne des *octaèdres*, qu'on rapporte au prisme droit à base rectangle (*fig. 72*). Du reste, les variations de température suffisent pour transformer le soufre *prismatique* en soufre *octaédrique*, et réciproquement. — Il y a une autre variété de soufre *amorphe*, insoluble dans le sulfure de carbone. Il s'en trouve toujours dans le soufre en canons ou en fleurs. — En somme, le soufre peut prendre divers groupements moléculaires, auxquels répondent des propriétés physiques différentes.

Propriétés chimiques. — Le soufre ne se combine pas avec l'oxygène à la température ordinaire ; c'est pourquoi il est inaltérable à l'air. Mais il prend feu vers 250° et se transforme en gaz *acide sulfureux*.

Dans ses autres réactions, le soufre ressemble à l'oxygène. A la température du rouge, il se combine avec le carbone pour former du *sulfure de carbone,* CS^2 (CS^2), correspondant à l'acide carbonique, CO^2 (CO^2). Avec les métaux, il forme des sulfures, qui ont les plus grandes analogies chimiques avec les oxydes. La combinaison des métaux et du soufre est une véritable combustion, qui peut produire l'incandescence, par exemple quand on projette de la tournure de cuivre dans un ballon contenant du soufre en ébullition, ou quand on fait chauffer de la limaille de fer et de la fleur de soufre dans un creuset.

165. État naturel. — Le soufre est connu de toute antiquité. Il est très répandu dans la nature. A l'*état libre*, on en trouve des dépôts considérables dans le voisinage des volcans, à la surface ou dans l'intérieur du sol, principalement près de Naples, en Sicile et en Islande. — En *combinaison* avec d'autres corps, il est encore plus répandu. Il constitue de nombreux *sulfures*, qu'on extrait de la terre pour en retirer la plupart des métaux usuels ; il existe, à l'état de *sulfate de chaux*, dans la pierre à *plâtre;* il entre aussi dans la composition d'un grand nombre de substances organiques (cheveux, laine, œufs, lait, choux, radis...)

166. Extraction. — Le soufre nous vient surtout des mines de l'île de Sicile, qui en fournit au commerce plus de 250 millions de kilogrammes. — Pour le séparer des matières terreuses, on le soumet sur place à une première fusion, parfois à une première distillation, qui donne le *soufre brut.*

A son arrivée en France, on le *raffine.* On met le soufre brut dans une chaudière supérieure C (*fig. 73*). Il fond et dépose quelques matières étrangères ; puis,

par un tube latéral T, il se rend dans une cornue plus
chaude E, où il entre en ébullition. Ses vapeurs vont
se sublimer ou se solidifier dans une grande chambre
en maçonnerie B ; elles s'y déposent en poussière fine
qu'on appelle *fleur* de soufre. — Si les parois de la
chambre sont échauffées au-dessus de 110°, les
vapeurs se condensent à l'état liquide, et le soufre
tombe sur le sol de la chambre, et s'écoule dans une
chaudière extérieure A. De là on le distribue dans des
moules coniques M, où il se solidifie sous forme de
bâtons, nommés *canons* de soufre. On peut obtenir à
volonté du soufre en canon ou du soufre en fleur ; il
suffit, dans le second cas, d'interrompre de temps en
temps la distillation, afin de maintenir la chambre à
une température inférieure à 110°.

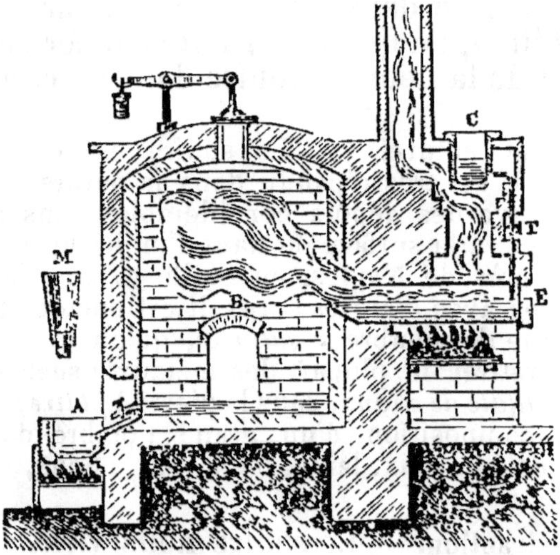

Fig. 73. — Raffinage du soufre.

On retire aussi le soufre de la *pyrite martiale*
(bisulfure de fer), que la chaleur décompose de la
même manière que le bioxyde de manganèse dans la
préparation de l'oxygène.

en éq. $3FeS^2 = 2S + Fe^3S^4$
bisulf. soufre sulf. salin
de fer de fer

en at. Même formule.

Avec le bioyde de manganèse on aurait :

en éq. $MnO^2 = 2O + Mn^2O^3$
                    bioxyde   oxyg.   oxyde salin
                    de mang.   de mang.
en at.   Même formule.

167. Usages. — En médecine, on emploie le soufre pour traiter les maladies de la peau ; on en fait des pastilles et des pommades.

Comme le soufre devient très fluide quand il est fondu, et durcit ensuite, il sert à reproduire des médailles. Pour cela, on coule d'abord, sur la médaille légèrement huilée, du plâtre gâché en bouillie claire ; on a ainsi un moule creux, dans lequel on verse du soufre liquide. Ces médailles sont ensuite colorées en noir par de la plombagine, ou en rouge par du minium. — Le soufre sert aussi à *sceller* le fer dans la pierre : malheureusement, à l'humidité, il se combine avec le métal, se dilate et fait éclater la pierre.

Le soufre s'enflamme et brûle facilement ; c'est ce qui le fait employer pour rendre les *allumettes* plus inflammables et préparer la *poudre*. — On en fait usage dans le *soufrage* de la vigne, pour détruire l'*oïdium*, petit champignon très nuisible.

Le soufre sert à fabriquer plusieurs *produits chimiques :* acide sulfurique, acide sulfureux, sulfure de carbone, caout-chouc vulcanisé.

Sa consommation, en France, est d'environ 30 millions de kilogrammes ; il coûte de 25 à 30 centimes.

COMPOSÉS

Le soufre forme de nombreux composés avec les corps déjà étudiés : 1° avec l'oxygène ; 2° avec l'hydrogène ; 3° avec le carbone.

SOUFRE ET OXYGÈNE

168. — Le soufre forme, avec l'oxygène, les composés suivants :

Anhydride sulfureux	en éq. SO^2	en at.	SO^2
Anhydride sulfurique	SO^3		SO^3
Anhydride persulfurique	S^2O^7		S^2O^7

Le dernier est peu important.

À l'anhydride sulfureux se rattache l'acide sulfureux $SO^2.HO$ (SO^3H^2) qu'on ne connaît que par ses sels, *les sulfites.*

A l'anhydride sulfurique correspond l'acide sulfurique SO^3,HO (SO^4H^2).

Il y a en outre plusieurs acides moins importants, dont le plus connu est l'acide hyposulfureux S^2O^2.HO ($S^2O^3H^2$). qui n'existe qu'à l'état d'hyposulfite, par exemple dans l'hyposulfite de soude.

Anhydride sulfureux

Syronyme : *acide sulfureux.* C'est le nom usité dans l'ancienne nomenclature : nous le conservons quoique ce corps ne soit pas un acide proprement dit (n° 30).

en éq.	SO^2		$D_a = 2,25$
en at.	même formule.		$D_h = 32$
poids mol.	64		$S = 80$ à 0°

Connu de toute antiquité, mieux étudié par Gay-Lussac et Berzélius.

169. **Caractères.** — L'acide sulfureux est un gaz incolore, d'une odeur suffocante ; il éteint une bougie et la rend plus difficile à allumer.

Propriétés physiques. — L'acide sulfureux est très dense : il est deux fois plus lourd que l'air. Il est très soluble : 80 litres se dissolvent dans 1 litre d'eau à 0°, et 50 à 15°. Il se liquéfie à 10° au-dessous de 0°. Pour opérer cette liquéfaction on dirige le gaz dans un ballon, entouré d'un mélange réfrigérant formé de glace et de sel marin, dont la température est — 18° environ.

L'acide sulfureux *liquide* produit un froid considérable en se vaporisant. Si on le verse dans un verre contenant un peu d'eau, il s'y dissout en partie : mais l'excès se vaporise et congèle l'eau. Pour solidifier le mercure, on verse une petite quantité de ce métal dans une capsule de porcelaine, et on le recouvre d'une couche épaisse d'acide sulfureux liquide ; on favorise l'évaporation de celui-ci en dirigeant dessus un courant d'air, ou en le mettant sous le récipient d'une machine pneumatique. La température peut descendre à 68° au-dessous de zéro. — Lorsqu'on projette de l'acide sulfureux liquide dans une capsule de platine chauffée à blanc, il reste liquide et prend l'*état sphéroïdal*. (Voir les traités de physique.)

Propriétés chimiques. — *Affinité pour l'oxygène.* L'acide sulfureux s'unit à l'oxygène en présence de la mousse de platine, pour former de l'anhydride sulfurique. Cette oxydation se produit plus facilement en présence de l'eau, et alors elle donne de l'acide sulfurique.

en éq.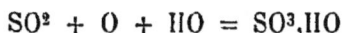

en at.

Aussi la dissolution d'acide sulfureux doit-elle se faire dans l'eau bouillie (pour chasser l'oxygène dissous) et être conservée à l'abri de l'air.

L'affinité de l'acide sulfureux pour l'oxygène en fait un corps *réducteur*. Mis en présence de l'acide azotique, il l'amène à l'état d'acide hypoazotique, en devenant lui-même de l'acide sulfurique, propriété qui est utilisée dans la préparation de l'acide sulfurique. En leur prenant de l'oxygène, l'acide sulfureux décolore beaucoup de substances. Si on verse une dissolution de permanganate de potasse, fortement colorée en violet, dans une dissolution d'acide sulfureux, elle devient incolore. Les pétales de violette et de rose, le tournesol, le vin rouge blanchissent. Cependant la matière colorante n'est pas toujours détruite : un pétale de rose blanchi par l'acide sulfureux, devient rouge dans l'acide sulfurique étendu ; une violette décolorée prend une coloration vert foncé dans l'ammoniaque, comme si on avait fait agir l'acide sulfurique ou l'ammoniaque sur une rose ou une violette non décolorée.

Propriétés acides. — L'anhydride sulfureux s'unit aux bases pour former des sels, qu'on appelle sulfites. Par exemple, il est absorbé par la potasse, en donnant du sulfite de potasse. C'est pourquoi on le classait parmi les acides dans l'ancienne nomenclature. Par la teinte qu'il donne au tournesol, il se place entre les acides faibles comme l'acide carbonique et les acides forts comme l'acide sulfurique.

Le véritable acide sulfureux serait une combinaison d'anhydride sulfureux et d'eau.

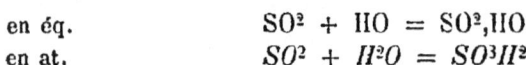

en éq. $SO^2 + HO = SO^2,HO$

en at. $SO^2 + H^2O = SO^3H^2$

La molécule d'acide sulfureux peut être regardée comme résultant de deux molécules d'eau, dont les premiers hydrogènes ont été remplacés par le groupe bivalent SO.

2 mol. d'eau $\begin{cases} H\text{-}O\text{-}H \\ H\text{-}O\text{-}H \end{cases}$ mol. d'acide $SO\begin{matrix} O\text{-}H \\ O\text{-}H \end{matrix}$

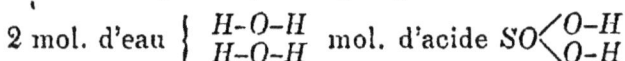

Les 2 hydrogènes qui restent sont remplaçables par un métal ; par conséquent l'acide sulfureux est bibasique. La formule d'un sulfite acide tel que le sulfite acide de potassium sera SO^3HK ; celle du sulfite neutre SO^3K^2 ; celle du sulfite de calcium est SO^3Ca, l'atome bivalent du calcium suffisant à remplacer les 2 atomes d'hydrogène.

En équivalents, on écrira l'acide sulfureux $2SO^2,2HO$. Le sulfite acide de soude, ou *bisulfite* sera $NaOHO.2SO^2$; le sulfite neutre, $2NaO,2SO^2$, ou simplement NaO,SO^2.

Composition. — On fait la synthèse de l'acide sulfureux comme celle de l'acide carbonique (n° 131). On trouve qu'il contient un volume d'oxygène égal à son propre volume, et on établit la formule SO^2 par les mêmes raisonnements que la formule CO^2.

170. Préparation. — 1° Le moyen le plus simple d'obtenir de l'acide sulfureux est de brûler du soufre à l'air. Le gaz est alors mêlé d'oxygène et d'azote, mais cela n'a pas d'inconvénient quand on le prépare pour décolorer, pour désinfecter ou pour fabriquer l'acide sulfurique.

2° On désoxyde partiellement l'acide sulfurique au moyen d'un métal ou du charbon.

Par un métal. — L'acide sulfurique est décomposé en eau, en oxygène et en acide sulfureux.

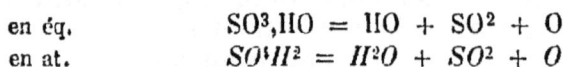

en éq. $SO^3,HO = HO + SO^2 + O$

en at. $SO^4H^2 = H^2O + SO^2 + O$

Le métal prend l'oxygène et donne un oxyde qui réagit sur l'acide non décomposé pour former un sulfate.

On emploie le mercure ou le cuivre, que l'on met

dans un ballon de verre (*fig. 74*) avec de l'acide
sulfurique concentré, et on chauffe légèrement. Avec
le cuivre, il faut enlever le feu dès que la réaction

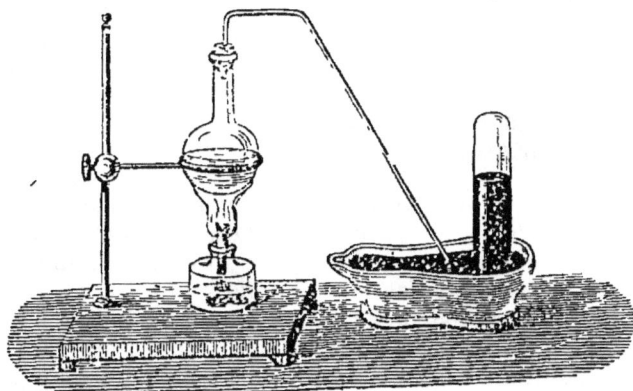

Fig. 74. — Préparation de l'acide sulfureux.

commence parce que l'acide sulfureux se dégagerait
trop rapidement. Le gaz se recueille sur la cuve à
mercure ou à sec.

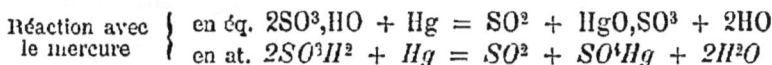

Réaction avec { en éq. $2SO^3,HO + Hg = SO^2 + HgO,SO^3 + 2HO$
le mercure { en at. $2SO^3H^2 + Hg = SO^2 + SO^4Hg + 2H^2O$

On n'emploie pas les métaux des sections inférieures,
tels que le fer et le zinc, qui servent à la préparation de
l'hydrogène. L'hydrogène naissant décomposerait l'acide
sulfureux.

Par le charbon. — Dans le même appareil, on met du
charbon et de l'acide sulfurique, et on chauffe. Il se forme
de l'acide carbonique, de l'acide sulfureux et de l'eau.

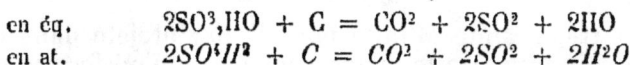

en éq. $2SO^3,HO + C = CO^2 + 2SO^2 + 2HO$
en at. $2SO^4H^2 + C = CO^2 + 2SO^2 + 2H^2O$

Ce procédé est surtout employé pour préparer la dissolution d'acide sulfureux. Les gaz sont dirigés dans l'appareil
de Woulf (page 105); l'eau des flacons ne dissout que bien
peu d'acide carbonique et retient tout l'acide sulfureux.

171. Usages. — Le gaz acide sulfureux est employé, en
fumigation, contre les maladies de la *peau* et pour assainir
les lieux et les objets infectés de miasmes. Une *mèche* de

soufre, brûlée dans un tonneau, détruit les germes organiques et empêche d'aigrir le vin, le cidre, la bière. Pour éteindre les *feux de cheminée*, on jette de la fleur de soufre sur les charbons, et on bouche l'ouverture du foyer avec des draps mouillés. Le soufre brûle, consume l'oxygène de l'air, et la cheminée est bientôt remplie d'acide, impropre à entretenir la combustion de la suie.

Le pouvoir *décolorant* de l'acide sulfureux est utilisé pour enlever des tissus les *taches* de fruits ou de vin rouge. On peut laver la tache dans la solution sulfureuse, ou bien la mouiller et l'exposer au gaz que l'on obtient en brûlant du soufre, sous un cornet de papier qui fait l'office de cheminée. On lave ensuite la tache dans une eau alcaline, puis à grande eau. Il est bon cependant, dans le cas où l'étoffe est colorée, de s'assurer que l'acide sulfureux n'en détruit pas la couleur, en faisant un essai préalable sur un petit échantillon.

L'acide sulfureux est employé pour *blanchir* les matières animales, comme la laine et la soie, que le chlore altère. La laine, préalablement dégraissée, est suspendue, encore mouillée, dans une chambre que l'on ferme après y avoir mis du soufre allumé. L'acide sulfureux se dissout dans l'eau qui mouille les filaments, et réagit sur la matière colorante.

Anhydride sulfurique

Synonyme : Acide sulfurique anhydre.
en éq. et en at. SO^3 ; poids moléculaire 80.

172. Caractères, propriétés. — L'acide sulfurique est un corps solide, cristallisé sous forme de longues aiguilles blanches, flexibles. Il fond à 15° et il entre en ébullition à 46°.

Il a une très grande affinité pour l'eau ; projeté dans ce liquide, il fait entendre le même sifflement qu'un fer rouge. Exposé à l'air, il en absorbe l'humidité et se transforme en acide sulfurique.

en éq.  $$SO^3 + HO = SO^3,HO$$
en at. 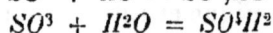 $$SO^3 + H^2O = SO^4H^2$$

Aussi ne peut-on le conserver que dans un tube scellé à la lampe.

Préparation. — 1° On distille l'acide sulfurique fumant. Ce corps peut être considéré comme formé d'acide sulfurique ordinaire et d'anhydride sulfurique. Sous l'influence de la chaleur, l'anhydride. beaucoup plus volatil. se sépare; ses vapeurs se condensent dans un tube entouré d'un mélange réfrigérant.

2° On fait passer de l'acide sulfureux et de l'oxygène sur de la mousse de platine légèrement chauffée (n° 169).

Composition. — En décomposant la vapeur d'anhydride sulfurique dans un tube chauffé au rouge. on obtient 2 volumes d'acide sulfureux pour 1 d'oxygène, ce qui prouve que l'anhydride sulfurique est formé d'une molécule d'acide sulfureux, pour 1 atome d'hydrogène, selon la formule

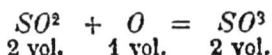

$$SO^2 + O = SO^3$$
$$\text{2 vol.} \quad \text{1 vol.} \quad \text{2 vol.}$$

Reste à vérifier que la formule SO^3 correspond à 2 vol. On l'établit en prenant la densité de ce corps, à l'état de vapeur, par rapport à l'hydrogène.

Usages. — L'anhydride sulfurique mélangé à l'acide sulfurique ordinaire, sert à fabriquer l'acide sulfurique fumant (n° 173).

Acide sulfurique fumant

Synonyme : Acide sulfurique de Nordhausen (ville de Saxe).

173. Constitution. — La formule théorique de l'acide sulfurique fumant est, en équivalents, $HO,2SO^3$ (1 équivalent d'eau pour 2 équivalents d'anhydride) ; en chimie atomique on l'écrit $S^2O^7H^2$ (2 molécules d'anhydride S^2O^6, plus une molécule d'eau H^2O). On appelle *acide disulfurique* l'acide qui correspond exactement à cette formule, et on lui connaît des sels.

L'acide fumant du commerce contient plus d'eau.

Propriétés. — L'acide sulfurique fumant est incolore de lui-même, mais toujours coloré en brun par des matières organiques. Il répand des fumées à l'air. Ses propriétés sont plus énergiques que celles de l'acide sulfurique ordinaire.

Préparation. — En Saxe et en Bohême on emploie du sulfate de fer, obtenu par l'oxydation des pyrites de fer (bisulfure de fer), à l'air libre. Le sulfate de fer, desséché et décomposé par la chaleur, donne du sesquioxyde de fer, et de l'anhydride sulfurique combiné avec l'eau que le sel contenait encore. — Un autre procédé consiste à faire la synthèse de l'anhydride sulfurique en présence de la mousse de platine, et à diriger les vapeurs dans de l'acide sulfurique ordinaire.

Acide sulfurique ordinaire

Synonyme : Huile de vitriol.

en éq. SO^3HO ; en at. SO^4H^2 ; poids mol. 98 ; D $= 1,85$

Décrit par Albert le Grand au XIIIe siècle.

174. Caractères. — L'acide sulfurique est un liquide incolore quand il est pur, légèrement brun dans le commerce, sans odeur, d'une consistance oléagineuse, d'où le nom d'*huile de vitriol* (1). Il est très dense : presque deux fois aussi lourd que l'eau.

Point d'ébullition ; point de fusion. — L'acide sulfurique ordinaire, qui marque 66° à l'aéromètre Baumé, bout à 325° et se solidifie à — 35° ; il contient un peu plus d'eau que n'indique la formule SO^3,HO (SO^4H^2).

Par des cristallisations répétées, on prépare un acide répondant exactement à la formule ; on l'appelle *acide normal*. Il est solide à 0°, fond à 10° et bout à 290°. Mais il se décompose et tend à reprendre la composition de l'acide ordinaire.

Propriétés chimiques. — *Propriétés acides.* L'acide sulfurique est un des acides les plus énergiques ; mêlé à 1,000 fois son volume d'eau, il rougit encore le tournesol et lui donne la nuance *pelure d'oignon* ; il chasse de leurs combinaisons l'acide azotique (n° 97), l'acide carbonique (n° 133) et la plupart des acides. Sa combinaison avec les bases se fait avec dégagement de beaucoup de chaleur.

L'acide sulfurique est *bibasique*, c'est-à-dire qu'il donne des sulfates acides et des sulfates neutres.

_____

(1) Vitriol vert ou sulfate de fer dont on tirait autrefois l'acide sulfurique.

C'est pourquoi on l'écrit souvent en équivalents $2SO^3,2HO$. Le sulfate acide de potasse, par exemple, aura pour formule $KOHO,2SO^3$, le sulfate neutre $2KO,2SO^3$.

En atomes, la formule développée est $SO^2\!\!\Big\langle{{O\text{-}H}\atop{O\text{-}H}}$

Sulfate acide de potassium $\quad SO^2\!\!\Big\langle{{O\text{-}K}\atop{O\text{-}H}}\quad$ sulfate neutre $\quad SO^2\!\!\Big\langle{{O\text{-}K}\atop{O\text{-}K}}$

Affinité pour l'eau. — Il a pour l'*eau* une affinité très grande ; exposé à l'air il en absorbe l'humidité et peut doubler de poids en quelques jours ; aussi est-il employé pour dessécher. — Lorsqu'on mêle rapidement 4 parties d'acide sulfurique avec 1 partie d'eau, la combinaison se fait avec une élévation de température qui peut dépasser 100° ; l'expérience n'est pas sans danger, quand on opère sur de grandes quantités. Pour mêler les deux liquides, il faut verser l'acide lentement et en l'agitant. — Au contact de l'acide sulfurique, la *neige* ou la *glace* pilée fond rapidement. Il y a dans ce cas, à la fois, un dégagement de chaleur, dû à la combinaison de l'acide avec l'eau, et une absorption de chaleur, résultant de la fusion de la neige. Suivant que l'un ou l'autre de ces effets l'emporte, la température s'élève ou s'abaisse. Ainsi 1 poids de neige avec 4 poids d'acide sulfurique peuvent s'échauffer à 100°, tandis que 4 poids de neige avec 1 poids d'acide donnent un froid de 20°.

L'acide sulfurique enlève les éléments de l'eau aux matières organiques et les altère. Introduit dans l'estomac, il agit trop rapidement pour qu'on puisse le combattre avec succès par les contre-poisons basiques, tels que la magnésie, l'eau de savon. Une goutte d'acide sulfurique, mise sur la peau, fait éprouver une sensation de chaleur et la corrode fortement. Il *noircit* à l'air, parce qu'il absorbe des poussières organiques et se colore par leur carbone ; il carbonise le bois.

Action oxydante. — L'acide sulfurique concentré et chaud oxyde le charbon, le soufre et le phosphore,

et les transforme en acide carbonique, en acide sulfureux, en acide phosphorique ; lui-même est ramené à
l'état d'acide sulfureux.

On a vu (n° 170) quelle est la réaction avec le carbone.

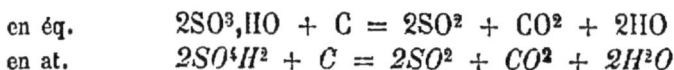

en éq. $2SO^3,HO + C = 2SO^2 + CO^2 + 2HO$
en at. $2SO^4H^2 + C = 2SO^2 + CO^2 + 2H^2O$

Les métaux se comportent de deux manières vis-à-
vis de l'acide sulfurique. Les métaux supérieurs, à
chaud, lui enlèvent son oxygène. L'acide est ramené
à l'état d'acide sulfureux, et le métal oxydé réagit
sur l'acide non décomposé pour former un sulfate
(préparation de l'acide sulfureux). — Les métaux de
la 3ᵉ section (fer, zinc) et des sections inférieures
déplacent l'hydrogène et transforment l'acide sulfurique en sulfate (préparation de l'hydrogène). Cette
réaction est la seule si l'acide est froid et dilué. Mais
s'il est chaud et concentré, ces métaux agissent en
outre de la première manière ; et il se produit un
mélange d'acide sulfureux et d'hydrogène, qui
réagissent l'un sur l'autre et donnent de l'hydrogène
sulfuré, du soufre, etc.

L'acide sulfurique n'agit pas sur l'or et le platine ;
il attaque lentement le plomb.

175. **Préparation.** — L'acide sulfurique ne se prépare
pas dans les laboratoires ; c'est un produit industriel.
On l'a d'abord obtenu par la distillation du sulfate de
fer ; aujourd'hui on oxyde l'acide sulfureux en présence de l'eau (n° 169).

On brûle, dans un courant d'air, du soufre ou des
pyrites (sulfures de fer ou de cuivre). Cette combustion
donne de l'*acide sulfureux*, et, par la chaleur qui en
résulte, entretient l'ébullition de chaudières remplies
d'*eau*. — L'acide sulfureux, avec de l'*air* et de la
vapeur d'eau, passe dans de vastes appareils appelés
chambres de plomb, parce que leurs parois sont
garnies de lames de plomb soudées ensemble. L'acide
sulfureux prend de l'oxygène à de l'*acide azotique*

qu'il y trouve, et de l'eau à la vapeur qui les remplit ;
il se transforme ainsi en acide sulfurique hydraté. A
mesure qu'il se produit, il tombe sur le sol des
chambres et s'écoule au dehors ; il marque alors
environ 50° à l'aréomètre de Baumé.

Il faut le *concentrer*, en lui enlevant par la distillation une partie de l'eau qu'il contient. On le chauffe à
la vapeur, dans des bassines en *plomb*, jusqu'à ce
qu'il marque 60° ; on s'arrête alors, parce qu'il atta-
querait le plomb en se concentrant davantage. Pour
achever de le concentrer jusqu'à 66°, on le chauffe
dans des cornues en platine, dont la valeur, qui
s'élève jusqu'à 80.000 fr., augmente le prix de l'acide
sulfurique.

On montait autrefois jusqu'à 6 chambres pour former un
appareil ; on n'en fait plus que deux grandes, souvent même une
seule séparée en deux par une cloison. Il y en a qui ont jusqu'à
100^m de long, et une capacité de 6.000^{mc}. Le fond de la chambre
est en forme de cuvette ; les feuilles de plomb y plongent dans
l'acide et réalisent une *fermeture hydraulique*.

Tantôt l'*acide azotique* coule par un petit jet et se répand en
nappes minces de manière à présenter une grande surface,
tantôt il se produit dans des fours et entre dans les chambres à
l'état de vapeur. — Les gaz qui sortent des chambres contiennent
quelques produits oxygénés de l'azote ; on les fait monter dans
une grande colonne remplie de coke sur lequel coule de l'acide
sulfurique qui dissout ces gaz. — Cet acide est renvoyé au haut
d'une tour analogue qui précède les chambres, et y tombe peu
à peu. Le gaz acide sulfureux, qui passe d'abord par cette tour,
s'y refroidit, tout en concentrant un peu l'acide sulfurique, et
lui enlève les composés de l'azote qu'il contient.

176. Réactions. — 1° *Production de l'acide sulfureux.* Avec
le soufre on a :

en éq. et en at. $S + 2O = SO^2$

Si on emploie la pyrite, par exemple le bisulfure de fer :

en éq et en at. $2FeS^2 + 11O = 4SO^2 + Fe^2O^3$
                    bisulf.   sesquioxyde
                    de fer   de fer

Cet oxyde peut être employé comme minerai de fer, quand la
combustion du soufre est bien complète.

2° *Oxydation de l'acide sulfureux.* L'acide sulfureux enlève de
l'oxygène à l'acide azotique et devient de l'anhydride sulfurique
qui, s'unissant à l'eau contenue dans les chambres, donne de

l'acide sulfurique ; tandis que l'acide azotique, en perdant son oxygène, se transforme en oxydes inférieurs : acide hypoazotique, acide azoteux, bioxyde d'azote.

3° *Régénération de l'acide azotique.* La nécessité d'employer de l'acide azotique semblerait devoir élever beaucoup le prix de l'acide sulfurique ; mais une quantité assez réduite d'acide azotique suffit pour opérer la transformation d'une quantité presque illimitée d'acide sulfureux en acide sulfurique, parce que les produits nitrés résultant de la réduction de l'acide azotique *se réoxydent* au moyen de l'air introduit dans les chambres. Ce qu'on explique comme il suit :

Les produits de réduction peuvent être l'acide hypoazotique, l'acide azoteux, le bioxyde d'azote.

A. — Or, l'*acide hypoazotique,* au contact de l'eau, se dédouble (n° 92) en acide azoteux et en acide azotique.

en éq.
$$2AzO^4 + 2HO = AzO^5,HO + AzO^3,HO$$
$$\text{acide azoteux}$$

en at.
$$2AzO^2 + H^2O = AzO^3H + AzO^2H$$

B. — L'*acide azoteux* provenant de cette réaction (avec celui qui viendrait directement de la réduction de l'acide azotique), peut servir à oxyder l'acide sulfureux au même titre que l'acide azotique ; même il est plus actif.

en éq.
$$AzO^3,HO + SO^2 = SO^3,HO + AzO^2$$
$$\text{bioxyde}$$
$$\text{d'azote}$$

en at.
$$2AzO^2H + SO^2 = SO^4H^2 + 2AzO$$

C. — Le *bioxyde d'azote* ainsi produit (avec celui qui viendrait de la réduction de l'acide azotique) s'oxyde, et, en présence de l'eau, régénère l'acide azoteux.

en éq.
$$AzO^2 + O + HO = AzO^3,HO$$

en at.
$$2AzO + O + H^2O = 2AzO^2H$$

L'oxygène qui figure dans cette réaction est fourni par l'atmosphère des chambres.

Ces réactions aboutissent donc à la formation d'acide azoteux qui oxyde l'acide sulfureux, est réoxydé par l'oxygène de l'air et, par suite, ne s'épuise pas En somme l'oxydation de l'acide sulfureux se fait aux dépens de l'air introduit dans les chambres de plomb.

REMARQUE I. — Il y a une théorie plus nouvelle, dans laquelle on fait jouer un rôle prépondérant aux *cristaux des chambres de plomb* (1), composé qui se dépose dans les chambres lorsque la vapeur d'eau est en quantité insuffisante. Ce corps se formerait d'abord, par l'action de l'acide sulfureux et de

_____

(1) En at. $SO^2 \left\{ \begin{array}{l} OH \\ AzO^2 \end{array} \right.$ c'est de l'acide sulfurique où un oxhydrile est remplacé par AzO^2.

l'oxygène sur les composés nitrés, et se dédoublerait ensuite, par l'action de l'eau. en acide sulfurique et en acide azoteux.

REMARQUE II. — On démontre dans les laboratoires la formation d'acide sulfurique par l'action de l'acide sulfureux sur l'acide azotique, de la manière suivante. Dans un ballon on met de l'acide azotique bien pur, ne donnant pas de précipité dans la solution de baryte ; on y fait arriver de l'acide sulfureux, et on constate que la baryte donne le précipité blanc caractérisque de l'acide sulfurique.

177. Purification. — L'acide sulfurique du commerce n'est pas très pur ; il contient du sulfate de plomb. des produits nitreux, et, quand il est fabriqué avec des pyrites, de l'acide arsénieux. On reconnaît le sulfate de plomb, en étendant d'eau l'acide sulfurique ; la liqueur devient laiteuse. S'il y a des vapeurs niteuses, une solution saturée de sulfate de fer donne une coloration rouge ou rose, suivant qu'il y a beaucoup ou peu de produits nitreux.

On purifie l'acide sulfurique en le *distillant* dans une cornue en verre (*fig. 75*). Cette opération demande des précautions, à

Fig. 75. — Distillation de l'acide sulfurique.

cause de la viscosité de l'acide sulfurique et de son adhérence au verre ; on la facilite en mettant dans la cornue quelques fils de platine ou des fragments de charbon des cornues, et en la chauffant par les côtés, après l'avoir couverte d'un dôme en tôle.

178. Usages. — Il n'existe aucun acide dont les usages soient aussi nombreux que ceux de l'acide sulfurique. — Quelques gouttes dans un verre d'eau sucrée en font une liqueur assez agréable au goût, connue sous le nom de *limonade minérale*, employée en médecine.

En *chimie*, nous l'avons utilisé pour préparer l'hydrogène, l'acide azotique. l'oxyde de carbone, l'hydrogène bicarboné. Beaucoup d'autres produits chimiques lui doivent leur existence. — En *physique*, on l'utilise pour produire l'électricité dynamique.

Acide hyposulfureux

en éq. S^2O^2,HO ; en at. $S^2O^3H^2$

C'est de l'acide sulfureux plus un atome de soufre par molécule.

179. — On ne connaît pas l'acide hyposulfureux, mais seulement les hyposulfites, principalement l'hyposulfite de soude. Les hyposulfites peuvent se préparer en faisant bouillir du soufre dans une dissolution du sulfite correspondant.

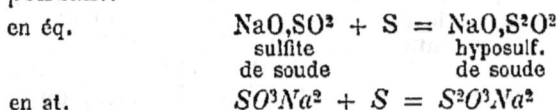

en éq.
$$NaO,SO^2 + S = NaO,S^2O^2$$
sulfite   hyposulf.
de soude   de soude

en at.
$$SO^3Na^2 + S = S^2O^3Na^2$$

Quand on cherche à isoler l'acide hyposulfureux en versant un acide fort dans la dissolution d'un hyposulfite, on observe un dépôt de soude et la liqueur ne contient que de l'acide sulfureux : l'acide hyposulfureux s'est décomposé en soufre et en acide sulfureux.

L'hyposulfite de soude, en dissolution, a la propriété de dissoudre le chlorure, le bromure et l'iodure d'argent qui n'ont pas subi l'action de la lumière : il est employé en photographie pour *fixer* les images.

SOUFRE ET HYDROGÈNE

Le soufre et l'hydrogène forment deux composés :

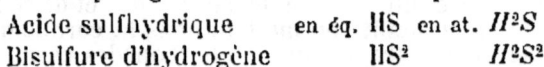

Acide sulfhydrique   en éq. HS   en at. H^2S
Bisulfure d'hydrogène HS^2 H^2S^2

Ils correspondent aux deux composés de l'hydrogène et de l'oxygène : l'eau HO (H^2O) et l'eau oxygénée HO^2 (H^2O^2).
Nous étudions seulement l'acide sulfhydrique.

Acide sulfhydrique

Synonyme : hydrogène sulfuré.

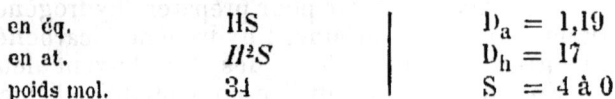

en éq.   HS $D_a = 1,19$
en at. H^2S $D_h = 17$
poids mol. 34 $S = 4$ à 0

Découvert en 1773 ; étudié par Scheele et Berthollet.

180. Caractères, propriétés physiques. — L'acide sulfhydrique est un gaz, d'une odeur forte et très fétide,

qui rappelle celle des œufs pourris : *un millionième*
de son volume suffit pour rendre l'air infect. il éteint
une bougie et brûle avec une flamme bleue, en laissant un dépôt de soufre si l'oxygène est insuffisant.

Il est soluble dans l'eau (S = 4) et lui donne une
saveur repoussante. Il se liquéfie sous la pression de
16 atmosphères.

Propriétés chimiques. — *Action de l'oxygène.* A une
température élevée, l'acide sulfhydrique brûle dans
l'oxygène en donnant de l'eau et de l'acide sulfureux.

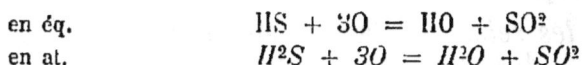

en éq. $HS + 3O = HO + SO^2$

en at. $H^2S + 3O = H^2O + SO^2$

. A la température ordinaire, l'oxygène n'agit que
s'il est humide ; il forme alors de l'eau avec dépôt de
soufre.

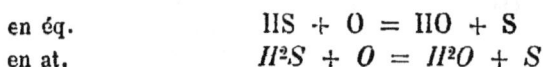

en éq. $HS + O = HO + S$

en at. $H^2S + O = H^2O + S$

Aussi ne peut-on conserver l'acide sulfhydrique en
dissolution que dans l'eau bouillie, et en tenant le
flacon bien bouché.

Au contact des corps poreux l'oxydation est plus
complète ; elle atteint le soufre, et il se forme de
l'acide sulfurique.

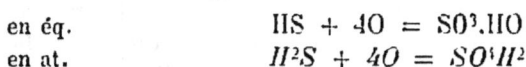

en éq. $HS + 4O = SO^3.HO$

en at. $H^2S + 4O = SO^4H^2$

C'est ce qui explique la destruction rapide des
linges et des baignoires en zinc, dans les établissements de bains sulfureux.

Action sur les métaux. — Tous les métaux, sauf
l'or et l'argent, sont attaqués par l'acide sulfhydrique.
L'acide sulfhydrique perd son hydrogène, qui est
remplacé par le métal, et il se forme un sulfure métallique. Ce gaz est donc un *acide,* bien qu'il n'ait
presque pas d'action sur le tournesol.

Dans le cas des métaux alcalins (potassium, sodium), la moitié seulement de l'hydrogène est remplacé ; on a un composé qui s'écrit :

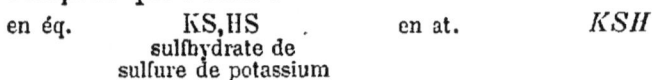

en éq.   KS,HS   en at.   *KSH*
          sulfhydrate de
         sulfure de potassium

composé qu'on appelle sulfhydrate de potassium et qui correspond exactement à celui qu'on obtient en faisant agir le potassium sur l'eau,

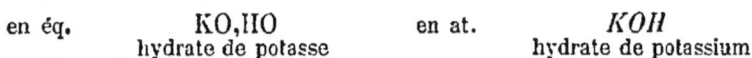

en éq.   KO,HO   en at.   *KOH*
         hydrate de potasse   hydrate de potassium

le soufre est simplement substitué à l'oxygène.

Action sur les sels. — L'acide sulfhydrique réagit sur la plupart des sels, il échange son hydrogène contre le métal, en formant un sulfure ordinairement insoluble et l'acide correspondant au sel. Soit le sulfate de cuivre, on aura :

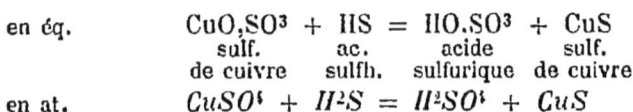

en éq. $CuO,SO^3 + HS = HO.SO^3 + CuS$
           sulf.   ac.   acide   sulf.
          de cuivre sulfh. sulfurique de cuivre

en at. $CuSO^4 + H^2S = H^2SO^4 + CuS$

Les oxydes ou les hydrates métalliques se comportent comme les sels.

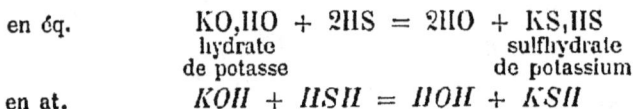

en éq. $KO,HO + 2HS = 2HO + KS,HS$
           hydrate   sulfhydrate
          de potasse   de potassium

en at. $KOH + HSH = HOH + KSH$

Cette propriété est utilisée, en chimie des métaux, pour l'analyse des sels. Un sel étant en dissolution, on y fait passer un courant d'acide sulfhydrique ; de la couleur du sulfure qui se forme et des conditions moyennant lesquelles il apparaît, on tire des indications très précises sur la nature du métal.

Le plomb est particulièrement sensible à cette réaction ; il suffit de traces d'acide sulfhydrique en présence d'un sel de plomb pour faire apparaître la coloration noire du sulfure de plomb. C'est pour cette raison que les peintures au blanc de céruse (carbonate de plomb) noircissent à l'air. — Le réactif de l'acide sulfhydrique est le papier imprégné d'acétate de plomb.

Action sur l'organisme. — L'hydrogène sulfuré est un poison violent : mélangé à l'air dans la proportion

10.

de $\frac{1}{1500}$, il détermine presque instantanément la mort d'un oiseau ; $\frac{1}{200}$ donne la mort à un cheval. Quand il se produit instantanément en grande abondance, à l'ouverture des fosses d'aisances, son action est instantanée. C'est ce que les vidangeurs appellent le *plomb*.

181. Composition. — Dans une cloche courbe (v. p. 82), posée sur la cuve a mercure, on introduit un morceau d'étain, puis 2 volumes d'hydrogène sulfuré, et on chauffe. L'étain absorbe le soufre pour former du sulfure d'étain, et il reste 2 volumes d'hydrogène Donc 1 molécule d'acide sulfhydrique (2 vol) contient 2 atomes (2 vol.) d'hydrogène. — D'autre part, la densité du gaz par rapport à l'hydrogène est 17, son poids moléculaire 34 ; on retranche le poids des 2 atomes d'hydrogène : il reste 32, qui est le poids d'un atome de soufre.

182. État naturel. — Il y a constamment de l'hydrogène sulfuré dans l'air ; il est produit par la décomposition des matières organiques, qui contiennent du soufre et de l'oxygène ; dans la distillation de la houille; dans les intestins des animaux ; dans les fosses d'aisances. Les œufs cuits en contiennent, c'est pourquoi ils noircissent les couverts d'argent. On le trouve en dissolution dans les eaux minérales sulfureuses d'Aix en Savoie, de Barèges, etc.

183. Préparation. — Pour obtenir de l'hydrogène sulfuré, on attaque un sulfure métallique par un acide, qui échange son hydrogène contre le métal.

1° On chauffe doucement dans un ballon (*fig. 76*

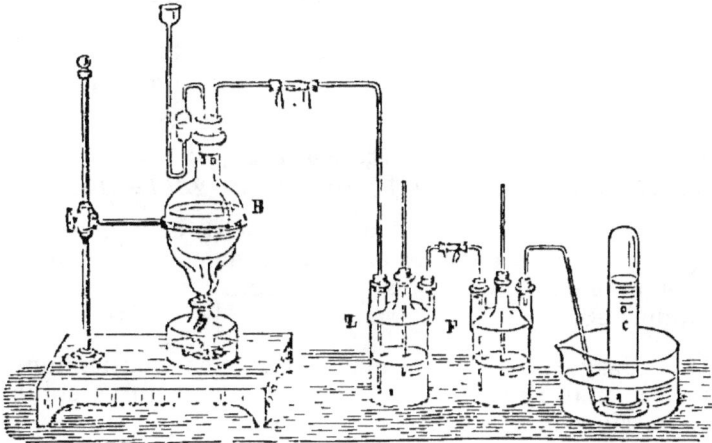

Fig. 76. — Préparation de l'hydrogène sulfuré.

du *sulfure d'antimoine* (minéral qu'on appelle *stibine*) avec 5 fois son poids d'acide chlorhydrique.

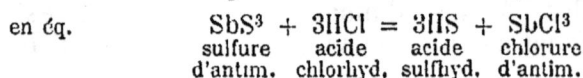

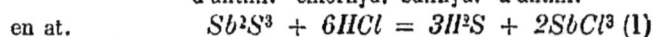

en éq. $\quad$ $SbS^3 + 3HCl = 3HS + SbCl^3$
$\qquad$ sulfure $\quad$ acide $\quad$ acide $\quad$ chlorure
$\qquad$ d'antim. $\;$ chlorhyd. $\;$ sulfhyd. $\;$ d'antim.

en at. $\qquad$ $Sb^2S^3 + 6HCl = 3H^2S + 2SbCl^3$ (1)

On fait passer le gaz dans un flacon laveur contenant de l'eau, pour arrêter l'acide chlorhydrique qui pourrait être entraîné, et on le recueille sur le mercure ou sur l'eau salée.

Pour préparer sa *dissolution*, on emploie l'appareil de Woulf, contenant de l'eau bouillie, privée d'air.

2° On met dans l'appareil à hydrogène (*fig. 77*) du *protosulfure de fer*, avec de l'acide sulfurique étendu

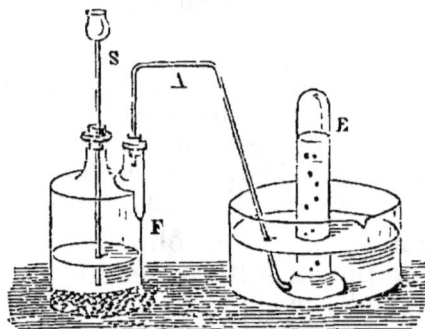

Fig. 77. — Préparation de l'hydrogène sulfuré.

de 3 fois son volume d'eau, ou de l'acide chlorhydrique avec 1 fois son volume d'eau. La réaction se fait à froid.

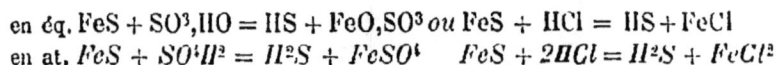

en éq. $FeS + SO^3,HO = HS + FeO,SO^3$ *ou* $FeS + HCl = HS + FeCl$

en at. $FeS + SO^4H^2 = H^2S + FeSO^4$ $\qquad$ $FeS + 2HCl = H^2S + FeCl^2$

Le protosulfure de fer est une substance artificielle qu'on prépare en faisant chauffer dans un creuset un mélange de soufre et de fer, dans les proportions indiquées par la formule FeS.

184. Usages. — Les eaux sulfureuses contiennent le soufre à l'état d'acide sulfhydrique et de sulfures solubles de potassium ou de sodium. Elles sont employées en bain

(1) L'antimoine est trivalent, Sb remplace $3H$.

ou en boisson, pour les maladies de la peau et les affections du larynx.

En chimie, l'acide sulfhydrique sert de réactif.

SOUFRE ET CARBONE

Sulfure de carbone

Synonymes : Bisulfure de carbone, acide sulfocarbonique.

en éq. et en at. CS^2 ; poids mol. 76 ; D = 1,27 ; point d'ébullition 45°

Découvert par Lampadius en 1796.

185. Caractères. — Le sulfure de carbone bien pur est un liquide incolore, très fluide, d'une odeur éthérée. Le sulfure impur du commerce est coloré en jaune, et il a une odeur fétide de choux pourris.

Propriétés physiques. — Le sulfure de carbone se solidifie vers 110° au-dessous de 0. Il bout à 45°. A la température ordinaire il émet d'abondantes vapeurs, qui se forment en produisant un froid intense. Ces vapeurs sont *dangereuses à respirer;* elles occasionnent des maux de tête et des vomissements, agissent sur la vue, sur l'ouïe et sur le système nerveux.

Il est peu soluble dans l'eau, très soluble dans l'alcool. Sa propriété la plus importante est de dissoudre le soufre (environ 50 fois son poids), le phosphore, les corps gras, le caoutchouc.

Il est extrêmement réfringent.

Propriétés chimiques. — Le sulfure de carbone prend feu des 150°, et brûle avec une belle flamme bleue, en donnant de l'acide carbonique. Sa vapeur mêlée à l'oxygène détonne avec beaucoup de violence.

Le sulfure de carbone forme des sels, comme l'acide carbonique : c'est pourquoi on l'appelle acide *sulfocarbonique.* Les sulfocarbonates ne diffèrent des carbonates que par la substitution du soufre à l'hydrogène.

	en éq.	en at.
Anhydride carbonique	CO^2	CO^2
Anhydride sulfocarbonique	CS^2	CS^2

L'anhydride carbonique combiné avec l'eau donne l'*acide carbonique*.

en éq. $CO^2 + 2HO = CO^2,HO$ en at. $CO^2 + H^2O = CO^3H^2$

L'anhydride sulfocarbonique avec l'acide sulfhydrique donne l'*acide sulfocarbonique*.

en éq. $CS^2 + HS = CS^2,HS$ en at. $CS^2 + H^2S = CS^3H^2$

En remplaçant par un métal l'hydrogène de l'acide carbonique on a un carbonate.

    Carbonate de potassium   en éq. KO,CO^2 en at. CO^3K^2

En remplaçant l'hydrogène de l'acide sulfocarbonique on aura un sulfocarbonate.

    Sulfocarbonate de potassium   en éq. KS,CS^2 en at. CS^3K^2

Les sulfocarbonates alcalins s'obtiennent en faisant réagir le sulfure de carbone sur un sulfure alcalin (sulfure de potassium ou de sodium) ou sur un alcali (hydrate de potasse, hydrate de soude). Dans le dernier cas, il se forme un sulfocarbonate et un carbonate.

186. Préparation. — On obtient le sulfure de carbone par la combinaison directe du *soufre* et du *carbone*, au rouge-clair.

Dans les *laboratoires*, on emploie un tube de porcelaine *ab* (*fig. 78*) rempli de braise concassée, et chauffé dans un fourneau à réverbère que l'on incline légèrement. L'extrémité supérieure *a* du tube est fermée d'un bouchon, qu'on peut ôter ou remettre à volonté ; l'extrémité inférieure *b* communique, au moyen d'une allonge, avec un flacon contenant un peu d'eau froide. — Quand le fourneau est chauffé

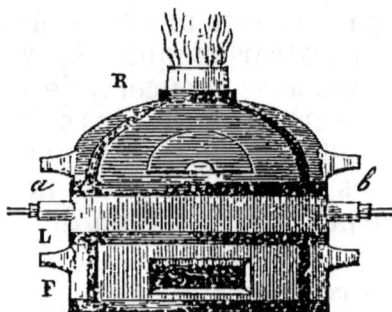

Fig. 78. — Préparation du sulfure de carbone.

au rouge, on jette de temps en temps des fragments de soufre dans le tube, et on le referme aussitôt. Le soufre fond, coule vers la partie chaude, et, se vaporisant, rencontre le charbon incandescent, avec lequel il forme des vapeurs de sulfure de carbone. Celui-ci va se condenser au fond de l'eau où plonge le tube abducteur. — On peut aussi faire passer dans le tube un courant de vapeur de soufre. — On *distille* ensuite le sulfure de carbone au bain-marie, pour le séparer du soufre qu'il a entraîné avec lui.

L'*industrie* fabrique des quantités considérables de sulfure de carbone. Ses procédés ne diffèrent que par la dimension des cylindres où l'on fait rougir le carbone, et l'étendue des appareils de condensation.

187. Usages. — La vapeur du sulfure de carbone tue les insectes et d'autres animaux ; elle conserve les herbiers. — Ce corps est employé pour dissoudre les matières grasses de la laine et des graines oléagineuses ; pour dissoudre le caoutchouc, afin de l'appliquer sur les étoffes qu'il rend imperméables, et pour *vulcaniser*, c'est-à-dire combiner avec un peu de soufre le caoutchouc et la gutta-percha.

CHAPITRE VI

PHOSPHORE. — ACIDES PHOSPHORIQUES. — PHOSPHURES D'HYDROGÈNE

PHOSPHORE

Étymologie : φῶς, lumière ; φέρω, je porte, parce qu'il est lumineux dans l'obscurité.

Symbole : Ph ou P ; équivalent et poids atomique 31 ; pentavalent.
Découvert par Brandt et Kunckel en 1669.

Il y a deux variétés de phosphore : le *phosphore ordinaire* et le *phosphore rouge*.

188. Phosphore ordinaire. — *Caractères.* Le phosphore est un corps solide, assez mou pour être rayé par l'ongle. Il est ordinairement recouvert de cristaux

blancs opaques ; mais, à l'intérieur. il est translucide
et jaune d'ambre. Son odeur rappelle celle de l'ail ; à
l'air humide il répand des fumées d'acide phosphoreux.

Propriétés physiques. — Sa densité est 1,834. Il
fond à 44°, et bout a 290° : pour le fondre, on le met
dans l'eau chaude ; pour le distiller, il faut opérer
dans l'hydrogène, car, à l'air, il prendrait feu.

La densité de sa vapeur, prise par rapport à l'hydrogène,
est 62 : d'où il résulte que la molécule pèse 124 et contient
4 atomes. La molécule des corps simples n'en contient que
2, en général.

Il est insoluble dans l'eau, soluble dans les corps
gras, les essences et surtout le sulfure de carbone ; il
cristallise par évaporation lente du dissolvant.

Propriétés chimiques. — Le phosphore exposé à
l'air se combine *lentement* à l'oxygène pour former de
l'acide phosphoreux. Cette combustion se fait avec un
dégagement de lumière visible dans l'obscurité, qu'on
appelle *phosphorescence*. La phosphorescence n'a lieu
que dans l'oxygène, ce qui montre qu'elle est due à
une oxydation.

A la température de 60°, il s'allume à l'air et brûle
vivement, avec une flamme très éclatante en produisant de *l'anhydride phosphorique*. Une oxydation trop
rapide à l'air, le frottement, la chaleur de la main
suffisent pour l'allumer. Si on trempe une feuille de
papier dans le phosphore dissous par le sulfure de
carbone, et si on l'abandonne à l'air, le sulfure s'évapore et laisse du phosphore *très divisé*, qui prend feu
de lui-même. — Le phosphore peut brûler sous l'eau :
on en met un morceau dans de l'eau chauffée au-dessus
de 60°, on dirige dessus un jet d'oxygène au moyen
d'une vessie à robinet et on voit de brillants éclairs
sillonner le liquide.

La facilité avec laquelle ce corps prend feu le rend
très dangereux ; on doit le conserver et le manier
sous l'eau, et ne le toucher qu'avec précaution.

Outre l'oxygène, la plupart des corps ont des affinités très vives pour le phosphore : par exemple le chlore, le brome, l'iode, les métaux.

Action physiologique. — Les brûlures du phosphore sont difficiles à guérir, même les plus légères ; et elles sont très souvent mortelles. Le mieux est de laver la plaie avec de l'eau additionnée d'une base : ammoniaque, chaux ou savon, pour absorber l'acide phosphorique qui se forme. — Pris *à l'intérieur*, le phosphore agit sur le système nerveux et cause rapidement la mort. On ne lui connaît pas de contre-poison : on conseille l'essence de térébenthine. — Pour reconnaître la présence du phosphore, quand on soupçonne un empoisonnement, on distille la matière suspecte, avec un peu d'eau, dans une cornue en verre. Dans l'obscurité, on aperçoit une phosphorescence surtout quand on agite le liquide.

189. Phosphore rouge. — *Caractères, propriétés physiques.* Le phosphore rouge présente plusieurs nuances de couleur, depuis le rouge jusqu'au noir. Sa densité varie aussi, selon la température à laquelle on l'a préparé, depuis 2,1 jusqu'à 2,34 ; elle est toujours supérieure à celle du phosphore blanc. — On a cru longtemps qu'il était amorphe ; mais on l'a obtenu depuis sous forme de cristaux noirs, en le faisant dissoudre dans du plomb fondu, ou en le préparant à 580°. — Il est insoluble dans les dissolvants du phosphore ordinaire, tels que le sulfure de carbone, les corps gras.

Propriétés chimiques. — Le phosphore rouge possède les propriétés du phosphore ordinaire, à un degré beaucoup moindre. Il ne s'oxyde pas à la température ordinaire, n'est pas phosphorescent, ne s'enflamme qu'à 260°. — Il n'est pas vénéneux.

Formation, préparation. — Le phosphore ordinaire se change en phosphore rouge sous l'influence de la lumière : sa dissolution dans le sulfure de carbone rougit du côté exposé au jour. Le phosphore rouge se produit aussi sous l'influence de la chaleur : on en trouve dans les coupelles où on a brûlé le phosphore à l'air, dans le vase où on le fait brûler sous l'eau. — On le prépare industriellement en maintenant le phosphore ordinaire pendant une dizaine de jours à une température de 250°, en vase clos. On le lave ensuite dans une dissolution de potasse ou de soude qui n'attaque pas le phosphore rouge, et élimine, à l'état d'hypo-phosphite, les dernières traces du phosphore blanc.

Au-delà de 260°, la transformation inverse a lieu, au moins partiellement.

190. État naturel. — Le phosphore, quoique peu abon-dant, est très répandu à l'état de combinaison. Certains terrains renferment des phosphates de chaux, de plomb, de fer et de magnésie. Il y a du phosphore dans les graines des plantes et dans le corps des animaux, surtout dans les os et la substance nerveuse, dans la laitance et les œufs des poissons. C'est à sa présence qu'est due la valeur du noir animal, du guano et des phosphates, comme engrais.

191. Préparation. — Le phosphore a été découvert en 1669 par Brandt, de Hambourg, qui cherchait dans l'urine la *pierre philosophale.* Son procédé, tenu secret, fut retrouvé peu après par Kunckel. Le phosphore resta très rare jusqu'en 1769 ; mais alors Gahn découvrit que les os en contiennent beaucoup plus que l'urine, et son ami Scheele indiqua pour l'en extraire, le procédé encore suivi de nos jours.

Procédé de Scheele. — Les os sont formés d'une matière organique, l'*osséine* ou *gélatine,* 30 0/0, et de matières minérales. En les calcinant à l'air, on brûle la matière organique, et il reste des *os blancs* conte-nant 80 0/0 de phosphate de chaux *tricalcique*, $(3CaO),PO^5$ [$Ca^3(PO^4)^2$], avec 17 0/0 de carbonate de chaux et 3 0/0 de sable et d'argile.

Les os calcinés sont pulvérisés et mélangés avec de l'acide sulfurique étendu. Le phosphate tricalcique échange 2Ca contre de l'hydrogène et devient du phos-phate *monocalcique,* qu'on appelle aussi *phosphate acide* de chaux.

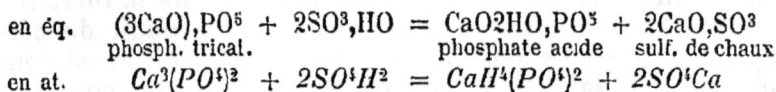

en éq. $(3CaO),PO^5 + 2SO^3,HO = CaO2HO,PO^5 + 2CaO,SO^3$
phosph. trical.   phosphate acide   sulf. de chaux

en at. $Ca^3(PO^4)^2 + 2SO^4H^2 = CaH^4(PO^4)^2 + 2SO^4Ca$

Les 2 atomes de calcium, étant bivalents, sont remplacés par 4 atomes d'hydrogène (en notation atomique).

11

Le phosphate tricalcique était insoluble ; le phosphate acide est *soluble* ; il reste dans le liquide, tandis que le sulfate de chaux précipite. — En même temps l'acide sulfurique transforme le carbonate de chaux en sulfate de chaux, de sorte que la liqueur contiendra seulement du phosphate monocalcique. On le sépare, en laissant déposer les matières étrangères, en décantant et en faisant évaporer.

Lorsque le liquide atteint la consistance sirupeuse on le pétrit avec du charbon en poudre. Ce mélange est desséché, introduit dans une cornue en grés (*fig. 79*), et porté graduellement au rouge blanc. Au rouge sombre, le phosphate monocalcique perd de l'eau de constitution et se transforme en un autre sel, appelé *métaphosphate de chaux*.

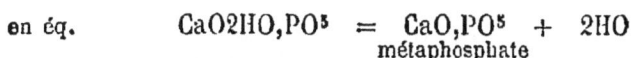

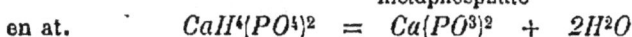

en éq. $CaO2HO,PO^5 = CaO,PO^5 + 2HO$
                          métaphosphate

en at.   ` $CaH^4(PO^4)^2 = Ca(PO^3)^2 + 2H^2O$

Au rouge blanc, le charbon, corps réducteur, s'unit à une partie de l'oxygène, pour former de l'oxyde de carbone, et une partie du phosphore est mise

Fig. 79. — Fabrication du phosphore.

en liberté. A la fin de l'opération la cornue contient un mélange complexe où domine un sel appelé *pyrophosphate de chaux* (V. n° 194).

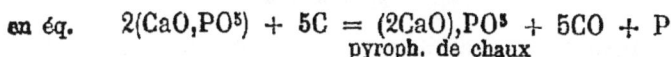

en éq. $2(CaO,PO^5) + 5C = (2CaO),PO^5 + 5CO + P$
                          pyroph. de chaux

Les 2 équivalents de métaphosphate, en perdant 1 fois PO^5, deviennent du pyrophosphate. PO^5 est réduit par le carbone.

en at. $2(PO^3)^2Ca + 5C = P^2O^7Ca^2 + 5CO + 2P$
pyrophosph.
de chaux

2 molécules de métaphosphate perdent 1 molécule d'anhydride phosphorique P^2O^5 et deviennent du pyrophosphate. P^2O^5 est réduit par le carbone.

Ce procédé ne donne que la moitié du phosphore des os.

Les vapeurs de phosphore et l'oxyde de carbone passent dans le récipient R, qui contient de l'eau maintenue froide par l'eau du bassin B. Le phosphore se condense et tombe au fond de l'eau ; l'oxyde de carbone se dégage par le tube a avec des phosphures d'hydrogène provenant de réactions secondaires.

On purifie le phosphore ainsi obtenu en le fondant sous l'eau et en le faisant filtrer, par pression, à travers une peau de chamois.

Deuxième méthode. — On fait digérer les os dans l'acide chlorhydrique : la substance organique n'est pas attaquée et peut servir à la fabrication de la gélatine ; les sels minéraux, carbonate et phosphate de chaux, sont transformés en chlorure de calcium et en phosphate monocalcique tous deux solubles.

Ce dernier est précipité au moyen d'un lait de chaux, qu'on fait agir dans des proportions calculées pour transformer le phosphate monocalcique en *phosphate bicalcique* insoluble.

en éq. $CaO2HO,PO^5 + CaO = (CaO)^2HO,PO^5 + HO$
phosph. monocalc.   phosph. bical.

en at. $CaH^4(PO^4)^2 + CaO = 2CaHPO^4 + H^2O$

Le phosphate bicalcique est traité par de l'acide sulfurique en quantité suffisante pour le transformer en acide phosphorique trihydraté.

en éq. $(CaO)^2HO,PO^5 + 2SO^3,HO = (3HO),PO^5 + 2CaO,SO^3$
acide phosphor.

en at. $CaHPO^4 + SO^4H^2 = PO^4H^3 + SO^4Ca$
acide
phosphorique

Le sulfate insoluble précipite ; on décarte, puis on fait évaporer, et l'acide phosphorique est réduit par le charbon, comme le phosphate monocalcique dans la méthode précédente.

Cette méthode est suivie dans les usines françaises ; elle a l'avantage d'utiliser la matière organique des os et de donner un meilleur rendement en phosphore.

192. Usages, allumettes. — Le phosphore est employé dans les laboratoires de chimie ; on en fait des pâtes phosphorées (mort aux rats) avec de la farine, du beurre et du sucre, pour empoisonner les animaux nuisibles : mais il sert principalement à la fabrication des allumettes phosphoriques ou *allumettes chimiques*. Elles ont été inventées en Allemagne, vers 1832.

Les allumettes sont en *bois léger* et très combustible. Après l'avoir séché au four, on le coupe en bûchettes courtes, que l'on divise ensuite en petits prismes, à l'aide d'un outil spécial. Les allumettes, réunies dans des cadres, sont trempées par un bout dans une couche peu épaisse de soufre fondu. On applique l'extrémité soufrée sur une table légèrement chauffée, sur laquelle est étalée une pâte ainsi composée :

Phosphore.	10
Colle forte ou gomme.	8
Eau.	9
Sable fin.	8
Ocre rouge.	2
Minium, vermillon ou bleu de Prusse.	0,4

L'ocre et le vermillon colorent la pâte ; le sable fin augmente le frottement par sa dureté ; la gomme ou la colle délayée dans l'eau relie le tout. Quand le phosphore est échauffé par le frottement d'un corps sec et rugueux, il s'allume, enflamme le soufre, dont la combustion échauffe aussi le bois et finit par l'embraser.

On remplace quelquefois par de la stéarine ou de la cire, le soufre qui donne en brûlant de l'acide sulfureux à odeur désagréable. Il faut alors ajouter un peu de chlorate de potasse à la pâte, pour faciliter la combustion.

Les allumettes au phosphore ordinaire ont plusieurs inconvénients : des enfants s'empoisonnent en les mâchant, ou mettent le feu en jouant avec ces corps inflammables ; les ouvriers qui les préparent sont exposés à de graves infirmités, spécialement à la carie des os de la mâchoire.

Avec le *phosphore rouge*, on fait des allumettes moins dangereuses ; mais elles ne sont pas aussi commodes, et il faut, pour les enflammer, les frotter sur un grattoir spécial. Voici la composition des pâtes dont on recouvre les allumettes et le frottoir :

ALLUMETTES		FROTTOIR	
Chlorate de potasse	6	Phosphore amorphe	10
Sulfure d'antimoine	3	Sulfure d'antimoine	8
Colle forte	1	Colle forte	6

Le chlorate de potasse active la combustion ; mais les allumettes qui en contiennent, prennent feu avec une vive déflagration.

On fait aussi des *allumettes-bougies*, dans lesquelles le bois est remplacé par des mèches de coton recouvertes de cire ou d'acide stéarique ; elles ont l'avantage de brûler plus longtemps que les autres.

COMPOSÉS DU PHOSPHORE

PHOSPHORE ET OXYGÈNE

193. — Le phosphore forme avec l'oxygène deux anhydrides :

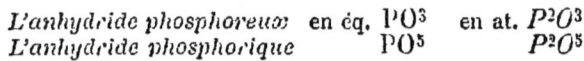

L'anhydride phosphoreux	en éq. PO^3	en at.	P^2O^3
L'anhydride phosphorique	PO^5		P^2O^5

À l'anhydride phosphorique se rattachent trois acides :

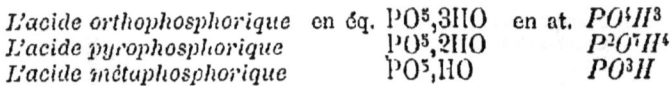

L'acide orthophosphorique	en éq. $PO^5,3HO$	en at.	PO^4H^3
L'acide pyrophosphorique	$PO^5,2HO$		$P^2O^7H^4$
L'acide métaphosphorique	PO^5,HO		PO^3H

On connaît en outre l'*acide phosphoreux* $PO^3,3HO$ [PO^3H^3], qui dérive de l'anhydride phosphoreux : et l'*acide hypophosphoreux* $PO,3HO$ [PO^2H^3], dont l'anhydride est inconnu.

Formules de constitution des acides phosphoriques et phosphoreux

194. — Dans la notation en équivalents on fait dériver les acides phosphoriques de l'anhydride phosphorique par addition de 1, 2 ou 3 équivalents d'eau.

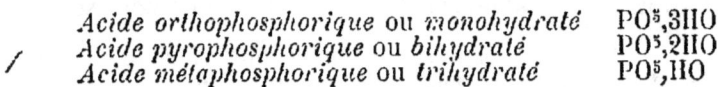

Acide orthophosphorique ou *monohydraté*	$PO^5,3HO$
Acide pyrophosphorique ou *bihydraté*	$PO^5,2HO$
Acide métaphosphorique ou *trihydraté*	PO^5,HO

Ces trois corps ne sont pas des variétés plus ou moins hydratées d'un même acide : ce sont des acides différents, donnant naissance à des sels différents.

L'*acide phosphoreux* est de l'anhydride phosphoreux avec 3 équivalents d'eau $PO^3,3HO$.

195. Notation atomique. — Le phosphore est, suivant les cas, *trivalent* ou *pentavalent*. Si on fait brûler du phosphore dans le chlore en mettant le phosphore en excès, on obtient un chlorure liquide, le *trichlorure* de phosphore PCl^3 : le phosphore y est trivalent puisque son atome est uni à 3 atomes monovalents. — Si on met le chlore en excès, on obtient un solide jaune qui est du *pentachlorure* de phosphore (ou *perchlorure*) PCl^5. Le phosphore y est pentavalent (1).

Ces deux corps peuvent servir à établir la constitution des acides phosphoriques et phosphoreux. Les acides phosphoriques dérivent du perchlorure, l'acide phosphoreux du trichlorure.

1° *Acide orthophosphorique.* — Le perchlorure, mis en présence de l'eau, échange 2Cl contre 1 atome d'oxygène.

at. $$PCl^5 + H^2O = POCl^3 + 2HCl$$

Le corps $POCl^3$ s'appelle *oxychlorure de phosphore.* Sa formule développée est

$$O=P\begin{smallmatrix}\diagup Cl \\ -Cl \\ \diagdown Cl\end{smallmatrix}$$

l'oxygène satisfaisant les 2 valences qui étaient précédemment satisfaites par le chlore.

Si l'eau continue d'agir, les 3 derniers atomes de chlore de l'oxychlorure s'échangent contre les oxhydriles de 3 molécules d'eau

$$O=P\begin{smallmatrix}\diagup Cl \\ -Cl \\ \diagdown Cl\end{smallmatrix} + \begin{smallmatrix}H-OH \\ H-OH \\ H-OH\end{smallmatrix} \text{ donne } O=P\begin{smallmatrix}\diagup OH \\ -OH \\ \diagdown OH\end{smallmatrix} + \begin{smallmatrix}HCl \\ HCl \\ HCl\end{smallmatrix}$$

oxychlorure　　3 mol. d'eau　　　　　　　　　　3 mol.
d'ac. chlorhydr.

Le produit de substitution $O=P\begin{smallmatrix}\diagup OH \\ -OH \\ \diagdown OH\end{smallmatrix}$ est l'*acide orthophos-phorique.*

Pour abréger, l'acide orthophosphorique s'écrira $PO(OH)^3$ ou PO^4H^3. Les 3 atomes d'hydrogène peuvent être remplacés par un métal : cet acide est tribasique.

2° *Acide métaphosphorique.* Si on porte l'acide orthophosphorique au rouge, chaque molécule perd une molécule d'eau, et on a l'*acide métaphosphorique*

$$O=P\begin{smallmatrix}\diagup OH \\ -OH \\ \diagdown OH\end{smallmatrix} \text{ donne } O=P\begin{smallmatrix}\diagup\diagup O \\ \diagdown OH\end{smallmatrix} + H^2O$$

acide　　　　　　acide　　　molécule
orthophosph.　　métaphosph.　　d'eau

un seul oxygène (bivalent) pouvant tenir la place des 2 oxhydriles.

En abrégé on écrit PO^3H ou $PO^2.OH$.

3° *Acide pyrophosphorique.* En chauffant l'acide orthophosphorique jusqu'à 213° seulement, on n'élimine qu'une molécule

---

(1) Les chlorures de phosphore sont des composés importants par l'usage qu'on en fait en chimie organique.

d'eau pour 2 molécules d'acide. Le résultat s'appelle *acide pyro-phosphorique.*

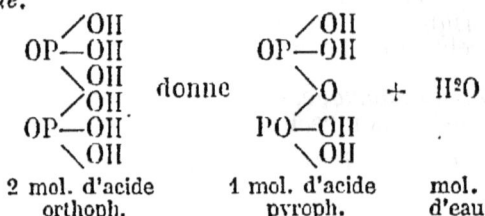

$$
\begin{array}{c}
\text{OP} \diagup^{\text{OH}}_{\text{OH}} \\
\diagdown^{\text{OH}} \\
\diagup^{\text{OH}} \\
\text{OP-OH} \\
\diagdown_{\text{OH}}
\end{array}
\quad \text{donne} \quad
\begin{array}{c}
\text{OP} \diagup^{\text{OH}}_{\text{OH}} \\
\diagdown \text{O} \\
\text{PO-OH} \\
\diagdown_{\text{OH}}
\end{array}
\quad + \quad H^2O
$$

     2 mol. d'acide   1 mol. d'acide   mol.
       orthoph.   pyroph.   d'eau

Les 2 oxhydriles du milieu sont remplacés par 1 oxygène qui fait la liaison des 2 molécules.

En abrégé on écrit $P^2O^3(OH)^4$ ou $P^2O^7H^4$. Les 4 hydrogènes sont remplaçables par un métal.

4° *Anhydride phosphorique.* On peut imaginer que 2 molécules d'acide orthophosphorique perdent 3 molécules d'eau ; cela donnerait l'anhydride phosphorique. (Pratiquement on ne peut pas l'obtenir par ce moyen.)

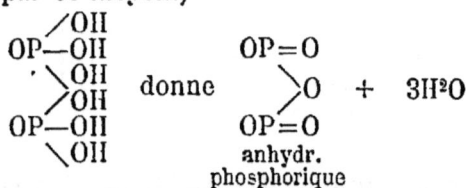

$$
\begin{array}{c}
\text{OP} \diagup^{\text{OH}}_{\text{OH}} \\
\diagdown^{\text{OH}} \\
\diagup^{\text{OH}} \\
\text{OP-OH} \\
\diagdown_{\text{OH}}
\end{array}
\quad \text{donne} \quad
\begin{array}{c}
\text{OP}=\text{O} \\
\diagdown \text{O} \\
\text{OP}=\text{O}
\end{array}
\quad + \quad 3H^2O
$$

                        anhydr.
                    phosphorique

En abrégé on écrit $\begin{array}{c}\text{PO}^2 \\ \text{PO}^2\end{array}\!\!\diagdown\!\!\text{O}$ ou P^2O^5.

5° *Acide phosphoreux.* L'acide phosphoreux dérive du trichlorure de phosphore.

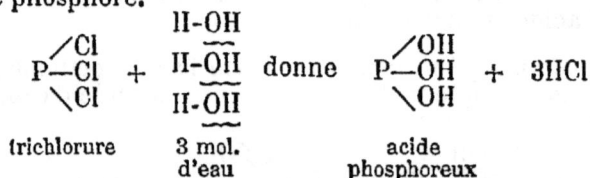

$$
\begin{array}{c}
\text{P} \diagup^{\text{Cl}}_{\text{Cl}} \\
\diagdown_{\text{Cl}}
\end{array}
\; + \;
\begin{array}{c}
\text{H-OH} \\
\text{H-OH} \\
\text{H-OH}
\end{array}
\; \text{donne} \;
\begin{array}{c}
\text{P} \diagup^{\text{OH}}_{\text{OH}} \\
\diagdown_{\text{OH}}
\end{array}
\; + \; 3HCl
$$

   trichlorure   3 mol.   acide
              d'eau   phosphoreux

Les 3 hydrogènes ne sont pas remplaçables par un métal, mais seulement 2.

La formule s'écrit en abrégé $P(OH)^3$ ou PO^3H^3.

6° *Anhydride phosphoreux.* Supposons qu'on élimine 3 molécules d'eau de 2 molécules d'acide phosphoreux, nous aurons l'anhydride.

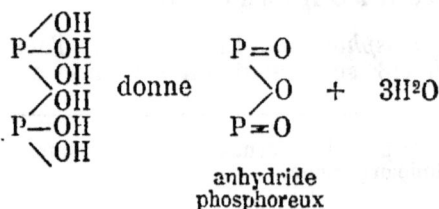

$$
\begin{array}{c}
\text{P} \diagup^{\text{OH}}_{\text{OH}} \\
\diagdown^{\text{OH}} \\
\text{P-OH} \\
\diagdown_{\text{OH}}
\end{array}
\quad \text{donne} \quad
\begin{array}{c}
\text{P}=\text{O} \\
\diagdown \text{O} \\
\text{P}=\text{O}
\end{array}
\quad + \quad 3H^2O
$$

                 anhydride
                phosphoreux

7° *Acide hypophosphoreux.* Sa formule est PO^2H^3. On admet

la formule développée $O=P\overset{\diagup H}{\underset{\diagdown H}{—OH}}$: elle diffère de la formule de

l'acide orthophosphorique par la substitution de 2 hydrogènes à 2 oxhydriles. Un seul des trois hydrogènes est remplaçable par un métal.

Anhydride phosphorique

en éq. PO^5 ;   en at. P^2O^5 ;   poids mol. 142

196. Propriétés. — L'anhydride phosphorique est un corps solide, blanc, inodore. Il est infusible et non volatil. — Sa propriété la plus remarquable est une extrême affinité pour l'eau ; projeté dans l'eau, il fait entendre le même sifflement qu'un fer rouge. On l'utilise pour enlever aux gaz qu'on veut dessécher les dernières traces d'humidité.

En s'unissant à l'eau, l'anhydride donne de l'acide *métaphosphorique* PO^5,HO $[PO^3H]$. Si l'on fait bouillir la dissolution, on obtient de l'acide *orthophosphorique* $PO^5,3HO$ $[PO^4H^3]$.

Préparation. — Ce corps se prépare par la combustion vive du phosphore. On emploie un ballon à deux tubulures latérales ; par l'une arrive de l'air *bien desséché*, par l'autre l'acide phosphorique entraîné va se déposer dans un flacon sec et froid. Le phosphore, introduit par un tube qui traverse la tubulure supérieure, tombe dans une petite coupelle suspendue au milieu du ballon. On l'allume avec un fil métallique chauffé. — Plus simplement, quand on ne veut avoir qu'une petite quantité d'anhydride phosphorique, on fait brûler le phosphore sous une cloche bien desséchée.

Acide orthophosphorique

Synonyme : *acide phosphorique trihydraté*, ou simplement *acide phosphorique*.

en éq. $PO^5,3HO$;   en at. PO^4H^3 ;   poids mol. 98

197. Propriétés. — L'acide phosphorique est très soluble dans l'eau ; on le prépare toujours sous forme de dissolution ; en le concentrant on obtient une liqueur sirupeuse qui cristallise lentement. Soumis à l'action de la chaleur, il perd $\frac{1}{5}$ de son eau de constitution vers 210° et donne de l'acide *pyro-phosphorique* $PO^5,2HO \; [P^2O^3(OH)^4]$. — Au rouge il en perd les $\frac{2}{5}$ et donne de l'acide métaphosphorique $PO^5,HO \; [PO^3H]$.

Avec les bases il forme des phosphates. Les 3 atomes d'hydrogène peuvent être remplacés successivement ; par suite, on a 3 séries de sels dont voici les formules :

En atomes. Avec un métal monovalent (potassium) :

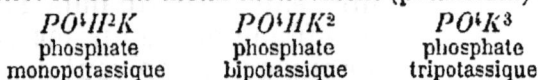

PO^4H^2K	PO^4HK^2	PO^4K^3
phosphate monopotassique	phosphate bipotassique	phosphate tripotassique

Avec un métal bivalent (calcium) :

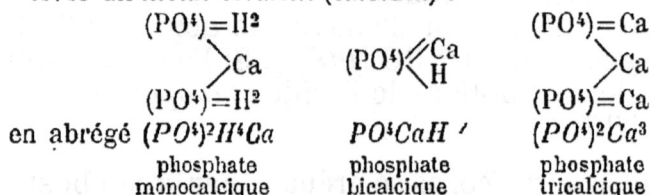

$$(PO^4)=H^2$$
$$\diagdown Ca$$
$$(PO^4)=H^2$$

$$(PO^4)\diagup^{Ca}_{\diagdown H}$$

$$(PO^4)=Ca$$
$$\diagdown Ca$$
$$(PO^4)=Ca$$

en abrégé $(PO^4)^2H^4Ca$	PO^4CaH '	$(PO^4)^2Ca^3$
phosphate monocalcique	phosphate bicalcique	phosphate tricalcique

Pour le premier et le troisième sel, les valences du calcium ne peuvent être saturées que par le concours de 2 molécules d'acide.

En équivalents. On n'a qu'une série de formules quel que soit le métal.

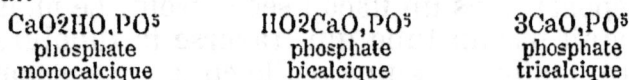

$CaO2HO,PO^5$	$HO2CaO,PO^5$	$3CaO,PO^5$
phosphate monocalcique	phosphate bicalcique	phosphate tricalcique

Il peut se faire que dans une même molécule les hydrogènes soient remplacés par des métaux différents, comme il arrive dans le phosphate ammoniaco-magnésien.

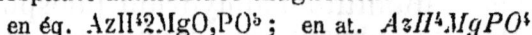

en éq. AzH^42MgO,PO^5 ; en at. AzH^4MgPO^4

197 *bis*. Réactifs de l'acide phosphorique et des phosphates. — 1° *L'azotate d'argent* donne *un précipité jaune* avec l'acide phosphorique et les phosphates ; avec l'acide métaphosphorique et l'acide pyrophosphorique, le précépité serait blanc.

2° L'ammoniaque et le sulfate de magnésie donne un précipité blanc cristallin de *phosphate ammoniaco-magnésien.*

198. Préparation. — Dans les laboratoires, on prépare l'acide phosphorique en oxydant le phosphore par l'acide azotique. On met dans une cornue tubulée

(*fig. 80*) du *phosphore rouge* avec 10 parties d'acide
azotique peu concentré. On chauffe modérément. Les
vapeurs nitreuses sont condensées dans un ballon et
reversées dans la cornue, jusqu'à ce que la réaction
soit achevée. Alors on fait évaporer pour chasser
l'acide azotique. Dans cette opération il ne faut pas
trop élever la température, sans quoi on aurait de
l'acide pyrophosphorique.

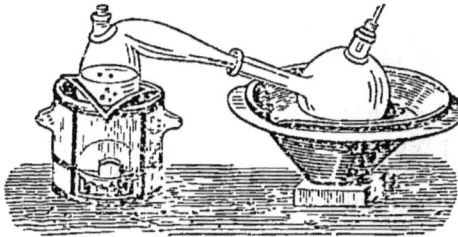

Fig. 80. — Préparation de l'acide phosphorique.

Dans l'industrie, on obtient l'acide phosphorique
en décomposant par l'acide sulfurique le phosphate
des os. (Voir *Préparation du phosphore :* si la quantité
d'acide sulfurique est suffisante, on obtient de l'acide
phosphorique, au lieu de phosphate monocalcique.)

199. **Usages.** — L'acide phosphorique est surtout
utilisé en *agriculture* ; il sert d'engrais. On l'emploie
sous forme de phosphate, principalement de phosphate de chaux. Le phosphate tricalcique étant insoluble, on préfère le phosphate monocalcique ou
phosphate acide $CaO2HO.PO^5$ $[(PO^4)^2CaH^4]$, qu'on
appelle aussi *superphosphate* de chaux, parce qu'il
contient proportionnellement un plus grand poids
d'acide phosphorique (1). Ce sont les phosphates qui
font la valeur du guano et du noir animal employés
comme engrais.

_____

(1) Le phosphate tricalcique est rendu soluble par l'acide carbonique, qui
se trouve toujours dans le sol. Le superphosphate, d'ailleurs, redevient
rapidement tribasique : il est donc presque indifférent d'employer l'un ou
l'autre.

Acide pyrophosphorique et acide métaphosphorique

200. — L'acide pyrophosphorique $PO^5,2HO$ $[P^2O^3(OH)^4]$ est un corps vitreux qui peut cristalliser. — Il se forme quand on chauffe l'acide phosphorique vers 300°.

L'acide métaphosphorique PO^5,HO $[PO^3H]$ est un corps vitreux incristallisable. Il est très avide d'eau et peut servir à dessécher. On l'obtient en chauffant au rouge l'acide phosphorique ordinaire.

Ces deux corps se transforment en acide phosphorique ordinaire quand on fait bouillir leur dissolution.

Ces acides et leurs sels se distinguent de l'acide phosphorique et des phosphates parce qu'ils donnent avec l'azotate d'argent un précipité jaune. L'acide métaphosphorique se distingue de l'acide pyrophosphorique parce qu'il coagule l'albumine sur laquelle ce dernier est sans action.

Anhydride phosphoreux, acide phosphoreux acide hypophosphoreux

201. — L'anhydride phosphoreux, PO^3 $[P^2O^3]$, se forme lorsqu'on oxyde le phosphore à froid dans une quantité d'air insuffisante pour former de l'anhydride phosphorique. C'est un corps blanc, volatil.

L'acide *phosphoreux*, $PO^3,3HO$ $[PO^3H^3]$, se prépare en faisant agir l'eau sur le trichlorure de phosphore ; c'est un corps cristallin, déliquescent.

L'acide *hypophosphoreux* prend naissance sous forme d'*hypophosphite* quand on chauffe le phosphore en présence d'une base alcaline (potasse, soude), ou alcalino-terreuse (chaux, baryte). Voir la préparation de l'hydrogène phosphoré.

PHOSPHORE ET HYDROGÈNE

Le phosphore forme avec l'hydrogène 3 composés :

Le phosphure gazeux	PH^3	PH^3
Le phosphure liquide	PH^2	P^2H^4
Le phosphure solide	P^2H	P^4H^2

Phosphure gazeux d'hydrogène

Synonyme : hydrogène phosphoré.

Découvert en 1793 par Gengembre.

en éq.	PH^3		$D_a = 1,185$
en at.	*PH^3*		$D_h = 17$
poids mol.	34		Peu soluble.

202. Propriétés. — L'hydrogène phosphoré est un gaz d'une odeur nauséabonde d'ail ou de poisson pourri. Bien pur, il s'enflamme dans l'air à 100° et brûle en donnant de la vapeur d'eau et de l'acide phosphorique. Le plus souvent il contient des traces du phosphure liquide qui lui donnent la propriété de s'enflammer spontanément à l'air.

Au point de vue chimique l'hydrogène phosphoré se rapproche de l'ammoniaque : 1° sa molécule ne diffère de la molécule d'ammoniaque que par la substitution du phosphore à l'azote : 2° il forme des sels analogues aux sels d'ammonium. *Ex.* :

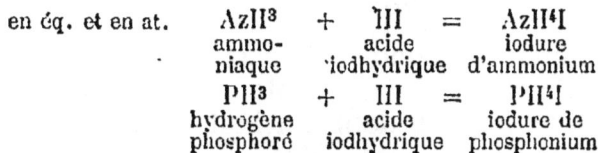

en éq. et en at.

$$AzH^3 + HI = AzH^4I$$
ammoniaque — acide iodhydrique — iodure d'ammonium

$$PH^3 + HI = PH^4I$$
hydrogène phosphoré — acide iodhydrique — iodure de phosphonium

PH^4 étant un radical métallique qu'on appellera *phosphonium.*

Composition. — Dans une cloche courbe reposant sur le mercure, on introduit du cuivre et 2 volumes (1 mol.) d'hydrogène phosphoré ; le phosphore se combine avec le cuivre, et on obtient 3 volumes (3 at.) d'hydrogène. *La molécule contient donc 3 atomes d'hydrogène.* — D'ailleurs la densité du gaz par rapport à l'hydrogène étant 17, la molécule pèse 34 ; retranchons les 3 atomes d'hydrogène, il reste 31, qui est le poids d'un atome de phosphore.

203. État naturel. — L'hydrogène phosphoré se forme spontanément dans la décomposition des matières animales, notamment dans les cimetières humides.

En s'échappant à l'air il s'enflamme et produit des *feux follets*.

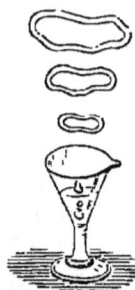

Fig. 81. — Hydrogène phosphoré.

Préparation. — 1° Il suffit de jeter dans un verre plein d'eau tiède (*fig. 81*) des fragments de chlorure de calcium ; le phosphure d'hydrogène gazeux, mêlé de phosphure liquide, se dégage et s'enflamme en donnant des couronnes de fumée blanche.

2° On fait bouillir un petit ballon rempli presque entièrement d'une lessive de potasse contenant de petits morceaux de phosphore. Pour éviter les explosions, on attend pour adapter le tube abducteur que le gaz ait commencé à brûler au goulot du ballon, et on ne plonge le tube dans l'eau que lorsque le gaz s'en dégage.

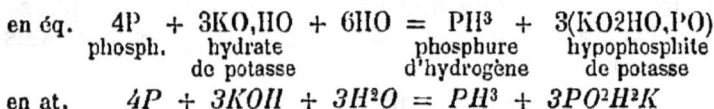

en éq. $4P + 3KO,HO + 6HO = PH^3 + 3(KO2HO,PO)$
phosph.   hydrate   phosphure   hypophosphite
           de potasse   d'hydrogène   de potasse

en at. $4P + 3KOH + 3H^2O = PH^3 + 3PO^2H^2K$

On peut remplacer la potasse par la chaux. On fait des boulettes de chaux éteinte contenant un morceau de phosphore, on les met dans un ballon plein d'eau et on chauffe.

Le phosphure obtenu par ce moyen est mêlé de phosphure liquide et spontanément inflammable. On le purifie en le faisant passer dans de l'acide chlorhydrique, qui décompose le phosphure liquide en phosphure gazeux et phosphure solide. Le gaz ainsi traité ne s'enflamme plus qu'à 100°.

3° En chauffant l'acide phosphoreux, on obtient du phosphure gazeux d'hydrogène inflammable seulement à 100°.

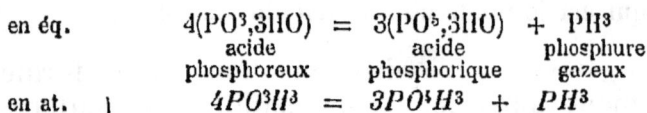

en éq. $4(PO^3,3HO) = 3(PO^5,3HO) + PH^3$
            acide   acide   phosphure
            phosphoreux   phosphorique   gazeux

en at. | $4PO^3H^3 = 3PO^4H^3 + PH^3$

204. Phosphure liquide, phosphure solide. — Le *phosphure liquide* a été découvert par Thénard, qui l'a préparé en décomposant par l'eau le phosphure de calcium. Il faisait passer dans un mélange réfrigérant le mélange de phosphure gazeux et de phosphure liquide qui se dégage. Celui-ci se condensait (1).

Le phosphure liquide se décompose en phosphure gazeux et phosphure solide par l'action de la lumière, de l'acide chlorhydrique et de quelques autres corps.

Le *phosphure solide* s'obtient en exposant à la lumière une éprouvette contenant du phosphure gazeux spontanément inflammable : le phosphure liquide mêlé au phosphure gazeux se décompose en donnant du phosphure solide.

CHAPITRE VII

CHLORE. — HYPOCHLORITES. — CHLORATES. ACIDE CHLORHYDRIQUE.

CHLORE

Étymologie : χλωρὸς, verdâtre.

équiv.	Cl = 35,5		D_a = 2,44
poids atom.	même valeur		D_h = 35,5
	monovalent.		S = 3

Découvert par Scheele en 1774 ; reconnu pour corps simple en 1810, par Gay-Lussac et Thénard.

205. Caractères. — Le chlore est un gaz *jaune verdâtre*, d'une odeur irritante caractéristique. Respiré, même en petite quantité, il provoque la toux, et peut déterminer une inflammation des bronches (2).

Propriétés physiques. — Le chlore est notablement plus dense que l'air ; on peut le verser sur une bougie

---

(1) Préparation très dangereuse.

(2) Pour atténuer les effets de l'empoisonnement par le chlore, on fait boire du lait au malade, et on lui fait respirer un peu d'ammoniaque.

allumée au fond d'un verre (*fig. 82*) ; la flamme s'étale,
rougit, puis s'éteint.

Le chlore est *soluble* dans l'eau ; c'est à la température de 8° qu'il se dissout le mieux, 3 litres pour
1 litre d'eau ; quand on refroidit cette solution vers 0°,

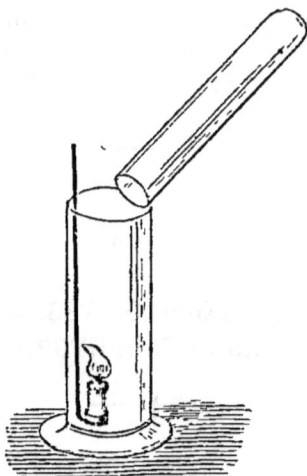

Fig. 82. — Chlore versé sur une bougie.

elle dépose des cristaux jaunâtres d'hydrate de
chlore.

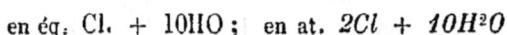

en éq. Cl. + 10HO ; en at. *2Cl + 10H²O*

Le chlore *se liquéfie* à 0° sous la pression de
6 atmosphères, ou au-dessous de — 34° (sa température d'ébullition) sous la pression atmosphérique. On
peut employer le tube Faraday (*fig. 83*). En A on met
des cristaux d'hydrate de chlore ; on chauffe à 30° : le
gaz se dégage et se liquéfie, à l'autre extrémité, par
sa propre pression et l'action d'un mélange réfrigérant.

Propriétés chimiques. — Le chlore ne brûle pas à
l'air, car il a très peu d'affinité pour l'*oxygène ;* les
composés qu'il forme avec lui sont très instables. Il
en a encore moins pour l'*azote* et le *carbone*. Mais il a
des affinités très énergiques pour les autres corps

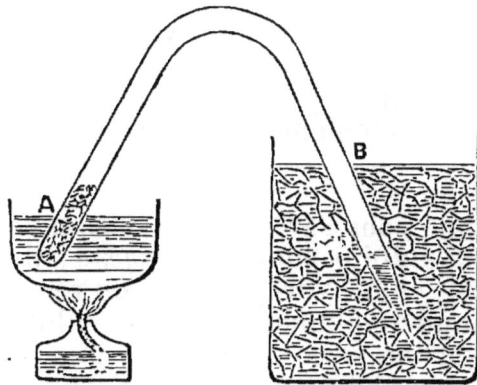

Fig. 83. — Liquéfaction du chlore.

simples. Il se combine vivement avec eux, avec dégagement de chaleur, en produisant des composés
binaires, nommés *chlorures*. On peut donc regarder
le chlore comme un corps *comburant* et même à
meilleur titre que l'oxygèn *.

La fleur de *soufre*, placée au fond d'une éprouvette
et traversée par un courant de chlore, s'enflamme
spontanément ; il en est de, même d'un morceau de
phosphore bien sec introduit à l'aide d'une coupelle,
dans un flacon plein de chlore (*fig. 84*). L'*arsenic* ou
l'*antimoine*, projetés en poudre fine, y brûlent avec
éclat, produisent comme une pluie de feu et se transforment en chlorures, dont les vapeurs sont dangereuses à respirer. Des fils de *cuivre* ou de *fer*, chauffés
à leur extrémité et introduits dans le chlore (*fig 85*),

Fig. 84. — Phosphore dans le
chloie.

Fig. 85. — Combustion du cuivre
dans le chloie.

se changent en chlorures, avec incandescence ; le
mercure et l'*argent* sont attaqués lentement à la température ordinaire ; le *platine* et l'*or* lui-même
s'unissent directement au chlore naissant de l'eau
régale.

203. Affinité pour l'hydrogène. — Le chlore a surtout
beaucoup d'affinité pour l'*hydrogène* ; il forme avec
lui de l'acide chlorhydrique. — Si on remplit un flacon
d'un mélange à volumes égaux de chlore et d'hydrogène, les gaz ne se combinent pas s'ils sont dans une
obscurité complète, à moins d'avoir été *insolés*,
exposés au soleil, avant d'être mélangés. Mais à la
lumière diffuse, la combinaison se fait peu à peu ;
elle est instantanée à la lumière directe du soleil,
d'une lampe électrique ou du magnésium, et est
accompagnée d'une violente détonation, qui fait voler
le flacon en éclats. Pour expérimenter sans danger,
on met le flacon à l'ombre, et de loin, avec un miroir,
on dirige sur lui un rayon de soleil ; on peut aussi le
lancer de loin, de manière qu'il soit frappé par les
rayons directs du soleil avant de tomber. L'approche
d'une flamme ou d'une tige de fer rougie au feu
détermine aussi la combinaison, mais moins violemment.

Le chlore est un *déshydrogénant* énergique ; il
prend l'hydrogène à un grand nombre de corps : eau,
ammoniaque, hydrogènes carboné, sulfuré, phosphoré. — Il décompose l'*eau*, prend l'hydrogène et
met l'oxygène en liberté :

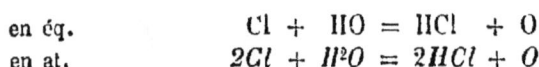

en éq. $Cl + HO = HCl + O$

en at. $2Cl + H^2O = 2HCl + O$

On le constate en exposant au soleil une éprouvette
pleine d'eau de chlore et renversée sur un vase rempli
d'eau. Aussi la dissolution de chlore doit-elle être
conservée à l'abri de la lumière ou dans un flacon
noir.

Le chlore décompose l'*ammoniaque.*

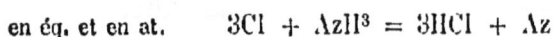

en éq. et en at. $3Cl + AzH^3 = 3HCl + Az$

On prend un long tube, fermé par un bout ; on en remplit les $\frac{9}{10}$ avec une solution de chlore, et le reste avec une solution d'ammoniaque ; on le ferme avec le doigt et on le renverse dans un verre à expérience. L'ammoniaque, plus légère, monte à travers l'eau de chlore et est décomposée. On peut encore faire passer lentement, bulle à bulle, du chlore dans une dissolution d'ammoniaque ou dans une éprouvette pleine de ce gaz. Cette expérience n'est pas sans danger ; si le chlore est en excès, il peut se produire du chlorure d'azote, très explosif.

Le chlore décompose l'acide sulfhydrique avec dépôt de soufre.

en éq. Cl + HS = HCl + S ;   en at. $2Cl + H^2S = 2HCl + S$

Le chlore agit sur un grand nombre de *matières organiques*, pour former des composés importants. Nous avons vu deux réactions qu'il produit avec le bicarbure d'hydrogène. Dans l'une il agit comme déshydrogénant, donnant du carbone et de l'acide chlorhydrique ; dans l'autre il produit l'huile des Hollandais.

Pouvoir désinfectant, *pouvoir décolorant*. Le chlore, décomposant l'eau, met l'oxygène en liberté : cet oxygène, *à l'état naissant*, est beaucoup plus actif que l'oxygène ordinaire ; il détruit. en les oxydant, les matières colorantes et les matières putrides. Si l'on verse de l'eau de chlore dans de la teinture de tournesol ou du vin rouge, on voit ces matières perdre leur coloration. Le chlore détruit les caractères écrits avec l'encre ordinaire, mais il est sans action sur l'encre d'imprimerie qui est faite avec du charbon. — Le chlore sec n'agit pas sur les couleurs végétales, ce qui montre que le pouvoir décolorant est dû à l'oxygène naissant dans la décomposition de l'eau.

207. État naturel. — Le chlore n'existe pas en liberté dans la nature. On le trouve dans les chlorures métalliques, dont le principal et le plus abondant est le *chlorure de sodium* ou *sel marin* ; il y a aussi des

chlorures de potassium, de magnésium, de mercure, d'argent.

208. Préparation. — On obtient le chlore en l'enlevant à l'*acide chlorhydrique* ou au *chlorure de sodium*.

1° On met dans un ballon (*fig. 86*) 1 partie de *bioxyde de manganèse*, plutôt en grains qu'en poudre,

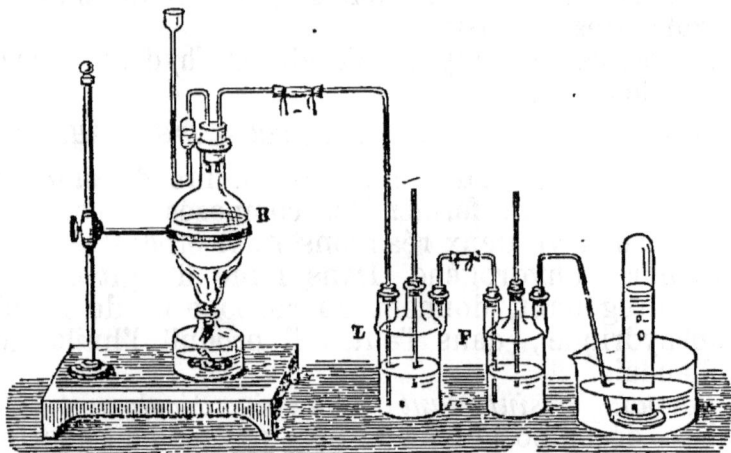

Fig. 86. — Préparation du chlore.

et on verse ensuite 5 parties d'*acide chlorhydrique*. La réaction commence à froid ; on l'active en chauffant un peu.

en éq. $2HCl + MnO^2 = 2HO + MnCl + Cl$
chlorure
de manganèse

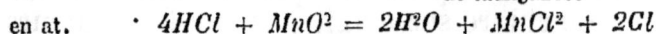

en at. $4HCl + MnO^2 = 2H^2O + MnCl^2 + 2Cl$

Le bioxyde de manganèse joue le rôle de corps oxydant ; son oxygène s'unit à l'hydrogène de l'acide chlorhydrique. Le chlore prend la place de l'oxygène. Il en résulterait du tétrachlorure de manganèse,

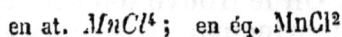

en at. $MnCl^4$; en éq. $MnCl^2$

qui, étant instable, se décompose en abandonnant la moitié de son chlore.

Pour arrêter l'acide chlorhydrique qui est entraîné, on met des flacons laveurs L, F, qui contiennent un peu d'eau.

Dans l'industrie on prépare le chlore par cette méthode. A la fin, on régénère le bioxyde de manganèse : on fait agir de la chaux sur le chlorure de manganèse, qui se précipite sous forme de protoxyde.

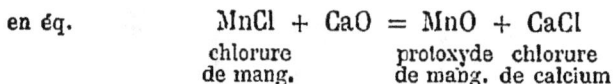

en éq. $$MnCl + CaO = MnO + CaCl$$
chlorure   protoxyde   chlorure
de mang.   de mang. de calcium

en at. $$MnCl^2 + CaO = MnO + CaCl^2$$

En faisant passer un courant d'air, le protoxyde se change en oxydes plus riches en oxygène (par exemple en sesquioxyde) qui peuvent remplacer le bioxyde de manganèse dans la préparation du chlore.

2° Pour retirer le chlore du *sel marin*, on met dans l'appareil précédent parties égales de chlorure de sodium et de bioxyde de manganèse, puis deux parties d'acide sulfurique peu concentré. Une légère chaleur détermine un dégagement de chlore plus régulier et plus abondant que dans la première méthode.

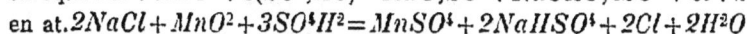

en éq. $NaCl + MnO^2 + 3(SO^3, HO) = MnO, SO^3 + NaOHO, 2SO^3 + Cl + 2HO$

en at. $2NaCl + MnO^2 + 3SO^4H^2 = MnSO^4 + 2NaHSO^4 + 2Cl + 2H^2O$

Pour comprendre cette réaction rappelons-nous (préparation de l'oxygène) que l'acide sulfurique et le bioxyde de manganèse dégagent de l'oxygène. Cet oxygène naissant,

Fig. 87. — Chlore recueilli à sec.

réagissant sur le chlorure de sodium, s'empare du sodium en mettant le chlore en liberté. Quant à l'oxyde de sodium ainsi formé, avec l'acide sulfurique il forme du sulfate de soude.

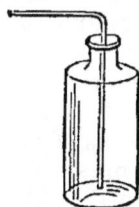

Le chlore ne peut pas se recueillir sur le mercure parce qu'il attaque ce métal ; on le recueille sur l'eau salée, qui en dissout très peu ; ou à sec, en tenant le flacon droit parce que le gaz est plus dense que l'air *(fig. 87)*. La teinte jaune du gaz permet de reconnaître si le flacon est plein. — La dissolution de chlore se prépare avec l'appareil de Woolf *(fig. 88)*. Pour arrêter l'excès de chlore on met en D une dissolution de potasse ou de soude.

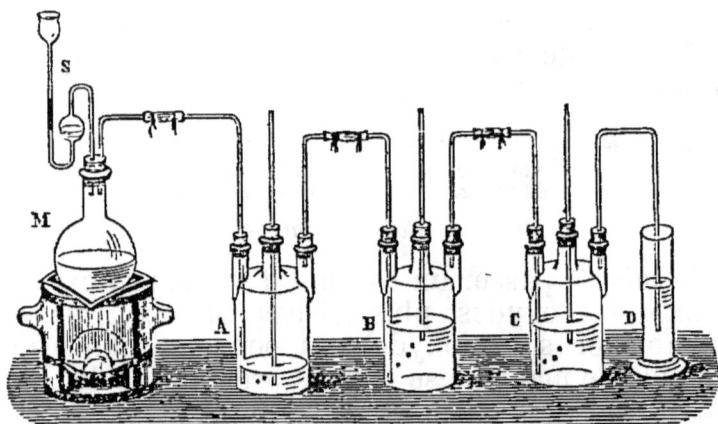

Fig. 88. — Appareil de Woolf.

109 Usages. — Le chlore est quelquefois employé *libre*, gazeux ou dissous dans l'eau ; le plus souvent, on l'emploie *combiné*, dans les *chlorures de potasse, de soude ou de chaux*. Ces composés soumis à l'action des acides, même les plus faibles, abandonnent leur chlore, ou dégagent de l'acide hypochloreux qui peut remplacer le chlore (n°ˢ 211 et 213).

Le chlore sert pour *désinfecter* l'air, en détruisant les matières odorantes, les matières putrides et les miasmes délétères de nature organique. Il est surtout employé pour *décolorer* et *blanchir* les matières végétales : pâte à papier, toiles de chanvre, de lin et de coton. C'est Berthollet qui créa cette industrie ; il substitua le *blanchiment par le chlore* au *blanchiment sur le pré*, qui consistait à exposer long-temps les tissus à l'action des agents atmosphériques. Les tissus légers sont maintenant trempés dans l'eau de Javelle (chlorure de potasse), exposés quelques minutes à l'air et lavés. Quant aux matières plus grossières ou plus difficiles à décolorer, on les trempe dans une dissolution de chlorure de chaux, à laquelle on peut ajouter un acide faible, pour dégager le chlore. Celui-ci rend solubles les principes colorants, qu'un lessivage entraîne alors facilement. On ne peut blanchir par le chlore les *matières animales*, laine ou soie ; il les détruirait. On le remplace par l'acide sulfureux.

Pour enlever des *taches d'encre* sur une gravure ou une

feuille imprimée, on la plonge dans un bain contenant en
dissolution un chlorure décolorant.

COMPOSÉS

CHLORE ET OXYGÈNE

210. — Le chlore forme avec l'oxygène deux oxydes :

L'anhydride hypochloreux	en éq. ClO	en at.	Cl^2O
Le peroxyde de chlore	ClO^4		ClO^2

et quatre acides.

L'acide hypochloreux	en éq. ClO,HO	en at.	$ClOH$
L'acide chloreux (anhydride inconnu)	ClO^3,HO		ClO^2H
L'acide chlorique (anhydride inconnu)	ClO^5,HO		ClO^3H
L'acide perchlorique (anhydride inconnu)	ClO^7,HO		ClO^4H

Tous ces corps ne se forment que par voie indirecte ; ils
se décomposent facilement et souvent avec explosion.

On remarquera l'analogie qui existe entre ces composés
et ceux que forme l'azote avec l'oxygène.

1° Pour les oxydes.

AZOTE ET OXYGÈNE

Protoxyde d'azote	en éq. AzO	en at.	Az^2O
Acide hypoazotique	AzO^4		AzO^2

CHLORE ET OXYGÈNE

Anhydride hypochloreux	en éq. ClO	en at.	Cl^2O
Peroxyde de chlore	ClO^4		ClO^2

2° Pour les acides.

AZOTE ET OXYGÈNE

Acide hypoazoteux	en éq. AzO,HO	en at.	$AzOH$
Acide azoteux	AzO^3,HO		AzO^2H
Acide azotique	AzO^5,HO		AzO^3H

CHLORE ET OXYGÈNE

Acide hypochloreux	en éq. ClO,HO	en at.	$ClOH$
Acide chloreux	ClO^3,HO		ClO^2H
Acide chlorique	ClO^5,HO		ClO^3H

Le peroxyde de chlore, ClO^4, [ClO^2], appelé aussi *acide
hypochlorique*, se dédouble en présence de l'eau et fournit

de l'*acide chloreux* et de l'*acide chlorique*, de même que l'*acide hypoazotique* se dédouble en *acide azoteux* et *acide azotique*.

Ces analogies font croire que le chlore, qui est monovalent dans la plupart des cas, peut devenir *trivalent*, *pentavalent*, comme l'azote, l'atomicité variant toujours d'un nombre pair.

Il serait *monovalent* dans l'acide hypochloreux $\quad Cl-O-H$

trivalent dans l'acide chloreux $\qquad\qquad O=Cl-O-H$

pentavalent dans l'acide chlorique $\qquad \begin{matrix}O\\O\end{matrix}\!\!\!\diagdown\!\!\!\diagup Cl-O-H$

heptavalent dans l'acide perchlorique $\qquad \begin{matrix}O\\\|\\O=Cl-O-H\\\|\\O\end{matrix}$

Nous n'étudierons que l'acide hypochloreux, l'acide chlorique et l'acide perchlorique, le premier parce qu'il entre dans les *chlorures décolorants*, les deux autres parce qu'ils forment des sels bien connus, les chlorates et les perchlorates.

Anhydride hypochloreux et acide hypochloreux

211. Anhydride hypochloreux : en éq. ClO ; en at. Cl^2O. — L'anhydride hypochloreux, à basse température, est un liquide rouge. Il bout à + 20° et devient alors un gaz jaune. Il est très instable.

Il a un pouvoir décolorant plus grand que le chlore ; car, en se décomposant, il agit à la fois par son chlore et son oxygène naissant.

On le prépare en faisant passer du chlore sur de l'oxyde mercurique.

212. Acide hypochloreux : en éq. ClO,HO ; en at. $ClOH$. — L'acide hypochloreux peut s'obtenir en dissolvant l'anhydride dans l'eau. Il est très instable.

Il forme les sels appelés hypochlorites :

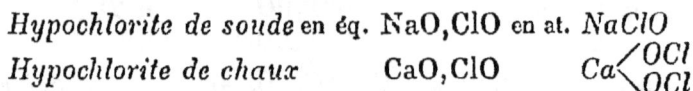

Hypochlorite de soude en éq. NaO,ClO en at. $NaClO$

Hypochlorite de chaux $\qquad CaO,ClO \qquad Ca\diagup^{OCl}_{\diagdown OCl}$

Dans le deuxième exemple, le calcium, métal bivalent, se substitue à l'hydrogène de deux molécules d'acide.

213. Chlorures désinfectants et décolorants. — *Préparation.* Lorsqu'on fait passer un courant de chlore dans une dissolution de potasse peu concentrée et froide, le gaz est absorbé, et on obtient un mélange de chlorure de potassium et d'hypochlorite de potasse, qu'on appelle *chlorure de potasse* ou eau de Javelle.

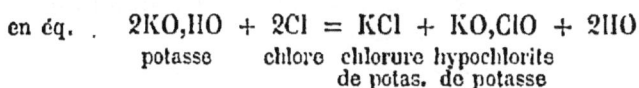

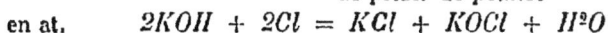

en éq. $\quad 2KO,HO + 2Cl = KCl + KO,ClO + 2HO$
potasse   chlore   chlorure   hypochlorite
de potas.   de potasse

en at. $\quad 2KOH + 2Cl = KCl + KOCl + H^2O$

On obtient le *chlorure de soude* ou *liqueur de Labarraque,* en remplaçant la dissolution de potasse par une dissolution de soude.

Enfin, si on fait passer le chlore sur de la chaux éteinte, on obtient un corps pulvérulent, qui est un mélange de chlorure de calcium et d'hypochlorite, le *chlorure de chaux.*

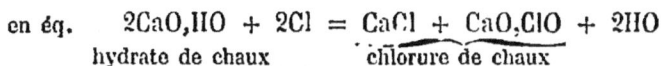

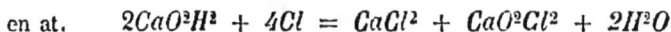

en éq. $\quad 2CaO,HO + 2Cl = \overline{CaCl + CaO,ClO} + 2HO$
hydrate de chaux   chlorure de chaux

en at. $\quad 2CaO^2H^2 + 4Cl = CaCl^2 + CaO^2Cl^2 + 2H^2O$

Le chlorure de chaux est aussi regardé comme une *combinaison* de chlorure de calcium et d'hypochlorite de chaux.

Propriétés. — En présence d'un acide, même faible, les hypochlorites perdent leur acide hypochloreux, qui, ainsi que nous l'avons vu, possède des propriétés décolorantes et désinfectantes.

Ils peuvent aussi dégager du chlore : le chlorure de chaux, soumis à l'action de l'acide carbonique de l'air, se change en carbonate de chaux et dégage du chlore, désinfectant et décolorant.

Acide chlorique et chlorates

214. Acide chlorique. — L'acide chlorique n'existe qu'en dissolution. On peut concentrer cette dissolution jusqu'à consistance sirupeuse, mais alors elle ne contient encore que la moitié de son poids d'acide.

L'acide chlorique est très instable. Il se décompose par la chaleur, ou en présence des substances oxydables, aux-

quelles il cède son oxygène : une goutte de cet acide, versée
sur une feuille de papier légèrement chauffée, la fait brûler
avec une vive déflagration ; il agit de même sur les autres
matières organiques telles que le bois, l'alcool.

Préparation. — Dans une dissolution de chlorate de
baryte on verse de l'acide sulfurique.

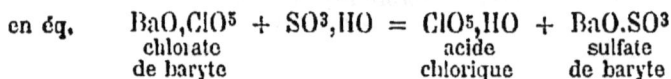

en éq. $BaO,ClO^5 + SO^3,HO = ClO^5,HO + BaO.SO^3$
           chlorate   acide   sulfate
           de baryte   chlorique   de baryte

en at. $(ClO^3)^2Ba + SO^4H^2 = 2ClO^3H + SO^4Ba$

L'hydrogène se substitue au baryum, et on a de l'acide
chlorique qui reste en dissolution et du sulfate de baryte
qu'on sépare par décantation.

La chaleur décomposant l'acide chlorique, on concentre
la dissolution en faisant évaporer l'eau dans le vide, en
présence de l'acide sulfurique.

215 Chlorates. — La formule des chlorates est, pour un
métal monovalent (potassium) ClO^3K, pour un métal bivalent (calcium) $(ClO^3)^2Ca$. En équivalents on n'a qu'une formule : KO,ClO^5 ; CaO,ClO^5.

Les chlorates abandonnent facilement leur oxygène par
l'action de la chaleur, ou en présence des substances oxydables. La préparation de l'oxygène est fondée sur la décom·
position du chlorate de potasse par la chaleur. Le chlorate
de potasse est aussi employé dans les allumettes *suédoises,*
où il joue le rôle d'oxydant (n° 192).

Préparation des chlorates. 1° Pour préparer le chlorate de
potasse, on fait passer un courant de chlore dans une solution de potasse chaude et concentrée.

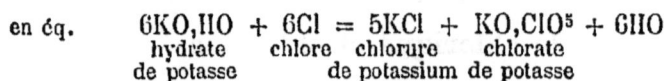

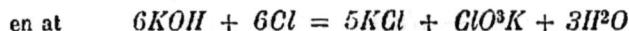

en éq. $6KO,HO + 6Cl = 5KCl + KO,ClO^5 + 6HO$
           hydrate   chlore chlorure   chlorate
           de potasse   de potassium de potasse

en at $6KOH + 6Cl = 5KCl + ClO^3K + 3H^2O$

Le chlore, en agissant sur la potasse pour former du
chlorure de potassium, met en liberté l'oxygène qui doit
entrer dans la formation du chlorate. On remarquera qu'on
a eu recours à la même réaction pour obtenir l'hypochlorite
de potasse et les autres hypochlorites ; mais l'action
oxydante du chlore avait été poussée moins loin.

12

2° Pour obtenir un chlorate il suffit de chauffer l'hypochlorite correspondant. Ainsi en chauffant l'hypochlorite
de chaux (ou le chlorure de chaux), on obtient le chlorate
de chaux.

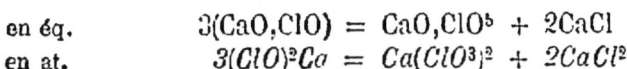

en éq. $\quad 3(CaO,ClO) = CaO,ClO^5 + 2CaCl$

en at. $\quad 3(ClO)^2Ca = Ca(ClO^3)^2 + 2CaCl^2$

Acide perchlorique

en éq. ClO^7,HO ; en at. ClO^4H

216. — L'*acide perchlorique* est un liquide fumant, incolore. Quand il est parfaitement exempt d'eau il forme des
cristaux, fusibles à 15° (Berthelot). Il cristallise aussi quand
on lui ajoute une quantité d'eau correspondant à la formule
$ClO^5,HO + 2HO$ [$ClO^4H + H^2O$]. Il est très avide d'eau, plus
que l'acide sulfurique.

Il est de beaucoup le plus stable des composés oxygénés
du chlore.

C'est un oxydant énergique. Il enflamme le bois et le
papier : une goutte de cet acide, tombant sur du charbon,
y produit une explosion.

Préparation. Quand on chauffe le chlorate de potasse,
pour le décomposer en chlorure de potassium et en oxygène
(préparation de l'oxygène), l'oxygène qui se dégage au commencement se reporte en partie sur le chlorate non décomposé et le transforme en perchlorate.

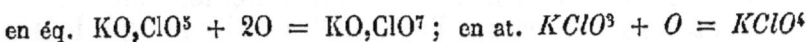

en éq. $KO,ClO^5 + 2O = KO,ClO^7$; en at. $KClO^3 + O = KClO^4$

Ce perchlorate distillé avec de l'acide sulfurique donne
l'acide perchlorique.

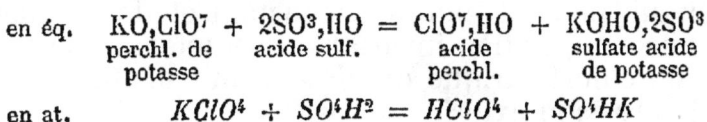

en éq. $\underset{\substack{\text{perchl. de} \\ \text{potasse}}}{KO,ClO^7} + \underset{\text{acide sulf.}}{2SO^3,HO} = \underset{\substack{\text{acide} \\ \text{perchl.}}}{ClO^7,HO} + \underset{\substack{\text{sulfate acide} \\ \text{de potasse}}}{KOHO,2SO^3}$

en at. $\quad KClO^4 + SO^4H^2 = HClO^4 + SO^4HK$

Dans cette réaction le potassium a remplacé 1 hydrogène
de l'acide sulfurique.

CHLORE ET HYDROGÈNE

ACIDE CHLORHYDRIQUE

Synonymes : *acide hydrochlorique ; acide muriatique* (de *muria*, eau salée, parce qu'on le tire du sel marin).

en éq.	HCl	D_a = 1.25
en at.	même formule	D_h = 18
poids mol.	36,5	S = 500

Connu de Basile Valentin ; sa véritable composition a été trouvée en 1810 par Gay-Lussac et Thénard.

217. Caractères. — L'acide chlorhydrique est un gaz incolore, fumant à l'air, d'une odeur piquante, et d'une saveur très acide. — L'acide chlorhydrique du commerce est une dissolution de ce gaz dans l'eau. C'est un liquide fumant à l'air ; les fumées augmentent en présence de l'ammoniaque, parce que les deux gaz, en se rencontrant dans l'air, se combinent en une poussière blanche de chlorhydrate d'ammoniaque.

Propriétés physiques. — Le gaz acide chlorhydrique se liquéfie à la température ordinaire sous une pression de 40 atmosphères, ou à — 80° sous la pression atmosphérique. À — 115° il se solidifie.

Il est *très soluble.* On le montre par les mêmes expériences que pour l'ammoniaque.

La dissolution saturée est plus dense que l'eau (d = 1,21) ; elle contient 40 0/0 d'acide. Elle bout à 60° et perd beaucoup d'acide. Vers 110° le liquide n'en contient plus que 20 0/0 et distille complètement sans s'altérer davantage. Cette dissolution se rapproche donc des *combinaisons définies,* dont le caractère est d'avoir un point d'ébullition constant et de distiller avec une composition invariable. Toutefois la teneur en acide chlorhydrique du liquide qui distille varie avec la pression extérieure.

Propriétés chimiques. — Les *métalloïdes* n'ont pas d'action sur l'acide chlorhydrique, excepté le silicium et l'oxygène chauffés au rouge, et le fluor.

Les *métaux* le décomposent, en s'emparant *du chlore et mettant en liberté l'hydrogène. *Ex.* :

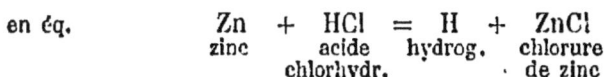

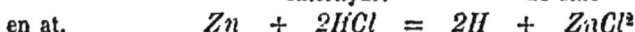

en éq.
$$Zn + HCl = H + ZnCl$$
$$\text{zinc} \quad \text{acide} \quad \text{hydrog.} \quad \text{chlorure}$$
$$\text{chlorhydr.} \qquad \text{de zinc}$$

en at.
$$Zn + 2HCl = 2H + ZnCl^2$$

L'or et le platine ne sont pas attaqués, non plus que l'argent et le mercure au-dessous de 500°.

Les *oxydes* métalliques sont transformés en chlorures, le métal de l'oxyde se substituant à l'hydrogène de l'acide chlorhydrique.

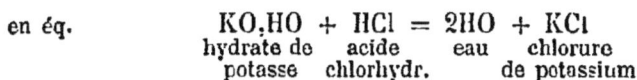

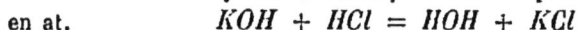

en éq.
$$KO,HO + HCl = 2HO + KCl$$
$$\text{hydrate de} \quad \text{acide} \quad \text{eau} \quad \text{chlorure}$$
$$\text{potasse} \quad \text{chlorhydr.} \qquad \text{de potassium}$$

en at.
$$KOH + HCl = HOH + KCl$$

Les *chlorures sont des sels*, puisqu'ils résultent de la substitution d'un métal à l'hydrogène dans l'acide chlorhydrique.

Formules des chlorures. Notation atomique. Si le métal est monovalent, son atome remplace l'hydrogène d'une molécule d'acide. *Ex.* : *chlorure de potassium*, KCl. Si le métal est bivalent, son atome remplace l'hydrogène de 2 molécules d'acide. *Ex.* : *chlorure de zinc, $ZnCl^2$.* Pour un métal trivalent il faut 3 molécules d'acide. *Ex.* : *chlorure d'or*, $AuCl^3$, etc.

Quant aux chlorures de formule plus compliquée, comme Fe^2Cl^6 (perchlorure de fer), leur constitution sera étudiée avec les métaux correspondants.

En équivalents, remarquer la ressemblance qui existe entre les formules des chlorures et celles des oxydes ; *ex.* . Fe^2O^3 sesquioxyde de fer, Fe^2Cl^3 perchlorure de fer.

218. Composition. — L'acide chlorhydrique gazeux est formé de 1 volume de chlore et 1 volume d'hydrogène combinés en 2 volumes.

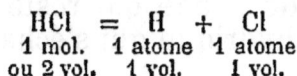

$$HCl = H + Cl$$
$$\text{1 mol.} \quad \text{1 atome} \quad \text{1 atome}$$
$$\text{ou 2 vol.} \quad \text{1 vol.} \quad \text{1 vol.}$$

On le démontre par synthèse en mettant en communication deux vases d'égale capacité (*fig. 89*), un flacon C rempli de chlore et un ballon H rempli d'hydrogène, le col du ballon ayant été usé à l'émeri dans celui du flacon, de manière à le fermer hermétiquement. Exposés à la lumière diffuse, les deux gaz se mêlent peu à peu, se combinent et forment deux volumes d'acide chlorhydrique.

Fig. 89. — Synthèse de l'acide chlorhydrique.

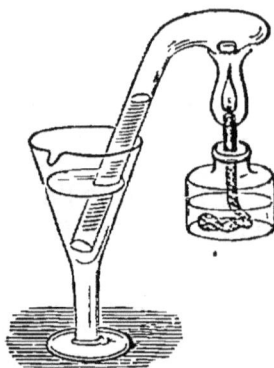

Fig. 90. — Analyse de l'acide chlorhydrique.

On *analyse* ce corps en le décomposant par le sodium, dans une cloche courbe. Il reste un volume d'hydrogène qui est la moitié du volume d'acide employé.

219. Préparation. — On prépare l'acide chlorhydrique en traitant 3 parties de chlorure de sodium par 3 parties d'acide sulfurique étendues de 1 partie d'eau. On se sert d'un ballon muni d'un tube de sûreté (*fig. 86*). La réaction commence à froid ; on chauffe un peu pour l'achever.

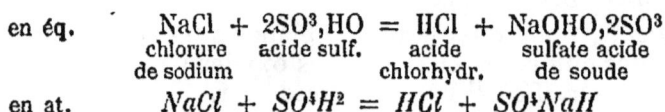

en éq. $NaCl + 2SO^3,HO = HCl + NaOHO,2SO^3$
chlorure   acide sulf.   acide   sulfate acide
de sodium   chlorhydr.   de soude

en at. $NaCl + SO^4H^2 = HCl + SO^4NaH$

Le sodium se substitue à l'un des 2 hydrogènes de l'acide sulfurique, et réciproquement, d'où il résulte du sulfate acide de soude qui reste dans le ballon, et de l'acide chlorhydrique qui s'échappe.

Quand on emploie le sel marin en petits cristaux, on est obligé de n'ajouter l'acide sulfurique que peu à peu par le tube de sûreté, pour éviter un trop grand boursouflement. Il vaut mieux se servir de sel préalablement fondu dans un creuset

12.

chauffé au rouge, afin d'avoir de gros morceaux sur lesquels on puisse verser en une fois tout l'acide sulfurique nécessaire.

L'acide chlorhydrique qui se dégage, passe d'abord dans un flacon laveur. Il peut se recueillir ensuite à sec, sur la cuve à mercure, ou dans l'appareil de Woulf, si on veut l'avoir en dissolution.

Dans l'industrie, l'acide chlorhydrique est un produit secondaire de la préparation d'un composé plus important, le sulfate de soude. Elle se fait dans des cylindres en fonte (*fig. 91*) que l'on charge de sel

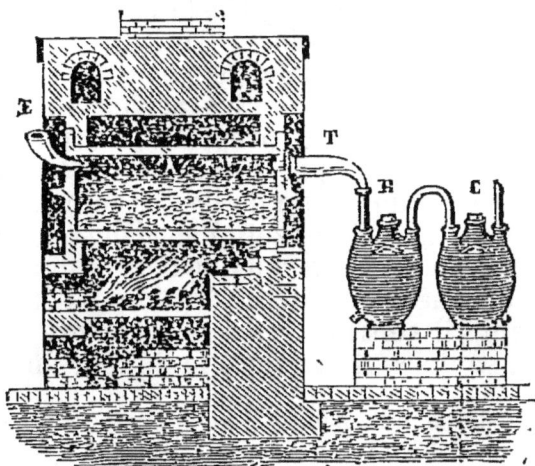

Fig. 91. — Préparation industrielle de l'acide chlorhydrique.

marin et dans lesquels on verse par un entonnoir E, de l'acide sulfurique à 66°. Chaque cylindre communique avec une suite de touries B, C, remplies d'eau aux 2/3. — On opère à une température où il se forme du sulfate neutre de soude ; par suite, il faut 2 fois moins d'acide sulfurique que dans la préparation précédente.

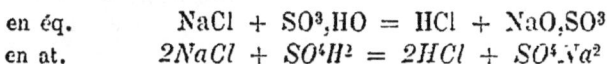

en éq. $NaCl + SO^3,HO = HCl + NaO,SO^3$

en at. $2NaCl + SO^4H^2 = 2HCl + SO^4Na^2$

220. Usages. — La solution d'acide chlorhydrique a de nombreuses applications On l'utilise pour décaper les métaux, pour nettoyer les carafes et les conduits de distribution des eaux qui se

recouvrent d'incrustations calcaires. On l'emploie pour préparer
l'hydrogène, l'acide carbonique. l'hydrogène sulfuré. le chlore,
l'eau régale et plusieurs chlorures : pour extraire la gélatine des
os. Elle sert de réactif : elle décèle la présence de l'argent en
formant un chlorure d'argent insoluble.

L'acide du commerce marque 22° au pèse-acide de Baumé.

Eau régale

221. — L'eau régale est un mélange d'*acide chlorhydrique* et d'*acide azotique ;* c'est un liquide rougeâtre,
d'une forte odeur de chlore. On l'appelle eau régale
parce qu'elle attaque l'*or* (le *roi des métaux*) et le
platine, inattaquables par les acides simples. Pour
mettre en évidence cette propriété, on introduit dans
deux tubes, fermés par un bout, une feuille d'or
battu ; on verse dans l'un de l'acide chlorhydrique. et
dans l'autre de l'acide azotique. Même en chauffant
un peu chaque tube, on voit que l'or n'est pas attaqué.
Mais si on mêle les deux liquides, l'or disparaît
rapidement ; il se transforme en *chlorure d'or* Au^2Cl^3
$AuCl^3$ qui se dissout et colore la liqueur en jaune.

L'eau régale se fait habituellement avec 3 parties d'acide
chlorhydrique à 22° et 1 partie d'acide azotique à 35°. L'acide
azotique, corps oxydant, transforme en eau l'hydrogène de
l'acide chlorhydrique et met le chlore en liberté. Ce chlore
naissant attaque tous les métaux et les transforme en chlorures
solubles. Il n'y a d'exception que pour l'argent, qui est attaqué
mais transformé en un chlorure insoluble, et pour 5 métaux
rares, qui ne sont pas attaqués.

Chlorure d'azote

222. Propriétés. — Le chlorure d'azote n'a pas été analysé :
on lui suppose la formule $AzCl^3$ où l'azote serait trivalent
comme dans l'ammoniaque. C'est un liquide huileux, jaune,
qui détonne avec une violence extrême ; il est très dangereux à manier : son étude a coûté à Dulong, qui l'a découvert, trois doigts et un œil.

Préparation. On fait dissoudre 100 grammes de chlorhydrate d'ammoniaque dans 2 ou 3 litres d'eau. Cette dissolution étant maintenue à 30° environ, on renverse dessus
un ballon ou un vase quelconque, renfermant du chlore

gazeux. Le chlore est absorbé et il se forme des gouttes de chlorure d'azote que l'on recueille dans une capsule de plomb.

CHAPITRE VIII

BROME. — IODE. — FLUOR

Ces trois corps forment, avec le chlore, la première famille des métalloïdes. On remarquera l'analogie qui existe entre leurs propriétés et celles du chlore.

BROME

Étymologie : Βρόμος, mauvaise odeur.

équiv. et poids at.	$Br. = 80$	à l'état de vapeur	$D_a = 5,24$
	monovalent		$D_h = 80$
à l'état liquide	$D = 3$		

Découvert par Balard, en 1826, dans les eaux mères des marais salants.

223. Propriétés. — Le brome est un liquide (1) très dense, d'une couleur rouge foncé, émettant des vapeurs rouges abondantes, d'une odeur irritante, ressemblant à celle du chlore. Il est dangereux à respirer.

Le brome se congèle à — 7°,3, il bout à 63°. Il se dissout un peu dans l'eau et beaucoup mieux dans l'éther.

Les *propriétés chimiques* sont les mêmes que celles du chlore, mais en général moins énergiques. Il ne se combine avec l'hydrogène qu'à la température de 500° pour former de l'acide bromhydrique. En dissolution, il possède un pouvoir décolorant plus faible que le chlore. L'arsenic et l'antimoine en poudre brûlent avec vivacité dans le brome liquide, le phosphore et le potassium produiraient une détonation.

224. Préparation. — Le brome existe dans la mer, dans les mines du sel gemme, dans les sources salées, à l'état de bromure de potassium, de sodium ou de magnésium.

---

(1) Il n'y a que deux corps simples liquides : le brome et le mercure.

Lorsqu'on évapore les eaux salées pour faire cristalliser le sel marin (1), on s'arrête lorsqu'il commence à se déposer des sels étrangers, qui sont mélangés au chlorure de sodium, mais qui ne cristallisent pas d'abord parce qu'ils sont plus solubles, ou en trop petite quantité. Les eaux qui restent s'appellent *eaux mères;* elles contiennent des bromures. Si on y dirige un courant de chlore, le brome est déplacé et reste en dissolution dans l'eau.

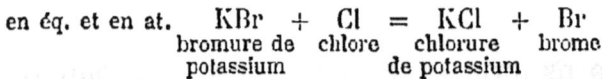

en éq. et en at. $KBr + Cl = KCl + Br$
                bromure de   chlore   chlorure   brome
                potassium   de potassium

Ensuite on fait passer dans le liquide un courant de vapeur d'eau, qui entraîne le brome à l'état de vapeurs ; on condense ces vapeurs dans des réfrigérants.

Dans les laboratoires, on peut préparer le brome en chauffant le bromure de potassium avec du bioxyde de manganèse et de l'acide sulfurique. Cette préparation est identique à la préparation du chlore par le chlorure de sodium, le bioxyde de manganèse et l'acide sulfurique.

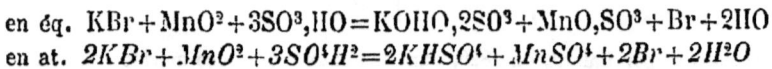

en éq. $KBr + MnO^2 + 3SO^3,HO = KOHO,2SO^3 + MnO,SO^3 + Br + 2HO$

en at. $2KBr + MnO^2 + 3SO^4H^2 = 2KHSO^4 + MnSO^4 + 2Br + 2H^2O$

225. Usages. — Le brome est surtout employé en *médecine* et en *photographie,* sous forme de bromure de potassium.

<h3 style="text-align:center">COMPOSÉS</h3>

226. Acide hypobromeux, acide bromique. — On ne connaît pas d'oxydes de brome, mais il y a deux oxacides : l'acide hypobromeux BrO,HO [*BrOH*]; et l'acide bromique BrO^5,HO [*BrO³H*], qui correspondent exactement à l'acide hypochloreux, et à l'acide chlorique.

Ils se produisent dans les mêmes circonstances. Si on fait réagir le brome sur une dissolution froide et peu concentrée de potasse ou de soude, on obtient un bromure et un hypobromite.

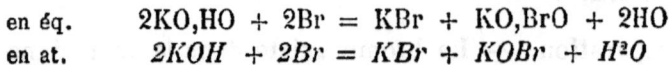

en éq. $2KO,HO + 2Br = KBr + KO,BrO + 2HO$

en at. $2KOH + 2Br = KBr + KOBr + H^2O$

L'acide hypobromeux et les hypobromites sont des substances oxydantes et décolorantes.

---

(1) Ou le chlorure de potassium, dans les mines de Stassfurt (Prusse).

Si la dissolution alcaline est chaude et concentrée, il se forme un bromure et un bromate.

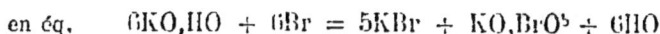

en éq. $6KO,HO + 6Br = 5KBr + KO,BrO^5 + 6HO$

en at. $6KOH + 6Br = 5KBr + BrO^3K + 3H^2O$

Les bromates se décomposent par la chaleur en donnant de l'oxygène et un bromure, comme les chlorates donnent de l'oxygène et un chlorure.

227. Acide bromhydrique. en éq. et en at. HBr — L'acide bromhydrique est un gaz incolore fumant à l'air, très acide. — Il est plus soluble que l'acide chlorhydrique ($S = 600$ à $10°$) ; sa dissolution distille à $123°$, en gardant une composition constante. — Avec les métaux et les oxydes, il donne des bromures, comme l'acide chlorhydrique donne des chlorures.

Préparation (1). — On fait réagir l'eau sur les bromures de phosphore.

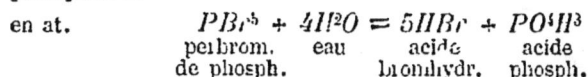

en at. $PBr^5 + 4H^2O = 5HBr + PO^4H^3$
            perbrom.   eau   acide   acide
            de phosph.   bromhydr.   phosph.

en éq. $PBr^5 + 8HO = 5HBr + PO^5,3HO$

Cette réaction est identique à la réaction de l'eau sur les chlorures de phosphore.

En pratique, on fait tomber du brome, goutte à goutte, sur du phosphore plongé dans l'eau. Le bromure de phosphore qui se forme subit aussitôt la réaction précédente.

IODE

Étymologie : Ἰώδης, violet, parce que ses vapeurs sont violettes.

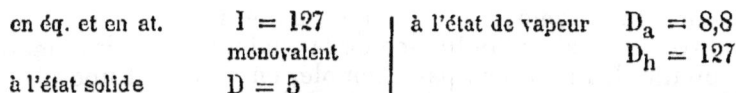

en éq. et en at.	$I = 127$		à l'état de vapeur	$D_a = 8,8$
	monovalent			$D_h = 127$
à l'état solide	$D = 5$			

Découvert par Courtois en 1811 ; étudié par Gay-Lussac.

228. Caractères. — L'iode est un corps solide, sous forme de paillettes grises, douées d'un certain éclat métallique, tachant la peau et le papier en jaune. Son odeur ressemble à celle du chlore. — Quand on le chauffe il dégage d'abon-

---

  (1) On ne peut pas préparer l'acide bromhydrique en faisant réagir l'acide sulfurique sur un bromure, parce que l'acide sulfurique décomposerait l'acide bromhydrique.

dantes vapeurs, d'une couleur *violette*, riche et intense
(fig. 92). — Son réactif est l'empois d'amidon qu'il colore
en bleu, et inversement l'iode sert à reconnaître la présence
de l'amidon.

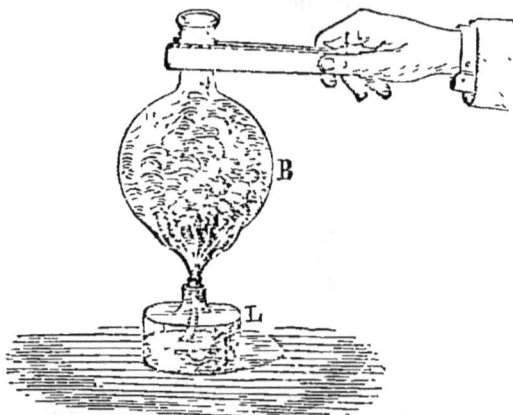

Fig. 92. — Vapeurs d'iode

Propriétés physiques. — L'iode émet des vapeurs à la
température ordinaire. Il fond à 115° environ, et bout à 200°.

Il est peu soluble dans l'eau pure, qu'il colore en jaune ;
plus soluble en présence d'un iodure : bien soluble dans
l'alcool, qu'il colore en brun, et le sulfure de carbone, qui
prend une couleur violette.

Propriétés chimiques. — L'affinité de l'iode pour l'hydrogène et les métaux est moins grande que celle du chlore et
même du brome. Avec l'hydrogène il forme de l'acide
iodhydrique, sous l'influence de la chaleur. Avec les métaux
il donne des iodures ; par exemple, en exposant une plaque
d'argent aux vapeurs d'iode on obtient une couche d'iodure d'argent qui noircit rapidement à la lumière ; Daguerre
employait ces plaques dans les premiers essais de photographie. — Les oxydes métalliques ne sont pas décomposés
par l'iode. — Parmi les métalloïdes, il attaque vivement le
phosphore, en donnant des iodures de phosphore.

229. Préparation. — L'iode est très répandu dans la nature
mais toujours en petites quantités ; combiné avec divers
métaux alcalins, il se trouve dans quelques sources, dans
l'eau de mer, dans les animaux et les végétaux marins. En
Bretagne et en Normandie, on recueille les *algues* (goëmons,

varechs), qui croissent sur les bords de la mer ou que les flots y déposent. Ces plantes sont desséchées puis brûlées ; leurs cendres appelées *soudes brutes de varech* contiennent divers sels de potassium et de sodium : carbonates, sulfates, chlorures, bromures, iodures, que l'on obtient en dissolution, en traitant les cendres par l'eau bouillante *(lessivage)*.

Par des cristallations méthodiques, on sépare les sels plus abondants ou moins solubles ; les *eaux mères* retiennent les *iodures* et les *bromures*.

On peut alors procéder de deux manières :

1° On fait réagir sur le liquide de l'*acide sulfurique* et du *bioxyde de manganèse* ; l'iode des iodures est mis en liberté, se dégage en vapeurs et se condense dans des récipients en terre.

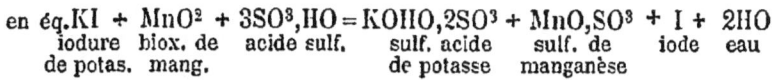

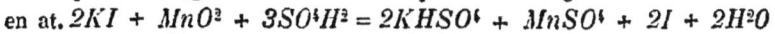

en éq. $KI + MnO^2 + 3SO^3,HO = KOHO,2SO^3 + MnO,SO^3 + I + 2HO$
    iodure   biox. de   acide sulf.   sulf. acide   sulf. de   iode   eau
    de potas. mang.   de potasse   manganèse

en at. $2KI + MnO^2 + 3SO^4H^2 = 2KHSO^4 + MnSO^4 + 2I + 2H^2O$

Cette préparation est identique à celle du chlore par le chlorure de sodium et le bioxyde de manganèse.

2° On fait passer dans le liquide un *courant de chlore* ; l'iode est déplacé par le chlore.

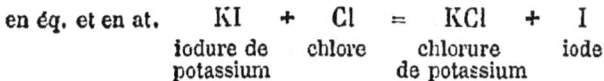

en éq. et en at. $KI + Cl = KCl + I$
               iodure de   chlore   chlorure   iode
               potassium   de potassium

L'iode se dépose à l'état solide au fond du récipient.

Remarque. — Dans ces deux procédés, les matières réagissantes attaqueraient aussi les bromures et mettraient le brome en liberté. Mais l'iode se dégage le premier. Dans le premier cas on n'introduit le bioxyde de manganèse que peu à peu, et lorsque les vapeurs de brome commencent à venir on remplace les récipients par d'autres destinés à recueillir le brome. Dans le second cas on interrompt le courant de chlore aussitôt que tout l'iode est déposé.

Depuis quelques années on retire de grandes quantités d'iode des mines d'azotate de soude du Chili. Il y est contenu sous forme d'iodate de soude, ou d'iodure de sodium. Quand on fait cristalliser l'azotate pour le livrer au commerce, les composés iodés restent dans les *eaux mères*. On fait passer un courant d'acide sulfureux qui, agissant comme un corps réducteur, sépare l'iode des iodates, puis un courant de chlore qui décompose les iodures.

230. Usages. — La médecine utilise l'iode pour réagir sur le système glandulaire et combattre le goître, les scrofules et les maladies de poitrine ; on attribue les effets de l'huile de foie de morue à l'iode qu'elle contient.

COMPOSÉS

231. Iode et oxygène. — L'iode ne se combine pas directement avec l'oxygène (excepté avec l'ozone). Cependant il a plus d'affinité pour ce corps que le brome et le chlore. Il déplace le chlore et le brome des chlorates et des bromates et les transforme en iodates.

On connaît deux oxydes d'iode : l'*anhydride iodeux* IO^3, $[I^2O^3]$ qui se forme par l'action de l'ozone sur l'iode ; l'*anhydride iodique* IO^5, $[I^2O^5]$ qu'on obtient en chauffant l'acide iodique à 200° pour le déshydrater.

Il y a deux acides : l'*acide iodique* IO^5,HO, $[IO^3H]$ et l'*acide periodique* IO^7,HO, $[IO^4H]$. L'acide iodique et son anhydride correspondent à l'acide et à l'anhydride chlorique ; l'acide periodique, à l'acide perchlorique.

L'*acide iodique* se prépare en oxydant l'iode au moyen de l'acide azotique concentré. Les iodates se forment, comme les chlorates et les bromates, quand on fait agir l'iode sur une dissolution de potasse ou de soude. Mais, quel que soit le degré de concentration, on a toujours un iodate, et jamais de composé correspondant aux hypochlorites ou aux hypobromites.

L'*acide periodique* peut s'obtenir en faisant agir l'iode sur l'acide perchlorique : le chlore est déplacé.

232. Iode et hydrogène. — L'iode forme, avec l'hydrogène, l'*acide iodhydrique*. Ce composé est un gaz incolore, très acide, fumant à l'air. Il est un peu moins soluble que l'acide chlorhydrique et l'acide bromhydrique ($S = 425$ à 10°). Sa dissolution distille en gardant une composition constante.

Il est décomposé par la plupart des métalloïdes qui prennent son hydrogène ou son iode. Avec les métaux il forme les sels appelés iodures. En particulier il attaque le mercure, et on doit le recueillir à sec.

Préparation. — On fait réagir l'eau sur le triiodure de phosphore.

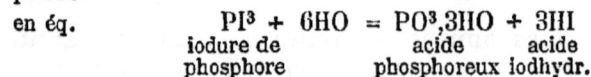

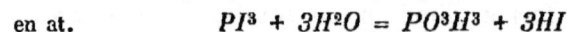

en éq. $PI^3 + 6HO = PO^3,3HO + 3HI$
iodure de   acide   acide
phosphore   phosphoreux iodhydr.

en at. $PI^3 + 3H^2O = PO^3H^3 + 3HI$

En pratique, sans préparer d'abord l'iodure, on met directement en présence l'iode, le phosphore et l'eau.

233. Iode et phosphore. — Les iodures de phosphore ne correspondent pas exactement aux chlorures PCl^3 et PCl^5. Il y a un *protoiodure* P^2I^4 $[P^2I^4]$, et un *periodure* ou *triiodure*, PI^3 $[PI^3]$.

13

234. Iode et azote. — On·appelle iodure d'azote une poudre noire, douée d'une puissance détonnante des plus énergiques, qu'on prépare en faisant agir l'iode sur l'ammoniaque.

On met dans un verre de montre de l'iode en poudre avec une solution d'ammoniaque ou de chlorhydrate d'ammoniaque. On fait sécher sur du papier à filtre la poudre noire qui se forme. Elle détonne par un simple frottement, souvent même avant d'être sèche. Dans ces expériences il ne faut employer que 1 ou 2 grammes d'iode.

La composition de l'iodure d'azote devrait être *AzI³*, l'azote étant trivalent et l'iode monovalent. En réalité, c'est un mélange complexe.

FLUOR

en éq. et en at.	F ou Fl = 19		$D_a = 1,26$
	monovalent		$D_h = 19$

L'existence du fluor dans l'acide ·.uorhydrique et les fluorures a été démontrée par Ampère. Mais ce corps n'a été isolé qu'en 1886, par M. Moissan.

235. Propriétés. — Le fluor est un gaz d'une couleur jaune verdâtre, plus faible que celle du chlore. Il a une odeur irritante, analogue à celle de l'acide hypoazotique.

C'est de tous les corps celui qui a les affinités les plus énergiques.

Il se combine à l'hydrogène même dans l'obscurité. Le soufre, le phosphore, l'iode, le carbone, etc., s'enflamment dans ce gaz à la température ordinaire. Les métaux sont attaqués moins vivement ; pour l'or et le platine, il faut la température du rouge. L'azote et l'oxygène n'ont pas d'affinité pour lui.

État naturel. — Le fluor se trouve dans la nature à l'état de fluorure de calcium (*spath fluor*) CaFl [*CaFl²*], et de fluorure double d'aluminium et de sodium (*cryolithe*) Al²Fl³ + 3NaFl [en at. *Al²Fl⁶ + 6NaFl*]. — Du fluorure de calcium on tire l'acide fluorhydrique, qui sert à préparer le fluor.

Préparation. — La difficulté est de trouver un récipient inattaquable. M. Moissan se sert d'un tube de platine en U, refroidi par du chlorure de méthyle en ébullition, à une température de 25° au-dessous de zéro ; dans ces conditions le platine n'est pas attaqué d'une façon notable, même par le fluor *naissant*. Dans ce tube il introduit de l'acide fluorhydrique anhydre, rendu conducteur par du fluorure de potassium, et il fait passer le courant de 25 éléments Bunsen. L'acide fluorhydrique est décomposé, l'hydrogène se rend au pôle négatif et le fluor au pôle positif.

COMPOSÉS

Le fluor ne s'unit pas à l'oxygène pour former des composés correspondant aux composés oxygénés du chlore. Avec l'hydrogène il forme l'*acide fluorhydrique*.

Acide fluorhydrique

en éq. et en at. HFl ; poids mol. 20 ; D = 0,987

236. Propriétés. — L'acide fluorhydrique est un liquide incolore, qui répand à l'air des fumées épaisses, dangereuses à respirer. Il est excessivement corrosif; en contact avec la peau, il produit des brûlures douloureuses qui peuvent occasionner la mort. — Il bout à 20°. Il est très soluble dans l'eau; la dissolution se fait avec dégagement de chaleur, ce qui indique une combinaison. Une goutte d'acide fluorhydrique, tombant dans l'eau, produit le sifflement d'un fer rouge.

Il n'agit pas sur l'or, l'argent et le platine, et faiblement sur le plomb. Les autres métaux, à une température plus ou moins élevée, sont transformés en fluorures, ainsi que leurs oxydes.

La propriété la plus remarquable de l'acide fluorhydrique est d'attaquer la silice et le verre, qui est composé de silice, pour former du fluorure de silicium.

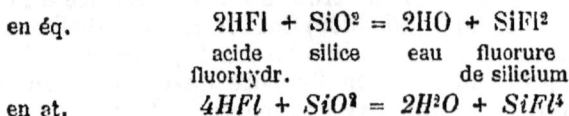

en éq.
$$2HFl + SiO^2 = 2HO + SiFl^2$$
acide   silice   eau   fluorure
fluorhydr.   de silicium

en at.
$$4HFl + SiO^2 = 2H^2O + SiFl^4$$

237. Préparation, usages. — On prépare l'acide fluorhydrique avec le *fluorure de calcium* et l'*acide sulfurique*. Une légère chaleur détermine la réaction.

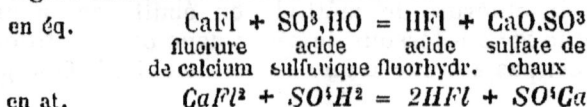

en éq.
$$CaFl + SO^3,HO = HFl + CaO.SO^3$$
fluorure   acide   acide   sulfate de
de calcium sulfurique fluorhydr.   chaux

en at.
$$CaFl^2 + SO^4H^2 = 2HFl + SO^4Ca$$

L'hydrogène se substitue au calcium et réciproquement.

L'acide fluorhydrique se prépare donc avec un fluorure, de la même manière que l'acide chlorhydrique avec un chlorure. — Il faut employer une cornue en plomb et un récipient de même métal. Dans le récipient on met de l'eau pour avoir l'acide en dissolution.

L'acide fluorhydrique est employé pour graver sur verre. On recouvre une feuille de verre sec et chaud d'une mince couche de cire ou de vernis (3 parties de cire et 1 d'essence de térébenthine) ; sur ce vernis on trace le dessin avec une aiguille. On dépose la feuille de verre, comme un couvercle, sur une boîte de plomb contenant du fluorure de calcium pulvérisé, arrosé d'acide sulfurique. On chauffe légèrement, l'acide fluorhydrique se dégage et attaque le verre partout où la surface a été mise à nu. — Les traits obtenus par ce procédé sont opaques. Pour avoir un dessin transparent, il faudrait employer l'acide en dissolution.

CHAPITRE IX

BORE. — SILICIUM

Dans la classification de Dumas ces corps forment, avec le carbone, la quatrième classe des métalloïdes. Leurs analogies sont tirées principalement de l'ordre physique. Au point de vue chimique, le bore diffère notablement des deux autres par la constitution de ses composés. Il est trivalent, le carbone et le silicium sont tétravalents.

BORE

Symbole B ou Bo ; éq. et p. at. 11 ; trivalent.

238. Propriétés. — On admettait autrefois l'existence de deux variétés de bore : le bore *amorphe*, et le bore *cristallisé*, appelé bore *adamantin*, parce qu'il ressemblait au diamant par sa dureté et sa forme cristalline. On a reconnu depuis que le bore adamantin est constitué par plusieurs combinaisons du bore avec des corps étrangers.

Le bore amorphe est une poudre de couleur marron foncé, infusible aux plus hautes températures, insoluble dans tous les liquides. — Il se combine facilement à la plupart des corps simples, principalement à l'oxygène, au chlore. Il s'unit directement à l'azote.

Préparation. — On le prépare en chauffant l'acide borique avec un métal avide d'oxygène, qui met le bore en liberté. — M. Moissan emploie le magnésium; avec le sodium (ancien procédé) le bore est impur; avec l'aluminium on obtient le bore adamantin.

Composés. — Le composé le plus important du bore est celui qu'il forme avec l'oxygène, *l'anhydride borique*, dont dérive *l'acide borique*.

Anhydride borique, acide borique

La formule de l'anhydride borique est BO^3 [B^2O^3]; celle de l'acide, $BO^3,3HO$ [BO^3H^3]. On remarquera l'analogie qui existe entre ces formules et celles de l'anhydride phosphoreux PO^3 [P^2O^3], et de l'acide phosphoreux $PO^3,3HO$ [PO^3H^3]. Cela n'a rien d'étonnant, puisque le bore est trivalent, comme le phosphore dans l'acide phosphoreux.

239. Propriétés. — *L'anhydride borique* est un corps vitreux, incolore, que l'on obtient en chauffant l'acide borique au rouge afin de le déshydrater. A la température ordinaire, il se combine à l'eau et donne de l'acide borique. Au rouge, il possède la propriété de dissoudre les oxydes métalliques en formant des masses vitreuses diversement colorées suivant le métal de l'oxyde. On utilise cette propriété pour le vernissage des poteries et pour la confection des verres qui imitent les pierres précieuses.

L'*acide borique* est un corps solide, blanc, sous forme de paillettes. — Il est un peu soluble dans l'eau et davantage dans l'alcool, dont il colore la flamme en vert. — C'est un acide faible, donnant au tournesol la couleur rouge vineux. Quand on le chauffe, il se déshydrate graduellement (comme l'acide phosphorique). A 100° il prend la formule BO^3,HO [BO^2H]; au rouge, il devient anhydre BO^3 [B^2O^3].

Préparation. — L'acide borique existe en dissolution dans l'eau de plusieurs lacs de Toscane. On l'en retire en grande quantité par l'évaporation de ces eaux. Dans les *laboratoires*, on l'extrait du *borax* (borate de soude), en faisant dissoudre ce sel dans l'eau bouillante, et lui ajoutant peu à peu de l'acide sulfurique. L'acide sulfurique déplace l'acide borique. On trouve en Asie mineure des gisements de *borate de calcium* qui sert à préparer l'acide borique.

SILICIUM

Symbole Si; équiv. 14; p. atom. 28; tétravalent.

Le silicium amorphe a été découvert en 1808 par Berzélius, le silicium cristallisé par Sainte-Claire Deville.

240. Propriétés. — Le *silicium* se présente sous deux formes : le silicium amorphe et le silicium *cristallisé* ; on ne regarde plus comme distinctes les deux variétés qu'on appelait *graphitoïde* et *adamantine*. Le silicium amorphe est une poudre brune, sans éclat. Le silicium cristallisé est gris et possède l'éclat métallique ; il est assez dur pour rayer le verre.

Le silicium fond vers 1.500° ; il n'est volatil à aucune température. A l'état amorphe il brûle facilement dans l'air en donnant de la *silice*. Parmi ses autres affinités on peut remarquer celle qu'il a pour le fluor, libre ou à l'état d'acide fluorhydrique ; et pour l'azote, avec lequel il se combine directement, comme le bore.

Préparation. — Le silicium amorphe se prépare en calcinant le fluorure double de potassium et de silicium avec du potassium.

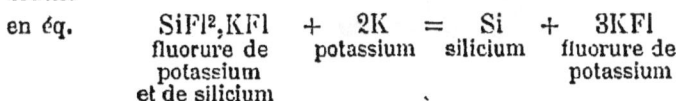

en éq.
$$SiFl^2,KFl + 2K = Si + 3KFl$$
fluorure de potassium et de silicium   potassium   silicium   fluorure de potassium

en at.
$$SiFl^4,2KFl + 4K = Si + 6KFl$$

Si on traite la masse par l'eau, le fluorure de potassium est dissous ; il reste du silicium.

Le silicium cristallisé s'obtient en réduisant le chlorure de silicium par l'aluminium.

SILICIUM ET OXYGÈNE

Le silicium uni à l'oxygène forme la silice en éq. et en at. SiO^2, qui correspond à l'acide carbonique CO^2.

La silice est un anhydride dont dérivent divers acides plus ou moins hydratés, qu'on désigne sous le nom générique de silice hydratée. On attribue à l'*acide silicique* normal la formule

en at. $Si(OH)^4$;   en éq. $Si^2O^4,4HO$

Silice

Synonymes : *anhydride silicique* ou, dans l'ancienne nomenclature, *acide silicique*.

en éq. et en at. SiO^2 ; poids mol. 60 ; $D = 2,6$ à $2,2$

241. Variétés de silice. — La silice se présente dans la nature sous diverses formes. *Pure et cristallisée* elle consti-

tue le *quartz hyalin* ou *cristal de roche* ; ce cristal a la forme
de prisme à 6 pans, terminé par des pyramides à 6 faces
(*fig. 93*). Il est généralement incolore. Il peut être coloré en
violet (*améthyste*), ou en brun (*quartz enfumé*). On appelle
tridymite une variété cristallisée dans un autre système.
L'*agate*, l'*onyx*, le *jaspe* sont des variétés plus ou moins

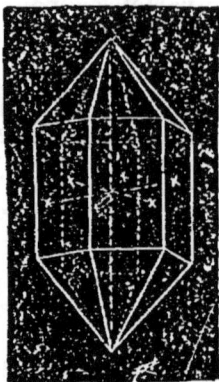

Fig. 93. — Cristal de roche.

bien cristallisées et colorées de diverses manières. L'*opale*
est de la silice hydratée. — Les *pierres meulières*, les
cailloux ou *silex*, les *sables*, le *grès*, qui n'est que du sable
agglutiné par un ciment siliceux, sont des variétés grossières de silice.

La silice préparée *artificiellement* est *anhydre* ou *hydratée*.
Hydratée elle forme un corps gélatineux ; anhydre c'est une
poudre blanche.

Propriétés. — La silice est un corps dur qui raye le verre
et n'est rayé que par le diamant et la topaze. Elle ne fond
qu'au chalumeau oxhydrique. A l'état anhydre, elle est
insoluble dans l'eau. Hydratée, elle s'y dissout un peu,
surtout en présence d'un acide comme l'acide chlorhydrique ; elle peut, en cet état, pénétrer dans les plantes
auxquelles elle donne de la rigidité.

Elle résiste à la plupart des agents chimiques : mais elle
est attaquée vivement par l'acide fluorhydrique. Au rouge,
elle s'unit avec les oxydes métalliques pour former des sels
appelés *silicates*, utilisés dans l'industrie, tels que le verre,
la porcelaine et les autres poteries.

242 État naturel, préparation. — La silice libre, ou à l'état
de silicates, forme la plus grande partie de l'écorce terrestre.

Par exemple, le granit est un mélange de quartz et de silicates divers ; l'argile, les ardoises, le mica, les feldspaths sont des silicates, etc.

On prépare la silice artificielle par le fluorure de silicium ou par le silicate de potasse ou de soude.

1º Le *fluorure de silicium* est un gaz qu'on obtient en faisant réagir sur du sable l'acide fluorhydrique (ou plutôt un mélange de fluorure de calcium et d'acide sulfurique qui produisent l'acide fluorhydrique). Pour avoir la silice on fait passer ce gaz dans l'eau.

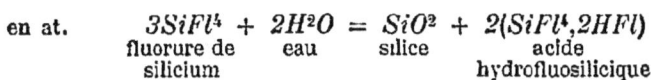

en at.

$$3SiFl^4 + 2H^2O = SiO^2 + 2(SiFl^4,2HFl)$$

fluorure de   eau   silice   acide
silicium   hydrofluosilicique

en éq.

$$3SiFl^2 + 2HO = SiO^2 + 2(SiFl^2,HFl)$$

2º Le *silicate de potasse* est un corps que l'on prépare en calcinant du sable avec du carbonate de potasse ; dans ces conditions l'acide carbonique est déplacé par la silice. On reprend la masse par l'eau, qui dissout le silicate en laissant les impuretés. Cette dissolution s'appelle *liqueur des cailloux*. Elle a la propriété d'abandonner sa silice sous l'influence des acides selon cette loi de Berthollet : *un acide insoluble ou peu soluble* (silice) *est précipité de ses sels par les acides solubles*. On fait agir l'acide chlorhydrique ; la silice se précipite sous forme gélatineuse (1). L'acide carbonique de l'air suffit pour décomposer le silicate de potasse.

Autres composés du silicium

243. — Le *siliciure d'hydrogène SiH⁴* [Si²H⁴], gaz très inflammable, brûle en donnant de la silice et de l'eau.

Le *tétrachlorure de silicium SiCl⁴* [Si²Cl⁴] qui est décomposé par l'eau en silice et en acide chlorhydrique.

Le *tétrafluorure de silicium SiFl⁴* [Si²Fl⁴] dont on a déjà parlé.

Ces trois composés montrent que le silicium est *tétravalent* comme le carbone.

---

(1) La silice ainsi préparée contient de l'acide chlorhydrique, du chlorure de potassium ; on la purifie par l'opération appelée *dialyse*.

On appelle *dialyseur* un vase dont le fond est en parchemin. Les membranes ont la propriété de se laisser traverser par les substances cristallisables en dissolution, et de retenir les corps gélatineux. Le dialyseur étant rempli de la dissolution impure de silice, on le laisse flotter dans une grande quantité d'eau pure : l'acide chlorhydrique, le chlorure de potassium et les autres substances cristallisables passent à travers la membrane ; il reste de la silice pure.

L'acide *hydrofluosilicique* peut être regardé comme produit par la combinaison du fluorure de silicium et de l'acide fluorhydrique.

en éq. $SiFl^2,HFl$;   en at. $SiFl^4,2HFl$

CHAPITRE IX

ARSENIC. — SES COMPOSÉS

ARSENIC

Étymologie : αρσενιχον, *orpiment*, nom d'un sulfure naturel de l'arsenic.

équivalent	As $= 75$	à l'état solide	$D = 5,7$
poids at.	$As = 75$	à l'état de vapeur	$D_h = 150$
	Pentavalent		

Connu dès le VIIIe siècle, mieux étudié en 1694 et en 1732 par Brandt.

244. Propriétés. — L'arsenic est un corps solide, gris d'acier, assez brillant quand il ne s'est pas oxydé à l'air, ayant l'aspect d'un métal. Il est inodore et insipide. Chauffé à l'air, il se volatilise sans fondre, au rouge sombre, et répand des vapeurs d'une *odeur d'ail* nauséabonde, dangereuses à respirer.

Ces vapeurs, en se condensant, donnent l'arsenic cristallisé. — Il brûle à l'air, avec une flamme livide en donnant de l'anhydride arsénieux.

L'arsenic a d'abord été placé parmi les métaux auxquels il ressemble par ses propriétés physiques. Mais ses propriétés chimiques ont beaucoup d'analogie avec celles du phosphore. C'est pourquoi on le range parmi les métalloïdes. On pourrait faire de même pour l'antimoine.

Propriétés vénéneuses. — L'arsenic lui-même n'est pas un poison, car il est insoluble : mais, introduit dans l'organisme, il s'altère et forme des composés très vénéneux.

État naturel, préparation. — L'arsenic se trouve dans la nature en petites quantités. Il existe surtout à l'état de combinaison, sous forme de *sulfure d'arsenic* ou d'*arséniures* métalliques.

13.

On le prépare au moyen d'un minerai appelé *mispickel*, qui est un *sulfoarséniure de fer*. Ce minerai chauffé au rouge, à l'abri de l'air, se dédouble en *sulfure de fer* et en *arsenic* : celui-ci se dégage sous forme de vapeurs et se condense dans les parties froides de l'appareil.

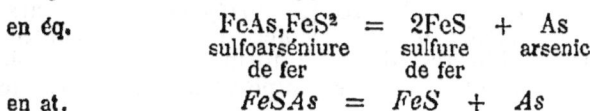

en éq.

$$FeAs, FeS^2 = 2FeS + As$$

sulfoarséniure   sulfure   arsenic
de fer   de fer

en at.

$$FeSAs = FeS + As$$

On peut aussi griller dans un courant d'air les minerais contenant de l'arsenic ; il se forme de l'acide arsénieux, qu'on chauffe ensuite avec du charbon. Le charbon prend l'oxygène et met l'arsenic en liberté.

Usages. — L'arsenic sert à préparer plusieurs alliages et les sulfures d'arsenic.

COMPOSÉS

Arsenic et oxygène

245. — L'arsenic forme, avec l'oxygène, deux anhydrides :

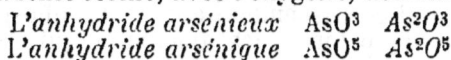

L'*anhydride arsénieux* AsO^3 As^2O^3
L'*anhydride arsénique* AsO^5 As^2O^5

dont dérivent l'*acide arsénieux* et l'*acide arsénique*. Les formules sont les mêmes que pour les composés oxygénés du phosphore.

246. Anhydride arsénieux. — Synonymes : *acide arsénieux* (dans l'ancienne nomenclature), *arsenic blanc, mort aux rats*. — Il se trouve dans le commerce en poudre blanche, insipide, inodore, semblable à la farine ou au sucre. Il est peu soluble dans l'eau. Chauffé, il se volatilise sans fondre, en vapeurs incolores et inodores, dont la densité correspond à la formule As^2O^6 (en at.).

C'est un *poison* dangereux : à l'extérieur, il ronge et ulcère la peau ; à l'intérieur, il perfore l'estomac, produit des douleurs atroces, et détermine la mort.

Il s'obtient, comme produit accessoire, dans l'extraction de divers métaux, et notamment dans celle du cobalt et du nickel. On *grille* les minerais de ces métaux, qui sont combinés avec l'arsenic, en les chauffant sur la sole d'un fourneau où pénètre un vif courant d'air. L'arsenic brûle et se change en acide arsénieux, dont les vapeurs vont se condenser dans de longs conduits, interposés entre le fourneau et la cheminée d'appel.

La médecine le fait prendre, à petite dose, contre la fièvre et les asthmes. Dans les contrées montagneuses de l'Autriche, les habitants en prennent lorsqu'ils ont à accomplir de longues ascensions, et ils en donnent à leurs chevaux. — Il sert à empoisonner les rats et entre dans le *savon de Bécœur*, pour conserver

COMPOSÉS DE L'ARSENIC

227

les objets de nature organique. — Il est employé pour *chauler
le blé*, quand les champs sont infestés de petits animaux ron-
geurs ; son emploi exige une grande prudence.

247. Acide arsénieux. $AsO^3,3HO$ [AsO^3H^3]. — L'acide arsénieux n'a pas été isolé ; il doit exister dans la dissolution
aqueuse de l'anhydride arsénieux. Il forme des sels appelés
arsénites ; ex. : l'*arsénite de cuivre*, employé comme substance
colorante (*vert de Scheele*).

248. Anhydride arsénique. — Ce corps forme une poudre
blanche non cristalline. Chauffé au rouge vif, il se décompose
en oxygène et en acide arsénieux. — On le prépare en chauffant
l'acide arsénique à 270° pour le déshydrater. On ne peut pas
l'obtenir par union directe de l'oxygène et de l'arsenic.

249. Acide arsénique. en éq. $AsO^5,3HO$; en at. $AsO(OH)^3$. —
C'est un corps cristallin, déliquescent, très soluble dans l'eau.
Par l'action de la chaleur il se déshydrate graduellement, et
donne successivement l'acide *pyro-arsénique* $AsO^5,2HO$ [$As^2O^7H^4$],
l'acide *métaarsénique* AsO^5,HO [AsO^3H], et l'*anhydride arsénique*
AsO^5 [As^2O^5], qui correspondent aux acides phosphoriques.
   L'acide arsénique forme les arséniates qui ressemblent aux
phosphates par leur constitution, leurs propriétés, leurs
réactions.

   Préparation. — On oxyde l'anhydride arsénieux au moyen
de l'acide azotique. On fait évaporer l'excès de liquide jusqu'à
consistance oléagineuse ; l'acide arsénique cristallise par refroidissement.

Arsenic et hydrogène

250. L'arséniure d'hydrogène ou **hydrogène arsénié**
(en éq. et en at. AsH^3) est un gaz d'une odeur d'ail pénétrante et
désagréable. C'est un poison violent; le chimiste Gehlen mourut
pour en avoir respiré quelques bulles.
   Il se produit toutes les fois que les composés oxygénés de
l'arsenic se trouvent en présence de l'hydrogène naissant. Il
s'en forme ordinairement dans la préparation de l'hydrogène
par le zinc, parce que le zinc et l'acide sulfurique du commerce
contiennent de l'arsenic.

Arsenic et soufre

251. — L'arsenic forme, avec le soufre, deux composés que
l'on trouve dans la nature ou que l'on prépare en fondant
ensemble le soufre et l'arsenic dans les proportions indiquées
par les formules.

1º Le *bisulfure d'arsenic* ou *réalgar* AsS^2 [As^2S^2] a une belle couleur rouge orangé.

2º Le *trisulfure d'arsenic* ou orpiment AsS^3 [As^2S^3] est jaune. Ils servent dans la peinture et la teinture.

Empoisonnement par l'arsenic

252. — L'arsenic et ses composés, surtout l'acide arsénieux, sont des poisons violents.

Pour combattre leur action, il faut, sans perdre de temps, provoquer les vomissements, afin d'expulser le poison ; le vomissement se déclare du reste spontanément quand la dose est un peu forte. Ensuite on administre des contre-poisons, magnésie ou peroxyde de fer hydraté, qu'on fait prendre délayés dans l'eau, et qui forment des arsénites insolubles et inoffensifs.

L'arsenic est le poison le plus facile à reconnaître : on peut en retrouver de faibles quantités introduites dans le corps humain, plusieurs années même après la mort. On se sert à cet effet d'un appareil connu sous le nom d'*appareil de Marsh,* inventé en 1836.

Il n'est autre que l'appareil à hydrogène (*fig. 94*). On y met de l'eau et du zinc bien purs, et on verse de l'acide sulfurique aussi très pur, par le tube à entonnoir. Il se dégage de l'hydrogène, et, lorsqu'on juge que tout l'air est sorti, on allume le gaz

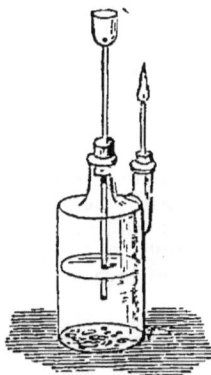

Fig. 94. — Appareil de Marsh.

à l'extrémité du tube effilé. Si les matières sont pures, l'hydrogène ne forme, en brûlant, que de la vapeur d'eau ; on s'en assure en appliquant sur la flamme un corps froid et blanc, comme une soucoupe en porcelaine, qui se mouille sans qu'il se produise aucune tache.

On introduit alors, par le tube à entonnoir, une petite quantité du liquide que l'on soupçonne contenir de l'arsenic. Ce liquide peut provenir des matières contenues dans l'estomac ou vomies par la personne que l'on suppose victime d'un empoisonnement. S'il y a de l'arsenic, la flamme change bientôt de couleur ; elle s'allonge et devient livide ; une soucoupe appliquée dessus se recouvre d'un *dépôt brun* d'arsenic métallique. En effet, l'hydrogène arsénié qui se forme par l'action de l'hydrogène naissant, se décompose par la chaleur en hydrogène et en arsenic.

L'appareil de Marsh a été perfectionné (*fig. 95*). Les gaz qui en sortent, passent d'abord à travers un tube plus large, rempli d'amiante ou de coton cardé, propres à arrêter les matières

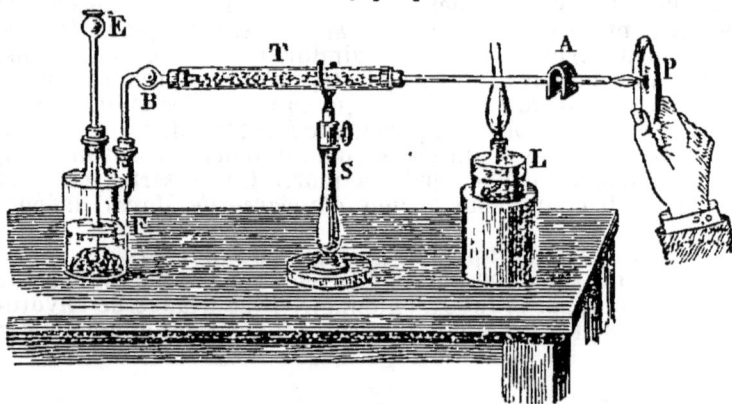

Fig. 95. — Appareil Marsh perfectionné.

solides ou liquides qui pourraient être entraînées. Ils se rendent ensuite dans un tube étroit, entouré d'une feuille de clinquant, qui couvre une partie de sa longueur et que l'on a chauffée au rouge. L'hydrogène arsénié s'y décompose en hydrogène et en arsenic qui se condense en anneau noir et miroitant dans la partie froide du tube, un peu au-delà de A. En A est un écran pour arrêter la chaleur de la lampe.

CHAPITRE XI

CLASSIFICATION DES MÉTALLOÏDES

253. — Les métalloïdes ont été groupés en quatre *familles naturelles*, par Dumas, en 1838. Ces familles sont dites *naturelles*, parce que les corps d'un même groupe présentent beaucoup d'analogies ; il suffit d'étudier l'un d'eux en détail pour prévoir les propriétés des autres.

Cette classification est faite d'après l'affinité que les métalloïdes ont pour l'*hydrogène*, d'après la constitution *en volume* des composés qu'ils forment avec ce gaz, et les propriétés de ces composés.

Première famille. — La première famille comprend le *fluor*, le *chlore*, le *brome* et l'*iode*.

Caractère fondamental. — 1 volume de ces corps (pris à l'état de vapeur), s'unit à 1 volume d'hydrogène, pour former un composé dont le volume est égal à 2.

1 vol. de fluor et 1 d'hydr. donnent 2 vol. d'ac. fluorhydr. HFl
1 vol. de chlore   1 d'hydr.   —   2 vol. d'ac. chlorhydr. HCl

Autres caractères. — Ces corps forment, avec l'hydrogène, des composés gazeux très acides, fumant à l'air, très solubles dans l'eau. Ils ont peu d'affinité pour l'oxygène et forment avec lui des composés instables. Ils se combinent plus facilement aux métaux, en donnant des composés isomorphes : fluorures, chlorures, etc.

REMARQUE. — Le cyanogène se rattache à ce groupe.

Deuxième famille. — Elle comprend l'*oxygène*, le *soufre*, le *tellure* et le *sélénium*. Le tellure et le sélénium sont deux corps rares. très analogues au soufre, découverts, le premier, par Muller et Klaproth en 1782, le second, par Berzélius en 1817.

Caractère. — 1 volume de ces corps se combine à 2 volumes d'hydrogène pour former un composé dont le volume est 2.

1 vol. d'oxyg.   et 2 d'hyd. forment 2 vol. de vap. d'eau H^2O (en at.)
1 vol. de vap. de soufre et 2 d'hyd.   —   2 vol. d'acide sulfhyd. H^2S

Troisième famille. — Elle comprend l'*azote*, le *phosphore*, l'*arsenic*. On y place aussi l'*antimoine*. L'azote diffère notablement du phosphore et des autres, il doit être mis un peu à part.

Caractère. — 1 volume d'azote et $\frac{1}{2}$ volume des autres s'unissent à 3 volumes d'hydrogène pour former un composé dont le volume est 2.

1 vol. d'azote   et 3 d'hyd. forment 2 vol. d'ammoniaque AzH^3
1/2 vol. de vap. de phosphore et 3 d'hyd.   —   2 vol. d'hyd. phosphoré PH^3
1/2 vol.   —   d'arsenic   et 3 d'hyd.   —   2 vol. d'hyd. arsénié AsH^3
1/2 vol.   —   d'antimoine   et 3 d'hyd.   —   2 vol. d'hyd. antimonié SbH^3

Quatrième famille. — Elle comprend le *carbone*, le *silicium* et le *bore*. Mais le bore a peu d'analogie avec les deux autres et devrait être retiré de ce groupe.

Caractère. — Les composés du carbone et du silicium, avec l'hydrogène, contiennent 4 volumes d'hydrogène pour 2 volumes du composé.

2 vol. de protocarbure d'hyd. contiennent 4 vol. d'hyd. et vol. inconnu de vap. de carbone.

2 vol. de siliciure d'hyd.   —   4 vol. d'hyd. et vol. inconnu de vap. de silicium.

On donnait jusqu'à présent comme caractère de cette famille que les corps qui en font partie pouvaient se présenter sous trois formes: l'état *amorphe*, l'état *graphitoïde*, l'état *adamantin*. Mais on conteste l'existence du bore graphitoïde et du bore adamantin, et on n'admet plus qu'une seule forme de silicium cristallisé. Ces corps ont principalement des analogies physiques. Ils sont *solides*, très peu *fusibles*, les plus *fixes* des métalloïdes. Ils ne sont solubles que dans les métaux en fusion.

Les composés du carbone et du silicium sont en général de constitution analogue. *Ex :*

Protocarbure d'hydrogène	C^2H^4	CH^4
Siliciure d'hydrogène	Si^2H^4	SiH^4
Acide carbonique	CO^2	CO^2
Acide silicique	SiO^2	SiO^2
Chloroforme	C^2HCl^3	$CHCl^3$
Chloroforme silicié	Si^2HCl^3	$SiHCl^3$

254. Hydrogène. — L'hydrogène ne fait partie d'aucune des familles dont on vient de donner les caractères, il a en effet des propriétés spéciales qui le font plus ressembler aux métaux qu'aux métalloïdes : 1° il conduit sensiblement la chaleur ; 2° il forme avec quelques métaux, potassium, sodium, de véritables alliages doués de l'éclat métallique ; 3° les acides sont de véritables sels d'hydrogène ; 4° les métaux se substituent à l'hydrogène dans de nombreuses réactions, comme ils se remplacent entre eux.

Exemple. — Le zinc, plongé dans une dissolution de sulfate de cuivre, déplace le cuivre.

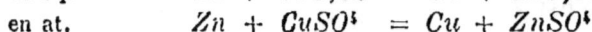

en éq. $Zn + CuO,SO^3 = Cu + ZnO,SO^3$

en at. $Zn + CuSO^4 = Cu + ZnSO^4$

De même le zinc, plongé dans l'acide sulfurique (sulfate d'hydrogène), déplace l'hydrogène (préparation de l'hydrogène).

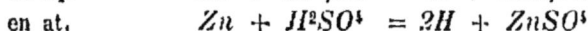

en éq. $Zn + SO^3,HO = H + ZnO,SO^3$

en at. $Zn + H^2SO^4 = 2H + ZnSO^4$

INTERPRÉTATION ATOMIQUE DE LA CLASSIFICATION DE DUMAS.
POIDS ATOMIQUES

255. — Les corps de la première famille sont *monovalents,* ceux de la deuxième *bivalents,* ceux de la troisième *trivalents,* ceux de la quatrième *tétravalents* (au moins dans leurs combinaisons avec l'hydrogène seul).

Pour le montrer nous nous appuyerons sur les principes suivants :

1° *Les molécules des corps gazeux ont toutes le même volume* (n° 21). Nous supposons leur volume égal à 2.

2° L'atome d'un corps simple est *la plus petite quantité de ce corps qui entre dans une molécule.*

Première famille. — *1 atome de ces corps s'unit à 1 atome d'hydrogène* pour former 1 molécule du composé.
Soit le chlore :

1 vol. de chlore s'unit à 1 vol. d'hydrogène en 2 vol. d'acide chlorhydrique.

En appliquant l'hypothèse sur le volume des molécules, 2 volumes d'acide chlorhydrique correspondent à 1 molécule ; 1 vol. de chlore et 1 vol. d'hydrogène correspondent à $\frac{1}{2}$ molécule de chacun.

Or ces $\frac{1}{2}$ molécules sont des *atomes,* car dans aucune réaction chimique on ne voit la molécule de chlore ou d'hydrogène se diviser en plus de deux parties ; tous les composés chlorés ou hydrogénés, contiennent ou $\frac{1}{2}$ molécule, ou des multiples de la $\frac{1}{2}$ molécule de ces corps.

La molécule d'acide chlorhydrique contient donc 1 atome de chlore uni à 1 atome d'hydrogène et le chlore est *monovalent.*

Deuxième famille. — *L'atome s'unit à 2 atomes d'hydrogène.* Les corps de ce groupe sont *bivalents.*
Soit l'oxygène :

1 vol. d'oxygène avec 2 vol. d'hydrogène forme 2 vol. de vapeur d'eau.

1 vol. d'oxygène ou $\frac{1}{2}$ molécule, c'est *l'atome d'oxygène,* car on ne voit jamais une plus petite quantité d'oxygène entrer dans une molécule. Donc on peut interpréter ainsi la composition de l'eau :

1 atome d'oxygène avec 2 atomes d'hydrogène forme 1 molécule d'eau.

L'oxygène s'unissant à 2 atomes d'hydrogène est *bivalent.*

Troisième famille. — *L'atome s'unit à 3 atomes d'hydrogène.*
Soit le phosphore :

$\frac{1}{2}$ vol. de vap. de ph. avec 3 vol. d'hyd. forme 2 vol. d'hyd. phosphoré.

Ce $\frac{1}{2}$ vol. de phosphore, qui correspond au $\frac{1}{4}$ de la molécule, est l'*atome*, car la molécule de phosphore ne se divise jamais davantage.

On doit donc dire :

1 atome de phosphore avec 3 atomes d'hydr. forme 1 mol. d'hydr. phospho'é.

Le phosphore est *trivalent*.

REMARQUE I. — Les corps de cette famille sont trivalents quand ils s'unissent à l'hydrogène seul. Mais dans beaucoup de composés ils sont *pentavalents*. Nous avons dit (n° 107) que l'atomicité d'un corps peut changer et qu'elle varie toujours d'un nombre pair.

REMARQUE II. — Pour l'azote, l'atome occupe 1 volume ; c'est le cas de la plupart des corps simples : leur molécule contient 2 atomes. — Mais l'atome de phosphore correspond à $\frac{1}{2}$ volume ; il est le quart de la molécule.

— Pour d'autres corps la molécule contient 1 seul atome ; *ex. :* le mercure.

Quatrième famille. — *L'atome s'unit à 4 atomes d'hydrogène.* Soit le carbone.

Dans l'analyse du protocarbure d'hydrogène (n° 138), sur 2 volumes du gaz nous avons fait agir 4 volumes d'oxygène. De cet oxygène 2 volumes se trouvent dans l'acide carbonique qui reste après l'étincelle ; les 2 autres volumes se sont combinés en vapeur d'eau : on en conclut qu'il y avait 4 volumes d'hydrogène (dans l'eau, l'hydrogène a un volume double de celui de l'oxygène). — Donc la molécule de protocarbure contient 4 atomes d'hydrogène.

Ensuite on cherche le poids moléculaire du gaz en utilisant sa densité (v. n° 21). $D_h = 8$; la molécule pèse 16. Les 4 atomes d'hydrogène étant retranchés, il reste 12 pour le carbone. C'est la plus petite quantité de carbone qui se trouve dans une molécule, comme le montre l'étude de tous les composés de ce corps : c'est l'*atome*.

Par conséquent, *1 atome* de carbone s'unit à *4 atomes* d'hydrogène dans la molécule de protocarbure d'hydrogène.

REMARQUE. — On ne sait pas à quel volume correspond l'atome de carbone, car ce corps n'existe pas à l'état gazeux.

256. Calcul des poids atomiques. — Les considérations précédentes suggèrent des méthodes pour la détermination des poids atomiques.

1° Pour le chlore, l'oxygène et tous les corps dont la molécule contient *deux atomes*, le poids atomique est égal à la densité prise par rapport à l'hydrogène.

En effet, cette densité est égale à la moitié du poids moléculaire (n° 21).

Si la molécule contient 4 atomes, le poids atomique est la moitié de la densité (phosphore) ; il en est le double, si la molécule ne contient qu'un atome.

2° Lorsqu'on ne connaît pas la densité d'un corps, ou qu'on ignore le nombre d'atomes contenus dans la molécule, on procède comme nous avons fait pour le carbone.

On analyse tous les composés du corps; on détermine pour quel poids il entre dans la molécule de chacun, et parmi les valeurs obtenues on choisit la plus petite.

Exemple. — En analysant les divers carbures d'hydrogène on trouve que le poids de carbone contenu dans une molécule est 12 dans le protocarbure, 24 dans le bicarbure et l'acétylène, 72 dans la benzine, etc. On choisit le nombre 12, dont tous les autres sont des multiples.

REMARQUE. — Si tous ces nombres n'étaient pas des multiples du plus petit, celui-ci ne serait pas le poids atomique, il faudrait prendre un nombre inférieur qui les divisât tous exactement ; car l'atome est contenu un nombre exact de fois dans chaque molécule.

3° Quand les autres moyens ne sont pas applicables, on a recours au principe suivant (loi de Dulong et Petit). *Le produit du poids atomique d'un corps simple par sa chaleur spécifique est constant et égal à 6,4 environ.* Ce principe se vérifie dans tous les cas où le poids atomique est connu. Inversement si le poids atomique est inconnu ou incertain on pourra le tirer de l'équation :

$$\text{poids at.} \times \text{ch. spéc.} = 6,4$$

LIVRE II

MÉTAUX

——

CHAPITRE PREMIER

PROPRIÉTÉS GÉNÉRALES. — CLASSIFICATION

——

Propriétés générales

257. Définition. — Les métaux sont des corps simples, doués d'un éclat particulier, appelé *éclat métallique*, *bons conducteurs* de la chaleur et de l'électricité. Ils ont pour caractère essentiel de pouvoir former, en se combinant avec l'oxygène, un ou plusieurs composés *basiques*, ou de se substituer à l'hydrogène des acides pour former des *sels*.

258. Propriétés physiques. — *État physique.* Les métaux sont solides à la température ordinaire, excepté le mercure qui est liquide, et l'hydrogène qui est gazeux.

La chaleur peut *fondre* tous les métaux et même les *volatiliser*, mais à des températures très différentes : le mercure fond à — 40° et bout à 350° ; le platine ne fond qu'à 1.775°.

La plupart des métaux *cristallisent*, lorsqu'ils sont placés dans des conditions favorables. La forme qu'ils prennent est le cube ou l'octaèdre. La nature nous présente des cristaux d'argent et de cuivre. Le bismuth cristallise par fusion, le zinc par sublimation.

Densité. — Les métaux ont, en général, une grande densité. Cependant quelques-uns sont plus légers que l'eau : *lithium, potassium, sodium*. Ensuite viennent le *calcium* (d = 1,58), le *magnésium* (d = 1,74), l'*aluminium* (d = 2,7). Mais la densité des métaux est ordinairement supérieure à 6.

Solubilité. — Les métaux sont *insolubles* dans les liquides. C'est à tort qu'on dit, par exemple, que le cuivre se dissout dans l'acide azotique : il se transforme en azotate de cuivre qui est soluble.

Saveur, odeur, couleur. — Les métaux, étant insolubles, n'ont pas de *saveur*. Ils n'ont pas d'*odeur*. Quelques-uns, comme le cuivre et l'étain acquièrent par le frottement une odeur désagréable.

Quelques métaux sont *colorés :* le cuivre est rouge, l'or est jaune ; mais la plupart sont *blancs,* quand ils ne sont pas ternis par les composés que forme, à leur surface, l'action de l'air. Les métaux en poudre sont gris ou noirs ; il suffit de les frotter contre un corps dur et poli pour leur rendre leur éclat. — Les métaux sont *opaques*, c'est-à-dire qu'ils ne sont pas traversés par la lumière.

259. — Les métaux possèdent, à des degrés divers, les qualités suivantes, qui les rendent précieux pour l'industrie.

Conductibilité. — C'est la propriété qu'ils ont de transmettre plus ou moins facilement la chaleur et l'électricité. A cet égard l'argent tient le premier rang ; ensuite vient le cuivre. Aussi emploie-t-on le cuivre préférablement au fer pour les *fils électriques* et pour la construction des *alambics* et autres vases où les liquides doivent s'échauffer.

Malléabilité. — La malléabilité est la propriété qu'ont les métaux de pouvoir être réduits en lames ou en feuilles, sans se déchirer, sous le choc du *marteau* ou la pression du *laminoir*. L'*or* et l'*argent* sont excessivement malléables : on a obtenu des feuilles d'or tellement minces, qu'il en faut superposer plus de 20.000 pour faire l'épaisseur de 1^{mm}.

Pour cela, on met l'or entre des feuilles de parchemin que l'on frappe avec un lourd marteau à large panne.

Pour *laminer* un métal, on le coule d'abord en plaque, que l'on amincit sur l'un de ses bords. On l'engage ensuite dans le *laminoir*, appareil formé de deux cylindres d'acier, qui tournent en sens contraires (*fig. 96*), et entraînent la plaque métallique en l'apla-

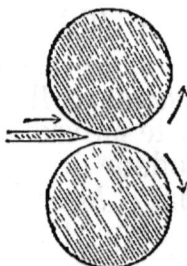

Fig. 96. — Laminoir.

tissant. Après chaque passage, on présente de nouveau la plaque aux cylindres que l'on a rapprochés, et on obtient des feuilles de plus en plus minces. C'est ainsi qu'on prépare la *tôle* de fer, les *feuilles* de cuivre, de zinc et de plomb, employées dans l'industrie.

Ductilité. — Les métaux *ductiles* sont ceux qui se laissent étirer en fils. L'or est le plus ductile : 1^{gr} de ce métal peut donner un fil de 3^{km} de long.

On obtient les fils métalliques à l'aide de la *filière*. C'est une plaque en acier, percée de trous dont les diamètres sont différents et vont en décroissant. Le métal, coulé en lingot, est aminci à une extrémité ; cette partie effilée s'engage dans le trou n° 1, qui a le plus grand diamètre, est saisie de l'autre côté par une pince et va s'enrouler sur une bobine qui la tire fortement et la force à passer tout entière par le trou, ce qui l'allonge en diminuant son diamètre. Le fil passe ensuite par les trous n°s 2, 3, 4... qui ont des diamètres plus petits. — On fabrique ainsi les cordes métalliques pour piano, les fils de fer, de cuivre et de laiton, les fils d'or et d'argent pour galons, épaulettes.

Écrouissage, recuit. — Les métaux, soumis au *laminage* ou à l'*étirage*, finissent par s'*écrouir* ; ils éprouvent, dans leur contexture moléculaire, un changement qui les rend durs et cassants. On leur rend leur ductilité première en les *recuisant*, c'est-à-dire en les chauffant au rouge et en les laissant ensuite refroidir lentement.

On nomme *fragiles* ou *cassants* les métaux qui se brisent et se réduisent en poudre, sous le choc du marteau, comme le *bismuth* et l'*antimoine*.

Ténacité, dureté, élasticité. — La *ténacité* des métaux est la résistance qu'ils opposent à être rompus, quand on les tire. On la représente par le nombre de kg. dont il faut charger des fils de même rayon pour en déterminer la rupture. Le plus tenace est le *cobalt;* un fil de 1^{mm} de rayon peut porter plus de 400^{kg} ; viennent ensuite le *nickel* et le *fer*, qui portent 250^{kg} ; le *plomb* se brise à 10^{kg}.

La *dureté* est la résistance que présentent les métaux à être rayés ou usés par le frottement. Le *manganèse* est le plus dur : il raye l'acier ; le plomb peut être rayé par l'ongle ; le *mercure* est liquide.

L'*élasticité* et la *sonorité* varient d'un métal à l'autre ; ce sont, en général, les plus durs qui jouissent de ces propriétés au plus haut degré.

260. **Propriétés chimiques.** — Les propriétés chimiques des métaux sont de pouvoir entrer en combinaison avec d'autres *corps*. 1° Ils peuvent s'unir *entre eux*, pour former des alliages ; 2° ils s'unissent aux *métalloïdes* pour former des oxydes avec l'oxygène, des sulfures avec le soufre, des chlorures avec le chlore, etc.

Action de l'oxygène. — L'oxygène *sec*, à froid, n'a d'action que sur le potassium ; mais, à une température suffisamment élevée, il se combine avec tous les métaux, excepté l'argent, l'or, le platine et quelques métaux rares. Un fil de magnésium allumé brûle dans l'air avec un vif éclat ; il en est de même d'un fil de fer dans l'oxygène. — L'oxydation est facilitée par la division du métal : le fer très divisé (fer pyrophorique (p. 57) s'enflamme spontanément et produit comme une pluie de feu lorsqu'on le projette dans l'air.

L'oxygène ou l'air *humide* n'oxydent que les métaux de la première section. Mais en présence d'un acide, même faible et dilué, comme l'acide carbonique, tous les métaux sont altérés, excepté les métaux précieux, autres que le mercure. Le *fer* perd rapidement son éclat et se recouvre de rouille (oxyde de fer hydraté); le *cuivre* se recouvre de vert-de-gris ou carbonate de cuivre.

Pour la plupart des métaux, l'altération n'est que superficielle et la couche mince d'oxyde ou de carbonate ainsi formée est comme un vernis qui les préserve d'une oxydation plus profonde ; il en est ainsi du cuivre, de l'étain, du zinc. — Pour le *fer*, l'altération se propage à l'intérieur et le métal peut se changer complètement en rouille. La première tache se forme lentement, mais quand l'oxydation est commencée, elle se continue rapidement ; il s'établit comme une pile électrique entre la rouille et le fer. Le courant décompose l'eau, dont l'oxygène se porte sur le fer pour l'oxyder et dont l'hydrogène se combine avec l'azote de l'air pour produire de l'ammoniaque.

On préserve un métal en empêchant le contact de l'air et des acides. On arrête l'oxydation en appliquant plusieurs couches de peinture sur les grilles des jardins et les ferrures des appartements, et en enduisant d'un corps gras les armes et les objets précieux en fer. — On obtient le même résultat en recouvrant le métal oxydable d'un autre métal qui ne l'est pas ou qui l'est moins : on a ainsi le *fer-blanc* ou *fer étamé*, recouvert d'une couche d'étain ; le fer *galvanisé*, recouvert de zinc ; le cuivre *doré* ou *argenté*. — On garantit aussi en les recouvrant d'*émail* certains ustensiles de ménage en fer ou en fonte.

Action du soufre. — Le soufre *sec* se combine directement avec presque tous les métaux (excepté le zinc, *l'aluminium*, *le platine*, *l'or*, parmi les métaux usuels). Cette combinaison est une véritable combustion, qui peut être accompagnée de lumière. De la tournure de cuivre ou de la limaille de fer, projetée dans un ballon où l'on a chauffé du soufre jusqu'à l'ébullition, y brûle avec incandescence.

Le soufre humide altère les métaux même à froid.

Si on introduit dans un flacon un mélange de 1 partie de soufre en fleur et 2 de limaille de fer, qu'on verse un peu d'eau tiède et qu'on ferme le flacon avec un bouchon muni d'un tube effilé, la combinaison du soufre et du fer se fait bientôt avec un dégagement de chaleur suffisant pour déterminer l'ébullition de l'eau et faire jaillir un jet de vapeur par l'orifice du tube. Cette expérience est nommée *volcan de Lémeri*; ce savant l'utilisait pour expliquer les volcans.

Action du chlore. — Le chlore se combine directement avec tous les métaux; l'or et le platine eux-mêmes sont attaqués par la dissolution de chlore. La combinaison peut se faire avec incandescence, comme cela a lieu pour l'arsenic, l'antimoine en poudre, pour le fer et le cuivre portés au rouge (p. 196).

Action des acides. — Cette action a déjà été étudiée pour chaque acide en particulier. En général, le métal se substitue à l'hydrogène de l'acide pour former le sel correspondant. Par exemple avec l'acide chlorhydrique on a :

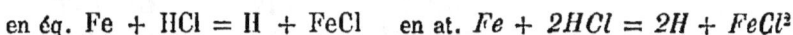

en éq. $Fe + HCl = H + FeCl$ en at. $Fe + 2HCl = 2H + FeCl^2$

Les acides oxygénés, comme l'acide azotique et l'acide sulfurique, peuvent agir aussi par leur oxygène (nos 89 et 174).

Tous les métaux sont attaqués par l'*eau régale*.

Action de l'eau. — L'action des métaux sur l'eau a servi à établir la classification de Thénard (no 272).

Nous reviendrons dans les chapitres suivants sur les principales combinaisons métalliques : alliages, oxydes, sulfures, sels.

271. État naturel des métaux. Extraction. — Les métaux se trouvent dans la terre en amas ou en filons, rarement en couches. Ils s'y rencontrent à trois états différents :

1° A l'*état natif*, c'est-à-dire libres de toute combinaison. Ce sont quelques métaux nobles : l'or, le platine, et quelquefois l'argent, le mercure, le cuivre.

2° A l'état d'*oxydes* ou de *sels*. On trouve le fer à l'état d'oxyde de fer ou de carbonate de fer ; le calcium à l'état de carbonate ou de sulfate de chaux.

3° En combinaison avec le *soufre*, le *chlore*, l'*arsenic*. Les sulfures sont très abondants et forment les minerais les plus exploités.

On donne le nom de *minerais* aux composés métalliques que l'on retire de la terre pour en extraire les métaux.

L'art d'extraire les métaux de leurs minerais s'appelle *métallurgie*. La métallurgie comprend, en général, 2 séries d'opérations : 1° il faut séparer le minerai des matières étrangères auxquelles il est mélangé et qu'on appelle sa *gangue* ; cette séparation se fait par un *triage* ou un *lavage* ; 2° il faut séparer le métal des corps auxquels il est combiné : c'est la partie chimique de la métallurgie ; elle varie avec le métal et le minerai.

Classification des métaux

272. — Thénard a donné une *classification artificielle* des métaux en *six sections* ou *familles*, d'après leur *affinité pour l'oxygène*. Cette affinité s'apprécie : 1° par la manière dont les métaux se comportent en présence de l'oxygène et de l'air ; 2° par la facilité avec laquelle leurs oxydes, une fois formés, se *réduisent*, c'est-à-dire abandonnent leur oxygène ; 3° et surtout par l'action qu'ils exercent sur l'*eau*, seule ou en présence des acides ou des bases.

Les *métaux des 5 premières sections s'oxydent*, à une température plus ou moins élevée, et *leurs oxydes ne peuvent pas se réduire* complètement par la chaleur seule.

1° La *1re section* comprend les métaux qui ont le plus d'affinité pour l'oxygène ; ils *décomposent l'eau, même à froid*, s'emparent de son oxygène et mettent en liberté l'hydrogène ; comme le potassium : $K + HO = KO + H$ (*fig. 97*).

Potassium....Sodium....Calcium....Baryum....Strontium.

Cette classe se partage en deux familles naturelles : les *métaux alcalins* (potassium, sodium) et les *métaux alcalino-terreux* (calcium, baryum, strontium).

Fig. 97. — Potassium et eau.

2° La *2e section* comprend les métaux qui *décomposent l'eau chauffée vers 100°* ; on les appelle *métaux terreux*.

Magnésium....Manganèse.

3° Ceux de la *3e section décomposent l'eau au rouge sombre*, ou *à froid en présence d'un acide énergique*.

Zinc....Fer....Nickel....Cobalt....Chrome.

REMARQUE. — Ces métaux, soumis à l'action d'un acide dilué, mettent en liberté de l'hydrogène, comme nous l'avons vu dans la préparation de l hydrogène. D'après les anciens chimistes, cet hydrogène viendrait de l'eau, que le métal aurait décomposée pour s'emparer de son oxygène, et l'oxyde formé réagirait sur l'acide pour former un sel. Nous avons donné de cette réaction une explication plus simple (n° 54). Qu'on adopte l'une ou l'autre des deux interprétations, le fait que ces métaux, en agissant sur les acides dilués, mettent de l'hydrogène en liberté est un caractère qui peut servir dans une classification.

4° Les métaux de la *4e section décomposent l'eau au rouge vif*, mais pas à froid en présence d'un acide ; la présence d'une *base*, comme la potasse, favorise la réaction, parce que, en s'oxydant, ils forment des oxydes acides.

Etain....Antimoine.

5° Les métaux de la 5e ne décomposent la vapeur d'eau qu'à la *chaleur blanche*, et très faiblement.

Cuivre....Plomb....Bismuth.

6° La *6e section* comprend les métaux *nobles* ou *précieux ; ils ne décomposent l'eau à aucune tempéra-*

lure. Leurs oxydes se réduisent complètement par la chaleur seule.

Mercure....Argent....Platine....Or.

N. B. — L'*aluminium*, ne décomposant l'eau que très faiblement aux températures élevées, se rapproche ainsi des métaux *nobles*, mais il s'en éloigne en ce que son oxyde, l'*alumine*, ne se réduit pas par la chaleur. Il en est de même de 9 autres métaux peu importants. On peut en former une *7ᵉ section*.

273. Critique de la classification de Thénard. — Les métaux d'un même groupe ont peu de propriétés communes et, au contraire, des métaux très voisins par l'ensemble de leurs propriétés chimiques sont placés dans des groupes différents. *Ex.* : l'argent, par ses composés, se rapproche des métaux alcalins ; le mercure, du cuivre ; l'aluminium et le manganèse, du fer. Les *sections* de Thénard ne sont donc pas des familles *naturelles*.

Aussi n'a-t-il prétendu faire qu'une classification *artificielle*, qui pût guider dans l'étude des métaux en attendant qu'on eût trouvé leur *classification naturelle*.

Cette classification est d'ailleurs avantageuse au point de vue pratique; elle groupe les métaux d'après leurs propriétés les plus importantes pour les applications. La grande affinité des métaux inférieurs (1ʳᵉ et 2ᵉ section) pour l'oxygène empêche de les utiliser à l'état libre : ils ne servent qu'en combinaison. Les métaux des 3ᵉ, 4ᵉ et 5ᵉ section s'oxydent assez peu à l'air pour qu'on puisse les employer aux usages communs, sans posséder cependant cette inaltérabilité qui fait rechercher les métaux précieux.

274. Clasification naturelle. — Elle n'est pas fixée d'une manière absolue. On peut admettre les familles suivantes, en se bornant aux métaux usuels.

1° Métaux alcalins : *Potassium, sodium, argent* (?)
2° Métaux alcalino-terreux : *Calcium, baryum, strontium, plomb* (?)
3° *Magnésium, zinc, cadmium.*
4° *Fer, Nickel, cobalt, manganèse, chrome, aluminium.*
5° *L'étain.*
6° *L'antimoine,* le *bismuth.*

Les groupes 5ᵉ et 6ᵉ se rapprochent plus des métalloïdes que des métaux, parce qu'avec l'oxygène ils forment des acides. C'était là la 4ᵉ section de Thénard.

7° *Cuivre, mercure.*
8° *Or.*
9° *Platine, palladium, iridium.*
Chaque groupe se nomme par le métal le plus important : *ex : Groupe du fer.*

CHAPITRE II

COMBINAISONS MÉTALLIQUES

1° ALLIAGES

275. Définition. — On nomme *alliages* les combinaisons des métaux entre eux, et *amalgames* les alliages formés avec le mercure.

Il semble au premier abord que les alliages ne soient que des *mélanges*, car ils se font en *toutes proportions*. En réalité ce sont des *combinaisons*, ou plutôt des mélanges de plusieurs combinaisons dissoutes les unes dans les autres. En effet :

1° Les alliages ont des *propriétés nouvelles* différentes de celles de leurs éléments.
2° Les métaux en s'alliant *dégagent de la chaleur*. Ordinairement cette production de chaleur passe inaperçue dans l'ensemble de l'opération ; elle est très évidente lorsqu'on projette du sodium dans un creuset où on a chauffé du mercure : la combinaison se fait avec un bruit strident, accompagné de flamme
3° Lorsqu'on refroidit lentement les métaux qu'on a fondus pour les allier, et qu'on suit la marche d'un thermomètre plongé dans l'alliage, on voit que la température, après s'être abaissée d'une manière continue, reste stationnaire pendant quelques instants, et qu'en même temps une partie du liquide se solidifie pour présenter un composé bien défini. Si on l'enlève et qu'on laisse refroidir, le même phénomène peut se reproduire plusieurs fois, chaque combinaison, qui a son point de solidification à une température différente, se séparant successivement de la masse en fusion, et prenant de même la forme cristalline. — Ce phénomène s'appelle *liquation*. Réciproquement, lorsqu'on chauffe

lentement un alliage, les corps les plus fusibles peuvent prendre l'état liquide, se séparer de la masse solide et ne laisser qu'une espèce d'éponge ou crible formé par le corps le moins fusible. — Ce phénomène prouve que les alliages sont des mélanges de plusieurs composés définis, ayant chacun son point de fusion.

Lorsqu'un alliage se refroidit brusquement, ces diverses combinaisons n'ont pas le temps de se séparer et la masse est homogène. Cependant, dans la coulée des canons, il y a toujours à la partie supérieure un alliage trop riche en étain, qu'on appelle *masselotte*.

Pour remédier à cet inconvénient, on donne au moule une hauteur beaucoup plus grande que celle du canon, et on détache la masselotte après la solidification.

276. Propriétés. — Les alliages sont doués de l'éclat métallique, conducteurs de la chaleur et de l'électricité comme les métaux.

Leur *densité* est, en général, différente de la densité moyenne des métaux qui en font partie.

Ils sont toujours plus *fusibles* que le moins fusible des métaux qui les composent ; quelquefois même ils fondent à une température plus basse que le métal le plus fusible. L'alliage de *Darcet* en est un exemple ; ce corps, formé de bismuth, de plomb et d'étain, fond vers 95°, tandis que l'étain, le plus fusible des trois métaux qui le composent, ne fond qu'à 228°. Pour démontrer cette propriété, on fait chauffer de l'eau dans un ballon de verre, où l'on a suspendu un lingot d'alliage. Avant que l'eau entre en ébullition, on voit l'alliage fondre et tomber goutte à goutte dans le ballon.

Les alliages sont généralement plus *durs* que les métaux dont ils sont formés. En revanche, ils sont plus *cassants*, moins malléables, moins ductiles et moins tenaces.

Ordinairement le mercure, l'étain et le bismuth augmentent la *fusibilité* des alliages ; l'antimoine, le zinc et le fer leur donnent de la *dureté* ; le cuivre et l'étain leur communiquent de la *ténacité*.

La plupart des alliages sont moins *oxydables* que les métaux qui les constituent ; ainsi le bronze et le laiton résistent mieux à l'action de l'air que le cuivre, l'étain et le zinc.

277. Préparation. — Les métaux ne peuvent se combiner qu'à l'état liquide. Le mercure étant liquide, les amalgames se forment à froid. Mais pour obtenir les autres alliages, on fond ensemble, dans un creuset en terre, les métaux que l'on veut unir, en ayant soin de les recouvrir de charbon en poudre, pour éviter toute oxydation au contact de l'air. Si l'un des métaux est très volatil, on ne l'ajoute qu'au moment où l'autre métal est déjà fondu. On brasse la masse en fusion et on la coule rapidement dans les moules. — Lorsqu'on opère sur de grandes quantités, pour couler des pièces considérables, comme des statues ou des canons, la fusion se fait dans un four à réverbère.

14.

L'alliage est ensuite versé dans de grandes poches en fer, suspendues à une grue tournante qui porte la masse fondue dans les différentes parties de l'atelier où les moules ont été préparés.

278. Usages. — Les alliages sont comme de nouveaux métaux, que l'on peut créer à volonté, de manière à leur communiquer toutes les propriétés désirables. Il suffit pour cela de varier la nature et les proportions des métaux à combiner. Ils sont d'autant plus utiles qu'un petit nombre seulement de métaux peuvent être employés à l'état isolé, et qu'on n'en trouve pas qui aient certaines propriétés exigées par l'industrie. Les seuls métaux employés isolément sont au nombre de 8 : *platine, mercure, plomb, cuivre, étain, zinc, fer, aluminium.*

Les autres ont besoin, pour être utilisés, que leurs propriétés soient modifiées par l'addition de métaux différents. C'est ainsi que l'*or* et l'*argent*, à l'état de pureté, sont trop mous pour servir à la fabrication des monnaies et des ustensiles de ménage. On leur donne de la dureté en les unissant à une petite quantité de cuivre. — Le *cuivre* ne pourrait servir à la confection des canons, parce qu'il est trop mou ; on le rend propre à cet usage en lui alliant de l'étain, pour faire du bronze. — Pour les *caractères d'imprimerie*, il faut un métal très dur, sans être cassant, pour ne pas céder à l'action de la presse, facile à fondre, et prenant avec netteté l'empreinte du moule. Aucun métal en particulier ne réunit toutes ces conditions, mais on les rencontre dans un alliage formé de 4 parties de plomb et de 1 partie d'antimoine.

279. Alliages usuels. — Le *cuivre* est le métal qui entre dans le plus grand nombre d'alliages usuels. Combiné avec les métaux précieux, il leur donne de la dureté, sans en altérer sensiblement la couleur et l'éclat.

Voici les principaux alliages, avec leur composition, leurs propriétés les plus importantes et leurs usages :

OR 1. Monnaie	Or .... Cuivre	90 10	Plus dur que l'or pur, ayant la même couleur et le même éclat.
2. Bijoux	Or .... Cuivre	92..85..75 8..15..25	Au 3e titre, il se ternit ; on peut le laver avec l'ammoniaque.
3. Or vert	Or .... Argent....	70 30	Cet alliage est très employé dans la bijouterie.
ARGENT 1. Monnaie	Argent 9... 835 Cuivre 1... 165		Avant 1864, le titre était 0,9 ; depuis on l'a réduit, excepté pour la pièce de 5 fr.
2. Vaisselle et médailles	Argent.... Cuivre.....	95 5	Le cuivre sert à augmenter la dureté.
3. Bijoux	Argent .... Cuivre	80 20	N.-B. Dans les alliages d'argent, on peut avec le cuivre mettre du zinc ou autre mét.
BRONZE 1. Monnaie	Cuivre .... Etain ..... Zinc	95 4 1	Dur, malléable ; s'oxydant facilement, mais sans cesse nettoyé par l'usage. Monnaies, médailles, vases.
2. Canons	Cuivre .... Etain......	90 10	Très tenace, peu sonore, jaune rougeâtre. Canons, statues, candélabres.
3. Cloches	Cuivre .... Etain......	78 22	Sonore, dur, bl.-grisâtre, fusible, cassant. Cloches, timbres d'horloge.
4. Miroirs	Cuivre .... Etain......	67 33	Blanc, prenant un beau poli, cassant. Miroirs, télescopes.
LAITON ou cuivre jaune	Cuivre .... Zinc	65 35	Jaune-clair, fusible, ductile, malléable. Fils, épingles, instruments de physique.
MAILLECHORT ou argentan	Cuivre .... Zinc ...... Nickel.....	50 25 25	Blanc, jaunissant, facile à dorer et argenter Couverts, chandeliers, garnitures de cou- teaux et de voitures, harnais de luxe.
Caractères d'imprimerie	Plomb..... Antimoine.	8 2	Très dur, résistant, prenant par la fusion une fluidité parfaite.
Alliage de Darcet	Bismuth... Plomb..... Etain......	8 5 3	Fond vers 95°. Sert à prendre des empreintes, à faire des clichés et des médailles.
SOUDURE 1. des plombiers	Plomb..... Etain......	2 1	Blanc-grisâtre, malléable, fond à 180°. Sert pour souder les tuyaux de plomb.
2. des ferblan- tiers	Plomb..... Etain.......	1 1	Fond à 241°, combustible. Sert pour souder le fer-blanc.
ÉTAIN 1. Vaisselle....	Etain...... Plomb.....	92 8	Eclatant, peu altérable. Usages domestiques, vaisselle, robinets.
2. Mesures	Etain...... Plomb.....	82 18	Plus dur et plus facile à mouler que l'étain, mais dangereux à cause du plomb.

CHAPITRE III

COMBINAISONS MÉTALLIQUES (suite) : OXYDES, SULFURES, CHLORURES

OXYDES MÉTALLIQUES

280. Propriétés physiques. — Les oxydes métalliques sont tous *solides* à la température ordinaire. Ce sont généralement des corps d'aspect terreux, sans éclat. Leur couleur est variable : la chaux est blanche, l'oxyde de zinc de même ; le minium (oxyde de plomb) est rouge ; l'oxyde de mercure est *rouge* ou *jaune* selon qu'il a été obtenu par voie sèche ou par voie humide.

Les oxydes sont plus denses que l'eau et moins denses en général que les métaux qu'ils contiennent.

Ils sont *insolubles* dans l'eau, excepté ceux des premières sections. La potasse et la soude sont très solubles, la baryte, la chaux, la magnésie le sont moins.

281. Propriétés chimiques. — *Réduction des oxydes.* Les oxydes de la sixième section sont complètement réduits par la *chaleur* : leur oxygène se dégage et le métal est mis en liberté Quelques autres perdent une partie de leur oxygène : tel est le bioxyde de manganèse qui en abandonne un tiers au rouge (préparation de l'oxygène). Il y en a qui prennent de l'oxygène ou l'abandonnent, suivant la température à laquelle on les chauffe. *Ex. :* la baryte (préparation de l'oxygène).

L'*électricité* décompose les oxydes, excepté l'alumine, les oxydes de manganèse et de magnésium. Si on fait passer un courant assez fort à travers un morceau de chaux B (*fig. 98*),

Fig. 98. — Décomposition d'un oxyde

celle-ci se décompose ; son oxygène se rend au pôle positif A, son calcium au pôle négatif M.

Le *carbone* décompose à une température plus ou moins élevée presque tous les oxydes métalliques. Il met le métal en liberté, en lui enlevant son oxygène. Cette action est utilisée en métallurgie pour retirer les métaux de leurs oxydes (n° 125). Si l'oxyde, comme celui du cuivre, est facile à réduire, on obtient de l'acide carbonique, le carbone prenant tout l'oxygène qui lui est nécessaire pour brûler complètement. Dans le cas contraire, c'est de l'oxyde de carbone qui se dégage.

L'*hydrogène*, sous l'influence de la chaleur, réduit les oxydes des quatre premières sections : il prend leur oxygène pour former de l'eau (expérience du fer pyrophorique, p. 57).

Le *chlore*, ayant plus d'affinité pour les métaux que l'oxygène, décompose la plupart des oxydes en s'emparant de leur métal. Il est sans action sur l'alumine. Pour décomposer l'alumine, dans la métallurgie de l'aluminium, on emploie à la fois le *charbon* et le *chlore*. Le charbon prend l'oxygène et le chlore s'unit à l'aluminium pour former du chlorure d'aluminium.

282. Action des acides et des bases sur les oxydes. Classification des oxydes.

NOTA. — Cette classification suppose la théorie *dualistique*. On y attribue au mot *acide* le sens de *acide anhydre* (*anhydride*), et on y regarde les sels comme formés d'un anhydride et d'une base. Même remarque pour la classification des sulfures et des chlorures.

Suivant la manière dont les oxydes se comportent en présence des acides et des bases, on les partage en 5 groupes : oxydes *basiques, acides, indifférents, salins* et *singuliers*.

Les oxydes *basiques* s'unissent aux anhydrides pour former des sels. *Ex.* : la chaux.

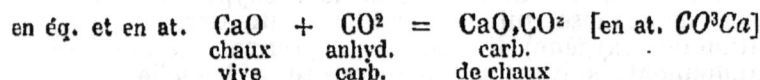

$$\text{en éq. et en at.} \quad \underset{\substack{\text{chaux} \\ \text{vive}}}{CaO} + \underset{\substack{\text{anhyd.} \\ \text{carb.}}}{CO^2} = \underset{\substack{\text{carb.} \\ \text{de chaux}}}{CaO,CO^2} \quad \text{[en at. } CO^3Ca\text{]}$$

La baryte BaO [BaO], la magnésie MgO [MgO], l'oxyde de zinc ZnO [ZnO], sont des oxydes basiques. Ces oxydes sont les moins riches en oxygène ; ils n'en contiennent en général qu'un atome et s'appellent *protoxydes*.

Les oxydes *acides* se combinent avec les bases pour former des sels ; ces oxydes sont les plus riches en oxygène : acides stannique SnO^2 [SnO^2], chromique CrO^3 [CrO^3]. — Il faudrait les appeler *anhydrides* ; en s'unissant à l'eau ils donnent des *acides* : *Ex.* : acide chromique CrO^3,HO [CrO^4H^2].

Les oxydes *indifférents* jouent le rôle de base avec un acide, ou celui d'acide avec une base. *Ex.* : l'alumine Al^{2}O^3 [Al^2O^3]. Dans le sulfate d'alumine elle est basique ; dans l'aluminate de potasse elle est acide. Si on verse un peu de potasse dans une dissolution de sulfate d'alumine, l'alumine *basique* est déplacée par la potasse ; elle donne à la liqueur un aspect laiteux ; si on continue à verser de la potasse l'alumine devient *acide*, s'unit à la potasse et forme un aluminate de potasse soluble : la liqueur redevient claire.

Les *oxydes salins* ont pour formule en éq. et en at. M^3O^4, M désignant un métal ; on les regarde comme résultant de la combinaison de deux oxydes dont l'un est basique, l'autre acide.

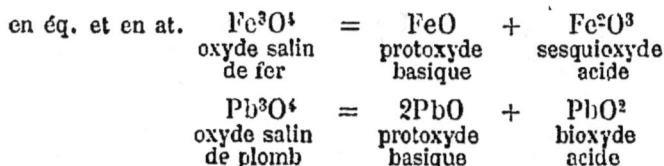

en éq. et en at.

$$Fe^3O^4 \quad = \quad FeO \quad + \quad Fe^2O^3$$

oxyde salin   protoxyde   sesquioxyde
de fer   basique   acide

$$Pb^3O^4 \quad = \quad 2PbO \quad + \quad PbO^2$$

oxyde salin   protoxyde   bioxyde
de plomb   basique   acide

Les *oxydes singuliers* ne se combinent ni avec les acides, ni avec les bases. *Ex.* : le bioxyde de baryum.

283. Action de l'eau. — La plupart des oxydes se combinent avec l'eau en proportions définies pour former les composés qu'on appelle *hydrates*. *Ex.* : Quand on verse de l'eau sur de la chaux vive, les deux corps produisent assez de chaleur pour vaporiser une partie de l'eau, et se changent en une poudre blanche d'*hydrate de chaux* (chaux éteinte) :

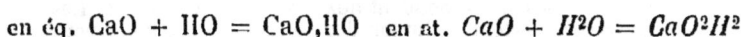

en éq. $CaO + HO = CaO,HO$ en at. $CaO + H^2O = CaO^2H^2$

Inversement les hydrates perdent leur eau quand on les soumet à l'action de la chaleur et régénèrent l'oxyde.

en éq. $$CaO,HO = CaO + HO$$

Toutefois les hydrates de potasse et de soude sont indécomposables par la chaleur.

V. n° 64, constitution des hydrates.

284. État naturel, préparation. — On trouve dans la terre un grand nombre d'oxydes métalliques : divers oxydes de fer, bioxyde de manganèse, alumine.

Pour produire artificiellement les oxydes :

1° On oxyde le métal à l'air. On obtient ainsi le blanc de zinc ZnO [ZnO], la litharge PbO [PbO], le minium Pb^3O^4 [Pb^3O^4].

2° On volatilise l'acide (l'anhydride) d'un sel, à l'aide de la chaleur. On prépare ainsi la chaux avec le carbonate de chaux, l'oxyde de cuivre avec l'azotate de cuivre.

3° On déplace la base d'un sel dissous dans l'eau par une autre base. La potasse versée dans une dissolution de sulfate de cuivre précipite l'oxyde de cuivre ; la potasse et la soude se préparent en traitant par la chaux une dissolution de carbonate de potasse ou de carbonate de soude. V. *Lois de Berthollet, action des bases sur les sels.*

SULFURES MÉTALLIQUES

285. Propriétés physiques. — Les sulfures que l'on trouve dans le sol sont des corps cristallisés, doués de l'éclat métallique, diversement colorés suivant le métal qu'ils contiennent, bons conducteurs de la chaleur et de l'électricité. *Ex. :* la pyrite jaune (sulfure de cuivre); la pyrite blanche (sulfure de fer).

Ceux qu'on produit artificiellement sont amorphes et dépourvus de l'éclat métallique.

Les sulfures sont insolubles dans l'eau, excepté ceux de la première section.

286. Classification. — On classe les sulfures comme les oxydes, en *sulfures basiques* : monosulfure de potassium KS [K^2S] ; *sulfures indifférents* : sesquisulfure de fer F^2S^3 ; *sulfures salins* : sulfure salin de fer $F^3S^4 = FeS,Fe^2S^3$; sulfure double de potassium et d'or KS,Au²S³ [K^2S,Au^2S^3] ; *sulfures singuliers* : bisulfure de fer FeS².

REMARQUE. — Les formules correspondent aux formules des oxydes. Les mots *acide, basique,* se rapportent à l'union des sulfures *entre eux,* pour former des *sulfures doubles* ou *sulfures salins.*

Sulfhydrates. — L'acide sulfhydrique HS [H^2S] correspondant à l'eau, on prévoit qu'on aura des sulfures sulfhydratés comme on a des oxydes hydratés. En effet, on connaît les sulfhydrates des métaux alcalins.

Sulfhydrate de potassium   en éq. KS,HS en at. *KSH*
correspondant à l'*hydrate de potasse*   KO,HO   *KOH*

287. Propriétés chimiques. — *Action de l'oxygène.* L'air et l'oxygène secs n'agissent qu'à une température élevée sur les sulfures. Ceux de la première section sont transformés en sulfates.

en éq. et en at.   BaS + 4O = BaO,SO³ (en at. *BaSO⁴*)

Ceux des métaux communs sont changés en oxydes avec dégagement d'acide sulfureux; c'est le cas des pyrites qui, grillées à l'air, donnent de l'acide sulfureux, pour les chambres de plomb, dans la préparation de l'acide sulfurique.

Les métaux précieux dégagent de l'acide sulfureux et le métal est réduit, ce qui a lieu dans l'extraction du mercure au moyen de son sulfure.

L'air humide agit à froid sur quelques sulfures; c'est ainsi que les pyrites martiales se transforment en sulfate de fer (n° 173).

288. État naturel. préparation. — Les sulfures sont très abondants dans la nature. Ils forment en grande partie les

minerais dont on tire les métaux : *argyrose* (sulfure d'argent),
cinabre (sulfure de mercure), *galène* (sulfure de plomb), *pyrite
cuivreuse* (sulfure de cuivre), etc. Aussi le soufre a-t-il été
appelé le grand *minéralisateur* des métaux.

Pour préparer les sulfures on peut :

1° chauffer le métal avec du soufre : on obtient ainsi le protosulfure de fer, le sulfure de cuivre, le sulfure de mercure.

2° réduire le sulfate par le charbon.

en éq. et en at. $BaO,SO^3 + 4C = BaS + 4CO$

On prépare ainsi les sulfures alcalins et alcalino-terreux.

3° On fait passer un courant d'acide sulfhydrique dans la
dissolution d'un oxyde ou d'un sel (V. p. 173).

CHLORURES

289. Caractères physiques. — La plupart des chlorures sont
solides; quelques-uns sont liquides, comme le bichlorure d'étain;
d'autres fondent à une température peu élevée. Tandis que les
oxydes et les sulfures sont *fixes*, les chlorures sont, pour la
plupart, *volatilisés* par la chaleur, et d'autant plus facilement
qu'ils contiennent plus de chlore ; aussi les alchimistes disaient-
ils que *le chlore donne des ailes aux métaux.*

Les chlorures cristallisent facilement, comme les sels.

290. Classification. — On a divisé les chlorures en *chlorures
basiques* et en *chlorures acides* qui se combinent ensemble pour
former des *chlorures salins.* — Les chlorures salins s'appellent
encore *chlorures doubles. Ex. :* quand on verse une solution de
chlorure de platine dans une solution concentrée de chlorure
de potassium, il se forme un précipité jaune, chlorure double
de potassium et de platine ou *chloroplatinate de potassium.*

291. État naturel, préparation. — La nature nous offre
plusieurs chlorures dont le plus abondant est le chlorure de
sodium (sel de cuisine).

Les chlorures peuvent s'obtenir artificiellement :

1° en traitant le métal par le chlore, l'acide chlorhydrique ou
l'eau régale ;

2° en traitant de la même manière les oxydes métalliques, les
carbonates ou les sulfures ;

3° par double décomposition (lois de Berthollet). Ainsi le
chlorure d'argent s'obtient à l'aide du chlorure de sodium et de
l'azotate d'argent.

N. B. — Les chlorures étant des *sels,* leurs propriétés sont étudiées au
paragraphe suivant.

CHAPITRE IV

COMBINAISONS MÉTALLIQUES (suite) : SELS, LOIS DE BERTHOLLET, PRINCIPAUX GENRES DE SELS

---

292. Définitions. — Nous rappelons ici et nous complétons les notions déjà données sur la constitution des sels (*préliminaires*, ch. v).

Sels. — Un sel est un acide dont l'hydrogène a été remplacé par un métal.

Sels acides — Si une partie seulement de l'hydrogène a été remplacée, le sel est dit *acide*.

Sels basiques. — 1° En équivalents : on peut regarder les sels comme des hydrates métalliques dont l'eau a été remplacée par un anhydride

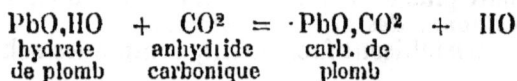

$$PbO,HO + CO^2 = PbO,CO^2 + HO$$

hydrate   anhydride   carb. de
de plomb   carbonique   plomb

Or, il peut se faire qu'une partie de l'eau seulement soit remplacée ; le sel est alors basique

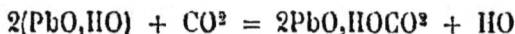

$$2(PbO,HO) + CO^3 = 2PbO,HOCO^3 + HO$$

2° En chimie atomique : les sels peuvent être regardés comme dérivant des hydrates dans lesquels un ou plusieurs oxhydriles ont été remplacés par un radical acide.

Soit l'hydrate de plomb $Pb(OH)^2$, où le plomb bivalent est uni à 2 oxhydriles. Si l'on remplace chaque oxhydrile par le radical monovalent de l'acide azotique AzO^3, on a l'azotate neutre de plomb. En remplaçant un oxhydrile seulement, on aurait un azotate basique $Pb \begin{cases} AzO^3 \\ OH \end{cases}$

Les sels basiques les plus connus sont les carbonates basiques de cuivre et de plomb. Voici la formule développée du carbonate basique de cuivre :

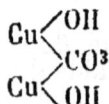

$$\begin{matrix} Cu < {}^{OH}_{CO^3} \\ Cu < {}^{}_{OH} \end{matrix}$$

L'hydrate de cuivre a pour formule $Cu(OH)^2$, le cuivre étant bivalent. Dans ce carbonate 2 molécules d'hydrate ont perdu chacune un oxhydrile. Les 2 oxhydriles perdus ont été remplacés par le radical CO^3 (bivalent) de l'acide carbonique.

15

293. État de l'eau dans les sels. — On appelle *eau de constitution* l'eau qui fait partie intégrante d'un sel et ne peut lui être enlevée sans le changer d'espèce. Telle est l'eau du phosphate acide de chaux en éq. $CaO2HO,PO^3$, en at. $(PO^4)^2CaH^4$. Si en chauffant on lui enlève ses 2 équivalents d'eau, il devient du métaphosphate de chaux CaO,PO^5 $[(PO^3)^2Ca]$ qui est un sel différent (p. 182).

L'*eau de cristallisation* ou d'*hydratation* est de l'eau que certains sels s'associent en proportions définies, quand ils cristallisent par voie aqueuse. On la figure par le symbole Aq dans les formules ; le carbonate de soude cristallise avec 10 équivalents (molécules) d'eau :

$$\text{en éq. } NaO,CO^2 + 10Aq \qquad \text{en at. } CO^3Na^2 + 10H^2O$$

l'alun, avec 24 équivalents d'eau.

On nomme *eau d'interposition* de petites quantités d'eau qui restent emprisonnées entre les lamelles cristallines. Le sel de cuisine décrépite quand on le jette dans le feu, parce que cette eau interposée se réduit en vapeur, presse les lamelles et les fait éclater avec une petite explosion.

294. Caractères physiques des sels. — Les sels sont solides à la température ordinaire. Ils sont le plus souvent cristallisés et transparents.

Beaucoup de sels sont *incolores*. Un sel est incolore quand son acide et sa base le sont. Quand l'acide est coloré, le sel l'est aussi : l'acide chromique étant rouge, tous les chromates sont remarquables par leur belle coloration rouge ou jaune. La couleur de la base détermine celle du sel qui en est formé ; les sels d'or sont jaune clair, ceux de platine jaune orange, ceux de cuivre bleus ou verts, ceux de protoxyde de fer verts, ceux de sesquioxyde jaune rougeâtre. La couleur peut varier avec la quantité d'eau que le sel contient. Le sulfate de cuivre, d'une belle couleur bleue en solution ou en cristaux, devient incolore quand on le dessèche ; le chlorure de cobalt est rose en solution et bleu quand il est sec, et il peut prendre les diverses nuances du bleu au rose, suivant l'humidité dont il se pénètre.

Les sels sont *inodores*, excepté quelques sels volatils ; carbonate, sulfhydrate d'ammoniaque.

La plupart des sels solubles ont une *saveur* métallique, âcre et excitant le dégoût ; d'autres ont une saveur spéciale, habituellement la même pour une même base :

Les sels de plomb	ont une saveur sucrée et astringente.
— alumine	— astringente.
— magnésie, potasse	— amère.
— soude	— salée.

295. Solubilité. — L'eau *dissout* la plupart des sels ; il y en a très peu de complètement insolubles, comme le sulfate de baryte, le chlorure d'argent, le carbonate de plomb.

La solubilité d'un sel varie en général avec la température. Pour le plus grand nombre des sels, elle augmente quand la température s'élève : l'azotate de potasse ou *salpêtre*, peu soluble à froid, se dissout en toutes proportions dans l'eau bouillante. Le *sel marin* est à peu près également soluble dans l'eau à toutes les températures. Le *sulfate de soude* offre cette particularité que sa solubilité va en augmentant jusqu'à 33° et diminue ensuite ; pour le sulfate de chaux le maximum a lieu à 35°.

Courbes de solubilité. — Voici comment on représente sur le papier la solubilité des sels, aux différentes températures : sur une ligne horizontale, on prend des longueurs égales, destinées à marquer les températures ; puis, aux divisions, on élève des perpendiculaires de longueurs proportionnelles aux poids du sel solubles à ces températures ; la ligne continue qui joint les extrémités de ces perpendiculaires marque les variations de la solubilité.

Déliquescence , efflorescence. — Certains sels absorbent la vapeur d'eau qui se trouve dans l'air et se dissolvent peu à peu : on dit qu'ils sont *déliquescents*; tels sont le chlorure de calcium et le carbonate de potasse. — D'autres, comme le carbonate de soude, abandonnent à l'air leur eau de cristallisation, se désagrégent et tombent en poussière : on les appelle *sels efflorescents*. Le chlorure de sodium est déliquescent ou efflorescent, suivant que l'air est sec ou humide.

296. Fusibilité. — Les sels entrent en fusion à une température qui varie pour chacun ; quelques-uns peuvent se volatiliser. — On distingue deux sortes de fusion. Les sels fortement hydratés, comme le sulfate de soude, fondent d'abord dans leur eau de cristallisation : c'est la *fusion aqueuse*. Si on continue à chauffer, l'eau de cristallisation s'évapore, le sel reprend l'état solide. A une température plus élevée, il subit une nouvelle fusion qu'on appelle *fusion ignée*.

Tout cela n'a lieu que si le sel est *stable*, c'est-à-dire, ne se décompose pas par la chaleur.

Propriétés chimiques

297. Action de la chaleur et de l'électricité. — La *chaleur* décompose beaucoup de sels, par exemple la plupart des carbonates, les azotates.

Les *courants électriques* décomposent les sels dissous dans l'eau ou fondus au feu : *le métal se rend au pôle négatif;* le radical, au pôle positif.

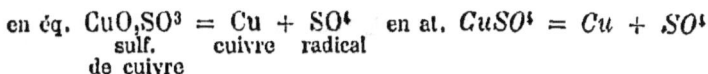

en éq. $CuO,SO^3 = Cu + SO^4$ en at. $CuSO^4 = Cu + SO^4$
sulf.   cuivre   radical
de cuivre

Un sel alcalin, comme le sulfate de soude, se décompose de même; mais le sodium décompose l'eau qu'il traverse, lui prend son oxygène pour refaire de la soude, et met en liberté de l'hydrogène qu'on peut recueillir au pôle négatif; l'oxygène et l'anhydride sulfurique vont au pôle positif. En effet, du sirop de violettes verdit au pôle négatif et rougit au pôle positif.

La *galvanoplastie*, la *dorure* et l'*argenture* galvaniques sont fondées sur cette décomposition des sels.

La *lumière* agit sur certains sels, spécialement sur les sels d'argent ; on utilise cette propriété en photographie.

298. Action des métaux. — *Un métal d'une section inférieure se substitue à un métal d'une section supérieure qui fait partie d'un sel en dissolution.* Cette loi s'explique et se vérifie par les exemples suivants :

Une lame de fer (3e section), plongée dans une dis-

solution de sulfate de cuivre (5ᵉ section), se recouvre
de cuivre métallique, et du sulfate de fer remplace
dans la dissolution le sulfate de cuivre. — Une lame
de cuivre, mise dans une solution d'azotate d'argent
(6ᵉ section), déplacerait de même ce dernier métal, et
le cuivre se trouverait argenté.

Cette réaction des métaux sur les dissolutions salines, rend
compte des expériences suivantes :
Arbres de Saturne, de Diane. — On remplit un vase à large
ouverture d'une dissolution d'*acétate de plomb*, à laquelle on
ajoute quelques gouttes d'acide acétique. On suspend dans ce
liquide une tige de zinc, terminée par des fils de laiton. Le
plomb, que les alchimistes appelaient *Saturne*, se précipite sur
le zinc qui figure le tronc d'un arbre, et plus faiblement sur les
fils de laiton qui semblent en être les branches. — Dans un
verre, on met une goutte de mercure et on la couvre d'une
solution d'*azotate d'argent*. L'argent se précipite et, en s'alliant
avec le mercure, il forme de longues aiguilles, qui figurent
l'*arbre de Diane*.

Lois de Berthollet

299. — Des lois découvertes par Berthollet indiquent
les réactions des *bases* sur les sels, des *acides* sur les
sels, et des *sels* les uns sur les autres.

Ces lois se ramènent à l'action des *sels* sur les sels,
car les *acides* sont des sels d'hydrogène, et les *bases*
en dissolution sont des hydrates, c'est-à-dire des sels
dérivant de l'eau considérée comme acide. Ceci posé,
les lois de Berthollet peuvent se résumer ainsi : *deux
composés salins échangent leurs éléments (radicaux,
parties métalliques), quand de cet échange il peut
résulter un composé plus volatil ou moins soluble que
les corps mis en présence, c'est-à-dire toutes les fois
qu'il peut se produire un composé éliminable par
volatilité ou insolubilité.*

Exemples : 1° si l'on fait agir l'acide sulfurique
(*sulfate d'hydrogène*) sur de l'azotate de potassium,
un atome d'hydrogène se substituera au potassium et
on aura de l'azotate d'hydrogène (acide azotique),
*parce que l'acide azotique est volatil à la température
à laquelle on opère* (Préparation de l'acide azotique).

en éq.　　$2SO^3,HO + KO,AzO^5 = KOHO,2SO^3 + AzO^5,HO$⟂

en at.　　$SO^4H^2 + Az O^3K = SO^4KH + AzO^3H$

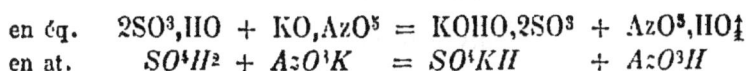

2° Si l'on met en présence du chlorure de sodium et de l'azotate d'argent, les métaux s'échangent et on a du chlorure d'argent et de l'azotate de sodium, *parce que le chlorure d'argent est insoluble.*

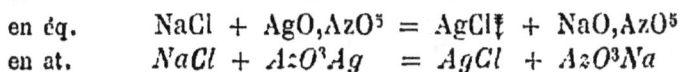

en éq.　　$NaCl + AgO,AzO^5 = AgCl$⟂$ + NaO,AzO^5$

en at.　　$NaCl + Az O^3Ag = AgCl + AzO^3Na$

300 Action des acides. — 1re loi. *Un acide fixe déplace un acide plus volatil.* — L'acide sulfurique (liquide) chasse du carbonate de chaux l'acide carbonique (gazeux) :

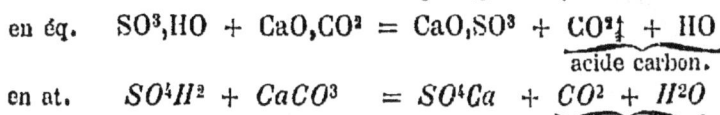

en éq.　　$SO^3,HO + CaO,CO^2 = CaO,SO^3 + \underline{CO^2}$⟂$ + HO$

　　　　　　　　　　　　　　　　　acide carbon.

en at.　　$SO^4H^2 + CaCO^3 = SO^4Ca + \underline{CO^2 + H^2O}$

L'acide carbonique, étant instable, se décompose en anhydride et en eau.

2e loi. *Un acide soluble déplace un acide insoluble ou moins soluble.* — Lorsqu'on fait agir de l'acide sulfurique sur du silicate de potasse, les éléments s'échangent et on a du sulfate de potasse et de la silice hydratée (silicate d'hydrogène), parce que la silice est insoluble.

3e loi. *Un acide déplace l'acide d'un sel soluble quand il peut former avec son métal un sel insoluble.* — L'acide chlorhydrique versé dans une dissolution d'azotate d'argent, précipite le métal à l'état de chlorure d'argent insoluble, et met en liberté l'acide azotique.

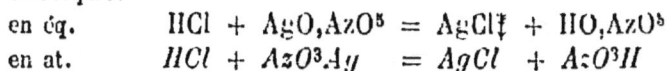

en éq.　　$HCl + AgO,AzO^5 = AgCl$⟂$ + HO,AzO^5$

en at.　　$HCl + AzO^3Ag = AgCl + AzO^3H$

L'acide sulfurique réagit sur tous les sels de baryte, parce qu'il forme, avec le baryum, un sulfate insoluble.

301. Action des bases. — L'action des bases sur les sels est soumise à 3 lois analogues aux précédentes :

1re loi. *Une base fixe déplace une base plus volatile.* — La chaux ou la potasse déplacent l'ammoniaque.

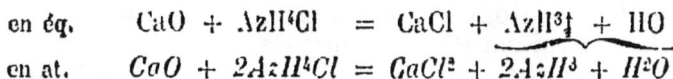

en éq.　　$CaO + AzH^4Cl = CaCl + AzH^3$⟂$ + HO$

en at.　　$CaO + 2AzH^4Cl = CaCl^2 + \underline{2AzH^3 + H^2O}$

Le calcium s'échangeant contre l'ammonium, il en résulte du chlorure de calcium et de l'oxyde d'ammonium; puis ce dernier, se dédoublant, donne de l'ammoniaque.

2e loi. *Une base soluble déplace une base insoluble.* — Quand on verse une solution de potasse dans une solution de sulfate de cuivre, l'hydrate de cuivre insoluble se précipite en flocons bleus.

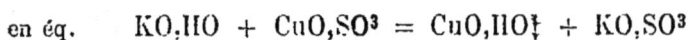

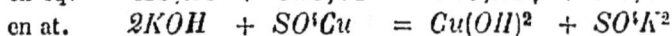

en éq. $KO,HO + CuO,SO^3 = CuO,HO\ddagger + KO,SO^3$

en at. $2KOH + SO^4Cu = Cu(OH)^2 + SO^4K^2$

Le potassium s'est échangé contre le cuivre.

3e loi. *Une base déplace la base d'un sel, quand elle peut former avec son acide un composé insoluble.* — En ajoutant de la chaux à une solution étendue et bouillante de carbonate de potasse, on obtient du carbonate de chaux insoluble et de la potasse.

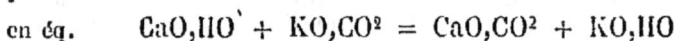

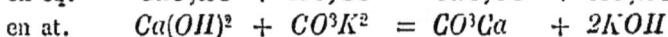

en éq. $CaO,HO + KO,CO^2 = CaO,CO^2 + KO,HO$

en at. $Ca(OH)^2 + CO^3K^2 = CO^3Ca + 2KOH$

Le potassium et le calcium se sont échangés.

302. Action des sels. — 1re loi. *Deux sels fixes, chauffés ensemble, échangent leurs éléments lorsqu'ils peuvent donner un sel plus volatil et un sel fixe.* — En chauffant dans une cornue un mélange de carbonate de chaux et de sulfate d'ammoniaque, on obtient du carbonate d'ammoniaque volatil et du sulfate de chaux.

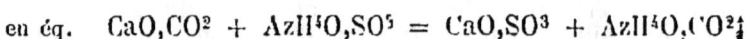

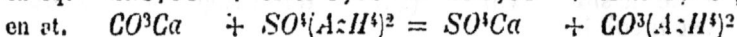

en éq. $CaO,CO^2 + AzH^4O,SO^3 = CaO,SO^3 + AzH^4O,CO^2\ddagger$

en at. $CO^3Ca + SO^4(AzH^4)^2 = SO^4Ca + CO^3(AzH^4)^2$

2e loi. *Deux sels solubles échangent leurs éléments, quand ils peuvent former un sel insoluble ou moins soluble.* — Le chlorure de sodium, en présence de l'azotate d'argent, donne du chlorure d'argent insoluble.

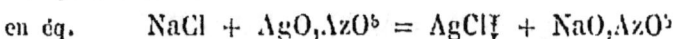

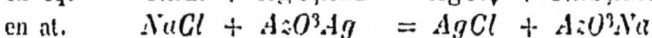

en éq. $NaCl + AgO,AzO^5 = AgCl\ddagger + NaO,AzO^5$

en at. $NaCl + AzO^3Ag = AgCl + AzO^3Na$

Principaux genres de sels

303. Genre et espèce. — Dans tout sel il y a à considérer le genre et l'espèce. Le *genre* dépend du radical, c'est-à-dire de la partie non métallique, simple ou composée; ex. : le genre *chlorure*, dont le radical est le chlore, le genre *sulfate*, dont le radical est (O,SO^3) ou SO^4, etc.

L'*espèce* est déterminée par le métal joint au radical, ou par la partie qui s'échange contre l'hydrogène ou une autre partie métallique. On a l'espèce *argent, fer, potassium ammoniaque ou ammonium,* etc.

Les sels d'un même genre, comme ceux d'une même espèce, ont des propriétés communes et caractéristiques.

Nous les étudierons ici pour les genres les plus importants, notamment pour les azotates, les carbonates et les sulfates : les caractères des espèces se trouvent dans l'étude de chaque métal.

304. Azotates. — *Formules des azotates* (V. p. 94).

Propriétés. — Les azotates sont tous *solubles* dans l'eau.

Ils sont tous décomposés par la *chaleur*. Il reste un oxyde, ou le métal, si l'oxyde est réductible par la chaleur.

Ils sont décomposés par le *charbon* : il reste un carbonate, un oxyde ou le métal ; il se dégage de l'azote, de l'acide carbonique et de l'oxyde de carbone. Les azotates *fusent* quand on les projette sur des charbons, parce que leur décomposition dégage de l'oxygène qui active la combustion.

Caractères. — L'acide sulfurique, versé dans la dissolution d'un azotate, dégage de l'acide azotique : si on ajoute de la tournure de cuivre, il se produit des vapeurs *rutilantes*. — Si dans la dissolution on met de l'acide sulfurique et un cristal de sulfate de fer on a une coloration brune.

État naturel, préparation. — On ne trouve dans la nature qu'un petit nombre d'azotates, comme ceux de potasse ou de soude. — On en prépare par l'action de l'acide azotique sur un métal, un oxyde ou un carbonate.

Les principaux azotates sont : les azotates d'argent, de potasse et de soude.

305. Carbonates. — *Formules.* Il y a des carbonates acides et des carbonates neutres (V. p. 126).

Propriétés. — L'eau pure ne dissout pas les carbonates, excepté les carbonates alcalins. L'eau chargée d'acide carbonique les dissout presque tous ; ils se précipitent quand l'acide carbonique disparaît à l'air ou à la chaleur.

Les carbonates sont décomposés par la chaleur, excepté les carbonates alcalins et celui de baryte : il se dégage de l'acide carbonique et il y a un résidu d'oxyde.

Le charbon décompose les carbonates à une température suffisamment élevée ; il reste un oxyde ou le métal (préparation du potassium).

Caractère. — Les acides usuels décomposent les carbonates avec effervescence, en dégageant de l'acide carbonique qui trouble l'eau de chaux.

État naturel, préparation. — Beaucoup de carbonates se trouvent tout formés dans la nature. — On en prépare en combinant l'acide carbonique avec les bases, ou par double décomposition, suivant les lois de Berthollet.

Les principaux carbonates sont les carbonates de plomb ou céruse, de magnésie, de chaux, de potasse, de soude.

306. Sulfates. — Il y a des sulfates neutres et des sulfates acides (V. p. 166).

L'*eau* dissout la plupart des sulfates ; ceux d'argent, de mercure et de chaux sont peu solubles ; ceux de plomb, de baryte et de strontium ne le sont pas du tout.

La *chaleur* décompose tous les sulfates, excepté ceux de la première section, ceux de magnésie et de plomb ; il y a, en général, un résidu d'oxyde ou de métal ; il se dégage de l'acide sulfureux, et quelquefois de l'acide sulfurique (préparation de l'acide sulfurique de Nordhausen), avec ou sans oxygène.

Les *acides usuels* n'exercent aucune action sur les sulfates. Seuls, les acides phosphorique, borique ou silicique, qui sont plus fixes, les décomposent à la chaleur rouge.

Le *charbon*, à haute température, décompose tous les sulfates. Il laisse le plus souvent un sulfure : par exemple en calcinant du charbon et du sulfate de baryte, on a du sulfure de baryum.

Caractère. — La baryte, l'azotate de baryte et le chlorure de baryum donnent, avec les sulfates solubles, un précipité blanc de sulfate de baryte, insoluble dans l'acide azotique.

État naturel, préparation. — Il existe dans la nature de nombreux sulfates, comme ceux de chaux, d'alumine. — On les prépare : 1° par l'action de l'acide sulfurique sur un métal : sulfate de mercure, de cuivre, de zinc ;

2° par l'action de l'acide sulfurique sur un oxyde ou sur un sel : par exemple, on obtient le sulfate de soude en faisant agir l'acide sulfurique sur le chlorure de sodium :

3° par le grillage d'un sulfure naturel : sulfate de fer, sulfate de cuivre.

Les *principaux sulfates* sont : les sulfates de cuivre ou vitriol bleu, de zinc ou vitriol blanc, de fer ou vitriol vert, de chaux ou plâtre, et les aluns.

307. Divers autres sels. — Les *arséniures* métalliques ont l'éclat métallique ; avec l'acide azotique ou l'eau régale, ils se transforment en arséniates. — Les *arséniates* dissous donnent, avec l'azotate d'argent, u · précipité rouge-brique. — Les *arsénites* donnent un précipité jaune, avec l'azotate d'argent et avec l'acide sulfhydrique. L'arsenic se reconnaît avec l'appareil de Marsh.

Les *borates*, en solution chaude et concentrée, donnent, avec l'acide sulfurique, de l'acide borique, en paillettes nacrées qui se déposent par refroidissement et colorent en vert la flamme de l'alcool. Les borates fondent par la chaleur, et donnent, par refroidissement, une matière vitreuse.

Les *bromures*, traités par ' chlore dissous, se colorent en jaune foncé ; avec l'azotate d'ai   . ils donnent un précipité blanc jaunâtre ; avec l'acide sulfurique concentré, et le bioxyde de manganèse, ils dégagent du brome rougeâtre et fumant à l'air. — Les *bromates* se décomposent par la chaleur ; chauffés avec l'acide sulfurique, ils donnent du brome.

Les *chlorates*, projetés sur des charbons ardents, fusent plus vivement que les azotates ; traités par l'acide sulfurique concentré, ils laissent dégager un gaz jaune, détonant. — Les *hypochlorites* dissous décolorent l'indigo et la teinture du tournesol, au contact de l'air.

Les *chlorures* donnent, avec l'azotate d'argent, un précipité blanc, qui devient violet à la lumière, est insoluble dans l'acide azotique et soluble dans l'ammoniaque et l'hyposulfite de soude ; traités par l'acide sulfurique concentré, ils dégagent à l'air des fumées blanches d'acide chlorhydrique.

Les *cyanures*, traités par les acides sulfurique ou chlorhydrique, donnent des vapeurs d'acide cyanhydrique, reconnaissable à son odeur d'amandes amères.

Les *fluorures*, chauffés dans une capsule de platine avec de l'acide sulfurique concentré, dégagent des vapeurs d'acide fluorhydrique qui attaquent le verre.

Les *iodures*, forment, avec l'azotate d'argent, un précipité blanc jaune ; avec l'acide sulfurique concentré, ils dégagent des vapeurs violettes ; avec le chlore, ils se colorent en brun ; avec l'empois d'amidon et une goutte de chlore, ils se colorent en bleu.

Les *phosphates* neutres sont insolubles, excepté les phosphates alcalins ; leur dissolution donne, avec l'azotate d'argent, un précipité jaune, soluble dans l'acide azotique. Un phosphate sec, chauffé dans un tube avec un petit morceau de potassium, se transforme en phosphure de potassium, qui, mis au contact de l'eau, dégage de l'hydrogène phosphoré inflammable.

Les *silicates*, en solution concentrée, donnent, avec l'acide chlorhydrique, de la silice gélatineuse ; chauffés avec du fluorure de calcium et de l'acide sulfurique, ils dégagent un gaz fumant (fluorure de silicium), qui, dans l'eau, dépose de la silice.

Les *sulfures*, traités par un acide, dégagent de l'acide sulfhydrique, d'une odeur d'œufs pourris ; ils précipitent les sels de plomb en noir. — Les *sulfites*, traités par l'acide sulfurique concentré, dégagent de l'acide sulfureux ; les *hyposulfites* produisent en outre un dépôt de soufre.

308. — Les *sels insolubles*, pour être analysés, doivent être d'abord transformés en sels solubles. — On trouvera ailleurs les *tableaux des réactions* à essayer méthodiquement pour déterminer le genre et l'espèce d'un sel.

CHAPITRE V

MÉTAUX DE LA VI° SECTION (1) : OR, ARGENT, PLATINE, MERCURE

OR

Équivalent Au = 98,5	D = 19,5
Poids atomique Au = 197	F (point de fusion) = 1045°
Trivalent.	T (coefficient de ténacité (2)) = 68

Connu depuis la plus haute antiquité comme le roi des métaux ; dédié au soleil.

309. Propriétés. — L'or est un métal d'une belle couleur jaune caractéristique (3). Pur, il est presque aussi mou que le plomb : on ne l'emploie qu'allié au cuivre ou à l'argent. Il est très dense (d = 19,5).

C'est le plus malléable et le plus ductile de tous les métaux : on peut le réduire en feuilles tellement minces qu'il en faut 10.000 pour faire l'épaisseur de 1^{mm} ; avec 1^{gr} d'or on peut étirer un fil de 3^{km} de long.

Ce qui rend l'or précieux, c'est qu'il n'est altéré par aucun des éléments contenus dans l'atmosphère. Il n'est attaqué par aucun des acides usuels, mais seulement par un mélange d'acide azotique et d'acide chlorhydrique (eau régale) : il se transforme alors en perchlorure d'or. Il s'unit plus facilement aux métaux, spécialement au mercure, avec lequel il forme un amalgame blanc.

---

(1) Nous croyons pouvoir intervertir l'ordre suivi communément dans l'étude des métaux. Nous y trouvons l'avantage de commencer par les métaux les plus usuels.

(2) Le coefficient de ténacité d'un métal est le poids que peut porter, sans rompre, un fil de ce métal ayant 1^{mm} de rayon.

(3) Si la lumière est réfléchie un grand nombre de fois à la surface de l'or (comme au fond d'un calice), la couleur est rouge. Les feuilles d'or très minces laissent passer la lumière verte, complémentaire de la couleur rouge qu'elles réfléchissent.

310. État naturel ; extraction. — L'or est, après le fer, le métal le plus disséminé à la surface du globe, mais en très petite quantité. On le trouve dans les terrains primitifs et les alluvions anciennes, quelquefois allié à d'autres métaux, le plus souvent à l'état natif, en paillettes si petites, qu'il en faut plus de 20 pour peser 1ᵐᵍ. On rencontre cependant des morceaux plus gros, auxquels on donne le nom de *pépites* ; il en a été trouvé en Australie du poids de 67ᵏᵍ. En France, quelques rivières charrient des paillettes d'or, comme l'Ariège et le Rhône ; mais les principaux sables aurifères sont dans l'Oural, en Californie, au Brésil et en Australie. On ne peut exploiter avantageusement que les sables qui contiennent plus de 1 millionième d'or ; ceux de nos fleuves en contiennent 10 fois moins.

L'extraction de l'or repose sur sa grande densité. Les sables qui le contiennent sont lavés dans des augettes en bois, ou sur des tables inclinées dans lesquelles sont creusées des rainures transversales. Le courant d'eau emporte le sable, et les paillettes d'or restent dans les rainures, avec les grains de sable les plus lourds. Ce résidu est traité par le mercure qui transforme l'or en amalgame, facile à séparer des autres matières. Par la distillation, l'or est ensuite isolé du mercure ; celui-ci se réduit en vapeurs qui se condensent par le refroidissement et peuvent servir de nouveau. — En 1862, il a été produit de l'or pour une valeur de 40 milliards L'or commercial contient encore une faible quantité d'argent et même de cuivre, qu'on peut lui enlever par *affinage*. On l'attaque par l'acide azotique qui dissout l'argent et le cuivre et laisse de l'or pulvérulent. Pour que l'acide azotique agisse, il faut allier préalablement l'or commercial avec une grande quantité d'argent (4 fois son poids).

311. Usages. — *Alliages d'or ; dorure.* L'or n'est pas assez dur pour être employé seul ; on le combine à l'argent (*or vert*) ou au cuivre, qui lui donnent de la dureté et en rehaussent la couleur. Les titres de ces alliages sont réglés et contrôlés par l'État.

La *dorure* consiste à recouvrir d'une couche d'or mince et adhérente les objets que l'on veut embellir ou préserver de l'action de l'air ; on peut dorer à l'huile, au mercure, au trempé ou à la pile.

1° On dore à *l'huile* le bois, le carton, les grilles de fer. On dépose sur ces objets une couche de vernis gommeux, ou de céruse délayée dans l'huile de lin, et on y applique des feuilles d'or à l'aide d'un pinceau.

2° La *dorure au mercure* consiste à frotter les pièces, préalablement décapées, avec un *amalgame* d'or pâteux. On chauffe ensuite, pour volatiliser le mercure, et il reste une pellicule d'or adhérente au métal. Ce procédé, décrit par Pline, est insalubre, à cause des vapeurs de mercure.

3° La dorure au *trempé* ou par immersion s'emploie principalement pour les bijoux de cuivre. Après les avoir décapés, on les plonge dans une dissolution de chlorure d'or et de carbonate de potasse. Le cuivre, métal d'une section inférieure, remplace, dans la dissolution, l'or qui se dépose sur les objets à dorer.

4° La *dorure galvanique* ou à la *pile électrique* a été perfectionnée surtout par de Ruolz. On prépare une dissolution de cyanure double d'or et de potassium, on y suspend les corps que l'on veut dorer, et on les met en communication avec le pôle négatif d'une pile faible : on plonge dans le même bain une lame d'or, attachée au pôle positif. Le courant électrique décompose le cyanure d'or : l'or s'attache aux objets suspendus au pôle négatif, et le cyanogène va au pôle positif se combiner avec une nouvelle quantité d'or. On connaît le poids de l'or employé, en pesant l'objet avant et après l'opération.

Les dépôts obtenus dans la dorure resteraient ternes, si on ne leur donnait du poli et de l'éclat, en les frottant avec une brosse en fils de laiton.

COMPOSÉS

312. Chlorures d'or. — L'or forme deux chlorures : 1° le *perchlorure*, où il fonctionne comme trivalent : en at. $AuCl^3$, en éq. Au^2Cl^3 ; 2° le *protochlorure*, où il est monovalent : en at. $AuCl$, en éq. Au^2Cl.

NOTA. — On les appelle souvent chlorure *aurique*, chlorure *aureux*, en attribuant la terminaison *ique* au composé qui contient le plus de chlore. C'est l'extension aux composés chlorés d'une règle qui avait été faite d abord pour les oxacides (page 14), puis appliquée aux composés oxygénés non acides (p. 80, protoxyde d'azote). — Ces terminaisons sont très usitées dans la nomenclature des composés métalliques.

313. Perchlorure d'or ou chlorure aurique. — C'est le plus connu des composés de l'or et le plus important par ses usages. Il se présente sous forme d'une poudre brune déliquescente, très soluble dans l'eau. Sa dissolution est d'une belle couleur jaune. Il se dissout aussi dans l'alcool et dans l'éther.

Soumis à l'action de la chaleur, il perd les $\frac{2}{3}$ de son chlore vers 200°, en donnant le protochlure, poudre jaune insoluble. A une température plus élevée, il perd le dernier tiers et laisse de l'or en poussière. Il se décompose lentement à la lumière et plus rapidement en présence des matières organiques qui prennent le chlore ; c'est pourquoi il tache la peau en violet.

Préparation. — On traite l or par l'eau régale et on évapore à une chaleur modérée (inférieure à 200° pour ne pas décomposer le chlorure).

Usages. — Le perchlorure d'or est employé en photographie pour le *virage* des épreuves, et dans la dorure au trempé ou à la pile.　En versant, dans la dissolution de perchlorure d'or, un mélange de protochlorure et de bichlorure d'étain, on obtient un précipité violet qui est utilisé dans la peinture sur porcelaine sous le nom de *pourpre de Cassius*. — En chimie, il sert de réactif pour reconnaître la présence des matières organiques dans les eaux naturelles : avec ces matières il donne un précipité brun, d'or réduit.

314. Oxydes. — 1° *Hydrate.* Si on fait agir sur le chlorure d'or un hydrate métallique, tel que la potasse, les 3 atomes de chlore sont remplacés par 3 oxhydriles et on a l'hydrate d'or $Au(OH)^3$ [en éq. $Au^2O^3,3HO$], suivant la réaction :

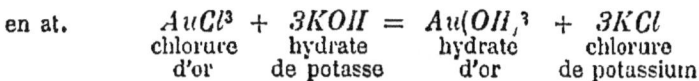

en at.
$$AuCl^3 + 3KOH = Au(OH)^3 + 3KCl$$
chlorure　　hydrate　　hydrate　　chlorure
d'or　　de potasse　　d'or　　de potassium

Cet hydrate est *acide* ; avec la potasse il donne de l'*aurate de potasse.*

L'hydrate d'or peut aussi agir comme basique, il se dissout dans les acides pour former des sels d'or. Ces sels sont peu stables.

2° *Sesquioxyde d'or* ou *oxyde aurique.* Si on soumet l'hydrate d'or à l'action de la chaleur, il se déshydrate et donne du sesquioxyde d'or.

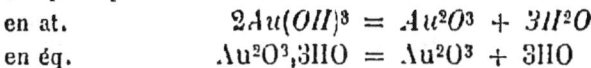

en at.　　　　$2Au(OH)^3 = Au^2O^3 + 3H^2O$

en éq.　　　　$Au^2O^3,3HO = Au^2O^3 + 3HO$

3° *Protoxyde d'or* ou *oxyde aureux.* En soumettant le protochlorure d'or à l'action de la potasse on obtient le protoxyde Au^2O (en at. et en éq.). Il n'est ni acide ni basique.

315. Caractères des sels d'or. — 1° Le *sulfate de protoxyde de fer* (sulfate ferreux) réduit les sels d'or, et produit un précipité brun d'or très divisé. — 2° Un mélange de protochlorure et de bichlorure d'étain y produit un précipité violet (pourpre de Cassius). — 3° L'ammoniaque donne un précipité jaune appelé *or fulminant* ou *fulminate d'or*, composé détonant.

ARGENT

éq. et p. at.　　　$Ag = 108$　　　｜　　　$F = 1000$
　　　　　　　　　Monovalent
　　　　　　　　　$D = 10,5$ ·　　　｜　　　$T = 85$

De ἀργός, blanc. Connu de toute antiquité ; dédié à Diane et à la Lune.

316. Propriétés. — L'argent est le plus blanc des métaux, et celui qui, par le poli, acquiert le plus d'éclat. — Il est, après l'or, le plus malléable et le plus ductile. C'est le meilleur conducteur de la chaleur et de l'électricité.

Il ne se combine avec l'oxygène à aucune température ; seulement, lorsqu'il est fondu, il possède la singulière propriété de dissoudre ce gaz ; il en dissout jusqu'à 22 fois son volume. L'oxygène se dégage par le refroidissement en produisant une ébullition qu'on appelle *rochage*, et quelquefois une explosion.

A une température plus ou moins élevée, l'argent se combine avec la plupart des métalloïdes, notamment avec l'iode et le chlore à froid. — Il est attaqué à chaud par l'acide azotique et l'acide sulfurique ; à froid, par l'acide sulfhydrique : l'argent noircit à l'air à cause des traces d'acide sulfhydrique qui le transforment en sulfure noir ; les couverts d'argent sont rapidement altérés par les œufs, qui contiennent de l'acide sulfhydrique et des sulfures.

317. État naturel, extraction. — Quelquefois on trouve l'argent à l'état *natif* ; on a même rencontré des pépites pesant jusqu'à 280ᵏᵍ. — Les principaux minerais sont le sulfure d'argent (argyrose) et les sulfures doubles d'argent et d'arsenic ou d'antimoine Il y a aussi de petites quantités d'argent dans une foule de minerais de plomb et de cuivre que l'on appelle *mines d'argent*.

Le traitement du sulfure d'argent varie avec le lieu de l'exploitation. 1° En Saxe, et généralement en Europe, le minerai est grillé avec du sulfure de fer et du chlorure de sodium. Des réactions complexes produisent du chlorure d'argent. Le produit du grillage est mélangé, dans des tonnes tournantes, avec de l'eau et du fer : le fer, métal d'une section inférieure, déplace l'argent, qui se dépose à l'état pulvérulent, disséminé dans les matières étrangères. Pour le réunir on ajoute du mercure, avec lequel il s'amalgame. Cet amalgame est décomposé par la chaleur.

2° En Amérique, le minerai, mêlé avec du chlorure de sodium et du sulfate de cuivre (ou plutôt du sulfure de cuivre grillé à une chaleur modérée, ce qui le transforme partiellement en sulfate), est broyé sous les pieds des mules : il se forme du chlorure d'argent. On ajoute du mercure, dont une partie réagit sur le chlorure d'argent pour former du chlorure de mercure et de l'argent pulvérulent : l'autre partie s'amalgame avec l'argent.

3° Les minerais argentifères de plomb et de cuivre sont d'abord traités comme s'ils ne contenaient pas d'argent, afin d'en extraire le plomb et le cuivre. — Le plomb est ensuite traité par *coupellation* : on le fait fondre dans un fourneau dont la surface est en coupelle ; puis on dirige sur la masse un courant d'air qui oxyde le plomb sans attaquer l'argent ; l'oxyde de plomb s'assemble à la partie supérieure : on le fait écouler, l'argent reste au fond. — Ce procédé n'est avantageux que si le plomb contient beaucoup d'argent ; comme il en contient toujours très peu, il faut d'abord l'*enrichir*. Pour cela, le métal est fondu, puis refroidi lentement : les premières parties qui se solidifient sont du plomb pur : on les enlève. L'argent reste dans les dernières parties. Répétant cette opération un nombre de fois suffisant, on obtient un alliage qui peut être soumis avantageusement à la coupellation. — Le cuivre argentifère est allié avec du plomb. Si on fait réchauffer lentement, le plomb fond le premier, en entraînant tout l'argent. On traite ce plomb comme précédemment.

L'argent commercial contient des métaux étrangers ; pour l'avoir chimiquement pur on le transforme en azotate qu'on purifie soigneusement (p. 270). ensuite on ajoute de l'acide chlorhydrique qui précipite l'argent à l'état de chlorure d'argent. Ce sel, chauffé avec du carbonate de soude, donne de l'argent pur.

en éq. $AgCl + NaO,CO^2 = NaCl + Ag + O + CO^2$

en at. $2AgCl + CO^3Na^2 = 2NaCl + 2Ag + O + CO^2$

La réaction consiste dans un échange du sodium et de l'argent, qui donnerait du carbonate d'argent. Celui-ci, étant instable, se décompose.

318. Usages. — L'argent est employé à faire des monnaies et des bijoux. Comme il n'est pas assez dur lorsqu'il est pur, on l'allie au cuivre. V. p. 247 les titres de ces alliages.

Argenture. — L'argent peut s'appliquer à la surface des métaux ou des alliages ; on argente le maillechort et le laiton pour faire de la vaisselle ou des couverts qui imitent l'argenterie. On dépose en général 66ᵍʳ d'argent par douzaine de couverts. — L'argenture s'effectue comme la dorure : 1° au mercure ; 2° au trempé, dans une dissolution bouillante de cyanure double d'argent et de potassium ; 3° à la pile, avec le même bain.

Le *plaqué* ou *doublé* est formé de deux feuilles d'argent et de cuivre soudées ensemble et passées au laminoir. — Le *vermeil* est de l'argent doré.

COMPOSÉS

319. Protoxyde d'argent. — L'argent forme, avec l'oxygène, plusieurs composés dont le principal est le protoxyde d'argent AgO [Ag^2O]. C'est une poudre noire qu'on obtient en faisant réagir la potasse ou la soude sur l'azotate d'argent.

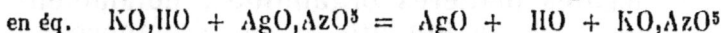

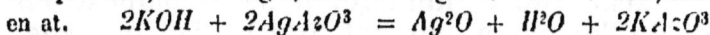

en éq. $KO,HO + AgO,AzO^5 = AgO + HO + KO,AzO^5$

en at. $2KOH + 2AgAzO^3 = Ag^2O + H^2O + 2KAzO^3$

L'hydrate d'argent AgO,HO [*AgOH*] qui devrait résulter de cette réaction n'est pas stable et se décompose en oxyde et en eau.

L'oxyde d'argent est un peu soluble dans l'eau, à laquelle il donne une forte réaction alcaline. Il se dissout dans les acides en formant des sels d'argent.

320. Chlorure, bromure, iodure et cyanure d'argent. —

Le *chlorure d'argent* se trouve dans la nature en cristaux octaédriques ou cubiques. On l'obtient sous forme d'un précipité blanc cailleboté, en faisant agir l'acide chlorhydrique ou un chlorure soluble sur la dissolution d'azotate d'argent (Lois de Berthollet).

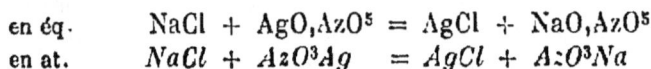

en éq. $NaCl + AgO,AzO^5 = AgCl + NaO,AzO^5$

en at. $NaCl + AzO^3Ag = AgCl + AzO^3Na$

Il est soluble dans l'ammoniaque, propriété qui le fait reconnaître dans l'analyse des sels d'argent. — Il est soluble aussi dans l'hyposulfite de soude.

Sa propriété la plus remarquable est qu'il se décompose sous l'action de la lumière, en donnant de l'argent pulvérulent, noir, insoluble dans l'hyposulfite de soude. Cette propriété est utilisée en photographie.

Le *bromure* et l'*iodure* ont à peu près les mêmes propriétés que le chlorure. Ils se préparent en faisant agir un bromure ou un iodure sur l'azotate d'argent. Le bromure d'argent est blanc jaune, l'iodure jaune pâle.

Le *cyanure d'argent* se prépare en faisant agir un cyanure soluble (cyanure de potassium) sur l'azotate d'argent. Il a le même aspect que les précédents. Insoluble dans l'eau, il se dissout dans le cyanure de potassium et constitue le bain dans lequel on plonge les pièces qu'on veut argenter.

321. Azotate d'argent : AgO,AzO⁵ (AzO^3Ag). — *Propriétés.*

L'azotate d'argent est un corps blanc, cristallin, souvent coloré en brun par de l'argent divisé (dû à un commencement de décomposition).

Il est très soluble dans l'eau.

Il fond à une température peu élevée. On peut alors le couler dans des moules cylindriques et obtenir ainsi des bâtons connus sous le nom de *pierre infernale*, employés par les médecins pour cautériser les chairs.

Au contact des matières organiques, notamment sous l'influence de la lumière, il se décompose en donnant de l'oxygène naissant, qui en fait un caustique puissant et un poison énergique ; il reste, après la réaction, de l'argent réduit qui colore les corps en noir (couleur de tous les métaux divisés). C'est ainsi que la peau est tachée. On fait disparaître ces taches avec une solution d'iodure de potassium.

Préparation. — On prépare l'azotate d'argent en faisant chauffer doucement de l'argent pur avec de l'acide azotique légèrement étendu. Il se forme une dissolution d'azotate ; en la faisant évaporer, on obtient le sel cristallisé. — Quand on emploie l'alliage d'argent et de cuivre des *monnaies* ou des vieux bijoux, il se produit d'abord un mélange d'azotate d'argent et d'azotate de cuivre. Pour isoler le sel d'argent, on évapore la dissolution et on calcine le résidu au rouge sombre : l'azotate de cuivre se décompose, et donne de l'oxyde de cuivre insoluble ; l'azotate d'argent fond, sans se décomposer. La matière est reprise par l'eau, qui dissout l'azotate d'argent seulement ; on filtre, pour séparer l'oxyde de cuivre, et on concentre la liqueur ; le sel d'argent cristallise par le refroidissement.

Usages. — L'azotate d'argent sert à préparer le *chlorure* et le *bromure* d'argent dont on recouvre les plaques et le papier des épreuves, en photographie. — Il sert encore à *marquer* le linge. On fait dissoudre l'azotate d'argent dans de l'eau distillée à laquelle on ajoute un peu de gomme arabique et de noir de fumée. La place sur laquelle on veut écrire est d'abord mouillée avec une dissolution de gomme et de carbonate de soude, puis séchée et repassée. On écrit alors avec une plume d'oie (l'acier réduirait l'azotate). Les traits noircissent au soleil ; plus le linge est lavé, plus ils deviennent beaux. On ne peut les enlever qu'avec le chlore.

La pierre infernale est employée en médecine pour ronger les excroissances charnues qui se produisent dans les maux de gorges.

322. Caractères des sels d'argent. — Avec l'acide sulfhydrique et les sulfures alcalins, les sels d'argent donnent un précipité noir de sulfure d'argent. — Avec l'acide chlorhydrique et les chlorures solubles, *un précipité blanc cailleboté* de chlorure d'argent, *noircissant à la lumière, soluble dans l'ammoniaque.* Cette dernière réaction est caractéristique.

ESSAI DES ALLIAGES D'OR ET D'ARGENT

323. — Avant de laisser mettre en circulation les pièces de monnaie et les bijoux, l'État leur fait subir une opération appelée *essai*, pour en constater le *titre* ; s'il est exact, on les *poinçonne* ; sinon, on les brise.

Pour *essayer* l'or et l'argent, on prend au hasard une pièce de monnaie, ou un appendice laissé à la pièce d'orfèvrerie, et on les traite par voie sèche ou coupellation, par voie humide, ou avec la pierre de touche.

Essai par coupellation. On se sert de *coupelles* (*fig. 99*) ou petits vases poreux, fabriqués avec de la poudre d'os calcinés. Ces coupelles ont la propriété de se laisser traverser par les oxydes fondus, et d'être imperméables aux métaux. On chauffe dans ces coupelles, placées dans un fourneau spécial et exposées à l'air, l'alliage à essayer, après en avoir déterminé exactement le poids ; on ajoute du plomb pour rendre plus fusible l'oxyde de cuivre qui doit se former. Les métaux étrangers s'oxydent dans ces coupelles et les oxydes fondus pénètrent dans leurs pores ; mais l'or et l'argent ne s'oxydent pas et restent sous la forme d'un petit globule ou *bouton*. Si l'alliage ne contient que

Fig. 99. — Coupelle.

de l'or ou de l'argent, on trouve le poids du métal précieux en pesant le bouton, et le poids du cuivre par différence. — Si l'alliage contient de l'or et de l'argent, on passe le bouton au laminoir, on le contourne en cornet, et on le traite par l'acide azotique bouillant : celui-ci dissout l'argent ; l'or qui reste est pesé. — Si un alliage d'or contenait peu d'argent, il faudrait, pour faciliter la réaction, lui en ajouter un poids tel qu'il y en eût trois fois plus que d'or (*inquartation*).

Essai par voie humide. Pour essayer les alliages d'argent et de cuivre, on les dissout dans l'acide azotique ; puis on verse lentement dans la liqueur une dissolution de chlorure de sodium ; le chlore s'empare de l'argent, sans toucher à l'azotate de cuivre, pour former du chlorure d'argent insoluble. On juge du *titre* par la quantité employée de la dissolution de sel, ou par le poids du chlorure d'argent obtenu. Les calculs se font à l'aide des équivalents. — On emploie aussi une *dissolution normale*, préparée d'avance de manière qu'il en faille 100^{cmc} pour précipiter 1^{gr} d'argent.

Essai au touchau. Pour essayer les bijoux de petites dimensions, il suffit de les frotter avec une *pierre de touche*, matière siliceuse, noire et très dure. L'essayeur juge du titre de l'alliage par la couleur des traces métalliques qu'il obtient sur sa pierre, et par la manière dont elles se comportent quand il les mouille avec de l'eau régale. Il compare d'ailleurs ces nuances avec celles que donnent de petites lames d'or ou d'argent, appelées *touchau*, dont il connaît exactement le titre. Un essayeur habile reconnaît le titre d'un alliage à 1/10.000 près.

PLATINE

Équivalent	97	D =	21,5
Poids at.	194	F =	1775°
	Tétravalent	T =	125

Découvert en 1731, dans l'Amérique du Sud ; il reçut le nom de *platina*, diminutif de *plata*, argent, parce qu'on le regardait comme une qualité inférieure de ce métal.

324. Propriétés physiques. — Le platine est d'un gris d'acier très clair, presque aussi blanc que l'argent ; sa couleur ne s'altère pas à l'air. — C'est le plus *dense* des métaux usuels.

Il est très malléable, très ductile, très tenace. C'est le moins dilatable des métaux, ce qui le fait employer à la fabrication des étalons des poids et mesures. Il est *infusible* aux feux de forge les plus violents ; cependant on peut le fondre par la chaleur que donne le chalumeau à gaz oxygène et hydrogène, dans un creuset infusible de chaux. Avant de fondre, il se ramollit, comme le fer, et se laisse forger et souder sur lui-même.

Le platine divisé possède la propriété de condenser les gaz. Il absorbe 250 fois son volume d'oxygène et 700 volumes d'hydrogène. La chaleur qui en résulte suffit pour enflammer les gaz combustibles. On l'expérimente en suspendant un fil de platine, enroulé en spirale, dans la flamme d'une lampe à alcool ; si on éteint la flamme, le fil reste quelque temps incandescent, parce qu'il fait brûler les vapeurs d'alcool qui se dégagent de la mèche. Cette propriété est surtout sensible dans le *noir de platine*, platine en poussière noire et très fine, et dans le platine en masse spongieuse, nommé *éponge de platine*. Un morceau de cette substance, introduit dans une éprouvette contenant 1 vol. d'oxygène et 2 vol. d'hydrogène (*fig. 100*), allume le mélange. Le même effet se produit dans le briquet à hydrogène. L'éponge perd rapidement cette propriété ; on la lui rend en la faisant bouillir avec de l'acide azotique et en la chauffant ensuite au rouge sombre.

Propriétés chimiques. — Le platine est presque aussi inaltérable que l'or ; il ne s'oxyde à aucune température ; il n'est pas attaqué par les agents atmosphériques, ni par les acides usuels, excepté l'eau régale. Cependant, à haute température, il se combine facilement avec quelques corps : soufre, phosphore, arsenic, silicium, zinc, plomb, étain, potasse. Il faut éviter de chauffer ces substances dans les creusets de platine.

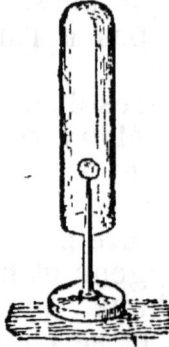

Fig. 100. — Éponge de platine.

325. État naturel ; extraction. — Le platine se trouve en petites quantités dans des sables d'alluvion semblables à ceux où l'on trouve l'or et le diamant ; il y est libre ou allié à divers métaux. — Ses principales mines sont dans le Brésil et dans les monts Ourals ; ces dernières, découvertes en 1823, fournissent annuellement plus de 2.000 kilog. de platine.

Pour extraire le platine, on soumet les sables à des lavages qui donnent un sable plus riche. On traite ce sable par l'eau régale ; celle-ci dissout le platine et les autres métaux qui lui sont unis. La liqueur, traitée par une dissolution de chlorhydrate d'ammoniaque, forme un précipité de chlorure double de platine et d'ammonium. Ce précipité, calciné au rouge sombre, donne le platine en éponge ; on le pulvérise, on l'introduit au fond d'un cylindre de fonte, et on le frappe avec un piston d'acier, de manière à lui faire prendre un peu de cohésion. On chauffe enfin le platine à blanc pour le forger, ou bien on le fond dans un creuset de chaux vive. La chaux est employée ici comme infusible ; mais elle a en plus un rôle chimique : elle retient les impuretés.

Le platine du commerce contient toujours une certaine quantité des métaux suivants.

326. Métaux de la mine de platine. — Le platine fait partie d'un groupe de métaux que l'on trouve réunis dans un même

minerai nommé *mine de platine*. Ces métaux, qui ont plusieurs
caractères communs, sont au nombre de six : platine, *iridium
osmium, palladium, rhodium, ruthénium*.

L'*iridium* fait partie de l'alliage choisi par la Commission
internationale de 1874 pour faire les nouveaux mètres étalons.
On a préparé pour cela un lingot composé de 250 kilog. de
platine et 25 kilog. d'iridium, valant 250.000 fr.

L'*osmium* paraît plus dense que le platine (d = 23). En préparant l'iridium pour le mètre, on en a obtenu 8 kilog. Il forme
avec l'oxygène l'*acide osmique*, volatil, poison énergique.

Le *palladium* se trouve depuis quelque temps dans le commerce ; il provient du traitement de certains minerais d'or. Les
dentistes l'emploient allié à 1/10 d'argent.

COMPOSÉS

327. Chlorures. — Le platine forme deux chlorures : le
perchlorure ou *chlorure platinique* $PtCl^4$ [$PtCl^2$] où il fonctionne
comme tétravalent; le *protochlorure* ou *chlorure platineux* $PtCl^2$
[$PtCl$] où il fonctionne comme bivalent.

Perchlorure. — Le chlorure de platine du commerce est une
combinaison de perchlorure de platine et d'acide chlorhydrique,
répondant à la formule $PtCl^4,2HCl$ [$PtCl^2,HCl$]. Il se présente en
aiguilles rouge brun, très solubles dans l'eau. On ne peut en
chasser l'acide chlorhydrique que très difficilement.

Le chlorhydrate de chlorure de platine ou *acide chloropla-
tinique*, échange son hydrogène contre les métaux alcalins, en
formant des sels appelés *chloroplatinates*. Ex. :

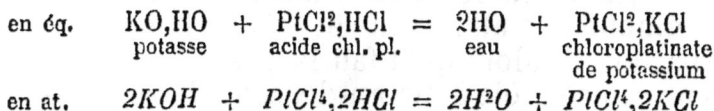

en éq. $KO,HO + PtCl^2,HCl = 2HO + PtCl^2,KCl$
         potasse   acide chl. pl.   eau   chloroplatinate
                                                 de potassium

en at. $2KOH + PtCl^4,2HCl = 2H^2O + PtCl^4,2KCl$

Le chlorure de platine sert en analyse à distinguer les sels de
potassium et d'ammonium des sels de soude ; il forme avec les
premiers un chloroplatinate jaune insoluble, tandis que le
chloroplatinate de soude est soluble. Ces sels s'appellent souvent
chlorures doubles de platine et de potassium, de platine et
d'ammonium, etc.

Le perchlorure de platine s'obtient en dissolvant le platine
dans l'acide chlorhydrique et en faisant évaporer l'excès
liquide.

Chlorure platineux. — C'est une poudre verte insoluble, qu'on
obtient en faisant chauffer le chlorure platinique, pour le
réduire partiellement ; il forme avec les chlorures alcalins des
sels appelés chloroplatinites, analogues au chloroplatinates.

328. Oxydes. — Il y a deux hydrates de platine qui dérivent
des chlorures par substitution d'un oxhydrile à chaque atome

de chlore : hydrate platinique $Pt(OH)^4$ (en at.), hydrate platineux $Pt(OH)^2$. — Une calcination modérée les change en oxyde platinique et oxyde platineux.

L'hydrate platinique se comporte comme un acide et, en présence des bases, il forme des *platinates*.

329. Caractères des sels de platine. — Les sels solubles de platine donnent, avec le chlorhydrate d'ammoniaque ou le chlorure de potassium, un précipité jaune (chloroplatinate de potassium ou d'ammonium). Pour faciliter l'apparition de ces précipités on ajoute de l'alcool.

MERCURE

équiv.	Hg = 100	D = 13,596
p. at.	*Hg* = 200	F = — 40°
	Bivalent	point d'ébullition 350°

Retiré d'Espagne par les Grecs et les Romains qui l'employaient pour la dorure ; nommé *hydrargyrum*, c'est-à-dire argent liquide ou *vif argent*.

330. Propriétés. — Le mercure est un liquide blanc et brillant comme de l'argent fondu. C'est le seul métal qui soit liquide à la température ordinaire. Quand il est pur, il ne mouille pas le verre et peut se diviser en globules *arrondis* ; mais quand il est mêlé à de l'oxyde de mercure ou à des métaux étrangers, ses globules s'allongent et s'attachent aux autres corps ; on dit alors qu'il fait la *queue*.

Le mercure se congèle à 40° au-dessous de zéro. — A la température ordinaire, il émet des vapeurs très peu abondantes. Il entre en ébullition à 350°.

La densité de sa vapeur est 100 par rapport à l'hydrogène ; 'a conduit au poids moléculaire 200. Par conséquent la molécule ne contient qu'un atome. Les molécules des corps simples contiennent, en général, 2 atomes.

A la température ordinaire, le mercure *s'oxyde* lentement à l'air et se transforme en une poudre grisâtre de sous-oxyde de mercure. Chauffé, il se couvre de paillettes rouges d'oxyde de mercure. — Il se combine à froid avec le chlore, le brome, l'iode ; à chaud, avec le soufre, parmi les *métalloïdes*. Parmi les *acides usuels*, l'acide azotique et l'acide sulfurique réagissent sur lui, le premier à froid, le second à chaud. — Il s'unit facilement aux métaux pour former des *amalgames* ; il n'y a d'exception que pour le fer et l'aluminium. Il ne faudrait donc pas le toucher avec des bagues aux doigts.

Les amalgames sont solides ou liquides suivant la quantité de mercure qu'ils contiennent. Ils sont tous décomposés par la chaleur, qui volatilise le mercure et laisse le métal.

Action physiologique. — Les vapeurs mercurielles sont dangereuses à respirer ; elles déterminent une maladie qu'on appelle *tremblement mercuriel.*

331. État naturel ; extraction. — Le mercure se trouve dans la nature en gouttelettes disséminées dans les roches, et surtout à l'état de sulfure rouge nommé *cinabre.* Les principales mines sont à Almaden (Espagne), à Idria (Illyrie), et en Californie.

On *grille* le sulfure de mercure concassé dans un courant d'air : le soufre brûle et se change en acide sulfureux, tandis que le mercure est ramené à l'état métallique ; ses vapeurs passent, avec l'acide sulfureux, dans des chambres, où elles se condensent, pendant que le gaz s'échappe dans l'air. Le mercure est filtré, et même de nouveau distillé, et mis dans des bouteilles en fer.

332. Usages. — La médecine emploie le mercure pur ou combiné. En chimie, il sert pour recueillir les gaz solubles dans l'eau. Il entre dans la construction des baromètres, des thermomètres et d'autres instruments de physique. Il sert surtout à l'extraction de l'or et de l'argent.

Les amalgames d'*or* et d'*argent* sont employés pour dorer et argenter. Les dentistes utilisent, pour plomber les dents, un amalgame de cuivre qui se ramollit par la chaleur et reste quelque temps plastique. L'amalgame de zinc sert dans les *piles* électriques ; l'amalgame d'étain, appelé aussi *tain*, sert à étamer les glaces ou *miroirs* en verre.

Étamage des glaces. — Sur une table de fonte, bien dressée et entourée de rigoles, on étend une feuille d'étain de la grandeur de la glace à étamer ; puis on la recouvre d'une couche de mercure. On fait glisser ensuite dessus la feuille de verre, de manière à chasser l'excès du mercure, et on la charge avec des poids. Au bout de 15 à 20 jours, on l'enlève ; une couche suffisante de tain reste fixée à la surface du verre et réfléchit régulièrement la lumière. Le miroir est constitué essentiellement par le tain : le verre n'est qu'un support. — Pour étamer une surface courbe, comme un *globe de verre*, on fait un amalgame de 4 parties de mercure et 1 partie de bismuth ; on chauffe le globe, et on y verse l'amalgame en fusion, que l'on promène ensuite sur toute la surface du verre. Il s'y attache en se solidifiant.

COMPOSÉS

Il y en a deux séries : les composés *mercuriques*, qui contiennent moins de mercure, et les composés *mercureux*, qui en contiennent plus. Ainsi il y a 2 chlorures : le *chlorure mercurique* HgCl [$HgCl^2$] et le *chlorure mercureux*, Hg²Cl [Hg^2Cl^2] ; 2 oxydes : l'*oxyde mercurique* HgO [HgO] et l'*oxyde mercureux* Hg²O [Hg^2O] ; 2 azotates : l'*azotate mercurique* HgO,AzO⁵ [$Hg(AzO^3)^2$] et l'*azotate mercureux* Hg²O,AzO⁵ [$Hg^2(AzO^3)^2$], etc.

Dans la première série la quantité de mercure est deux fois moindre que dans la seconde. Cela s'explique en chimie atomique de la manière suivante. L'atome de mercure est bivalent, comme on le voit dans le chlorure mercurique $Hg\big\langle{Cl \atop Cl}$; mais deux atomes liés ensemble par une valence formeront un groupe qui n'aura plus que deux valences libres : —Hg—Hg—

Ce groupe *bivalent* pourra remplacer dans les combinaisons l'atome de mercure. En remplaçant dans le chlorure mercurique l'atome *Hg* par le radical *Hg²* on a le chlorure mercureux $Hg^2\big\langle{Cl \atop Cl}$. Les autres composés mercureux dérivent des composés mercuriques correspondants par la même substitution.

La terminaison *ique* indique la prédominance de l'élément étranger : le chlorure mercur*ique* contient plus de chlore que le chlorure mercur*eux* pour la même quantité de mercure. — C'est encore l'élément étranger qu'on a en vue quand on nomme les sels de la première série *sels au maximum*, ceux de la seconde, *sels au minimum*, et qu'on dit, par exemple, *sulfate de mercure au maximum* pour *sulfate mercurique*.

333. Oxydes. — L'oxyde *mercurique* s'obtient sous forme d'écailles rouges (précipité *per se*) quand on chauffe du mercure à l'air (*expérience de Lavoisier, pour l'analyse de l'air*). A une température un peu plus élevée, il se décompose en mercure et en oxygène (*découverte de l'oxygène par Priestley*). — Ce corps se prépare aussi en calcinant l'azotate mercurique, ou, *par voie humide*, en faisant agir la potasse sur une dissolution d'un sel mercurique (lois de Berthollet).

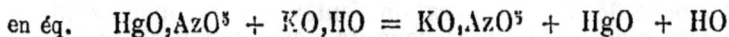

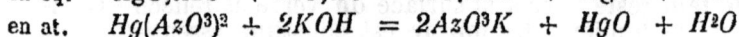

en éq. $\quad HgO,AzO^5 + KO,HO = KO,AzO^5 + HgO + HO$

en at. $\quad Hg(AzO^3)^2 + 2KOH = 2AzO^3K + HgO + H^2O$

L'oxyde ainsi obtenu est jaune, mais il devient rouge quand on chauffe à 300°.

L'oxyde *mercureux* s'obtient en poudre noire quand on fait agir la potasse sur une dissolution d'un sel mercureux ; il est instable et sans intérêt.

16

334. Azotates, sulfates. — Ils se préparent en faisant agir sur le mercure l'acide azotique ou l'acide sulfurique. Si le mercure est en excès et la température peu élevée on obtient le sel *mercureux* ; on a le sel *mercurique* si l'acide est en excès et la température élevée.

L'azotate mercurique, chauffé avec l'alcool, produit le *fulminate de mercure*, matière grise très explosible dont on garnit le fond des capsules employées dans les armes à feu. — Les sulfates de mercure servent dans quelques piles électriques ; on les emploie aussi pour préparer le calomel et le sublimé corrosif.

335. Sulfures. — Le sulfure *mercureux* est instable et sans intérêt. — Le sulfure *mercurique* est noir quand on l'obtient en faisant passer un courant d'acide sulfhydrique dans la dissolution d'un sel de mercure. Il devient rouge et prend le nom de *vermillon* quand on le fait digérer pendant quelque temps, à une douce chaleur, avec un sulfure alcalin. Le même sulfure noir chauffé et volatilisé se condense en petits cristaux d'un rouge violacé, identiques au sulfure naturel de mercure ou *cinabre*. — Le vermillon et le cinabre sont employés en peinture.

336. Cyanure, iodures. — Le *cyanure mercurique*, employé dans la préparation du cyanogène, s'obtient en faisant bouillir une dissolution de sulfate mercurique et de prussiate jaune de potasse.

Il y a deux iodures : l'*iodure mercureux*, jaune verdâtre, employé en médecine, et l'*iodure mercurique*, d'un très beau rouge, jaunissant quand on le chauffe, employé dans la médecine, la peinture, la teinture. — On les prépare : 1° en triturant sous l'alcool des quantités de mercure et d'iode correspondant à la formule de chacun d'eux ; 2° en faisant réagir l'iodure de potassium sur la dissolution d'un sel mercureux ou mercurique : l'iodure de mercure étant insoluble se précipite (lois de Berthollet).

337. Chlorure mercureux. — On l'appelle aussi *sous-chlorure de mercure*, *calomel*, *mercure doux*. C'est une poudre blanche, insoluble et insipide ; à la lumière il prend une teinte grise, par suite d'une décomposition lente.

Le calomel n'est pas vénéneux. Il forme une pommade excellente contre quelques maladies de la peau ; il est administré à l'intérieur comme purgatif doux et comme vermifuge ; mais il est important de ne pas faire prendre en même temps des aliments contenant du sel marin, parce que le calomel se décompose, au contact des chlorures alcalins, en mercure et en chlorure mercurique qui est très vénéneux ; cette décomposition qui ne se produit ordinairement qu'à une température élevée, peut avoir lieu à la température du corps, grâce à la présence des matières organiques.

Préparation. — On prépare le calomel par voie humide en ajoutant de l'acide chlorhydrique ou un chlorure alcalin à une solution d'azotate mercureux. Le chlorure mercureux étant insoluble se précipite (*lois de Berthollet*). — On peut aussi chauffer un mélange de sulfate mercureux et de chlorure de sodium ; ces deux sels échangent leurs éléments pour former du chlorure mercureux, qui est volatil (*lois de Berthollet*).

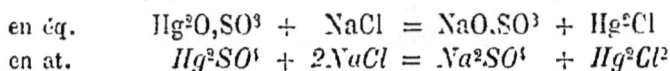

en éq. $Hg^2O,SO^3 + NaCl = NaO.SO^3 + Hg^2Cl$

en at. $Hg^2SO^4 + 2NaCl = Na^2SO^4 + Hg^2Cl^2$

Le chlorure mercureux se condense dans un récipient froid. Comme il contient du sublimé corrosif, on le lave jusqu'à ce qu'il n'y en ait plus trace : l'eau entraîne le sublimé corrosif, qui est soluble.

338. Chlorure mercurique. — Synonyme : *sublimé corrosif*. — Le chlorure mercurique est un corps blanc, d'une saveur âcre et désagréable, soluble dans l'eau, l'alcool et l'éther. — C'est un poison très énergique : il corrode les muqueuses et détermine des ulcères dans l'estomac et dans les intestins. Les usages criminels auxquels il sert lui ont valu le nom de *poudre de succession*. Le contre-poison est le blanc d'œuf ou l'albumine, qui forme avec lui un composé insoluble.

La médecine emploie le sublimé à très faible dose : il sert surtout pour conserver les matières organiques, les pièces d'anatomie et différents objets d'histoire naturelle : il empoisonne les parasites qui détruisent ces objets.

Le sublimé se prépare : 1° en faisant arriver un courant de chlore dans le mercure chauffé; 2° en chauffant, au bain de sable, un mélange de sulfate mercurique et de chlorure de sodium ; les éléments s'échangent pour former du chlorure mercurique, parce que celui-ci est volatil (*lois de Berthollet*). — Les vapeurs se condensent, à la voûte du matras, et passent immédiatement à l'état solide en cristallisant par *sublimation*.

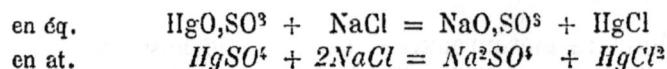

en éq. $HgO,SO^3 + NaCl = NaO,SO^3 + HgCl$

en at. $HgSO^4 + 2NaCl = Na^2SO^4 + HgCl^2$

339. Caractères des sels de mercure. — Une lame de cuivre ou de zinc plongée dans leur dissolution se recouvre d'une tache blanche d'amalgame ; si on chauffe, la tache disparaît parce que le mercure s'évapore.

Les sels mercureux donnent avec l'acide chlorhydrique et les chlorures solubles un précipité blanc de chlorure mercureux. Dans le même cas les sels mercuriques ne donnent rien parce que le chlorure mercurique est soluble.

CHAPITRE VI

MÉTAUX DE LA Vᵉ SECTION

PLOMB. — CUIVRE. — BISMUTH

PLOMB

équiv.	Pb $= 103,5$		D $= 11,35$
poids at.	$Pb = 207$		F $= 330$
	Bivalent ou tétravalent		

340. **Propriétés.** — Le plomb est gris bleuâtre, très brillant quand il est fraîchement coupé, assez mou pour être rayé par l'ongle et laisser des traces sur le papier.

C'est le plus dense des métaux communs (d $= 11,35$); il est très fusible (F $= 330$), très malléable, peu ductile, peu tenace et nullement élastique.

Le plomb s'altère à l'air, mais la couche légère de sous-oxyde Pb^2O [Pb^2O], formée à la surface, préserve le reste du métal. A une température élevée, il s'oxyde plus complètement, en donnant du protoxyde de plomb ou litharge PbO [PbO]. — Il est attaqué difficilement par l'acide chlorhydrique, avec lequel il forme un chlorure peu soluble; l'acide sulfurique n'agit sensiblement qu'à chaud et lorsqu'il est concentré au-delà de 60° Baumé (V. *préparation de l'acide sulfurique*) : le sulfate de plomb est insoluble. Au contraire, le plomb est attaqué facilement par l'acide azotique et par les acides organiques, comme l'acide acétique, avec lesquels il forme des sels solubles.

Action sur l'organisme. — Les composés solubles du plomb sont vénéneux, même à petite dose; ils provoquent, à la longue, chez les ouvriers qui manient ce métal et ses composés, l'amaigrissement et des douleurs d'entrailles appelées *coliques saturnines* ou coliques de plomb, fréquemment accompagnées de paralysie. On atténue les effets de cet empoisonnement en buvant du lait, ou une limonade préparée avec de l'eau sucrée et quelques gouttes d'acide sulfurique, qui forme du sulfate de plomb insoluble. — Il faut donc se défier des eaux qui ont eu un contact prolongé avec le plomb. Les eaux de pluies, tombées sur les gouttières ou conservées dans des réservoirs en plomb sont malsaines ; car, au contact de l'eau pure et aérée, le plomb absorbe de l'oxygène et de l'acide carbonique et se change en carbonate de plomb hydraté, un peu soluble et très vénéneux. Au contraire, les eaux de source ou de rivière peuvent, en général, être conduites sans danger dans des tuyaux de plomb : les sels qu'elles contiennent produisent des précipités insolubles avec les composés du plomb qui tendent à se former ; en particulier, si les eaux contiennent des sulfates, il se forme du sulfate de plomb. — Comme le plomb s'altère facilement en présence des acides organiques, il y a danger à l'employer pour faire des vases servant à la préparation des aliments : les poteries vernissées au sulfure de plomb peuvent causer des empoisonnements.

341. État naturel ; extraction. — Les minerais de plomb sónt le carbonate de plomb ou *cérusite*, et le sulfure de plomb ou *galène*.

Le *carbonate* est calciné avec du charbon qui prend son oxygène et met le plomb en liberté.

La *galène* est le principal minerai de plomb : on l'exploite en Bretagne, en Auvergne, en Angleterre. — Quand le minerai est riche on opère *par réaction*. On le grille d'abord à l'air : il se forme du sulfate de plomb ou de l'oxyde de plomb.

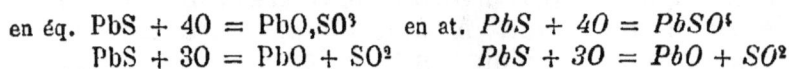

en éq. $PbS + 4O = PbO,SO^3$ en at. $PbS + 4O = PbSO^4$

$PbS + 3O = PbO + SO^2$ $PbS + 3O = PbO + SO^2$

On interrompt le courant d'air avant que tout le minerai soit ainsi transformé. A partir de ce moment le sulfure qui reste réagit sur le sulfate ou sur l'oxyde et donne du plomb.

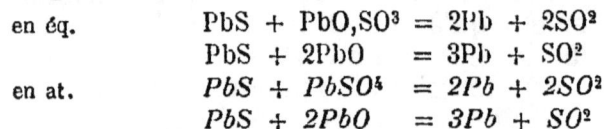

en éq. $PbS + PbO,SO^3 = 2Pb + 2SO^2$

$PbS + 2PbO = 3Pb + SO^2$

en at. $PbS + PbSO^4 = 2Pb + 2SO^2$

$PbS + 2PbO = 3Pb + SO^2$

Lorsque le minerai contient beaucoup de silice, le plomb se transformerait en silicate si on employait la méthode précédente. On opère par réduction : la galène est chauffée avec du fer, ce métal, ayant plus d'affinité pour le soufre, déplace le plomb, qui se sépare ensuite des autres matières à cause de sa densité.

Les minerais de *plomb argentifère* se traitent comme il a été dit p. 268.

16.

342. Usages du plomb. — Le plomb est, après le cuivre et le fer, le métal le plus employé. Il sert à sceller le fer dans la pierre. On en fait des *balles* de fusil, en le comprimant dans des moules. Pour avoir le *plomb de chasse* on fond du plomb avec un peu d'arsenic, et on le coule dans une passoire au haut d'une tour élevée; les gouttes de plomb se solifient en tombant et prennent la forme sphérique; on les reçoit dans un vase plein d'eau. Sans l'arsenic, le plomb ne prendrait pas la forme sphérique.

Les *feuilles* de plomb sont employées à doubler l'intérieur des bassins, à faire des gouttières, à recouvrir les édifices: les anciens en formaient des tablettes à écrire. — Les *fils* de plomb s'emploient dans les travaux de jardinage; ils ne s'altèrent pas, comme les fils de fer, et se plient facilement. — On étire aussi des *tuyaux* de plomb sans soudure, pour la conduite des eaux et du gaz. Pour cela on a du plomb fondu dans un réservoir, dont le fond est un piston mobile, et, au moyen d'une presse hydraulique, on comprime le piston; le métal est forcé de passer dans un tube de fer portant au centre une tige pleine : il se solidifie dans le moule annulaire, et sort en tuyau sans fin qui s'enroule sur un tambour.

COMPOSÉS

343. Oxydes. — Le plomb forme, avec l'oxygène, plusieurs composés, dont trois sont importants.

Le *protoxyde de plomb* PbO [*PbO*], a un aspect qui varie selon son mode de préparation. Il se produit sous forme d'une poudre jaune sale, appelée *massicot*, lorsqu'on chauffe du plomb dans un courant d'air ou quand on calcine le carbonate ou l'azotate de plomb. Le massicot, soumis à la fusion et refroidi, cristallise en écailles jaune rougeâtre qui portent le nom de *litharge*. La litharge se produit directement lorsqu'on oxyde le plomb à une température très élevée, comme dans la *coupellation* (p. 268 et 271). Le protoxyde de plomb, chauffé à l'air à 300°, absorbe de l'oxygène et se transforme en minium : à une température plus élevée cet oxygène se dégage et le minium redonne du protoxyde.

Cet oxyde est basique ; en se dissolvant dans les acides, il produit les sels de plomb ; chauffé au contact d'un corps siliceux, il s'unit à l'acide silicique et forme du silicate de plomb qui entre dans la composition du cristal. Toutefois, il peut aussi se dissoudre dans la potasse et la soude et, par conséquent, jouer le rôle d'anhydride acide.

Le protoxyde de plomb sert en médecine : uni avec de la graisse, il est la base de plusieurs onguents ou emplâtres. — On l'emploie en peinture pour rendre l'huile de lin plus siccative, et dans l'industrie pour fabriquer le minium et les oxychlorures de plomb (n° 345).

Le *minium* ou *oxyde salin de plomb* Pb³O⁴ [*Pb³O⁴*] se prépare en chauffant le protoxyde à l'air. Il a une belle couleur rouge qui le fait employer en peinture : c'est avec lui qu'on a fait ces belles *miniatures* qu'on admire dans les manuscrits du moyen âge. — Le minium le plus estimé est la *mine orange*, obtenue en Angleterre par la calcination de la céruse.

Le *bioxyde de plomb* PbO² [*PbO⁴*], *oxyde puce*, ou *anhydride plombique* est une poudre brune qu'on obtient en traitant le minium par l'acide azotique. En effet, le minium peut être regardé comme un sel composé d'anhydride plombique et de protoxyde de plomb basique : 2PbO + PbO² ; c'est pourquoi on l'appelle oxyde salin. Or, l'acide azotique s'empare du protoxyde pour former de l'azotate de plomb et laisse le bioxyde.

344. Sulfures. — Le sulfure de plomb se produit sous forme d'un précipité noir quand on fait agir l'acide sulfhydrique sur un sel de plomb. Dans la nature il se trouve en cristaux gris bleuâtre, nommés *galène*. — La galène sert de minerai de plomb. Les potiers l'emploient sous le nom d'*alquifoux* pour vernir leurs poteries. Ils en saupoudrent les vases avant de les cuire ; pendant la cuisson la galène se transforme en oxyde de plomb qui fait avec l'argile un verre jaune, silicate double d'alumine et de plomb. Il faut chauffer assez pour que la combinaison soit complète ; autrement l'oxyde de plomb formerait avec les acides organiques des sels vénéneux.

345. Chlorure, iodure — Le chlorure de plomb est un précipité blanc qu'on obtient en versant de l'acide chlorhydrique ou un chlorure soluble dans la dissolution d'un sel de plomb (*lois de Berthollet*). Ce précipité se dissout en petite quantité dans l'eau bouillante, il cristallise par refroidissement en aiguilles blanches et brillantes. Il se combine avec la litharge pour former des oxychlorures employés en peinture : *jaune de Paris, jaune de Cassel, jaune minéral.*

L'*iodure* de plomb se produit dans les mêmes circonstances que le chlorure, si on remplace l'acide chlorhydrique par l'iodure de potassium. Il se dissout aussi dans l'eau chaude et cristallise en paillettes d'une très belle couleur jaune.

346. Chromate de plomb PbO,CrO³ [*PbCrO⁴*]. — Il se forme quand on verse du chromate de potasse dans une dissolution d'un sel de plomb. C'est le *jaune de chrome*, une des plus brillantes couleurs de la palette du peintre.

347. Acétate de plomb. — L'acétate neutre de plomb, ou sel de Saturne, a pour formule PbO,C⁴H³O³ [(*C²H³O²*)²*Pb*]. Il est utilisé en médecine. Il se dissout dans l'eau distillée ; mais, quand on en verse quelques gouttes dans l'eau ordinaire, celle-ci se trouble et forme l'*eau blanche*, employée comme astringent pour rendre de la fermeté aux tissus, les resserrer et hâter la cicatrisation des blessures.

Il y a plusieurs acétates de plomb basiques.

348. Carbonate de plomb, céruse. — Le carbonate de plomb PbO,CO² [*CO³Pb*] se trouve dans la nature, sous le nom

de *cérusite*, et forme l'un des minerais de plomb. On peut le
préparer en faisant agir un carbonate alcalin (carbonate de
potasse ou de soude) sur une dissolution d'azotate de plomb ;
le carbonate de plomb, étant insoluble, se précipite en vertu des
lois de Berthollet.

La *céruse*, appelée aussi *blanc de plomb, blanc d'argent*, est du
carbonate de plomb combiné avec de l'hydrate de plomb selon
la formule $2(PbO,CO^2) + PbO,HO$ $[2PbCO^3 + Pb(OH)^2]$. Elle
entre dans presque toutes les peintures à l'huile sur pierre et
sur bois ; elle fournit une couleur d'un blanc très pur, s'étend
aisément sous le pinceau, et *couvre* bien, c'est-à-dire qu'il n'en
faut qu'une très mince épaisseur pour recouvrir les surfaces et
en masquer les teintes. Cependant son emploi présente du
danger pour les ouvriers, et elle noircit par l'action de l'acide
sulfhydrique ; on conseille de la remplacer par le *blanc de zinc*.
Broyée avec une petite quantité d'huile, elle constitue le *mastic*
des vitriers.

Pour *préparer* la céruse, on emploie deux procédés : 1° En
Hollande, et à Lille en France, on place des lames de plomb,
roulées en spirale, dans des pots dont le fond contient un peu
de vinaigre ; ces pots sont rangés et superposés dans de grandes
caisses, séparés par des couches épaisses de fumier de cheval.
Le fumier, en fermentant, produit de la chaleur et de l'acide
carbonique. La chaleur volatilise l'acide acétique du vinaigre, et
ces vapeurs, aidées par l'oxygène de l'air, transforment le plomb
en acétate de plomb soluble ; l'acide carbonique intervenant se
substitue, pour former du carbonate de plomb insoluble, à
l'acide acétique, qui va attaquer une nouvelle quantité de plomb.
Au bout de quinze jours, on déroule les lames de plomb et on
les bat pour en détacher la céruse. On la broie ensuite avec de
l'eau et on la dessèche.

2° A *Clichy*, on traite d'abord du protoxyde de plomb (litharge
ou massicot) par de l'acide pyroligneux, ce qui donne une
solution d'acétate de plomb. Un courant d'acide carbonique,
dirigé dans le bain, précipite du carbonate de plomb insoluble.
Obtenue ainsi, la céruse couvre moins.

349. Caractères des sels de plomb. — Les sels solubles de
plomb donnent, avec l'acide chlorhydrique, un précipité blanc, de chlorure
de plomb. Les sels d'argent et les sels mercureux produisent aussi cette
réaction. Mais le chlorure de plomb se distingue du chlorure d'argent parce
qu'il n'est pas soluble dans l'ammoniaque, du chlorure mercureux parce que
l'ammoniaque ne le noircit pas ; des deux à la fois parce qu'il se dissout
dans l'eau bouillante et cristallise par le refroidissement en paillettes
blanches.

L'acide sulfhydrique donne un sulfure noir : cette réaction est très sensible
et décèle les moindres traces de plomb ou d'acide sulfhydrique.

CUIVRE

équiv.	31,5	D =	8,8
poids at.	63	F =	1050 environ
	Bivalent	T =	157

Le mot grec χυπρος rappelle l'île de Chypre d'où le cuivre fut longtemps retiré, et la déesse Vénus ou *Cypris*, qui avait un temple dans cette île et à qui ce métal était dédié.

350. Propriétés. — Le cuivre (*cuivre rouge*) est un métal d'une belle couleur rouge. Il acquiert par le frottement une odeur désagréable.

Il est assez dur, très ductile et très malléable, et, après le fer, le plus tenace des métaux. — Il conduit très bien la chaleur et l'électricité. — Il fond à 1050° environ. A une température plus élevée il se réduit en vapeurs : un fil de cuivre, porté dans la flamme d'un bec Bunzen, lui donne une belle couleur verte, due à ces vapeurs.

Le cuivre ne s'altère pas dans l'air sec à la température ordinaire ; au rouge sombre, il se recouvre d'une couche noire de protoxyde CuO [*CuO*], propriété utilisée dans l'analyse de l'air (nº 79). Dans l'air humide et en présence de l'acide carbonique, il absorbe l'oxygène et l'oxyde formé est transformé par l'eau et l'acide carbonique en carbonate de cuivre hydraté. Le même phénomène se produit si le cuivre est exposé à l'air après avoir été humecté d'un acide quelconque : acide acétique, acide chlorhydrique. C'est à cause des acides organiques contenus dans les aliments que les vases de cuivre employés dans l'économie domestique se recouvrent de vert de gris. Le cuivre absorbe encore l'oxygène en présence de l'ammoniaque : si dans un flacon plein d'air on agite pendant quelque temps de l'ammoniaque et de la tournure de cuivre, on obtient de l'azote pur ; c'est une des manières de préparer ce gaz. — L'acide azotique attaque le cuivre en donnant de l'azotate de cuivre et du bioxyde d'azote (*préparation du bioxyde d'azote*). L'acide sulfurique n'agit qu'à chaud et con-

centré (*préparation de l'acide sulfureux*). — Le cuivre
est attaqué par la dissolution de sel marin ; les feuilles
de ce métal, qui servent à doubler les navires, sont
détruites à la longue.

Action sur l'organisme. — L'action toxique du cuivre sur
l'organisme est très contestée aujourd'hui. En particulier,
bien que les ouvriers qui travaillent ce métal en aient
l'organisme tout imprégné, à tel point que la peau, les
cheveux, les os prennent une teinte particulière, on
n'observe pas chez eux un empoisonnement comparable à
celui qu'on remarque chez ceux qui manient le plomb ou
ses composés. On a exagéré aussi le danger des vases de
cuivre employés pour la cuisine.

351. État naturel ; extraction. — Le cuivre se rencontre
quelquefois à l'état natif ; en 1869, il en a été trouvé, en Amérique, une masse de 1 million de kilog. Ses minerais les plus
abondants sont : 1° des *sulfures* où il est associé au fer (*pyrite
cuivreuse*) ; 2° le *sous-oxyde* Cu²O [*Cu²O*] qu'on appelle *cuprite* ;
3° les *carbonates*. On les trouve en Angleterre (*Cornouailles*), en
Allemagne, au Mexique, au Chili. en Océanie, etc. Le traitement
de ces minerais se fait le plus souvent loin des mines, principalement en Angleterre.

Pour retirer le cuivre du sous-oxyde et des carbonates, il
suffit de chauffer ces corps avec du charbon.

Les pyrites cuivreuses demandent un traitement très long.
On les grille d'abord d'une manière incomplète, ce qui donne un
mélange d'oxyde de cuivre et d'oxyde de fer, de sulfure de
cuivre et de sulfure de fer. Le produit de ce grillage est fondu
avec des matières siliceuses ; dans cette seconde opération,
l'oxyde de cuivre réagit sur le sulfure de fer pour former du
sulfure de cuivre et de l'oxyde de fer ; cet oxyde de fer forme,
avec la silice, une scorie légère qui monte à la surface pendant
que le sulfure de cuivre, plus lourd, tombe au fond. Ces deux
opérations ont donc pour résultat d'éliminer du fer. On les
recommence jusqu'à ce qu'on ait du sulfure de cuivre pur.

Ce sulfure est alors traité comme le sulfure de plomb dans la
métallurgie du plomb, c'est-à-dire grillé incomplètement puis
chauffé à l'abri de l'air ; l'oxyde formé d'abord réagit sur le
sulfure qui reste et donne de l'acide sulfureux et du cuivre
métallique (n° 341).

Après avoir enrichi le minerai au moyen d'une première
fusion, on peut encore achever le traitement au moyen d'un
appareil analogue à la cornue Bessemer pour l'affinage de la
fonte (procédé Manhès). La masse fondue est traversée par un
violent courant d'air qui oxyde toutes les matières étrangères ;
les unes sont éliminées à l'état gazeux : soufre, arsenic ; les
autres, telles que le fer, passent dans la scorie sous forme de

silicates. Le cuivre ne commence à s'oxyder que lorsque les
autres substances sont éliminées : on s'arrête alors. Ce procédé
tend à remplacer l'ancienne méthode.

352. Usages ; alliages. — Le cuivre est, après le fer, le plus
important des métaux usuels. Réduit en feuilles minces, il sert
au doublage des vaisseaux ; on en fait des alambics, des chaudières, des casseroles et autres vases de cuivre que l'on emploie
dans l'économie domestique.

Le cuivre est le métal le plus employé dans les *alliages*. — Le
laiton ou *cuivre jaune* est formé de cuivre et de zinc, en proportions qui varient suivant l'usage qu'on en veut faire. Il est
d'un jaune clair, se rapprochant d'autant plus de la couleur de
l'or qu'il contient plus de cuivre ; il est plus fusible, plus
malléable et plus dur que le cuivre. On en fait des ustensiles de
ménage, des instruments de physique, des cordes de piano. Les
épingles sont en laiton étamé. — Le *maillechort* (cuivre, zinc et
nickel), appelé aussi *argentan* et *melchior*, a la blancheur, la
sonorité, le poids de l'argent de vaisselle. Il est plus dur et
conserve mieux la dorure. — Le *bronze* ou *airain*, alliage de
cuivre et d'étain, est plus fusible et plus dur que le cuivre. Il a
la propriété singulière de devenir dur et cassant par le recuit,
et malléable par la trempe.

COMPOSÉS

353. — Le cuivre a deux sortes de composés, les composés
cuivriques et les composés *cuivreux* ; les seconds contiennent
deux fois plus de cuivre que les premiers. Ex. : *chlorure cuivrique* CuCl [$CuCl^2$], *chlorure cuivreux* Cu²Cl [Cu^2Cl^2]. — Les
composés cuivreux diffèrent des composés cuivriques par la
substitution de deux atomes de cuivre à un atome : l'atome
est bivalent, et le groupe de deux atomes est bivalent aussi :
—Cu-Cu—; c'est pourquoi ils peuvent se remplacer l'un l'autre
(V. mercure, p. 277). Les sels cuivreux sont très instables.

354. Oxydes. — Il y a deux oxydes principaux de cuivre .
l'*oxyde cuivreux* Cu²O [Cu^2O], et l'*oxyde cuivrique* CuO [CuO].

L'*oxyde cuivreux* se trouve dans la nature en cristaux rouges.
On l'obtient amorphe, sous forme d'une poudre jaune, quand on
fait agir la potasse sur une solution de chlorure cuivreux (*lois
de Berthollet*) ; et on a la forme cristalline en faisant bouillir
une solution d'acétate de cuivre avec du glucose ou du sucre,
corps réducteurs. — L'oxyde cuivreux donne au verre une belle
couleur rouge.

L'oxyde cuivrique est une poudre noire qu'on prépare en
décomposant l'azotate de cuivre par la chaleur, ou en chauffant
à l'air de la tournure de cuivre. — Il a la propriété d'abandonner
une partie de son oxygène au rouge sous l'influence de la
chaleur seule ; chauffé en présence des corps réducteurs,

carbone et hydrogène, il cède tout son oxygène. Cette propriété
le fait employer dans les analyses organiques. — Il donne au
verre une couleur verte.

L'*hydrate cuivrique* CuO,HO [$Cu(OH)^2$] se précipite en flocons
bleus quand on fait agir l'alcali sur la dissolution d'un sel cuivrique *(lois de Berthollet)*. Il se dissout dans l'ammoniaque pour
former le bleu céleste. Cette dissolution a la propriété de
dissoudre la cellulose.

L'hydrate cuivrique perd son eau de constitution avant 100°
et se change en oxyde cuivrique, qui est noir. Cette décomposition a lieu même lorsque l'hydrate est chauffé dans l'eau.

355. Carbonates. — Le carbonate neutre de cuivre CuO,CO²
[$CuCO^3$] n'est pas connu. En faisant agir un carbonate alcalin sur la solution d'un sel de cuivre, on obtient un carbonate basique insoluble *(lois de Berthollet)*, de couleur verte
CuO,CO² + CuO,HO [$CO^3(CuOH)^2$] (V. p. 292). Ce carbonate est
identique au minéral qu'on appelle *malachite*, substance verte,
employée pour faire des objets d'ornement.

On trouve dans la nature un autre carbonate qu'on appelle
azurite, de couleur bleue ; il est employé en peinture (*bleu de
montagne*).

356. Sulfate de cuivre ; vitriol bleu. — Le *sulfate* de cuivre
appelé aussi *vitriol bleu* et *couperose bleue*, forme de beaux cristaux efflorescents, solubles dans l'eau. Ces cristaux contiennent
5 équivalents (en at. 5 molécules) d'eau de cristallisation : ils en
perdent 4 à 100° ; à 200° ils deviennent anhydres et forment
une poussière blanche qui redevient bleue au contact de l'eau.

Le sulfate de cuivre se prépare en chauffant un mélange de
de cuivre et d'acide sulfurique, ou en grillant à l'air les sulfures
de cuivre CuS ou Cu²S.

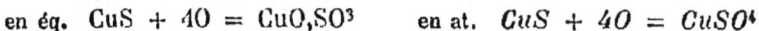

en éq. CuS + 4O = CuO,SO³   en at. $CuS + 4O = CuSO^4$

Le sulfure noir, qu'on obtient en faisant passer un courant
d'acide sulfhydrique dans la dissolution d'un sel de cuivre, subit
spontanément cette transformation quand on l'abandonne
humide au contact de l'air.

Le sulfate de cuivre est employé en agriculture pour chauler
le blé, et détruire un petit champignon qui se développe dans
les greniers ; dissous dans un lait de chaux, il forme la
bouillie bordelaise employée contre la maladie de la vigne
appelée *mildew*. En dissolution dans l'eau, on l'introduit dans
les bois dont on veut empêcher l'altération. Il sert en teinture ;
dans la préparation de quelques encres ; dans la composition de
plusieurs piles électriques ; dans la *galvanoplastie*, pour reproduire en cuivre des modèles et des objets d'art.

357. — L'*azotate de cuivre* CuO,AzO⁵ [$Cu(AzO^3)^2$] forme des
cristaux bleus, solubles dans l'eau ; il s'obtient en dissolvant le
cuivre dans l'acide azotique.

On désigne sous le nom de *vert de gris* : 1° les composés qui se forment à la surface du cuivre exposé à l'air ; 2° un *acétate de cuivre*, qu'on prépare dans le midi de la France, en abandonnant à l'air des lames de cuivre recouvertes de marc de raisin ; le marc fournit de l'acide acétique qui détermine l'oxydation du cuivre et sa transformation en acétate. Le vert de gris est utilisé en peinture et en teinture.

Le *vert de Scheele*, employé en peinture, s'obtient en traitant le sulfate de cuivre par l'arsénite de potasse ; c'est un arsénite de cuivre.

358. Caractères des sels de cuivre. — Les sels solubles de cuivre ont une saveur métallique désagréable.

Une aiguille d'acier plongée dans leur dissolution, se recouvre d'une pellicule rouge de cuivre ; on rend apparentes les moindres traces de ce métal en trempant l'aiguille dans une dissolution de sel ammoniac et en la mettant dans une flamme.

La potasse donne un précipité jaune avec les sels cuivreux, vert ou bleu avec les sels cuivriques ; l'acide sulfhydrique, un précipité noir. L'ammoniaque, dans les solutions cuivriques, produit un précipité bleu clair, qui se dissout dans un excès de réactif (*eau céleste*).

BISMUTH

Poids at. et éq.	Bi = 208	D = 9,8
	Trivalent ou pentavalent.	F = 265°

359. Propriétés. — Le bismuth est un métal blanc rose. Il cristallise très bien par voie sèche, en donnant des cubes qui se disposent les uns sur les autres en forme de gradins et présentent de très belles couleurs irisées. Ces couleurs sont dues à des pellicules très minces d'oxyde de bismuth qui décomposent la lumière.

Il est inaltérable à l'air à la température ordinaire; mais il brûle à une température élevée, avec une flamme bleue, en donnant l'oxyde BiO^3 [Bi^2O^3]. Il brûle aussi dans le chlore en donnant le chlorure de bismuth $BiCl^3$ [$BiCl^3$].

Par l'ensemble de ses propriétés chimiques, ce corps forme avec l'arsenic et l'antimoine une famille naturelle qui se rattache à la troisième famille des métalloïdes (*phosphore, azote*).

Extraction. — Le bismuth se trouve en Saxe à l'état natif, mélangé à des matières terreuses. On le sépare de sa gangue par simple fusion : le métal, plus lourd, tombe au fond.

Usages. — Le bismuth fondant à une température peu élevée, 265°, on l'emploie pour augmenter la fusibilité des alliages. Citons l'alliage de Darcet qui en contient la moitié de son poids

17

et fond à 95° ; en ajoutant un peu de mercure, on obtient un composé plus fusible encore, qui sert aux dentistes pour plomber les dents creuses.

Le *bismuth* employé en médecine est un azotate de bismuth.

COMPOSÉS

360. Oxydes. — On connaît deux oxydes de bismuth : 1° le *trioxyde*, BiO³ [Bi^2O^3], poudre jaune, s'obtient en brûlant le bismuth à l'air ; il se dissout dans les acides en donnant les sels de bismuth ; c'est donc un oxyde basique.

2° Le pentoxyde BiO⁵ [Bi^2O^5], poudre brune, est un anhydride acide, c'est-à-dire qu'avec les bases il forme des sels appelés *bismuthates*.

Remarquons l'identité de constitution entre les oxydes de bismuth et ceux de phosphore :

anhyd. phosphoreux PO³ [P^2O^3]   a. phosphorique   PO⁵ [P^2O^5]
trioxyde de bismuth BiO³ [Bi^2O^3]   pentoxyde   BiO⁵ [Bi^2O^5]

L'acide phosphorique est PO⁵,3HO [$PO(OH)^3$], l'acide bismuthique BiO⁵,3HO [$BiO(OH)^3$], le bismuth y étant pentavalent.

361. Sels de bismuth. — Les sels de bismuth ont la propriété remarquable de n'être solubles que dans les liqueurs acides. Si on étend d'eau leur dissolution, il se forme un précipité blanc d'un sel basique et une certaine quantité d'acide est mise en liberté, grâce à laquelle le liquide peut retenir en dissolution une partie du sel neutre.

Avec l'azotate de bismuth on a la réaction :

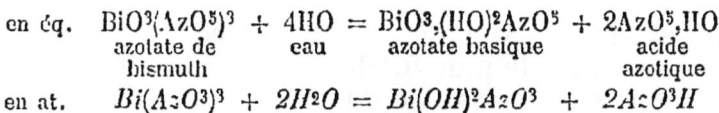

en éq.   BiO³(AzO⁵)³ + 4HO = BiO³,(HO)²AzO⁵ + 2AzO⁵,HO
          azotate de   eau   azotate basique   acide
          bismuth   azotique

en at. $Bi(AzO^3)^3$ + $2H^2O$ = $Bi(OH)^2AzO^3$ + $2AzO^3H$

REMARQUES I. — L'azotate basique dont il s'agit ici est celui qu'on emploie en médecine.

II. — Pour comprendre la constitution des sels de bismuth, remarquons que ce métal étant trivalent, son hydrate a pour formule $Bi(OH)^3$. Dans l'azotate neutre les trois oxhydriles sont remplacés par le radical AzO^3 ; dans l'azotate basique il reste deux oxhydriles non remplacés.

En équivalents, on écrira l'hydrate BiO³,3HO. Si les trois équivalents d'eau sont remplacés par l'anhydride azotique, l'azotate est neutre ; dans l'azotate basique, un seul est remplacé.

III. — Dans le cas du chlorure de bismuth, l'eau produit de l'acide chlorhydrique et un oxychlorure.

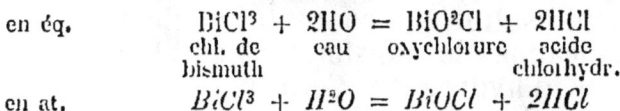

en éq.   BiCl³ + 2HO = BiO²Cl + 2HCl
               chl. de   eau   oxychlorure   acide
               bismuth   chlorhydr.

en at. $BiCl^3$ + H^2O = $BiOCl$ + $2HCl$

L'oxygène, bivalent, se substitue à 2Cl. Nous avons vu une semblable réaction de l'eau sur le pentachlorure de phosphore.

CHAPITRE VII

MÉTAUX DE LA IVᵉ SECTION

ÉTAIN — ANTIMOINE

ÉTAIN

Équiv.	$Sn = 59$		$D = 7,3$
Poids at.	$Sn = 118$		$F = 228$
	Tétravalent		$T = 16$

L'étain (du latin *stannum*), très anciennement connu, était dédié à Jupiter.

362. Propriétés. — L'étain est presque aussi blanc que l'argent. Frotté entre les doigts, il acquiert une odeur désagréable. Sa structure est cristalline : quand on plie une baguette d'étain, elle fait entendre un bruit particulier, appelé *cri de l'étain* ; il provient du frottement et du déchirement de ses fibres cristallines.

Ce métal est peu ductile et peu tenace, mais très malléable. — C'est le plus fusible des métaux usuels, il peut fondre sur une feuille de papier, au-dessus de quelques charbons ardents.

L'étain ne s'altère pas à l'air à la température ordinaire; lorsqu'il est fondu, il se recouvre d'une couche d'oxyde; au rouge vif, il brûle avec incandescence en formant du bioxyde. — L'acide azotique ordinaire le change violemment en une poudre blanche d'acide stannique. L'acide chlorhydrique le change en chlorure stanneux, avec dégagement d'hydrogène. Il est attaqué par l'acide sulfurique concentré et chaud.

Les lessives alcalines le transforment en stannates avec dégagement d'hydrogène. Cette réaction caractérise les métaux de la quatrième section. On l'explique en disant que le métal décompose l'eau en présence des bases; il prend l'oxygène, forme du bioxyde d'étain qui est acide et s'unit à la base en donnant un *stannate*.

363. État naturel ; extraction. — Le seul minerai d'étain que l'on exploite est le bioxyde SnO^2 appelé *cassitérite*. Il se rencontre dans les terrains les plus anciens, formant de petits filons, au milieu des roches granitiques ou dans les sables désagrégés provenant de la destruction de ces mêmes roches. L'étain de Malaisie (Banca, Malacca) est le plus pur et le plus abondant. L'Angleterre, la Saxe et la Bohême en fournissent aussi.

On l'extrait en traitant ce minerai par le charbon : l'étain mis en liberté coule dans un creuset, allié à d'autres métaux. Le métal impur est réchauffé lentement : l'étain entre en fusion le premier et coule en laissant les alliages et les métaux moins fusibles.

364. Usages ; alliages. — L'étain sert à faire la vaisselle d'étain ; allié avec un peu de plomb qui le rend moins cassant, il forme des couverts de table, des plats et des mesures pour les liquides. On le réduit en feuilles minces pour envelopper le chocolat et un grand nombre d'autres substances alimentaires. On *étame*, c'est-à-dire on recouvre d'une mince couche d'étain les métaux qu'on veut préserver de l'oxydation par l'air ou par les acides. Le *fer-blanc* est du fer étamé. Allié au mercure, l'étain forme le *tain* des glaces ; avec le plomb, les *soudures* ; avec le cuivre, le *bronze*.

COMPOSÉS

365. Constitution des composés de l'étain. — Il y a deux chlorures d'étain : le chlorure stanneux $SnCl^2$, où le métal est bivalent; le chlorure stannique $SnCl^4$, où il est tétravalent.

Il y a deux oxydes : l'oxyde stanneux SnO diffère du chlorure stanneux par la substitution d'un atome d'oxygène à deux atomes de chlore; l'oxyde stannique SnO^2 dérive du chlorure stannique de la même manière.

Les hydrates dérivent des chlorures par la substitution d'un oxhydrile à chaque atome de chlore : *hydrate stanneux* $Sn(OH)^2$, *hydrate stannique* $Sn(OH)^4$.

L'hydrate stanneux peut jouer le rôle d'acide, et celui de base, selon les cas : son hydrogène peut être remplacé par un métal, *ex* : SnO^2K^2 *stannite de potassium* ; ou bien ses oxhydriles peuvent être remplacés par un radical acide, *ex* : $SnSO^4$ *sulfate d'étain*.

L'hydrate stannique devrait être $Sn(OH)^4$, mais on ne connaît que le composé $SnO(OH)^2$ dans lequel deux oxhydriles du précédent sont remplacés par un atome d'oxygène, une molécule d'eau étant éliminée; c'est *l'acide stannique*.

366. Oxydes, hydrates. — *L'hydrate stanneux* SnO,HO [$Sn(OH)^2$] est une poudre blanche insoluble qu'on obtient en versant de l'ammoniaque dans la dissolution du chlorure stanneux (*lois de Berthollet*).

Ce précipité perd de l'eau par la chaleur et devient *l'oxyde stanneux* ou *protoxyde d'étain* SnO [SnO] qui est coloré, suivant les cas, en noir, en rouge ou en vert.

L'oxyde stannique SnO² [*SnO²*] ou *bioxyde d'étain* s'obtient en chauffant l'étain à l'air ; il forme la *potée d'étain*, cette crasse qui se produit quand on fond les vieilles cuillers, et que les étameurs recueillent avec soin à leur profit ; ils l'empêcheraient de se former en mettant sur le bain un peu de résine. Le bioxyde d'étain se trouve dans la nature sous le nom de *cassitérite*.

L'acide stannique SnO²,HO [*SnO(OH)²*] se produit quand on fait agir un alcali sur le chlorure stannique ; ainsi obtenu il est soluble dans les acides. Lorsqu'on oxyde l'étain par l'acide azotique on obtient une poudre blanche insoluble dans les acides, qui a la même composition, mais dont la molécule est quintuple Sn⁵O¹⁰,5HO [*Sn⁵O⁵(OH)¹⁰*].

367. Chlorures. — Le *chlorure stanneux* SnCl [*SnCl²*] ou *sel d'étain* s'obtient en dissolvant l'étain dans l'acide chlorhydrique ; c'est un solide blanc, cristallisé en aiguilles. Il sert en teinture comme rongeant ; avec le chlorure d'or il produit le pourpre de Cassius.

Le *chlorure stannique* SnCl² [*SnCl⁴*] est un liquide incolore (*liqueur de Libavius*), qui répand à l'air des fumées épaisses d'une odeur insupportable. On le prépare en faisant passer du chlore sec sur de l'étain chauffé. — Il sert en teinture.

REMARQUE. — Ces composés s'appellent en équivalents *protochlorure* et *bichlorure* ; en notation atomique, *bichlorure* et *tétrachlorure*.

368. Bisulfure. — Le bisulfure d'étain SnS² [*SnS²*], plus connu sous le nom d'*or mussif*, est d'un jaune doré, onctueux au toucher et facile à réduire en poussière. — Il sert à bronzer le bois et à frotter les coussins des machines électriques.

369. Caractères des sels d'étain. — Les sels d'étain sont décomposés par l'eau comme les sels de bismuth ; ils sont solubles dans l'eau acidulée.

La potasse donne un précipité blanc, soluble dans un excès de réactif.

L'acide sulfhydrique précipite en brun les sels stanneux, et en jaune clair les sels stanniques.

Le chlorure d'or forme un précipité pourpre dans les sels stanneux, ne précipite pas les solutions stanniques.

ANTIMOINE ·

Équiv. et p. at.	Sb = 120		D = 6,8
	pentavalent		F = 440

370. Propriétés. — L'antimoine est blanc avec des reflets bleus ; il cristallise. Il est dur et assez cassant pour qu'on puisse le pulvériser dans un mortier ; allié à d'autres métaux, il leur donne de la dureté.

L'antimoine ne s'altère pas à l'air à la température ordinaire; il brûle lorsqu'il est chauffé au rouge. Si l'on fond dans un creuset quelques grammes d'antimoine et que d'une certaine hauteur on laisse tomber sur le sol le métal fondu, il rejaillit en globules incandescents, accompagnés de fumées épaisses d'oxyde d'antimoine.

Il brûle aussi dans le chlore. Il est attaqué difficilement par l'acide chlorhydrique et l'acide sulfurique, plus facilement par l'acide azotique et l'eau régale.

Action sur l'organisme. — L'antimoine est vénéneux comme l'arsenic et se reconnaît de même au moyen de l'appareil de Marsh. On raconte que Basile Valentin, qui découvrit ce métal au xvᵉ siècle, lui attribuant des vertus salutaires, voulut l'expérimenter sur les Pères de son couvent, mais qu'ils s'en trouvèrent fort mal et en moururent en grand nombre : ce qui lui aurait valu le nom d'*antimoine*, c'est-à-dire *contraire aux moines.*

371. Extraction. — On trouve l'antimoine dans la nature sous forme de sulfure SbS³ [Sb^2S^3] constituant le minéral qu'on appelle *stibine*. La stibine est transformée, par un grillage, en oxyde, qu'on réduit par le charbon.

372. Usages. — L'antimoine a été longtemps employé en médecine comme purgatif. Aujourd'hui on le remplace par quelques-uns de ses composés, surtout par l'*émétique* ou *tartre stibié* (tartrate double d'antimoine et de potasse). La *pommade stibiée* est formée d'émétique et de graisse. — Il entre dans la composition de plusieurs alliages pour donner de la dureté : caractères d'imprimerie, métal d'Alger.

COMPOSÉS

373. Constitution des composés de l'antimoine. — L'antimoine appartenant à la famille du phosphore, de l'arsenic et du bismuth, ses composés forment une série identique à ceux du phosphore. Il y a deux chlorures SbCl³ [$SbCl^3$], SbCl⁵ [$SbCl^5$]; deux oxydes SbO³ [Sb^2O^3], SbO⁵ [Sb^2O^5].

L'oxyde antimonique, en s'hydratant, donne naissance à l'acide antimonique SbO⁵,HO [SbO^5H] qui correspond à l'acide métaphosphorique. Un autre hydrate du même oxyde SbO⁵,2HO [$Sb^2O^5(OH)^4$] correspond à l'acide pyrophosphorique.

L'hydrate antimonieux devrait avoir pour formule atomique $Sb(OH)^3$, les trois atomes de chlore du trichlorure étant remplacés par des oxhydriles : en équivalents SbO³,3HO. L'hydrate réel contient deux équivalents d'eau de moins : en éq. SbO³,HO; en at. *SbO.OH.* — Cet hydrate est basique; en réagissant sur les acides, il forme les sels d'antimoine.

Vis à vis de la potasse, il se comporte comme un acide, donnant de l'antimonite de potassium.

374 Sulfure. — Le trisulfure d'antimoine SbS³ [Sb^2S^3], très répandu dans la nature, est un solide d'un gris métallique.

Produit par voie humide, en faisant passer de l'acide sulfhydrique dans la dissolution d'un sel d'antimoine, il est rouge orangé. Il sert dans la préparation de l'acide sulfhydrique et de plusieurs produits pharmaceutiques : *foie d'antimoine, kermès.*

375. Chlorures. — Le *trichlorure d'antimoine* ou *chlorure antimonieux* est une substance onctueuse, incolore, connue sous le nom de *beurre d'antimoine*. Il sert aux médecins pour cautériser les plaies faites par des chiens enragés ou des animaux venimeux. Il sert à bronzer les métaux ; appliqué sur un canon de fusil, il laisse une couche légère d'antimoine métallique, tandis que le fer s'unit au chlore. — On l'obtient : 1° en attaquant l'antimoine par le chlore, le métal étant en excès ; 2° en distillant, dans une cornue de verre munie d'un récipient, le résidu de la préparation de l'acide sulfhydrique par l'acide chlorhydrique et le sulfure d'antimoine.

Le trichlorure d'antimoine est décomposé par l'eau et transformé en une poudre blanche d'oxychlorure SbO^2Cl [$SbOCl$], connue sous le nom de *poudre d'Algaroth.*

Le pentachlorure ou *chlorure antimonique* est un liquide fumant qu'on obtient en faisant agir un excès de chlore sur le métal ou sur le trichlorure.

376. Caractères des sels d'antimoine. — Les sels d'antimoine sont décomposés par l'eau à la façon des sels d'étain ou de bismuth. — Avec l'acide sulfhydrique, ils donnent un précipité orangé. — Le zinc et le fer en précipitent l'antimoine sous forme d'une poudre noire.

CHAPITRE VIII

MÉTAUX DE LA IIIᵉ SECTION

ZINC. — FER. — NICKEL. — COBALT. — CHROME

ZINC

équiv.	Zn = 32,5	D = 6,8 à 7,2	
poids at.	Zn = 65	F = 400 environ	
	Bivalent	T = 50	

Rapporté au xviᵉ siècle de la Chine et nommé *étain des Indes;* son usage vulgaire ne date que du xixᵉ siècle.

377. Propriétés. — Le zinc est un métal blanc bleuâtre. Celui du commerce, qui contient d'autres métaux, est cassant à la température ordinaire ; il n'est ductile et

malléable que vers 140° ; à une température plus
élevée, il redevient cassant ; c'est seulement au
XIXᵉ siècle qu'on a appris à le laminer. — C'est le plus
dilatable des métaux. — Il fond vers 400° et bout
vers 900°.

Le zinc s'altère légèrement dans l'air humide et se
couvre d'une couche blanchâtre d'oxyde de zinc car-
bonaté qui préserve l'intérieur du métal. Vers 500° il
brûle en donnant de l'oxyde de zinc ; on appelle *lana
philosophica, laine des philosophes,* des flocons blancs
très légers d'oxyde de zinc qui se forment quand les
vapeurs de zinc brûlent à l'air.

Le zinc du commerce est attaqué par les acides
dilués : il prend la place de l'hydrogène qui se dégage
(*préparation de l'hydrogène*). Il est à remarquer que
le zinc pur n'est pas altéré par les acides, à moins de
se trouver en contact avec un métal moins attaquable,
comme le cuivre, qui forme avec lui un élément de
pile électrique. Si le zinc du commerce est attaqué
sans qu'on remplisse cette condition, c'est qu'il
contient des métaux étrangers. Le zinc amalgamé se
comporte comme le zinc pur.

Ce métal se dissout dans les solutions alcalines,
parce que son oxyde peut jouer le rôle d'acide vis-à-
vis des bases.

378. État naturel ; extraction. — Le zinc se trouve dans la
nature à l'état de sulfure (*blende*) et de carbonate (*calamine*).

On soumet ces deux minerais au même traitement pour en
retirer le métal. On les grille d'abord, le premier pour lui faire
perdre son soufre et l'oxyder, le second pour en chasser l'acide
carbonique. L'oxyde de zinc qui résulte du grillage, est ensuite
chauffé avec du charbon, qui le réduit. Le zinc se volatilise,
puis se condense dans des récipients pleins d'eau froide, pendant
que l'oxygène s'en va à l'état d'oxyde de carbone.

Les principales mines de zinc sont en Silésie, en Belgique et
en Angleterre.

379. Usages. — Le zinc est employé en *grenaille* pour produire l'hydrogène, en *cylindres* creux dans les piles électriques,
en *feuilles* minces pour faire des bassins, des baignoires, des
gouttières, et couvrir les toitures. Dans ce dernier cas, on ne
doit fixer les feuilles de zinc que par un bout, à cause de leur
dilatabilité considérable ; on évite aussi de les unir à d'autres

métaux, en les clouant ou en les soudant, parce que le contact
de ces métaux déterminerait un courant électrique, d'où résulterait l'oxydation rapide de ces feuilles aux dépens de l'eau
pluviale. On fait avec le zinc une multitude de petits objets et
d'ustensiles, parce qu'il est moins cher que le cuivre et plus
mince que le fer. On n'en fait pas des vases destinés à la
cuisson des aliments parce qu'il est attaqué par les acides organiques et forme avec eux des sels vénéneux.

Le fer *galvanisé* est du fer protégé contre l'oxydation par une
couche légère de zinc. Le *laiton* est un alliage de cuivre et de
zinc.

COMPOSÉS

380. Oxyde de zinc ZnO [*ZnO*]. — L'oxyde de zinc est
une poudre d'un très beau blanc ; chauffé, il devient jaune,
mais il reprend sa première couleur en refroidissant. Il est
insoluble et infusible. — Avec les acides il forme les sels de
zinc ; il se combine aussi avec la potasse ; c'est donc un oxyde
indifférent.

Préparation. — On le prépare en faisant brûler à l'air la
vapeur de zinc ; l'oxyde va se déposer, en flocons légers, dans une
série de grandes caisses. On peut aussi calciner l'azotate de zinc.

Usages. — On l'emploie dans la peinture en bâtiments, sous
le nom de *blanc de zinc*. Il couvre moins que la céruse et ne
rend pas l'huile siccative ; mais il présente l'avantage de n'être
pas vénéneux et de ne pas noircir au contact de l'acide sulfhydrique, parce que le sulfure de zinc est blanc. On rend l'huile
siccative en ajoutant du sulfate de zinc.

381. Vitriol blanc ZnO,SO³ [*SO⁴Zn*]. — Le *sulfate de zinc,
vitriol blanc* ou *couperose blanche* se présente en cristaux incolores, très solubles. Il est vénéneux même à petite dose. Il
s'emploie dans les maladies des yeux comme caustique léger,
dans quelques opérations de teinture, et dans la peinture au
blanc de zinc pour rendre l'huile siccative.

Il se produit dans la préparation de l'hydrogène par le zinc et
l'acide sulfurique. On l'obtient industriellement en grillant la
blende.

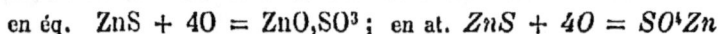

en éq. $ZnS + 4O = ZnO,SO^3$; en at. $ZnS + 4O = SO^4Zn$

382. Caractères des sels de zinc. — Les sels de zinc en solution
donnent avec l'acide sulfhydrique un *précipité blanc* de sulfure de zinc :
cette réaction n'appartient à aucun autre métal. Avec la potasse, la soude et
l'ammoniaque, on a un précipité blanc, soluble dans un excès de réactif.

17.

FER

Équiv.	Fe = 28		D = 7,4 à 7,9
Poids at.	*Fe* = 56		F = 1500
	Tétravalent.		T = 250

Employé depuis moins longtemps que plusieurs autres métaux; dédié à Mars.

383. Propriétés physiques. — Le fer est blanc, quand sa surface ne s'est pas altérée à l'air. Il est très ductile, malléable, peu élastique, et le plus tenace des métaux usuels : un fil de 1^{mm} de rayon peut supporter sans se rompre jusqu'à 250 k^{gr}. Ces propriétés sont subordonnées à la structure du métal : les meilleurs fers ont une structure *fibreuse*, et sont très tenaces ; on leur donne cette qualité par le martelage à chaud. Ceux qui ont une texture *grenue* et cristalline cassent plus facilement. Malheureusement le fer forgé passe du premier état au second quand il est soumis à des vibrations fréquentes : il devient *aigre*. C'est à cette modification qu'il faut attribuer les ruptures fréquentes des essieux de voiture et des chaînes de ponts suspendus.

Ce métal est de tous les corps celui qui possède au plus haut degré les propriétés magnétiques. S'il est pur (*fer doux*), il s'aimante avec une grande facilité, mais il perd son aimantation aussitôt qu'il est soustrait à la force qui l'a produite. Combiné avec du carbone (*acier*) il n'est plus aussi facile à aimanter, mais il garde longtemps son aimantation.

Le fer ne fond qu'aux températures les plus élevées que l'on puisse obtenir dans un fourneau à vent : aussi ne peut-on le travailler économiquement par voie de fusion. Heureusement, il a la propriété de se ramollir à une température moins élevée, de se laisser *forger* en prenant sous le marteau toutes les formes qu'exige l'industrie, et de se souder à lui-même sans l'intermédiaire d'aucun autre métal.

Propriétés chimiques. — Le fer est inaltérable à l'air sec ; mais dans l'air humide, et plus encore dans l'air imprégné de vapeurs acides, son altération est rapide et, au lieu de s'arrêter à la surface, elle se propage dans toute la masse. On le préserve en empêchant l'accès de l'air, au moyen d'une couche de peinture, ou d'étain (*fer-blanc*), ou de zinc (*fer galvanisé*). Le zinc est préférable à l'étain, parce que, pour peu que le fer soit mis à nu en quelque point, l'étain favorise son oxydation. — Chauffé au rouge, le fer brûle à l'air et se transforme en *oxyde salin* Fe^3O^4 [Fe^3O^4]. C'est cet oxyde qui se détache du fer incandescent sous le choc du marteau et se produit en brillantes étincelles sous le nom de *battitures*.

Dans l'*eau aérée*, qui contient de l'oxygène et de l'acide carbonique, le fer s'oxyde avec rapidité ; mais il suffit d'une petite dose de potasse ou d'une autre base en dissolution, pour le conserver sans altération sensible.

Les *acides* attaquent facilement le fer ; l'acide azotique concentré ne l'attaque pas, il le rend *passif* (page 95).

COMPOSÉS

384. Composés ferreux, composés ferriques. — Les composés *ferreux* ont pour élément métallique un atome de fer, qui est tétravalent, mais qui fonctionne comme bivalent, deux valences restant ordinairement non saturées. Le plus simple de ces composés est le *chlorure ferreux* $FeCl^2$ [FeCl], où les deux valences sont saturées par deux atomes de chlore. Dans l'*hydrate ferreux* les deux chlores sont remplacés par 2 oxhydriles $Fe(OH)^2$ [FeO,HO]. Si on élimine de l'hydrate une molécule d'eau, on a le *protoxyde de fer*, *oxyde ferreux* FeO [FeO]. Si, dans l'hydrate, on remplace les oxhydriles par un radical acide on a les *sels ferreux*, ex. : $Fe(AzO^3)^2$ [FeO,AzO⁵]. *azotate ferreux*; $FeSO^4$ [FeO,SO³] *sulfate ferreux*.

Les composés *ferriques* ont pour élément métallique un groupe de deux atomes de fer qui sont liés par une de leurs quatre valences.

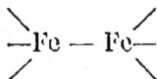

$$\diagdown \text{Fe} - \text{Fe} \diagup$$

Restent 6 valences libres. Le groupe Fe^2 fonctionne donc comme un radical hexavalent. Par conséquent le *chlorure ferrique* est Fe^2Cl^6 [Fe²Cl³] ; l'*hydrate ferrique* $Fe^2(OH)^6$ [Fe²O³,3HO], d'où dérive l'*oxyde ferrique* (*sesquioxyde de fer*) par élimination de 3 molécules d'eau Fe^2O^3 [Fe²O³]. Les sels *ferriques* résultent de l'hydrate, dans lequel les oxhydriles ont été remplacés par des radicaux acides. L'*azotate ferrique* sera $Fe^2(AzO^3)^6$ [$Fe^2O^3,3AzO^5$]; *le sulfate ferrique* $Fe^2(SO^4)^3$ [$Fe^2O^3,3SO^3$]. Dans ce dernier, chaque radical SO^4 remplace 2 oxhydriles parce qu'il est bivalent.

L'hydrate ferrique est *indifférent* et peut jouer le rôle d'acide vis-à-vis des bases alcalines.

Les composés ferreux ont une grande affinité pour l'oxygène et l'absorbent en se transformant en composés ferriques. Ainsi, dans l'eau aérée, l'hydrate ferreux se transforme en sesquioxyde de fer hydraté :

$$\text{en éq. et en at. } 2FeO + O = Fe^2O^3$$

le chlorure ferreux, en oxychlorure ferrique :

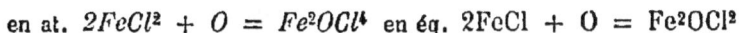

$$\text{en at. } 2FeCl^2 + O = Fe^2OCl^4 \quad \text{en éq. } 2FeCl + O = Fe^2OCl^2$$

le sulfate ferreux en sous-sulfate ferrique :

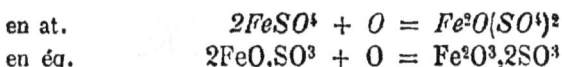

en at. $2FeSO^4 + O = Fe^2O(SO^4)^2$
en éq. $2FeO,SO^3 + O = Fe^2O^3,2SO^3$

Ce sous-sulfate peut être considéré comme de l'hydrate ferrique où deux oxhydriles ont été remplacés par de l'oxygène, et les quatre autres par le radical SO^4 de l'acide sulfurique; l'oxychlorure a une constitution analogue.

Les sels ferreux sont d'une couleur vert clair; les sels ferriques, d'une couleur brun rougeâtre.

385. Oxydes. — Le protoxyde de fer FeO [*FeO*] ou *oxyde ferreux* n'est connu qu'à l'état d'hydrate. Cet hydrate se produit sous la forme d'un précipité blanc quand on verse de la potasse dans la dissolution d'un sel ferreux.

en éq. $FeO,SO^3 + KO,HO = KO,SO^3 + FeO,HO$
en at. $FeSO^4 + 2KOH = K^2SO^4 + Fe(OH)^2$

Au contact de l'air, il absorbe rapidement de l'oxygène et passe à l'état de sesquioxyde hydraté; sa couleur devient brune.

Le sesquioxyde Fe^2O^3 [Fe^2O^3], ou *peroxyde de fer*, ou *oxyde ferrique* s'obtient à l'état anhydre en calcinant le sulfate ferreux pour la préparation de l'acide sulfurique de Nordhausen. Sous le nom de *colcothar* ou *rouge d'Angleterre*, il est employé pour peindre à l'huile, polir les métaux et les glaces. — Le sesquioxyde de fer hydraté se prépare en précipitant par la potasse les sels ferriques en dissolution.

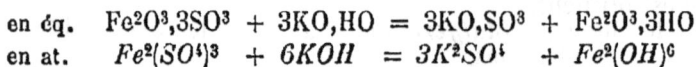

en éq. $Fe^2O^3,3SO^3 + 3KO,HO = 3KO,SO^3 + Fe^2O^3,3HO$

en at. $Fe^2(SO^4)^3 + 6KOH = 3K^2SO^4 + Fe^2(OH)^6$

La *rouille* est du sesquioxyde de fer hydraté.

On trouve dans le sol un grand nombre de sesquioxydes de fer, exploités comme minerais de fer. Le *sesquioxyde anhydre* porte les noms de *fer oligiste* quand il est cristallisé, *hématite rouge* ou *sanguine* quand il est amorphe. Le sesquioxyde hydraté, de couleur jaune, s'appelle *hématite brune, fer oolithique, limonite.*

L'oxyde magnétique ou **oxyde salin** Fe^3O^4 [Fe^3O^4] peut être regardé comme un sel dont la base est FeO et l'anhydride Fe^2O^3; le sesquioxyde de fer, étant indifférent, a ici le caractère acide. — C'est un corps noir qui se produit quand on brûle du fer dans l'oxygène. Il forme des montagnes en Suède et en Norwège, où il donne les fers les plus purs et les plus recherchés.

L'anhydride ferrique FeO^3 [FeO^3] n'est pas connu ; il existe dans un composé KO,FeO^3 [K^2FeO^4] qu'on appelle *ferrate de potasse*, et qui correspond au manganate de potasse KO,MnO^3 [K^2MnO^4].

386. **Sulfures.** — Le *protosulfure de fer* FeS [FeS], qui sert à préparer l'acide sulfhydrique, est un corps noir qu'on obtient en fondant, dans un creuset chauffé au rouge, des poids égaux de soufre et de limaille de fer.

Le *bisulfure de fer* ou *pyrite martiale* FeS^2 [FeS^2] présente deux variétés : l'une jaune, cristallisée dans le système cubique, assez dure pour rayer le verre, peu altérable ; l'autre, appelée *pyrite blanche*, est jaune verdâtre, cristallisée en prismes, et s'oxyde facilement à l'air en se transformant en sulfate de fer. — Les pyrites se trouvent disséminées dans les ardoises et dans le sable ; il en existe dans le sol des masses considérables que l'on pourrait exploiter comme minerais de fer, si l'on n'avait pas des minerais plus économiques et qui donnent du fer de meilleure qualité. On les utilise dans presque tous les pays pour préparer le sulfate de fer et pour obtenir l'acide sulfureux dont on a besoin dans la fabrication de l'acide sulfurique.

387. **Chlorures.** — Le *protochlorure* FeCl [$FeCl^2$] est blanc, soluble dans l'eau. On prépare ce corps en chauffant le fer au rouge dans un courant d'acide chlorhydrique, ou en le dissolvant à froid dans l'acide chlorhydrique.

Le *chlorure ferrique* Fe^2Cl^3 [Fe^2Cl^6] est appelé aussi *perchlorure de fer* ou (en équivalents) *sesquichlorure*. C'est un corps brun que l'on prépare en chauffant le fer dans un courant de chlore ou en dissolvant le sesquioxyde de fer dans l'acide chlorhydrique. Il est employé en médecine pour arrêter les hémorragies.

388. Sulfate de fer FeO,SO³ [$FeSO^4$]. — Le *sulfate ferreux* se nomme aussi *vitriol vert* et *couperose verte*. Il se présente en cristaux d'un vert émeraude, d'une saveur âcre et métallique, très solubles dans l'eau, surtout à chaud, s'oxydant à l'air et se couvrant de taches jaunes de sulfate de sesquioxyde. Il cristallise avec 7 équivalents d'eau ; il en perd 6 équivalents à 100° et le dernier à 300ᶜ ; il est alors d'un blanc grisâtre.

Usages. — Le sulfate ferreux décomposé par la chaleur donne l'acide sulfurique fumant et le colcothar. Il est la base de toutes les couleurs noires, grises, employées en teinture; il sert à fabriquer l'encre, le bleu de Prusse.

Préparation. — Dans les laboratoires on dissout le fer dans l'acide sulfurique. Dans l'industrie on transforme les sulfures de fer en sulfate en les exposant à l'air, ou en les grillant à une chaleur modérée.

389. Carbonate de fer. — Le *carbonate ferreux* FeO,CO² [$FeCO^3$], se trouve en cristaux roses, semblables à ceux du carbonate de chaux (*spath d'Islande*) d'où le nom de *fer spathique*. On l'obtient en poudre blanche en faisant agir du carbonate de soude sur la dissolution d'un sel ferreux (*lois de Berthollet*). — Quand il est humide il s'oxyde à l'air, dégage son acide carbonique et se transforme en sesquioxyde de fer hydraté.

Le carbonate de fer est un excellent minerai. On l'extrait à Saint-Etienne et à Anzin. En Angleterre on le trouve dans le terrain houiller, de sorte que l'on tire, de la même mine et du même puits, le minerai et le combustible nécessaire pour le traiter.

V. page 153 *ferrocyanures, bleu de Prusse.*

390. Caractères des sels de fer. — Les sels ferreux donnent avec le ferrocyanure de potassium (prussiate jaune) un précipité blanc, qui bleuit à l'air ; avec les sels ferriques, un précipité bleu (bleu de Prusse).

Avec la potasse, les sels ferreux donnent un précipité blanc d'hydrate ferreux, qui brunit à l'air en passant à l'état d'hydrate ferrique ; les sels ferriques donnent un précipité jaune brun d'hydrate ferrique.

MÉTALLURGIE DU FER : FONTE ; FER DOUX ; ACIER

391. — Le fer est le métal le plus universellement répandu dans la nature, et en très grande abondance. Les *aérolithes* (pierres tombées de l'air) en renferment toujours, quelquefois à l'état natif, associé à du chrome et à du nickel. On le trouve surtout à l'état de sulfure, d'oxyde et de carbonate. Le nombre des pierres et des terres qui en contiennent est infini ; il existe dans les végétaux, dans le sang et dans presque tous les organes des animaux.

Les seuls minerais exploitables sont les oxydes et le carbonate de fer.

L'extraction du fer est une des opérations les plus laborieuses de la métallurgie. — On commence par diviser le minerai au moyen de pilons appelés *bocards*, et le laver dans un courant d'eau qui entraîne les matières terreuses. Le minerai est ensuite traité par *la méthode catalane* qui donne immédiatement du fer, ou par la *méthode des hauts-fourneaux* dans laquelle on obtient d'abord de *la fonte*, qui doit être ensuite convertie en *fer doux* ou *fer ductile*.

392. Méthode catalane. — On chauffe le minerai, sous le vent d'une tuyère, dans un simple creuset, avec du charbon de bois. Une partie de l'oxyde de fer se combine avec la gangue pour former une scorie passablement fusible de silicate double d'alumine et de fer ; une autre partie est réduite par l'oxyde de carbone, et le fer qui en résulte tombe dans le creuset sous forme spongieuse. On retire ce fer et on le place sur une enclume où il est battu par un puissant marteau. La scorie, encore liquide, est exprimée ; le métal devient compact, et il ne reste plus qu'à le forger et à l'étirer en barres pour le livrer à l'industrie. Cinq ou six heures suffisent pour une opération. — Cette méthode laisse perdre dans les scories une grande partie du fer, environ 30 0/0 ; elle n'est plus employée que pour des minerais très riches, dans les pays où le bois est abondant et les transports sont difficiles.

REMARQUES. — 1° Le minerai se place d'un côté du creuset et le charbon de l'autre côté, sous le vent de la tuyère : le fer n'est donc pas chauffé au contact du charbon, c'est pourquoi il ne se forme pas de fonte.

2° Le fer, fondant à une température trop élevée, ne peut pas se séparer des matières étrangères par fusion ; c'est la gangue qui doit être rendue fusible. Dans la méthode catalane on obtient ce résultat en sacrifiant une partie du fer. — Dans la méthode suivante, la gangue est transformée principalement en silicate double d'alumine et de chaux ; pour cela on ajoute au minerai un *fondant*, lequel est du calcaire (*castine*), quand la gangue est siliceuse, ou de l'argile (*erbue*), silicate d'alumine, quand la gangue est calcaire. On ne perd presque pas de fer, mais le silicate double qui se forme ne fond qu'à une température très élevée, qu'on ne pourrait pas obtenir dans un creuset ordinaire ; il faut employer le haut-fourneau.

393. Méthode des hauts-fourneaux. — Les *hauts-fourneaux* (*fig. 101*) sont formés de deux cônes tronqués, réunis par

leurs grandes bases, d'une hauteur totale, les uns de
10 mètres (chauffés au charbon de bois), les autres (chauffés
au coke) de 20 et jusqu'à 25 mètres. — Le *cône supérieur*
est la *cuve*, dont l'ouverture porte le nom de *gueulard* ; cette
ouverture est surmontée de la *cheminée*, percée de portes
par lesquelles on introduit le minerai et le combustible.
Les deux cônes sont unis par le *ventre*. Le cône inférieur
ou *étalages* se termine par un cylindre appelé *ouvrage*, au
bas duquel débouchent les tuyères T d'une forte machine

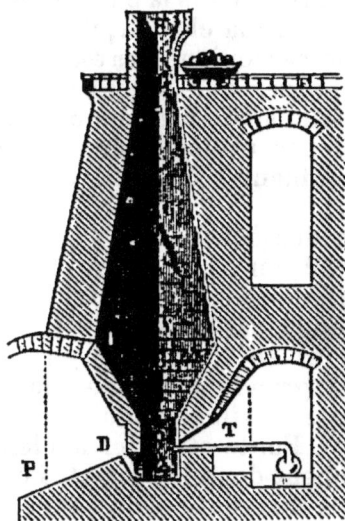

Fig. 101. — Haut-fourneau.

soufflante, sorte de pompe foulante à air, à double effet,
pouvant envoyer 80 à 100 mètres cubes d'air par minute.
Au-dessous du fourneau est le *creuset*, dont la paroi,
nommée la *dame* D, se continue extérieurement par un plan
incliné P ; au bas du creuset est un *trou de coulée*, fermé
par un tampon d'argile. — On introduit d'abord, par le
gueulard, du combustible, charbon de bois ou coke, dont
on forme une première couche ; puis on remplit le reste du
fourneau avec des couches alternatives de charbon et de
minerai, mêlé de *fondant*.

On met le feu en bas, on donne le vent, et le fourneau, une fois allumé, ne sera plus éteint que pour être
réparé, au bout de sept à dix ans.

Théorie du haut-fourneau. — On peut considérer le haut-
fourneau comme traversé par deux courants : l'un ascen-

dant, de matières gazeuses ; l'autre descendant, de matières solides et liquides.

Au bas du fourneau, grâce à la grande quantité d'*air* qui y arrive, le charbon brûle complètement, se transforme en acide carbonique, et produit une température très élevée. L'*acide carbonique* CO^2, s'élevant dans les étalages, rencontre du charbon incandescent, qui le fait passer à l'état d'oxyde de carbone : en éq. et en at. $CO^2 + C = 2CO$. Cet *oxyde de carbone*, arrivé dans la cuve, y rencontre le minerai, oxyde de fer ; aidé par la chaleur, il lui enlève son oxygène et redevient acide carbonique : en éq. et en at. $3CO + Fe^2O^3 = 3CO^2 + 2Fe$. Les gaz qui sortent du gueulard (oxyde de carbone, hydrogène, acide carbonique, azote) sont en partie combustibles ; on les utilise pour chauffer les chaudières des machines soufflantes et l'air qui doit être introduit dans le fourneau.

Le *minerai* se dessèche dans la partie supérieure de la cuve, puis descend, en s'échauffant. Au bas de la cuve, il est au rouge sombre, et cède son oxygène à l'oxyde de carbone. Dans les étalages, le fer réduit se combine avec un peu de carbone et se transforme en *fonte*, dont le nom indique assez la grande fusibilité ; la gangue, grâce au fondant, se change en silicate double d'alumine et de chaux (*laitier* ou *scories*). Fonte et laitier fondent en passant dans l'*ouvrage*, et tombent dans le *creuset*. Le laitier, plus léger, surnage, empêche l'oxydation du fer, et finit par déborder la *dame* et s'écouler sur le plan incliné. Quand le creuset est plein de fonte, on ouvre le *trou de coulée*, et la fonte coule dans de petits canaux demi-cylindriques, où elle se solidifie en masses appelées *gueuses en gueusets*, suivant leur longueur.

Un haut-fourneau produit, en France, jusqu'à 100 tonnes de fonte en 24 heures. En Amérique, dans la Pensylvanie, on en construit qui donnent 400 tonnes dans le même temps.

Le combustible est le charbon de bois en Suède, le coke dans les autres pays. La houille contient des éléments étrangers, soufre, phosphore, arsenic, qui donneraient un fer de mauvaise qualité.

394. Fonte. — La fonte ou *fer cru* retirée des hauts-fourneaux est composée de *fer*, de 3 à 5 0/0 de *carbone* à l'état de combinaison plus ou moins intime, et de quantités variables, mais faibles, de silicium, de soufre, de phosphore et d'azote. Elle est cassante, non malléable, moins dure et plus fusible que le fer et l'acier. Ses propriétés varient d'ailleurs avec la nature et la quantité des corps étrangers qu'elle contient, et avec l'état du carbone. On en distingue deux espèces principales.

La *fonte blanche* contient du carbone presque entièrement combiné au fer ; elle est plus dense (d = 7,4 à 7,8), dure, cassante et difficile à travailler. Elle fond au-dessous de 1100°, mais elle reste à l'état de fusion pâteuse. Elle ne sert qu'à la fabrication du fer et de l'acier.

La *fonte grise*, dont la couleur varie du noir au gris-clair, contient le carbone en partie disséminé dans sa masse à l'état de graphite. Elle est plus légère (d = 6;8 à 7), plus douce et moins cassante que la fonte blanche, et peut se travailler à la lime, au ciseau et au marteau. Elle ne fond qu'à 1200°, mais elle devient très fluide, ce qui la rend propre au moulage. Pour les objets grossiers ou de grandes dimensions, on la fait passer immédiatement du haut-fourneau dans les moules préparés. On a ainsi des colonnes, des tuyaux, des plaques, etc. Pour couler des pièces délicates, on fait passer la fonte par une seconde fusion.

395. Affinage. — L'*affinage* consiste à enlever à la fonte le carbone et le silicium, pour en retirer du *fer ductile* ou *fer pur ;* il s'effectue dans des usines appelées *forges.* La fonte, fondue et fortement chauffée, est soumise à un courant d'air chaud, qui brûle le carbone, le silicium, le phosphore, etc. ; il se dégage de l'oxyde de carbone, et il se forme du silicate et du phosphate de fer qui restent à l'état de scories. La fonte, en perdant ces corps, devient moins fusible, et se convertit en masses spongieuses de *fer décarburé.* L'ouvrier rassemble ces masses, en forme une boule (*loupe*) qu'il enlève avec une pince ; on la *forge* (*cingle*) au marteau, de manière à en extraire toutes les scories et à souder le fer à lui-même. — Après avoir été réchauffé et forgé plusieurs fois, le fer est réduit en barres à l'aide d'un laminoir, et livré au commerce.

Il y a plusieurs procédés d'affinage, qui reviennent à deux :
le procédé comtois et la méthode anglaise.

1° Dans le *procédé comtois*, on affine la fonte au *bois* seulement, et dans de *petits foyers*, semblables aux forges ordinaires.
On remplit le foyer de charbon de bois, dont on active la combustion par le vent d'une tuyère ; la fonte est placée sur le
charbon ; elle fond peu à peu, tombe en gouttelettes qui perdent
une partie de leur carbone en passant sous le vent de la tuyère.
La fonte, devenue moins fusible, prend de la consistance ;
l'ouvrier la soulève et la ramène devant la tuyère dont il force
le vent. Le fer qui retombe en petites masses spongieuses est
alors ramassé en une masse unique ou loupe, qu'on enlève et
qu'on martelle.

2° La *méthode anglaise*, introduite vers 1786, est suivie presque
partout aujourd'hui. Elle emploie la *houille* et comprend plusieurs opérations. Dans la première, dite le *finage*, on chauffe la
fonte avec du coke, dans un creuset rectangulaire, sous le vent
de plusieurs tuyères. La fonte perd en grande partie les corps
étrangers au fer, et environ la moitié de son carbone ; elle coule
à travers le combustible et donne un métal blanc, qu'on appelle
fine-metal.

La seconde opération s'appelle *pudlage* (de l'anglais *pudle*,
brasser). Le fine-metal est introduit, avec des battitures de fer,
dans un fourneau à réverbère. Ce fourneau est chauffé au blanc
par une houille dont la longue flamme est rabattue sur la fonte.
L'ouvrier remue continuellement la masse. L'oxygène amené
par la flamme, et celui de l'oxyde de fer introduit, enlève le
reste du carbone, et brûle les autres corps, avec formation d'un
laitier, qui surnage et que l'ouvrier fait écouler. Enfin, il réunit
le fer en loupes qu'il extrait du four.

396. — Le *fer du commerce* n'est jamais parfaitement pur ;
il conserve toujours des traces des matières que contenait la
fonte : 0,1 à 0,5 0/0 de carbone, et beaucoup moins de silicium.
Ces deux corps, le carbone surtout, lui communiquent des
qualités utiles, le rendent plus fort et plus dur. Mais quand il
contient du phosphore, le fer est cassant à froid ; quand il
contient de l'arsenic, et surtout du soufre (fer *rouverin*), il est
cassant au rouge ; il suffit pour cela qu'il y ait 0,0001 de soufre ;
s'il y en a trois fois plus, il ne peut se souder à lui-même.

Le fer le plus doux et le plus pur est celui qui se laisse étirer
en fils fins (*fil d'archal*, pointes de Paris). — On le prépare *chimiquement pur* en réduisant, à l'aide d'un courant d'hydrogène,
dans un tube de porcelaine chauffé au rouge, le sesquioxyde de
fer ou l'oxalate de protoxyde de fer.

Acier

397. Propriétés. — L'acier est du fer combiné avec du carbone ; il en a plus que le fer ordinaire et moins que la fonte, de 0,7 à 2 $\frac{o}{o}$.

L'acier est plus léger que le fer, plus dur, plus fusible et moins altérable ; il est sonore, blanc, brillant et susceptible d'un beau poli ; il est ductile et malléable, et se laisse forger. Ce qui le distingue surtout du fer, et lui donne une grande supériorité, c'est qu'il est susceptible d'être *trempé* et *recuit*.

Trempe ; recuit. Lorsqu'on porte l'acier à la température du rouge et qu'on le refroidit brusquement, il devient très dur, élastique et cassant, moins ductile et moins malléable. On produit ce refroidissement en le plongeant ou le *trempant* dans un liquide froid (eau, huile ou mercure). Les propriétés physiques de l'acier sont d'autant plus modifiées que la trempe est plus forte, c'est-à-dire qu'on l'a chauffé à une température plus élevée et qu'on l'a refroidi plus rapidement. — On lui rend ses premières propriétés par le *recuit*, en le portant de nouveau à une température qui varie suivant l'usage qu'on veut en faire, puis en le laissant refroidir lentement. On est dirigé dans le recuit par les teintes diverses que prend l'acier réchauffé.

A 220° il est jaune paille : ainsi recuit, il convient aux lancettes, couteaux fins.
A 240° il est jaune d'or : rasoirs communs, canifs.
A 260° il est brun : ciseaux et couteaux, ressorts de voitures, bêches, haches.
A 290° il est bleu : objets très élastiques, ressorts de montre, scies, vilebrequins
A 320° il est bleu foncé : objets plus tenaces que durs, scies fines, faux.

En chauffant jusqu'au rouge et laissant refroidir lentement, on détruirait tout l'effet de la trempe.

398. Fabrication. — Anciens procédés : 1° L'*acier naturel* se tire de la fonte, à laquelle on n'enlève qu'une partie de son carbone.

2° On fabrique l'acier *cémenté* en chauffant au rouge de minces barres de fer, dans des caisses, avec un *cément*,

mélange de poussier de charbon, de cendres et de matières
azotées.

L'*acier fondu* s'obtient en fondant l'une ou l'autre des
deux espèces précédentes, pour leur donner une composition homogène.

399. Procédé Bessemer. — Bessemer, ingénieur anglais,
a inventé vers 1860 un procédé très rapide et très écono-
mique, qui permet de transformer immédiatement la fonte
en acier fondu.

L'opération se fait dans un *convertisseur*, vaste récipient
mobile sur un axe horizontal, ayant la forme d'une cornue.
La panse, en tôle très forte, est garnie intérieurement d'une
épaisse couche d'argile. Un courant d'air, sous la pression
de deux atmosphères environ, amené par les tourillons,
arrive extérieurement au fond de la cornue et y pénètre
par un grand nombre de petites tuyères, à raison de plus
de 14^{mc} par minute.

Le récipient, déjà porté à une haute température par une
opération précédente, est incliné, présente son col à une
gouttière en fer qui lui amène une charge de fonte en fusion.
Il se redresse alors. On donne le vent ; l'air traverse la
fonte liquide en soulevant un bouillonnement gigantesque ;
son oxygène brûle d'abord le silicium, puis le carbone.
Cette combustion est si rapide que la température, au lieu
de s'abaisser par l'injection de l'air, s'élève bien au-delà du
point de fusion du fer.

On prolonge l'opération jusqu'à la combustion complète
des éléments étrangers. A ce moment on a du fer en fusion,
mélangé à une petite quantité d'oxyde de fer qu'on ne peut
éviter à cause de la violence de l'oxydation, et qui rendrait
le métal de mauvaise qualité. On le corrige en lui ajoutant
une dose convenable d'une *fonte spéciale*, très riche en
carbone et en manganèse. Le manganèse, plus oxydable que
le fer, réduit l'oxyde de fer et passe dans la scorie ; le
carbone concourt à cette réduction, mais il est surtout
destiné à s'unir au fer pour former de l'acier.

Une opération dure 20 minutes ; elle produit jusqu'à 10 et
12 tonnes d'acier, sans dépense de combustible. Le métal,
ainsi préparé, coûte à peine le prix du fer.

Procédé Martin. — On fond un mélange de fonte et de
déchets de fer, dans des proportions calculées pour avoir la
quantité de carbone qui doit entrer dans l'acier. L'opération
se fait dans de grands fours à réverbère qu'on porte à la
température de fusion de l'acier en y faisant brûler des gaz

préalablement chauffés à 800 ou 900 degrés par des appareils spéciaux. C'est dans ce mode de chauffage que consiste l'originalité du procédé : il permet d'opérer sur de grandes masses de métal, 20 à 25 tonnes. Auparavant on ne pouvait fondre l'acier qu'en petite quantité, dans un creuset.

400. Usages. — L'acier a servi de tout temps à fabriquer des instruments tranchants, des armes, des outils, des ressorts. Il remplace le fer partout où l'élasticité et la dureté sont nécessaires. Depuis que les procédés Bessemer et Martin le fournissent en grandes masses et à bon marché, on en fait des poutres, des rails de chemin de fer, des roues de locomotives, des canons, des blindages, des projectiles. En alliant l'acier à certains métaux on lui donne des qualités spéciales de ténacité, de dureté, d'élasticité : l'acier chromé sert pour les projectiles, l'acier au nickel pour les blindages. — Avec les procédés nouveaux on peut abaisser à volonté la dose de carbone ; on a aujourd'hui des *aciers doux* qui ont les propriétés des meilleurs fers, et qui les remplacent dans tous les usages.

NICKEL

Équiv. Ni = 29,5 ; poids at. Ni = 59 ; tétravalent ou bivalent, comme le fer ; D = 8,5 environ

Le nickel a été découvert en 1751 dans son arséniure.

401. Propriétés physiques. — Le nickel a une belle couleur blanche qui ne s'altère pas à l'air. Il est plus dur que le fer et, comme lui, ductile, malléable, très tenace, peu fusible mais se laissant forger. Il possède les propriétés magnétiques, presque au même degré.

Ses propriétés chimiques sont à peu près les mêmes que celles du fer. Il est moins oxydable, mais il est attaqué par les acides. Il s'unit au carbone pour former une espèce de fonte.

État naturel, extraction. — En Europe, le nickel se trouve à l'état d'arséniure et de sulfoarséniure, accompagnant ordinairement d'autres métaux, comme le cuivre. En Nouvelle-Calédonie, il existe d'abondants gisements d'un silicate double de nickel et de magnésie, appelé *garniérite*, du nom de l'ingénieur Garnier qui l'a découvert en 1861.

Plus récemment, on a découvert au Canada d'importants gisements de sulfures où le nickel est associé au fer et au cuivre, de sorte que ce métal, qui valait encore 18 fr. le kilog en 1875, ne coûte plus que 5 à 6 fr.

Le traitement est long et pénible. On transforme le minerai en oxyde ; puis on réduit cet oxyde en le chauffant avec du charbon dans un creuset.

Usages. — A l'état pur, le nickel remplace le fer et le cuivre pour la confection de beaucoup d'objets dans lesquels on recherche la beauté et la propreté. On *nickelle* les objets en fer, afin de les préserver de la rouille ; pour cela on les suspend dans un bain de sulfate de nickel, que l'on décompose par la pile. La *monnaie de nickel* (75 parties de cuivre, 25 de nickel) est employée dans divers pays. Les *maillechorts* sont des alliages de cuivre, de zinc et de nickel employés en orfévrerie.

COMPOSÉS

402. — Les composés du nickel, comme ceux du fer, devraient se partager en deux séries : les composés *nickeleux* contenant l'atome Ni bivalent, et les composés *nickeliques* contenant le groupe Ni^2 hexavalent. Mais on ne connaît de la dernière série que le sesquioxyde ; encore est-il peu stable.

COBALT

Équiv $Co = 29,5$; poids at. $Co = 59$; tétravalent ou bivalent, comme le fer ; $D = 8,5$ environ ; $T = 432$, c'est le plus tenace des métaux

403. — Les composés du cobalt sont assez communs ; le métal lui-même est rare et d'un prix élevé. Ses propriétés physiques et chimiques sont les mêmes que celles du nickel. Ces deux corps ont à peu près même couleur, même densité, même poids atomique, même point de fusion ; leurs composés sont semblables. On les trouve ordinairement associés dans les minerais ; la similitude de leurs propriétés les rend difficiles à séparer.

Les minerais du cobalt sont *l'arséniure* et le *sulfo-arséniure*, on les traite comme les minerais correspondants du nickel.

COMPOSÉS

A part le sesquioxyde et l'oxyde salin, on ne connaît que les composés *cobalteux*. Les principaux sont le *chlorure* CoCl [$CoCl^2$], *l'azotate* CoO,AzO⁵ [$Co(AzO^3)^2$], et le *sulfate*. Ils sont rouges en dissolution, bleus quand ils sont secs.

Smalt. — Lorsque l'oxyde de cobalt est fondu avec un silicate, on obtient un verre bleu qu'on appelle *smalt* ou *bleu d'azur;* ce composé pulvérisé est employé comme couleur, notamment dans la peinture sur porcelaine. — On prépare le smalt en grillant les minerais de cobalt pour obtenir l'oxyde, et en fondant le produit du grillage avec du sable et du carbonate de potasse.

CHROME

Équiv. Cr $= 26$; poids at. $Cr = 52$; tétravalent ou bivalent

Découvert en 1797, par Vauquelin ; appelé *chrome*, de χρωμα, couleur, parce que ses composés ont une belle coloration utilisée dans l'industrie.

404. — Le chrome a une couleur blanc grisâtre; c'est le plus dur et le plus infusible des métaux. Il ne s'oxyde pas à la température ordinaire; il est attaqué difficilement par les acides, plus facilement par les alcalis, avec lesquels il forme des chromates.

État naturel, préparation. — Le chrome se trouve dans la nature sous forme de *chromate de plomb* PbO,CrO^3 [$PbCrO^4$] et de *fer chromé* CrO,Fe^2O^3 [$CrFe^2O^4$].

Ce dernier ne diffère de l'oxyde salin de fer que par la substitution du protoxyde de chrome au protoxyde basique de fer. — En chauffant le fer chromé avec du minerai de fer et du charbon dans un haut-fourneau, on obtient des fontes qu'on appelle *ferro-chromes*, contenant jusqu'à 67 % de chrome ; cette fonte mélangée à l'acier fondu donne *l'acier chromé*. — Le chrome pur s'obtient en chauffant le sesquioxyde de chrome avec du charbon, à une très haute température, dans un creuset de chaux ; si le charbon est en excès, on a de la fonte de chrome.

COMPOSÉS

405. Oxydes. — Le *protoxyde* CrO [CrO] n'est connu qu'à l'état d'hydrate ; il a une grande tendance à s'oxyder, comme le protoxyde de fer.

Le *sesquioxyde* Cr^2O^3 [Cr^2O^3] a une belle couleur verte utilisée dans la peinture sur porcelaine. — Il a plusieurs *hydrates*. L'hydrate normal est $Cr^2O^3,3HO$. Le *vert de Guignet* ou *vert émeraude* est un hydrate de formule $Cr^2O^3,2HO$ [$Cr^2O(OH)^4$], préparé en chauffant au rouge sombre du bichromate de potasse avec de l'anhydride borique : on reprend le mélange par l'eau, le résidu insoluble est le vert émeraude.

L'*oxyde salin* Cr^3O^4 [Cr^3O^4] n'a pas d'importance.

L'*anhydride chromique* CrO^3 [CrO^3] est d'une couleur rouge rubis. Il a une grande affinité pour l'eau et se combine avec elle pour former l'*acide chromique* CrO^3,HO [$CrO^2(OH)^2$]. Il abandonne facilement son oxygène et passe à l'état de sesquioxyde en présence des corps réducteurs, comme les matières organiques.

Des gouttes d'alcool prennent feu en tombant sur l'anhydride chromique bien sec. En présence d'un acide, il perd aussi de l'oxygène en donnant un sel de sesquioxyde de chrome. — On prépare ce corps en mélangeant une solution de bichromate de potasse saturée à chaud, avec une fois et demie son volume d'acide sulfurique concentré ; en refroidissant, la liqueur laisse déposer de longues aiguilles rouges d'anhydride cristallisé.

406. Sels. — Il y en a deux groupes : les *sels de chrome* où le métal est basique ; les *chromates*, où il entre dans l'élément acide.

1° *Sels de chrome.* — On les divise en deux séries, les sels *chromeux* et les sels *chromiques*, selon que la molécule contient un atome ou le groupe Cr^2 hexavalent.

La première série est représentée par le *chlorure chromeux* $CrCl^2$ [CrCl], et par l'hydrate $Cr(OH)^2$ [CrO,HO]. Ces corps tendent à s'oxyder en donnant des composés chromiques.

La seconde série est très stable. On y remarque le *chlorure chromique* Cr^2Cl^6 [Cr²Cl³], *l'hydrate* $Cr^2(OH)^6$ [Cr²O³,3HO], le *sulfate* $Cr^2(SO^4)^3$ [Cr²O³,3SO³]. Le sulfate, combiné avec le sulfate de potasse molécule à molécule, donne *l'alun de chrome,* $KO,SO^3 + Cr^2O^3,3SO^3$ [$K^2SO^4 + Cr^2(SO^4)^3$]. Cet alun cristallise en beaux octaèdres violets, que l'on peut voir dans les piles au bichromate de potasse.

2° *Chromates.* — L'acide chromique est bibasique, la formule d'un chromate neutre sera, pour un métal monovalent (potassium), K^2CrO^4, pour un métal bivalent (calcium) $CaCrO^4$. — Les chromates alcalins et alcalino-terreux sont solubles, les autres insolubles, comme le chromate de plomb.

Le principal est le *chromate de potasse.* C'est un corps jaune citron, très soluble dans l'eau, dont il peut colorer 10.000 fois son poids. Il sert à la préparation du bichromate de potasse et de tous les composés du chrome. — On l'obtient en calcinant le fer chromé avec du carbonate de potasse.

Le *bichromate de potasse* est un corps rouge qui prend naissance quand on ajoute un acide à la dissolution du chromate. L'acide s'empare de la moitié de la base. Ce bichromate n'est pas un *chromate acide,* car il ne contient pas d'hydrogène acide. Sa formule est $KO,2CrO^3$ [$K^2Cr^2O^7$]. On peut le regarder comme dérivant d'un acide appelé *acide anhydro-chromique,* lequel serait de l'acide chromique moins une molécule d'eau.

On a :

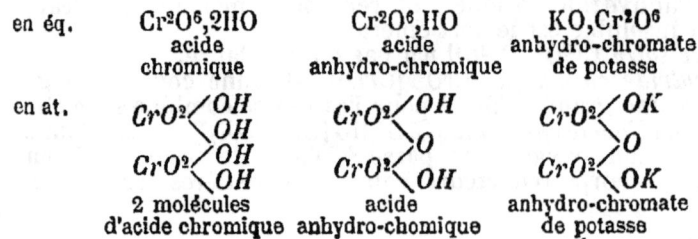

en éq.	$Cr^2O^6,2HO$ acide chromique	Cr^2O^6,HO acide anhydro-chromique	KO,Cr^2O^6 anhydro-chromate de potasse
en at.	$CrO^2\big\langle{OH \atop OH}$ $CrO^2\big\langle{OH \atop OH}$ 2 molécules d'acide chromique	$CrO^2\big\langle{OH \atop O}$ $CrO^2\big\langle{\ \atop OH}$ acide anhydro-chomique	$CrO^2\big\langle{OK \atop O}$ $CrO^2\big\langle{\ \atop OK}$ anhydro-chromate de potasse

En pratique on conserve le nom de bichromate de potasse, qui se rapporte à la notation en équivalents.

Ce corps est un oxydant, son acide chromique tendant à revenir à l'état de sesquioxyde. Par exemple, si on le chauffe avec du soufre on a :

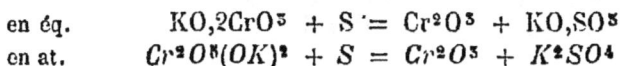

en éq. $$KO,2CrO^3 + S = Cr^2O^3 + KO,SO^3$$

en at. $$Cr^2O^5(OK)^2 + S = Cr^2O^3 + K^2SO^4$$

l'oxygène dégagé oxydant le soufre qui, avec la potasse, forme du sulfate de potasse (*préparation du sesquioxyde de chrome*). — Ce pouvoir oxydant du bichromate de potasse le fait employer comme dépolarisant dans la pile au bichromate.

Le *chromate* et le *bichromate de soude* ont les mêmes propriétés et les mêmes usages que les sels correspondants de potasse. Le *chromate de plomb* est un corps jaune, insoluble, qu'on obtient en versant de l'acétate de plomb dans la dissolution d'un chromate ou d'un bichromate alcalin; il est employé en peinture sous le nom de *jaune de chrome*.

CHAPITRE IX

MÉTAUX DE LA IIᵉ SECTION

MANGANÈSE. — MAGNÉSIUM

MANGANÈSE

Équivalent Mn = 27,5 ; poids at. *Mn* = 55 ; tétravalent ou bivalent

Isolé par Gahn à la fin du XVIIIᵉ siècle.

407. Propriétés. — Le manganèse est gris, cassant, le plus dur des métaux, encore moins fusible que le fer. A l'air il s'altère rapidement et tombe en poussière : on doit le conserver dans un tube fermé à la lampe, ou dans l'huile de naphte ; il décompose l'eau à 100°. Cette grande affinité pour l'oxygène a fait placer le manganèse dans la deuxième section; mais l'ensemble de ses propriétés physiques et chimiques le rapprochent du fer.

Préparation. — On le prépare en mélangeant dans un creuset un oxyde de manganèse et du charbon, et chauffant à une très haute température. La quantité de charbon doit être juste suffisante pour la réduction de l'oxyde, sans quoi on aurait une fonte de manganèse.

En traitant au haut-fourneau un mélange de minerai de fer et de minerai de manganèse, on obtient les *ferro-manganèses* qui servent dans la métallurgie de l'acier.

COMPOSÉS

408. Oxydes. — Le *protoxyde* MnO [MnO] est une poudre verte, qu'on prépare en chauffant le carbonate à l'abri de l'air. — Son hydrate MnO,HO [$Mn(OH)_2$] est un précipité blanc, qui se produit quand on verse de la potasse dans la dissolution d'un sel de manganèse ; il brunit rapidement en absorbant l'oxygène de l'air qui le transforme en sesquioxyde.

Le *sesquioxyde* Mn²O³ [Mn^2O^3] constitue le minéral appelé *braunite*. L'*acerdèse* est du sesquioxyde de manganèse hydraté.

L'*oxyde salin* Mn³O⁴ [Mn^3O^4] se trouve dans la nature sous le nom d'*haussmanite ;* il se produit quand on chauffe le bioxyde au rouge, dans la préparation de l'oxygène. On l'appelle aussi *oxyde rouge* de manganèse.

Le *bioxyde de manganèse* se trouve dans la nature en cristaux ou en poudre noire formant le minéral qu'on appelle *pyrolusite*. Chauffé au rouge, il abandonne le tiers de son oxygène ; traité par l'acide sulfurique, il en abandonne la moitié (*préparation de l'oxygène*) ; avec l'acide chlorhydrique, il forme du chlorure de manganèse et dégage du chlore. — L'hydrate normal aurait pour formule MnO²,2HO [$Mn(OH)^4$] ; c'est un acide faible, l'*acide manganeux*. Le *manganite de chaux* 2CaO,MnO² [MnO^4Ca^2] se forme dans la régénération du bioxyde de manganèse, pour la préparation du chlore (p. 200) ; ce corps se comporte vis-à-vis de l'acide chlorhydrique comme le bioxyde de manganèse lui-même, et peut servir à produire de nouvelles quantités de chlore. L'oxyde salin de manganèse est regardé comme un *manganite de manganèse* 2MnO,MnO².

L'*anhydride manganique* MnO³ [MnO^3] et l'*acide manganique* ne sont guère connus que dans le manganate de potasse.

L'*anhydride permanganique* Mn²O⁷ et l'*acide permanganique*, mal connus aussi, forment le permanganate de potasse.

409. Sels. — 1° *Sels de manganèse*, où ce métal forme l'élément basique. Comme pour le fer, on distingue deux séries : les sels *manganeux* et les sels *manganiques*. A la première appartiennent le chlorure MnCl [$MnCl^2$], le sulfate MnO,SO³ [SO^4Mn]. Ceux de la seconde série (sels de sesquioxyde) sont très instables, excepté l'*alun de manganèse*, qui est un sulfate double de potasse et de sesquioxyde de manganèse : KO,SO³ + Mn²O³,3SO³ [$K^2SO^4 + Mn^2(SO^4)^3$].

2° *Manganates et permanganates.* Lorsqu'on calcine du bioxyde de manganèse à l'air, en présence de la potasse caustique, il absorbe l'oxygène de l'air et s'unit à l'oxyde de potassium pour former un sel appelé *manganate de potasse*.

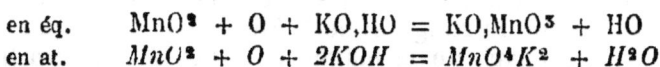

en éq. $\quad MnO^2 + O + KO,HO = KO,MnO^3 + HO$

en at. $\quad MnO^2 + O + 2KOH = MnO^4K^2 + H^2O$

Le manganate de potasse est une substance verte, soluble dans l'eau chargée de potasse.

Il est décomposé par l'eau pure, en potasse, bioxyde de manganèse et permanganate de potasse.

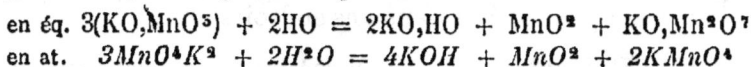

en éq. $3(KO,MnO^3) + 2HO = 2KO,HO + MnO^2 + KO,Mn^2O^7$

en at. $3MnO^4K^2 + 2H^2O = 4KOH + MnO^2 + 2KMnO^4$

Dans cette réaction une partie de l'acide du manganate perd de l'oxygène qui se reporte sur le reste. Cette transformation s'arrête lorsque le liquide contient assez de potasse pour dissoudre le manganate non décomposé ; elle sera favorisée par la présence des acides, qui absorbent la potasse. Aussi la dissolution de manganate, en présence de l'air, qui contient de l'acide carbonique, s'altère et éprouve des changements de couleur qui la font nommer *caméléon minéral*.

Le *permanganate de potasse* se trouve dans le commerce en cristaux violets, presque noirs. Il est soluble dans l'eau et la colore en rouge violet. C'est un corps *oxydant*, il transforme l'acide sulfureux en acide sulfurique (p. 160), il détruit les matières organiques, etc. Comme, en perdant son oxygène, il se décolore, il pourra servir de réactif, par exemple pour reconnaître la présence des matières organiques dans les eaux naturelles.

On le prépare en calcinant au rouge sombre des poids égaux de bioxyde de manganèse, de chlorate de potasse et de potasse caustique. On reprend la masse par l'eau bouillante et on fait cristalliser par évaporation.

MAGNÉSIUM

Équiv.	$Mg = 12$	$D = 1,75$
Poids at.	$Mg = 24$	$F = 400°$ environ
	Bivalent	

Isolé en 1829, par Bussy.

410. Propriétés. — Le magnésium a la blancheur et l'éclat de l'argent. Il est léger : $D = 1,75$; peu ductile, à cause de sa faible ténacité; pour le réduire en fils, on comprime le métal fondu dans un moule terminé par un tube de diamètre convenable. Sa température de fusion 400° et sa température d'ébullition 1000°, sont à peu près les mêmes que celles du zinc, auquel il ressemble par beaucoup de propriétés.

Le magnésium s'oxyde rapidement dans l'air humide et décompose l'eau à 100°. Sa propriété la plus remarquable est de s'allumer au rouge et de brûler avec un éclat éblouissant, en produisant de la magnésie MgO [MgO] ; un fil de magnésium de 1^{mm} produit, en brûlant, une lumière égale à celle de 80 bougies. Cette lumière est riche en rayons chimiques ; elle fait détoner le mélange d'oxygène et d'hydrogène ; elle décompose les sels d'argent. Les photographes l'utilisent pour opérer dans des endroits obscurs.

411. État naturel. — Le magnésium existe dans les eaux de la mer sous forme de *chlorure de magnésium*. La *carnallite* exploitée à Stassfurt comme source de potassium est un *chlorure double de magnésium et de potassium ;* ce corps se dépose aussi dans les marais salants par concentration de l'eau de mer. — La *dolomie*, carbonate double de chaux et de magn.. ie, forme des amas importants dans le sol. On trouve aussi le *carbonate de magnésie* seul. — Certaines eaux (*Sedlitz*, *Epsom*) contiennent du *sulfate de magnésie*. — Les *silicates de magnésie* forment beaucoup de roches, au toucher gras et onctueux comme le savon. On peut citer le *talc* ou *craie de Briançon*, employé à la fabrication des crayons pastel et comme fard ; l'*amiante*, à structure soyeuse, dont les fibres servent à fabriquer des tissus incombustibles ; l'*écume de mer*, dont on fait des pipes estimées ; la *serpentine* qui peut se travailler pour divers ornements remarquables par leur couleur.

412. Préparation. — On traite le carbonate de magnésie par l'acide chlorydrique. Le chlorure de magnésium qui en résulte est réduit au rouge par le sodium, en présence du fluorure de calcium, qui sert de fondant. Le sodium déplace le magnésium, que l'on purifie par la distillation.

COMPOSÉS

413. Magnésie MgO [MgO]. — La magnésie est une poudre blanche, douce au toucher, infusible. L'eau en dissout très peu, $\frac{1}{5000}$ de son poids. — Elle se combine avec l'eau pour former un hydrate MgO,HO [$Mg(OH)^2$], qui est une base puissante, ramenant au bleu le tournesol rouge, verdissant le sirop de violettes. Cependant elle n'est pas caustique comme la chaux, la potasse ou la soude.

Préparation. — On calcine l'azotate ou le carbonate de magnésie.

Usages. — En médecine, elle est employée sous le nom de *magnésie calcinée*, pour combattre les aigreurs d'estomac en neutralisant les acides qui se forment par suite des mauvaises digestions. Elle sert aussi comme purgatif, et comme contre-

18.

poison des acides. — La magnésie étant infusible, on en fait des
briques réfractaires qui ont depuis quelques années un emploi
important dans la métallurgie du fer : on en garnit l'intérieur
des cornues Bessemer et la sole des fours Martin dans le traitement des fontes phosphoreuses, pour lesquelles les briques
siliceuses ne conviennent pas parce qu'elles sont *acides* et que
le revêtement doit être *basique.*

414. Sulfate de magnésie MgO,SO^3 [$MgSO^4$]. — Le sulfate
de magnésie (*sel d'Epsom, sel de Sedlitz*), blanc, soluble dans
l'eau, est employé comme purgatif.

Il existe dans plusieurs eaux minérales. On le prépare par
l'évaporation de ces eaux. On traite aussi la *dolomie* par l'acide
sulfurique ; le sulfate de magnésium se sépare facilement du
sulfate de chaux insoluble qui se forme en même temps.

Carbonate de magnésie MgO,CO^2 [$MgCO^3$]. — Le carbonate
de magnésie se trouve dans la nature. En précipitant par le
carbonate de soude une solution bouillante de sulfate de
magnésie, on obtient un mélange de carbonate et d'hydrate de
magnésie connu sous le nom de *magnésie blanche* ou *anglaise.*

415. Caractères des sels de magnésium. — Tous les sels
solubles de magnésie ont une saveur amère et une action
purgative. — Ils donnent un précipité blanc avec la potasse et
l'ammoniaque, rien avec l'acide sulfhydrique. *Avec du phosphate
de soude additionné d'un sel ammoniacal, ils se précipitent complètement en formant du phosphate ammoniaco-magnésien, blanc,
grenu, cristallin.* La formation de ce corps est utilisée dans
l'analyse chimique pour déceler et doser, soit l'acide phosphorique, soit le magnésium.

CHAPITRE X

MÉTAUX DE LA Iʳᵉ SECTION

CALCIUM. — BARYUM. — STRONTIUM. — POTASSIUM. — SODIUM. — AMMONIUM

416. — Les métaux de la première section, ayant
une grande affinité pour l'oxygène, ne se trouvent
dans la nature qu'à l'état de combinaison ; leurs
oxydes eux-mêmes s'y trouvent combinés avec des
acides et forment des sels.

Ils ont été isolés, en 1807, par Davy, qui les obtint en décomposant leurs oxydes au moyen d'un courant électrique.

On les divise en deux familles : les métaux alcalino-terreux, *calcium, baryum, strontium,* et les métaux alcalins, *potassium, sodium.* A ces derniers se rattache le métal composé que nous avons appelé *ammonium.*

Les métaux alcalino-terreux sont bivalents, leurs hydrates sont peu solubles, leurs carbonates insolubles et décomposables par la chaleur. Leurs sulfates sont insolubles ou peu solubles.

Les métaux alcalins sont monovalents, leurs hydrates et leurs carbonates sont très solubles et indécomposables par la chaleur seule. Leurs sulfates sont bien solubles.

CALCIUM

Équiv. Ca = 20 ; poids at. $Ca = 40$

417. — Le calcium est jaune ; fraîchement coupé il est très brillant, mais, dans l'air humide, il se couvre rapidement d'hydrate de chaux. Il brûle à une température élevée avec un vif éclat et décompose l'eau à la température ordinaire.

Fig. 102. — Décomposition de la chaux

Préparation. — Le calcium a été isolé pour la première fois par Davy, en 1807. Son procédé consiste à placer un morceau de chaux B (*fig. 102*), légèrement mouillé, sur une lame de platine A qui communique avec le pôle positif d'une pile énergique ; on pratique sur la chaux une petite cavité que l'on remplit de mercure M. Quand le fil négatif plonge dans le mercure, le courant électrique traverse la chaux et la décompose : l'oxygène se dégage au pôle positif, et le calcium se rend au pôle négatif, où il se combine avec le mercure. On distille l'amalgame dans une cornue traversée par un courant d'hydrogène ; le mercure se volatilise et un globule de calcium reste dans le vase. — C'est par le même procédé que Davy a isolé le potassium de la potasse, et le sodium de la soude. — Le calcium est sans usage, et ne se prépare qu'en petite quantité, par l'action du sodium sur l'iodure de calcium.

COMPOSÉS

Chaux ou oxyde de calcium

en éq. et en at. CaO

418. Propriétés. — La *chaux anhydre* ou *chaux vive* est une substance blanche amorphe, infusible, ne se ramollissant qu'au chalumeau oxhydrique.

Elle s'unit à l'eau avec énergie, en dégageant beaucoup de chaleur. Le résultat de la combinaison est la *chaux éteinte*, qui sert pour les mortiers. Cet hydrate a pour formule en éq. CaO,HO, en at. $Ca(OH)^2$. L'hydrate de chaux se dissout dans l'eau dans la proportion de $\frac{1}{1000}$ environ, en formant l'*eau de chaux* employée comme réactif. L'eau sucrée en dissout davantage. Pour préparer l'eau de chaux on délaye la chaux éteinte dans un excès d'eau (*lait de chaux*) et on filtre.

La chaux est une base puissante : elle a une saveur caustique, verdit le sirop de violettes et a une grande tendance à s'unir aux acides. Exposée à l'air, elle absorbe l'acide carbonique en même temps que la vapeur d'eau et se transforme en un mélange de carbonate et d'hydrate.

419. État naturel, préparation. — Dans la nature, la chaux est très répandue, en combinaison avec les acides. Les principaux sels qu'elle forme sont le carbonate de chaux ou *calcaire*, et le sulfate de chaux ou *plâtre*.

On prépare la chaux vive en décomposant par la chaleur le carbonate de chaux naturel ; l'acide carbonique se dégage et la chaux reste. Cette opération se fait dans des fours semblables aux hauts-fourneaux.

Le calcaire est introduit par la partie supérieure, mêlé au combustible, qui est généralement la houille. A mesure que les charges descendent, on retire, par le bas, les fragments de chaux cuite et on enfourne par le haut de nouvelles charges de calcaire et de charbon. Dans d'autres fours, qui donnent une chaux plus pure, le combustible brûle dans des foyers latéraux.

La décomposition du carbonate de chaux se fait d'autant plus facilement que la pierre est moins compacte, plus humide, et que l'acide carbonique est plus vite entraîné par le tirage ; pour déterminer cette décomposition dans une cornue, il faut une température plus élevée.

La chaux ainsi préparée contient les impuretés du calcaire naturel : silice, argile, fer, manganèse, magnésium. Elle est presque pure quand on emploie du marbre blanc ou du calcaire cristallisé (*Spath d'Islande*).

420. Usages. — Dans l'industrie, la chaux sert à préparer la potasse, la soude et l'ammoniaque, à fabriquer le verre, le sucre, les bougies, etc. — En agriculture, on *chaule* les graines avant de les semer, en les traitant par le lait de chaux, pour en éloigner les insectes. Il est employé des quantités considérables de chaux pour *amender les terres* sableuses, et surtout les terres argileuses. Elle décompose et divise l'argile, et paraît contribuer à procurer aux plantes la potasse, la soude, l'ammoniaque et l'acide carbonique ; elle est en même temps pour elles un aliment essentiel ; car elle forme $\frac{1}{10}$ du poids des fourrages. — La chaux est surtout employée dans les mortiers.

421. Mortiers. — Le *mortier* est une substance destinée à relier entre eux les matériaux des constructions. Il se fait avec de la chaux, le plus souvent mélangée de sable. On distingue le mortier ordinaire ou *aérien* et le mortier *hydraulique*.

Le *mortier ordinaire* se fait avec la *chaux ordinaire*, qui ne contient pas d'argile. Il ne peut durcir qu'au contact de l'air, en se desséchant lentement et se combinant avec l'acide carbonique de l'atmosphère Il se reforme ainsi du carbonate de chaux qui, en cristallisant, empâte les grains de sable, et fait avec eux une masse adhérente à elle-même et aux matériaux en usage dans la maçonnerie.

Le *mortier hydraulique* se fait avec la *chaux hydraulique*. On appelle ainsi une espèce de chaux fabriquée avec du calcaire argileux, qui jouit de la propriété de se solidifier sous l'eau. — La dureté des mortiers hydrauliques et la rapidité de leur *prise* ou solidification, dépend de la quan-

tité d'argile qu'ils contiennent. Les uns, en ayant environ
15 à 20 0/0, font prise au bout de huit jours et ont la consistance des pierres tendres ; d'autres, avec 25 0/0 d'argile,
font prise au bout de deux ou quatre jours, et, après six
mois, sont transformés en pierres dures faisant feu au briquet.

Les ciments contiennent 30 à 40 0/0 d'argile, il suffit de
les gâcher avec une quantité d'eau convenable pour qu'ils
se solidifient presque immédiatement *(ciments romains)*. —
Quand le calcaire ne contient pas d'argile, on peut lui en
ajouter, avant la cuisson, avec un peu de sable *(ciment
Portland)*, ou lui mêler de la brique et des tuiles pilées, des
argiles poreuses d'origine volcanique, comme celles que les
Romains exploitaient auprès de Pouzzoles.

Le *béton* est un mélange de chaux hydraulique et de
cailloux ou de pierres anguleuses. On en met une couche
sur les terrains humides, pour garnir les fondations des
maisons, et faire des constructions sous l'eau.

Carbonate de chaux ou calcaire

en éq. CaO,CO^2 ; en at. $CaCO^3$

422. État naturel ; variétés. — On donne le nom de
calcaires à toutes les roches composées de carbonate
de chaux. Elles sont très abondantes dans la nature,
et constituent le majeure partie des terrains sédimen-
taires. On trouve le carbonate de chaux disséminé
dans toutes les terres ; il existe dans les végétaux ; il
forme en partie $(\frac{1}{10})$ le squelette des vertébrés, la
coquille des œufs et des mollusques $(\frac{9}{10})$, et les coraux
qui produisent dans les mers des récifs et des îles.
— Il y a de nombreuses variétés de calcaire.

Le *spath d'Islande* ou *calcite* est du carbonate de
chaux très pur, en cristaux rhomboèdres, d'une transparence presque égale à celle du verre ; ils présentent
la propriété de produire la double réfraction, c'est-à-
dire de faire voir deux images des objets que l'on
regarde à travers leur substance. L'*arragonite* est
une variété de calcaire, cristallisée en prismes droits,
d'un blanc laiteux.

Le *marbre* est un calcaire d'une structure plus
compacte et susceptible de recevoir, par le frotte-

ment, un beau poli ; le plus pur est le *marbre blanc*, d'une structure cristalline, employé par les statuaires. Les autres présentent un nombre considérable de variétés diversement colorées par des traces de charbon et d'oxydes métalliques.

Le *calcaire lithographique* a un grain fin, dur et régulier.

La *lithographie*, d'invention récente, consiste à tracer, avec un crayon gras, sur la pierre polie, le dessin que l'on veut reproduire. Les traits sont fixés par un lavage à l'eau de gomme acidulée par de l'acide azotique. Celui-ci creuse un peu la pierre, met le dessin en relief et le fixe. Sur la surface humide, on étend, avec un rouleau, de l'encre d'imprimerie qui ne prend que sur les traits. Il ne reste plus, pour tirer des gravures, qu'à appliquer sur la pierre des feuilles de papier humide.

La *craie* est du carbonate de chaux tendre et blanc, formé en partie de coquilles d'animaux microscopiques. On en sépare le sable qu'elle contient, pour préparer le *blanc d'Espagne* ou *blanc de Meudon*.

Les *calcaires grossiers* sont employés comme *pierres à chaux* et *pierres à bâtir*.

On donne le nom de *marnes* aux calcaires qui contiennent de l'argile.

423. Propriétés. — Le carbonate de chaux, insoluble dans l'eau pure, se dissout, en quantité notable, dans l'eau chargée d'acide carbonique ; cette propriété rend compte de sa présence dans la plupart des eaux de source et des eaux qui coulent à la surface du sol. Ces eaux jouent, dans la nature, un rôle providentiel : elles portent le carbonate de chaux dans les animaux et les végétaux, pour constituer leurs parties minérales et solides.

Quand les *eaux calcaires* perdent leur acide carbonique, elles déposent une partie de leur carbonate de chaux dans les vases qui les contiennent (carafes, chaudières à vapeur), sur les bords des sources et sur les objets qui s'y trouvent plongés ; il en résulte des *incrustations*, semblables à des pétrifications. En suintant à la voûte de quelques grottes, et tombant goutte à goutte sur le sol, elles forment des pendentifs (*stalactites*), et des colonnades (*stalagmites*), d'une structure cristalline et élégante. Ainsi se produit l'*albâtre calcaire*, qui est translucide, et présente, après avoir été travaillé, une belle couleur et des veines d'un agréable effet.

Le carbonate de chaux est décomposé par la chaleur. S'il est chauffé en vase clos et que l'acide carbonique ne puisse se dégager, le calcaire fond, et présente, après le refroidissement, l'apparence du *marbre* ; on explique ainsi la transformation des calcaires en marbre.

Sulfate de chaux

en éq. CaO,SO^3 ; en at. $CaSO^4$

424. État naturel, propriétés. — On trouve dans la nature deux sulfates de chaux : le *sulfate de chaux anhydre*, connu sous le nom d'*anhydrite*, et le *sulfate de chaux bihydraté* $CaO,SO^3 + 2HO$ [$CaSO^4 + 2H^2O$]. — Ce dernier, beaucoup plus abondant, est appelé aussi *gypse, sélénite, pierre à plâtre* ou *plâtre cru ;* il sert à la préparation du plâtre. On le trouve en amas considérables, de couleur blanc jaunâtre, dans les terrains tertiaires des environs de Paris (Pantin, Montmartre). Il cristallise en *fer de lance* ou en lames qui peuvent se diviser en feuilles minces et transparentes que les Romains employaient en guise de vitres. L'*albâtre gypseux* est du sulfate de chaux cristallisé, blanc ou coloré en rouge par de l'oxyde de fer ; on en fait des objets d'ornements.

Quoique peu soluble (0,2 %), le sulfate de chaux se trouve dans plusieurs eaux naturelles *(eaux séléniteuses)* et leur communique de mauvaises qualités. Ces eaux ne sont plus potables et ne peuvent servir à la cuisson des légumes ni au savonnage. On les corrige en leur ajoutant, par litre, 3 grammes de carbonate de soude, qui précipite du carbonate de chaux insoluble et donne du sulfate de soude légèrement laxatif.

La propriété saillante du gypse est de perdre par la chaleur son eau de cristallisation, et de la reprendre avec facilité en formant une masse dure et compacte.

425. Usages : plâtre. — Le plâtre est du gypse privé de son eau par la calcination. Dans cette opération, il ne doit être chauffé qu'à 120° environ ; au-delà de 160° il perdrait la propriété d'absorber l'eau. Ensuite on l'écrase sous des meules pour le réduire en poudre fine et on le livre au commerce.

Si l'on gâche avec de l'eau le plâtre cuit convenablement, il se combine de nouveau avec cette eau, se solidifie et cristallise en fines aiguilles qui s'entrelacent et forment une masse blanche, serrée, augmentant un peu de volume. On l'utilise dans les constructions comme ciment, ou pour revêtir les murs et les plafonds, sceller le fer dans la pierre. Il donne de beaux résultats dans le *moulage*. — Le *stuc*. qui imite le marbre, dont il possède le poli, s'obtient en gâchant le plâtre le plus fin avec une solution chaude de gomme ou de colle forte ; on peut lui ajouter des oxydes métalliques diversement colorés, suivant les teintes de marbre qu'on veut reproduire.

Le plâtre doit être conservé à l'abri de l'humidité, sans cette précaution il s'*évente*, c'est-à-dire s'hydrate peu à peu et n'est plus que d'un mauvais service.

On emploie le plâtre en agriculture pour augmenter le rendement des prairies artificielles de sainfoin, trèfle, luzerne. Franklin, voulant en montrer l'efficacité, écrivit avec de la poussière de plâtre : *ceci a été plâtré*, sur un champ de luzerne. La végétation fut beaucoup plus vigoureuse partout où le plâtre était tombé, et on put lire sur la prairie les caractères qu'il avait tracés.

Fluorure, phosphates, chlorure de calcium, etc.

426. — Le *fluorure de calcium* CaFl [$CaFl^2$] (*spath fluor*) est une substance naturelle qui est exploitée pour la préparation de l'acide fluorhydrique, et employée en métallurgie comme fondant. Il devient phosphorescent par la chaleur et quelques échantillons, après avoir été exposés à la lumière, restent lumineux dans l'obscurité : ces phénomènes, observés d'abord dans le spath fluor et qui appartiennent aussi à d'autres substances, s'appellent *fluorescence*.

Il y a plusieurs *phosphates de chaux*; les principaux ont été étudiés au chapitre du phosphore. Le plus commun est l'*ortho-*

phosphate neutre de chaux 3CaO,PO⁵ [$(PO^4)^2Ca^3$] qui se trouve
dans les os des animaux et dont il existe d'importants gisements
dans la Somme, les Ardennes, le Lot. On l'emploie comme
engrais.

Le chlorure de calcium CaCl [$CaCl^2$] se présente en masses
poreuses, très avides d'eau et déliquescentes, que l'on emploie
pour dessécher les gaz. A la température ordinaire, il cristallise
avec 6 molécules d'eau ; il en perd 4 à 200° et le reste au rouge.
C'est le chlorure chauffé à 200° que l'on emploie ordinairement.
— On prépare le chlorure de calcium en dissolvant le carbonate
de chaux dans l'acide chlorhydrique.

Le *chlorure de chaux* est une poudre blanche qui résulte de
l'action du chlore à froid sur la chaux éteinte. Il sert à décolorer
et à désinfecter (p. 204).

427. Caractères des sels de chaux. — Les sels de chaux colorent
la flamme du bec Bunsen en rouge orangé.

Ils donnent un précipité blanc avec le carbonate de soude et, si la dissolution n'est pas trop diluée, avec l'acide sulfurique.

Avec l'oxalate d'ammoniaque on a un précipité blanc d'oxalate de chaux
soluble dans les acides minéraux, insoluble dans l'acide acétique.

BARYUM

Équiv. Ba = 68,5 ; poids at. $Ba = 137$; bivalent

Étymologie : βαρυς, *lourd*, parce que ses composés sont plus denses que
les roches ordinaires.

428. — Le *baryum* est un métal blanc, très analogue au
calcium. — Il existe dans la nature à l'état de carbonate et
sulfate, en petites quantités. On le prépare de la même manière
que le calcium. — Il n'a pas d'usage.

429. Baryte ou protoxyde de baryum. — La baryte est
anhydre ou hydratée

La *baryte anhydre* BaO [BaO] est un corps poreux, encore
plus avide d'eau que la chaux. — On la prépare en calcinant l'azotate de baryte ; le carbonate se décompose trop
difficilement pour servir à cette préparation.

La baryte hydratée a pour formule BaO,HO [$Ba(OH)^2$]
avec de l'eau de cristallisation. C'est une substance blanche,
indécomposable par la chaleur, un peu soluble dans l'eau ;
par ces deux propriétés, elle se rapproche des hydrates
alcalins, potasse et soude. — Pour la préparer on calcine
le carbonate avec du charbon : il se forme de l'oxyde de
carbone et de l'oxyde de baryum.

en éq. et en at. BaO,CO² + C = BaO + 2CO

On reprend par l'eau bouillante et on a l'hydrate de baryte en dissolution.

L'eau de baryte est employée comme réactif de l'acide carbonique, et surtout de l'acide sulfurique. Elle donne, avec ces acides et leurs sels solubles, un précipité insoluble de carbonate ou de sulfate de baryte.

430. Bioxyde de barynm BaO^2 $[BaO^2]$. — La baryte anhydre, chauffée au rouge sombre dans un courant d'air, absorbe l'oxygène et se transforme en bioxyde de baryum. Cette substance est employée pour extraire l'oxygène de l'air (p. 48) et pour préparer l'eau oxygénée (p. 76).

431. — Sulfate et carbonate de baryte. — Ce sont les deux minerais du baryum.

Le sulfate de baryte BaO,SO^3 $[BaSO^4]$ ou *barytine*, assez commun, est blanc et complètement insoluble. Il sert dans la peinture (*blanc de baryte, blanc fixe*) ; on le mêle à la céruse du commerce.

Le carbonate de baryte (*whitérite*) se trouve en cristaux isomorphes de l'arragonite. Comme le carbonate de chaux, il est soluble dans l'eau chargée d'acide carbonique.

432. Chlorure, azotate. — Le *chlorure* de baryum $BaCl$ $[BaCl^2]$ est un sel soluble qu'on emploie comme réactif de l'acide sulfurique et des sulfates, parce qu'il donne avec eux du sulfate de baryte. — On l'obtient en dissolvant le carbonate dans l'acide chlorhydrique.

L'*azotate de baryte* est un sel soluble qui sert à la préparation de la baryte anhydre ; on le prépare en dissolvant le carbonate dans l'acide azotique.

STRONTIUM

Équiv. $Sr = 44$; poids at. $Sr = 88$; bivalent

Étymologie : le strontium est ainsi nommé du cap Strontian, en Écosse, où on a découvert le carbonate de strontium (*strontianite*).

433. — Le strontium est un métal jaune, ayant les propriétés du baryum et du calcium. Il est sans usage. Ses composés communiquent aux flammes une belle couleur rouge. — Il se trouve dans la nature sous forme de carbonate (*strontianite*) et de sulfate (*célestine*), minéraux assez rares. Pour l'obtenir à l'état métallique, on transforme le carbonate en chlorure, qu'on décompose par l'électricité.

434. Composés. — La *strontiane* est le protoxyde de strontium, qui a les mêmes propriétés que la chaux et la baryte. On la prépare en calcinant le carbonate, ou mieux, l'azotate.

L'azotate et le *chlorure* sont des sels solubles employés par les artificiers pour colorer les flammes en rouge.

POTASSIUM

Équiv. et poids at. K = 39 ; monovalent ; D = 0,86 ; F = 62°,5

Étymologie : le mot *potassium* rappelle que ce métal a été tiré de la potasse. La potasse s'appelle en arabe *kali*, d'où est venu le mot français *alcali* et le mot latin *kalium*, autre nom du potassium.

435. Propriétés. — Le potassium, fraîchement coupé, est brillant et blanc comme l'argent ; il est mou et malléable comme la cire. Avec le sodium (D = 0,97) et le lithium (D = 0,59), il se distingue des autres métaux par sa densité inférieure à celle de l'eau. — Il fond vers 60° et se volatilise au rouge.

Ce qu'il a de plus remarquable, c'est son affinité extrême pour l'*oxygène*. Dès qu'on l'abandonne à l'air, même à l'air sec, il se recouvre rapidement d'une couche grise d'oxyde de potassium. Il enlève, avec la plus grande énergie, l'oxygène aux corps qui en contiennent ; aussi le conserve-t-on dans un liquide dépourvu d'oxygène, comme l'huile de naphte, formée de carbone et d'hydrogène.

Fig. 103. — Potassium sur l'eau

Pour mettre en évidence son action sur l'*eau*, on en jette un petit morceau sur l'eau, au fond d'une cloche ou dans un vase à bords élevés (*fig. 103*). On voit le métal fondre en un globule brillant. Ce globule, entouré d'une flamme rouge violacée, s'agite et tournoie rapidement à la surface du liquide ; il disparaît enfin dans l'eau avec une petite explosion. Voici ce qui se passe. Le potassium décompose l'eau, s'empare de l'oxygène pour former de la potasse et met l'hydrogène en liberté. Ce gaz, en se dégageant, soulève le fragment de métal et le fait rouler sur l'eau ; en même temps, il s'enflamme au contact de l'air, à cause de la chaleur que développe la combustion du potassium. Quelques vapeurs de ce métal communiquent à la flamme une couleur violette. Lorsque la combustion s'arrête, il reste un petit globule de potasse très chaud, qui, n'étant plus soulevé par l'hydrogène, retombe dans l'eau. Il s'y combine et détermine, par la chaleur dégagée, une production brusque de vapeur d'eau qui lance au loin les fragments de potasse. Gay-Lussac perdit un œil en faisant cette expérience. L'eau qui reste bleuit le tournesol rouge, à cause de la potasse qui s'y est dissoute.

436. État naturel ; préparation. — Le potassium est très abondant dans la nature sous forme de *feldspath*, silicate double d'alumine et de potasse ; cette roche est un des éléments du granit. Mais on ne sait en tirer ni le métal, ni ses sels ; probablement, par une décomposition lente, le feldspath fournit la potasse aux plantes, dont les cendres nous donnent le carbonate de potasse. Le carbonate de potasse est la principale source de potassium. On trouve, en outre, à Stassfurt, d'importants gisements de chlorure de potassium. La mer contient du chlorure et de l'iodure de potassium, les caves et autres lieux humides, de l'azotate de potasse. En somme, les composés exploitables du potassium sont relativement rares, c'est pourquoi ce métal est d'un prix élevé et n'a pas d'usages industriels. On le remplace par le sodium qui est moins cher et qui possède à peu près les mêmes propriétés.

Davy a isolé le potassium en décomposant la potasse par un courant électrique (n° 417). On le prépare actuellement en chauffant le carbonate de potasse avec du charbon à une très haute température.

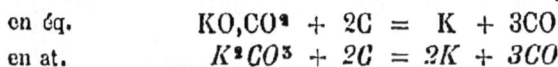

en éq. $KO,CO^2 + 2C = K + 3CO$
en at. $K^2CO^3 + 2C = 2K + 3CO$

L'opération se fait dans un cylindre de fer. Le potassium en sort sous forme de vapeurs que l'on condense le plus rapidement possible, car elles décomposent l'oxyde de carbone par une réaction inverse de la précédente.

Oxydes, potasse caustique

437 Oxydes. — En s'oxydant à l'air sec, le potassium forme un protoxyde KO [K^2O], très avide d'eau, qui, en s'hydratant, donne la potasse caustique ; à température élevée, la combustion du potassium dans l'oxygène donne un peroxyde KO⁴ [K^2O^4]. Ces corps sont sans importance.

438. Hydrate de potasse ou potasse caustique KO,HO [*KOH*]. — La potasse hydratée se trouve dans le commerce en petites plaques blanches, déliquescentes, très solubles dans l'eau. Elle fond au rouge sombre sans se décomposer à aucune température. — C'est une base puissante, capable de neutraliser les acides les plus forts. Il faut la conserver dans des flacons bouchés, sans quoi elle attire l'acide carbonique et l'humidité de l'air et se transforme en une dissolution sirupeuse de carbonate de potasse.

Aucune matière organisée ne résiste à son action ; appliquée sur la peau, la potasse la ramollit et la détruit. Coulée dans un moule et solidifiée, elle forme la *pierre à cautère*, qui sert à ronger les chairs et ouvrir les abcès. C'est un réactif très employé pour précipiter les oxydes métalliques.

Préparation. — La potasse se prépare en traitant par la chaux une solution bouillante de carbonate de potasse. La chaux déplace la potasse, qui se dissout ; il se produit du carbonate de chaux insoluble, qui se dépose peu à peu ; on décante le liquide et on fait évaporer l'eau par la chaleur. On a ainsi la *potasse à la chaux* ; elle contient quelques sels étrangers. On en retire la *potasse à l'alcool*, plus pure, en la traitant par l'alcool, qui dissout la potasse sans dissoudre les autres corps.

Carbonate de potasse

en éq. KO,CO² ;   en at. K^2CO^3

439. Propriétés. — La *potasse du commerce, alcali végétal* ou *alcali fixe*, est du carbonate de potasse mêlé à quelques autres matières. Ce sel est déliquescent, soluble dans l'eau, fusible, mais indécomposable par la chaleur. Il a une action alcaline très prononcée, parce que l'acide carbonique ne peut neutraliser complètement la potasse.

Préparation. — 1° *Par les cendres des végétaux.* Les végétaux renferment plusieurs sels solubles de potasse combinés principalement avec des acides organiques. Quand on les brûle à l'air, les acides se transforment en acide carbonique qui reste dans les *cendres* à l'état de carbonate de potasse. — En traitant ces cendres par l'eau, on obtient un résidu insoluble, appelée *charrée*, qui est utilisé comme engrais, et une dissolution appelée *lessive*. La lessive retient le carbonate de potasse et peut dissoudre les principes gras ; voilà pourquoi, dans les ménages, on la fait servir au nettoyage du linge. Si on chauffe la lessive jusqu'à évaporation complète de l'eau, il reste un solide de couleur foncée, qu'on appelle *salin*. En calcinant le salin, on fait brûler la matière organique qu'il contient, et il devient blanc ; c'est la *potasse perlasse*, très employée. On peut la raffiner, en la dissolvant dans son poids d'eau, filtrant la liqueur, et évaporant de nouveau. Malheureusement, les végétaux ne contiennent qu'une très petite quantité de potasse, et, pour la préparer en grand, on est obligé de réduire en cendres des forêts entières, ce qui n'est plus pratiqué qu'en Russie et en Amérique.

2° On utilise aussi les cendres qu'on obtient en calcinant la *lie de vin*, les *résidus des sucres de betterave* et le *suint* que donne la laine des moutons.

3° On prépare un carbonate de potasse dit *potasse artificielle,* en transformant le chlorure de potassium par une méthode semblable à celle qui est employée pour transformer le chlorure de sodium en carbonate de soude (n° 449).

Usages. — La potasse du commerce sert à préparer la potasse caustique et le potassium, à fabriquer les cyanures, les verres de Bohême et les savons noirs, à blanchir le linge et dégraisser les laines.

440. Bicarbonate de potasse. — Il existe un *carbonate acide* de potasse ou *bicarbonate*, dont la formule est $KOHO,2CO^2$ [$KHCO^3$]. On le prépare en faisant passer un courant d'acide carbonique dans une solution concentrée de carbonate neutre.

Azotate de potasse

en éq. KO,AzO^5 ; en at. $KAzO^5$

Ce sel est aussi appelé *salpêtre* (sal petræ, sel de pierre), *nitre* et *nitrate de potasse.*

441. Propriétés. — L'azotate de potasse est un corps blanc, cristallin, non déliquescent à l'air, d'une saveur fraîche et piquante, légèrement amère. Il est beaucoup plus soluble à chaud qu'à froid ; l'eau en dissout 10 0/0 à 0°, 250 0/0 à 100°. Il fond vers 350°.

Soumis à l'action de la chaleur, il se décompose en azote, en oxygène et en un mélange de protoxyde et de peroxyde de potassium. Cette décomposition est favorisée par la présence des matières réductrices : lorsqu'on projette du . salpêtre sur des charbons allumés, il *fuse* et la combustion est beaucoup plus vive à cause de l'oxygène qui se dégage du sel décomposé. L'azotate de potasse est souvent employé en chimie comme *oxydant.*

État naturel. — Le salpêtre est *très répandu* dans la nature. Dans les *pays chauds*, aux Indes et en Égypte, il se forme avec l'acide azotique, qui se produit dans l'air pendant les orages, et qui, entraîné par la pluie dans le sol, se combine avec les bases qu'il y rencontre. Le nitre, pendant la sécheresse, vient former, à la surface du sol, des efflorescences blanches. Dans nos *climats tempérés*, il se produit dans tous les lieux habités, bas et humides, où se rencontrent à la fois des matières organiques azotées et des bases alcalines, surtout dans les écuries et les caves. Dans les *pays froids*, on favorise la formation du salpêtre en entassant des débris de démolition, que l'on mélange avec du fumier ou que l'on arrose avec du purin. — La *nitrification* ou formation du salpêtre paraît due à des ferments organisés qui déterminent l'oxydation lente de l'ammoniaque et des matières organiques azotées.

Préparation. — 1º Pour retirer le salpêtre des masses salpêtrées, on les arrose avec de l'eau chaude qui dissout et entraîne l'azotate de potasse, ainsi que des azotates de chaux et de magnésie. On transforme ces derniers en azotate de potasse, en ajoutant du carbonate de potasse ; on filtre, puis on évapore la liqueur, et le salpêtre cristallise. On le raffine ensuite par des cristallisations répétées, en le faisant dissoudre dans l'eau bouillante ; l'azotate de potasse se dissout en grande quantité, pendant que les autres sels précipitent.

Il est plus commode et moins coûteux de transformer l'*azotate de soude du Pérou* en azotate de potasse. L'azotate de soude, traité par l'eau bouillante avec du chlorure de potassium, donne du chlorure de sodium et de l'azotate de potasse.

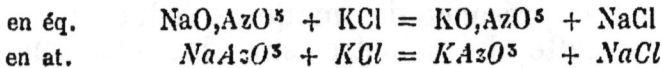

en éq. $NaO,AzO^5 + KCl = KO,AzO^5 + NaCl$

en at. $NaAzO^3 + KCl = KAzO^3 + NaCl$

Le chlorure de sodium, qui n'est pas plus soluble à chaud qu'à froid, se précipite à mesure que l'on concentre le liquide par l'ébullition, tandis que l'azotate de potasse reste, parce qu'il est très soluble à chaud ; on retire à ce moment le chlorure de sodium. Au contraire, quand on laisse refroidir, l'azotate de potasse, peu soluble à froid, se dépose seul. — Dans cette préparation on peut remplacer chlorure de potassium par le carbonate de potasse

Usages. — Le salpêtre qui se forme dans le sol active la végétation, en fournissant aux plantes de l'azote et de la potasse. Il sert en médecine ; on peut en retirer l'acide azotique, mais il est surtout employé dans la fabrication de la poudre.

442. Poudre de guerre. — La poudre est un mélange d'azotate de potasse, de charbon et de soufre. C'est une réunion de principes comburants et de principes combustibles, qui peuvent se combiner dans un espace limité et clos, sans le concours de l'air. Il en résulte des gaz dont la force expansive, augmentée par l'élévation de température, est utilisée pour lancer des projectiles ou pour déterminer la rupture des rochers.

19.

Quand on lui applique *brusquement* (sinon le soufre fondrait et se séparerait de la masse) une température de 300°, la poudre s'enflamme. L'azotate de potasse se décompose : l'azote reste isolé à cause de son peu d'affinité, l'oxygène s'unit au carbone et produit de l'acide carbonique, le potassium forme, avec le soufre, du sulfure de potassium fusible.

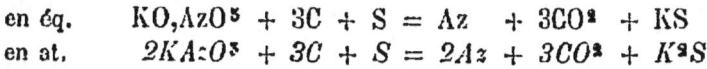

en éq. $KO,AzO^5 + 3C + S = Az + 3CO^2 + KS$

en at. $2KAzO^5 + 3C + S = 2Az + 3CO^2 + K^3S$

Il se forme donc deux gaz : de l'azote et de l'acide carbonique. Or, on a calculé qu'ils tendent à prendre, à la température où se fait la combustion, un volume 2.000 fois plus grand que le volume propre de la poudre ; ce qui représente une tension de 2 000 atmosphères.

443. — Pour fabriquer la poudre, on emploie du salpêtre bien raffiné, du charbon de bois tendre (bourdaine, peuplier) distillé, et du soufre en canons. Ces trois éléments sont mis en proportions variables, selon l'espèce de poudre qu'on veut obtenir : poudre de chasse, poudre de guerre, poudre de mine. On les réduit séparément en poudre impalpable. On les mêle ensuite; après y avoir ajouté de l'eau, on les triture dans des mortiers en bois ; la matière, formant une pâte parfaitement homogène, est passée au crible et se partage *en grains* de différentes grosseurs. Ces grains sont séparés par de nouveaux cribles selon leur grosseur, et séchés au soleil ou dans un courant d'air chaud.

La poudre très divisée. nommée *pulvérin*, est d'un mauvais emploi dans les armes à feu ; elle ne s'enflamme que successivement et fait *long feu*. La poudre en *grains* brûle plus rapidement, parce que la flamme pénètre dans les interstices qui sont entre les grains et les allume tous en même temps. Du reste, la meilleure poudre pour une arme donnée est celle qui brûle complètement dans le temps que le projectile met à parcourir l'âme de la pièce, de manière à lui imprimer, non instantanément, mais successivement, toute la force de projection dont elle est capable.

Il faut tenir la poudre à l'abri de l'eau, parce que ce liquide dissout le salpêtre ; c'est pour cela que les poudres *noyées* ne peuvent plus servir.

COMPOSÉS DIVERS

444. — Le soufre forme, avec le potassium, un grand nombre de composés ; le pentasulfure KS^5 [K^2S^5] constitue le *foie de soufre,* qui sert à préparer les bains sulfureux artificiels.

Il y a deux sulfates : le *bisulfate* ou *sulfate acide* KOHO,2SO³ [*KHSO⁴*] qui se produit dans la préparation de l'acide azotique et le *sulfate neutre* KO,SO³ [*K²SO⁴*] qu'on obtient en calcinant le bisulfate.

Le *sulfocarbonate de potassium* KS,CS² [*K²CS³*], est employé contre les insectes, au même titre que le sulfure de carbone ; il a été essayé contre le phylloxéra (p. 177).

445. — Le *chlorure de potassium* se retire des mines de Stassfurt, aux environs de Magdebourg, où il abonde, en mélange avec du chlorure de magnésium, du chlorure de sodium et d'autres sels de potasse. Il est devenu important parce que l'industrie en retire une partie de la potasse dont elle a besoin.

L'*iodure* et le *bromure* de potassium sont employés en médecine et en photographie. L'iodure se prépare en faisant agir l'iode sur une lessive de potasse ; il se forme d'abord un mélange d'iodure de potassium et d'iodate.

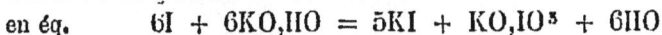

en éq. $\qquad 6I + 6KO,HO = 5KI + KO,IO^3 + 6HO$

en at. $\qquad 6I + 6KOH = 5KI + KIO^3 + 3H^2O$

On calcine le mélange, et l'iodate se transforme en iodure avec dégagement d'oxygène. — Le bromure se prépare de la même manière avec le brome.

Le cyanure de potassium est une substance très vénéneuse : il se décompose lentement à l'air en dégageant de l'acide cyanhydrique, sous l'influence de l'acide carbonique et de l'humidité.

en éq. $\qquad KCy + CO^2 + HO = HCy + KO,CO^2$

en at. $\qquad 2KCy + CO^2 + H^2O = 2HCy + K^2CO^3$

Il est employé en médecine. Il sert dans la galvanoplastie et la photographie parce qu'il dissout facilement la plupart des oxydes et des cyanures métalliques. — On l'obtient en calcinant le prussiate jaune de potasse, en calcinant des matières organiques azotées avec du carbonate de potasse ou en faisant passer de l'azote sur des charbons imprégnés de potasse et chauffés au rouge.

Chlorate de potasse. V. p. 205.

Silicate de potasse. V. p. 224. Le silicate de potasse est employé pour recoller les morceaux de verre ou de porcelaine qui ne doivent pas être placés dans l'eau chaude. Il est utilisé pour durcir la pierre à bâtir, le plâtre et y fixer des substances colorantes. Il forme, avec ces matières, des silicates très durs et très résistants — La pierre connue sous le nom de *feldspath* est un silicate double de potasse et d'alumine.

446. Caractères des sels de potasse. — Ils sont tous solubles dans l'eau ; les moins solubles sont le perchlorate, le tartrate acide, le picrate et le chlorure double de platine et de potassium. — Ils ne précipitent pas avec les réactifs ordinaires. Le bichlorure de platine y produit un précipité jaune de chlorure double de platine et de potassium qui augmente quand on ajoute de l'alcool.

SODIUM

Équiv. et poids at. $Na = 23$; $D = 0,97$; $F = 96$

Étymologie : ce métal s'appelle *sodiɯ̈ m* parce qu'il a été tiré de la *soude*. Le symbole Na vient du mot latin *natrium*, autre nom du sodium, de *natron* qui désignait autrefois le carbonate de soude.

447. Propriétés. — Le sodium a les mêmes propriétés physiques et chimiques que le potassium, sauf que ses affinités sont un peu plus faibles. Ainsi il ne s'oxyde pas à l'air sec ; dans l'air humide il se recouvre d'une couche d'hydrate qui protège le reste du métal, au moins lorsqu'il est en grande masse ; cependant on le conserve dans l'huile de naphte. Un fragment de sodium, jeté sur l'eau, la décompose et court à sa surface, mais la température produite par la réaction n'est pas assez forte pour enflammer l'hydrogène. Si l'eau est gommée, le fragment reste immobile et l'hydrogène prend feu en brûlant avec la flamme jaune caractéristique des sels de sodium. Souvent l'expérience se termine par une explosion dangereuse dont la cause est inconnue.

État naturel. — Le sodium existe en grande quantité dans l'écorce terrestre ; il peut remplacer le potassium dans les feldspaths (*oligoclase*), ou lui être associé ainsi qu'au calcium (*andésite, ryacolite, labradorite*). Les principaux composés exploitables sont le *chlorure de sodium* qu'on tire des mines de sel gemme ou de l'eau de mer, l'*azotate de soude* du Pérou, le *carbonate de soude* extrait des plantes marines, le *sulfate de soude* d'Espagne.

Préparation. — Le sodium a été isolé par Davy qui décomposait la soude caustique par la pile. Aujourd'hui on le prépare en grand, et son prix qui était, en 1853, de 10.000 fr. le kilogramme, est aujourd'hui de 10 fr. — On mélange du carbonate de soude, du charbon et de la craie ; la craie empêche la fusion du carbonate de soude qui, en fondant, se séparerait de la masse. A une température très élevée, le carbone enlève l'oxygène à la soude ; les vapeurs de sodium, entraînées par les gaz qui se dégagent, distillent, se

liquéfient et vont se solidifier dans un récipient qui
contient de l'huile de naphte.

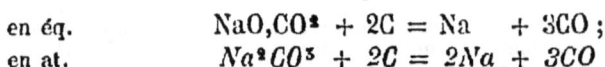

en éq. $NaO,CO^2 + 2C = Na + 3CO$;
en at. $Na^2CO^3 + 2C = 2Na + 3CO$

Usages. — Le sodium est employé en métallurgie
pour préparer l'aluminium et le magnésium. Ayant
des affinités plus puissantes que ces métaux, il les
chasse de leurs combinaisons.

Oxydes, soude caustique

448. — Il y a deux oxydes de sodium. Le premier NaO
[Na^2O] se forme quand on oxyde le métal à froid ; il est sans
importance. L'autre, NaO^2 [Na^2O^2], rappelle par sa constitution et ses propriétés l'eau oxygénée, et peut la remplacer
dans ses applications ; on le prépare en oxydant le sodium
à la température du rouge.

L'hydrate de soude NaO,HO [$NaOH$], ou *soude
caustique* a les mêmes propriétés que la potasse et
les mêmes applications. Elle est plus employée parce
qu'elle est d'un prix moins élevé. A l'air, elle se transforme en carbonate de soude, qui est efflorescent ; ce
caractère distingue la soude de la potasse, qui reste
déliquescente. — On l'extrait du carbonate de soude,
en le faisant bouillir avec de la chaux. On peut la
purifier avec l'alcool, comme la potasse.

Carbonate de soude

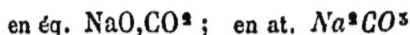

en éq. NaO,CO^2 ;   en at. Na^2CO^3

449. Propriétés, usages. — La *soude du commerce* ou
alcali minéral est du carbonate de soude ; c'est un
sel d'un goût caractéristique, *efflorescent*, plus soluble
à 36° qu'à toute autre température.

Elle a une importance extrême. Elle sert au blanchissage, à la fabrication des savons durs et du
verre. La France en dépense 100 millions de kilogrammes par an, l'Angleterre 150.

Préparation. — On prépare le carbonate de soude
de trois manières : 1° avec les cendres de plantes

marines ; 2° avec le chlorure de sodium, traité suivant le procédé Leblanc, ou 3° suivant la méthode de M. Solvay.

1° Longtemps on a *retiré la soude naturelle* des cendres de plantes marines. L'Espagne en fournissait à la France pour 20 millions de francs. Pendant les guerres de la Révolution, les soudes d'Espagne ayant cessé d'être importées en France, il en résulta dans l'industrie une perturbation profonde.

2° Le chimiste français Nicolas *Leblanc* fit connaître, en 1789, le procédé, suivi jusqu'à nos jours, qui permet de fabriquer du carbonate de soude *artificiel* avec du sel marin et de l'acide sulfurique, de la craie et du charbon.

Le sel marin, chauffé avec de l'acide sulfurique, donne du sulfate de soude (*préparation de l'acide chlorhydrique*). Le sulfate de soude est ensuite chauffé dans des *fours à soude*, avec du charbon et de la craie.

On admet que la réaction comprend deux phases : 1° Le charbon, réagissant sur le sulfate de soude, forme du sulfure de sodium.

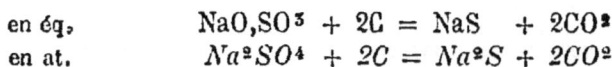

en éq, $NaO,SO^3 + 2C = NaS + 2CO^2$

en at. $Na^2SO^4 + 2C = Na^2S + 2CO^2$

2° Le sulfure de sodium, en présence du carbonate de chaux, donne du sulfure de calcium et du carbonate de soude.

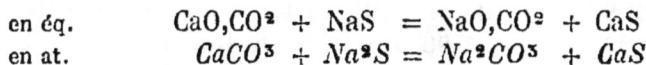

en éq. $CaO,CO^2 + NaS = NaO,CO^2 + CaS$

en at. $CaCO^3 + Na^2S = Na^2CO^3 + CaS$

On traite le résidu par l'eau, qui dissout le carbonate de soude en laissant le sulfure de calcium et les matières étrangères.

3° *Procédé Solvay, soude à l'ammoniaque.* Si l'on traite le chlorure de sodium en solution saturée par le bicarbonate d'ammoniaque, il se forme du chlorhydrate d'ammoniaque et du bicarbonate de soude peu soluble (*lois de Berthollet*). Tel est le fondement de la méthode de M. Solvay qui a remplacé le procédé Leblanc dans beaucoup d'usines. En pratique, dans une dissolution de chlorure de sodium saturée d'ammoniaque, on fait passer un courant d'acide carbonique, et il se dépose du bicarbonate de soude. Le bicarbonate est transformé en carbonate par une calcination.

L'ammoniaque dont on a besoin s'obtient en traitant par la chaux le chlorhydrate d'ammoniaque qui résulte des opérations précédentes. L'acide carbonique est fourni en partie par la calcination du bicarbonate de soude, et en partie par un four à chaux où l'on décompose du carbonate de chaux pour produire la chaux nécessaire à la régénération de l'ammoniaque.

450. Bicarbonate de soude. — Le *bicarbonate de soude* $NaOHO,2CO^2$ [$NaHCO^3$] s'emploie en médecine et pour la fabrication des eaux gazeuses artificielles ; broyé et mélangé avec de la gomme et du sucre, il forme des pastilles de Vichy. Ses propriétés sont dues à l'acide carbonique qu'il contient en grande quantité et qu'il dégage sous l'influence des acides. — On le trouve en dissolution dans quelques eaux minérales (*Vichy*). On le prépare en dirigeant de l'acide carbonique sur du carbonate neutre ; c'est aussi le premier produit qu'on obtient dans la fabrication de la soude à l'ammoniaque.

Chlorure de sodium

en éq. et en at. NaCl

Synonymes : Ce corps est le *sel de cuisine*. On l'appelle *sel marin* parce qu'on le tire des eaux de la mer ; *sel gemme* (*gemma*, pierre précieuse), parce qu'on le trouve dans les mines, cristallisé comme une pierre précieuse.

451. Propriétés. — Le chlorure de sodium est blanc, d'une saveur particulière et agréable ; il cristallise en petits cubes ; quand on fait évaporer une solution saturée, ces cristaux se forment à la surface et se réunissent de façon à former des pyramides creuses, à quatre faces, qu'on appelle *trémies*.

Le sel gris des marais salants doit sa couleur aux impuretés qu'il contient.

La solubilité du sel dans l'eau varie peu avec la température (35 à 40 %) ; il est efflorescent ou déliquescent suivant que l'air est sec ou humide. Il se dissout dans l'alcool et en colore la flamme en jaune. — Chauffé, il décrépite, fond au rouge et se volatilise à une température plus élevée.

452. Extraction. — Le chlorure de sodium est l'un des corps les plus répandus dans la nature. On l'extrait soit des mines de sel gemme, soit des sources salées, soit des eaux de la mer.

1º On retire le *sel gemme* de la terre, en blocs que l'on pulvérise, et qu'on peut employer tout de suite quand il est pur. En Pologne, il y a des mines immenses de sel très pur ; on les exploite par puits et par galeries. En Espagne, le sel est à une moindre profondeur, et les carrières sont à ciel ouvert.

2º Quand le sel gemme est trop impur, on pratique dans la mine un trou de sonde, dans lequel on place un tube. Entre ce tube et la paroi du trou de sonde, on fait arriver de l'eau, qui dissout le sel, descend au fond du trou et pénètre dans le tube ; on en retire avec des pompes la dissolution du sel. On puise, aussi des dissolutions naturelles, qui forment des nappes dans le sol. Ces eaux salées sont élevées sur de grandes piles rectangulaires de broussailles (*bâtiments de graduation*), du haut desquelles elles coulent, en s'évaporant. La dissolution se concentre ; elle est ensuite chauffée dans des chaudières et laisse déposer le sel.

3º La plus grande partie du sel s'extrait des *eaux de la mer*, dans les *marais salants*. Ce sont des bassins très larges et peu profonds, creusés sur le bord de la mer, et rendus imperméables par une couche d'argile. A la marée haute, l'eau arrive dans un premier réservoir, où elle. s'échauffe, tout en abandonnant les matières qu'elle tenait en suspension. De là, on la dirige dans une série de bassins, où elle s'évapore sous l'influence du soleil et du vent ; elle se concentre de plus en plus et abandonne des sels moins solubles que le chlorure de sodium. Celui-ci se dépose ensuite en cristaux que l'on réunit sur les bords des bassins, où ils achèvent de se dessécher à l'air et abandonnent quelques sels déliquescents, comme le chlorure de magnésium. Le sel ainsi préparé revient tout au plus à 1 centime le kilog. ; mais, à sa sortie des marais, il est frappé d'un droit au profit de l'État. Des *eaux-mères*, qui ont laissé déposer le chlorure de sodium, on retire, depuis quelques années, d'autres sels très utiles : chlorure de potassium, sulfates de potasse et de magnésie. — Dans les *pays froids*, on retire le sel marin par un procédé différent, qui consiste à concentrer l'eau de mer par congélation ; l'eau seule se sépare à l'état de glace ; on l'enlève et le liquide qui reste contient assez de sel pour qu'on puisse l'évaporer avantageusement par le feu.

Raffinage. — Pour transformer le sel gris en sel blanc on le dissout, on ajoute un lait de chaux qui précipite les matières étrangères, notamment les sels de magnésie ; on filtre la dissolution et on l'évapore dans des chaudières ; à mesure que le sel cristallise, on l'enlève avec des écumoirs et on le fait sécher.

453. Usages. — Les usages du sel sont nombreux et importants. Il fait partie de la nourriture de l'homme et d'un grand nombre d'animaux : mêlé aux aliments, il excite l'appétit et active la digestion. Il sert à conserver les viandes et les poissons (*salaisons*). Dans les arts, il contribue à préparer le chlore, l'acide chlorhydrique et tous les chlorures, le sulfate et le carbonate de soude. La France en produit 650 millions de kilogr., dont plus de la moitié sert pour l'alimentation.

Sels divers

454. Sulfates. — Il y a deux sulfates de soude : le *bisulfate* NaOHO,2SO^5 [*NaHSO^4*] se forme quand on fait agir l'acide sulfurique sur l'azotate ou sur le chlorure de sodium à une température peu élevée (p. 97 et 209) ; si la température est très élevée, il se forme du *sulfate neutre* NaO,SO^5 [*Na^{2}SO^4*].

D'ailleurs le bisulfate se transforme en sulfate par l'action de la chaleur, avec dégagement d'acide sulfurique.

Le *sulfate neutre de soude* ou *sel de Glauber* est remarquable par sa grande solubilité qui a son maximum à 33° (322 °/₀), et par le froid qu'il produit en se dissolvant dans l'eau et dans l'acide chlorhydrique. — On en trouve quelques dépôts naturels en Espagne. Il se retire aussi des eaux mères des marais salants ; mais on l'obtient surtout par l'action de l'acide sulfurique sur l'acide chlorhydrique. — Il sert à préparer le carbonate de soude (*procédé Leblanc*).

455. — L'*hyposulfite de soude* s'emploie dans la photographie à cause de la propriété qu'il a de dissoudre l'iodure et le chlorure d'argent. — On le prépare en faisant arriver un courant d'acide sulfureux dans une dissolution de carbonate de soude : il se forme du sulfite de soude. On fait ensuite bouillir la liqueur avec de la fleur de soufre (page 171).

L'*azotate de soude* forme, au Pérou, presque à fleur de terre, une couche d'étendue considérable, découverte en 1825 et exploitée depuis 1830. Il sert à la fabrication de l'acide azotique et de l'azotate de potasse. On l'emploie aussi comme engrais.

L'*hypochlorite de soude* fait partie du *chlorure de soude* (page 204).

Le *borax* ou borate de soude est employé dans la soudure et la fusion des métaux parce qu'il dissout les oxydes ; il sert comme réactif dans l'analyse au chalumeau, parce qu'en dissolvant les oxydes, il prend des teintes diverses selon le métal qu'on expérimente.

456. Caractères des sels de sodium. — Les sels de sodium colorent en jaune la flamme du bec Bunsen. Ils sont incolores et solubles dans l'eau. Leurs solutions ne précipitent par aucun des réactifs ordinaires; avec l'antimoniate de potasse, elles donnent un précipité blanc.

AMMONIUM

457. — Nous avons vu (n° 102) que les sels d'ammoniaque pouvaient être considérés comme contenant un métal composé, l'*ammonium* AzH^4 $[AzH^4]$. L'ammonium appartient à la famille des métaux alcalins, car ses combinaisons ont une grande ressemblance avec celles du potassium et du sodium, soit dans les propriétés chimiques, soit dans les propriétés physiques. Les sels d'ammonium sont *isomorphes* (p. 41) des sels de potassium ou de sodium : or, l'isomorphisme est un signe certain d'identité dans la constitution chimique.

458. Caractères des sels ammoniacaux. — Les sels ammoniacaux ont une saveur salée et piquante. Comme ceux de potasse ils donnent avec le *bichlorure de platine* un précipité jaune, chlorure double d'ammonium et de platine. Leur propriété caractéristique est de dégager, quand on les chauffe avec de la chaux, de l'*ammoniaque*, facile à reconnaître à son odeur, à son action sur le tournesol, et aux fumées blanches qu'elle donne en présence de l'acide chlorhydrique.

459. Préparation. — Le traitement des *eaux vannes* provenant de la vidange des fosses d'aisances, et des eaux d'épuration du gaz de l'éclairage, fournit au commerce l'ammoniaque et les sels ammoniacaux. Ces eaux contiennent de l'ammoniaque combinée avec différents acides. En les chauffant avec du lait de chaux, on fait dégager le gaz ammoniac : il va se purifier dans des flacons laveurs, et est dirigé en dernier lieu dans un réservoir qui contient de l'eau pour produire la solution d'ammoniaque, ou des acides pour former des sels ammoniacaux.

460. Azotate d'ammoniaque AzH^4O,AzO^5 $[AzH^4AzO^5]$. — L'azotate d'ammoniaque cristallise en gros prismes transparents. C'est un sel déliquescent, très soluble dans l'eau et se dissolvant avec abaissement de température (de $+ 10°$ à $- 15°$). — Chauffé, il fond à 100°, se volatilise, et à 250° se décompose en eau et en protoxyde d'azote (p. 88).
L'azotate d'ammoniaque se produit dans les pluies d'orage (p. 103); entraîné dans les terres, il nourrit les végétaux, en leur donnant l'azote sous une forme assimilable. — On le prépare en saturant l'acide azotique par l'ammoniaque.

461. Carbonates d'ammoniaque. — Le *carbonate neutre* AzH^4O,CO^2 [$(AzH^4)^2CO^3$] n'est connu qu'en dissolution. Le *bicarbonate* $AzH^4OHO,2CO^2$ [AzH^4HCO^3] est bien stable.

Le *carbonate d'ammoniaque du commerce* connu sous le nom de *sel volatil d'Angleterre* est un *sesquicarbonate* $HO2AzH^4O,3CO^2$ [$CO^3(AzH^4)^2 + 2CO^3HAzH^4$]. C'est un corps blanc, volatil à la température ordinaire et répandant l'odeur d'ammoniaque. On l'emploie comme stimulant; on le fait respirer aux personnes tombées en syncope. Il sert encore pour enlever les taches sur les tissus de soie et pour préparer la pâte des pains et des pâtisseries qui doivent être très légères. — Il se forme naturellement dans la putréfaction des urines. On le prépare en chauffant du sulfate d'ammoniaque avec de la craie.

462. Sulfate d'ammoniaque. — Le sulfate d'ammoniaque sert à préparer les autres sels d'ammoniaque. On l'emploie aussi comme engrais. — Il se prépare en faisant arriver dans de l'acide sulfurique étendu les vapeurs provenant de la distillation des eaux vannes ou des eaux de condensation des usines à gaz.

Sulfhydrate d'ammoniaque. — On appelle ainsi le produit qu'on obtient en faisant agir l'acide sulfhydrique sur l'ammoniaque; il vaut mieux le nommer *sulfure d'ammonium*.

Il y a deux sulfures d'ammonium : le sulfure neutre AzH^4S [$(AzH^4)^2S$], et le sulfure acide AzH^4S,HS [$(AzH^4)HS$]. Ce sont deux composés qu'on obtiendrait à l'état solide en faisant réagir l'acide sulfhydrique sur le gaz ammoniac dans les proportions indiquées par les formules; mais on les emploie surtout en dissolution. Si l'on sature d'acide sulfhydrique une dissolution d'ammoniaque, on obtient une dissolution de sulfure acide; en ajoutant de l'ammoniaque on a la dissolution de sulfure neutre.

Le sulfure neutre est employé dans les laboratoires comme réactif. Il est ordinairement coloré en jaune parce qu'il se décompose partiellement en donnant du soufre; son odeur est extrêmement fétide.

Chlorhydrate d'ammoniaque. — Ce sel, appelé aussi *chlorure d'ammonium, sel ammoniac* AzH^4Cl [AzH^4Cl], fut longtemps le seul composé connu de l'ammoniaque. Il venait de l'Égypte où on le retirait de la fiente des chameaux. Actuellement on dirige dans l'acide chlorhydrique l'ammoniaque obtenu par le traitement des eaux ammoniacales. — Le sel ammoniac sert dans les laboratoires à préparer l'ammoniaque, et dans les arts à décaper les métaux, dont il transforme les oxydes en chlorures volatils.

CHAPITRE XI

ALUMINIUM ; ALUMINE ; POTERIES ; VERRES

ALUMINIUM

équiv.	$Al = 13,5$	$D = 2,55$
poids at.	$Al = 27$	$F = 650°$
	Tétravalent	

463. Propriétés. — L'aluminium ressemble beaucoup à l'argent ; il en a l'éclat et la couleur, avec une teinte bleuâtre, est malléable comme lui, plus ductile et plus tenace. Il se distingue des autres métaux par sa sonorité et sa grande légèreté : on fait avec 1ᵏᵍ d'aluminium un objet de même volume qu'avec 4ᵏᵍ d'argent.

Il est remarquable par sa grande résistance aux principaux agents chimiques ; il ne décompose l'eau à aucune température ; ne s'oxyde pas même au rouge vif ; est attaqué difficilement par l'acide azotique, et par l'acide sulfurique. Cependant il se dissout facilement dans l'acide chlorhydrique et dans les lessives alcalines.

L'ensemble de ses propriétés range l'aluminium parmi les métaux précieux.

464. État naturel, extraction. — Ce métal est très répandu dans la nature. Combiné avec l'oxygène, il forme l'*alumine*, principal élément des argiles (*silicates d'alumine*) ; les plus grossières en contiennent le quart de leur poids. Les *felds-paths* sont des silicates doubles d'alumine et d'une base alcaline. La *cryolithe* est un fluorure double d'aluminium et de sodium.

L'aluminium a été isolé pour la première fois par Wohler en 1827, par l'action du potassium sur le chlorure d'aluminium. Le potassium déplace l'aluminium, qui a moins d'affinité pour le chlore.

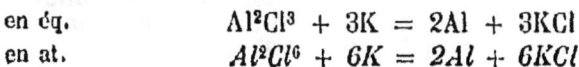

en éq.	$Al^2Cl^3 + 3K = 2Al + 3KCl$
en at.	$Al^2Cl^6 + 6K = 2Al + 6KCl$

Ce procédé a été perfectionné et rendu industriel par
H. Sainte-Claire Deville vers 1855. Suivant sa méthode, on
préparait d'abord un chlorure double d'aluminium et de
sodium, puis on chauffait ce corps dans un four à réverbère
avec un fondant convenable et du sodium (1). Une réaction
analogue à la précédente donnait du chlorure de sodium et
de l'aluminium. — Dans la suite on a remplacé le chlorure
double d'aluminium et de sodium par le fluorure double
d'aluminium et de sodium dont il existe des gisements
naturels.

Depuis une dizaine d'années on décompose par l'électricité, soit le chlorure double d'aluminium et de sodium,
soit la cryolithe. L'opération se fait dans des cuves de fer
garnies de charbon ; le métal se rassemble au pôle négatif
au fond de la cuve, le chlore ou le fluor se dégageant au
pôle positif. Si on a soin de mettre de l'alumine au pôle
positif, le fluorure ou le chlorure d'aluminium est régénéré
et la composition du bain reste constante. Cette méthode
est appliquée dans de grandes usines : à Neuhausen, près
de Schaffouse, à Saint-Michel (Savoie), à Froges (Isère),
en général près de chutes d'eau considérables, qu'on utilise
pour produire l'électricité dont on a besoin. Elle a beaucoup
abaissé le prix de l'aluminium : ce métal coûtait 100 fr. le
kilog en 1860 ; aujourd'hui il revient à 6 fr.

465. Usages. — L'aluminium pur sert à faire de menus
objets pour lesquels on recherche la légèreté et l'inaltérabilité.
Dans les constructions navales, il peut remplacer l'acier pour
les parties qui n'ont pas besoin d'une grande résistance. —
Quelques millièmes d'aluminium ajoutés à l'acier le rendent plus
fusible et permettent de le mouler sans *soufflures.* — Le bronze
d'aluminium, composé de 90 0/0 de cuivre et 10 0/0 d'aluminium
a l'éclat de l'or ; il est moins altérable que le bronze ordinaire,
presque aussi tenace et aussi dur que l'acier, facile à forger et à
fondre.

COMPOSÉS

466. Chlorure et fluorure. — Le chlorure d'aluminium est
un corp. ristallin, fumant à l'air, déliquescent. Pour le préparer, on chauffe, dans une cornue tubulée, un mélange d'alumine
et de charbon, au moyen d'un fourneau à réverbère, et on y
fait arriver un courant de chlore. L'alumine se décompose, cède
son oxygène au carbone, et son aluminium au chlore. Le chlorure d'aluminium se condense dans un récipient convenablement disposé. Il faut le conserver à l'abri de l'air.

(1) Le sodium est préparé économiquement depuis 1854.

En dissolvant l'aluminium ou l'alumine dans l'acide chlorhydrique, on obtient une dissolution de chlorure d'aluminium. Mais cette dissolution soumise à l'évaporation régénère l'alumine et l'acide chlorhydrique. Elle ne peut pas servir à la préparation du chlorure anhydre.

Le *chlorure double d'aluminium et de sodium* est moins altérable. Pour l'obtenir, on ajoute du chlorure de sodium au mélange d'alumine et de charbon dans la préparation ci-dessus. Il sert dans la métallurgie de l'aluminium.

Le *fluorure double d'aluminium et de sodium* ou *cryolithe* est un minéral très fusible dont on retire l'aluminium par électrolyse, et qu'on emploie aussi en métallurgie comme fondant.

467. Alumine. — L'alumine est du sesquioxyde d'aluminium Al^2O^3 [Al^2O^3].

Variétés naturelles. Pure, cristallisée et incolore, l'alumine constitue le *corindon*, qui est la pierre précieuse la plus dure et la plus belle après le diamant. Les corindons transparents, souvent colorés par des traces d'oxydes métalliques, portent des noms différents : le corindon incolore est nommé *saphir blanc* ; le corindon rouge, *rubis ;* le bleu, *saphir oriental ;* le violet, *améthyste ;* le jaune, *topaze ;* le vert, *émeraude.* — L'*émeri* est du corindon opaque, réduit en poudre fine ; il est employé pour polir les pierres précieuses et les métaux, dépolir le verre et faire prendre juste les bouchons de verre. Le *papier de verre* est du papier ferme, imprégné de colle-forte et saupoudré d'émeri ; il est très commode pour enlever la rouille des ustensiles de fer et d'acier.

On trouve aussi de l'*alumine hydratée* ; telle est la *bauxite* qui existe en masses considérables à Baux en Provence.

Alumine artificielle. — L'alumine qui sert à la préparation de l'aluminium, s'obtient en purifiant la bauxite. Pour cela on calcine cette substance avec du carbonate de soude ; il se forme de l'*aluminate de soude.* Ce sel, qui est soluble, est facile à séparer des matières étrangères. Si l'on fait passer de l'acide carbonique à travers sa dissolution, le carbonate de soude se reforme, et il se dépose des cristaux d'alumine hydratée pure.

Lorsqu'on verse de l'ammoniaque dans une dissolution étendue d'alun, de l'alumine hydratée se précipite sous forme de gelée insoluble. Cette variété présente une grande affinité pour les fibres végétales et pour les matières colorantes ; elle est employée en teinture comme *mordant* pour fixer les couleurs aux tissus.

En décomposant par la chaleur l'alun d'ammoniaque, on obtient un résidu d'*alumine anhydre*, l'ammoniaque et l'acide sulfurique se volatilisant. L'alumine anhydre s'obtient aussi en chauffant l'alumine hydratée. — On a réussi à préparer de l'alumine cristallisée identique au corindon.

Propriétés générales. — L'alumine ne fond qu'au chalumeau oxhydrique. Elle ne se décompose à aucune température, ni par les courants électriques.

C'est un oxyde indifférent : l'alumine hydratée se dissout dans les acides pour former les sels à base d'alumine, et dans les alcalis pour former des aluminates, comme l'aluminate de soude. — Calcinée, elle est difficilement attaquée par les acides.

468. Sulfate d'alumine, aluns. — Le *sulfate d'alumine*, très soluble, s'obtient en chauffant, avec de l'acide sulfurique, des argiles non ferrugineuses. Si on ajoute du sulfate de potasse à sa dissolution concentrée et chaude, il se dépose, pendant le refroidissement, des cristaux d'alun.

Les *aluns sont des sulfates doubles d'alumine* (ou d'une base isomorphe avec l'alumine : sesquioxydes de fer, de manganèse, de chrome) *et de potasse* (ou d'une base isomorphe : soude, ammoniaque, protoxyde de fer) ; ils cristallisent avec 24 équivalents (24 molécules) d'eau sous forme de cubes ou d'octaèdres, sont parfaitement *isomorphes* (p. 41) et très solubles dans l'eau. Les aluns les plus connus sont ceux *à base de potasse, d'ammoniaque* et *de soude*.

L'alun de potasse $KO,SO^3 + Al^2O^3,3SO^3 + 24Aq$ $[K^2SO^4 + Al^2(SO^4)^3 + 24H^2O]$ est un sel blanc, d'une saveur astringente et d'une réaction légèrement acide. Il est bien plus soluble à chaud qu'à froid (3 à 0°, 350 à 100°) ; quand sa dissolution se refroidit, il cristallise en une masse vitreuse, que l'on appelle *alun de roche* (préparé jadis à Rocca, en Asie-Mineure). Soumis à l'action de la chaleur, l'alun subit d'abord la fusion aqueuse vers 90° ; puis il perd son eau, se boursoufle et forme un champignon blanc et spongieux (*alun calciné*), employé comme caustique pour ronger les chairs. Chauffé au rouge, l'alun se décompose et laisse un résidu d'alumine et de sulfate de potasse.

L'alun est un des sels les plus *employés* (6 000.000 de kilogr. en France). En médecine, il est utilisé comme astringent. Il sert aux teinturiers de *mordant*, c'est-à-dire de matière capable de fixer les couleurs aux tissus. Il sert aussi à coller le papier, à clarifier différents liquides et particulièrement les eaux bourbeuses ; 2 dg. d'alun par litre d'eau suffisent pour précipiter les matières terreuses et organiques.

L'alun d'ammoniaque tend à remplacer dans l'industrie l'alun à base de potasse, à cause de la rareté de la potasse et de l'abondance de l'ammoniaque. Il a d'ailleurs le même aspect et les mêmes propriétés générales. Pour l'en distinguer, on le triture avec de la chaux et un peu d'eau : il dégage une odeur ammoniacale. Soumis à la calcination, il se décompose et laisse un résidu d'alumine.

L'alun se prépare de différentes manières : 1° A *Rome*, et en *Hongrie*, on utilise un minerai appelé *alunite*; par la calcination on en retire un alun très recherché.

2° A *Paris*, on traite par l'acide sulfurique des *argiles* très pures, à 70° environ : il se forme du sulfate d'alumine; on verse dans la liqueur une solution de sulfate de potasse ou de sulfate d'ammoniaque et on obtient un précipité d'alun.

3° Dans d'autres contrées, on grille à l'air des *schistes alumineux*, qu'on trouve mélangés à des sulfures de fer; il se produit du sulfate d'alumine et du sulfate de fer. On dissout ces deux sels et on fait évaporer; le sulfate de fer cristallise le premier, et on l'enlève. Le sulfate d'alumine reste dans la dissolution; on lui ajoute du sulfate de potasse. Il se forme de l'alun, qui cristallise, à cause de son peu de solubilité à froid.

L'alun d'ammoniaque se prépare en versant du sulfate d'ammoniaque dans une dissolution concentrée et chaude de sulfate d'alumine.

Argile, poteries

469. — L'argile est un silicate d'alumine hydraté, plus ou moins impur. Elle est généralement tendre, douce au toucher, quelquefois blanche, le plus souvent colorée par des oxydes de fer. Posée sur la langue, elle *happe* en absorbant la salive. L'argile absorbe l'eau avec facilité et la retient avec force. Cette propriété lui donne une grande valeur dans l'agriculture : elle assure au sol l'humidité nécessaire à la végétation. L'argile prend, en même temps, au profit des racines des plantes, l'ammoniaque et les sels alcalins de l'air et du sol, les sels minéraux et les matières organiques des engrais.

Une *poterie* ou *terre cuite* est un objet fait avec une matière argileuse, ayant acquis de la consistance par la cuisson.

On ne peut pas employer l'argile pure : elle se contracte trop par la cuisson et se fendille; on lui ajoute une *matière dégraissante* (sable, craie, feldspath).

Pour confectionner les poteries, on délaye l'argile dans l'eau et on en fait une pâte à demi-compacte et bien homogène. Le potier place cette pâte sur un tour qu'il met en mouvement avec le pied pendant qu'il la travaille avec les mains ; ou bien il la comprime dans des moules. Quand elle a reçu une forme convenable, il la fait sécher au soleil ou à une douce chaleur pour lui donner de la consistance; il la régularise ensuite (*tournassage*) et la porte au four, de manière à lui faire subir une première cuisson (*dégourdi*).

La pâte est alors rugueuse et poreuse ; pour corriger ces défauts, on la recouvre d'un *vernis* destiné aussi à porter les couleurs et les dessins dont on veut orner la pièce. On emploie pour cela des matières qui doivent, à la température de la dernière cuisson, se combiner entre elles et avec la pâte, de manière à former une enveloppe vitreuse. — Enfin, une dernière cuisson fixe le vernis et communique à la poterie toute la dureté convenable. — Le sel marin est employé pour former le vernis de plusieurs poteries. Projeté dans le four, il s'y volatilise et forme, avec l'argile, un silicate double d'alumine et de soude.

On peut diviser les poteries en trois groupes : 1° Les poteries à *pâte dure et translucide*, ou porcelaines; 2° les poteries à *pâte dure et opaque* : grès et faïence fine; 3° les objets à *pâte tendre* : faïence ordinaire, poteries lustrées et vernissées, terres cuites.

La *porcelaine* (du portugais *porcolona*, tasse ou pot) est blanche, vitreuse, demi-transparente et imperméable à l'eau: elle est cependant recouverte d'une *glaçure* ou *couverte* transparente, qui en fait disparaître les rugosités. — La porcelaine est façonnée avec une argile très pure, appelée *kaolin* ou *terre à porcelaine*. Elle fut d'abord fabriquée en Chine; mais, en 1709, on trouva du kaolin en Saxe, et, 60 ans après, à Saint-Yrieix, près de Limoges; c'est là qu'on le prend pour le travailler à Sèvres.

Les *grès cérames* ont une pâte demi-vitrifiée, imperméable, mais opaque et colorée par de l'oxyde de fer, vernie au sel marin. On en fait des cornues, terrines, pots à beurre.

La *faïence* (Fayence, bourg de Provence) a une pâte poreuse. Dans les faïences *fines*, cette pâte est blanche et le vernis est transparent; dans les faïences *communes*, la pâte est colorée et recouverte d'un émail opaque. — La faïence est faite avec de l'argile plastique et du quartz. Elle prend le nom de *terre de pipe*, quand elle contient un peu de chaux.

Les *poteries communes*, qui servent aux usages culinaires, sont faites avec des argiles ferrugineuses, mêlées de sable et de marne. Leur couverte est formée par un silicate double d'alumine et de plomb; le plomb en rend l'emploi dangereux.

Les *terres cuites* non vernies, briques, tuiles, pots à fleur, sont fabriquées avec des argiles communes. Les *poteries réfractaires* qui doivent supporter de hautes températures sont faites avec des argiles qui ne renferment ni oxyde de fer, ni chaux.

Verres

470. — Les verres sont des substances dures et transparentes, constituées par des silicates doubles ; l'une des
bases est alcaline (potasse ou soude), l'autre est la chaux
ou l'oxyde de plomb ; il y a quelquefois de l'oxyde de fer,
de l'alumine.

Propriétés physiques. — Le verre ne fond qu'à une température élevée ; mais il se ramollit longtemps avant de
fondre, en prenant une consistance pâteuse, se laissant
souffler, tirer, souder, cylindrer, presser dans des formes.
On peut l'étirer en fils qui ont la ténuité de la soie et dont
on fait des tissus.

Fig. 104. — Larme batavique.

Refroidi brusquement quand il a été fondu, le verre se
trempe, c'est-à-dire qu'il prend un nouvel arrangement
moléculaire qui lui permet de subir, sans se briser, des
variations brusques de température, des chocs violents ;
mais il suffit de le rayer pour le réduire immédiatement en
minces fragments. Les *larmes bataviques* (*fig. 104*), obtenues
en laissant tomber dans l'eau des gouttes de verre fondu,
présentent ces propriétés ; on peut frapper leur partie
ovoïde avec un marteau sans la briser, mais, vient-on à en
casser l'extrémité effilée, toute la masse se réduit en poussière. Il est nécessaire de *recuire* le verre, après l'avoir
travaillé, et de l'abandonner à un refroidissement graduel,
pour le mettre en état de résister aux chocs et aux brusques
changements de température.

Propriétés chimiques. — Les verres sont à peu près inattaquables par tous les agents chimiques autres que l'acide
fluorhydrique. Cependant l'air humide lui-même les altère
à la longue, comme on le constate sur les vitres des vieux
bâtiments : l'eau et les acides dissolvent leur alcali ; les
bases leur prennent de la silice.

471. Fabrication. — On commence par réduire en poudre très fine les éléments qui doivent composer le verre, en leur ajoutant des débris de verres semblables ; on les introduit ensuite dans des creusets en terre réfractaire, placés dans un four chauffé préalablement au rouge vif. Sous l'influence de la chaleur, la silice (acide silicique) se combine avec les bases qui lui sont mêlées et forme des silicates fusibles. Les matières gazeuses se dégagent, les matières infusibles (*fiel de verre*) viennent flotter à la surface et sont enlevées ; au bout de 6 à 12 heures, il ne reste plus qu'un liquide clair et transparent.

Après avoir laissé refroidir le verre jusqu'à la consistance pâteuse, on commence à le travailler. Avec une *canne*, long tube creux en fer, l'ouvrier *verrier* cueille dans le creuset une quantité convenable de verre, puis il le souffle, comme on souffle des bulles de savon. En la pressant, l'allongeant, la pliant, la moulant dans une forme, l'ouvrier donne à sa boule de verre toutes les formes possibles.

472. Principaux verres. — On divise les verres en deux classes : les *verres* proprement dits, à base alcalino-terreuse, et les *cristaux*, à base alcalino-plombeuse.

Le *verre de Bohême* est un silicate double de *potasse et de chaux*. On le fabrique dans les forêts de la Bohême, avec du quartz, de la chaux et du carbonate de potasse ; ces matières y sont choisies avec soin, d'une grande pureté. Ce verre est parfaitement incolore et transparent, léger et dur, peu fusible ; il a une supériorité incontestable pour les objets de gobeleterie fine, les vases à boire, les carafes et les vases d'ornement. — Le *crown-glass* a la même composition que le verre de Bohême, un peu moins siliceux ; il est préparé avec le plus grand soin pour les instruments d'optique.

Le *verre à glaces* et *à vitres*, tel qu'on le fabrique en France, est un *silicate* double *de soude et de chaux*. La soude lui donne une teinte verdâtre, facile à constater en regardant un verre à vitres sur la tranche. — Il sert pour la gobeleterie de qualité inférieure, les glaces et surtout les vitres. — On le prépare avec du sable blanc, du sulfate de soude et de la craie.

Le *verre à bouteilles* est très fusible, altérable, et coloré par du fer. On le fabrique avec du sable ferrugineux, de l'argile, des cendres de varechs et de bois, de la charrée ; c'est un silicate multiple de soude, potasse, chaux, alumine, fer.

Le *cristal* est un *silicate* double *de potasse et de plomb ;* il est d'une limpidité parfaite, sonore, fusible, plus dur, plus dense, plus réfringent que les autres verres. Le choix des matières qui servent à sa composition (sable pur, minium et carbonate de potasse), et les soins qu'exige sa fabrication, en font un produit de luxe. — Le *flint-glass* est du cristal plus riche en plomb et plus réfringent, employé dans les instruments d'optique. — Le *strass* a encore plus de plomb ; c'est le plus dense et le plus réfringent de tous les verres. On l'emploie pour imiter le diamant et les autres pierres précieuses, en le colorant avec des oxydes métalliques.

L'*émail* est du cristal rendu opaque par de l'oxyde d'étain et que l'on peut colorer diversement.

473. — Parmi les verres colorés, les uns le sont dans leur masse, les matières colorantes ayant été ajoutées à la pâte en fusion ; les autres ne le sont que superficiellement, ayant reçu, avant une dernière cuisson, des matières colorantes susceptibles de fondre avec la surface du verre. — Voici les matières les plus employées pour colorer le verre, le strass, les couvertes de faïence et de porcelaine :

Violet.... Bioxyde de manganèse.
Bleu..... Oxyde de cobalt, de cuivre.
Vert. Ox. de chrome, sous-ox. de cuivre.
Jaune.... Chlorure d'argent, charbon.

Rouge... Oxyde de cuivre, de fer.
Rose.... Chlorure d'or.
Brun. Sesquioxyde de fer, de mangan.
Noir..... Oxydes de cobalt, de fer.

474. — Composition des principaux verres

MATIÈRES COMPOSANTES.	BOHÊME.	CROWN.	VITRES.	GLACES.	BOUTEILLES	CRISTAL.	FLINT.	STRASS.	ÉMAIL.
Acide silicique.	76	62,8	69	76	45,6	61	42,5	38,2	31,6
Potasse..	15	22	—	—	6,4	6	11,7	7,8	8,3
Soude	—	—	15	17,5	—	—	—	—	—
Chaux.	8	12,5	13	3,75	28,1	—	0,5	—	—
Alumine.	1	2	3	2,75	14	—	1,8	1	—
Oxyde de plomb..	—	—	—	—	—	33	43,5	53	50
Magnésie.	—	0,6	—	—	—	—	—	—	—
Oxyde de fer.	—	—	—	—	6,2	—	—	—	—

CHAPITRE XII

ANALYSE DES SELS

475. — *Un sel étant donné, parmi les sels usuels, il faut montrer comment on en reconnaît le genre ou l'acide, et l'espèce ou la base.*

Pour faire cette analyse, on peut employer la *méthode par voie humide*, ou la *méthode par voie sèche*, ou les deux simultanément. La première est la plus suivie. Dans tous les cas, il est bon de n'opérer que sur de petites quantités de matière.

Le plus souvent, on pulvérise le sel et on cherche à le *dissoudre dans l'eau* froide ou chaude. S'il ne se dissout pas, ce n'est pas un azotate, ni un sel à base de soude. — On ajoute un peu d'acide azotique; si le sel ne se dissout pas davantage, ce n'est pas un carbonate.

Quand le sel est insoluble, on le transforme en *deux sels solubles*, l'un contenant l'*acide* cherché, par exemple en sel de soude; l'autre contenant la *base*, par exemple en azotate. — Pour cela, on fait bouillir quelque temps le sel pulvérisé avec de l'eau et du carbonate de soude en excès, ou bien on le chauffe au rouge, dans un creuset de platine, avec du carbonate de soude. Il se forme un sel à base de soude qui a pour acide l'*acide* cherché et qui est soluble, et un carbonate insoluble, ayant pour base la base cherchée. On sépare ces deux sels en les traitant par l'eau, qui dissout le premier, et on le sépare du second avec un filtre. — Le carbonate obtenu est ensuite traité par l'*acide azotique*, qui chasse l'acide carbonique, et forme un azotate soluble avec la *base* que l'on veut connaître.

On cherche ensuite, par l'emploi des *réactifs*, à reconnaître l'*acide* et la *base* du sel. On peut suivre la marche indiquée dans les tableaux suivants, et vérifier les résultats auxquels on arrive à l'aide des propriétés caractéristiques des corps, indiquées dans le cours de cet ouvrage (p. 259 et suivantes, pour les acides, et après chaque métal, pour les bases).

Nota. — Le premier tableau suppose que l'acide est inorganique. L'acide du sel pourrait être un *acide organique*. Pour s'en assurer, on chauffe une petite quantité de ce sel dans un tube fermé par un bout. Si le tube noircit, le sel a un acide organique, car tous ces sels se décomposent par la chaleur en donnant naissance à du charbon. Il n'y a d'exception que pour l'acide oxalique, qui se décompose, sans résidu de charbon, en acide carbonique et en oxyde de carbone inflammable.

20.

476. — Recherche de l'acide ou du genre d'un sel.

Le sel pulvérisé traité par l'acide sulfurique à froid donne.........

un gaz ou une vapeur :

verte, à odeur de chlore. Le sel est un hypochlorite ou un chlorate.-		Fuse sur charbons rouges.
rouge..	Azotite.	Fuse sur charbons rouges.
incolore ou rougeâtre fumant à l'air, qui { attaque le verre..............	Fluorure.	
{ ne l'attaque pas.............	II.	
incolore, ne fumant pas; d'une odeur.. { d'œufs pourris	Sulfure.	Noircit les sels de plomb.
{ de soufre brûlé...............	Sulfite.	
{ — avec dépôt de soufre jaune.	Hyposul.	
{ nulle; trouble l'eau de chaux.	Carbonate.	Effervescence par acide fort.
{ piquante, fume par ammon...	Chlorhydr.	
{ d'amandes amères.............	Cyanure.	
Rien..	III.	

II.
On ajoute du *bioxyde de manganèse* au mélange de *sel* et *d'acide sulfurique* : il se dégage....

un gaz vert. décolorant tournesol	Chlorure.	Généralement solubles.
une vapeur rouge............	Bromure.	Solut. jaune foncé par chlore
une vapeur violette..........	Iodure.	Solution brunit par chlore.

III.
Le sel humecté *d'acide sulfurique* et chauffé avec de la tournure de *cuivre*, donne...........

une vapeur rouge...........	Azotate.	Tous solubles, fusent.
une vapeur violette..........	Iodate.	
rien	IV.	

IV.
La *solution* concentrée et *l'acide sulfurique* ou *chlorhydrique* donnent ......

un précipité cristallin................	Borate.	Vitrifiables, flamme verte.
un précipité gélatineux..............	Silicate.	Généralement insolubles.
rien	V.	

V.
La *solution* concentrée et la *baryte* ou un *sel de baryte* donnent un précipité ....

jaune serin...........................	Chromate.	Colorés.
blanc, insoluble dans *l'acide azotique*.	Sulfate.	Généralement solubles.
blanc, soluble...................	VI.	

VI.
La *solution* concentrée et *l'azotate d'argent* donnent un précipité...........

brun ou rouge brique	Arséniate.	
blanc, soluble dans l'ammoniaque.....	Bromate.	
jaune. Solution et *acide sulfhydrique* donnent un précipité. { jaune	Arsénite.	
{ nul..	Phosphate.	

477. — Recherche du métal, de la base ou de l'espèce d'un sel

I.
La *solution* et l'acide chlorhydrique donnent un précipité....
- blanc; l'eau bouillante
  - le dissout.............................. Plomb. — Blanc, KO: noir, HS.
  - ne le dissout pas: mais l'ammoniaque le...
    - dissout........ Argent. — Brun clair, KO: noir, HS.
    - noircit......... Mercure (au min.) — Noir, KO; vert, KI.
- nul.. II.

II.
La *solution acidulée* par HCl et l'acide *sulfhydrique* dissous ou en courant gazeux donnent
- un précipité qui, lavé et traité par le sulfure d'ammonium, est.....
  - soluble..... III.
  - insoluble... IV.
- *Rien.* Solution neutre, traitée par sulfure d'ammonium, donne..
  - un précipité V.
  - rien....... VI.

LISEZ : *Les sels de mercure donnent un précipité noir, par la potasse KO, et vert par l'iodure de potassium KI.*

Le premier précipité était

III.
- noir. La *solution* jaune et le *sulfate de fer* donnent
  - un précipité brun.................. Or. — Nul, KO: violet, SnCl, SnCl².
  - rien. Solut. et chlorure d'ammonium pr. jaune. Platine. — Blanchit fer: jaune, KCl.
- brun marron... Etain. — Blanc, KO.
- jaune ou orangé, lequel, séché et grillé dans un tube, est.......
  - fixe................. Etain. — Bleu, KO.
  - volatil....... Arsenic (sulfure jaune). Ant.(sulf.orang.) — Appareil de Marsh.

IV.
- jaune.. Cadmium. — Blanc, insoluble, KO.
- noir. L'*acide azotique*
  - ne le dissout pas.................... Mercure. — Jaune, KO : rouge KI.
  - le dissout. La solution et l'*acide sulfurique* donnent
    - un précipité blanc......... Plomb. — Jaune, chromate de potasse.
    - rien. Ammoniaque......
      - précipité blanc.... Bismuth. — Blanc insoluble par KO.
      - préc. bleu céleste.. Cuivre. — Bleu, KO; rougit le fer.

V.
La *solution* bouillie avec de l'*acide azotique* par l'ammoniaque à froid ou à chaud, donne
- un précipité.........
  - couleur de rouille............. Fer. — Blanc ou ocreux, KO.
  - verdâtre........................ Chrome. — Vert soluble KO.
- rien. Le précipité par le *sulfure d'ammonium* était
  - blanc........................... Alumine. — Blanc soluble KO.
  - noir.................. Nickel, ou Cobalt. — Vert insoluble ou bleu KO.
  - couleur de chair............... Manganèse. — Blanc, noircit, KO.
  - blanc........................... Zinc. — Blanc par KO et HS.

VI.
La *solution* traitée par le carbonate de soude donne....
- un précipité. L'*acide chlorhydrique* et un sel d'ammoniaque donnent
  - rien...................... Magnésie. — Blanc gélatineux insol. KO.
  - un précipité. Baryte, strontiane ou chaux (1).................
- rien. La *solution* et le bichlorure de platine donnent
  - rien...................... Soude. — Préc. par aucun réactif.
  - un préc. jaune. La *solution* chauffée avec potasse...
    - un gaz Ammoniaque. — Gaz fume par HCl.
    - rien.. Potasse. — Préc. lent par acide tartriq.

(1) Pour les distinguer, on utilise l'inégale solubilité du sulfate : Les sels de baryum précipitent la solution de sulfate de chaux et la solution de sulfate de strontiane; les sels de strontiane ne précipitent que la première solution

LIVRE III

CHIMIE ORGANIQUE

___

CHAPITRE PRÉLIMINAIRE

GÉNÉRALITÉS : OBJET DE LA CHIMIE ORGANIQUE, ANALYSES ORGANIQUES, CLASSIFICATION

478. Objet de la chimie organique. — La chimie organique étudie les corps qui se trouvent dans les végétaux et les, animaux, et tous leurs dérivés : par exemple, *le sucre*, qui se forme dans les plantes ; *l'alcool*, qui résulte des transformations du sucre.

On croyait autrefois que la formation de ces substances échappait aux lois de la chimie inorganique, que les êtres vivants avaient seuls le pouvoir de les élaborer, que la chimie se bornait à les transformer. Aujourd'hui un très grand nombre de matières organiques ont été préparées à l'aide de leurs éléments minéraux, sans le concours des forces vitales (V. nº 479), et il est à croire que toutes pourraient être obtenues artificiellement. Il n'y a donc aucune différence essentielle entre ces corps et les composés minéraux. La chimie organique est une partie de la chimie minérale, à laquelle on pourrait donner comme titre : *Des composés du carbone*, puisque le carbone fait partie de toutes les combinaisons organiques. On la traite à part à cause de son étendue et de son importance.

Cette conclusion ne préjuge rien contre la distinction des minéraux et des êtres organisés, c'est-à-dire des êtres vivants ; ceux-ci se composent de substances organiques et de matières minérales, disposées en vue de certaines fonctions, *arrangées en organes*. Ainsi la cellulose est une substance organique contenue dans les fibres végétales ; mais une fibre végétale est tout autre chose que de la cellulose ; c'est un corps organisé, une *cellule*. L'étude des corps organisés n'appartient pas à la chimie, mais à l'histoire naturelle.

479. Méthodes : analyse et synthèse. — D'une manière générale, on appelle *analyse* la décomposition d'un corps en ses éléments, ou, du moins, en substances plus simples : par exemple, la décomposition de l'eau en hydrogène et en oxygène, du calcaire en chaux et en acide carbonique. On appelle *synthèse* la formation d'un corps au moyen de ses éléments : en combinant l'hydrogène avec l'oxygène on fait la synthèse de l'eau ; on fait la synthèse du carbonate de chaux en unissant la chaux et l'acide carbonique.

En chimie organique on a donné le nom de *méthode analytique* à la méthode qui prend comme point de départ les matières animales ou végétales, substances généralement très complexes, et les soumet à des réactions variées pour en tirer des produits plus simples.

Ex. : On trouve dans les végétaux une substance appelée *glucose ;* la glucose, en présence de la levure de bière, fermente et se dédouble en acide carbonique et en *alcool ;* en présence d'un corps avide d'eau, l'alcool se décompose en eau et en bicarbure d'hydrogène (*préparation du bicarbure d'hydrogène*) : on va du composé au simple.

Dans la *méthode synthétique* on se propose de reconstituer les produits organiques, en partant des corps simples de la chimie minérale, carbone, hydrogène, oxygène...... sans recourir aux êtres vivants. *Ex.* : Dans l'arc électrique, M. Berthelot a combiné le carbone et l'hydrogène en *acétylène*. L'acétylène, soumis à l'action de la chaleur, se change en *benzine*. Le même gaz, chauffé avec de l'hydrogène, donnera du bicarbure d'hydrogène.

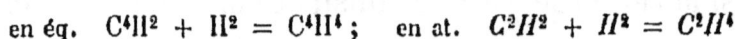

en éq. $C^4H^2 + H^2 = C^4H^4$;   en at. $C^2H^2 + H^2 = C^2H^4$

Le bicarbure d'hydrogène est absorbé lentement
par l'acide sulfurique ; il devient un éther qu'on
appelle l'*acide sulfovinique.*

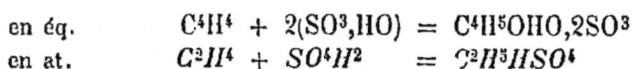

en éq. $C^4H^4 + 2(SO^3,HO) = C^4H^5OHO,2SO^3$

en at. $C^2H^4 + SO^4H^2 = C^2H^5HSO^4$

Ce dernier corps, distillé avec de la potasse, régénère l'*alcool*. On obtiendra ainsi des composés de
plus en plus complexes.

Les synthèses organiques démontrent l'identité de
la chimie organique et de la chimie minérale.

Analyses organiques

480. — On distingue deux sortes d'analyses : les analyses
immédiates et les analyses élémentaires.

Analyses immédiates. — Les produits naturels des animaux et des végétaux ne sont pas des composés définis,
mais des *mélanges* de substances chimiquement distinctes.
Ainsi le vin est formé d'alcool et d'eau ; la farine, de gluten
et d'amidon ; le lait, de caséine, de matières grasses, de
sucre, d'eau. — On appelle *principes immédiats* les
substances qui entrent dans la composition d'un produit
naturel. Pour qu'un corps, tel que l'alcool, soit regardé
comme un *principe immédiat*, il doit avoir les caractères
qui distinguent, en chimie inorganique, les *combinaisons
définies* ou *espèces chimiques*. Sa composition doit être
homogène dans un même échantillon et constante quand
on passe d'un échantillon à l'autre, son point d'ébullition
et son point de solidification doivent être invariables, ainsi
que la densité de sa vapeur ; en général il cristallise, etc.

On appelle *analyse immédiate* le traitement qu'on fait
subir aux matières animales ou végétales pour en extraire
les principes immédiats. — Les procédés sont très variés.
Si l'on chauffe le corps dans une étuve, la perte de poids est
attribuée à l'eau qui s'évapore. Si on le fait *brûler*, les
cendres représentent les matières minérales. La *pression*
sépare les liquides des solides, par exemple dans l'extraction
des huiles. On peut se servir de *dissolvants :* l'eau prendra
certains principes; ensuite on emploiera l'alcool, la benzine,
l'éther ; *ex. :* quand on fait digérer des feuilles dans
l'alcool, la chlorophylle se dissout; on l'obtient à l'état

solide en faisant évaporer le liquide ; la chlorophylle n'est, elle-même, qu'un mélange ; car si on la traite par la benzine, il y a un résidu insoluble, la *xanthophylle*, tandis que la partie dissoute est la *chlorophylle proprement dite*. — Quand on veut isoler l'alcool contenu dans le vin, on le *distille* : étant plus volatil que l'eau, il passe le premier. — Si plusieurs corps sont dissous dans un même liquide et qu'on fasse évaporer ce liquide, les corps les moins solubles cristallisent les premiers.

Ces exemples donnent l'idée des nombreux procédés auxquels on a recours.

481. Analyse élémentaire. — Les principes immédiats étant séparés, on en établit la composition par *l'analyse élémentaire*. L'analyse élémentaire a pour but de trouver quels corps simples (quels *éléments*) entrent dans un composé et en quelles proportions. Ainsi elle établira que l'alcool contient 24 parties de carbone, 6 d'hydrogène, 16 d'oxygène.

Les matières organiques contiennent toutes du carbone, presque toutes de l'hydrogène ; les carbures d'hydrogène n'ont pas d'autres éléments. Un très grand nombre sont formées de carbone, d'hydrogène et d'oxygène (*composés ternaires*) ; *ex.* : la cellulose, la glucose, l'alcool. Dans les *substances quaternaires*, on a en plus de l'azote : *ex.* l'urée, l'albumine. — D'autres éléments se trouvent aussi représentés, mais en proportions beaucoup moindres : le soufre, le phosphore, le chlore, l'iode, le silicium... parmi les métalloïdes ; le calcium, le potassium, le fer... parmi les métaux.

Cela étant connu, la méthode est de chercher séparément combien le corps contient de carbone, d'hydrogène, d'oxygène, etc.

482. Analyse élémentaire. — *Dosage du carbone et de l'hydrogène.* Quand on chauffe une matière organique avec un corps oxydant, tout le carbone se transforme en acide carbonique et tout l'hydrogène en eau. On recueille et on pèse ces produits ; de leurs poids on déduit le poids du carbone et celui de l'hydrogène.

On se sert d'un tube de verre peu fusible AB (*fig. 105*), placé sur une grille à gaz ou à charbon. La matière qu'on analyse est mise au milieu, mélangée avec de l'oxyde noir de cuivre CuO [CuO]. — La vapeur d'eau est absorbée dans un tube en U rempli de pierre ponce imbibée d'acide sulfurique, le tube T ; les boules L renferment une solution de potasse pour absorber l'acide carbonique ; le tube U renferme de la potasse en fragments, il retient la vapeur d'eau entraînée par les gaz qui traversent les boules. — L'augmen-

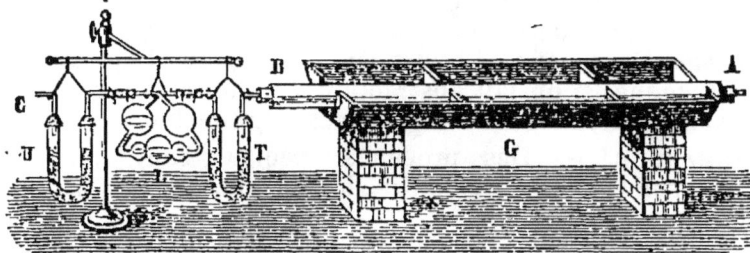

Fig. 105. — Analyse organique.

tation du poids du tube T est le poids de l'eau : l'hydrogène en est le $\frac{1}{9}$. L'augmentation du poids des boules et du tube U, pesés ensemble, est le poids de l'acide carbonique : on sait que 22 grammes d'acide carbonique contiennent 6 grammes de carbone.

483. — *Dosage de l'azote.* Pour reconnaître qu'une matière contient de l'azote, on la chauffe avec de la soude ou de la potasse caustique ; elle dégage de l'ammoniaque, qui bleuit le tournesol.

Premier procédé. — Lorsque l'azote n'est pas à l'état d'oxyde, il se transforme complètement en ammoniaque quand on chauffe en présence de la chaux ou de la soude. On chauffera donc la substance avec un mélange de chaux et de soude ; on absorbera l'ammoniaque par une dissolution d'acide chlorhydrique, on précipitera le chlorhydrate d'ammoniaque par le chlorure de platine, on pèsera le chlorure double d'ammonium et de platine et on déduira de son poids le poids de l'azote.

2° On dose l'azote à l'état libre. — Quand on fait le dosage du carbone et de l'hydrogène au moyen de l'oxyde de cuivre (n° 482) l'azote contenu dans la substance s'échappe à l'état gazeux : on le recueille et, de son volume, on déduit son poids. Il faut ajouter de la tournure de cuivre dans la partie B du tube : si l'azote se trouve sous forme d'oxydes, le cuivre décomposera ces oxydes et mettra l'azote en liberté.

Au commencement de l'expérience on balaie le tube par un courant d'acide carbonique afin d'éliminer l'air qu'il contient. A la fin on fait encore passer un courant d'acide carbonique pour entraîner l'azote qui reste dans le tube et qui échapperait à l'analyse.

484. — *Dosage de l'oxygène.* Les deux opérations précédentes déterminent combien un poids donné du corps contient de carbone, d'hydrogène et d'azote. Le reste est de l'oxygène, si on fait abstraction des autres corps, qui se trouvent généralement en quantités négligeables.

REMARQUE. — Des procédés spéciaux sont employés pour doser le chlore, le soufre, le phosphore...

485. Détermination de la formule. — *Notation atomique.* Rappelons la relation qui existe entre la formule chimique d'un corps et sa composition. Soit le bicarbure d'hydrogène C^2H^4 ; sa molécule contient 2 atomes de carbone qui pèsent $2 \times 12 = 24$, et 4 atomes d'hydrogène qui pèsent $4 \times 1 = 4$. Un poids déterminé du gaz renfermera des poids de carbone et d'hydrogène proportionnels à 24 et à 4.

Soit maintenant à déterminer la formule de l'acide formique. En l'analysant on a trouvé que 100 grammes contiennent 24gr,09 de carbone, 4gr,35 d'hydrogène et 69gr,56 d'oxygène. La formule sera CHO avec des exposants inconnus $C^xH^yO^z$; le poids de carbone sera proportionnel à $x \times 12$, le poids d'hydrogène à $y \times 1$, le poids d'oxygène à $z \times 16$

$$\frac{12 x}{26,09} = \frac{y}{4,35} = \frac{16 z}{69,5}$$

ou encore

$$\frac{x}{\left(\frac{26,09}{12}\right)} = \frac{y}{4,35} = \frac{z}{\left(\frac{69,5}{16}\right)}$$

c'est-à-dire

$$\frac{x}{2,17} = \frac{y}{4,35} = \frac{z}{4,35}$$

divisant les dénominateurs par 2,17 leur plus grand commun diviseur il vient

$$\frac{x}{1} = \frac{y}{2} = \frac{z}{2}$$

c'est-à-dire que les exposants sont proportionnels à 1, 2, 2 ; ce seront ces nombres ou leurs équimultiples. On aura $C^1H^2O^2$ ou $C^2H^4O^4$, ou $C^3H^6O^6$.....

Pour achever de se déterminer on a recours à divers moyens dont voici le plus employé. On prend la densité du corps à l'état gazeux par rapport à l'hydrogène. Dans le cas présent c'est 28 ; d'après un principe connu (n° 21) la molécule pèsera $2 \times 28 = 56$. Pour que la formule représente 56, il faut prendre les exposants 1, 2, 2 : on aura CH^2O^2.

Formules développées. — On les établit de manière à montrer que toutes les valences sont satisfaites, et comme cela peut, en général, se réaliser de plusieurs manières, on choisit la formule qui explique le mieux les propriétés du corps.

Notation en équivalents. — On procédera de la même manière, mais on remplacera les poids atomiques par les équivalents. Les formules devront aussi représenter le double de la densité, ce qu'on exprime en disant que *les formules correspondent à 2 volumes*, l'unité de volume étant la quantité d'hydrogène représentée par H.

Nous suivrons la notation atomique.

Classification, définitions

486. Série grasse, série aromatique. — On fait dériver des carbures d'hydrogène toutes les substances organiques : leur constitution, qui est en général plus facile à connaître, sert à établir la constitution des composés oxygénés et azotés. Par suite, la classification qu'on adoptera pour les carbures se retrouvera dans toute la chimie organique.

Les carbures d'hydrogène ou *hydrocarbures* peuvent être classés d'après la quantité d'hydrogène que contient leur molécule pour une quantité déterminée de carbone, soit n atomes. 1° *Carbures saturés* formule $C^n H^{2n+2}$; ex. : le protocarbure d'hydrogène CH^4. 2° *Carbures éthyléniques* $C^n H^{2n}$; ils contiennent 2 atomes d'hydrogène de moins que les précédents, pour le même poids de carbone; ex. : le bicarbure d'hydrogène $C^2 H^4$. 3° *Carbures acétyléniques* qui ont 4 hydrogènes de moins que le carbure saturé $C^n H^{2n-2}$; ex. : l'acétylène $C^2 H^2$. 4° *Carbures camphéniques* $C^n H^{2n-4}$; ex. : l'essence de térébenthine $C^{10} H^{16}$. 6° *Carbures benzéniques;* ex. : la benzine $C^6 H^6$..... et ainsi de suite, en retranchant toujours 2 atomes d'hydrogène.

Dans une classification plus générale, on réunit les trois premiers groupes sous le nom de *série grasse*, parce que les corps gras naturels se rattachent à ces carbures; les groupes 4°, 5° et suivants s'appellent *série aromatique* parce qu'il y a parmi leurs dérivés un grand nombre de substances d'une odeur agréable. On observe entre les deux séries les différences suivantes :

1° Les carbures gras contiennent plus d'hydrogène, comme on le remarque en comparant les formules.

2° En étudiant les formules développées, nous verrons

que les carbures gras ont leurs atomes de carbone disposés en *série linéaire*, en *chaîne. Ex. :* le butane C^4H^{10}.

$$H - \overset{\overset{H}{|}}{\underset{\underset{H}{|}}{C}} - \overset{\overset{H}{|}}{\underset{\underset{H}{|}}{C}} - \overset{\overset{H}{|}}{\underset{\underset{H}{|}}{C}} - \overset{\overset{H}{|}}{\underset{\underset{H}{|}}{C}} - H$$

Les extrémités de la chaîne sont libres, c'est-à-dire que le premier atome de carbone et le dernier sont en relation avec un seul atome de carbone.

Dans les composés aromatiques, les atomes de carbone forment des chaînes fermées, des *anneaux*, des *noyaux.* Ces noyaux ont une stabilité très grande et subsistent dans tous les dérivés de ces carbures. Le principal composé de ce genre est la benzine C^6H^6, en formule développée :

$$
\begin{array}{c}
H \\
| \\
C \\
\diagup \diagdown \\
H - C \qquad C - H \\
\| \qquad \| \\
H - C \qquad C - H \\
\diagdown \diagup \\
C \\
| \\
H
\end{array}
$$

A cette différence de constitution correspond une grande différence de propriétés. En conséquence on divise la chimie organique en deux parties : la première partie sous le titre **Série grasse**, traite des carbures gras et de leurs dérivés ; la deuxième partie, **Série aromatique**, des carbures aromatiques et de leurs dérivés.

487. Fonctions chimiques. — Les principaux genres de substances organiques sont les *hydrocarbures*, les *alcools*, les *éthers*, les *aldéhydes*, les *acides*, les *amines*, les *amides*. — Les corps d'un même groupe ont un ensemble de propriétés communes, de réactions caractéristiques qu'on appelle leur *fonction* ; ainsi on appelle *fonction alcool* l'ensemble des propriétés qui caractérisent les alcools. Nous allons définir ces diverses fonctions.

488. Alcools, radicaux alcooliques, phénols. — On sait que le groupe oxhydrile $-O-H$ est monovalent ; par

suite il peut tenir dans une molécule la place d'un
atome d'hydrogène : les alcools dérivent des hydrocarbures par la substitution du groupe oxhydrile à
un ou plusieurs atomes d'hydrogène.

Soit le carbure CH^4 (gaz des marais) qu'on peut
écrire CH^3H ; si le dernier hydrogène est remplacé
par OH on a l'*alcool méthylique* ou *alcool de bois*.
L'*alcool ordinaire* ou *alcool éthylique* dérive du
carbure C^2H^6. Le *glycol* $C^2H^4(OH)^2$ dérive du même
carbure par la substitution de 2 oxhydriles à 2 hydrogènes.

La partie de la molécule qui est commune au
carbure et à l'alcool s'appelle *radical alcoolique*. Le
radical CH^3 de l'alcool méthylique s'appelle *méthyle* ;
il est monovalent. Le radical de l'alcool ordinaire
C^2H^5, monovalent aussi, est l'*éthyle*. Le radical bivalent
du glycol C^2H^4 n'est autre que l'éthylène, étudié en
chimie inorganique.

Ces radicaux peuvent être assimilés à des atomes métalliques ; les alcools en sont les hydrates.

$K\ OH$	*hydrate de potassium ou potasse*
$C^2H^5.OH$	*hydrate d'éthyle ou alcool*
$Pb\ (OH)^2$	*hydrate de plomb (métal bivalent)*
$C^2H^4(OH)^2$	*hydrate d'éthylène (radical bivalent)*

Au point de vue pratique, les alcools sont caractérisés par la propriété de former des *éthers* sous l'action
des acides.

On appelle *phénols* des composés du groupe aromatique analogues aux alcools (1) ; ils résultent de la
substitution de OH à H dans le noyau aromatique.
Ex. : le *phénol ordinaire* $C^6H^5.OH$, qui dérive de la
benzine C^6H^6.

489. Éthers. — On en distingue deux sortes : les
éthers-sels, et les *éthers-oxydes*.

Éthers-sels. — Ce sont des acides dont l'hydrogène
basique a été remplacé par un radical alcoolique ;

---

(1) L'analogie est surtout une analogie de formule.

ex. : le *chlorure d'éthyle* C^2H^5Cl : c'est de l'acide chlor-hydrique HCl où l'hydrogène a été remplacé par C^2H^5, radical de l'alcool éthylique ; l'*azotate d'éthyle* $AzO^3.C^2H^5$ dérive de l'acide azotique AzO^3H par la même substitution.

Ces composés sont comparables aux sels métalliques : *chlorure de potassium* KCl, *azotate de potassium* AzO^3K. Les éthers-sels prennent d'ailleurs naissance par l'action des acides sur les alcools, comme les sels résultent de l'action des acides sur les hydrates métalliques (1).

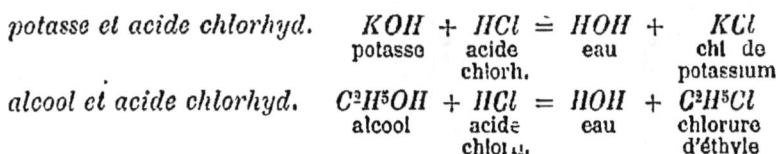

potasse et acide chlorhyd. $\quad KOH + HCl = HOH + KCl$
$\qquad\qquad\qquad\qquad$ potasse $\quad$ acide $\qquad$ eau $\qquad$ chl de
$\qquad\qquad\qquad\qquad\qquad$ chlorh. $\qquad\qquad\qquad$ potassium

alcool et acide chlorhyd. $\quad C^2H^5OH + HCl = HOH + C^2H^5Cl$
$\qquad\qquad\qquad\qquad$ alcool $\qquad$ acide $\qquad$ eau $\qquad$ chlorure
$\qquad\qquad\qquad\qquad\qquad$ chlor.h. $\qquad\qquad\qquad$ d'éthyle

Éthers-oxydes, éthers mixtes. — Les *éthers-oxydes* résultent de la déshydratation des alcools ; ex. : l'*éther ordinaire* $(C^2H^5)^2O$ qui provient de 2 molécules d'alcool privées d'une molécule d'eau.

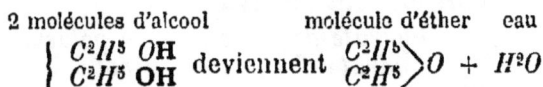

$\qquad$ 2 molécules d'alcool $\qquad\qquad$ molécule d'éther $\quad$ eau
$$\left| \begin{array}{l} C^2H^5\ \mathbf{OH} \\ C^2H^5\ \mathbf{OH} \end{array} \right. \text{deviennent} \quad \genfrac{}{}{0pt}{}{C^2H^5}{C^2H^5}\!\!\Big> O + H^2O$$

Les atomes marqués en caractères gras s'éliminent sous forme d'eau et les deux groupes C^2H^5 se fixent, chacun par une valence, à l'oxygène qui reste.

C'est ainsi qu'on aurait en chimie inorganique :

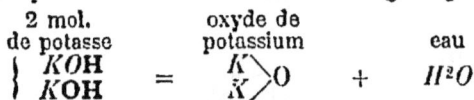

$\qquad$ 2 mol. $\qquad\qquad$ oxyde de
$\qquad$ de potasse $\qquad$ potassium $\qquad\qquad$ eau
$$\left| \begin{array}{l} KOH \\ KOH \end{array} \right. = \quad \genfrac{}{}{0pt}{}{K}{K}\!\!\Big> O \quad + \quad H^2O$$

Les radicaux associés dans les éthers-oxydes peuvent appartenir à des alcools différents ; alors l'éther est dit *éther mixte* :

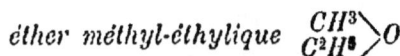

$$\text{éther méthyl-éthylique} \quad \genfrac{}{}{0pt}{}{CH^3}{C^2H^5}\!\!\Big> O$$

Nota. — Pour achever la comparaison entre les métaux et les radicaux alcooliques, signalons les *composés organo-métalliques* qui sont comme des *alliages* d'un radical alcoolique et d'un métal. Les plus connus sont ceux qu'on forme avec le zinc, ex. : *zinc-méthyle* $Zn(CH^3)^2$, *zinc-éthyle* $Zn(C^2H^5)^2$.

_____

(1) Avec cette différence que l'action est lente.

490. Aldéhydes. — Les *aldéhydes* dérivent des alcools par élimination de 2 atomes d'hydrogène. Cet hydrogène se sépare sous l'influence d'une oxydation modérée : il se forme de l'eau.

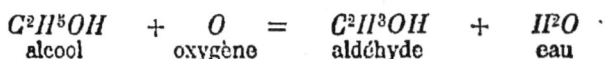

$$C^2H^5OH \quad + \quad O \quad = \quad C^2H^3OH \quad + \quad H^2O$$
$$\text{alcool} \qquad \text{oxygène} \qquad \text{aldéhyde} \qquad \text{eau}$$

491. Acides. — Les *acides* dérivent des alcools par la substitution de 1 atome d'oxygène à 2 atomes d'hydrogène dans le radical alcoolique, sous l'influence des oxydants (1).

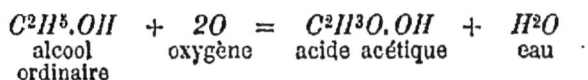

$$C^2H^5.OH \quad + \quad 2O \quad = \quad C^2H^3O.OH \quad + \quad H^2O$$
$$\text{alcool} \qquad \text{oxygène} \qquad \text{acide acétique} \qquad \text{eau}$$
$$\text{ordinaire}$$

L'un des atomes d'oxygène se substitue aux 2 hydrogènes éliminés, l'autre s'unit avec eux pour former de l'eau.

Une oxydation modérée transforme l'alcool en aldéhyde, une oxydation prolongée le convertit en acide.

Si l'alcool est *polyatomique*, la substitution de 1 atome d'oxygène à 2 d'hydrogène pourra se faire autant de fois qu'il y a d'oxhydriles dans l'alcool. *Ex.* :

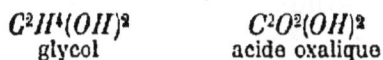

$$C^2H^4(OH)^2 \qquad\qquad C^2O^2(OH)^2$$
$$\text{glycol} \qquad\qquad\quad \text{acide oxalique}$$

Le radical alcoolique oxydé s'appelle *radical acide*. On lui donne un nom indiquant à quel acide il appartient : le radical C^2H^3O de l'acide acétique est l'*acétyle*. Les hydrogènes qui n'entrent pas dans le radical acide peuvent seuls être remplacés par des métaux ; par conséquent l'acide acétique est *monobasique*, car il n'a qu'un hydrogène remplaçable par un métal ; l'acide oxalique est *bibasique*.

REMARQUE. — Le terme *radical d'un acide* a ici un sens différent de celui que nous avons adopté en chimie inorganique (n⁰ˢ 30 et 292). Désormais nous attribuerons à *radical acide* le sens défini ici, et nous appellerons *résidu halogénique* d'un acide, ce qui reste quand on a retranché l'hydrogène basique.

Dans l'acide acétique $C^2H^3O.OH$, le radical sera C^2H^3O et le résidu halogénique $C^2H^3O^2$. Dans l'acide chlorhydrique HCl il n'y a à considérer que le résidu halogénique Cl.

_____

(1) Cela n'a lieu que pour les alcools *primaires*. V. infra p. 377.

492. Amines, amides. — Les *amines* ou *ammoniaques composées* sont produites par la substitution d'un ou plusieurs radicaux alcooliques à un ou plusieurs atomes d'hydrogène dans l'ammoniaque.

Ainsi dans l'ammoniaque
$$Az{\overset{\displaystyle /H}{\underset{\displaystyle \backslash H}{-H}}} \qquad AzH^3$$

on peut substituer 1 éthyle
$$Az{\overset{\displaystyle /C^2H^5}{\underset{\displaystyle \backslash H}{-H}}} \qquad AzH^2.C^2H^5 \quad \text{(éthyla-mine)}$$

— — 2 éthyles
$$Az{\overset{\displaystyle /C^2H^5}{\underset{\displaystyle \backslash H}{-C^2H^5}}} \qquad AzH(C^2H^5)^2 \quad \text{(diéthy-lamine)}$$

— — 3 éthyles
$$Az{\overset{\displaystyle /C^2H^5}{\underset{\displaystyle \backslash C^2H^5}{-C^2H^5}}} \qquad Az(C^2H^5)^3 \quad \text{(triéthyla-mine)}$$

Les noms de ces composés indiquent le radical substitué et le degré de substitution. Ex. : *diéthylamine*, c'est de l'ammoniaque contenant deux groupes *éthyle*.

Les ammoniaques composées ont toutes les propriétés de l'ammoniaque simple. Ce sont des bases énergiques, capables de neutraliser les plus forts acides.

Amides. — On appelle *amides* les composés qu'on obtient en remplaçant dans l'ammoniaque un ou plusieurs atomes d'hydrogène par un ou plusieurs radicaux acides. Ainsi, en substituant le radical de l'acide acétique C^2H^3O, on aura l'*acétamide* $AzH^2C^2H^3O$, la *diacétamide* $AzH(C^2H^3O)^2$.

Les amides diffèrent des amines par la nature du radical substitué. De plus, l'ammoniaque y perd ses propriétés basiques à cause de l'influence du radical acide : les amides sont des corps neutres ou même acides.

SÉRIE GRASSE

CHAPITRE PREMIER

HYDROCARBURES

Nous avons vu qu'on les divise en trois groupes : *carbures saturés* C^nH^{2n+2}, *carbures éthyléniques* C^nH^{2n}, *carbures acétyléniques* C^nH^{2n-2}. Nous allons étudier les deux premières séries ; à la troisième appartient l'acétylène, déjà décrit p. 137.

Carbures saturés

493. Définition, nomenclature. — On appelle *hydrocarbures saturés* les carbures compris dans la formule générale C^nH^{2n+2}, où n prend toutes les valeurs entières depuis 1.

On a ainsi pour n = 1 CH^4, gaz des marais.
      pour n = 2 C^2H^6, éthane.
      pour n = 3 C^3H^8, propane.
      etc.

Les noms des carbures saturés sont formés d'un radical indiquant le nombre des atomes de carbone, avec la terminaison *ane* (1). Ex. : C^6H^{14} s'appelle *hexane* (ἕξ six).

Les quatre premiers carbures ont des noms irréguliers : CH^4 *méthane*, C^2H^6 *éthane*, C^3H^8 *propane*, C^4H^{10} *butane*. On prend ensuite les noms réguliers : *pentane, hexane, heptane*.

494. Formules développées. — La constitution des carbures saturés se déduit de ce principe que le carbone est tétravalent.

S'il n'y a qu'un atome de carbone, la formule doit être (*méthane*).

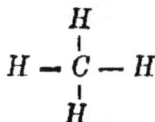

$$H - \overset{\displaystyle H}{\underset{\displaystyle H}{C}} - H$$

---

(1) Cette nomenclature a beaucoup varié. Ainsi le gaz des marais s'est appelé *protocarbure d'hydrogène, hydrure de méthyle, formène.*

⎮ *2 atomes de carbone.* — Lorsqu'il y a plusieurs atomes de carbone ils doivent être reliés *entre eux,* car les atomes d'hydrogène, étant monovalents, ne peuvent pas servir à faire des liaisons. Deux atomes de carbone seront liés au moins par une valence.

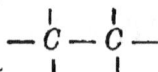

$$-\overset{|}{\underset{|}{C}}-\overset{|}{\underset{|}{C}}-$$

il reste 6 valences qui pourront fixer 6 atomes d'hydrogène.

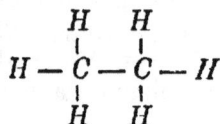

$$H-\overset{\overset{\textstyle H}{|}}{\underset{\underset{\textstyle H}{|}}{C}}-\overset{\overset{\textstyle H}{|}}{\underset{\underset{\textstyle H}{|}}{C}}-H$$

Telle est la formule de l'*éthane* C^2H^6. — Les 2 carbones pourraient être liés par plusieurs valences, mais on n'aurait plus une molécule *saturée,* c'est-à-dire contenant la plus grande quantité possible d'hydrogène. Le carbure appartiendrait à une autre série.

3 atomes de carbone. — Les atomes seront disposés de la manière suivante :

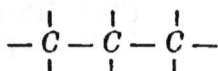

$$-\overset{|}{\underset{|}{C}}-\overset{|}{\underset{|}{C}}-\overset{|}{\underset{|}{C}}-$$

et le carbure sera (*propane*) :

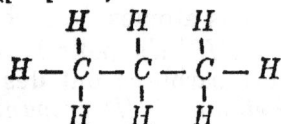

$$H-\overset{\overset{\textstyle H}{|}}{\underset{\underset{\textstyle H}{|}}{C}}-\overset{\overset{\textstyle H}{|}}{\underset{\underset{\textstyle H}{|}}{C}}-\overset{\overset{\textstyle H}{|}}{\underset{\underset{\textstyle H}{|}}{C}}-H$$

Isoméries. — A partir de 4 atomes, les carbones pourront avoir plusieurs dispositions : d'où il suit qu'il y aura des *isoméries* (p. 28). Prenons la formule précédente : si l'on veut introduire un quatrième atome de carbone, l'hypothèse la plus simple est que le nouvel atome se place à la suite des autres :

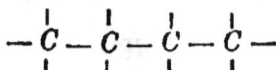

$$-\overset{|}{\underset{|}{C}}-\overset{|}{\underset{|}{C}}-\overset{|}{\underset{|}{C}}-\overset{|}{\underset{|}{C}}-$$

on aura alors le carbure appelé *carbure normal* (*butane normal*) :

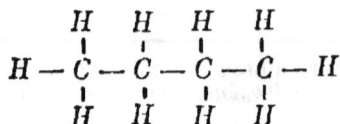

$$H-\overset{\overset{\textstyle H}{|}}{\underset{\underset{\textstyle H}{|}}{C}}-\overset{\overset{\textstyle H}{|}}{\underset{\underset{\textstyle H}{|}}{C}}-\overset{\overset{\textstyle H}{|}}{\underset{\underset{\textstyle H}{|}}{C}}-\overset{\overset{\textstyle H}{|}}{\underset{\underset{\textstyle H}{|}}{C}}-H$$

Mais le nouvel atome de carbone pourrait aussi se placer sur le carbone intermédiaire du propane :

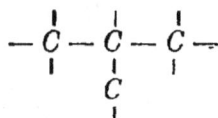

$$-\overset{\displaystyle|}{\underset{\displaystyle|}{C}} - \overset{\displaystyle|}{\underset{\displaystyle\underset{\displaystyle|}{\underset{\displaystyle C}{|}}}{C}} - \overset{\displaystyle|}{\underset{\displaystyle|}{C}} -$$

Le carbure ainsi disposé, qui a d'ailleurs la même quantité d'hydrogène que le précédent, s'appelle *isobutane* :

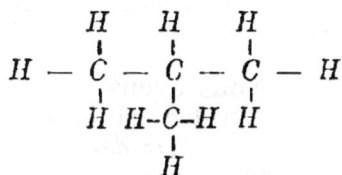

$$H - \overset{\displaystyle H}{\underset{\displaystyle H}{C}} - \overset{\displaystyle H}{\underset{\displaystyle \underset{\displaystyle H}{H-C-H}}{C}} - \overset{\displaystyle H}{\underset{\displaystyle H}{C}} - H$$

Par la même méthode, on trouvera les formules des composés supérieurs et leurs isoméries. La plupart des carbures prévus par la théorie sont connus aujourd'hui, jusqu'à $C^{18}H^{38}$.

495. Propriétés générales des carbures saturés. — *Propriétés physiques.* On remarque qu'ils sont d'autant plus éloignés de l'état gazeux et plus rapprochés de l'état solide que leur molécule pèse davantage. Ainsi le méthane et l'éthane sont gazeux et ne se liquéfient qu'à de très basses températures et par de fortes pressions. Le propane se liquéfie à — 17°, le butane normal à + 1°. Les suivants sont liquides et leur point d'ébullition s'élève graduellement. A partir de $C^{14}H^{30}$, ils sont solides à la température ordinaire ; ces solides portent le nom de *paraffines*.

Propriétés chimiques. — Les carbures saturés ne se transforment pas *par addition*. En effet, les affinités du carbone étant complètement satisfaites par l'hydrogène, un atome étranger ne peut s'introduire dans la molécule qu'en déplaçant un atome d'hydrogène, c'est-à-dire *par substitution*. Ainsi le chlore agissant sur le méthane déplace, par exemple, un atome d'hydrogène et se substitue à lui :

$$CH^4 + 2Cl = CH^3Cl + HCl$$

Au contraire, avec le bicarbure d'hydrogène, composé *non saturé*, on aurait, *par addition*, l'huile des Hollandais (p. 136).
Les corps qui se substituent ainsi sont principalement le

chlore, le *brome*, *l'iode* (1). La substitution est plus ou moins complète : en faisant agir graduellement le chlore sur le méthane, on aura CH^3Cl, CH^2Cl^2, $CHCl^3$, CCl^4 qu'on appelle méthane *monochloré*, méthane *bichloré*, *trichloré*, *tétrachlorure* de carbone.

Les carbures saturés sont combustibles comme tous les carbures d'hydrogène; en brûlant ils donnent de l'eau et de l'acide carbonique, avec dépôt de carbone si l'oxygène est insuffisant. — Ils sont en général assez résistants aux divers agents chimiques, d'où leur vient le nom général de *paraffines* (parum affinis).

496. État naturel. — Nous avons vu que le méthane se forme par la décomposition des matières végétales enfouies dans le sol ou sous les eaux *(gaz des marais)*. Les carbures d'ordre plus élevé se trouvent aussi dans le sol, formant en Amérique et au Caucase des amas considérables, qui résultent probablement de la décomposition des plantes enfouies dans le sol aux âges géologiques. On les appelle *pétroles*. Les pétroles sont des mélanges : soumis à la distillation, ils abandonnent des carbures de moins en moins volatils à mesure que la température s'élève. Les résidus de cette distillation sont des matières solides d'où on tire la *paraffine* et la *vaseline*.

Les pétroles d'Amérique sont formés de carbures saturés, ceux du Caucase de carbures non saturés.

497. Production artificielle. — 1° La méthode qui a servi à la préparation du protocarbure d'hydrogène (p. 134) est générale Dans cette préparation, on obtient le carbure saturé en C^1 *(méthane)* avec l'acide en C^2 *(acide acétique)* : d'une manière générale, pour avoir le carbure en C^n, on emploiera l'acide en C^{n+1}. Cet acide $C^{n+1}H^{2n+1}O.OH$ chauffé avec de la soude perd CO^2 et devient C^nH^{2n+2}. Ainsi, avec l'*acide butyrique*, on aura le *propane*; avec l'*acide propylique*, l'*éthane*.

2° *Synthèse*. — La méthode précédente est analytique, puisqu'elle diminue le nombre d'atomes de carbone contenus dans la molécule. Inversement, on peut partir du méthane pour préparer les carbures supérieurs.

On peut substituer dans le méthane CH^4 un atome d'iode à un atome d'hydrogène (par des voies détournées, car

(1) Le brome agit moins vivement que le chlore. L'iode ne se substitue que par voie indirecte.

l'iode n'agit pas directement sur le méthane). Le composé qui en résulte CH^3I peut être regardé comme formé d'iode et d'un radical monovalent CH^3 (le *méthyle*, radical de l'alcool méthylique).

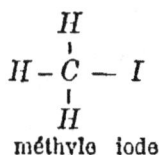

$$H - \underset{\underset{H}{|}}{\overset{\overset{H}{|}}{C}} - I$$

méthyle iodé

L'iodure de méthyle chauffé avec du sodium subit la réaction suivante :

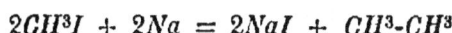

$$2CH^3I + 2Na = 2NaI + CH^3\text{-}CH^3$$

Le sodium s'est emparé de l'iode, et les deux groupes *méthyle*, qui ont maintenant 1 valence libre, se soudent l'un à l'autre.

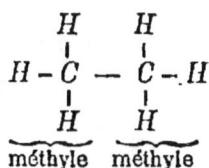

$$H - \underset{\underset{H}{|}}{\overset{\overset{H}{|}}{C}} - \underset{\underset{H}{|}}{\overset{\overset{H}{|}}{C}} - H$$

méthyle   méthyle

Cette réaction amène à considérer l'éthane comme dérivant du méthane par substitution de 1 groupe méthyle à 1 hydrogène.

L'éthane obtenu, on pourra le transformer en iodure d'éthyle C^2H^5I. (C^2H^5 est l'*éthyle*, radical de l'alcool ordinaire.) Si l'on chauffe l'iodure d'éthyle avec l'iodure de méthyle en présence du sodium, les 2 groupes éthyle et méthyle se souderont par une réaction analogue à la précédente, et produiront le carbure en C^3 (*propane*) :

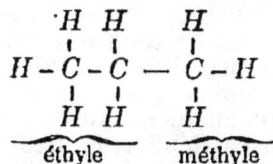

$$H - \underset{\underset{H}{|}}{\overset{\overset{H}{|}}{C}} - \underset{\underset{H}{|}}{\overset{\overset{H}{|}}{C}} - \underset{\underset{H}{|}}{\overset{\overset{H}{|}}{C}} - H$$

éthyle   méthyle

on sera amené à considérer le propane comme résultant de l'éthane par substitution d'un méthyle à 1 hydrogène.

En suivant cette méthode, on aura des carbures d'ordre de plus en plus élevé.

Le point de départ est le méthane. Reste à former le méthane avec ses éléments minéraux. Or, M. Berthelot, ayant obtenu l'acétylène dans l'arc électrique, l'a converti en méthane en le chauffant avec de l'hydrogène.

$$C^2H^2 + 6H = 2(CH^4)$$

498. Usages. — Les carbures gazeux qui s'échappent du sol en certains endroits sont utilisés pour le chauffage ou l'éclairage. — Les carbures liquides, convenablement épurés, servent à l'éclairage, sous le nom de *pétroles* ; on les divise en *huiles légères*, c'est-à-dire à point d'ébullition peu élevé (essence de pétrole), et en *huiles lourdes* qui bouillent à une température plus élevée. Avec la *paraffine* on fait des bougies translucides. — D'autres carbures de consistance visqueuse sont employés au graissage des machines ; parmi ceux-là se trouve la *vaseline* employée pour graisser les pièces délicates.

Carbures éthyléniques

499. Définition, nomenclature. — On appelle *carbures éthyléniques*, les carbures compris dans la formule générale C^nH^{2n}.

pour n = 2 on a l'*éthylène* C^2H^4
n = 3 — le *propylène* C^3H^6
n = 4 — le *butylène* C^4H^8

etc.... Le premier terme CH^2 (pour n = 1) n'existe pas à l'état libre.

Nomenclature. — On les désigne géralement par le même nom que le carbure saturé, qui contient le même nombre d'atomes de carbone. Seulement on remplace la terminaison *ane* par *ylène*.

Ethane C^2H^6 Ethylène C^2H^4
Propane C^3H^8 Propylène C^3H^6

500. Formules développées. — La constitution des carbures éthyléniques se déduit de celle des carbures saturés. En effet, pour le même nombre d'atomes de carbone, ils contiennent 2 hydrogènes de moins que ces derniers. Ces hydrogènes peuvent-ils être pris au même atome ? En fait, on n'en connait aucun exemple ; en particulier, le méthylène CH^2 qui dériverait de CH^4 n'existe pas : l'atome de carbone aurait 2 valences libres, ce qui paraît nuire à la stabilité de la molécule. — Les hydrogènes sont pris ordinairement à 2 carbones voisins, et ces atomes échangent les valences qui deviennent libres pour former une double liaison.

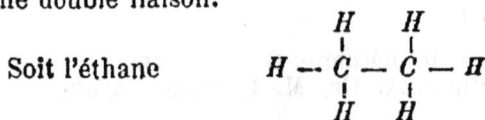

Soit l'éthane

Si on enlève 2 hydrogènes, 2 valences deviennent libres.

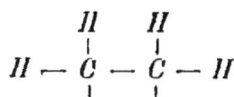

$$H - \overset{\overset{\displaystyle H}{|}}{\underset{|}{C}} - \overset{\overset{\displaystyle H}{|}}{\underset{|}{C}} - H$$

et il se forme une double liaison $H - \overset{\overset{\displaystyle H}{|}}{C} = \overset{\overset{\displaystyle H}{|}}{C} - H$

Les hydrogènes peuvent-ils être pris à des atomes non voisins ? On en connaît un exemple, le *triméthylène*, pour lequel on admet la formule $CH^2 \overset{\diagup CH^2}{\diagdown CH^2}$

Il dérive du propane.

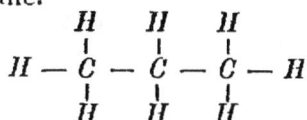

$$H - \overset{\overset{\displaystyle H}{|}}{\underset{\underset{\displaystyle H}{|}}{C}} - \overset{\overset{\displaystyle H}{|}}{\underset{\underset{\displaystyle H}{|}}{C}} - \overset{\overset{\displaystyle H}{|}}{\underset{\underset{\displaystyle H}{|}}{C}} - H$$

Aux deux extrémités de la chaîne on retranche un hydrogène.

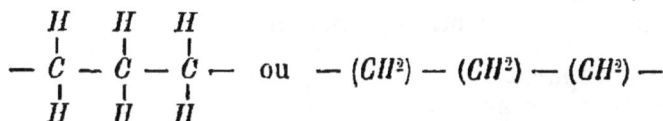

$$- \overset{\overset{\displaystyle H}{|}}{\underset{\underset{\displaystyle H}{|}}{C}} - \overset{\overset{\displaystyle H}{|}}{\underset{\underset{\displaystyle H}{|}}{C}} - \overset{\overset{\displaystyle H}{|}}{\underset{\underset{\displaystyle H}{|}}{C}} - \quad \text{ou} \quad - (CH^2) - (CH^2) - (CH^2) -$$

Les deux valences libres s'échangent et la chaîne se ferme. Mais cette structure éloigne le corps de la série grasse et le rapproche de la série aromatique.

Cette théorie qui considère les carbures éthyléniques comme dérivant des carbures saturés par soustraction de 2 atomes d'hydrogène est conforme à leur mode de préparation. Prenons l'éthylène pour exemple. — On le prépare avec l'alcool ordinaire, c'est-à-dire avec de l'éthane où un hydrogène est remplacé par un oxhydrile.

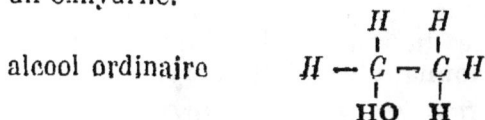

alcool ordinaire
$$H - \overset{\overset{\displaystyle H}{|}}{\underset{\underset{\displaystyle \textbf{HO}}{|}}{C}} - \overset{\overset{\displaystyle H}{|}}{\underset{\underset{\displaystyle \textbf{H}}{|}}{C}} H$$

Sous l'influence d'un déshydratant, les atomes marqués en caractères gras s'éliminent sous forme d'eau

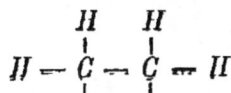

$$H - \overset{\overset{\displaystyle H}{|}}{\underset{|}{C}} - \overset{\overset{\displaystyle H}{|}}{\underset{|}{C}} - H$$

il en résulte l'éthylène.

Isoméries. — On aura deux sortes d'isoméries : d'abord les isoméries des carbures saturés qui servent de point de départ, et, de plus, celles qui résultent de la place de la double liaison.

501. Propriétés. — *Propriétés physiques.* — Comme dans la série précédente, les premiers termes sont gazeux, les suivants, liquides, et les derniers, solides.

Propriétés chimiques. — La plus remarquable est leur affinité pour le chlore, le brome et l'iode, auxquels ils s'unissent directement. En effet, n'étant pas saturés, ils peuvent prendre deux atomes monovalents. Exemple : l'éthylène s'unissant au chlore donne l'huile des Hollandais ou *bichlorure d'éthylène* $C^2H^4Cl^2$.

L'acide chlorhydrique, l'acide bromhydrique... s'unissent aussi directement à ces carbures. On conçoit en effet que les deux atomes de la réaction précédente puissent être différents : HCl au lieu de $2Cl$. L'acide sulfurique se comporte d'une façon semblable, car on peut le regarder comme composé d'un groupe monovalent SO^4H et d'un atome d'hydrogène ; en se combinant avec le bicarbure d'hydrogène il formera le composé $C^2H^4.H.SO^4H$ (*acide sulfovinique*) dont il a été question dans la synthèse de l'alcool (p. 358).

Nota. — Ces réactions sont lentes.

502. Préparation. — La préparation de l'éthylène donnée en chimie inorganique (p. 136) est générale. Les alcools monatomiques (à *un oxhydrile*), en perdant une molécule d'eau, fournissent un carbure éthylénique.

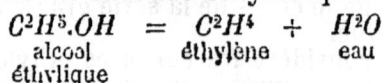

$$C^2H^5.OH \quad = \quad C^2H^4 \quad + \quad H^2O$$
alcool   éthylène   eau
éthylique

On provoque cette réaction en faisant agir sur l'alcool un corps avide d'eau comme le chlorure de zinc ou l'acide sulfurique. Mais il faut remarquer qu'avec l'acide sulfurique la réaction est en réalité plus compliquée ; car il se forme d'abord un éther sulfurique du radical alcoolique. Celui-ci se décompose ensuite en donnant le carbure éthylénique.

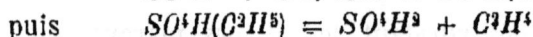

$$SO^4H^2 + C^2H^5.OH = SO^4H.C^2H^5 + H^2O$$
puis $\quad SO^4H(C^2H^5) = SO^4H^2 + C^2H^4$

(V. l'action de l'acide sulfurique sur les alcools au chapitre suivant).

Remarque sur la classification des carbures. Corps homologues, séries homologues

503. — Nous avons vu (n° 497) qu'on obtenait les carbures saturés en substituant le groupe méthyle CH^3 à la place d'un hydrogène du carbure précédent. Nous aurions pu faire la même remarque pour les carbures éthyléniques et pour les carbures acétyléniques : ainsi le propylène $CH^2 = CH — CH^3$ est de l'éthylène où on a introduit un méthyle à la place d'un hydrogène.

Or l'introduction de ce groupe *méthyle* ne change pas les propriétés fondamentales du carbure primitif ; *l'éthylène méthylé* aura les propriétés principales de l'éthylène simple, en particulier celles qui résultent de la double liaison. Il a donc été naturel de placer dans une même classe les corps qui dérivent d'un même carbure primitif par la substitution de CH^3 à H faite une fois ou plusieurs. Ces corps s'appellent corps *homologues*, et leur ensemble une *série homologue*.

On aura dans une première série le méthane et ses homologues (*carbures saturés*), dans la deuxième l'éthylène et ses homologues, ensuite l'acétylène et ses homologues.

Cette notion se retrouvera pour tous les composés organiques : on aura l'alcool ordinaire et ses homologues ; la benzine et ses homologues.

Remplacer H par CH^3, c'est en réalité ajouter CH^2, c'est pourquoi on dit que les corps homologues diffèrent entre eux de CH^2.

CHAPITRE II

ALCOOLS ET ÉTHERS EN GÉNÉRAL

DES ALCOOLS

504. Définitions. — *Alcools monoatomiques, alcools polyatomiques.* Les alcools dérivent des hydrocarbures par échange de un ou plusieurs hydrogènes contre un ou plusieurs oxhydriles. Ils sont dits *monoatomiques, diatomiques,* etc.... selon le nombre d'oxhydriles qu'ils contiennent.

Alcools monoatomiques, 1 oxhydrile.
Ex. : alcool ordinaire C^2H^5OH
Alcools diatomiques ou *glycols,* 2 oxhydriles.
Ex. : glycol éthylénique $C^2H^4(OH)^2$
Alcools triatomiques ou *glycérines,* 3 oxhydriles.
Ex. : glycérine ordinaire $C^3H^5(OH)^3$
Alcools hexatomiques, 6 oxhydriles. *Ex. :* mannite $C^6H^8(OH)^6$

Alcools primaires, secondaires, tertiaires. — La place de l'oxhydrile dans la formule développée n'est pas indifférente. D'abord il n'y a pas de composés stables où plusieurs oxhydriles soient fixés à un même atome de carbone. En second lieu on voit, quand on considère la formule d'un hydrocarbure saturé, que les carbones situés aux extrémités de la chaîne portent 3 hydrogènes ; les carbones intermédiaires en portent 2. Ex. : le *propane*

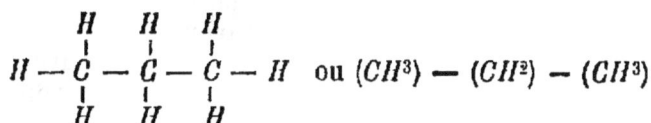

$$H - \overset{\overset{H}{|}}{\underset{\underset{H}{|}}{C}} - \overset{\overset{H}{|}}{\underset{\underset{H}{|}}{C}} - \overset{\overset{H}{|}}{\underset{\underset{H}{|}}{C}} - H \quad \text{ou } (CH^3) - (CH^2) - (CH^3)$$

Si on substitue l'oxhydrile à l'une des extrémités, l'atome de carbone portera encore 2 hydrogènes.

Alcool *propylique* $CH^3 - CH^2 - CH^2.OH$

L'alcool est dit alors *alcool primaire;* les alcools primaires sont caractérisés par le groupe CH^2OH uni à un carbone. Soumis à une oxydation modérée, ils donnent des *aldéhydes*, le groupe caractéristique perdant 2 hydrogènes et devenant $-COH$. Par une oxydation plus complète les 2 atomes d'hydrogène du groupe CH^2OH sont remplacés par un oxygène, et l'alcool devient un acide.

Soit l'alcool propylique : $CH^3 - CH^2 - CH^2OH$; par une oxydation modérée on a $CH^3 - CH^2 - COH$, aldéhyde propionique ; par une oxydation plus complète, $CH^2 - CH^3 - CO.OH$, acide propionique.

Si l'oxhydrile est substitué au milieu de la chaîne, l'atome de carbone ne portera plus qu'un atome d'hydrogène :

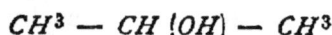

$$CH^3 - CH (OH) - CH^3$$

dans ce cas, l'alcool est dit secondaire. Les alcools secondaires sont caractérisés par le groupe $CH(OH)$ uni à 2 atomes de carbone. En s'oxydant ils donnent une aldéhyde appelée *acétone*

$CH^3 - CHOH - CH^3$ devient $CH^3 - CO - CH^3$ *acétone ordinaire*

mais, par une oxydation ultérieure, ils ne forment pas d'acide (au moins d'acide ayant le même nombre de carbones) justement parce que le nombre d'hydrogènes unis au carbone caractéristique est trop petit.

Enfin, les carbures isomériques des carbures normaux contiennent des atomes de carbone qui ne portent qu'un hydrogène. Ex. : *l'isobutane.*

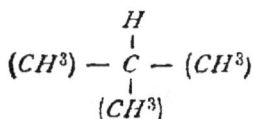

$$(CH^3) - \underset{\underset{(CH^3)}{|}}{\overset{\overset{H}{|}}{C}} - (CH^3)$$

Si l'oxhydrile est substitué à cet hydrogène, on a un alcool tertiaire.

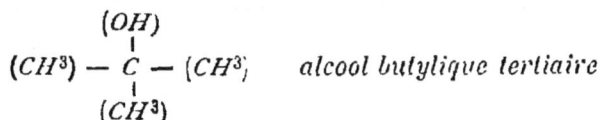

$$(CH^3) - \underset{\underset{(CH^3)}{|}}{\overset{\overset{(OH)}{|}}{C}} - (CH^3) \qquad alcool\ butylique\ tertiaire$$

Les alcools tertiaires contiennent le groupe COH uni à 3 carbones. Ils ne donnent par oxydation ni aldéhyde ni acide.

Lorsqu'un alcool est polyatomique. il pourra être alcool *primaire* par certains oxhydriles, alcool *secondaire* ou *tertiaire* par les autres.

505. Nomenclature. — Considérons d'abord les alcools monoatomiques, qui sont les plus importants et les plus nombreux.

1ᵉʳ Procédé. — On fait suivre le mot *alcool* d'un adjectif indiquant de quel carbure l'alcool dérive, avec la terminaison *ylique.*

> Alcool *méthylique* CH^3OH dérivé du *méthane* CH^4
> Alcool *éthylique* C^2H^5OH — de *l'éthane* C^2H^6

Le *radical alcoolique* porte le même nom que l'hydrocarbure, avec la terminaison *yle.*

Méthyle, radical de l'alcool *méthylique*, dérivé du *méthane.*

2ᵉ Procédé. — Tous les alcools peuvent être dérivés de l'alcool méthylique.

Il suffit de substituer un radical alcoolique monovalent à un hydrogène dans le radical de l'alcool méthylique $CH^3.OH$ pour avoir un alcool primaire. Par exemple, substituons 1 méthyle CH^3, nous aurons l'alcool éthylique $(CH^3) - CH^2.OH$; substituons un éthyle, nous aurons l'alcool propylique $C^2H^5 - CH^2.OH$. — Si on remplace 2 hydrogènes de l'alcool méthylique par 2 groupes alcooliques on a un alcool secondaire : substituons deux méthyles, nous avons l'alcool

propylique secondaire $\begin{matrix} CH^3 \\ CH^3 \end{matrix}\rangle CH.OH$. — En substituant
3 radicaux, on obtientun alcool tertiaire.

De là un moyen très simple et très précis pour nommer
les alcools. On désigne l'alcool méthylique par le nom
carbinol, et, pour les autres, on fait précéder le mot *carbinol*
du nom des radicaux substitués, en indiquant par un préfixe
le nombre de fois que chaque radical a été substitué. Ex. :
diméthyl-éthyl carbinol : c'est un alcool obtenu en substituant dans le carbinol deux fois le groupe éthyle et une fois
le groupe méthyle.

Glycols. — Les alcools diatomiques ou glycols sont formés
de deux groupes oxhydriles unis à un carbure éthylénique.
Pour les désigner, on nomme le carbure et on ajoute
glycol

C^2H^4 *éthylène glycol*
C^3H^6 *propylène glycol*

On pourrait dire aussi *glycol éthylénique, glycol propylé-
nique.*

Les alcools d'une atomicité supérieure à 2 sont peu nombreux; on les désigne par des noms choisis arbitrairement.

506. Propriétés des alcools. — *Action des oxydants.*
L'oxygène libre n'agit pas sur les alcools à la température ordinaire. A une température très élevée ils
brûlent en produisant de l'acide carbonique et de l'eau.

Les oxydations lentes transforment d'abord les
alcools en l'aldéhyde correspondante, puis en acide.
Ces oxydations se produisent par l'oxygène de l'air en
présence de la mousse de platine : si on laisse tomber
de l'alcool ordinaire goutte à goutte sur de la mousse
de platine, il se forme de l'aldéhyde acétique et de
l'acide acétique, reconnaissables à leur odeur. Elles
peuvent se produire par l'oxygène naissant : par
exemple si on fait agir sur l'alcool un mélange
d'acide sulfurique et de bichromate de potasse,
d'acide sulfurique et de bioxyde de manganèse, on
obtient l'aldéhyde. Enfin l'oxydation peut se produire
sous l'influence de ferments organisés : l'alcool ordinaire est transformé en vinaigre par le *mycoderma
aceti,* au dépens de l'oxygène de l'air.

Les choses se passent ainsi lorsque l'alcool est primaire;
les alcools secondaires ne peuvent donner que l'aldéhyde,

qu'on appelle *acétone*. Sous l'influence d'une oxydation prolongée. les alcools secondaires et les alcools tertiaires dissocient leur molécule et forment des acides contenant moins de carbone qu'eux-mêmes.

Action des déshydratants. — Les corps avides d'eau comme le chlorure de zinc, l'acide sulfurique concentré, l'acide phosphorique anhydre, aidés d'une température convenable, enlèvent aux alcools les éléments de l'eau. Ils peuvent enlever une molécule d'eau à deux molécules d'alcool et former l'éther-oxyde

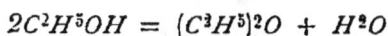

$$2C^2H^5OH = (C^2H^5)^2O + H^2O$$

ou une molécule d'eau à une molécule d'alcool et former le carbure éthylénique qui a même nombre d'atomes de carbone.

$$C^2H^5.OH = C^2H^4 + H^2O$$

Ces réactions sont exactes si on ne considère que le point de départ et le point d'arrivée : mais il peut y avoir des réactions intermédiaires (V. *Préparation des carbures éthyléniques*).

Action des métaux alcalins. — Le potassium et le sodium se subtituent à l'hydrogène de l'oxhydrile.

$$C^2H^5OH + K = C^2H^5OK + H$$

Les alcools se comportent ici comme des acides et, en effet, le produit de la réaction s'appelle *éthylate de potassium*.

Action des acides. — Les acides réagissent sur les alcools pour former des éthers. Soit l'alcool ordinaire et l'acide acétique :

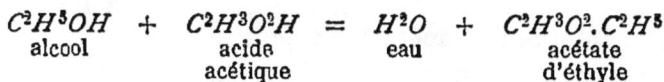

$$\underset{\text{alcool}}{C^2H^5OH} + \underset{\substack{\text{acide}\\\text{acétique}}}{C^2H^3O^2H} = \underset{\text{eau}}{H^2O} + \underset{\substack{\text{acétate}\\\text{d'éthyle}}}{C^2H^3O^2.C^2H^5}$$

l'hydrogène basique de l'acide est remplacé par le radical alcoolique.

Les acides bibasiques auront deux éthers : un éther neutre et un éther acide, selon qu'un hydrogène ou deux auront été remplacés par un ou deux radicaux alcooliques.

L'action des acides est lente. Elle a lieu à froid pour les acides énergiques ; pour les acides faibles, il faut s'aider de la chaleur.

, L'action de l'acide sulfurique est particulièrement remarquable. A froid, il forme un éther acide. A une température plus élevée, l'éther acide, réagissant sur l'alcool libre, forme l'éther-oxyde et régénère l'acide sulfurique (*préparation des éthers-oxydes*)

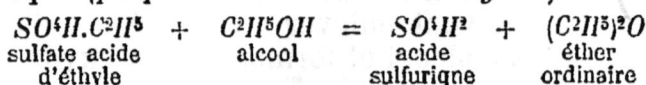

$$SO^4H.C^2H^5 \; + \; C^2H^5OH \; = \; SO^4H^2 \; + \; (C^2H^5)^2O$$

| sulfate acide d'éthyle | alcool | acide sulfurique | éther ordinaire |

A une température plus élevée encore, le sulfate acide se décompose, en donnant le carbure éthylénique et régénérant l'acide sulfurique (*préparation des carbures éthyléniques*).

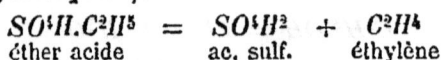

$$SO^4H.C^2H^5 \; = \; SO^4H^2 \; + \; C^2H^4$$

| éther acide | ac. sulf. | éthylène |

507. Préparation des alcools. — 1° Divers alcools se produisent dans les fermentations des produits végétaux. On les obtient en distillant les liquides fermentés.

2° Les éthers-sels de certains alcools existent dans la nature ; on peut en tirer l'alcool par *saponification* (V. p. 382). Ainsi on obtient la glycérine en saponifiant les corps gras, qui sont ses éthers.

3° On peut obtenir un alcool en partant du carbure saturé. Soit le méthane CH^4 : en faisant agir le chlore, on a des produits de substitution parmi lesquels se trouve le chlorure de méthyle CH^3Cl. Il n'y a plus qu'à remplacer Cl par l'oxhydrile OH : on pourrait faire agir immédiatement la potasse.

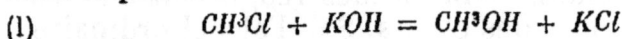

(1) $$CH^3Cl + KOH = CH^3OH + KCl$$

Mais comme cette réaction se fait mal avec le chlorure de méthyle, on transforme d'abord le chlorure en acétate, en faisant intervenir l'acétate d'argent :

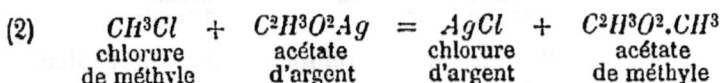

(2) $$CH^3Cl \; + \; C^2H^3O^2Ag \; = \; AgCl \; + \; C^2H^3O^2.CH^3$$

| chlorure de méthyle | acétate d'argent | chlorure d'argent | acétate de méthyle |

Sur l'acétate de méthyle, on fait agir la potasse, qui transforme l'acétate de méthyle en alcool.

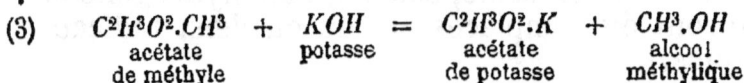

(3) $$C^2H^3O^2.CH^3 \; + \; KOH \; = \; C^2H^3O^2.K \; + \; CH^3.OH$$

| acétate de méthyle | potasse | acétate de potasse | alcool méthylique |

Les réactions (1) et (3) qui permettent de passer d'un éther-sel à l'alcool sont des exemples de *saponification* (n° 509).

4° On peut faire dériver les alcools des carbures éthyléniques. On fera absorber ces carbures par l'acide sulfurique et on aura le sulfate acide du radical alcoolique, qui, traité par la potasse, régénère l'alcool (V, p. 358).

REMARQUES. — Les méthodes 3e et 4e sont des procédés synthétiques, qui n'ont qu'un intérêt théorique : elles démontrent la constitution des alcools.

Des éthers-sels

508. Nomenclature. — Ce groupe a été divisé en deux parties : les *éthers simples* qui dérivent des hydracides, et les *éthers composés* qui dérivent des acides oxygénés. Cette distinction n'a pas d'importance. Pour nommer les éthers, on a deux méthodes :

1° Les éthers étant considérés comme des sels où les radicaux alcooliques jouent le rôle de métaux, on les nommera suivant les mêmes règles que les sels métalliques. On dira *azotate d'éthyle* comme on dit *azotate d'argent*.

2° Les éthers étant des acides où l'hydrogène a été remplacé par un radical alcoolique on les désignera par le mot générique *éther* suivi du nom de l'acide. Mais on fera précéder le nom de l'acide du nom des radicaux substitués. Exemple : *éther amylchlorhydrique*, contenant le radical amyle; *éther diéthylsulfurique*, contenant deux fois le radical éthyle.

509. Propriétés des éthers-sels. — La principale propriété des éthers est celle qu'ils ont de régénérer l'alcool en se décomposant ; cette réaction s'appelle *saponification*, parce qu'elle a lieu dans la préparation des savons au moyen des corps gras. Dans cette préparation, les corps gras, éthers de la *glycérine*, se décomposent en régénérant cet alcool.

L'eau suffit pour effectuer cette décomposition.

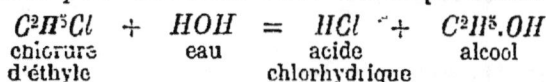

$$C^2H^5Cl \quad + \quad HOH \quad = \quad HCl \quad + \quad C^2H^5.OH$$

| chlorure d'éthyle | eau | acide chlorhydrique | alcool |

On voit que c'est un phénomène de substitution : C^2H^5 prend la place d'un hydrogène de l'eau, et réciproquement.

Cette décomposition est l'inverse de la réaction qui donne naissance aux éthers. D'où il suit qu'en préparant les éthers on n'aura jamais une réaction complète, car l'eau qui se produit dans l'éthérification décompose en partie l'éther qui se forme. Inversement la saponification ne peut pas être complète, car elle produit de l'acide et de l'alcool, qui tendent à régénérer l'éther. Il s'établira donc un équilibre dans chaque cas : lorsqu'on fait agir l'eau sur un éther, il y aura décomposition jusqu'au moment où l'acide et l'alcool mis en liberté auront autant de force pour reformer l'éther, que l'eau pour le détruire ; et lorsqu'on éthérifie un alcool la réaction s'arrêtera quand l'eau produite fera équilibre à l'action de l'acide et de l'alcool.

En pratique, pour opérer la saponification, on emploiera un grand excès d'eau, ou bien on absorbera l'acide à mesure qu'il se dégage, en faisant intervenir une base, comme la potasse. Dans ce cas la saponification donne lieu à un sel de potasse.

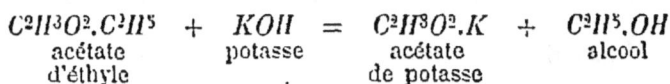

$$C^2H^3O^2.C^2H^5 + KOH = C^2H^3O^2.K + C^2H^5.OH$$

acétate   potasse   acétate   alcool
d'éthyle   de potasse

REMARQUES. — I. Certains sels métalliques sont décomposés par l'eau, par exemple les sels de bismuth ; mais c'est un fait exceptionnel, tandis que c'est la règle pour les éthers.

II. La saponification est lente, surtout à la température ordinaire, tandis que les réactions sont instantanées dans le cas des sels métalliques. Nous avons fait la même remarque pour l'éthérification.

510. Préparation des éthers-sels. — On fait agir l'acide sur l'alcool (V. n° 506, *action des acides*). En pratique on ajoute de l'acide sulfurique : l'éthérification étant accompagnée d'un dégagement d'eau qui arrête la formation de l'éther, il y a intérêt à joindre un déshydratant.

On peut obtenir des éthers par l'action d'un éther sur un sel. Par exemple, on obtient l'acétate d'éthyle en faisant agir le chlorure sur l'acétate d'argent

$$C^2H^5Cl + C^2H^3O^2.Ag = C^2H^5.C^2H^3O^2 + AgCl$$

On peut aussi faire agir l'anhydride acide sur l'alcool : ainsi on obtient le sulfate neutre d'éthyle en faisant agir l'anhydride sulfurique sur l'alcool éthylique.

Des éthers-oxydes en général

511. Nomenclature. — Ces éthers s'appellent encore *éthers proprement dits*. Lorsqu'ils contiennent deux radicaux différents ils portent le nom d'*éthers mixtes*.

Pour désigner ces éthers on peut faire comme pour les oxydes *métalliques*, c'est-à-dire faire suivre le mot *oxyde* du nom du radical alcoolique : *oxyde d'éthyle* $(C^2H^5)^2O$, *oxyde d'amyle et d'éthyle* $C^2H^5.C^3H^7.O$.

On peut encore employer le mot *éther* suivi d'un adjectif qui indique les radicaux alcooliques avec la terminaison *ique* : *éther éthylique, éther amyléthylique*.

Propriétés. — Traités à chaud par les acides, les éthers oxydes se changent en éthers sels.

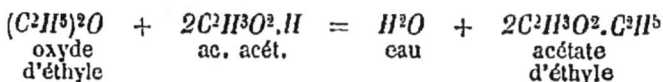

$$(C^2H^5)^2O \; + \; 2C^2H^3O^2.H \; = \; H^2O \; + \; 2C^2H^3O^2.C^2H^5$$

oxyde   ac. acét.   eau   acétate
d'éthyle   d'éthyle

L'acide chlorhydrique . et l'acide iodhydrique agissent d'une manière particulière : ils donnent un chlorure ou un iodure alcoolique et un alcool.

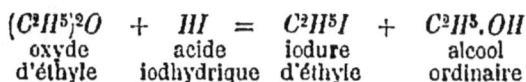

$$(C^2H^5)^2O \; + \; HI \; = \; C^2H^5I \; + \; C^2H^5.OH$$

oxyde   acide   iodure   alcool
d'éthyle   iodhydrique   d'éthyle   ordinaire

Préparation. — 1° On déshydrate les alcools, au moyen du chlorure de zinc par exemple :

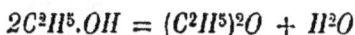

$$2C^2H^5.OH = (C^2H^5)^2O + H^2O$$

On chauffe l'alcool avec de l'acide sulfurique (V. n° 506 action des acides), il se forme d'abord un sulfate acide du radical alcoolique

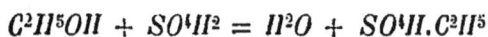

$$C^2H^5OH + SO^4H^2 = H^2O + SO^4H.C^2H^5$$

puis l'alcool, réagissant sur le sulfate acide, forme de l'éther et régénère l'acide sulfurique

$$SO^4H.C^2H^5 + C^2H^5.OH = SO^4H^2 + (C^2H^5)^2O$$

Il distille un mélange d'éther et d'eau (l'eau · produite dans la première réaction). — L'acide sulfurique se reproduisant sans cesse, une quantité limitée d'acide sulfurique peut servir à éthérifier une quantité indéfinie d'alcool. Aussi, à mesure que l'éther distille, on ajoute de l'alcool par un tube à entonnoir sans ajouter d'acide sulfurique. Cependant, au bout d'un temps très long, l'acide sulfurique s'épuise, à cause des réactions étrangères.

Préparation des éthers mixtes. — On fait agir l'acide sulfurique sur un mélange de deux alcools.

CHAPITRE III
PRINCIPAUX ALCOOLS

Alcool méthylique

formule CH^3OH. = 32

Étymologie : μεθυ, *vin*, υλη, *bois* : *alcool de bois*.
Synonyme : *esprit de bois*.

512. Propriétés. — L'alcool méthylique est un liquide très mobile, incolore, d'une odeur alcoolique; plus léger que l'eau (d = 0,8) ; très volatil, il entre en ébullition à 66° (un peu avant l'alcool ordinaire, 78°).

Il se mêle à l'eau, à l'alcool, à l'éther en toutes proportions et dissout un grand nombre de substances insolubles dans l'eau.

Il brûle dans l'air avec une flamme pâle en formant de l'eau et de l'acide carbonique. Par oxydation lente, il se transforme en aldéhyde formique $HCHO$, puis en acide formique $HCO.OH$. — Avec les acides il forme des éthers.

Préparation. — L'alcool méthylique se forme quand on distille le bois pour la préparation, du charbon de bois. Les produits liquides de cette opération en contiennent 1 0/0. Pour le séparer, on distille ces liquides à plusieurs reprises, en ne gardant que ce qui passe à 66°; on achève la purification en distillant sur la chaux vive, qui retient l'eau et les acides.

Pour obtenir l'alcool chimiquement pur, on transforme l'alcool impur en éther oxalique. On purifie cet éther par cristallisation et on le saponifie par la potasse.

Pour les préparations synthétiques, voir *alcools en général*.

Usages. — L'alcool méthylique est employé comme combustible; il sert de dissolvant pour les matières grasses, les résines, les vernis. Pour ces usages on le préfère à l'alcool ordinaire, qui est plus cher.

Éthers de l'alcool méthylique

513. Chlorure de méthyle CH^3Cl. — *Propriétés*. Le chlorure de méthyle est un gaz incolore, qui se liquéfie sous la pression ordinaire, à partir de 25° au-dessous de 0° (température d'ébullition : — 25°). En s'évaporant il produit un froid considérable. — On le trouve dans le commerce contenu dans des tubes métalliques très résistants.

Il a les propriétés générales des éthers-sels. — Soumis à l'action du chlore, il donne lieu à des phénomènes de substitution produisant les composés CH^2Cl^2, $CHCl^3$, CCl^4.

Préparation. — 1° On sature l'esprit de bois avec de l'acide chlorhydrique gazeux.

2° Dans l'industrie, le traitement des vinasses de betterave fournit du *chlorhydrate de triméthylamine,* qui se dédouble à haute température en *diméthylamine* et en *chlorure de méthyle.*

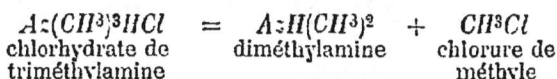

$$A: (CH^3)^3 HCl = A:H(CH^3)^2 + CH^3Cl$$
chlorhydrate de diméthylamine chlorure de
triméthylamine méthyle

Usages. — Le chlorure de méthyle est employé pour la production des basses températures, pour la préparation du chloroforme et dans la fabrication des couleurs d'aniline.

514. Chloroforme $CHCl^3$, **iodoforme** CHI^3. — Nous étudions ici le *chloroforme,* comme dérivant de l'action du chlore sur le chlorure de méthyle. — C'est un liquide d'une odeur suave, notablement plus lourd que l'eau (d = 1,5). Sa propriété la plus remarquable est de produire l'insensibilité.

Il se forme dans l'action du chlore sur le gaz des marais (p. 133 et 370). On le prépare industriellement en soumettant le chlorure de méthyle à l'action du chlore ; mais, ainsi préparé, il contient du *chlorure de méthylène* CH^2Cl^2, et du *chlorure de carbone* CCl^4, la substitution étant trop peu avancée, ou poussée trop loin. — On l'a plus pur par le procédé suivant : on fait, dans un alambic, un mélange de chaux, de chlorure de chaux et d'alcool ordinaire, et on distille. Il passe de l'eau, de l'alcool et du chloroforme ; celui-ci se sépare par sa grande densité. On le purifie en le lavant à l'eau, et on le dessèche en le distillant sur du chlorure de calcium. — Dans cette réaction, le chlore naissant transforme l'alcool éthylique C^2H^5OH en aldéhyde, par soustraction de 2 hydrogènes, puis en *aldéhyde trichlorée* ou *chloral* C^2HCl^3O, par substitution de 3 chlores à 3 hydrogènes. Le chloral est décomposé par la chaux en chloroforme et formiate de chaux.

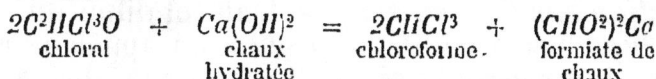

$$2C^2HCl^3O + Ca(OH)^2 = 2CHCl^3 + (CHO^2)^2Ca$$
chloral chaux chloroforme formiate de
hydratée chaux

L'*iodoforme* CHI^3 diffère du chloroforme par la substitution de l'iode au chlore. C'est un solide cristallisé, d'une couleur jaune, d'une odeur caractéristique. C'est un anesthésique local et un antiseptique ; il est employé comme tel dans le traitement des plaies.

On le prépare en faisant réagir l'iode sur le carbonate de potasse en présence de l'alcool.

515. Éther méthylique ou oxyde de méthyle $(CH^3)^2O$. — Ce corps est isomère de l'alcool éthylique. C'est un gaz liquéfiable à 24° au-dessous de 0. Comme le chlorure de méthyle, il est employé dans la production des froids artificiels.

On le prépare suivant la méthode générale (p. 384).

Alcool éthylique

formule $C^2H^5.OH = 46$

Synonymes : *alcool ordinaire, esprit de vin, alcool*

516. Propriétés. — *Propriétés physiques.* L'alcool éthylique est un liquide très fluide, d'une odeur stimulante, agréable, d'une saveur brûlante. — Il est plus léger que l'eau (d = 0,81). On l'a solidifié à 140° au-dessous de zéro, en utilisant le froid produit par l'évaporation de l'éthylène liquide. Il bout à 78°.

L'alcool dissout un grand nombre de corps insolubles dans l'eau, en particulier les corps hydrogénés, tels que les essences, les corps gras. On donne le nom de teintures aux dissolutions de divers médicaments dans l'alcool ; ex. : *teinture d'iode.* — L'alcool se mélange à l'eau en toutes proportions ; mais ce mélange est une espèce de combinaison : il se fait avec dégagement de chaleur et contraction de volume.

Propriétés chimiques. — Il est très inflammable et brûle avec une flamme pâle, peu éclairante et sans fumée. Par oxydation lente, il fournit l'aldéhyde ordinaire et l'acide acétique (V. n° 506, *action des oxydants* et du *mycoderma aceti*).

Action sur l'organisme — L'alcool dilué du vin ou des liqueurs produit une excitation appelée *ivresse.* L'alcool pur est un poison, il coagule la fibrine et les autres albuminoïdes du sang et des organes. — Les pièces d'anatomie sont conservées dans l'alcool, qui dessèche les matières organisées et tue les germes de putréfaction.

517. État naturel. — *Préparation.* L'alcool existe à l'état naturel dans les boissons alcooliques : vin, cidre, poiré ; il y est produit par une fermentation spéciale des glucoses appelée *fermentation alcoolique.* Mais on peut produire de l'alcool au moyen de toutes les substances qui, convenablement traitées, se transforment en glucoses, comme le sucre, l'amidon. Avec les résidus de la fabrication du sucre, on fabrique le rhum, le tafia ; avec les céréales, la bière et les alcools de grains ; avec la pomme de terre (qui contient de la fécule), les alcools de pomme de terre.

Dans tous les cas l'alcool contient beaucoup d'eau. On l'en sépare par la *distillation* : l'alcool passe le premier, avec un peu d'eau, parce qu'il bout à 78° et que l'eau ne bout qu'à 100°. En le distillant à plusieurs fois et ne conservant chaque fois que la première partie du liquide distillé, on l'obtient de plus en plus concentré.

Autrefois on ne se servait que de l'alambic ordinaire, avec lequel on n'obtenait un liquide suffisamment concentré et pur qu'au moyen de plusieurs opérations. Aujourd'hui, dans l'industrie, l'alambic est remplacé par des *appareils à colonne* qui donnent immédiatement de l'alcool très concentré ; la partie essentielle de cet appareil est une colonne creuse, divisée en compartiments par des cloisons horizontales, où les vapeurs s'élèvent, en sortant de la chaudière, avant d'arriver au réfrigérant. Dans ces compartiments, les liquides moins volatils se condensent en partie et retombent dans la chaudière, et les vapeurs deviennent de plus en plus riches en alcool.

Rectification. — La distillation suffit quand il s'agit des alcools de vin ou de cidre, mais les alcools de grains ou de pommes de terre sont souillés de matières étrangères (surtout d'alcool amylique) qui leur communiquent un mauvais goût. Il faut les *rectifier* dans des appareils spéciaux. Dans la rectification, on utilise le fait que certaines substances étrangères passent surtout au commencement de la distillation, les autres surtout à la fin, et que le liquide le plus pur est celui du milieu (*cœur de chaudière*).

Alcool absolu, esprits, eaux-de-vie. — L'alcool commercial ne contient jamais plus de 90 à 95 0/0 d'alcool. Pour avoir l'alcool pur ou l'alcool absolu, on laisse digérer l'alcool à 90° avec des substances avides d'eau : carbonate de potasse calciné, chaux vive, baryte, et on distille le mélange.

On appelle *esprits* les liquides qui contiennent de 60 à 90 0/0 d'alcool, eaux-de-vie ceux qui ont de 50 à 60 0/0.

L'alcool peut aussi être préparé par synthèse, en employant les méthodes générales (n° 507).

518. Usages. — Les eaux-de-vie servent pour la table. Leur valeur dépend principalement de leur teneur en alcool. Cependant leur saveur et leur arome ou *bouquet* sont dûs à des substances diverses, à des éthers qui s'y trouvent en quantité impondérable. Ce bouquet varie avec les terroirs : les eaux-de-vie les plus estimées sont celles de Cognac, puis celles d'Armagnac et de Montpellier.

L'alcool est employé dans l'économie domestique comme combustible ; dans la pharmacie, la parfumerie, la fabrication des vernis comme dissolvant ; dans l'industrie des matières colorantes artificielles, etc....

Éthers de l'alcool éthylique

519. Éthers-sels. — Le *chlorure d'éthyle* ou *éther chlorhydrique* est un liquide incolore, d'une odeur éthérée, bouillant à + 11°.

L'iodure d'éthyle est un liquide bouillant à 72°.

Il y a deux *éthers éthylsulfuriques*. L'éther acide $SO^4H.C^2H^5$ s'appelle encore *acide sulfovinique* (c'est-à-dire *acide sulfurique modifié par l'alcool de vin*). Il se forme vers 70° par l'action de l'acide sulfurique sur l'alcool. Comme il est encore acide, il peut former des sels ; ex. : l'*éthylsulfate* de baryum. — L'*éther neutre* se prépare par l'action de l'acide sulfurique sur l'alcool concentré.

Il y a deux *sulfures d'éthyle* : le *sulfure neutre* $(C^2H^5)^2S$, et le *sulfhydrate d'éthyle* C^2H^5SH ou *mercaptan*. — Celui-ci se prépare en faisant réagir le sulfhydrate de potasse sur le chlorure d'éthyle. Il a encore un atome d'hydrogène remplaçable par un métal, en particulier par le mercure d'où le nom de *mercaptan* (mercurium captans).

520. Éther éthylique ou oxyde d'éthyle $(C^2H^5)^2O$. — On l'appelle aussi *éther ordinaire* ou simplement *éther*.

Propriétés. — L'éther est un liquide incolore, très réfringent, d'une saveur brûlante et d'une odeur agréable (qui est le type des odeurs dites *éthérées*). — Plus léger que l'eau et l'alcool, sa densité est 0,723. Il se solidifie à — 31°, est très volatil à la température ordinaire, boût à 35°. — Un volume se dissout dans 9 volumes d'eau ; l'excès surnage. Il dissout très bien les essences et les corps gras.

Préparation. — On suit la méthode générale (p. 384), c'est-à-dire qu'on distille un mélange d'alcool et d'acide sulfurique. — L'éther ainsi obtenu est mêlé d'eau et d'alcool. En l'agitant avec de l'eau on sépare l'alcool, puis on dessèche sur du chlorure de calcium ou du chlorure de sodium.

Usages. — L'éther est employé en médecine comme calmant; il a servi aussi d'anesthésique avant le chloroforme, mais il est moins commode que ce dernier. A cause du froid qu'il produit en s'évaporant, on en fait des compresses contre la migraine où la fièvre.

Glycol éthylénique

Formule $C^2H^4(OH)^2$ c'est un alcool diatomique dérivé de l'éthane, c'est le type des alcools diatomiques. On peut le considérer comme l'*hydrate d'éthylène*.

521. Propriétés physiques. — Le glycol est un liquide sirupeux. incolore, inodore, d'une saveur doucereuse, soluble dans l'eau. Son point d'ébullition est 197°, sa densité 1,13.

Propriétés chimiques. — Les propriétés chimiques du glycol s'expliquent par sa constitution. Il dérive de l'éthane par substitution de deux oxhydriles à deux hydrogènes portés par deux atomes de carbone différents.

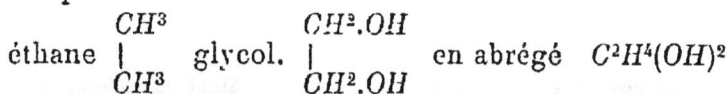

$$\text{éthane} \quad \begin{matrix} CH^3 \\ | \\ CH^3 \end{matrix} \quad \text{glycol.} \quad \begin{matrix} CH^2.OH \\ | \\ CH^2.OH \end{matrix} \quad \text{en abrégé} \quad C^2H^4(OH)^2$$

Il possède deux fois la fonction alcoolique, par conséquent il produit à 2 degrés les réactions des alcools.

Aldéhydes. — En s'oxydant il fournit deux aldéhydes. Si un seul groupement alcoolique perd H^2, on a l'*aldol*

$$\begin{matrix} CHO \\ | \\ CH^2OH \end{matrix}$$

Si le 2e groupement perd H^2, on a le *glyoxal* (aldéhyde du 2e degré)

$$\begin{matrix} CHO \\ | \\ CHO \end{matrix}$$

Acides. — Par une oxydation prolongée on a des acides, mais le composé peut être acide par un atome de carbone, et alcool ou aldéhyde par l'autre; *exemple :*

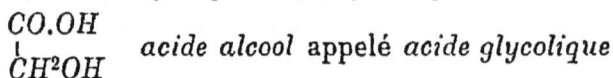

$$\begin{array}{l} CO.OH \\ | \\ CH^2OH \end{array}$$ *acide alcool* appelé *acide glycolique*

L'oxydation complète produit l'*acide oxalique*

$$\begin{array}{l} CO.OH \\ | \\ CO.OH \end{array}$$

Éthers-sels. — Le glycol peut fournir deux éthers-sels avec un même acide. Par exemple, avec l'acide acétique on obtient d'abord le *glycol monacétique*

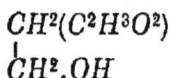

$$\begin{array}{l} CH^2(C^2H^3O^2) \\ | \\ CH^2.OH \end{array}$$

puis le *glycol diacétique*

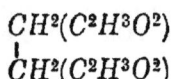

$$\begin{array}{l} CH^2(C^2H^3O^2) \\ | \\ CH^2(C^2H^3O^2) \end{array}$$

un seul oxhydrile de l'alcool ou les deux étant remplacés par le résidu halogénique de l'acide acétique $C^2H^3O^2$.

V. p. 366, la définition du *résidu hologénique*.
Nous rappelons que les sels peuvent être considérés comme dérivant des hydrates métalliques par la substitution d'un ou plusieurs résidus halogéniques à un ou plusieurs oxhydriles de l'hydrate. Soit l'hydrate de plomb : avec l'acide azotique on aura deux azotates, selon qu'on substituera 1 ou 2 résidus AzO^3 à 1 ou 2 oxhydriles de la base.

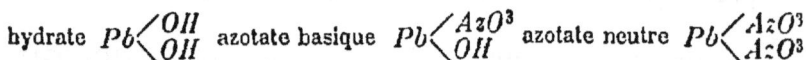

hydrate $Pb\begin{cases} OH \\ OH \end{cases}$ azotate basique $Pb\begin{cases} AzO^3 \\ OH \end{cases}$ azotate neutre $Pb\begin{cases} AzO^3 \\ AzO^3 \end{cases}$

Les glycols et les alcools polyatomiques étant considérés comme des hydrates à plusieurs oxhydriles, leurs sels (c'est-à-dire leurs éthers), pourront être engendrés de cette manière. Le glycol monacétique serait donc un sel basique, et le glycol diacétique, un sel neutre.

Il y aura de même deux éthers chlorhydriques :

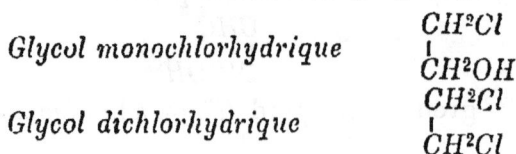

Glycol monochlorhydrique $\quad\begin{array}{l} CH^2Cl \\ | \\ CH^2OH \end{array}$

Glycol dichlorhydrique $\quad\begin{array}{l} CH^2Cl \\ | \\ CH^2Cl \end{array}$

REMARQUE I. — L'acide chlorhydrique ne donne pas le second éther. Il faut employer un chlorurant plus énergique, le perchlorure de phosphore. Même remarque pour les autres hydracides.

REMARQUE II. — On nomme d'une manière spéciale les éthers du glycol et des autres alcools polyatomiques : on énonce l'acide avec la terminaison *ine*, on met *de* et on ajoute le nom de l'alcool. Exemple :

Chlorhydrine de la glycérine
Acétine du glycol

Les préfixes *mono, di, tri* indiquent le degré de substitution :

Monacétine du glycol
Tristéarine de la glycérine

Éther-oxyde. — Si les deux oxhydriles du glycol sont remplacés par un oxygène, avec élimination d'une molécule d'eau, on a l'éther-oxyde

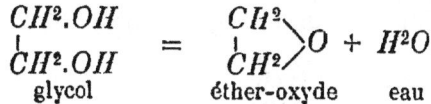

$$\begin{matrix} CH^2.OH \\ | \\ CH^2.OH \end{matrix} \quad = \quad \begin{matrix} CH^2 \\ | \\ CH^2 \end{matrix}\Big\rangle O \quad + \quad H^2O$$

glycol   éther-oxyde   eau

Les déshydratants, en enlevant une molécule d'eau, ne donnent pas l'oxyde d'éthylène, mais un isomère, l'aldéhyde éthylique. On obtient l'oxyde d'éthylène en agissant par la potasse sur le glycol monochlorhydrique.

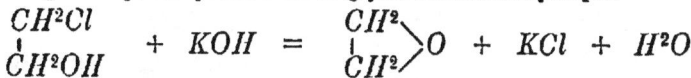

$$\begin{matrix} CH^2Cl \\ | \\ CH^2OH \end{matrix} \quad + \quad KOH \quad = \quad \begin{matrix} CH^2 \\ | \\ CH^2 \end{matrix}\Big\rangle O \quad + \quad KCl \quad + \quad H^2O$$

522. Préparation. — On transforme l'éthylène en bromure d'éthylène (n° 501) que l'on traite par l'acétate d'argent :

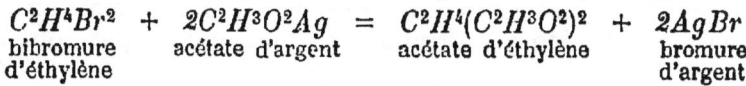

$$C^2H^4Br^2 \quad + \quad 2C^2H^3O^2Ag \quad = \quad C^2H^4(C^2H^3O^2)^2 \quad + \quad 2AgBr$$

bibromure   acétate d'argent   acétate d'éthylène   bromure
d'éthylène   d'argent

L'acétate d'éthylène est décomposé (saponifié) par la potasse

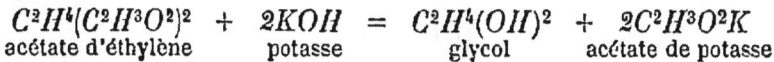

$$C^2H^4(C^2H^3O^2)^2 \quad + \quad 2KOH \quad = \quad C^2H^4(OH)^2 \quad + \quad 2C^2H^3O^2K$$

acétate d'éthylène   potasse   glycol   acétate de potasse

Les bromures, chlorures, des radicaux bivalents, ne se prêtant pas bien à cette décomposition, il faut les transformer en d'autres éthers ; ici on passe par l'acétate d'argent.

Glycérine

Étymologie : γλυκυς doux, principe doux des huiles.

Découverte par Scheele en 1779, mieux étudiée par Chevreul, en 1813, et par Berthelot.

523. Constitution. — La glycérine ordinaire dérive du propane par substitution de 3 oxhydriles à 3 hydrogènes portés par des atomes de carbone différents :

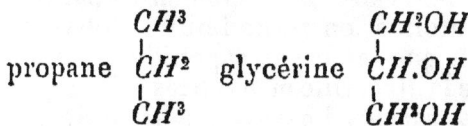

$$\text{propane} \begin{matrix} CH^3 \\ | \\ CH^2 \\ | \\ CH^3 \end{matrix} \qquad \text{glycérine} \begin{matrix} CH^2OH \\ | \\ CH.OH \\ | \\ CH^2OH \end{matrix}$$

Propriétés. — C'est un liquide sirupeux, incolore, inodore, d'une saveur sucrée, soluble dans l'eau. Sa densité est 1,267. Elle se congèle à une température inférieure à 0°, fond à 7° ou 8° au-dessus de 0, distille à 280°, en se décomposant partiellement.

Parmi les produits de cette décomposition, on remarque *l'acroléine*, substance d'une odeur très désagréable, qui se dégage d'une chandelle mal éteinte.

Avec les acides on obtient trois sortes d'éthers. En faisant agir l'acide graduellement, on remplace successivement les 3 oxhydriles par des résidus halogéniques. Ex. :

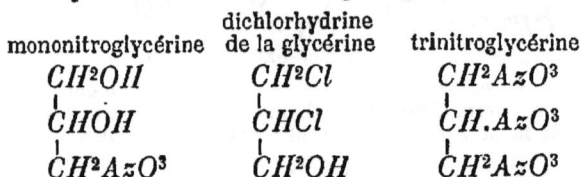

	dichlorhydrine	
mononitroglycérine	de la glycérine	trinitroglycérine
CH^2OH	CH^2Cl	CH^2AzO^3
$CHOH$	$CHCl$	$CH.AzO^3$
CH^2AzO^3	CH^2OH	CH^2AzO^3

Tous les produits prévus par la théorie ne sont pas obtenus en pratique. Par exemple, il y a seulement 2 éthers nitriques.

Par oxydation de la glycérine, on conçoit qu'il se forme des aldéhydes et des acides à des degrés différents, mais on ne connaît que l'acide glycérique, une fois acide, deux fois alcool :

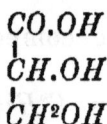

$$CO.OH$$
$$CH.OH$$
$$CH^2OH$$

524. — La glycérine se trouve dans les corps gras sous forme d'éthers, en combinaison avec les acides qu'on appelle *acides gras*, c'est-à-dire avec l'acide *stéarique*, l'acide *palmitique* et l'acide *oléique*.

C'est un produit accessoire de la fabrication des bougies stéariques. Dans cette industrie on traite les corps gras par la vapeur d'eau surchauffée. On sait que l'eau a la propriété de décomposer les éthers en régénérant l'alcool et l'acide. L'eau, les acides et la glycérine passent dans des réfrigérants où ils se condensent. Les acides gras surnagent : on les recueille pour la fabrication des bougies. La glycérine reste en dissolution dans l'eau : on la concentre par évaporation.

Dans les laboratoires, on traite l'huile d'olive par l'oxyde de plomb. On sait que les bases saponifient les éthers gras, mettent en liberté la glycérine et, avec les acides gras, forment des sels appelés *savons*. Le savon à base de plomb étant insoluble se précipite, pendant que la glycérine reste en dissolution. On décante le liquide qui surnage, on y fait passer un courant d'hydrogène sulfuré pour précipiter les traces de plomb, on filtre et on fait évaporer au bain-marie.

Usages. — La glycérine est employée pour panser les plaies, guérir les engelures et les crevasses aux mains ; elle sert aux parfumeurs, aux mouleurs pour maintenir la souplesse de leurs terres, et aux naturalistes pour conserver les pièces d'anatomie.

Éthers de la glycérine

Les principaux sont la *glycérine trinitrique* ou *nitro-glycérine* et les *corps gras*.

525. Nitro-glycérine. — La *nitro-glycérine* a pour formule :

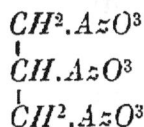

$$CH^2.AzO^3$$
$$CH.AzO^3$$
$$CH^2.AzO^3$$

On l'obtient en faisant agir sur la glycérine l'acide azotique monohydraté ou un mélange de 1 volume d'acide azotique et de 2 volumes d'acide sulfurique.

Ce composé est un liquide jaunâtre, onctueux et lourd, insoluble dans l'eau ; il est très instable et détone avec une violence extrême par le choc, par la chaleur et quelquefois spontanément. Depuis 1865, on applique la nitro-glycérine à l'explosion des rochers et autres corps durs : mais elle a occasionné des accidents très graves. En 1867, on a réussi à la rendre moins dangereuse en la mêlant à un corps inerte, sable ou brique pilée. Elle constitue ainsi une pâte nommée *dynamite*, qui ne détone pas par le choc, mais seulement quand on allume à l'intérieur une capsule de fulminate.

Corps gras

Les corps gras se rattachent à la glycérine, car ce sont des mélanges de divers éthers de cet alcool.

526. Caractères. — On appelle corps gras les substances désignées dans le langage ordinaire sous les noms de *cires, graisses, huiles*. Ce sont des substances douces au toucher, laissant sur le papier des taches transparentes, qui ne disparaissent pas quand on chauffe. Ce caractère les distingue des *huiles essentielles*, dont les taches sont semblables, mais disparaissent quand on chauffe : en effet, les essences sont volatiles et les graisses ne le sont pas.

Variétés. — Les corps gras se divisent en trois groupes : 1° les huiles, qui sont liquides à la température ordinaire ; 2° les graisses, qui sont molles à la température ordinaire et fondent vers 45° ; 3° les cires, qui sont dures et cassantes à la température ordinaire, se ramollissent vers 35° et fondent au-dessus de 60°.

527. Les huiles. — Les huiles se trouvent surtout dans les végétaux, principalement dans les graines. On les extrait en soumettant à une pression lente et graduée les parties qui en contiennent. Les huiles les plus fluides sortent à froid; pour obtenir les autres, on presse les substances oléagineuses entre des plaques métalliques chauffées. On peut aussi écraser les graines et les fruits oléagineux et les faire bouillir avec de l'eau : l'huile se rassemble à la surface de l'eau et s'y fige.

Voici les huiles les plus importantes :

L'*huile d'olive* se retire du péricarpe du fruit de l'olivier. — Il y en a plusieurs qualités. L'huile *vierge* s'obtient en pressant à froid les olives récoltées un peu avant leur maturité : elle est verdâtre. L'huile *ordinaire*, d'une belle couleur jaune, est moins agréable au goût ; on l'obtient en délayant dans l'eau bouillante la pulpe qui a fourni l'huile vierge, et en la soumettant à la pression. Le résidu ou *tourteau*, de nouveau broyé, chauffé avec de l'eau et pressé, fournit une autre huile qui sert pour fabriquer les savons.

L'huile *d'amandes* s'extrait du fruit de l'amandier commun : l'huile de *colza*, de la graine du chou *brassica campestris*: l'huile de *navette*, de la graine du *brassica napus*: l'huile de *faîne*, du fruit du hêtre.

Certaines huiles, appelées huiles *siccatives*, s'épaississent à l'air et forment une masse résineuse; en même temps, il y a absorption d'oxygène et dégagement d'acide carbonique. On rend les huiles plus siccatives en les faisant bouillir avec 8 °/₀ de litharge. Ces huiles servent à préparer les vernis et les couleurs à l'huile. Telles sont *l'huile de lin*, *l'huile de noix*, qui sert aussi dans l'alimentation; *l'huile de chènevis*, tirée de la graine du chanvre.

Quelques huiles sont fournies par le règne animal. On les retire principalement du corps des mammifères marins :

la baleine, le phoque, le cachalot. Les poissons en contiennent aussi : l'huile de foie de morue s'obtient en laissant
putréfier le foie de la morue, et alors elle se sépare naturellement, ou en chauffant les foies et en les pressant dans
des sacs de laine.

528. Les graisses. — La graisse se trouve renfermée
dans de petites cellules situées dans les parties du corps des
animaux exposées à des chocs ou à des pressions, entre les
os, à la surface des muscles et autour des organes importants. — Quelques-unes ont des noms spéciaux : *le suif*, qui
se tire des herbivores; *l'axonge* ou *saindoux*, qui est la
graisse du porc.

Le beurre est la substance grasse du lait. On trouve aussi
des beurres végétaux de coco, de muscade, de cacao. Ce
sont des substances qui font le passage des huiles aux
graisses; leur point de fusion est environ 30°.

529. Les cires. — La plus connue des cires est celle que
sécrètent les abeilles et qui leur sert à construire les
cellules dans lesquelles elles renferment le miel. Les
gâteaux, enlevés des ruches, sont soumis à la presse pour
en séparer le miel. On jette le résidu dans l'eau bouillante ;
la cire fond et se rassemble à la surface du liquide, où elle
se fige par refroidissement. formant la *cire crue*, jaune et
d'une odeur caractéristique. Après avoir été lavée à l'eau
froide, elle est exposée à l'air et au soleil, et devient
blanche et inodore.

Plusieurs arbres donnent aussi des cires.

530. Propriétés des corps gras. — Les corps gras sont
généralement solubles dans les essences, l'éther et
l'alcool bouillant.

Ils sont insolubles dans l'eau ; mais ils peuvent y
rester suspendus en très petites gouttelettes; on dit
alors qu'ils sont *émulsionnés*. C'est en cet état qu'ils
se trouvent quand ils ont été digérés par les animaux.

Ils ne sont pas volatils : quand on les chauffe ils se
décomposent vers 300° en plusieurs gaz combustibles.
Tous les corps gras brûlent à l'air avec une flamme
très éclairante, parce qu'ils sont formés surtout de
carbone et d'hydrogène.

Mais leur propriété la plus remarquable est de
subir un dédoublement qu'on appelle *saponification*.

531. Constitution. — Les éthers qui entrent dans la composition des corps gras sont la *palmitine* (palmitate de glycérine), la *stéarine* (stéarate de glycérine), l'*oléine* (oléate de glycérine).

Les acides dont dérivent ces éthers sont l'*acide palmitique* $C^{16}H^{31}O^2H$ dérivant du carbure saturé en C^{16}, l'*acide stéarique* $C^{18}H^{35}O^2H$, dérivant du carbure saturé en C^{18}, et l'*acide oléique* $C^{18}H^{33}O^2H$, qui se rattache au carbure éthylénique en C^{18}. Par conséquent les formules des 3 éthers gras seront :

$$CH^2(C^{16}H^{31}O^2)$$

pour la palmitine $\overset{|}{C}H(C^{16}H^{31}O^2)$ en abrégé $C^3H^5(C^{16}H^{31}O^2)^3$

$$\overset{|}{C}H^2(C^{16}H^{31}O^2)$$

pour la stéarine $C^3H^5(^{18}H^{35}O^2)^3$
pour l'oléine $C^3H^5(C^{18}H^{33}O^2)^3$

La *palmitine* se trouve dans les divers corps gras. Mais plus abondamment dans l'huile de palme. Elle forme de petits cristaux fondant vers 60°. La *stéarine* domine dans le suif de bœuf ou de mouton ; elle cristallise en lames micacées, fusibles vers 70°. L'*oléine*, à la température ordinaire, est à l'état liquide ; elle fond à 10°, mais son point de solidification est inférieur à 0°. Ce phénomène de surfusion a lieu aussi pour les deux corps précédents. L'oléine est la partie qui reste liquide dans l'huile congelée.

La séparation de ces substances se fait en s'appuyant sur la différence de leurs propriétés physiques. Ainsi, l'oléine étant liquide à la température ordinaire, on l'obtient par compression. Pour séparer les deux autres on utilise leur inégale solubilité dans l'alcool.

On décrit souvent la palmitine sous le nom de *margarine*. On a aussi décrit sous ce nom une substance qui paraît être un mélange de palmitine et d'autres corps gras, et qui aurait été un *margarate de glycérine*.

532. Saponification. — Les corps gras, étant des éthers-sels, se décomposent sous l'influence de l'eau et des bases, en régénérant l'alcool et l'acide.

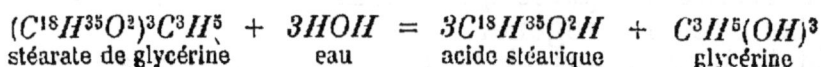

$$(C^{18}H^{35}O^2)^3C^3H^5 + 3HOH = 3C^{18}H^{35}O^2H + C^3H^5(OH)^3$$

stéarate de glycérine   eau   acide stéarique   glycérine

Cette réaction se produit sous l'influence de la vapeur d'eau surchauffée. On l'utilise dans l'industrie pour la préparation de l'acide stéarique et la fabrication des bougies.

Une réaction semblable se produit sous l'influence de la potasse ou de la soude

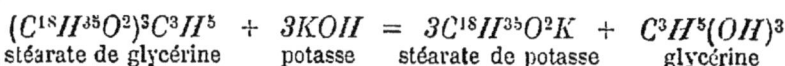

$$(C^{18}H^{35}O^2)^3C^3H^5 \;+\; 3KOH \;=\; 3C^{18}H^{35}O^2K \;+\; C^3H^5(OH)^3$$

stéarate de glycérine   potasse   stéarate de potasse   glycérine

Le stéarate de potasse et les autres sels de même genre produits dans ces réactions portent le nom de *savons*, d'où le nom de *saponification* donné à la réaction. Ce nom s'est ensuite étendu aux réactions semblables qui ont lieu pour les éthers des autres alcools.

On dit que la saponification est ·un *dédoublement*, en considérant les corps gras comme des sels formés par la juxtaposition d'une base (la glycérine) et d'un acide (acide palmitique, stéarique, oléique). — Cette notion est inexacte, car l'acide et la glycérine en se combinant donnent l'éther gras, *plus de l'eau.*

Alcools d'une atomicité supérieure à 3

533. — On connaît un alcool tétratomique, *l'érythrite* qui dérive du butane :

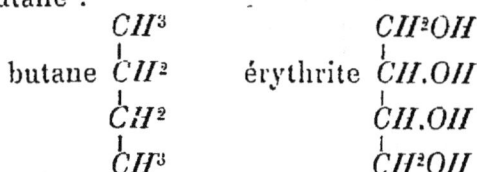

$$
\text{butane }
\begin{array}{c}
CH^3 \\ | \\ CH^2 \\ | \\ CH^2 \\ | \\ CH^3
\end{array}
\qquad
\text{érythrite }
\begin{array}{c}
CH^2OH \\ | \\ CH.OH \\ | \\ CH.OH \\ | \\ CH^2OH
\end{array}
$$

Par oxydation, l'érythrite donne l'acide tartrique :

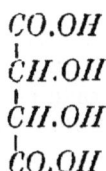

$$
\begin{array}{c}
CO.OH \\ | \\ CH.OH \\ | \\ CH.OH \\ | \\ CO.OH
\end{array}
$$

On connaît trois alcools hexatomiques isomériques, dérivant des carbures saturés isomériques à 6 atomes de carbone. Ce sont : la *mannite*, la *dulcite*, la *sorbite*. Leur formule est $C^6H^x(OH)^6$. — Les *glucoses* en sont les aldéhydes.

La mannite existe dans les sécrétions sucrées de divers végétaux, spécialement dans la *manne*, sécrétion de plusieurs arbres. Pour la préparer, on épuise la manne par l'alcool, qui dissout la mannite, et on fait cristalliser la dissolution. — On peut aussi l'obtenir au moyen du sucre interverti en faisant agir l'hydrogène naissant (V. infra n°° 512).

La dulcite se forme par l'action de l'hydrogène naissant sur la galactose (n° 551). Elle existe dans diverses plantes. La sorbite se tire des baies du sorbier.

CHAPITRE IV

ALDÉHYDES

534. Aldéhydes, acétones. — Les *aldéhydes proprement dites* dérivent des alcools primaires par soustraction de deux hydrogènes, de la manière suivante :

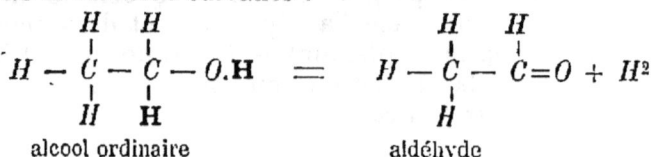

$$H - \overset{\overset{H}{|}}{\underset{\underset{H}{|}}{C}} - \overset{\overset{H}{|}}{\underset{\underset{H}{|}}{C}} - O.\mathbf{H} \quad = \quad H - \overset{\overset{H}{|}}{\underset{\underset{H}{|}}{C}} - \overset{\overset{H}{|}}{C}{=}O + H^2$$

alcool ordinaire   aldéhyde

Les deux hydrogènes enlevés sont les atomes marqués en caractères gras ; l'oxygène qui reste satisfait deux valences du carbone. L'atome de carbone autour duquel la modification s'est faite, porte encore un atome d'hydrogène.

Les *acétones* dérivent des *alcools secondaires* d'une manière analogue :

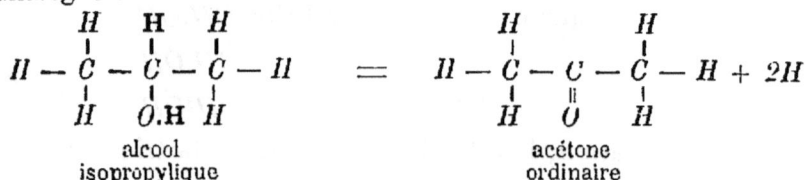

$$H - \overset{\overset{H}{|}}{\underset{\underset{H}{|}}{C}} - \overset{\overset{\mathbf{H}}{|}}{\underset{\underset{O.\mathbf{H}}{|}}{C}} - \overset{\overset{H}{|}}{\underset{\underset{H}{|}}{C}} - H \quad = \quad H - \overset{\overset{H}{|}}{\underset{\underset{H}{|}}{C}} - \overset{\overset{}{}}{\underset{\underset{O}{||}}{C}} - \overset{\overset{H}{|}}{\underset{\underset{H}{|}}{C}} - H + 2H$$

alcool   acétone
isopropylique   ordinaire

Les hydrogènes marqués en caractères gras sont éliminés et les deux valences du carbone sont saturées par l'oxygène. Mais le carbone caractéristique ne porte plus d'hydrogène, d'où il résulte que la transformation acide ne pourra pas s'effectuer par une oxydation ultérieure.

535. Nomenclature. — *Aldéhydes.* Au mot *aldéhyde* on ajoute le nom de l'acide que fournirait l'aldéhyde par une oxydation ultérieure; ex. : *aldéhyde acétique* C^2H^3OH. On pourrait aussi désigner l'aldéhyde par l'alcool dont elle dérive : aldéhyde *éthylique* C^2H^3OH, dérivant de l'*alcool éthylique.*

Acétones. — Les alcools secondaires dérivent du *carbinol* $CH^3.OH$ par substitution de deux radicaux hydrocarbonés à deux hydrogènes. On les nomme en faisant précéder le mot *carbinol* du nom des radicaux substitués. *Exemple* : $(CH^3)^2CH.OH$ *diméthyl-carbinol* (1) (alcool isopropylique). Or, dans la transfor-

---

(1) *Diméthyl* : le méthyle est substitué deux fois.

mation de l'alcool en acétone, le groupe caractéristique des
alcools secondaires $CH.OH$ est changé en CO qu'on appelle *carbonyle* : l'acétone se nommera en faisant précéder le mot *carbonyle* du nom des radicaux adjoints au carbonyle. L'acétone ordinaire, qui peut s'écrire $(CH^3)^2CO$, sera le *diméthyl carbonyle*.

536. Propriétés. — 1° Les aldéhydes ont une grande
affinité pour l'oxygène. En absorbant ce corps elles se
transforment en l'acide correspondant. Cette propriété en
fait des corps réducteurs : en présence de la potasse, elles
transforment l'azotate d'argent en argent métallique, les
sels de cuivre en sous-oxyde.

2° Les aldéhydes peuvent réabsorber de l'hydrogène et
régénérer l'alcool. Cela a lieu lorsqu'on les soumet à
l'action de l'hydrogène naissant, dégagé de l'eau par
l'amalgame de sodium (1).

537. Préparation. — Le moyen le plus intéressant, pour
la préparation des aldéhydes, est l'oxydation des alcools :
l'oxygène prend à l'alcool les 2 hydrogènes par lesquels il
diffère de l'aldéhyde. Les moyens d'oxydation sont :
1° l'éponge de platine : par exemple, on obtient l'aldéhyde
méthylique en faisant passer des vapeurs d'alcool méthylique, mélangées d'air, sur de l'*amiante platinée* ; 2° le
mélange d'acide sulfurique et de bioxyde de manganèse,
d'acide sulfurique et de bichromate de potasse : c'est ainsi
qu'on obtient l'aldéhyde acétique, au moyen de l'alcool
ordinaire.

Principales aldéhydes : Aldéhydes formique et acétique, chloral

538. L'aldéhyde formique $HCOH$ est peu stable; on l'obtient
en faisant passer sur l'amiante platinée un mélange d'air et de
vapeurs d'alcool méthylique. On recueille une dissolution d'aldéhyde dans l'alcool méthylique.

359. L'aldéhyde acétique $CH^3 — COH$ ou *aldéhyde ordinaire*
est un liquide incolore, d'une odeur éthérée et suffocante, soluble
dans l'eau, l'alcool et l'éther. — Elle s'oxyde facilement en fournissant de l'acide acétique. Elle enlève l'oxygène aux composés métalliques : quand on laisse tomber quelques gouttes d'aldéhyde
dans une dissolution ammoniacale d'azotate d'argent et qu'on
chauffe légèrement, les parois du verre se recouvrent d'argent
métallique. Cette réaction est utilisée pour argenter les miroirs.

---

(1) On sait que le sodium décompose l'eau en dégageant de l'hydrogène ;
l'amalgame de sodium agit de la même manière, mais moins vivement.

Préparation. — Dans les laboratoires, on chauffe un mélange d'alcool, d'acide sulfurique et de bichromate de potasse ; l'aldéhyde distille et se condense dans des récipients refroidis. — Dans l'industrie, l'aldéhyde est un produit accessoire de la fabrication des alcools ; elle se forme par l'oxydation des alcools sur les filtres à charbon au moyen desquels on les purifie.

540. Chloral ou aldéhyde acétique trichlorée. — En faisant réagir le chlore sur l'aldéhyde ordinaire on substitue 3 atomes de chlore à 3 atomes d'hydrogène et on a *l'aldéhyde trichlorée* appelée aussi *chloral* $CCl^3.CHO$.

Propriétés. — Le chloral est un liquide incolore, très dense, bouillant vers 100°. Il jouit de propriétés anesthésiques, comme le chloroforme ; il a d'ailleurs la propriété de se tranformer en chloroforme sous l'influence des alcalis.

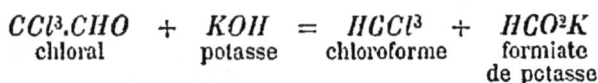

$$CCl^3.CHO \ + \ KOH \ = \ HCCl^3 \ + \ HCO^2K$$

chloral   potasse   chloroforme   formiate
de potasse

En prenant une molécule d'eau, il forme *l'hydrate de chloral.*

$$CCl^3.CH(OH)^2$$

Préparation. — On fait réagir le chlore sur l'alcool : le chlore enlève d'abord 2 équivalents d'hydrogène et produit de l'aldéhyde ; ensuite il se substitue à 3 atomes d'hydrogène de l'aldéhyde.

REMARQUE. — La potasse transformant le chloral en chloroforme, on a la théorie d'une préparation du chloroforme indiquée plus haut. Quand on fait agir les hypochlorites sur l'alcool, l'alcool s'oxyde d'abord et fournit l'aldéhyde, que le chlore transforme en chloral ; en dernier lieu la potasse ou la chaux transforment le chloral en chloroforme.

541. Acétone ordinaire $CH^3.CO.CH^3$. — C'est l'aldéhyde de l'alcool propylique secondaire (V. p. 399).

Propriétés. — L'acétone est un liquide d'une odeur éthérée, soluble dans l'eau, l'alcool et l'éther, bouillant à 58°. — Par l'action de l'hydrogène naissant, elle donne l'alcool isopropylique ; en s'oxydant elle se dédouble et forme de l'acide acétique et de l'acide formique.

$$CH^3-CO-CH^3 \ + \ 3O \ = \ CH^3-CO.OH \ + \ HCO.OH$$

Préparation. — 1° Elle se produit dans la distillation du bois, et forme souvent la majeure partie de l'esprit de bois commercial. On peut l'en retirer par un traitement convenable.

2° On soumet l'alcool propylique secondaire à une oxydation modérée,

3° On décompose par la chaleur l'acétate de chaux :

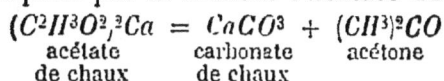

$$(C^2H^3O^2)^2Ca = CaCO^3 + (CH^3)^2CO$$

acétate   carbonate   acétone
de chaux   de chaux

Voici comment on explique cette réaction : l'acétate de calcium peut s'écrire :

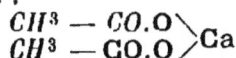

$$CH^3 - CO.O \diagdown Ca$$
$$CH^3 - CO.O \diagup$$

Les atomes marqués en caractères gras s'éliminent sous forme de carbonate de chaux; les deux restes se soudent par les carbones :

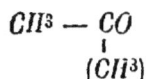

$$CH^3 - CO$$
$$|$$
$$(CH^3)$$

C'est un mode général de préparation des acétones. Par exemple, en distillant le propionate de chaux on aurait le diéthyl-carbonyle : avec un mélange d'acétate de chaux et de propionate on aurait le méthyl-éthyl-carbonyle. (V. infra. p. 416.)

Aldéhydes (suite) : Glucoses, Sucres, Amidon

542. Formules, constitution — *Glucoses*. Les glucoses ont pour formule $C^6H^{12}O^6$. On doit les regarder comme les aldéhydes des alcools hexatomiques. tels que la mannite (p. 398) : car par l'action de l'hydrogène naissant elles reproduisent ces alcools (1).

En supposant que la mannite soit l'alcool normal en C^6, nous aurons :

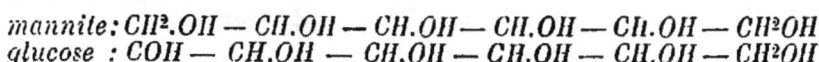

mannite: $CH^2.OH - CH.OH - CH.OH - CH.OH - CH.OH - CH^2OH$
glucose : $COH - CH.OH - CH.OH - CH.OH - CH.OH - CH^2OH$

Sucres ou *saccharoses* (2). — Quant aux *sucres*, ils dérivent des glucoses par élimination d'une molécule d'eau, prise à 2 molécules de glucose qui se soudent ensuite par un oxygène de la façon suivante.

Les glucoses peuvent s'écrire $(C^6H^{11}O^5)^2OH$ en mettant en évidence l'oxhydrile sur lequel porte la transformation. Alors on aura :

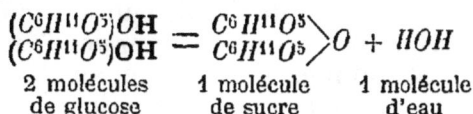

$$\begin{array}{l} (C^6H^{11}O^5)OH \\ (C^6H^{11}O^5)OH \end{array} = \begin{array}{l} C^6H^{11}O^5 \\ C^6H^{11}O^5 \end{array} \diagup O + HOH$$

2 molécules   1 molécule   1 molécule
de glucose   de sucre   d'eau

(1) Les glucoses sont une fois aldéhyde et cinq fois alcool.
(2) Dans une acception plus large, on réunit sous le nom de sucres les saccharoses et les glucoses.

Ordinairement les deux glucoses sont différentes, ce qui explique pourquoi, dans la transformation inverse, qu'on appelle *interversion du sucre*, on a 2 glucoses différentes (la *dextrose* et la *lævulose* dans le cas du sucre ordinaire).

La transformation des glucoses en sucre, par déshydratation, n'a pas été effectuée jusqu'à présent.

Amidon, gommes, dextrine. — En enlevant une molécule d'eau à une molécule de glucose on obtient $C^6H^{10}O^5$. Si on ne considère que les proportions de carbone, d'hydrogène et d'oxygène, l'amidon, les gommes, la dextrine, la cellulose répondent à cette formule ; mais ces corps sont probablement plus compliqués : leurs molécules sont des multiples de $C^6H^{10}O^5$.

REMARQUE. — Dans les glucoses et leurs dérivés, l'hydrogène et l'oxygène sont unis dans les proportions de l'eau, c'est pourquoi on appelle ces substances des *hydrates de carbone*.

543. Tranformation des matières amylacées et sucrées en glucoses. — La théorie nous fait considérer les matières amylacées (1) et sucrées comme ayant une grande connexion avec les glucoses. En effet, il est facile de les transformer en glucoses.

Ces transformations se font naturellement dans les digestions animales ou végétales sous l'influence de divers ferments, qui sont : la *ptyaline*, principe actif de la salive chez les animaux ; la *pancréatine*, principe actif du suc pancréatique ; le *ferment inversif* du suc intestinal ; la *diastase végétale* qui dissout l'amidon des graines des céréales. Cette digestion est nécessaire aussi bien chez les végétaux que chez les animaux, car les substances féculentes ou sucrées ne peuvent être utilisées par les organismes qu'après avoir été transformées en glucoses.

La chimie produit artificiellement les mêmes effets par l'action des acides affaiblis. On verra que la cellulose, l'amidon, soumis à l'action de l'acide sulfurique, se changent en glucose. Cela justifie la parole connue d'un admirateur de la chimie : « Donnez une bûche au chimiste, il est capable d'en faire un pain de sucre ». En effet, le bois est de la cellulose. Malheureuse ent, le sucre obtenu n'est pas le sucre ordinaire. Le passage du sucre cristallisable aux glucoses est facile ; la transformation inverse n'a pas été

_____

(1) *Amylacées*, c'est-à-dire l'amidon et ses congénères.

faite. Napoléon Ier avait promis un million à celui qui résoudrait ce problème, mais le prix n'a pas été gagné.

544. Éthers des glucoses. — Les glucoses sont à la fois aldéhydes et alcools. Comme alcools, elles peuvent donner des éthers quand on les soumet à l'action des acides. La formule de ces éthers s'obtient en remplaçant un ou plusieurs oxhydriles alcooliques par un ou plusieurs résidus halogéniques d'acides, comme nous avons fait pour les éthers des glycols. Exemple : on a la *glucose pentanitrique*, en substituant à 5 oxhydriles le résidu halogénique de l'acide azotique AzO^3

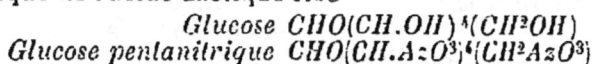

$$Glucose\ CHO(CH.OH)^4(CH^2OH)$$
$$Glucose\ pentanitrique\ CHO(CH.AzO^3)^4(CH^2AzO^3)$$

Ces éthers s'obtiennent surtout avec les acides organiques, car il faut chauffer à une température à laquelle les acides minéraux décomposent la glucose. Toutefois on a obtenu la glucose penta-nitrique en dissolvant la glucose dans l'acide azotique fumant.

On prépare des éthers analogues avec la cellulose, l'amidon. Ex.: les *celluloses nitriques*.

Glucoses

545. — Les glucoses sont des substances répondant à la formule $C^6H^{12}O^6$, d'une saveur sucrée, cristallisant mal, se transformant directement en alcool par l'action de la levure de bière (V. p. 411). On en distingue plusieurs sortes, dont deux principales : la *glucose proprement dite* et la *fructose*. On les appelle encore *dextrose* et *lévulose*, parce que la première dévie à droite la lumière polarisée et que la seconde la dévie à gauche. Elles se produisent ensemble dans l'interversion du sucre (1).

546. Dextrose. — On appelle encore cette substance *sucre de raisins, sucre d'amidon.* C'est un corps blanc, moins sucré que le sucre ordinaire. Elle est moins soluble dans l'eau que le sucre : 1 kil. se dissout dans 1 litre 1/2 d'eau. Chauffée, elle fond, perd une molécule d'eau de cristallisation à 100°, puis s'altère en produisant de la *glucosane* $C^5H^{10}O^5$ et ensuite du *caramel*, substance brune.

— C'est un corps réducteur comme toutes les aldéhydes. Versée dans une solution alcaline de tartrate de cuivre, elle produit un précipité rouge de sous-oxyde de cuivre. La *liqueur de Felhing* est une dissolution de ce genre, d'une composition complexe, qui possède une très grande sensi-

---

(1) Quand on dit *glucose* sans préciser, on entend ou la dextrose, ou la lévulose, ou un mélange des deux.

bilité et est employée pour déceler la présence des glucoses dans les sucres.

État naturel, préparation. — La dextrose existe toute formée, mais mélangée avec de la lévulose, dans le miel, les raisins et les autres fruits. — Elle produit, à la surface des fruits secs et des vieilles confitures, de petits grumeaux blanchâtres et sucrés. On la trouve aussi dans le sang, d'où elle passe dans les urines pathologiques. Thénard en a tiré 15 kil. de l'urine d'un malade.

On l'obtient industriellement en faisant bouillir de l'amidon avec de l'acide sulfurique dilué. Lorsque tout l'amidon est saccharifié (1), on sature l'acide sulfurique avec de la craie, on décante et on fait cristalliser par évaporation. — On peut aussi chauffer à 70° un mélange d'amidon et d'orge germée : la saccharification s'effectue sous l'influence de la diastase développée par l'orge en germination.

Usages. — Le sucre d'amidon sert dans la fabrication de la bière, dans la préparation des pains d'épice, des fruits confits, des sirops, des confitures.

547. Lévulose. — Synonymes : *fructose, sucre incristallisable des fruits.* C'est un sirop incolore, difficilement cristallisable. Pour faire cristalliser la lévulose, il faut la traiter par l'alcool. Elle a les mêmes propriétés que la dextrose.

On la tire des produits naturels où elle se trouve mélangée avec la dextrose : sucre de fruits, miel..... On l'en sépare en traitant le mélange par la chaux : la dextrose donne un composé liquide et la lévulose un composé solide. Celui-ci, isolé et traité par l'acide oxalique, abandonne la lévulose.

On peut aussi intervertir le sucre ordinaire. Le sucre peut être considéré comme formé par 1 molécule de glucose et 1 molécule de lévulose qui se sont soudées en éliminant 1 molécule d'eau. Sous l'influence des acides affaiblis ou des ferments naturels, le sucre reprend cette molécule d'eau et se dédouble. Cette opération s'appelle *interversion* parce que la lumière polarisée est déviée à droite par le sucre et à gauche par le sucre dédoublé. — L'interversion donne un mélange de glucose et de lévulose qu'on sépare comme précédemment.

---

(1) Transformé en glucose.

Sucres proprements dits

548. Sucre ordinaire. — *Propriétés.* Le sucre ordinaire est un corps blanc, cristallin, de formule $C^{12}H^{22}O^{11}$.

Il se dissout dans la moitié de son poids d'eau froide et en toutes pr⋯rtions dans l'eau bouillante. Il cristallise en gros prismes incolores quand il est abandonné à une cristallisation lente. Les pains de sucre sont formés de petits cristaux fortement agglomérés. — Il est peu soluble dans l'alcool.

A 160° le sucre fond en un liquide visqueux et, par le refroidissement, se prend en une masse transparente qu'on faisait cuire autrefois dans une décoction d'orge (*sucre d'orge*). Vers 210° il perd 2 équivalents d'eau et se change en une masse brune et amère, le *caramel*, de composition mal connue, employé pour colorer les bouillons. — A une température plus élevée, il se décompose et laisse un résidu de charbon noir, léger, boursouflé.

Les acides étendus transforment le sucre ordinaire en sucre interverti. La tranformation est lente à la température ordinaire, rapide à chaud. La chaleur, en présence de l'eau, suffit pour produire l'interversion.

549. État naturel, préparation. — Le sucre se trouve tout formé dans un grand nombre de végétaux. — On le retire de la canne à sucre (Nouveau-Monde), de la betterave (France et nord de l'Europe), de l'érable (Canada et Amérique du nord), de la citrouille (Hongrie), du maïs (Mexique), etc....

Sucre de betterave. — Une grande quantité de sucre se retire de la betterave blanche de Silésie, qui en contient environ 10 0/0.

Les racines, après avoir été nettoyées et lavées, sont passées au cylindre dévorateur, espèce de râpe mécanique, qui déchire leurs cellules et les réduit en une pulpe très fine. Cette pulpe est comprimée dans des sacs en laine avec des presses hydrauliques, qui extraient un jus représentant 80 0/0 du poids de la betterave ; le résidu, réduit en gâteaux bien secs, est livré aux agriculteurs pour la nourriture des bestiaux. — On procède au plus tôt à la *défécation*. Le jus est chauffé dans une chaudière, avec du lait de chaux, qui neutralise les acides végétaux et empêche la transformation du sucre en glucose. Les sels qui se forment, avec quelques autres matières insolubles, se séparent en écume, qu'on enlève. Puis le jus passe sur des filtres à noir animal, qui le décolorent, et dans des chaudières, où on le fait bouillir pour chasser une partie de l'eau. Quand la liqueur est suffisamment concentrée, on la verse dans des formes ou moules coniques, en terre ou en zinc. dont la pointe, placée en bas, est bouchée avec un tampon en bois. On la laisse refroidir, pour que le sucre cristallise : puis, en ôtant le bouchon, on fait écouler la partie liquide (*mélasse*), qui ne peut cristalliser.

Pour concentrer la dissolution, on est obligé de chauffer à une température où le sucre se change en glucose. Mais on se sert de chaudières où l'on a fait le vide : la température d'ébullition est très abaissée et il se forme moins de glucose.

Sucre de canne. — On extrait une grande quantité de sucre d'un roseau gigantesque, appelé *canne à sucre*, de la famille des graminées, cultivé surtout au Brésil et dans les Antilles. Il contient 20 0/0 de sucre.

On écrase les cannes entre des cylindres : le résidu ligneux (*bagasse*) sert de combustible ; le jus qui en découle (*vesou*) est placé dans une première chaudière, où on le purifie avec de la chaux. On le concentre ensuite dans d'autres chaudières, on le décolore avec du noir animal et on le fait cristalliser. On obtient ainsi du *sucre brut* ou *cassonade*, qu'on enferme dans des tonneaux et qu'on expédie en Europe.

Les *mélasses*, ou sirops non cristallisés, servent à fabriquer, au moyen d'une fermentation convenable, des liqueurs alcooliques, principalement le *rhum* et le *tafia*.

550. Raffinage. — Le sucre de betterave et la cassonnade, avant d'être livrés au commerce, sont ordinairement rendus plus blancs et plus purs par le raffinage. On les dissout de nouveau dans l'eau, puis on les mélange avec du noir animal et du sang de bœuf (albumine). Le charbon absorbe les matières colorantes ; on chauffe le mélange, et le sang, en se coagulant, entraîne avec lui le charbon et les matières étrangères au sucre. Le sirop est ensuite filtré sur du noir

animal et chauffé jusqu'à ce qu'il commence à cristalliser. Il
est alors versé dans des formes, où il se solidifie, puis lavé
avec du sirop de sucre blanc et séché hors du moule.

551. Sucre de lait ou lactose. — Le *sucre de lait* se trouve
dans le commerce en masses cylindriques, formées de cristaux
agglomérés autour d'une baguette, qui craquent sous la dent. On
le tire du lait des mammifères. La formule est $C^{12}H^{22}O^{11} + H^2O$,
la molécule d'eau étant de l'eau de cristallisation qui disparaît
quand on chauffe à 140°.

Il est beaucoup moins soluble que le sucre ordinaire. Les
acides dilués le changent en dextrose et en une glucose spéciale
appelée *galactose*.

Maltose. — La maltose est une substance blanche cristalline
qu'on obtient par l'action de la diastase sur les matières amylacées chauffées à 60°. Elle a pour formule $C^{12}H^{22}O^{11} + H^2O$, la
molécule d'eau étant de l'eau de cristallisation.

Les acides la changent en glucose. Elle est réduite par la
liqueur cupro-potassique comme les glucoses, avec lesquelles on
l'a longtemps confondue.

Cellulose. Amidon. Dextrine

552. Cellulose. — C'est une matière solide, blanche,
translucide, dont la composition est représentée par
la formule $C^6H^{10}O^5$. Mais la molécule est un multiple
de cette formule.

État naturel. — C'est la substance la plus répandue
dans les végétaux. Elle constitue la membrane de la
cellule végétale ; dans le bois, la cellulose s'incruste
d'une matière spéciale plus dure, appelée *ligneux* ;
mais elle est presque pure dans les fibres libériennes
et autres avec lesquelles sont faits les tissus de
coton, de lin, de chanvre et le papier. C'est dans ces
tissus qu'on prend la cellulose quand on veut l'étudier.

Propriétés. — Elle est insoluble dans l'eau et les
dissolvants ordinaires. Son dissolvant est la liqueur
bleue de Schweitzer, solution ammoniacale d'oxyde
de cuivre, qu'on prépare en agitant de la tournure de
cuivre et de l'ammoniaque dans un flacon rempli
d'air et filtrant sur l'amiante.

Les acides précipitent la cellulose de sa dissolution, en masse pâteuse.

L'acide sulfurique concentré la transforme en un corps soluble de même formule, la *dextrine*. Si l'on étend d'eau et qu'on fasse bouillir pendant quelques heures, la dextrine prend 2 équivalents d'eau et devient de la glucose $C^6H^{12}O^6$. Pour opérer cette transformation, il n'est pas nécessaire d'employer l'acide concentré. Elle se fait dans une dissolution diluée d'acide sulfurique ou d'acide chlorhydrique soumise à une ébullition prolongée.

Action de l'acide azotique. Coton-poudre, collodion. — L'acide azotique monohydraté se combine avec la cellulose pour former le *fulmicoton* ou *coton-poudre*.

Cette matière se prépare en plongeant du coton cardé, du papier ou du linge dans de l'acide azotique fumant, ou dans un mélange de 3 volumes d'acide azotique ordinaire et de 5 volumes d'acide sulfurique (l'acide sulfurique est destiné à enlever l'excès d'eau de l'acide azotique quadrihydraté). Après 10 minutes on lave à grande eau et on dessèche avec précaution.

La formule du coton-poudre est $C^6H^7(AzO^2)^3O^5$, 3 hydrogènes de la cellulose ayant été remplacés par 3 AzO^2. On peut aussi l'écrire $C^6H^7O^2(AzO^3)^3$; la cellulose étant écrite $C^6H^7O^2(OH)^3$, on voit que 3 oxhydriles ont été remplacés par 3 résidus halogéniques de l'acide azotique, et que le coton-poudre est un éther nitrique de la cellulose, car il en dérive comme les glucoses pentanitriques dérivent des glucoses (n° 544).

Le coton-poudre conserve sa première apparence, mais il devient rugueux au toucher. Grâce à la présence de l'azote et de l'oxygène de l'acide azotique, il se décompose facilement et brûle sans le concours de l'air. Il prend feu vers 150°, brûle rapidement et se transforme complètement en gaz, qui produisent, avec plus de violence encore, tous les effets de la poudre. Son pouvoir brisant et son prix élevé empêchent de le substituer à ' poudre de guerre. Il aurait l'avantage d'être inaltérable ، l'eau et d'agir avec plus d'énergie pour le même poids.

Le coton-poudre, insoluble dans l'eau, dans l'éther et l'alcool séparés, se dissout bien dans l'éther additionné de 6 à 8 0/0 d'alcool. Il forme un liquide sirupeux qu'on appelle *collodion*. Cette solution étendue en couche mince sur un corps solide, y laisse par l'évaporation de l'éther une pellicule incolore, transparente et tenace. Aussi emploie-t-on le collodion pour préserver les plaies du contact de l'air, réunir les bords des blessures et les cicatriser rapidement. On s'en servait autrefois en photographie pour produire sur les plaques une couche très mince, que l'on rendait sensible au moyen du chlorure d'argent.

553. Amidon ou fécule. — C'est un corps solide, blanc, insoluble dans l'eau froide, de même formule que la cellulose $(C^6H^{10}O^5)_n$. Quand on le retire de la farine des céréales, il porte le nom d'*amidon* ; celui qui provient d'autres sources, notamment de la pomme de terre, s'appelle *fécule*.

Au microscope, l'amidon se présente en grains, composés de couches concentriques. La forme et le volume des grains varient avec la plante qui les a fournis. Dans la pomme de terre ils ont $0,^{mm}140$ de diamètre, dans le blé $0,^{mm}05$.

Réactif. — L'amidon humide ou à l'état d'empois est coloré en violet par l'iode. Cette réaction est très sensible et caractérise l'amidon.

Propriétés chimiques. — Chauffé dans l'eau, de 60° à 100°, il se gonfle considérablement et forme une pâte appelée *empois*. Le même phénomène se produit à froid dans l'eau légèrement alcaline ou acide.

La principale propriété de l'amidon est de pouvoir se transformer en glucose.

Cette tranformation s'effectue dans la germination des graines, sous l'influence d'un ferment albuminoïde appelé *diastase*. En effet, l'amidon qui entre dans les graines féculentes, étant insoluble, ne peut être absorbé par la plantule qu'après avoir été changé en une substance soluble : cette substance est la glucose.

Cette réaction est utilisée dans la fabrication de la bière. On fait germer l'orge afin d'y développer la diastase, puis on la porte à environ 70°. A cette température l'amidon se change rapidement en glucose qui, par une fermentation ultérieure, fournira l'alcool de la bière.

Chauffé à 200°, l'amidon se change en un corps isomère, appelé dextrine $(C^6H^{10}O^5)_n$. La même réaction a lieu lorsque l'amidon est mis dans l'eau acidulée ; et, si l'action se prolonge, la dextrine elle-même devient de la glucose.

Préparation de l'amidon. — La farine des céréales se compose principalement d'*amidon* et de *gluten*. — On y ajoute la moitié de son poids d'eau et on la réduit en une pâte qu'on abandonne à elle-même pendant une demi-heure. On la reprend pour la pétrir dans le creux de la main, sous un mince filet d'eau. Il reste entre les doigts une matière gluante qui est le gluten. L'eau entraîne une matière blanche qui se dépose : c'est l'amidon. Il reste en dissolution de la dextrine, du sucre, des sels...

Dans l'industrie, quand on emploie des farines de bonne qualité, on peut procéder d'une manière analogue, ce qui a l'avantage de conserver le gluten.

Quand les farines sont avariées, on provoque la fermentation du gluten en mêlant à la farine des *eaux sures* provenant des opérations précédentes. Les grains d'amidon restent intacts : on les isole par le tamisage et par plusieurs lavages, puis on les dessèche dans une étuve.

Pour obtenir la fécule de pommes de terre, on râpe les tubercules. Les cellules étant brisées dans cette opération, les grains de fécule sont mis en liberté et, si on lave, ils sont entraînés par l'eau.

554. Dextrine. — La *dextrine* est un corps solide, jaunâtre, ressemblant à la gomme arabique.

Elle a la même composition que la cellulose et l'amidon $(C^6H^{10}O^5)^n$. Elle se distingue de l'amidon parce qu'elle se colore en rouge fauve en présence de l'iode, et qu'elle est soluble dans l'eau. La solution dévie à droite la lumière polarisée, d'où le nom de *dextrine*.

L'eau acidulée la transforme en glucose.

On la prépare au moyen de l'amidon :

1º Par un acide. — On chauffe à 100° une pâte formée de fécule et d'eau additionnée d'un peu d'acide azotique. On a la *dextrine blanche*.

2º Par la chaleur. — On maintient pendant trois heures environ l'amidon à 180° ou la fécule à 2°0° : on a la *fécule torréfiée* ou *leïcome*.

3º Par la diastase. — On ajoute de l'orge germée à de la fécule transformée en empois. Quand la réaction est suffisante, on l'arrête en portant rapidement la température à 100°. Une action prolongée changerait la dextrine en glucose.

Fermentation alcoolique ; liqueurs fermentées

555. Les liqueurs fermentées se préparent à l'aide des glucoses, ou à l'aide des matières sucrées ou amylacées préalablement converties en glucoses.

Lorsqu'on presse les raisins, on obtient un liquide sucré, composé principalement d'eau et de glucose ; ce n'est pas encore du vin : on l'appelle *moût*. Abandonné à lui-même, il *bout*, c'est-à-dire, il dégage des bulles de gaz comparables aux bulles de vapeur qui sortent d'un liquide en ébullition. En même temps le goût sucré disparaît et il se forme de l'alcool.

Ce phénomène s'appelle *fermentation alcoolique*. Il a lieu dans la préparation du vin, du cidre, de la bière et, en général, de toutes les boissons dites *alcooliques*. — On peut le produire artificiellement. Dans un flacon muni d'un tube à dégagement on met une dissolution de glucose avec un peu de levure de bière, et on maintient la température à 25° environ. Bientôt il se dégage de l'acide carbonique, le sucre disparaît et il reste de l'alcool.

$$C^6H^{12}O^6 \;=\; 2CO^2 \;+\; 2C^2H^5OH$$

$$\text{glucose} \qquad \underset{\text{carbonique}}{\text{acide}} \qquad \text{alcool}$$

Toute la substance sucrée n'est pas convertie en alcool ; une petite partie, environ 5 0/0, est employée à former de la glycérine, de la cellulose, des matières grasses, etc.... La formule précédente ne représente pas complètement la réaction.

En effet, nous n'avons pas ici un phénomène chimique ordinaire. L'agent de la fermentation est un *corps organisé*, un *ferment*, champignon microscopique qui se présente sous la forme de filaments dont les cellules sont renflées comme les grains d'un chapelet. Celui de la bière s'appelle *saccharomyces cerevisiæ* ; dans le vin et dans les autres liqueurs alcooliques, ce sont des *saccharomyces* d'espèces différentes, ou des *mucors*, et il paraît que le goût et l'arome d'une liqueur dépendent beaucoup de l'espèce du ferment qui l'a produite, de sorte qu'avec les glucoses on pourrait produire une liqueur ayant les caractères des vins naturels, en employant les ferments qui se trouvent dans ces vins.

Voici le mode d'action de ces organismes. Comme tout être vivant, ils respirent, c'est-à-dire ils absorbent de l'oxygène et dégagent de l'acide carbonique. Dans les conditions ordinaires, les saccharomyces empruntent l'oxygène à l'air ambiant ; mais si on les place dans un milieu privé d'oxygène libre, ils ont la propriété remarquable de tirer ce gaz de ses combinaisons : c'est ainsi que les diverses levures empruntent aux glucoses l'oxygène qu'elles doivent convertir en acide carbonique, et la condition essentielle de cette action est l'absence d'air. Si la levure de bière est en contact avec l'air, elle se développe aux dépens de la glucose, mais sans former d'alcool.

556. Liqueurs fermentées. Vins. — Le vin *blanc* se fait avec les raisins blancs. En les pressant on obtient une liqueur appelée *moût*, qui contient, pour cent parties :

$$
\begin{array}{l}
\text{de 83 à 72 parties d'eau} \\
\text{14 à 26 \quad — \quad de sucres.} \\
\text{3 à 2 \quad — \quad de matières diverses : tannin,}
\end{array}
$$

substances colorantes, etc.

Le moût, abandonné à lui-même, subit la fermentation alcoolique, qui fait disparaître la plus grande partie de son sucre.

On peut aussi obtenir du vin blanc avec les raisins rouges. La matière colorante est contenue dans l'enveloppe des grains, et elle ne se dissout que dans l'alcool ; c'est pourquoi on obtient un vin à peine teinté de rose quand on ne laisse pas la fermentation se faire sur la grappe.

Après la fermentation, les matières solides tombent au fond et forment la *lie*.

Pour clarifier le vin et le débarrasser des ferments en suspension qui provoqueraient une fermentation nouvelle, on le *colle*, c'est-à-dire qu'on y ajoute de l'albumine (blanc d'œuf, colle de poisson, gélatine) qui se coagule au contact du tannin et de l'alcool, et entraîne les matières solides en suspension.

Le vin *rouge* se fait avec les raisins rouges : on laisse le moût en contact avec l'enveloppe des grains ; il entre en fermentation et la matière colorante est dissoute par l'alcool. Au bout de trois à huit jours, on le soutire dans de grandes cuves où la fermentation s'achève. Ensuite on le traite à peu près comme le vin blanc.

Cidre, poiré. — On donne ce nom à deux boissons que l'on obtient par la fermentation alcoolique du jus extrait des pommes et des poires.

Bière. — La bière est une boisson alcoolique que l'on prépare avec les céréales, principalement avec l'orge, et dont le prix est moins élevé.

C'est au dépens de l'amidon contenu dans l'orge que l'alcool doit être formé ; il faut le transformer en glucose, puis en alcool.

1° Maltage. — La transformation de l'amidon en glucose se fait ici par le moyen d'un ferment non organisé, la diastase, qui se développe dans la germination de la graine. Il faut d'abord provoquer la formation de ce ferment. On trempe l'orge dans de grandes cuves remplies d'eau. Quand elle y a reposé quelque temps on enlève les grains avariés et les ordures qui montent à la surface. On retire ensuite les grains, on les étend sur le sol d'un cellier ; la germination se déclare et produit la *diastase*. Au bout de 10 à 20 jours on dessèche l'orge et on sépare avec un crible les radicules qui sont devenues cassantes. On obtient ainsi le *malt*.

2° Brassage ou saccharification. — Le malt est introduit dans de grandes cuves en bois, où l'on fait arriver de l'eau chauffée d'abord à 60°, puis à 90°, et on brasse le mélange, puis on le laisse en repos pendant trois heures environ. Sous l'influence de la diastase, l'amidon de l'orge subit la fermentation *saccharine* ou *sucrée* ; il se transforme en dextrine, puis en glucose qui se dissout dans l'eau. Le liquide est soutiré et prend le nom de *moût*.

On transvase le moût dans des chaudières closes, où on le fait bouillir avec des fleurs de houblon pour lui donner une saveur et une odeur agréables.

3° Fermentation alcoolique. — Le moût, refroidi convenablement, est versé dans une cuve avec le ferment appelé *levure de bière*. La température est de 20°. La fermentation alcoolique s'accomplit en deux jours au plus. Puis on soutire la liqueur et on la met dans de petits tonneaux où la fermentation s'achève : quand elle se ralentit on peut livrer la bière à la consommation.

En France, pour augmenter la quantité d'alcool, on ajoute au moût des matières sucrées.

CHAPITRE V

ACIDES ORGANIQUES

Notions générales

557. — Les acides organiques possèdent les mêmes réactions que les acides minéraux : ils ont la saveur acide, rougissent le tournesol, réagissent sur les hydrates métalliques pour produire des sels, qui ne diffèrent de l'acide que par la substitution de un ou plusieurs atomes métalliques à un ou plusieurs atomes d'hydrogène.

Les acides organiques dérivent des alcools : le radical alcoolique a perdu 2 atomes d'hydrogène qui sont remplacés par 1 atome d'oxygène.

Alcool éthylique $C^2H^5.OH$ *Acide acétique* $C^2H^3O.OH$

Le nouvel atome d'oxygène est porté par l'atome de carbone qui porte déjà l'oxhydrile,

Acide acétique $CH^3 - CO.OH$

de sorte que cet atome de carbone a une valence saturée par l'oxhydrile, deux par l'oxygène et la quatrième par un radical hydrocarboné. Le groupe $CO.OH$ est donc caractéristique des acides organiques.

De tout cela il résulte que les alcools primaires, caractérisés par le groupe $CH^2.OH$, sont les seuls qui puissent donner naissance à des acides : car ils sont les seuls qui possèdent $2H$ au voisinage de l'oxhydrile. D'ailleurs, un alcool polyatomique qui serait plusieurs fois primaire pourrait subir la transformation acide à plusieurs degrés. *Exemple* : Le glycol éthylénique $CH^2OH - CH^2OH$ fournit l'acide glycolique $CH^2OH - CO.OH$, une fois acide et une fois alcool, et l'acide oxalique $CO.OH - CO.OH$, 2 fois acide. — L'acide oxalique contient 2 fois le groupe $CO.OH$ et par suite deux hydrogènes remplaçables par un métal : il est *bibasique*. On conçoit qu'il y ait des acides *tribasiques*, *tétrabasiques*. etc.

558 **État naturel, préparation.** — 1° Beaucoup d'acides existent dans les organes des êtres vivants, libres ou à l'état de sels ou d'éthers, dans la chair des fruits, auxquels ils communiquent une saveur agréable, et dans les liquides de l'économie animale. — Voici le procédé le plus employé pour les retirer des liquides qui les contiennent : on sature ces liquides avec de la chaux : l'acide organique s'unit à cette base et forme un sel insoluble ou séparable par cristallisation ; on le sépare du liquide et on le dessèche. On traite ensuite le sel par l'acide sulfurique : celui-ci s'empare de la chaux et met en liberté l'acide organique. Il n'y a plus qu'à l'isoler par distillation ou par filtration. — On peut aussi combiner l'acide avec l'oxyde de plomb et décomposer ensuite le sel de plomb par un courant d'acide sulfhydrique. Le sulfure de plomb est précipité et séparé par filtrage.

2º On prépare les acides par l'oxydation des alcools correspondants.

3º Il existe beaucoup de procédés synthétiques.

559. Propriétés. — Les acides organiques réagissent sur les bases, comme les acides inorganiques, pour former des sels. De même ils réagissent sur les alcools pour former des éthers.

Nous avons vu comment les carbures saturés $C^n H^{2n+2}$ peuvent se préparer à l'aide de l'acide $C^{n+1}H^{2n+1}O^2H$. *Exemple* : L'acide acétique (en C^2), chauffé au rouge dans un tube de porcelaine, se décompose en méthane (carbure en C^1) et en acide carbonique

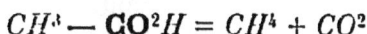

$$CH^3 - CO^2H = CH^4 + CO^2$$

le groupe CO^2 s'éliminant, les résidus CH^3 et H se soudent.

Nous avons vu aussi comment le sel de chaux de ces acides, soumis à la distillation, fournit une acétone :

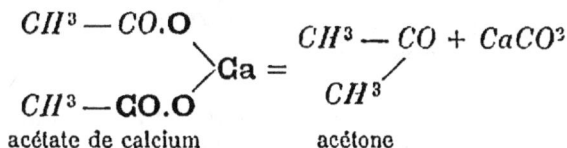

$$\begin{matrix} CH^3 - CO.O \\ \\ CH^3 - CO.O \end{matrix} \Big\rangle Ca = \begin{matrix} CH^3 - CO + CaCO^2 \\ \\ CH^3 \end{matrix}$$

acétate de calcium   acétone

les atomes marqués en caractères gras s'éliminent sous forme de carbonate de chaux, et les résidus $CH^3 - CO$ et CH^3 se soudent par le carbone de CO.

En mélangeant les sels de chaux de 2 acides différents, on obtient des acétones dans lesquelles le groupe carbonyle est soudé à des radicaux hydrocarbonés différents. Soit l'acétate de chaux et le propionate.

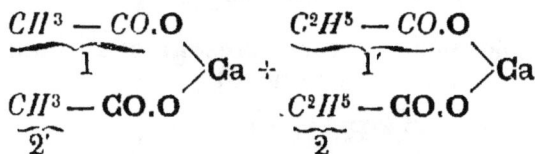

$$\begin{matrix} \underbrace{CH^3 - CO.O}_{1} \\ \underbrace{CH^3 - CO.O}_{2} \end{matrix} \Big\rangle Ca \div \begin{matrix} \underbrace{C^2H^5 - CO.O}_{1'} \\ \underbrace{C^2H^5 - CO.O}_{2} \end{matrix} \Big\rangle Ca$$

Les atomes marqués en caractères gras partant sous forme de carbonate de chaux, il y a 4 restes qui peuvent se combiner de manière à former de l'éthylméthyl-carbonyle, 1 se combinant avec 2 et 1' avec 2'. On a ainsi une méthode générale pour la préparation des acétones.

Le chlore se substitue à l'hydrogène des acides pour former les produits qu'on appelle *acides chlorés*. Avec l'acide acétique $CH^3—CO.OH$ on aura l'*acide acétique monochloré* $CH^2Cl—CO.OH$, l'acide *bichloré* $CHCl^2—CO.OH$ et l'acide trichloré $CCl^3—CO.OH$ L'hydrogène éliminé se combine avec l'excès de chlore pour former de l'acide chlorhydrique. — Avec le brome on a les mêmes réactions. Mais l'iode ne se substitue que par des moyens détournés. (On fait agir l'iodure de potassium sur les dérivés bromés ou chlorés).

Il est à remarquer que le dernier hydrogène, celui de l'oxhydrile, ne peut être remplacé par le chlore.

560. Chlorures d'acides, anhydrides d'acides. — Les *chlorures d'acides* résultent de la substitution d'un atome de chlore à l'oxhydrile de l'acide ; par conséquent ils sont formés de chlore et d'un radical acide.

Acide acétique $CH^3 — CO.OH$ *Chlorure d'acétyle* $CH^3 — CO.Cl$

Ces composés correspondent aux chlorures des radicaux alcooliques.

Chlorure d'éthyle C^2H^5Cl
Chlorure d'acétyle C^2H^3OCl

Il y a aussi des composés correspondant aux éthers oxydes des radicaux alcooliques : ce sont les anhydrides d'acides. Ils dérivent des acides par élimination d'eau, comme les éthers-oxydes dérivaient des alcools par élimination d'eau,

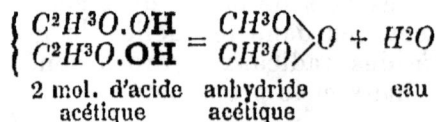

$$\left\{ \begin{array}{l} C^2H^3O.OH \\ C^2H^3O.\mathbf{OH} \end{array} \right. = \left. \begin{array}{l} CH^3O \\ CH^3O \end{array} \right\rangle O + H^2O$$

$$\begin{array}{ccc} \text{2 mol. d'acide} & \text{anhydride} & \text{eau} \\ \text{acétique} & \text{acétique} & \end{array}$$

les atomes marqués en caractères gras s'éliminent sous forme d'eau. Avec l'alcool on avait

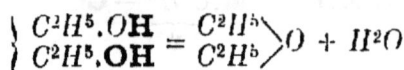

$$\left\{ \begin{array}{l} C^2H^5.\mathbf{OH} \\ C^2H^5.\mathbf{OH} \end{array} \right. = \left. \begin{array}{l} C^2H^5 \\ C^2H^5 \end{array} \right\rangle O + H^2O$$

Préparation. — Les chlorures d'acides ne se préparent ni par le chlore, ni par l'acide chlorhydrique, mais par les chlorures

de phosphore. Le chlorure de phosphore se transforme d'abord
en oxychlorure :

$$CH^3 - CO.OH + PCl^5 = CH^3 - CO.Cl + POCl^3 + HCl$$

puis l'oxychlorure réagit sur une nouvelle quantité d'acide, en
substituant ses trois derniers chlores aux oxhydriles.

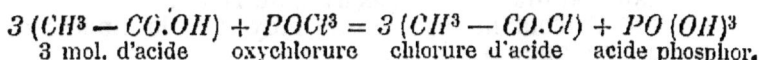

$$3 (CH^3 - CO.OH) + POCl^3 = 3 (CH^3 - CO.Cl) + PO (OH)^3$$
3 mol. d'acide   oxychlorure   chlorure d'acide   acide phosphor.

Les anhydrides d'acides s'obtiennent en faisant agir le chlorure
d'acide sur le sel de potassium du même acide :

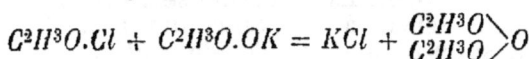

$$C^2H^3O.Cl + C^2H^3O.OK = KCl + \begin{matrix} C^2H^3O \\ C^2H^3O \end{matrix} \Big\rangle O$$

le chlore et le potassium se combinant, les deux restes C^2H^3O et
$C^2H^3O.O$ se réunissent en formant l'anhydride acétique.
Si on avait fait agir le chlorure d'acétyle sur le sel d'un autre
acide, on aurait eu un *anhydride mixte*, comme on a des éthers
mixtes.

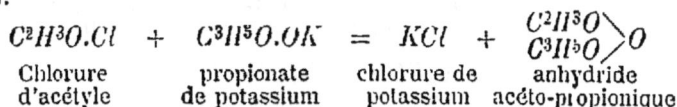

$$C^2H^3O.Cl + C^3H^5O.OK = KCl + \begin{matrix} C^2H^3O \\ C^3H^5O \end{matrix} \Big\rangle O$$

| Chlorure d'acétyle | propionate de potassium | chlorure de potassium | anhydride acéto-propionique |

Les anhydrides des acides bibasiques se préparent simplement par l'action de la chaleur. Par exemple, en chauffant
l'acide tartrique, on obtient l'anhydride tartrique.

Acide formique

Appelé acide *formique* parce qu'il est sécrété par les fourmis rouges, chez
lesquelles il a été découvert par Gehlen.
Il dérive du méthane ou de l'alcool méthylique :

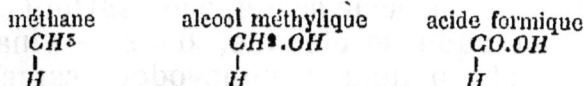

méthane	alcool méthylique	acide formique
CH^3	$CH^2.OH$	$CO.OH$
$\mid$	$\mid$	$\mid$
H	H	H

en notation abrégée CHO^2H ; il est monobasique.

561. Propriétés. — L'acide formique est un liquide incolore,
d'une odeur caractéristique (celle qui se dégage des fourmis),
d'une saveur très acide ; très corrosif, appliqué sur la peau il
produit une brûlure. — Il bout à 100°, et se congèle au-dessous
de 0°.
Chauffé en présence de l'air, il brûle, en formant de l'eau et
de l'acide carbonique.
Il subit la même transformation en présence des oxydants, à
la température ordinaire : aussi est-ce un *corps réducteur*. —
Soumis à l'action de la chaleur à l'abri de l'air, il se dédouble en
eau et en oxyde de carbone : $CHO^2H = CO + H^2O$. Cette réaction

est régularisée par la présence de l'acide sulfurique, qui absorbe l'eau (*Préparation de l'oxyde de carbone*). — Avec les bases, il forme des sels appelés *formiates*.

formiate de potassium CHO²K   *formiate de calcium (CHO²)²Ca*

562. Préparation. — On obtient l'acide formique :

1° En distillant les fourmis rouges avec de l'eau ;

2° En oxydant l'alcool méthylique au moyen de la mousse de platine ou d'un mélange oxydant ;

3° En chauffant l'acide oxalique avec de la glycérine : l'acide oxalique se dédouble en acide carbonique et en acide formique : $(CO.OH)^2 = CO^2 + CHO^2H$. La glycérine se retrouve à la fin de l'opération et peut servir à préparer une nouvelle quantité d'acide formique si on réajoute de l'acide oxalique.

Les méthodes précédentes ne fournissent qu'une dissolution. Pour avoir l'acide formique pur, on transforme l'acide étendu en formiate de plomb, on dessèche ce sel et on le décompose par un courant d'hydrogène sulfuré à 120° : l'acide formique distille et se condense dans un récipient refroidi.

On a fait la synthèse du formiate de potasse en chauffant de l'oxyde de carbone avec de la potasse en tube scellé :

$$CO + KOH = CHO^1K$$

Acide acétique

Ainsi nommé parce qu'il se trouve dans le vinaigre (*acetum*). Il dérive de l'éthane ou de l'alcool éthylique :

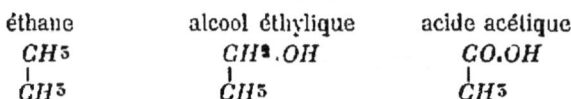

éthane	alcool éthylique	acide acétique
CH^3	$CH^2.OH$	$CO.OH$
$\vert$	$\vert$	$\vert$
CH^3	CH^3	CH^3

formule abrégée $C^2H^3O^2H$; monobasique.

563. Propriétés. — L'acide acétique est surtout connu en dissolution aqueuse étendue, dans le vinaigre. Concentré, c'est un liquide d'une odeur caractéristique, d'une saveur très acide, très corrosif, déterminant des ampoules sur la peau.

Il cristallise vers 6°, pourvu qu'il soit bien exempt d'eau, et, une fois cristallisé, ne fond qu'à 17°. — Il se dissout dans l'eau en toutes proportions, dissout l'alcool, le camphre, les résines, la gélatine.

Il brûle avec une flamme bleue en produisant de l'eau et de l'acide carbonique. — La chaleur le décompose en méthane et acide carbonique (n° 149 et 559). Le chlore donne des produits de substitution parmi

·lesquels se trouve l'*acide trichloracétique*; les chlo·
rures de phosphore forment le chlorure d'acétyle;
celui-ci permet de préparer l'anhydride acétique.
(V. *Propriétés générales des acides.*)

Acétates. — En réagissant sur les bases, l'acide acétique
produit les acétates. *Ex.* :

Acétate de potasse $C^2H^3O^2K$ Acétate de chaux $(C^2H^3O^2)^2Ca$

Les acétates traités par quelques gouttes d'acide sulfurique dégagent l'odeur de l'acide acétique. Ils sont solubles
dans l'eau; ceux d'argent et de protoxyde de mercure le
sont très peu. — L'industrie utilise un acétate neutre de
cuivre, *verdet* ou *cristaux* de Vénus, et un acétate basique
ou *vert de gris*, l'acétate de plomb ou *sel de Saturne* et un
sous-acétate ou *extrait de Saturne*, les acétates de fer et
d'alumine, surtout en teinture.

564. État naturel, préparation. — L'acide acétique se
trouve à l'état d'acétate dans les sucs des végétaux
et dans les liquides des animaux. Il se produit facilement dans la fermentation acide des liqueurs alcooliques.

Le vinaigre ordinaire se prépare pour les besoins
domestiques, par l'oxydation de l'alcool du vin, du cidre
ou des autres boissons alcooliques. On remplit des
tonneaux ou *vinaigriers*, aux deux tiers, de vin et de
vinaigre. On ajoute de temps en temps quelques
litres de vin, en retirant en même temps, par le bas
du tonneau, un volume égal du liquide transformé en
vinaigre. La *fermentation acide* doit être favorisée
par une chaleur de 25 à 30°, le contact de l'air et la
présence des matières azotées. Il se développe un
ferment, algue unicellulaire nommée *mycoderme du
vinaigre*, qui apparaît à la surface du liquide, en
pellicule mince, appelée *mère* ou *fleurs* de vinaigre;
ce ferment prend de l'oxygène à l'air et le fixe sur
l'alcool pour le changer en acide acétique. Pour hâter
la réaction, on peut ajouter du vin qui a filtré sur des
copeaux de hêtre.

On prépare un vinaigre de moins bonne qualité au

moyen des alcools de grains. On les fait couler sur des copeaux imprégnés de fleurs de vinaigre.

On prépare de grandes quantités d'acide acétique dans la distillation du bois. Les produits liquides de cette opération se condensent dans des réfrigérants ; par des distillations méthodiques on sépare ces liquides et on obtient un acide acétique impur. On le transforme en acétate de chaux, puis en acétate de soude, qu'on purifie par cristallisation et qu'on décompose ensuite par l'acide sulfurique. L'acide acétique se dégage en vapeurs et est condensé. C'est le *vinaigre radical*, qui sert à remonter les vinaigres du commerce.

Acides divers

565. Acide butyrique normal. — Il dérive de l'alcool *butylique* (alcool en C^4).

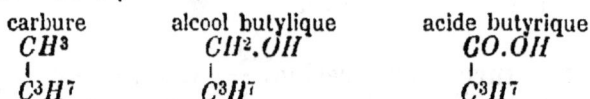

carbure	alcool butylique	acide butyrique
CH^3	$CH^2.OH$	$CO.OH$
$\mid$	$\mid$	$\mid$
C^3H^7	C^3H^7	C^3H^7

En abrégé $C^4H^7O^2H$, monobasique.

C'est un liquide d'une odeur de beurre rance, d'une saveur très acide.

Il existe dans le beurre sous forme de *butyrine* : on appelle ainsi un éther butyrique de la glycérine. Il se développe aussi dans une fermentation particulière des sucres mis en présence de matières azotées (*vieux fromage*). C'est à cette dernière réaction qu'on a recours pour le préparer.

Acides valériques. — Ce sont les acides en C^5, de formule $C^5H^9O^2H$, monobasiques.

Le plus connu est celui qui existe dans la valériane. On l'obtient en oxydant l'alcool amylique.

566. Acides palmitique, stéarique, oléique. — Ce sont les acides qui entrent dans la composition des corps gras sous forme d'éthers de la glycérine.

L'acide palmitique $C^{16}H^{31}O^2H$ dérive du carbure saturé en C^{16}, l'acide stéarique $C^{18}H^{35}O^2H$, du carbure saturé en C^{18}, l'acide oléique $C^{18}H^{33}O^2H$, du carbure éthylénique en C^{18}.

L'acide oléique est liquide à la température ordinaire. L'acide palmitique est solide, fond à 62° ; l'acide stéarique, solide aussi, fond à 70°. Les *bougies stéariques* sont un mélange de ces deux derniers, l'acide stéarique étant en plus grande quantité.

24

Préparation. — Les acides gras s'extraient des corps gras pour la fabrication des bougies stéariques.

1re méthode. — On traite les corps gras par la chaux. Les acides gras se combinent avec cette base pour former des composés insolubles (*savon calcaire*), pendant que la glycérine est mise en liberté. Le composé calcaire, traité par l'acide sulfurique, abandonne les acides gras.

2e méthode. — On décompose les corps gras par la vapeur d'eau surchauffée. On sait, en effet, que l'eau saponifie les éthers ; ici elle régénérera la glycérine et les acides gras.

3e méthode. — Les corps gras peuvent être dédoublés en glycérine et en acides par l'action de l'acide sulfurique.

En toute hypothèse on recueillera les acides qui surnagent au-dessus des autres liquides et on les soumettra à une pression énergique pour éliminer l'acide oléique qui, étant liquide, ne peut pas servir à la fabrication des bougies.

Savons. — Les savons sont des sels dont l'acide est l'un des acides gras, et la base une base quelconque. Les savons à base de potasse ou de soude, les seuls qui soient solubles, sont employés au blanchissage ; on les prépare en faisant agir la potasse ou la soude sur les corps gras.

Les eaux calcaires ne peuvent pas servir au savonnage parce qu'il se forme un savon de chaux insoluble.

567. Acide oxalique. — C'est un acide bibasique qui dérive de l'alcool diatomique en C^2 (*glycol*).

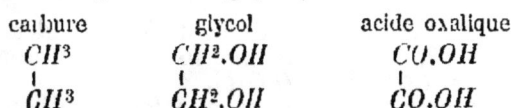

carbure	glycol	acide oxalique
CH^3	$CH^2.OH$	$CO.OH$
$\mid$	$\mid$	$\mid$
CH^3	$CH^2.OH$	$CO.OH$

Formule abrégée $C^2O^4H^2$; les deux hydrogènes sont remplaçables par les métaux.

Propriétés. — L'acide oxalique se présente en cristaux renfermant 2 molécules d'eau de cristallisation, d'une saveur acide. Il se dissout dans 15 parties d'eau froide et dans 1 partie d'eau bouillante.

Chauffé avec l'acide sulfurique il se décompose en eau, oxyde de carbone et acide carbonique (*préparation de l'oxyde de carbone*). Les oxalates se décomposent de la même façon, mais l'acide carbonique reste avec le métal sous forme de carbonate.

En présence de la glycérine, l'acide oxalique se dédouble en acide carbonique et acide formique (*préparation de l'acide formique*).

Oxalates.— Il y en a deux séries : les oxalates neutres, où les 2 hydrogènes sont remplacés par un métal, comme l'*oxalate neutre de chaux* C^2O^4Ca : et les oxalates acides ou bioxalates, comme le *bioxalate de potasse* C^2O^4KH, où il reste un hydrogène basique.

Les oxalates sont insolubles dans l'eau, sauf les oxalates alcalins ; l'oxalate de potasse est même peu soluble. — L'acide oxalique et les oxalates solubles précipitent les sels de chaux de toutes leurs dissolutions; on s'en sert pour déceler la chaux.

État naturel, préparation. — L'acide oxalique se trouve, à l'état libre ou à l'état d'oxalate, dans beaucoup de végétaux, principalement dans les *rumex acetosa* et *acetosella* (oseilles) et dans les *oxalis*. Ces dernières ont donné leur nom à l'acide oxalique: le *sel d'oseille* est un mélange d'acide oxalique et de bioxalate de potasse.

Il se prépare en oxydant par l'acide azotique la glucose, le sucre ou l'amidon : on évapore ensuite et l'acide cristallise.

Il se forme aussi quand on soumet la cellulose (à l'état impur de sciure de bois) à l'action de la potasse fondue. Dans ces conditions, il se produit des oxalates alcalins d'où on tire l'acide par un traitement convenable.

Usages. — L'acide oxalique sert en teinture comme rongeant. On l'emploie aussi pour enlever les taches d'encre et de rouille et pour nettoyer le cuivre. Le sel d'oseille peut remplacer l'acide oxalique. — En dissolution, à l'état libre ou à l'état d'oxalate d'ammoniaque, il sert de réactif aux sels de chaux.

568. Acides lactiques. — Ce sont deux acides dérivant du carbure saturé en C^3 ; ils sont une fois acide et une fois alcool ; leur formule est $C^2H^4(OH)(CO.OH)$.

Le plus connu se forme dans une fermentation particulière des diverses espèces de sucres. Il dérive d'un propylglycol une fois alcool primaire et une fois alcool secondaire.

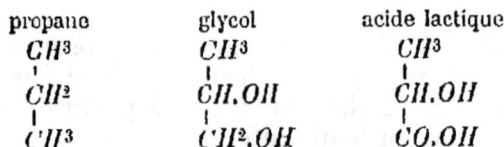

propane	glycol	acide lactique
CH^3	CH^3	CH^3
$\mid$	$\mid$	$\mid$
CH^2	$CH.OH$	$CH.OH$
$\mid$	$\mid$	$\mid$
CH^3	$CH^2.OH$	$CO.OH$

C'est un liquide sirupeux, très acide, coagulant très promptement la caséine.

Il existe dans le petit lait, dans le jus aigri des betteraves et des pois, dans le sang et l'urine. — On le retire du petit lait en ajou-

tant de la chaux, qui forme du lactate de chaux insoluble. Ce
lactate traité par l'acide oxalique abandonne l'acide lactique. On
l'obtient aussi en abondance, par la fermentation lactique,
quand on abandonne à une température de 30° une solution de
sucre, à laquelle on ajoute de la craie et un peu de fromage en
putréfaction. Mais si l'opération dure trop longtemps il se produit de l'acide butyrique.

569. Acide succinique, acide malique. — *L'acide succinique*
est un acide bibasique en C^4.

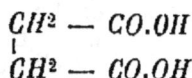

$$CH^2 — CO.OH$$
$$|$$
$$CH^2 — CO.OH$$

Il a été d'abord extrait de l'ambre (*succin*). Il se forme en petite
quantité dans la fermentation alcoolique des glucoses.

L'acide malique est un acide en C^4, deux fois acide et une fois
alcool

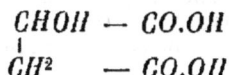

$$CHOH — CO.OH$$
$$|$$
$$CH^2 \quad — CO.OH$$

Il se trouve dans les pommes acides, dans les baies du sorbier,
les fraises, les cerises.

570. Acide tartrique, découvert par Scheele, en 1770. C'est un
acide en C^4, deux fois alcool et deux fois acide

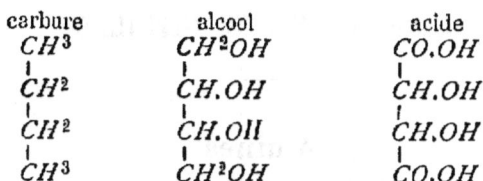

carbure	alcool	acide
CH^3	CH^2OH	$CO.OH$
CH^2	$CH.OH$	$CH.OH$
CH^2	$CH.OH$	$CH.OH$
CH^3	CH^2OH	$CO.OH$

Propriétés. — Ce corps est blanc, d'une saveur acide très
agréable. Il fond vers 170° ; vers 200°, il perd de l'eau et devient
l'anhydride tartrique.

Il forme deux espèces de sels : les tartrates acides et les tartrates
neutres. Citons le *tartre* des tonneaux de vins, qui est du tartrate
acide de potassium ; le *sel de Seignette*, tartrate double de
potassium et de sodium, employé comme purgatif ; l'*émétique*,
tartrate double d'antimoine et de potasse, employé comme
vomitif.

Réactions. — L'acide tartrique précipite les sels de potasse en dissolution concentrée, parce que le tartrate acide de potassium est peu soluble
à froid. Il précipite aussi l'eau de chaux.

Etat naturel. Préparation. — L'acide tartrique se trouve dans
un grand nombre de fruits, de feuilles, de racines, principale-

ment dans le jus de raisin. Il se dépose au fond des tonneaux sous forme de tartre. Ce produit est purifié, transformé en tartrate de calcium insoluble, qui, traité par l'acide sulfurique, donne de l'acide tartrique en dissolution et du sulfate de chaux qu'on sépare par décantation.

REMARQUE. — Il existe 4 acides tartriques isomères qui se distinguent par leur action sur la lumière polarisée et par la forme de leurs cristaux.

571. Acide citrique. — L'acide citrique est un acide en C^6, trois fois acide et une fois alcool. Le carbure saturé (1) étant C^6H^{14}, l'alcool tétratomique sera $C^6H^{10}(OH)^4$, qui, subissant trois fois la transformation acide, devient $C^6H^4O^3(OH)^4$. Telle est la formule de l'acide citrique, ou, plus explicitement, $C^3H^4(COOH)^3(OH)$.

Il cristallise en prismes incolores, transparents, d'une saveur agréable. — On le retire du jus des *citrons*. En traitant par la craie, on obtient du citrate de chaux qu'on décompose ensuite par l'acide sulfurique. Il est employé en teinture et pour faire des limonades. — Le citrate de magnésie (*limonade de Roger*) et le citrate de fer sont employés en médecine.

CHAPITRE VI

AMINES, AMIDES, NITRILES

Amines

571. Constitution. — Les *amines* ou *ammoniaques composées* dérivent de l'ammoniaque par substitution de radicaux alcooliques à 1, 2 ou 3 atomes d'hydrogène.

Suivant le nombre d'hydrogènes remplacés, l'amine est dite *primaire, secondaire, tertiaire.*

Il y a 3 méthylamines suivant qu'on remplace 1, 2 ou 3 hydrogènes par 1, 2 ou 3 méthyles.

Méthylamine (amine primaire) AzH^2CH^3
Diméthylamine (amine secondaire) $AzH(CH^3)^2$
Triméthylamine (amine tertiaire) $Az(CH^3)^3$

(1) Ce carbure n'est pas le carbure normal, lequel ne contiendrait que deux groupes CH^3, et ne pourrait donner qu'un acide bibasique.

24.

Il y aura de même 3 éthylamines : *éthylamine* $AzH^2C^2H^5$, *diéthylamine* $AzH(C^2H^5)^2$, *triéthylamine* $Az(C^2H^5)^3$.

Il n'est pas nécessaire que tous les hydrogènes soient remplacés par le même radical. Dans l'*éthylméthylamine* $AzHCH^3C^2H^5$, un hydrogène est remplacé par le méthyle et un par l'éthyle.

Pour nommer les amines on met, devant le nom générique *amine*, les noms des radicaux substitués, en les faisant précéder au besoin de préfixes indiquant le degré de substitution. *Exemple* : *diméthylamine* veut dire une amine contenant deux fois le radical méthyle et une fois l'éthyle.

Les alcools polyatomiques donnent aussi des amines. Pour en comprendre la constitution, remarquons que les amines primaires peuvent être considérées comme résultant de la substitution de AzH^2 à l'oxhydrile caractéristique des alcools

alcool méthylique CH^3OH *méthylamine* CH^3AzH^2

Les amines secondaires s'obtiennent en substituant AzH à deux oxhydriles alcooliques

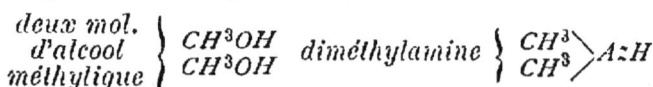

deux mol.
d'alcool $\left.\begin{array}{l} CH^3OH \\ CH^3OH \end{array}\right\}$ *diméthylamine* $\left.\begin{array}{l} CH^3 \\ CH^3 \end{array}\right\rangle AzH$
méthylique

etc...

En faisant ces substitutions dans les alcools polyatomiques, on obtient une grande variété de composés. Par exemple avec le glycol on aura

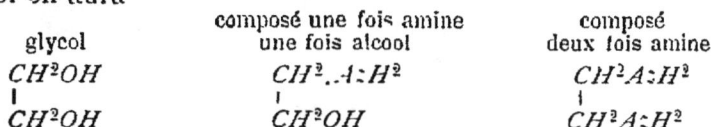

glycol	composé une fois amine une fois alcool	composé deux fois amine
CH^2OH	$CH^2.AzH^2$	CH^2AzH^2
$\mid$	$\mid$	$\mid$
CH^2OH	CH^2OH	CH^2AzH^2

Le *glycocolle* est un composé de ce genre.

Il dérive de l'acide glycollique $\begin{array}{l} CH^2OH \\ \mid \\ CO.OH \end{array}$ par substitution de

AzH^2 à l'oxhydrile alcoolique $\begin{array}{l} CH^2.AzH^2 \\ \mid \\ CO.OH \end{array}$. C'est donc un corps à la fois amine et acide.

572. Propriétés. — Les propriétés de ces corps sont de tout point comparables à celles de l'ammoniaque. Elles ont une odeur analogue, sont très caustiques, bleuissent le tournesol rouge, précipitent les sels de cuivre, et, en redissolvant le précipité, forment de l'eau céleste.

Propriétés physiques. — Conformément à une loi déjà signalée plusieurs fois, les amines s'éloignent d'autant plus de l'état gazeux que leur molécule est plus lourde. La mo-

nométhylamine CH^3AzH^2 est un gaz qui se condense à
— 2°, la triméthylamine $Az(CH^3)^3$ un liquide bouillant + 9°.
La monoéthylamine $AzH^2C^2H^5$ boût à + 18°, la triéthylamine $Az(C^2H^5)^3$ à + 89°.

En général les amines sont solubles dans l'eau. Par
exemple, la méthylamine se dissout dans la proportion de
1150 volumes dans 1 volume d'eau : c'est le plus soluble
des gaz connus. — Les solutions ont les propriétés de la
dissolution ammoniacale.

Propriétés chimiques, ammoniums composés. — Les amines
sont des bases puissantes, qui se comportent comme l'ammoniaque (v. pp. 101 et 102), c'est-à-dire qu'elles s'unissent
aux acides pour former des sels sans élimination d'eau.

$AzH^3 + HCl = AzH^3HCl$ ou AzH^4Cl *chlorhyd. d'ammoniaque*
$AzH^2CH^3 + HCl = AzH^2CH^3HCl$ *chlorhydrate de méthylamine*

Avec l'acide sulfurique :

$$2AzH^3 + SO^4H^2 = SO^4(AzH^4)^2 \text{ sulfate d'ammoniaque}$$
$$2AzH^2CH^3 + SO^4H^2 = SO^4(AzH^3CH^3)^2 \text{ sulfate de méthylamine}$$

De même que les sels d'ammoniaque pouvaient être regardés comme contenant un métal composé, l'ammonium AzH^4,
de même les sels des amines contiennent d'autres ammoniums,
lesquels dérivent de l'ammonium ordinaire par la substitution des radicaux alcooliques à 1, 2, 3 hydrogènes. On les
appelle *ammoniums composés ;* ils n'ont pas été isolés, non
plus que l'ammonium ordinaire :

monométhylammonium	AzH^3CH^3
diméthylammonium	$AzH^2(CH^3)^2$
triméthylammonium	$AzH(CH^3)^3$

On conçoit que le quatrième hydrogène puisse être aussi
remplacé. Alors on aura

tétraméthylammonium (ammonium quaternaire) $Az(CH^3)^4$
dont on connaît en effet des sels, par exemple l'*iodure de
tétraméthylammonium* $Az(CH^3)^4I$.

Hydrates des ammoniums quaternaires. — En chimie inorganique, la théorie de l'ammonium nous a conduits à admettre
un hydrate d'ammonium AzH^4O trop peu stable pour être
isolé. On a isolé les hydrates des ammoniums quaternaires :
en décomposant l'iodure de tétraméthylammonium par une
base telle que l'oxyde d'argent, en présence de l'eau. on obtient
l'*hydrate de tétraméthylammonium.*

$$2Az(CH^3)^4I + Ag^2O + H^2O = 2AgI + 2Az(CH^5)^4OH$$

L'iodure d'argent, étant insoluble, se précipite. On décante, on fait évaporer dans le vide et on a des cristaux blancs qui ressemblent à la potasse par leurs propriétés physiques et chimiques.

L'analogie des sels des ammoniaques composées avec ceux de l'ammoniaque simple et des bases alcalines se poursuit dans leur action sur le chlorure de platine. Ils forment des chlorures doubles de platine et d'ammoniums composés.

573. Etat naturel, préparation. — La méthylamine se trouve dans les produits de la distillation du bois, la triméthylamine, dans les produits de la distillation des vinasses de betterave. On transforme cette dernière en chlorhydrate, qui sert à préparer le chlorure de méthyle.

Production artificielle. — 1° Amines primaires. Si l'on fait agir l'ammoniaque en solution alcoolique sur un chlorure, un bromure ou un iodure alcoolique, on obtient un chlorure, bromure ou iodure d'ammonium composé

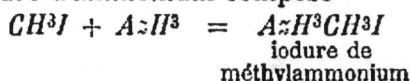

$$CH^3I + AzH^3 = AzH^3CH^3I$$
iodure de
méthylammonium

Celui-ci, distillé avec de la chaux, dégage l'ammoniaque composée correspondante.

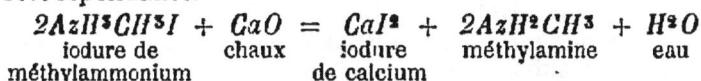

$$2AzH^3CH^3I + CaO = CaI^2 + 2AzH^2CH^3 + H^2O$$

| iodure de | chaux | iodure | méthylamine | eau |
| méthylammonium | | de calcium | | |

2° Amines secondaires. Si l'on fait agir une amine primaire sur un iodure alcoolique, on obtient un iodure d'ammonium secondaire

$$AzH^2CH^3 + CH^3I = AzH^2(CH^3)^2I$$

lequel, traité par la chaux, produit l'amine secondaire.

3° Les amines tertiaires se préparent de la même manière, en partant des amines secondaires.

REMARQUE I. — Il est clair que dans le cours de la préparation des amines primaires on a en présence les corps qui peuvent produire les amines secondaires ou tertiaires. Par conséquent, le produit contiendra les 3 amines. On les séparera par des moyens appropriés.

REMARQUE II. — On introduit dans l'ammoniaque le radical que l'on veut : cela dépend du choix de l'iodure.

Dans les amines secondaires ou tertiaires, on peut avoir deux ou trois radicaux différents. Si on met, par exemple, de l'iodure d'éthyle en contact avec la méthylamine on obtiendra l'éthylméthylamine.

574. Principales amines. — Les principales amines sont les *méthylamines* et les *éthylamines* que nous avons eues principalement en vue dans les numéros précédents.

Phosphines, Arsines, Stibines

575. L'hydrogène phosphoré, l'hydrogène arsénié, l'hydrogène antimonié étant des corps semblables à l'ammoniaque, on conçoit qu'ils donnent des composés comparables aux amines, et, en effet, l'expérience constate l'existence de tels corps ; on les appelle phosphines, arsines, stibines. Par exemple, on a la triméthylarsine $As(CH^3)^3$, la triéthylstibine $Sb(C^2H^5)^3$.

Amides

575. Constitution des amides. — Les amides sont des corps dérivant de l'ammoniaque par la substitution du radical d'un acide à un ou plusieurs hydrogènes de l'ammoniaque (*radical acide* est entendu ici dans le sens défini au n° 491 : c'est l'acide moins l'oxhydrile). L'amide est dite primaire, secondaire ou tertiaire, selon que 1, 2 ou 3 hydrogènes de l'ammoniaque sont ainsi remplacés :

Acétamide	$AzH^2(CH^3 — CO)$,	*amide primaire*
diacétamide	$AzH(CH^3 — CO)^2$,	*amide secondaire*
triacétamide	$Az(CH^3 — CO)^3$,	*amide tertiaire*

Pour désigner les amides, ont fait précéder le nom générique *amide* du nom des radicaux substitués, avec des préfixes indiquant le degré de substitution.

On peut encore considérer les amides primaires comme résultant de la substitution de AzH^2 à l'oxhydrile caractéristique d'un acide.

Acide acétique $CH^3 – CO.OH$ *Acétam. prim.* $CH^3 – CO.AzH^2$

Les amides secondaires résultent de la substitution de AzH, radical divalent, à 2 oxhydriles acides pris dans une même molécule ou dans des molécules différentes.

2 *molécules.* $\begin{cases} CH^3 — CO.OH \\ CH^3 — CO.OH \end{cases}$ *Acétam.* $\begin{matrix} CH^3 — CO \\ CH^3 — CO \end{matrix}\Big\rangle AzH$
d'acide acétiq. *second.*

Acide carbonique $CO\Big\langle\begin{matrix} OH \\ OH \end{matrix}$ *Carbimide* $CO = AzH$

On appelle *imides* les amides secondaires résultant d'une seule molécule d'un acide bibasique.

Enfin, dans les amides tertiaires, 3 oxhydriles acides sont remplacés par Az, radical trivalent.

On peut prévoir que les acides polyatomiques donneront naissance à un grand nombre de composés. En effet, cer-

tains oxhydriles pourront être remplacés sans que les autres
le soient, de sorte qu'on aura des composés à la fois amides
et acides, amides et alcools, etc.

577. Propriétés. — Les amines avaient des propriétés basiques
à peu près égales à celles de l'ammoniaque. L'introduction du
radical acide atténue ces propriétés : les amides sont des corps
neutres ou faiblement basiques.

Quand elles sont basiques, elles se comportent comme l'ammoniaque, c'est-à-dire, s'unissent simplement aux acides sans élimination d'eau.

$$C^2H^3O.AzH^2 \quad + \quad HCl \quad = \quad C^2H^3O.AzH^2.HCl$$
$$\text{acétamide} \qquad \text{acide} \qquad \text{chlorhydrate}$$
$$\text{chlorhydrique} \qquad \text{d'acétamide}$$

Elles peuvent jouer le rôle d'acide faible, l'hydrogène qui reste
de l'ammoniaque étant remplaçable par un métal

$$Acétamide \ C^2H^3O.AzH^2, \ Acétamide \ argentique \ C^2H^3O.AzHAg$$

Les amides secondaires sont franchement acides.

Les amides chauffées, surtout en présence des déshydratants,
se transforment en nitriles

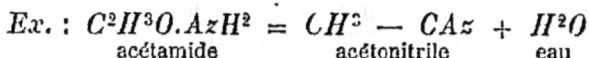

$$Ex.: \ C^2H^3O.AzH^2 = CH^3 - CAz + H^2O$$
$$\text{acétamide} \qquad \text{acétonitrile} \qquad \text{eau}$$

Chauffées avec de l'eau en tube fermé, elles produisent le sel
d'ammonium correspondant

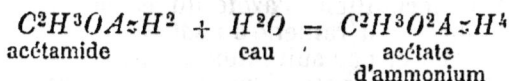

$$C^2H^3OAzH^2 + H^2O = C^2H^3O^2AzH^4$$
$$\text{acétamide} \qquad \text{eau} \qquad \text{acétate}$$
$$\text{d'ammonium}$$

C'est la réaction inverse du premier mode de préparation.

578. Préparation. — 1° On déshydrate le sel d'ammonium
soit par la chaleur soit par un déshydratant.

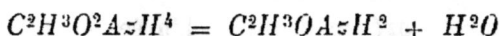

$$C^2H^3O^2AzH^4 = C^2H^3OAzH^2 + H^2O$$

2° On fait réagir l'ammoniaque sur un chlorure d'acide.

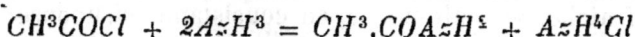

$$CH^3COCl + 2AzH^3 = CH^3.COAzH^2 + AzH^4Cl$$

On obtiendra les amides secondaires en faisant réagir un
chlorure d'acide sur une amide primaire :

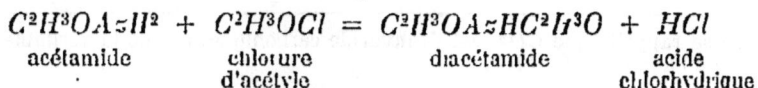

$$C^2H^3OAzH^2 + C^2H^3OCl = C^2H^3OAzHC^2H^3O + HCl$$
$$\text{acétamide} \qquad \text{chlorure} \qquad \text{diacétamide} \qquad \text{acide}$$
$$\text{d'acétyle} \qquad \text{chlorhydrique}$$

Urée

La plus connue des amides est l'urée.

578. Constitution. — L'acide carbonique CO^3H^2 (1) peut être regardé comme un acide bibasique dérivant du méthane.

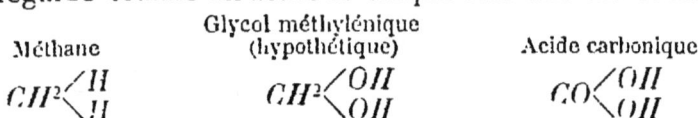

Méthane	Glycol méthylénique (hypothétique)	Acide carbonique
$CH^2{\displaystyle <}^H_H$	$CH^2{\displaystyle <}^{OH}_{OH}$	$CO{\displaystyle <}^{OH}_{OH}$

En remplaçant les oxhydriles par AzH^2, on a, au premier degré de substitution, un *acide amide*

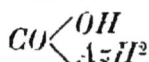

$$CO{<}^{OH}_{AzH^2}$$

et au second degré, l'*urée*

$$CO{<}^{AzH^2}_{AzH^2}$$

579. Propriétés. — L'urée est une matière solide, cristallisant en beaux prismes transparents et allongés. Elle est très soluble dans l'eau, moins soluble dans l'alcool; quoique neutre au tournesol, elle se combine facilement avec les acides et joue le rôle de base :

$$\text{Azotate d'urée} \quad CO(AzH^2)^2AzO^3H$$

Abandonnée à elle-même, l'urée subit la fermentation ammoniacale. Sous l'influence d'un ferment végétal, algue de la famille des bactéries, elle s'assimile 2 molécules d'eau et se transforme en carbonate d'ammoniaque, qui est volatil :

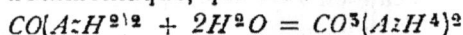

$$CO(AzH^2)^2 + 2H^2O = CO^3(AzH^4)^2$$

Grâce à cette transformation, l'azote du corps des animaux passe dans l'atmosphère, est ramené au sol par les pluies, y sert d'aliment aux végétaux et par suite aux animaux. — La transformation de l'urée en carbonate d'ammoniaque peut s'effectuer sans l'intervention d'un ferment, en la chauffant avec de l'eau en tube scellé, à 140°.

Le chlore, le brome, mais mieux les hypochlorites, les hypobromites, la transforment en acide carbonique et azote; d'après la quantité d'azote ainsi dégagée, on peut doser l'urée.

580. État naturel, préparation. — L'urée se trouve dans beaucoup de liquides animaux, surtout dans l'urine de l'homme et des animaux carnassiers. — Pour en préparer, on concentre de l'urine fraîche, au bain-marie, en consistance sirupeuse; on laisse refroidir et on ajoute un excès d'acide azotique froid : de l'azotate d'urée précipite en cristaux jaunes. On les dissout dans très peu d'eau bouillante et on les décolore au noir animal. Du

---

(1) On se rappelle que CO^2 est l'anhydride carbonique, et que la véritable formule de l'acide est CO^3H^2.

carbonate de potasse ajouté met l'urée en liberté. On évapore à sec et on reprend le résidu par l'alcool, qui dissout l'urée et la laisse ensuite cristalliser en s'évaporant.

On a obtenu l'urée par plusieurs procédés synthétiques : par exemple, en faisant agir l'ammoniaque sur le chlorure de carbonyle :

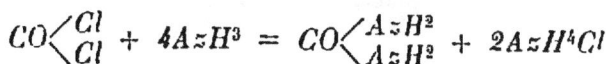

$$CO\begin{cases} Cl \\ Cl \end{cases} + 4AzH^3 = CO\begin{cases} AzH^2 \\ AzH^2 \end{cases} + 2AzH^4Cl$$

C'est le 2ᵉ mode général de préparation des amides.

581. Dérivés de l'urée. — L'urée peut donner naissance à une foule de composés organiques de nature azotée.

1º Les hydrogènes de ses radicaux AzH^2 peuvent être remplacés par des radicaux alcooliques, on a ainsi les *urées alcooliques*. Ex. :

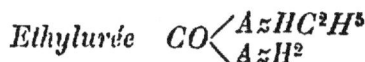

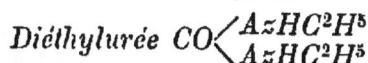

$$\text{Ethylurée} \quad CO\begin{cases} AzHC^2H^5 \\ AzH^2 \end{cases}$$

$$\text{Diéthylurée} \quad CO\begin{cases} AzHC^2H^5 \\ AzHC^2H^5 \end{cases}$$

2º Les mêmes hydrogènes étant remplacés par des radicaux acides, on a les *uréides*. Ex. :

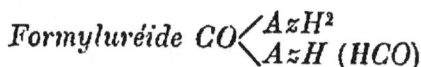

$$\text{Formyluréide} \quad CO\begin{cases} AzH^2 \\ AzH \ (HCO) \end{cases}$$

3º L'oxygène étant remplacé par le soufre, on a la *sulfo-urée* $CS(AzH^2)^2$.

4º Parmi les dérivés plus compliqués, on remarque l'*acide urique* qui se trouve dans l'urine, la *théobromine* qui se retire du cacao, la *xanthine*, la *sarcine*, la *créatine*, la *créatinine*, tirées de la chair musculaire des animaux.

582. Acide urique. — L'acide urique $C^5H^4Az^4O^3$ est blanc, insipide, très peu soluble dans l'eau, et insoluble dans l'alcool et l'éther. Il se combine avec toutes les bases, et forme des urates, tous insolubles, excepté les urates alcalins.

L'acide urique n'existe qu'en petite quantité dans l'urine humaine, excepté dans celle de l'homme inactif et dont la nourriture est très azotée ; il occasionne la maladie appelée *la goutte*. C'est lui qui se dépose, à l'état d'urate de soude, sur les parois des vases dans lesquels l'urine se refroidit. Il est très abondant dans l'urine des oiseaux et des reptiles. On le retire du guano, en le chauffant avec une dissolution de soude caustique, ce qui donne un urate alcalin soluble. On filtre, on verse dans la solution de l'acide chlorhydrique ; l'acide urique se précipite et on le lave.

Nitriles

583. Définition. — Dans les acides on a le groupe — $CO.OH$ dans lequel $O.OH$ occupe trois valences du carbone et, par conséquent, peut être remplacé par l'atome trivalent de l'azote. Les corps où cette substitution a été faite s'appellent des *nitriles*.

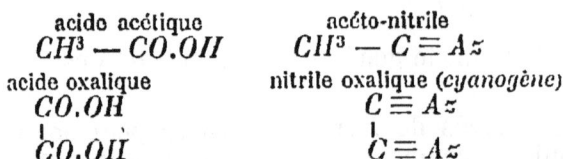

<table>
<tr><td style="text-align:center">acide acétique</td><td style="text-align:center">acéto-nitrile</td></tr>
<tr><td style="text-align:center">$CH^3 — CO.OH$</td><td style="text-align:center">$CH^3 — C \equiv Az$</td></tr>
<tr><td style="text-align:center">acide oxalique</td><td style="text-align:center">nitrile oxalique (cyanogène)</td></tr>
<tr><td style="text-align:center">$CO.OH$
$|$
$CO.OH$</td><td style="text-align:center">$C \equiv Az$
$|$
$C \equiv Az$</td></tr>
</table>

584. Préparation. — 1° Pour obtenir le nitrile d'un acide on déshydrate le sel ammoniacal de cet acide.

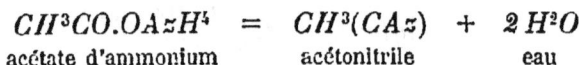

$$CH^3CO.OAzH^4 = CH^3(CAz) + 2 H^2O$$

acétate d'ammonium   acétonitrile   eau

Cette déshydration s'effectue sous l'influence de la chaleur seule ou par l'action des déshydratants : anhydride phosphorique, perchlorure de phosphore.

On peut remarquer que la déshydratation étant poussée moins loin, le sel ammoniacal donne l'amide : cela prouve que les nitriles comme les amides dérivent des acides.

2° Un nitrile peut être regardé comme l'*éther cyanhydrique* de l'alcool qui contient un atome de carbone de moins. Par exemple le *nitrile acétique* CH^3CAz, peut être considéré comme l'éther cyanhydrique de l'alcool méthylique : car il peut dériver de l'acide cyanhydrique par substitution du méthyle à l'hydrogène de l'acide cyanhydrique. On préparera donc les nitriles en faisant agir l'acide cyanhydrique sur les alcools. En pratique, on emploie les chlorures alcooliques et le cyanure de potassium.

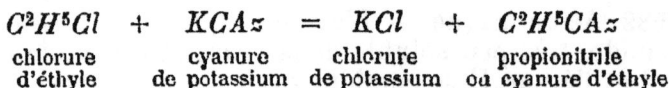

$$C^2H^5Cl + KCAz = KCl + C^2H^5CAz$$

chlorure   cyanure   chlorure   propionitrile
d'éthyle   de potassium   de potassium   ou cyanure d'éthyle

. Le radical alcoolique s'échange contre le potassium.

585. Propriétés. — 1° Les nitriles pouvant être considérés comme des cyanures de radicaux alcooliques, on devrait régénérer l'alcool en les saponifiant par la potasse ou toute autre base.

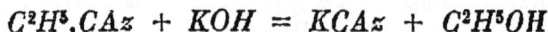

$$C^2H^5.CAz + KOH = KCAz + C^2H^5OH$$

Mais les nitriles échappent à cette réaction. En effet, le carbone du cyanogène est uni directement au carbone du radical alcoolique, et il est très difficile, dans les composés organiques, de séparer le carbone du carbone.

2° En absorbant l'eau, les nitriles régénèrent le sel d'ammonium qui leur a donné naissance par déshydratation. Cette transformation se réalise quand on fait bouillir le nitrile avec de l'acide chlorhydrique ou de l'acide azotique étendu d'eau.

3° Les nitriles peuvent servir d'intermédiaires pour effectuer la synthèse des acides au moyen de composés plus simples. Prenons l'alcool en C^2, préparons son chlorure; en faisant agir le cyanure de potassium, nous aurons le cyanure de l'alcool en C^2, qui est le nitrile en C^3. Avec ce nitrile nous préparerons l'acide en C^3 (acide propionique), au moyen duquel on obtiendra tous les composés en C^3. On passera ensuite aux composés en C^4.

586. Principaux nitriles. — *Nitrile formique.* $H - C \equiv Az$. C'est l'acide cyanhydrique. Il a été étudié avec les métalloïdes, p. 152.

Comme nitrile on prévoit qu'en s'hydratant il produira du formiate d'ammoniaque, ce qui arrive en effet ; et, inversement, on peut l'obtenir en déshydratant le formiate d'ammoniaque par l'anhydride phosphorique.

Cyanogène. — Le cyanogène est le nitrile de l'acide oxalique

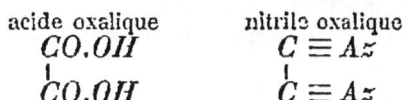

$$\begin{array}{cc} \text{acide oxalique} & \text{nitrile oxalique} \\ CO.OH & C \equiv Az \\ | & | \\ CO.OH & C \equiv Az \end{array}$$

Comme tel, il doit régénérer l'oxalate d'ammonium en s'hydratant

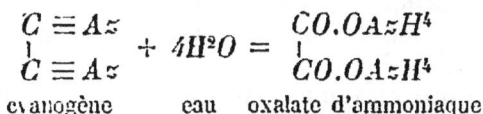

$$\begin{array}{ccc} C \equiv Az & & CO.OAzH^4 \\ | & + \ 4H^2O \ = & | \\ C \equiv Az & & CO.OAzH^4 \\ \text{cyanogène} & \text{eau} & \text{oxalate d'ammoniaque} \end{array}$$

En effet, sa solution aqueuse s'altère rapidement, et l'oxalate d'ammoniaque figure parmi les produits de décomposition.

SÉRIE AROMATIQUE

CHAPITRE PREMIER

HYDROCARBURES

Les hydrocarbures de la série aromatique peuvent tous être considérés comme dérivant de la benzine. Nous étudierons d'abord la benzine, et ensuite les carbures qui en dérivent.

Benzine

587. Constitution. — La formule abrégée de la benzine est C^6H^6. Sa molécule présente un arrangement tout à fait différent de celui des carbures étudiés jusqu'à présent. On la représente ordinairement par la formule développée suivante (*formule de Kékulé*)

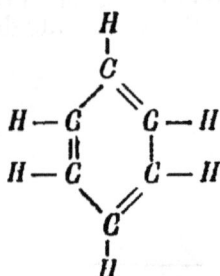

$$
\begin{array}{c}
H \\
| \\
C \\
\diagup \quad \diagdown\!\diagdown \\
H-C \qquad C-H \\
\| \qquad\quad | \\
H-C \qquad C-H \\
\diagdown \quad \diagup\!\diagup \\
C \\
| \\
H
\end{array}
$$

Chaque atome de carbone a deux valences saturées par un atome de carbone, la troisième par un second atome de carbone, et la quatrième par un atome d'hydrogène.

On voit que tous les carbones de la molécule ont la même situation relative, ce qui est confirmé par l'étude des propriétés du corps.

La formule suivante (*formule de Ladenburg*) présente une probabilité égale.

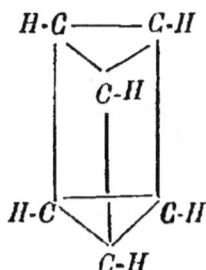

Dans cette formule chaque atome de carbone se trouve en
relation avec trois atomes de carbone et il n'y a pas de double
liaison. Nous nous servirons de la formule de Kékulé.

588. Propriétés. — La benzine est un liquide incolore et d'une odeur agréable quand elle est pure. Sa
densité est 0,9 environ. Elle se solidifie vers 0°, bout
à 80°.

Elle brûle avec une flamme fumeuse comme tous
les corps riches en carbone.

Action du chlore. — Lorsque l'on verse de la
benzine dans un flacon rempli de chlore et exposé à
la lumière solaire, les doubles liaisons se détruisent
et chaque atome de carbone fixe un atome de chlore :

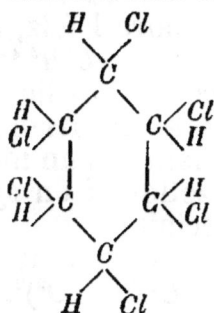

on a l'*hexachlorure de benzine*, qui se dépose en cristaux sur les parois du flacon.

Par une action ménagée on fixerait seulement
2 atomes de chlore, en détruisant une double liaison,
ou 4 atomes, en détruisant deux doubles liaisons. On
aurait le *bichlorure de benzine* ou le *tétrachlorure*.

— On voit qu'on ne peut pas introduire un nombre impair d'atomes de chlore ; car, à chaque double liaison qu'on détruit, on met en liberté 2 valences.

Ces composés s'appellent *produits d'addition* parce que la molécule fixe le chlore sans rien perdre ; ils sont peu intéressants.

Le chlore peut aussi se *substituer* à l'hydrogène. Cette réaction a lieu lorsque le chlore et la benzine réagissent à froid et en présence de l'iode ou du chlorure d'aluminium. Les produits de substitution sont les *benzines chlorées*.

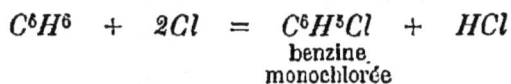

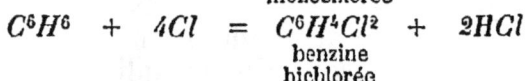

$$C^6H^6 \;+\; 2Cl \;=\; \underset{\substack{\text{benzine}\\\text{monochlorée}}}{C^6H^5Cl} \;+\; HCl$$

$$C^6H^6 \;+\; 4Cl \;=\; \underset{\substack{\text{benzine}\\\text{bichlorée}}}{C^6H^4Cl^2} \;+\; 2HCl$$

etc......

De même, le brome se substitue en présence du bromure d'aluminium ; l'iode, en présence de l'acide iodique ; le cyanogène, à la température du rouge.

Action de l'acide azotique. — On appelle *nitrobenzines* des composés qui diffèrent de la benzine par la substitution du radical AzO^2 à l'hydrogène. La substitution peut se faire 1 fois, 2 fois ou 3 fois.

La *mononitrobenzine* $C^6H^5AzO^2$, appelée aussi *essence de mirbane*, est un liquide huileux, aromatique. On la prépare en faisant agir sur la benzine l'acide azotique fumant, ou un mélange d'acide sulfurique et d'acide azotique ; on ajoute de l'eau et la nitrobenzine se précipite.

Si l'action de l'acide azotique persiste, il se forme de la *binitrobenzine* $C^6H^4(AzO^2)^2$.

Si on fait chauffer la binitrobenzine avec un mélange d'acide azotique fumant et d'acide sulfurique fumant on a la *trinitrobenzine.*

Action de l'acide sulfurique. — La benzine se dissout dans l'acide sulfurique

$$C^6H^6 \;+\; SO^4H^2 \;=\; C^6H^5SO^3H \;+\; H^2O$$

Le composé $C^6H^5SO^3H$ peut être considéré comme résultant de la substitution du radical C^6H^5 (*phényle*, radical du *phénol*) à un hydrogène de l'acide sulfureux. C'est un *sulfite acide* de phényle ; on l'appelle *acide phénylsulfureux*. Il peut servir à préparer le phénol en partant de la benzine, car, chauffé avec de la potasse en fusion, il donne du phénol. Il se forme d'abord un phénylsulfite de potasse $SO^3KC^6H^5$, qui réagit ensuite sur la potasse.

$$SO^3KC^6H^5 + KOH = SO^3K^2 + C^6H^5OH$$

acide phénylsulfureux   phénol

Agents d'oxydation. — En faisant passer un courant d'oxygène dans la benzine bouillante, en présence du chlorure d'aluminium, on obtient du phénol $C^6H^6 + O = C^6H^5.OH$.

D'ailleurs l'oxydation de la benzine est très difficile. Les oxydants puissants, tels que le permanganate de potasse, détruisent le noyau benzénique et forment des composés divers, en général moins carbonés, tels que l'acide carbonique, l'acide acétique, l'acide oxalique.

589. Isoméries dans les produits de substitution de la benzine. — Les dérivés de la benzine présentent des isoméries d'un genre particulier.

Prenons comme exemple les benzines chlorées. Lorsqu'on substitue un seul atome de chlore, il n'y a pas d'isoméries connues ; et en effet aucune n'est possible : puisque les 6 atomes de carbone s'équivalent, peu importe la place qu'occupe le chlore.

Pour les dérivés bisubstitués, la théorie prévoit 3 isoméries :

car le premier chlore occupant la position 1, le second pourra être sur un atome voisin, en 2 ou en 6. Le composé est dit alors *orthodichlorobenzine* ou *benzine bichlorée en position ortho*.

Le second atome de chlore peut être en 3 ou en 5, distant du premier de deux intervalles : on a la *métadichlorobenzine* ou *benzine bichlorée en position méta*.

Enfin, dans la *paradichlorobenzine* ou *benzine bichlorée en position para*, le second atome est en 4, c'est-à-dire distant du premier de trois intervalles.

En effet, on connaît trois benzines bichlorées.

Avec 3 atomes de chlore on aura des isoméries de même genre. — Ces isoméries se retrouvent dans tous les produits de substitution de la benzine. Ainsi, pour ne parler que des dérivés nitrés, on aura 3 dinitrobenzines.

590. Préparation. — La benzine a été obtenue synthétiquement en chauffant l'acétylène dans une cloche courbe.

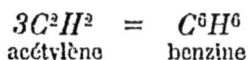

$$3C^2H^2 = C^6H^6$$
$$\text{acétylène} \qquad \text{benzine}$$

On peut l'obtenir en chauffant l'acide benzoïque avec de la chaux :

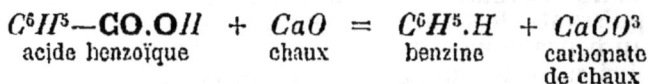

$$C^6H^5\text{—}\mathbf{CO.O}H + CaO = C^6H^5.H + CaCO^3$$
$$\text{acide benzoïque} \qquad \text{chaux} \qquad \text{benzine} \qquad \text{carbonate de chaux}$$

Les atomes marqués en caractère gras s'éliminent à l'état d'acide carbonique et les deux restes se soudent. C'est le mode général de préparation des carbures : on prépare le carbure en C^n en décomposant l'acide en C^{n+1} (p. 371).

Industriellement, la benzine s'obtient en soumettant les goudrons de houille à la *distillation fractionnée* (V. p. 139).

Carbures dérivés de la benzine

Premier mode de dérivation : benzines à chaînes latérales ou benzines substituées

591. — Les hydrogènes du noyau benzénique peuvent être remplacés par les radicaux alcooliques monovalents de la série grasse. *Exemple* : si 1 hydrogène est remplacé par CH^3 on a la *benzine méthylée* $C^6H^5.CH^3$: si 2 hydrogènes sont remplacés on aura les *benzines diméthylées* qui présentent les mêmes cas d'isomérie que les benzines chlorées. Au lieu du méthyle on pourra substituer des radicaux d'ordre plus élevé : l'éthyle, le propyle, etc. — D'après leur mode de formation ces carbures s'appellent *benzines substituées.*

On les nomme encore *carbures aromatiques à chaînes latérales.* En effet les radicaux de la série grasse ajoutés au noyau benzénique se représentent par des chaînes ouvertes (n° 486). Soit l'*éthylpropyl-benzine* $C^6H^4(C^2H^5)(C^3H^7)$: il représente un noyau benzénique auquel sont soudées la chaîne de l'éthyle et celle du propyle.

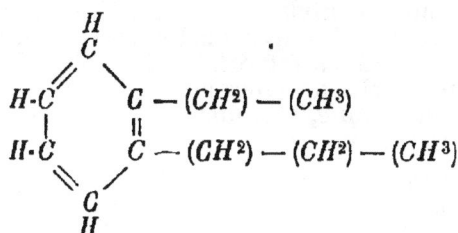

$$
\begin{array}{c}
H \\
C \\
H\text{-}C \quad C - (CH^2) - (CH^3) \\
H\text{-}C \quad C - (CH^2) - (CH^2) - (CH^3) \\
C \\
H
\end{array}
$$

noyau   chaînes latér. en position *ortho*

592. Préparation.

— Pour opérer cette substitution, on peut chauffer la benzine avec le chlorure du radical alcoolique qu'on veut substituer, en présence du chlorure d'aluminium.

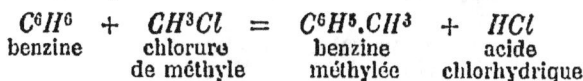

$$C^6H^6 + CH^3Cl = C^6H^5.CH^3 + HCl$$

benzine   chlorure   benzine   acide
de méthyle   méthylée   chlorhydrique

Le chlorure d'aluminium se retrouve intact à la fin : il est probablement engagé dans des réactions intermédiaires et ensuite il se régénère. — On n'obtient pas seulement le premier produit de substitution mais tous les degrés. $C^6H^4(CH^3)^2, C^6H^3(CH^3)^3$, etc.

Beaucoup de ces carbures existent dans le goudron de houille : on peut les en retirer par une distillation méthodique, en s'appuyant sur le principe que les substances les plus volatiles passent en premier lieu.

593. Propriétés.

— Les benzines substituées auront, par leur noyau aromatique, les réactions de la benzine (*action du chlore, de l'acide azotique, de l'acide sulfurique*), et, par leurs chaînes latérales, les réactions des carbures de la série grasse.

Prenons comme exemple le *toluène*, le principal de ces carbures.

594. Toluène $C^6H^5CH^3$.

— Ce corps a été obtenu la première fois par H. Sainte-Claire Deville, dans la distillation du *baume de Tolu*.

Propriétés. — Le *toluène* est un liquide incolore, ayant l'odeur de la benzine. Il bout à 111° et ne se congèle à aucune température.

Réactions du noyau. — Le chlore à *froid* et en *présence de l'iode* se substitue aux hydrogènes du noyau aromatique pour former les *toluènes chlorés* analogues aux benzines chlorées $C^6H^4Cl.CH^3, C^6H^3Cl^2CH^3$, etc. L'acide azotique fumant produit les *toluènes nitrés*, comme les benzines nitrées ; ex : *mononitrotoluène* $C^6H^4AzO^2.CH^3$.

L'acide sulfurique forme un acide *toluylsulfureux* $C^6H^4(SO^3H).CH^3$ analogue à l'acide phénylsulfureux $C^6H^5(SO^3H)$, le radical monovalent SO^3H se substituant à un hydrogène du noyau.

Réactions du carbure latéral. — Le chlore, à l'ébullition, se substitue dans la chaîne latérale : $C^6H^5.CH^2Cl$. Ce composé est un *chlorure alcoolique*, car, distillé avec la potasse, il produit l'alcool benzoïque,

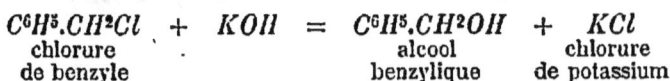

$$C^6H^5.CH^2Cl + KOH = C^6H^5.CH^2OH + KCl$$

chlorure de benzyle		alcool benzylique	chlorure de potassium

comme le chlorure de méthyle produit l'alcool méthylique. (On sait qu'en pratique il faut transformer le chlorure en acétate et saponifier l'acétate par la potasse, p. 381). Au contraire lorsque le chlore a été introduit dans le noyau (par l'action à froid et en présence de l'iode), on ne peut effectuer la transformation en alcool.

Les agents oxydants, en particulier l'acide chromique, attaquent le carbure latéral ; ils transforment le groupe CH^3 en $CO.OH$ caractéristique de la fonction acide.

$C^6H^5CH^3$ devient $C^6H^5.CO^2H$ (*acide benzoïque*).

Un carbure qui aurait deux chaînes latérales, comme la benzine diméthylée, fournirait par cette réaction un acide *bibasique*. Ainsi $C^6H^4(CH^3)^2$ devient $C^6H^4(CO^2H)^2$ (*acide phtalique*). La basicité de l'acide produit permet de compter les chaînes latérales.

Préparation. — On peut préparer le toluène en faisant arriver dans la benzine un courant de chlorure de méthyle, suivant la méthode générale indiquée au n° 592.

Mais on l'extrait surtout des goudrons de houille, en soumettant ces matières à la distillation et recueillant ce qui passe vers 110°. On sait que la benzine se prépare de la même manière. Comme les points d'ébullition sont voisins, la benzine du commerce est mélangée de toluène.

Deuxième mode de dérivation : carbures à noyaux benzéniques multiples

595. — 1° La benzine privée d'un hydrogène constitue un radical monovalent C^6H^5 le *phényle*, radical du *phénol*. Ce groupe peut se substituer à la place des hydrogènes dans les carbures de la série grasse. Ainsi le toluène peut être considéré comme dérivant du méthane par substitution de C^6H^5 à H

$$\text{méthane } CH^3.H \qquad \text{toluène } CH^3.C^6H^5$$

Le phényle peut être substitué plusieurs fois. C'est ce qui a lieu dans le *triphénylméthane* $CH(C^6H^5)^3$. — Pour réaliser cette substitution on peut faire agir la benzine sur le chloroforme, en présence du chlorure d'aluminium.

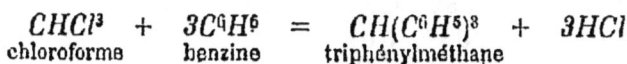

$$CHCl^3 \;+\; 3C^6H^6 \;=\; CH(C^6H^5)^3 \;+\; 3HCl$$

chloroforme   benzine   triphénylméthane

Nous citons ce corps parce qu'il compte parmi ses dérivés une substance importante dans l'industrie des matières colorantes, la *rosaniline*.

2° Les noyaux aromatiques peuvent se souder directement l'un à l'autre. *Exemple* : le *diphényle* $(C^6H^5)^2$, que l'on obtient en faisant passer des vapeurs de benzine dans un tube chauffé au rouge, résulte de deux noyaux benzéniques, soudés par 1 carbone après avoir perdu 1 hydrogène chacun

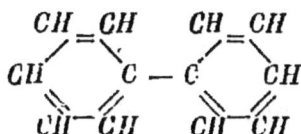

La *naphtaline* est formée de 2 noyaux qui ont 2 carbones communs.

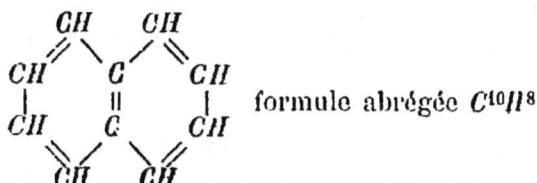

formule abrégée $C^{10}H^8$

L'*anthracène* résulte de 3 noyaux benzéniques.

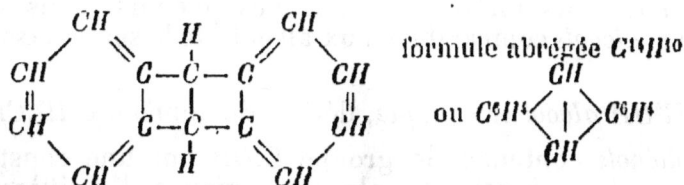

formule abrégée $C^{14}H^{10}$

ou $C^6H^4\big\langle\substack{CH \\ | \\ CH}\big\rangle C^6H^4$

596. Propriétés. — Les noyaux benzéniques conservent les mêmes propriétés que dans la benzine, vis-à-vis du chlore, de l'acide azotique, de l'acide sulfurique. Ainsi, avec la naphtaline on aura, par addition, des chlorures de naphtaline ; par substitution, des naphtalines chlorées, nitrées.....

Les principaux de ces carbures sont la *naphtaline* et l'*anthracène*.

La naphtaline est une substance cristalline, d'une odeur goudronneuse, qui se trouve dans le goudron de houille ; elle fond à 79° et boût à 200°.

L'anthracène s'obtient aussi dans la distillation du goudron de houille ; c'est une substance cristalline, fondant à 213°, bouillant à 360°. Elle sert à préparer l'*anthraquinone* et l'*alizarine*, employées en teinture.

CHAPITRE II

PHÉNOLS

597. Définitions. Constitution des phénols. — On appelle *phénols* des composés qui diffèrent des carbures aromatiques par la substitution d'un ou plusieurs oxhydriles à un ou plusieurs hydrogènes du noyau.

benzine C^6H^6	*phénol ordinaire*	$C^6H^5.OH$
toluène $C^6H^5.CH^3$	*crésylols* (phénols du toluène)	$C^6H^4OH.CH^3$

Le phénol est dit *monoatomique* s'il ne contient qu'un seul oxhydrile, comme dans les exemples précédents. S'il en contient plusieurs, il est *polyatomique* ; ex. :

l'*hydroquinone* $C^6H^4(OH)^2$, phénol diatomique de la benzine.

Les oxhydriles pourraient se fixer sur les chaînes latérales, mais alors on n'aurait pas des phénols, mais de véritables *alcools* comparables aux alcools de la série grasse ; ex. :

$C^6H^5.CH^2OH$ alcool *benzylique*, dérive du toluène $C^6H^5.CH^3$

Les *phénols* contenant le groupe $C.OH$ ont une constitution semblable à celle des alcools tertiaires. Ils diffèrent des alcools à plusieurs égards.

D'abord il est clair qu'ils ne formeront par oxydation ni aldéhydes, ni acides, ni acétones, car le carbone qui porte l'oxhydrile n'a pas l'hydrogène nécessaire à ces transformations : on n'a pas $CH^2.OH$ comme dans les alcools primaires, ni $CH.OH$ comme dans les alcools secondaires. En ce point, les phénols ressemblent aux alcools tertiaires.

La principale différence est dans la grande difficulté que les phénols présentent à l'éthérification. Les composés phénylés analogues aux éthers, tels que le *chlorure de phényle* C^6H^5Cl (benzine monochlorée), le *sulfite acide de phényle* $SO^3H.C^6H^5$ (acide phénylsulfureux), ne s'obtiennent pas ou s'obtiennent difficilement par le moyen des acides ; on les prépare par des voies détournées. De plus, ces composés, une fois formés, sont très difficiles à décomposer ; la potasse en dissolution ne suffit pas pour les saponifier : il faut la potasse en fusion ; c'est par ce moyen que l'acide phénylsulfureux est transformé en phénol (p. 438).

Le type des phénols est le *phénol ordinaire* ou *acide phénique*.

Phénol ordinaire

La formule du phénol est $C^6H^5.OH$. Le groupe C^6H^5, uni à l'oxhydrile, s'appelle *phényle*, en employant une nomenclature analogue à celle des radicaux alcooliques. Le phénol est donc l'*hydrate du phényle*.

598. Propriétés. — C'est un corps cristallisable, d'une odeur caractéristique, fusible à 35°, bouillant vers 180°. Il se dissout un peu dans l'eau (*eau phéniquée*) et très bien dans l'alcool.

Propriétés chimiques. — Vis-à-vis des bases alcalines, il se comporte comme un acide, l'hydrogène de l'oxhydrile étant remplacé par le métal. C'est pourquoi le phénol a été appelé *acide phénique*. Les sels qu'il forme sont appelés *phénates* ; ex. : *phénate de soude* $C^6H^5.ONa$. Le phénol a des propriétés acides très faibles ; il ne rougit pas le tournesol, ne chasse pas l'acide carbonique de ses combinaisons ; les phénates se décomposent quand on fait bouillir leur dissolution.

Agents oxydants. — On vient de voir que les phénols ne peuvent produire ni aldéhydes, ni acides. Par oxydation on obtiendrait les phénols polyatomiques.

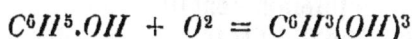

$$C^6H^5.OH + O^2 = C^6H^3(OH)^3$$

Éthérification. — On vient de voir aussi que les phénols sont difficiles à éthérifier.

En faisant agir le perchlorure de phosphore sur le phénol on obtient le chlorure de phényle.

$$C^6H.OH + PCl^5 = POCl^3 + HCl + C^6H^5Cl$$

En faisant agir le chlorure d'acétyle on obtient l'acétate de phényle.

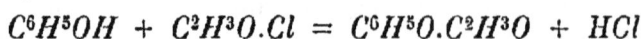

$$C^6H^5OH + C^2H^3O.Cl = C^6H^5O.C^2H^3O + HCl$$

l'acétyle se substitue à l'hydrogène de l'oxhydrile ; le produit peut s'écrire encore $C^6H^5.C^2H^3O^2$, formule qui montre que c'est l'acétate de phényle.

En faisant agir le phénate de potassium sur un iodure alcoolique, on a un éther mixte de phényle et du radical alcoolique.

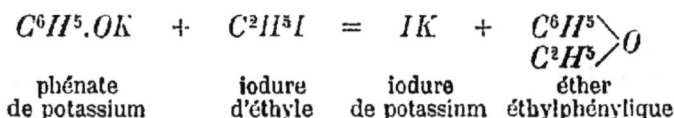

$$C^6H^5.OK \quad + \quad C^2H^5I \quad = \quad IK \quad + \quad {C^6H^5 \atop C^2H^5}\!\!\diagdown\!\! O$$

| phénate de potassium | iodure d'éthyle | iodure de potassinm | éther éthylphénylique |

Quant à l'éther-oxyde de phényle, $(C^6H^5)^2O$ on l'obtient très difficilement, par des voies détournées.

Produits de substitution. — Le reste du noyau aromatique se prête aux mêmes substitutions que la benzine. Ainsi on aura, avec la benzine, des phénols chlorés $C^6H^4Cl.OH$, $C^6H^3Cl^2OH$, etc. ; avec l'acide azotique, des phénols nitrés : le phénol trinitré est l'*acide picrique.*

599. Préparation. — Dans la distillation des goudrons de houille on recueille les huiles qui passent de 150 à 200° ; on les agite avec une solution concentrée de soude caustique, ce qui forme du phénate de soude cristallin. Ce sel purifié, dissous dans l'eau bouillante et traité par l'acide chlorhydrique, laisse dégager, par distillation, de l'acide phénique, avec un résidu de chlorure de sodium.

On peut aussi obtenir le phénol synthétiquement en partant de la benzine, au moyen de l'acide phénylsulfureux traité par la potasse fondante (p. 438), ou en oxydant la benzine par l'eau oxygénée.

$$C^6H^6 + H^2O^2 = C^6H^5.OH + H^2O$$

600. Usages. — Le phénol coagule l'albumine, empêche le développement des ferments et, pour cette raison, est préconisé en médecine comme antiseptique.

Il partage ces propriétés avec la *créosote.* La *créosote du commerce* ou *de houille* est un mélange, en proportions variables, de phénol et de crésylol (*phénol du toluène*). On la retire des huiles lourdes du goudron de houille. — C'est un liquide huileux, d'une odeur pénétrante et désagréable, d'une action toxique. Elle coagule instantanément l'albumine et conserve les matières animales : de là son nom (*créosote, conservatrice* de la *chair*). Elle communique ses propriétés antiputrides à la fumée, à l'eau de goudron, à l'acide pyroligueux brut (1).

601. Acide picrique $C^6H^2(AzO^2)^3OH$. — Ce corps se présente en lames d'une couleur jaune citron, fusibles à 122° ; il est peu soluble dans l'eau et la colore très fortement : 1^{mg} dans un litre suffit pour donner une coloration sensible ; cette dissolution a une saveur amère. — L'acide picrique, chauffé brusquement, fait explosion. Le phénol était un acide faible, l'acide picrique (phénol trinitré), à cause de la présence du groupe AzO^2, est un acide très bien caractérisé.

Les picrates sont des sels jaunes ou orangés. Le *picrate de potasse* est peu soluble. Aussi l'acide picrique peut-il servir à reconnaître les sels de potasse par le précipité jaune qu'il y forme.

Préparation. — On épuise l'action de l'acide azotique concentré sur le phénol ; l'opération terminée, on fait évaporer. — L'acide picrique se produit dans la réaction de l'acide azotique sur beaucoup de matières organiques.

Usages. — On s'en sert pour teindre en jaune, principalement les matières animales, telles que la soie. — Les picrates et l'acide picrique faisant facilement explosion servent à préparer des corps détonants.

Phénols monoatomiques divers

602. — Les plus simples sont les *crésylols* (phénols du toluène) $C^6H^4OH.CH^3$, les *xylénols* (*dérivés* du *xylène* ou *benzine diméthylée*), les *naphtols* (dérivés de la naphtaline).

Préparation. — Ces phénols, comme le phénol ordinaire, se trouvent dans les goudrons de houille. — On peut les préparer artificiellement en partant de l'hydrocarbure et en passant par les dérivés sulfonés (2). Soit à préparer le *crésylol* : en faisant agir l'acide sulfurique sur le toluène, on aura l'acide *crésylsulfureux*

$$C^6H^5CH^3 + SO^4H^2 = C^6H^4(SO^3H)CH^3 + H^2O$$
toluène acide crésylsulfureux

qu'on traitera par la potasse fondante

$$C^6H^4(SO^3H)CH^3 + 2KOH = C^6H^4(OH)CH^3 + H^2O + SO^3K^2$$
acide crésylol
crésylsulfureux

---

(1) La *créosote officinale* a une composition différente : on la tire du goudron de bois, surtout du hêtre.

(2) On appelle *dérivés sulfonés* ceux qu'on obtient par l'action de l'acide sulfurique sur les carbures aromatiques ; *ex.* : l'acide phénylsulfureux (p. 438).

Les *naphtols*, phénols dérivés de la naphtaline, se préparent de la même manière, en partant de la naphtaline. On prépare l'acide *naphtylsulfureux*, puis on le traite par la potasse fondante.

Propriétés. — Ces phénols se comportent comme le phénol ordinaire ; ils forment des éthers dans les mêmes circonstances, et ces éthers ont la même stabilité.

Avec le chlore, le brome, l'acide azotique, ils donnent des produits de substitution dans le noyau benzénique. De plus, ils possèdent des propriétés particulières, dues aux chaines latérales.

Phénols diatomiques

603. — Les principaux sont les phénols de la benzine. Ils présentent trois formes isomériques. Soit l'hexagone benzénique :

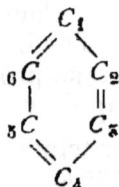

$$C_1$$
$$_6C \quad C_2$$
$$_5C \quad C_3$$
$$C_4$$

Le premier *OH* étant à la place 1, le second peut être à la place 2 : on a la *pyrocatéchine* ; s'il est à la place 3, on a la *résorcine* ; s'il est à la place 4, on a l'*hydroquinone*.

Préparation. — On transforme la benzine en benzine une fois chlorée et une fois sulfonée $C^6H^4ClSO^3H$ et on traite par la potasse.

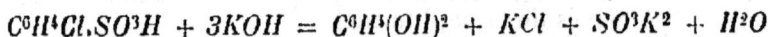

$$C^6H^4Cl.SO^3H + 3KOH = C^6H^4(OH)^2 + KCl + SO^3K^2 + H^2O$$

Les trois isomères se trouvent formés dans la même réaction. Le même procédé appliqué à d'autres carbures fournirait les autres phénols diatomiques.

Propriétés. — 1° Ils ont les propriétés du phénol ordinaire mais ils peuvent agir deux fois, par leurs deux oxhydriles. Par exemple on aura un chlorure et un dichlorure.

2° Ils s'oxydent facilement, surtout en présence de la potasse, et servent de *réducteurs*. L'*hydroquinone* est employée à ce titre en photographie.

Parmi les produits d'oxydation se trouvent les *quinones*.

604. Quinones. — Les *quinones* sont des produits d'oxydation des phénols diatomiques.

Citons la *quinone proprement dite* $C^6H^4O^2$. On peut la préparer en oxydant l'*acide quinique* (tiré des quinquinas) ou en oxydant l'acétone par l'acide sulfurique et le bichromate de potasse.

Soumise à l'action de l'hydrogène naissant ou des corps réducteurs, tels que l'acide sulfureux, elle reproduit l'hydroquinone. C'est le moyen employé dans l'industrie pour obtenir l'hydroquinone.

Citons encore l'*anthraquinone*. Elle dérive de l'*anthracène*

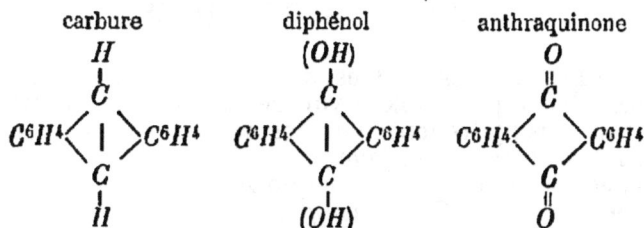

$$\underset{\text{carbure}}{C^6H^4\!\!\left\langle\begin{array}{c}H\\|\\C\\|\\C\\|\\H\end{array}\right\rangle\!\!C^6H^4}\qquad\underset{\text{diphénol}}{C^6H^4\!\!\left\langle\begin{array}{c}(OH)\\|\\C\\|\\C\\|\\(OH)\end{array}\right\rangle\!\!C^6H^4}\qquad\underset{\text{anthraquinone}}{C^6H^4\!\!\left\langle\begin{array}{c}O\\\|\\C\\|\\C\\\|\\O\end{array}\right\rangle\!\!C^6H^4}$$

On la prépare en dissolvant l'anthracène dans l'acide acétique et en faisant agir le bichromate de potasse, lequel intervient comme oxydant.

L'anthraquinone sert à préparer d'une manière artificielle l'*alizarine*, matière colorante de la garance. L'alizarine est en effet de l'anthraquinone où deux hydrogènes sont remplacés par deux oxhydriles phényliques : elle est une fois quinone et deux fois phénol.

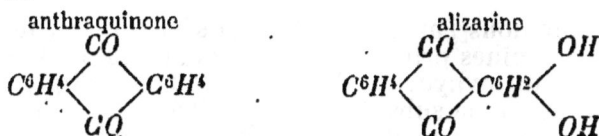

$$\underset{\text{anthraquinone}}{C^6H^4\!\!\left\langle\begin{array}{c}CO\\ \\CO\end{array}\right\rangle\!\!C^6H^4}\qquad\qquad\underset{\text{alizarine}}{C^6H^4\!\!\left\langle\begin{array}{c}CO\\ \\CO\end{array}\right\rangle\!\!C^6H^2\!\!\left\langle\begin{array}{c}OH\\ \\OH\end{array}\right.}$$

Pour la préparer on traitera donc l'anthraquinone par le brome pour obtenir le composé bibromé, et on fera agir la potasse fondante qui substituera deux oxhydriles aux deux bromes

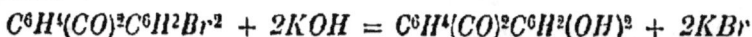

$$C^6H^4(CO)^2C^6H^2Br^2 + 2KOH = C^6H^4(CO)^2C^6H^2(OH)^2 + 2KBr$$

Au lieu du composé bromé il est plus commode en pratique d'employer le composé disulfoné, obtenu par l'action de l'acide sulfurique.

L'*alizarine* artificielle remplace aujourd'hui presque complètement l'alizarine naturelle, tirée de la garance.

Phénols triatomiques

605. — Le plus important est celui qui dérive de la benzine : le *pyrogallol* $C^6H^3(OH)^3$.

On l'appelle aussi acide *pyrogallique* parce qu'il se produit quand on décompose l'*acide gallique* par la chaleur et qu'il a des propriétés acides comme les autres phénols.

Il cristallise en aiguilles solubles dans l'eau.

C'est un réducteur puissant. En présence de la potasse il absorbe rapidement l'oxygène de l'air et est employé pour ce motif dans l'analyse de l'air (p. 83).

CHAPITRE III

AMINES AROMATIQUES

606. — Les amines grasses s'obtenaient en substituant des radicaux alcooliques aux hydrogènes de l'ammoniaque. En remplaçant les hydrogènes par les radicaux des phénols nous aurons les *amines aromatiques*.

Par exemple, dans l'ammoniaque AzH^3, substituons le radical du phénol ordinaire C^6H^5 (*phényle*) à un hydrogène, nous aurons la *phénylamine* ou *aniline* $AzH^2.C^6H^5$; substituons deux phényles nous aurons la *diphénylamine* $AzH(C^6H^5)^2$.

Dans cette substitution les radicaux alcooliques peuvent être associés aux radicaux phényliques. Ex. :

$$Ethylphénylamine \quad AzH.C^2H^5.C^6H^5$$

ammoniaque où 1 hydrogène a été remplacé par l'éthyle, et un autre par le phényle.

Ainsi que nous l'avons fait dans la série grasse, nous considérerons les amines primaires comme obtenues par la substitution de AzH^2 à un oxhydrile phénylique (ou alcoolique), les amines secondaires par la substitution de AzH à 2 oxydriles, etc.

Les amines aromatiques sont comparables aux amines grasses. Mais elles en diffèrent par leur mode de préparation. En effet elles ne se préparent pas au moyen de l'ammoniaque et de l'iodure du phénol correspondant, mais au moyen des composés nitrés de l'hydrocarbure.

Voici les principales :

607. Phénylamine ou aniline, $C^6H^5AzH^2$. — Elle s'appelle *aniline*, du mot portugais *anil* qui veut dire *indigo*, parce qu'on l'a d'abord tirée de l'indigo.

Propriétés. — L'aniline est un liquide incolore, se colorant à l'air par oxydation, doué d'une odeur désagréable, un peu plus lourd que l'eau (d = 1,036), bouillant vers 180°, se congelant à 8° au-dessous de zéro.

Elle n'agit pas sur le tournesol et cependant forme des sels à la façon de l'ammoniaque et des amines, c'est-à-dire sans élimination d'eau ; ex. :

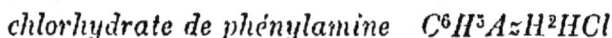

$$chlorhydrate \ de \ phénylamine \quad C^6H^5AzH^2HCl$$

Les oxydants (bichromate de potasse, chlorure de chaux) la transforment en produits colorés variant du bleu au violet. Elle sert à la préparation des matières colorantes.

Préparation. — On fait d'abord agir l'acide azotique fumant sur la benzine afin d'obtenir la *nitrobenzine* (p. 437). Puis on chauffe la nitrobenzine dans une cornue tubulée avec un mélange de fer et d'acide acétique : le fer et l'acide acétique dégagent de l'hydrogène naissant :

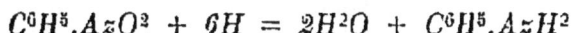

$$C^6H^5.AzO^2 + 6H = 2H^2O + C^6H^5.AzH^2$$

L'aniline distille. Il reste dans la cornue de l'acétate d'aniline : faisant agir la chaux, on décompose l'acétate et on recueille une nouvelle quantité d'aniline.

608. Diphénylamine, triphénylamine. — Ces composés résultent de l'ammoniaque par substitution de deux ou trois phényles à 2 ou 3 hydrogènes de l'ammoniaque

Diphénylamine	Triphénylamine
$(C^6H^5)^2AzH$	$(C^6H^5)^3Az$

Ce sont des amines secondaires et tertiaires. On les prépare en chauffant l'aniline avec le chlorhydrate d'aniline.

609. Toluidine $C^6H^4.AzH^2.CH^3$. — C'est l'amine dérivée du *crésylol*. Elle présente trois modifications isomériques, qu'on appelle *orthotoluidine, métatoluidine* et *paratoluidine* selon la place qu'occupe le groupe AzH^2 par rapport au méthyle CH^3.

Propriétés. — Les deux premières toluidines sont liquides ; la paratoluidine est solide. Les points d'ébullition varient de 197° à 200. — La toluidine commerciale est un mélange des trois isomères.

Préparation. — La toluidine se prépare comme l'aniline, mais en prenant le toluène comme point de départ, au lieu de la benzine. Au moyen de l'acide azotique fumant on forme d'abord le *toluène nitré* $C^6H^4AzO^2CH^3$; puis on fait agir l'acide acétique et le fer (mélange réducteur et source d'hydrogène).

La benzine commerciale contenant du toluène, l'aniline commerciale sera un mélange d'aniline et de toluidine. Ce mélange est justement ce qui convient pour la préparation de certaines couleurs (*rosaniline*).

Nota. — L'amine de l'alcool benzylique $C^6H^5.CH^2AzH^2$ a même composition que les toluidines. Elle en diffère par la situation du groupe AzH^2, qui est dans la chaîne latérale au lieu de se trouver dans le noyau.

610. Napthylamine $C^{10}H^7AzH^2$. — La *naphtylamine* résulte de la substitution de AzH^2 à un hydrogène de la naphtaline, ou au groupe oxhydrile du naphtol, ou de la substitution du groupe *naphtyle* $C^{10}H^7$ à un hydrogène de l'ammoniaque.

Elle se prépare comme l'aniline et la toluidine, mais en partant de la naphtaline : 1° par l'acide azotique concentré on produit la *nitronaphtaline* ; 2º on fait agir sur la nitronaphtaline l'hydrogène naissant produit par un mélange d'acide chlorhydrique et d'étain.

La naphtylamine est employée dans l'industrie des matières colorantes.

611. Pararosaniline et rosaniline, fuchsine. — Le triphénylméthane peut être transformé en triamine par les procédés décrits dans les paragraphes précédents.

$$\text{triphénylméthane} \qquad\qquad \text{triamine}$$

$$CH\!\!\begin{array}{l} \diagup C^6H^5 \\ -C^6H^5 \\ \diagdown C^6H^5 \end{array} \qquad\qquad CH\!\!\begin{array}{l} \diagup C^6H^4AzH^2 \\ -C^6H^4AzH^2 \\ \diagdown C^6H^4AzH^2 \end{array}$$

En oxydant cette triamine on obtient un composé qui est une fois alcool tertiaire et trois fois amine : c'est la *pararosaniline*

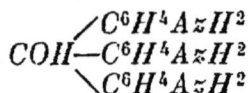

$$COH\!\!\begin{array}{l} \diagup C^6H^4AzH^2 \\ -C^6H^4AzH^2 \\ \diagdown C^6H^4AzH^2 \end{array}$$

Si, au lieu du triphénylméthane, on prend comme point de départ un méthane substitué contenant 2 phényles et une fois le radical du crésylol $C^6H^4CH^3$ (toluène moins un hydrogène), le terme des transformations sera la rosaniline :

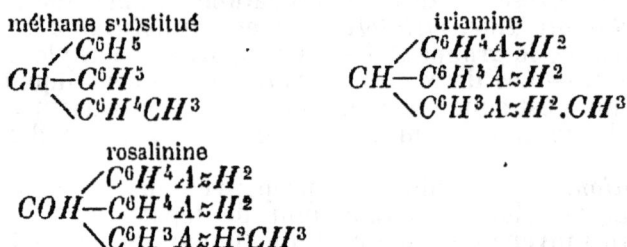

$$\text{méthane substitué} \qquad\qquad \text{triamine}$$

$$CH\!\!\begin{array}{l} \diagup C^6H^5 \\ -C^6H^5 \\ \diagdown C^6H^4CH^3 \end{array} \qquad\qquad CH\!\!\begin{array}{l} \diagup C^6H^4AzH^2 \\ -C^6H^4AzH^2 \\ \diagdown C^6H^3AzH^2.CH^3 \end{array}$$

$$\text{rosalinine}$$

$$COH\!\!\begin{array}{l} \diagup C^6H^4AzH^2 \\ -C^6H^4AzH^2 \\ \diagdown C^6H^3AzH^2CH^3 \end{array}$$

La *fuchsine* s'obtient en faisant agir l'acide chlorhydrique sur la rosaniline : dans cette réaction l'oxydrile alcoolique est d'abord remplacé par du chlore (l'alcool tertiaire est éthérifié), ensuite l'acide chlorhydrique réagit sur le composé considéré comme amine, et forme un chlorhydrate de cette amine. La formule de la fuchsine est

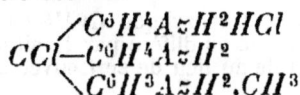

$$CCl\!\!\begin{array}{l} \diagup C^6H^4AzH^2HCl \\ -C^6H^4AzH^2 \\ \diagdown C^6H^3AzH^2.CH^3 \end{array}$$

Comme il y a trois groupes AzH^2, l'acide chlorhydrique pourrait être fixé trois fois ; mais dans la fuchsine il ne l'est qu'une fois.

Préparation. — Le mode de préparation que nous venons d'indiquer sert à établir la constitution de la *pararosaniline* et de la *rosaniline*. En pratique on se sert de l'aniline commerciale qui est un mélange d'aniline et de toluidine et on les soumet aux agents d'oxydation.

Une molécule de toluidine et deux molécules d'aniline produisent de la pararosaniline

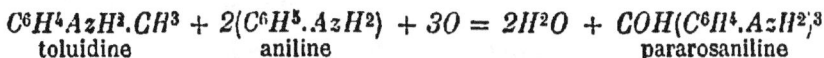

$$C^6H^4AzH^2.CH^3 + 2(C^6H^5.AzH^2) + 3O = 2H^2O + COH(C^6H^4.AzH^2)^3$$
toluidine   aniline   pararosaniline

Une molécule d'aniline et 2 molécules de toluidine produisent la rosaniline.

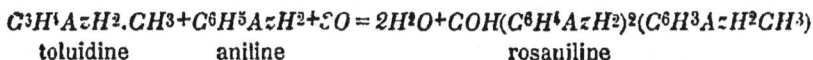

$$C^3H^4AzH^2.CH^3 + C^6H^5AzH^2 + 3O = 2H^2O + COH(C^6H^4AzH^2)^2(C^6H^3AzH^2CH^3)$$
toluidine   aniline   rosaniline

L'oxydant ordinairement employé est l'acide arsénique, qui se réduit à l'état d'acide arsénieux. La rosaniline et la pararosaniline, avec l'excès d'acide arsénique, se transforment en arséniates. On transforme l'arséniate en chlorhydrate au moyen du chlorure de sodium. Puis on décompose le chlorhydrate par une base.

La rosaniline commerciale sera un mélange de rosaniline et de pararosaniline.

Usages. — La rosaniline sert à préparer la *fuchsine* ; cette substance se présente en cristaux à reflets vert doré. Elle se dissout dans l'eau et dans l'alcool et les colore en rouge magnifique. Il suffit d'une trace de fuchsine pour donner au liquide une couleur intense. — Elle est employée pour teindre la soie.

La rosaniline sert encore à préparer les couleurs connues sous le nom de *bleu lumière, bleu Nicholson, violet Hofmann, violet de Paris, vert d'aniline, vert lumière,* etc.

APPENDICE

MATIÈRES COLORANTES

Teinture et impression

612. — Les matières colorantes sont empruntées, quelques-unes aux minéraux et aux animaux, la plupart aux végétaux. Les unes y préexistent, les autres s'y développent sous l'action de l'air et de différents agents.

Voici les principaux corps ou matières tinctoriales qui servent à produire les couleurs.

Violet : orseille, tirée de lichens ; tronc de campêche ou bois d'Inde ; aniline.
Indigo : feuilles des indigotiers, du pastel ; acide picrique.
Bleu : bleu de Prusse, indigo, tournesol tiré des lichens ; aniline.
Vert : vert de Chine (très cher) ; mélanges bleu et jaune ; aniline.
Jaune : gaude ; écorce de quercitron, bûches de bois jaune ; genêt, safran, curcuma ; acide picrique.
Orangé : rocou ou écorce de la graine du rocouyer ; rouge et jaune.
Rouge : racines de la garance ; bois de campêche, de Brésil, de Santal ; cochenil et kermès (insectes) ; aniline, orseille.
Noir : sulfate de fer et noix de galle ; campêche, sumac, aniline.

Beaucoup de matières colorantes sont altérées et détruites peu à peu par l'air humide, aidé des rayons du soleil ; une couleur est dite *solide* ou de *bon* ou *grand teint*, *faux teint* ou de *mauvais* ou *petit teint*, suivant que cette altération est lente ou rapide. Bien peu de couleurs résistent à l'action de l'acide sulfurique, aucune à l'action du chlore. Les acides et les bases les modifient presque toutes.

Les matières employées pour colorer sont généralement solubles dans l'eau. Quelques-unes se *fixent* directement sur les tissus ; la plupart n'ayant pas d'affinités pour les fibres textiles, exigent qu'on fasse intervenir un *mordant*, c'est-à-dire une substance ordinairement basique, ayant la propriété de se combiner avec le tissu et en même temps avec la substance colorée. Celle-ci se précipite alors à l'état insoluble (*laque*). Les mordants les plus usités sont l'alumine, les oxydes de fer et d'étain ; on les emploie rendus solubles par leur combinaison avec des acides, surtout avec l'acide acétique, qui les cède facilement aux tissus.

Avant d'être soumis à la teinture, les tissus doivent être préalablement débarrassés des matières étrangères. Le *blanchiment* s'opère, pour les textiles végétaux, au pré ou au chlore ; pour la soie et la laine, à l'acide sulfureux. Pour colorer il y a deux méthodes : la *teinture* qui donne à la masse entière des fils ou des étoffes une teinte uniforme, et l'*impression* sur tissu, qui n'applique que par parties, sur une des faces du tissu, des dessins de couleurs variées. Cette seconde méthode a été importée de l'Inde et de la Perse, à la fin du XVII° siècle ; de là les noms d'*indiennes* et de *perses* donnés aux toiles peintes.

CHAPITRE IV

PROPRIÉTÉS DES CHAINES LATÉRALES : ALCOOLS AROMATIQUES ET LEURS DÉRIVÉS

613. — On appelle *alcools aromatiques* les produits qu'on obtient en remplaçant, dans les carbures aromatiques, les hydrogènes des chaînes latérales par des oxhydriles.

Ces alcools ont les mêmes propriétés que les alcools de la série grasse : comme eux ils se transforment en éthers, en aldéhydes, en acides, et dans les mêmes circonstances

Alcool benzoïque

614. — L'alcool benzoïque est un alcool monoatomique dérivé du toluène :

$$\underset{\text{toluène}}{C^6H^5—CH^3} \qquad \underset{\text{alcool benzoïque}}{C^6H^5—CH^2.OH}$$

Le radical $C^6H^5—CH^2$ porte le nom de *benzyle*.

Cet alcool est un liquide huileux, incolore, d'odeur agréable, bouillant à 206°. — En s'oxydant il se transforme en *aldéhyde benzoïque* et en *acide benzoïque*.

Préparation. — 1° On transforme le toluène en chlorure, en le traitant par le chlore à la température d'ébullition. On sait que dans ces conditions le chlore se substitue dans la chaîne latérale.

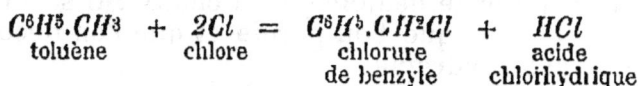

$$C^6H^5.CH^3 \ + \ 2Cl \ = \ C^6H^5.CH^2Cl \ + \ HCl$$

toluène	chlore	chlorure de benzyle	acide chlorhydrique

Ce chlorure est l'éther chlorhydrique de l'alcool benzylique : en le saponifiant, on obtiendra l'alcool. Pour cela on le transformera en acétate, comme d'ordinaire, et on saponifiera l'acétate par la potasse.

2° L'aldéhyde benzoïque traitée par l'hydrogène naissant que développe l'amalgame de sodium, se transforme en alcool benzylique. Cette propriété appartenait aux aldéhydes de la série grasse.

615. — Aldéhyde benzoïque C^6H^5CHO. — Cette substance s'appelle aussi *essence d'amandes amères*.

Propriétés. — C'est un liquide incolore, très mobile, d'une odeur spéciale très agréable, bouillant à 180°. Elle a les propriétés générales des aldéhydes. L'essence du commerce contient de l'acide cyanhydrique et en a l'odeur; elle s'emploie dans les liqueurs qui imitent le kirsch et l'eau de noyau.

Préparation. — 1° L'aldéhyde benzoïque se tire des amandes amères; elle s'y trouve sous la forme d'une substance complexe appelée *amygdaline*. Les amandes sont broyées et pressées pour l'extraction de l'huile. Le résidu, macéré avec de l'eau, est distillé : l'amygdaline se décompose en glucose, en eau, en acide cyanhydrique et en aldéhyde benzoïque.

2° On l'obtient aussi en transformant le toluène en chlorure de benzyle, et en distillant ensuite le chlorure de benzyle avec l'azotate de plomb. Dans cette réaction le chlorure se transforme en azotate de benzyle qui, saponifié par l'eau, fournit l'alcool benzylique; l'acide azotique, mis en liberté dans la saponification, oxyde l'alcool benzoïque et le transforme en aldéhyde.

616. Acide benzoïque $C^6H^5.COOH$. — Cet acide est l'acide monoatomique dérivé de l'alcool benzylique. C'est un corps cristallin, en lames ou en aiguilles transparentes, ayant l'odeur du benjoin, d'une saveur âcre et acide. Il fond à 120° et bout vers 240°; mais dès 150° il est assez volatil pour se sublimer très facilement. Il se dissout mal dans l'eau froide, mieux dans l'eau bouillante, très bien dans l'alcool et l'éther. — Il possède les propriétés générales des acides gras.

Préparation. — 1º *L'acide benzoïque* existe tout formé dans la *résine de benjoin*. On l'en extrait par sublimation. On chauffe le *benjoin* dans un vase un peu large sur lequel on a tendu une feuille de papier buvard ; au-dessus du papier buvard on a posé un cône de papier ordinaire. L'acide benzoïque se dégage en. vapeurs qui vont se condenser en cristaux à l'intérieur du cône.

On peut aussi traiter le benjoin par la chaux : il se forme du benzoate de chaux, que l'on purifie et que l'on décompose par l'acide chlorhydrique.

2º L'urine des herbivores contient de l'acide *hippurique*, qui se décompose, en formant de l'acide benzoïque, quand on fait bouillir les urines avec de l'acide chlorhydrique. L'acide benzoïque ainsi préparé s'appelle *acide benzoïque des herbivores.*

617. Benzylamine $C^6H^5 — CH^2AzH^2$. — Elle résulte de la substitution du groupe AzH^2 à l'oxhydrile de l'alcool benzylique. Nous la citons pour montrer que les alcools aromatiques produisent des amines comme ceux de la série grasse.

On a aussi des amides et des nitriles aromatiques.

Alcools polyatomiques

618. — La série aromatique a des alcools polyatomiques, comme la série grasse. Le plus simple de ces composés est le glycol qui dérive du *xylène* ou *benzine diméthylée* :

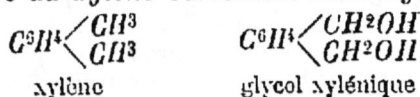

$$C^6H^4{<}{{CH^3}\atop{CH^3}} \qquad C^6H^4{<}{{CH^2OH}\atop{CH^2OH}}$$

xylène   glycol xylénique

Il aura trois formes isomériques selon les places qu'occuperont les groupes CH^2OH autour de l'hexagone benzénique.

On le prépare en traitant le xylène par le brôme à la température de l'ébullition et en saponifiant le bibromure qui se forme.

Ce glycol par oxydation fournit l'acide phtalique

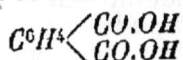

$$C^6H^4{<}{{CO.OH}\atop{CO.OH}}$$

qui a aussi trois formes isomériques, l'acide *orthophtalique*, l'acide *métaphtalique* et l'acide *paraphtalique*.

Alcools phénols : saligénine, acide salycilique, acide gallique, tannin

Les carbures aromatiques peuvent subir à la fois la modification alcoolique dans leurs chaînes latérales, et la modification phénylique dans leur noyau. On a ainsi des *phénols-alcools*. On peut avoir aussi des *phénols-acides*, des *phénols-amines, etc.*

619. — Saligénine $C^6H^4\!\!<\!\!{}^{CH^2.OH}_{OH}$. — Ce composé est un corps une fois alcool et une fois phénol, dérivé du toluène.

C'est un solide cristallisable, fondant vers 80°, qui, en s'oxydant, fournit l'*aldéhyde salicylique*, puis l'*acide salicylique*.

La saligénine résulte de la fermentation d'une matière contenue dans l'écorce de saule : la *salicine*.

620. Acide salicylique $C^6H^4\!\!<\!\!{}^{CO.OH}_{OH}$ (1). C'est un acide phénol, connu surtout à l'état de *salicylate de soude*. On prépare le salicylate de soude en faisant dissoudre du sodium dans du phénol, chauffant à 120° et faisant passer un courant d'acide carbonique. Le salicylate de soude qui se forme, décomposé par l'acide chlorhydrique, donne l'acide salicylique. Il est mieux de faire réagir sur le phénol sodé l'acide carbonique liquide, en chauffant en vase clos.

$$C^6H^5ONa + CO^2 = C^6H^4\!\!<\!\!{}^{CO^2Na}_{OH} \quad (2)$$

phénate	salicylate
de sodium	de sodium

Il y a deux sortes de salicylates, car l'hydrogène du groupe phénol peut être remplacé par un métal alcalin, aussi bien que celui du groupe acide.

1er salicylate de sodium $C^6H^4\!\!<\!\!{}^{CO^2Na}_{OH}$

2e salicylate de sodium $C^6H^4\!\!<\!\!{}^{CO^2Na}_{ONa}$

Ce dernier est celui qu'on emploie en médecine.

621. Acide gallique. — L'*acide gallique* est un composé 3 fois phénol et une fois acide, dérivé du toluène.

toluène	acide gallique
$C^6H^5\!-\!CH^3$	$C^6H^2(OH)^3\!-\!CO^2H.$

Ce corps cristallise en longues aiguilles soyeuses ; il est inodore, d'une saveur aigre et non astringente, très soluble dans l'alcool bouillant. — La chaleur le décompose en *pyrogallol* (n° 605) (acide pyrogallique) et en acide carbonique. À l'air il s'oxyde et se colore.

On le prépare par la fermentation naturelle du tannin, abandonné à l'air en présence de l'eau, ou en faisant agir sur le tannin l'acide sulfurique étendu d'eau. Dans les deux cas la molécule de tannin s'hydrate et se transforme en 2 molécules d'acide gallique.

---

(1) $CO.OH$ et OH étant en position ortho.

(2) Si on employait du potassium au lieu du sodium, $CO.OH$ et OH se mettraient en position para.

622. Tannin. — Le tannin peut être considéré comme formé de 2 molécules d'acide gallique qui ont perdu une molécule d'eau.

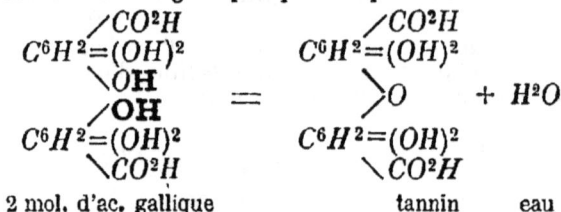

$$C^6H^2=(OH)^2\diagup^{CO^2H}_{\diagdown OH} \quad C^6H^2=(OH)^2\diagup^{CO^2H}_{\diagdown}$$
$$\diagup OH \qquad = \qquad \diagdown O \qquad + H^2O$$
$$C^6H^2=(OH)^2\diagdown CO^2H \qquad C^6H^2=(OH)^2\diagdown CO^2H$$

2 mol. d'ac. gallique   tannin   eau

Les atomes marqués en caractères gras s'éliminent et les restes se soudent par l'oxygène.

Ce corps, découvert par Proust en 1798, se présente en poudre jaunâtre, soluble dans l'eau et d'une saveur astringente. Ses propriétés acides sont faibles ; cependant il se combine avec les bases et précipite la plupart des dissolutions salines ; il colore rapidement en noir les sels de peroxyde de fer (*encre*), et ceux de protoxyde peu à peu, à l'air. Il précipite aussi les alcaloïdes et en est le contre-poison. Le tannin se coagule avec l'albumine, la gélatine et la gomme, et les précipite de leurs dissolutions en composés imputrescibles ; il est absorbé par la peau fraîche et la transforme en *cuir*.

Le tannin est très répandu dans les végétaux à saveur astringente et acerbe, dans les écorces, les jeunes rameaux et les feuilles du chêne, de l'orme, du châtaignier, du sumac, dans le brou de noix et les pelures de fruits. Il est presque pur dans la *noix de galle*, excroissance que la piqûre d'un insecte développe sur les tiges et les feuilles du chêne.

Préparation. — On se sert d'un entonnoir de forme spéciale (une *allonge*), qu'on pose sur une carafe. Au fond de cet entonnoir on place un tampon de ouate, destiné à servir de filtre ; au-dessus on met de la noix de galle concassée et on verse de l'éther du commerce qui contient un peu d'eau. L'éther dissout le tannin et tombe dans la carafe. Il se forme lentement deux couches liquides : l'une d'éther privé d'eau, l'autre, plus dense, de tannin dissous dans l'eau de l'éther. On les sépare et on évapore la dernière dans une étuve, à une température peu élevée.

Le tannin *sert* en médecine pour raffermir les tissus et coaguler le sang.

Encre. — L'encre des anciens était du noir de fumée en suspension dans le vinaigre. L'encre la plus employée aujourd'hui est un *tannate de fer*, tenu en suspension dans une eau gommeuse. Pour la préparer, on fait bouillir 2 parties de noix de galle pulvérisée, avec 30 parties d'eau ; on filtre et on ajoute d'abord 1 partie de gomme arabique, puis une solution de 1 partie de sulfate de fer (vitriol vert). On abandonne le mélange à l'air, en l'agitant fréquemment, jusqu'à ce qu'il ait pris une belle teinte noire.

CHAPITRE V

PRODUITS NATURELS DIVERS

Nous décrivons ici diverses substances qui se trouvent dans les animaux et les végétaux et que nous n'avons pas étudiées dans les séries, parce que leur constitution moléculaire est trop compliquée ou mal connue.

Essences

923. — Les essences, appelées aussi *huiles volatiles* ou *essentielles*, sont des corps généralement liquides, plus légers que l'eau ; elles sont onctueuses et tachent le papier comme les huiles grasses ; mais elles s'en distinguent en ce que leur tache disparaît avec le temps ou par la chaleur. Elles sont volatiles, bouillant entre 150 et 200°, et même distillent à 100° en présence de la vapeur d'eau ; elles ont une odeur pénétrante et presque toujours agréable, une saveur âcre et irritante. Elles sont peu solubles dans l'eau, solubles dans l'alcool, l'éther et les graisses.

Exposées à l'air, elles absorbent peu à peu de l'oxygène, jaunissent et s'épaississent, en se transformant en *résines*. Elles prennent feu facilement, et brûlent avec une flamme fumeuse, ce qui s'accorde avec leur composition, où le carbone domine. Beaucoup d'essences sont formées de *carbone* et d'*hydrogène* ; la plupart ont, en outre, de l'*oxygène* ; quelques-unes, de l'*azote* et du *soufre*.

Toutes les essences sont des *poisons*, et il y a danger à séjourner dans les appartements récemment peints, dans les chambres encombrées de fleurs odorantes.

État naturel, préparation. — Les essences sont abondamment répandues dans les végétaux, en petites gouttelettes renfermées dans des glandes ; elles leur communiquent leur odeur, notamment aux fleurs et aux feuilles ; d'autres s'y produisent, par une sorte de fermentation, en présence de l'eau. — On les extrait par simple expression, ou, plus généralement, en distillant au bain-marie, avec beaucoup d'eau, les parties des végétaux qui les fournissent : l'huile essentielle est entraînée par la vapeur d'eau, se condense avec elle dans un alambic et passe dans un vase, dit *récipient florentin*, dans lequel elle se sépare de l'eau à cause de sa plus faible densité.

Usages. — Les essences sont employées en médecine comme excitants et caustiques ; elles servent à préparer des liqueurs et des eaux aromatiques, des pommades et des savons parfumés ; à enlever les taches de corps gras, à faire des vernis.

Parmi les essences les plus connues, citons : *l'essence de térébenthine*, qui se trouve dans toutes les parties de nos arbres résineux, et sert comme dissolvant des résines dans la confection des vernis ; *l'essence de citron*, qu'on tire de l'écorce des citrons et qui sert en parfumerie ; l'essence d'*amandes amères*, déjà étudiée (n° 615) ; le *camphre* tiré des racines et des branches d'un laurier qui croît dans la Chine et le Japon ; *l'essence de moutarde*, qui se produit lorsque le tourteau de moutarde noire est macéré avec de l'eau.

624. Résines. — Les résines sont des corps d'une composition très complexe, durs et cassants, conduisant mal l'électricité : elles sont fusibles, mais non volatiles, insolubles dans l'eau, solubles dans l'alcool et les essences. La plupart s'unissent aux alcalis pour donner de véritables sels ou *savons résineux*, qui se dissolvent et moussent dans l'eau. Elles brûlent avec une flamme fumeuse, dont on tire le *noir de fumée*. — Les résines proviennent presque toutes des sucs épaissis de certains végétaux, principalement des conifères. Les incisions que l'on fait à ces plantes laissent couler un suc laiteux, formé de résine dissoute dans des essences, qui se durcit à mesure que l'essence se volatilise ou se résinifie.

La *térébenthine* brute se tire du pin maritime. En la distillant avec de l'eau, on en extrait *l'essence de térébenthine*

$C^{10}H^{16}$, et on a pour résidu solide la résine appelée *colophane*
ou *brai sec*. — Citons la résine *copal*, la *sandaraque*, et la
résine-laque ou *gomme laque*, qui sert à fabriquer la cire à
cacheter et des vernis. — Le *succin*, *ambre jaune* ou
electrum, est une résine fossile, recherchée pour divers
objets d'ornement.

On donne le nom de *gommes-résines* à des résines divisées
dans un suc gommeux, auquel elles communiquent une
apparence laiteuse, comme la *gomme-gutte*, la *myrrhe*, et
surtout l'*encens*, que produisent deux espèces d'arbres qui
croissent au Bengale et en Arabie. — Les *baumes* sont des
résines odorantes, molles ou liquides, parce qu'elles sont
dissoutes dans leurs essences. Les plus connus sont le
benjoin, le *baume de Tolu*, le *baume du Pérou*.

625. Vernis. — Les vernis sont des dissolutions artificielles de résines dans l'alcool, les essences ou les huiles
siccatives. Etendus sur le bois, la toile ou les métaux, ils
laissent, après leur dessiccation, une couche de résine
adhérente et transparente, douée de brillant et d'éclat. Les
vernis à l'alcool se dessèchent très vite, et sont employés
pour les meubles et autres objets en bois ou en cuir. Les
vernis gras, à l'essence ou à l'huile (œillette, lin), sèchent
plus lentement ; ils sont plus solides et servent à recouvrir
les tableaux, les boiseries peintes à l'huile, et quelques
métaux.

626. Caoutchouc. Gutta-percha. — Le *caoutchouc* ou
gomme élastique est un corps assez semblable au cuir,
mou et élastique à la température ordinaire, mais dur et
non élastique à $0°$. Insoluble dans l'eau, il se dissout dans
l'éther, les essences et le sulfure de carbone. Fraîchement
coupé, il se soude à lui-même par le simple rapprochement
des surfaces, ce qui permet d'en faire des tubes élastiques,
peu altérables, très précieux pour les laboratoires de
chimie. — Comme les résines, le caoutchouc provient d'un
suc laiteux, épaissi à l'air, qu'on fait couler, par des incisions, d'un grand nombre d'arbres de l'Amérique méridio-
nale, de la famille des euphorbiacées. Il est connu depuis
1751. On en importe en France plus de 1 million de kilog.
— On en connaît les nombreuses applications.

Le *caoutchouc vulcanisé* est du caoutchouc combiné avec
du soufre ; on l'obtient en le plongeant dans du soufre fondu
chauffé vers $150°$, ou dans du soufredis sous dans le sulfure
de carbone. Moins de 1 % de soufre suffit pour augmenter

l'élasticité du caoutchouc et la rendre permanente à toutes les températures ; mais il lui fait perdre la propriété de se souder à lui-même. Si la proportion du soufre s'élève à 1/5 de son poids, le caoutchouc devient dur comme l'ivoire, peut acquérir un beau poli et se prête à toutes les formes. En variant les proportions de caoutchouc, de gutta-percha et de soufre, on a tous les degrés voulus de dureté et de flexibilité.

La *gutta-percha*, connue depuis 1843, nous vient du sud de l'Asie. Elle a beaucoup d'analogie avec le caoutchouc pour son aspect, sa composition et son extraction. Elle se ramollit dans l'eau bouillante et se laisse travailler comme la cire ; après le refroidissement, elle conserve sa forme et devient plus dure que le bois. Elle est très tenace et à peine élastique ; par une addition de caoutchouc, on peut cependant lui donner cette dernière qualité. Peu soluble dans l'éther, elle se dissout bien dans l'essence de térébenthine. — Les usages en sont nombreux : on en fabrique des courroies, des enveloppes pour les fils télégraphiques sous-marins, des moules pour la galvanoplastie, des cuvettes pour les chimistes et les photographes.

Alcalis végétaux

227. — Les *alcaloïdes* ou *alcalis végétaux* sont des substances azotées ayant les propriétés des bases minérales. La plupart sont solides et renferment de l'oxygène ; quelques-uns, qui n'en contiennent pas, sont liquides et volatils. Ils sont peu solubles dans l'eau, mais solubles dans l'alcool et l'éther. Leur saveur est amère, et leur action sur l'organisme animal très énergique, surtout quand ils sont rendus solubles par leur union avec les acides. Presque tous sont des poissons énergiques, et constituent, malgré leurs faibles proportions, les principes actifs des plantes vénéneuses et médicinales. Leur contre-poison est le tannin, qui forme avec eux des sels insolubles.

Le premier connu des alcalis organiques est la *morphine*, extraite de l'opium, en 1804.

Ces corps se trouvent combinés avec des acides organiques, dans les *végétaux*, particulièrement dans les solanées, les ombellifères et les papavéracées. Pour les extraire, on suit ordinairement une méthode analogue à celle qui est décrite ci-dessous pour la quinine.

Les principaux alcalis végétaux sont la *quinine*, la *cinchonine* la *strychnine*, la *morphine*, la *nicotine*.

26.

628. Quinquina, quinine. — Les *quinquinas* sont des arbres d'Amérique, dont l'écorce contient plusieurs alcaloïdes combinés avec l'*acide quinique*, notamment la *quinine* et la *cinchonine*. Le quinquina jaune contient surtout de la quinine, 3 % ; le quinquina gris, de la cinchonine ; et le rouge, des proportions à peu près égales des deux alcalis.

La *quinine* $C^{20}H^{24}Az^2O^2$, découverte en 1820, est une poussière blanche, volatile, peu soluble dans l'eau, très soluble dans l'alcool et l'éther. Sa solution aqueuse verdit le sirop de violettes. Elle forme avec presque tous les acides des sels cristallisables.

Pour tirer la quinine du quinquina, on broie l'écorce avec de la chaux et on épuise le mélange par l'alcool. La chaux déplace la quinine de ses combinaisons, et l'alcool l'entraîne en dissolution. On distille, on ajoute au résidu de l'acide sulfurique dilué et on fait cristalliser le *sulfate de quinine*. La quinine pure s'obtient en faisant agir l'ammoniaque sur la solution du sulfate.

Le *sulfate neutre de quinine* cristallise en aiguilles fines et soyeuses, efflorescentes, peu solubles dans l'eau froide ; il se dissout mieux dans l'eau bouillante et dans l'alcool.

L'écorce de quinquina, la quinine et surtout le sulfate de quinine appelé aussi improprement *quinine,* sont employés comme fébrifuges.

Cinchonine. — Lorsqu'on prépare le sulfate de quinine, le sulfate de cinchonine, plus soluble, reste dans les eaux-mères.

629. La strychnine $C^{21}H^{22}Az^2O^2$ se trouve, avec la *brucine,* dans la *fève de Saint-Ignace,* graine d'un arbre des Indes, et dans la baie d'un autre arbre, appelée *noix vomique.* Cette base, à peu près insoluble, d'une saveur horriblement amère, est le plus puissant des poisons végétaux : quelques centigrammes suffisent pour foudroyer un animal de forte taille. On l'emploie à doses extrêmement faibles, pour combattre la paralysie, et en petites boulettes pour détruire les chiens errants.

630. Opium et morphine. — L'*opium* est le suc épaissi du pavot blanc, que l'on obtient en incisant les capsules et les tiges de cette plante. Les Orientaux le mâchent ou le fument, pour se procurer une sorte d'ivresse, qui les plonge dans un état d'extase, malheureusement suivi d'un abrutissement physique et moral. L'opium a une odeur vireuse, une saveur âcre et amère ; il contient 5 à 10 % de *morphine,* associée à d'autres alcalis : la *narcotine,* le premier découvert, la *codéine* et trois autres. Toutes ces bases y sont combinées avec de l'*acide méconique.*

La *morphine* $C^{17}H^{19}Az O^3$ est presque insoluble dans l'eau froide et l'éther, soluble dans l'alcool chaud ; elle est une base puissante et un poison violent. Les *sels de morphine* solubles dans l'eau. surtout l'acétate, s'emploient à très petites doses pour calmer le système nerveux et procurer le sommeil.

On retire la morphine de l'opium. On le fait macérer dans l'eau. A la liqueur, on ajoute un peu de craie, on fait évaporer à consistance sirupeuse, puis on traite le résidu par une solution concentrée de chlorure de calcium : il se forme du méconate de chaux insoluble et des chlorhydrates solubles des diverses bases. La solution filtrée est évaporée : il se sépare des cristaux de chlorhydrates de morphine et de codéine. On les dissout dans l'eau, pour les traiter par un excès d'ammoniaque : la morphine se précipite, est dissoute dans l'alcool, filtrée et cristallisée par évaporation.

Des eaux mères ammoniacales, on retire la *codéine* ; la *narcotine* se retire du marc d'opium. — L'opium entre dans le *laudanum* et dans le sirop de *diacode*.

La *coniciné* $C^8H^{15}Az$ se trouve dans la *ciguë* et dans d'autres ombellifères.

L'*atropine* est contenue dans la *belladone*, solanée.

La *cocaïne* s'extrait des feuilles du *coca*, arbuste de la famille des linées. Son chlorydrate produit l'insensibilité locale des muqueuses.

631. Nicotine. — La *nicotine* C^5H^7Az est un liquide huileux, soluble dans l'eau, l'alcool et l'éther. Elle est volatile, d'une odeur vireuse et étourdissante, d'une saveur brûlante, et l'un des poisons les plus violents. On la retire des feuilles de tabac, qui en contiennent de 2 à 8 0/0.

Matières albuminoïdes

On nomme *albuminoïdes* trois matières azotées qui ont à peu près la même composition élémentaire $C^8H^{12}O^3Az^2$, ce sont : l'*albumine*, la *caséine* et la *fibrine*. La *gélatine* contient moins de carbone et plus d'azote.

632. Albumine. — L'albumine est la substance caractéristique du blanc d'œuf. Le blanc d'œuf est formé d'un liquide glaireux contenant 12 0/0 d'albumine. Le jaune est composé d'eau (50 0/0), de matières grasses (30 0/0), d'albuminoïdes (16 0/0), et de sels minéraux.

L'albumine se trouve aussi dans les sucs végétaux, dans les graines des céréales, dans le sang, dans la lymphe et dans d'autres liquides de l'organisme.

L'albumine desséchée est un corps solide, jaunâtre, insipide, inodore. Elle se dissout dans l'eau froide et forme un liquide visqueux, filant, qui mousse par l'agitation.

Cette dissolution chauffée à 70° se prend en une masse blanche, opaque, insoluble dans l'eau ; ce phénomène s'appelle *coagulation*. Tous les albuminoïdes se coagulent, dans des conditions diverses. — L'albumine se coagule par la chaleur et, à froid, par l'action de l'alcool, des acides, du tannin et de quelques sels, comme le sublimé corrosif, l'acétate de plomb.

633. Caséine. — La caséine est une substance qui se trouve dans le lait. Le lait est composé : 1° d'eau, 82 à 90 0/0 ; 2° d'une substance grasse, qu'on appelle *beurre*, qui est contenue dans de petites cellules et qui monte à la surface sous le nom de *crème*, quand le lait est abandonné à lui-même ; de *caséine* et d'*albumine*, 4 0/0 ; 4° de sucre, etc. La caséine, en se coagulant, forme les caillots du *lait caillé*.

Elle se trouve aussi dans les graines de haricots, dans le jaune d'œuf, dans le sang.

La caséine desséchée est un corps solide, blanc jaunâtre. Elle est peu soluble dans l'eau ; un peu plus dans l'eau alcaline.

Elle ne se coagule pas sous l'influence de la chaleur ; ce qui explique que le lait bouille sans cailler. Elle se coagule par l'action des acides, d'autant plus facilement que la température est plus élevée. Quand le lait caille, l'agent est l'acide lactique qui résulte de la fermentation acide du sucre de lait.

634. Fibrine. — On appelle *fibrine* une substance albuminoïde qui est dissoute dans le sang, et qui se coagule spontanément lorsque ce liquide est abandonné à l'air. Elle prend alors la forme de filaments, qui enferment dans un réseau serré les parties solides du sang et en constituent les caillots.

Elle se trouve aussi dans les graines des céréales ; c'est le *gluten* de la farine de froment. Les fibres qui constituent les muscles des animaux, sont d'une substance un peu différente, qu'on appelle *musculine*.

Pour avoir la fibrine pure on bat du sang frais avec un balai de bois ; la fibrine s'attache au bois, en filaments rougeâtres, qu'on purifie par des lavages.

635. Gélatine. — La gélatine est une substance neutre, incolore et transparente quand elle est pure, inaltérable à l'air quand elle est bien sèche ; dissoute, elle s'altère très vite. L'eau froide la ramollit et la gonfle ; l'eau bouillante la dissout lentement. Le refroidissement, l'alcool et le tannin la précipitent de sa dissolution, en gelée transparente ; mais les acides, les alcalis et la plupart des sels n'ont pas d'action sur elle. Chauffée fortement, elle fond puis s'enflamme en répandant l'odeur de la corne brûlée.

La *colle-forte* du commerce est de la gélatine. Elle se prépare par l'action prolongée de l'eau bouillante sur l'*osséine* qui constitue le tissu cellulaire des os, de la peau et des tendons. La dissolution, filtrée et refroidie, se prend en masse ; on la divise en feuilles très minces, pour la dessécher. La *colle de Flandre* se retire des rognures de peau, des peaux de cheval et de chat.

636. Rôle des albuminoïdes dans l'alimentation. — Les tissus animaux sont essentiellement constitués par des substances quaternaires, voisines de l'albumine. Les substances albuminoïdes sont donc introduites dans l'organisme pour former et pour réparer les tissus, d'où le nom d'*aliments plastiques* (πλασσω, je façonne), qu'on leur donne.

Lorsqu'elles sont hors d'usage, elles sont éliminées sous forme d'*urée* [$COAz^2H^4$], ou d'*acide urique*, etc.

Les sucres et les corps gras sont, au contraire, destinés à entretenir l'activité respiratoire, et forment de l'acide carbonique qui s'élimine par les poumons. — On les appelle *aliments respiratoires*.

Putréfaction et conservation des matières organiques

637. Putréfaction. — La plupart des substances végétales et surtout les matières animales, soustraites à l'action de la vie, ne tardent pas à s'altérer. Elle subissent la *fermentation* *putride* ou *putréfaction*. Leurs éléments se séparent, et en suivant leurs affinités mutuelles, se transforment en combinaisons plus simples : eau, acide carbonique, ammoniaque, hydrogène carboné, sulfuré ou phosphoré, etc. Ces gaz entraînent avec eux des *miasmes* ou portions de matières à demi-décomposées, répandant une odeur infecte. Cette fermentation dégage toujours de la chaleur, quelquefois assez pour mettre le feu aux magasins remplis de foin humide et aux tas de fumier.

Les produits de la décomposition varient d'ailleurs avec les circonstances, avec le plus ou moins d'eau, d'air, de chaleur. Quant la putréfaction se fait à l'air, tout disparaît le plus souvent, excepté les os des animaux. et quelques résidus noirs, riches en carbone (*terreau* végétal ou animal). — Sous terre ou dans l'eau, la putréfaction est plus lente. Les matières animales y laissent souvent un savon impur, à base d'ammoniaque, appelé *gras de cadavre.*

La putréfaction ne peut se produire que sous 4 conditions : 1° Une *température* convenable, de 15 à 35° : on a trouvé des cadavres d'animaux conservés depuis des siècles dans les glaces de la Sibérie. L'*électricité* favorise singulièrement les fermentations dans les temps orageux : 2° le contact de l'*air* stagnant ; 3° le contact de l'*eau* ; 4° .l'action des *ferments.*

M. Pasteur attribue la fermentation au concours de deux espèces d'êtres microscopiques : des *bactéries* qui respirent l'oxygène comme les autres animaux, et des *vibrions* (animaux-ferments). qui vivent sans oxygène. Leurs germes sont apportés par l'air. Les premiers (*aérobies*) absorbent d'abord l'oxygène libre dissous dans les corps ou celui qui les entoure ; alors se développent les *vibrions anaérobies*, agents propres de la putréfaction. Ils transforment les matières azotées en produits encore complexes, puis les bactéries déterminent la combustion de ces derniers, et les amènent à l'état de composés binaires : eau, acide carbonique, ammoniaque, etc.

637. Conservation des matières organisées. — Les procédés de conservation consistent à supprimer les causes qui favorisent la putréfaction, spécialement à empêcher le développement des germes ou à les détruire. On les empêche de se développer par le froid et la dessiccation ; on les détruit par l'emploi des antiseptiques, la cuisson et la privation d'air.

On retarde l'altération de la viande et du poisson en les mettant dans un endroit frais ; la *glace* les conserve indéfiniment. On a trouvé dans les glaces du Nord un corps de mammouth, animal dont l'espèce est depuis longtemps disparue ; la peau, la chair même étaient tellement bien conservées que cette dernière fut mangée par des chiens.

La *dessiccation* est employée pour conserver les fruits. On les dessèche, au soleil ou au four, tout entiers (raisins, figues, prunes, poires tapées), ou après les avoir coupés en quartiers (pommes) ; ensuite on les maintient bien pressés pour empêcher l'accès de l'air et de l'humidité. Le même procédé est appliqué au foin et aux plantes des herbiers.

Les *antiseptiques* détruisent les ferments ou absorbent l'eau. Un grand nombre sont employés : le *sel marin*, dans les *salaisons* de poissons, de beurre, de viande ; le *sucre*, pour les confitures ; le *sucre en sirop*, pour les fruits glacés de dessert, comme abricots, cerises, tiges d'angélique ; l'*alcool*, pour les fruits dits *à l'eau-de-vie*, et les objets d'histoire naturelle : le *vinaigre*, pour cornichons, piment rouge ; l'*huile d'olive*, pour sardines et thon ; la *fumée* qui agit par l'*acide phénique* et la *créosote*, pour jambons, boudins et autres viandes boucanées ; le *sublimé corrosif*, les *sels d'alumine*, l'*acide arsénieux*, pour les herbiers, les cadavres et les pièces d'anatomie, la peau des oiseaux et des autres animaux empaillés.

Le *procédé d'Appert* consiste à conserver les aliments à l'*abri de l'air*, après avoir détruit les ferments par la *cuisson*. On l'applique aux viandes, aux poissons, aux légumes, aux fruits. Ces aliments, quelquefois préparés comme s'ils devaient être mangés immédiatement, sont introduits dans des boîtes en fer-blanc, que l'on achève de remplir avec la sauce ou un autre liquide ; on les ferme par une soudure à l'étain. Les boîtes sont ensuite maintenues, pendant une heure environ, à la température de 105 à 108°, dans de l'eau salée ou dans un bain-marie fermé. Ces mets se conservent sans altération pour la saison d'hiver et pour les voyages en mer. Cependant, ils ont une saveur particulière, qui finit par exciter la répugnace.

Pour conserver le *lait*, on lui ajoute 80 grammes de sucre par litre, et on le réduit d'abord par l'ébullition au cinquième de son volume ; puis on le traite par le procédé d'Appert. Quand on veut s'en servir, on le dissout dans trois fois son volume d'eau. — Les *œufs* se conservent, quand on les recouvre d'un vernis gras, d'une couche de gélatine, de lait de chaux ou de silicate de potasse. On peut aussi les envelopper de papier et les enfouir dans du sable sec.

NOTICES

BIOGRAPHIQUES ET BIBLIOGRAPHIQUES

SUR LES

CHIMISTES CITÉS DANS CE VOLUME

ALBERT le Grand, 1193-1280, né en Souabe, dominicain et professeur éminent ; il fut évêque de Ratisbonne et se retira à Cologne. Possédant toutes les sciences cultivées de son temps, versé dans la connaissance des Arabes et des rabbins, il a laissé sur l'alchimie des ouvrages qui renferment beaucoup de faits. Ses œuvres ont été recueillies en 21 volumes in-folio.

BALARD, Antoine, 1802-1876, né à Montpellier, pharmacien, professeur de chimie à Paris. Mémoires sur le brome, les iodures.

BAUMÉ, Antoine, 1728-1804, pharmacien à Paris et professeur de chimie. Eléments de pharmacie, manuel de chimie.

BÉCOEUR, pharmacien de Metz.

BERTHELOT, Pierre, né à Paris en 1827 ; professeur de chimie organique à l'Ecole de Pharmacie et au Collège de France ; inspecteur général de l'Instruction publique. Il a fait des recherches sur les acides gras, la fermentation ; il a créé la thermo-chimie. Traité de chimie fondé sur la synthèse, 3 vol., 1860 ; traité élémentaire de chimie organique, 1872 ; la synthèse chimique, 1876.

BERTHOLLET, Louis, 1748-1822, né en Savoie, mort à Arcueil ; médecin, il se livra à la chimie, y travailla 50 ans, faisant chaque année de nouvelles découvertes. Chimie appliquée à la teinture, statique chimique, mémoires et rapports nombreux.

BERZÉLIUS, Jacques, 1784-1848, suédois, mort à Stockholm ; professeur de médecine et l'un des plus grands chimistes qui aient paru. Il a complété la théorie dualistique de Lavoisier et l'a expliquée par l'électro-chimie; il a introduit la notation, a déterminé avec précision un grand nombre d'équivalents, découvert ou isolé beaucoup de corps simples et presque créé la chimie organique. Traité des proportions chimiques, grand traité de chimie, nombre infini de mémoires.

Bessemer, Henri, ingénieur anglais, né en 1813. Nouveau procédé pour la fabrication de l'acier.

Boussingault, J.-B., né à Paris en 1802, mort en 1887 ; professeur de chimie agricole au Conservatoire des Arts-et-Métiers, il s'est occupé surtout des applications de la chimie à l'agriculture et à l'élevage des bestiaux. Mémoires nombreux.

Brandt, mort vers 1692, marchand et chimiste à Hambourg.

Cailletet, né en 1822, chimiste et industriel français ; travaux sur la liquéfaction des gaz.

Cassius, André, né à Sleswig vers 1650, médecin de Hambourg.

Cavendish, Henry, 1731-1810 ; d'une famille illustre d'Angleterre, il s'adonna aux sciences ; il découvrit l'hydrogène, qu'il nomma air inflammable, et trouva que, brûlé avec l'air respirable, il forme de l'eau.

Chevreul, Michel-Eugène, né à Angers le 31 août 1786, mort en 1889 ; fils d'un médecin, il fut élève de Vauquelin et dirigea son laboratoire de 1806 à 1810. Dès 1816, admis à l'Académie des Sciences, il fit entrer à sa place son compatriote Proust et lui succéda en 1826; professeur de chimie depuis 1830, directeur au Muséum d'histoire naturelle jusqu'en 1879 et aux Gobelins de 1823 à décembre 1883 ; il se donne la qualification modeste de *doyen des étudiants de France*. Ses travaux, même les plus anciens, sont d'une exactitude parfaite. Leçons de chimie appliquée à la teinture, mémoires et articles nombreux sur les corps gras et sur presque toutes les branches de la chimie.

Combes, Charles, 1820-1885, géologue, ingénieur des mines.

Conté, Jacques, 1755-1805, né à Séez, industriel distingué.

Cruikshank, Guillaume, 1746-1800, anglais; physicien, chimiste et anatomiste.

Daguerre, L.-Jacques, 1788-1851, peintre ; il découvrit en 1839 et perfectionna jusqu'à sa mort la fixation des images par la lumière.

Dalton, John, 1766-1844, mort à Manchester, où il enseigna les mathématiques ; physicien et chimiste. Traité de philosophie chimique, mémoires estimés.

27

Darcet, Jean, 1725-1801, né à Guienne, professeur de chimie au Collège de France ; directeur de Sèvres, il trouva l'art de fabriquer la porcelaine, d'extraire la gélatine des os, la soude du sel marin. Son fils Jean-Pierre, 1777-1844, a introduit dans l'industrie de nombreux perfectionnements et étudié les alliages.

Davy, Humphry, 1778-1820, né dans le comté de Cornouailles d'une famille pauvre ; il étudia chez un pharmacien et fut associé aux travaux d'un savant chimiste ; dès l'âge de vingt ans il fut professeur de chimie à Londres et multiplia ses découvertes : protoxyde d'azote, nature du chlore, acides non oxygénés, décomposition des terres par la pile. Eléments de philosophie chimique, de chimie agricole et mémoires nombreux.

Dulong, Pierre-L., 1785-1838, né à Rouen ; médecin, puis élève de Berthollet, il a professé la chimie et la physique, dirigé les études à l'Ecole Polytechnique ; il a fait de savantes recherches, notamment sur l'acide azoteux, les combinaisons du phosphore avec l'oxygène, le chlorure d'azote, la décomposition mutuelle des sels.

. Dumas, Jean-B., 1800-1884, né dans le Gard : il étudia la pharmacie à Genève, se voua à la chimie et se fixa à Paris en 1821 ; secrétaire perpétuel de l'Académie des Sciences ; directeur de l'Académie française. Professeur à la parole facile et au style élégant, il a travaillé au développement indépendant de la chimie organique et a créé une théorie nouvelle à l'encontre de la théorie dualistique. Remarquant que les équivalents de beaucoup de corps sont des multiples de celui de l'hydrogène, il a émis l'idée que tous les corps ne sont que de l'hydrogène à divers degrés de condensation. Il a étudié surtout la chimie organique, l'esprit de bois, les éthers, les alcaloïdes. Traité de chimie appliquée aux arts, 6 vol. in-8°, philosophie chimique, mémoires nombreux.

Faraday, 1794-1867, élève de Davy, grand électricien anglais.

De Fourcroy, Antoine-Fr., 1759-1809, né à Paris; fils d'un pharmacien, il a professé la chimie pendant plus de vingt-cinq ans devant un auditoire extraordinairement nombreux ; membre de la Convention et des autres assemblées, il a contribué à la restauration de l'instruction publique. Il a fait imprimer plus de 100 mémoires ; un système des connaissances chimiques, recueil immense de faits et d'expériences, aidé par Vauquelin, son élève ; philosophie chimique.

Franklin, Benjamin, 1706-1790, né à Boston ; aussi versé dans les sciences que célèbre homme d'Etat.

Gay-Lussac, Nic.-Fr., 1778-1850 ; il professa la physique à Paris et porta dans les méthodes et les instruments une précision extrême ; il a complété la théorie des proportions, introduit la considération des volumes, découvert ou étudié une foule de corps : azote, soufre, chlore, iode, bore, potassium. Mémoires nombreux.

GERHARDT, Charles-Fréd,, 1816-1856, né à Strasbourg ; élève de Liebig. Traité de chimie organique, mémoires sur les séries, les types, les acides anhydres.

GLAUBER, Jean, médecin allemand, grand alchimiste, voyagea beaucoup, et mourut à Amsterdam vers 1668 ; il fit quelques découvertes utiles.

GUYTON DE MORVEAU, 1737-1816, né à Dijon, avocat général au Parlement de cette ville, il consacrait ses loisirs à la chimie ; il découvrit et popularisa le pouvoir désinfectant du chlore, et proposa, dès 1782, une nomenclature chimique. Traité de chimie, mémoires.

HALES, Étienne, 1677-1771, physicien et naturaliste anglais.

HAUY, René-Just, 1743-1822, né près de Beauvais, prêtre du chapitre de Notre-Dame de Paris et membre de la plupart des académies d'Europe et d'Amérique. Enfant pauvre, mais pieux, remarqué et instruit par des religieux, il devint professeur de seconde a Paris. Ayant cassé par mégarde un cristal de spath calcaire. il fut amené à faire une série de recherches et d'expériences, et créa une nouvelle science, la cristallographie. Il vit assister à ces leçons les premiers savants de Paris. Sauvé de la guillotine en 1793, il professa la minéralogie au Muséum d'histoire naturelle depuis 1802 jusqu'à sa mort, toujours exact à ses devoirs religieux, bienveillant et infatigable au travail. Traités de minéralogie, de physique, mémoires et articles nombreux.

HOMBERG, Guillaume, 1652-1715, saxon, avocat à Magdebourg, vint se fixer à Paris; il fit une foule de découvertes ingénieuses. Mémoires nombreux.

KLAPROTH, Martin-Henri, 1743-1817, à Berlin ; la chimie lui doit des découvertes importantes, et la minéralogie de grands progrès. Dictionnaire et mémoires de chimie.

KUNCKEL, Jean, 1630-1702, né dans le Sleswig, mort à Stockholm ; il fit plusieurs découvertes utiles aux arts et publia un grand nombre d'ouvrages : observations chimiques, art de la verrerie.

LABARRAQUE, Ant.-Germain, 1777-1850, né dans les Basses-Pyrénées, pharmacien à Paris; il trouva le moyen de désinfecter par les chlorures de chaux et de soude.

LAVOISIER, Antoine-Laurent, 1743-1793, à Paris ; entré à vingt-cinq ans à l'Académie des Sciences, il fut fermier général et régisseur îles poudres, dont il perfectionna la fabrication, dérobant à ses occupations multiples quelques heures chaque jour et un jour par semaine pour se livrer à des recherches scientifiques. Il fit des travaux et des découvertes remarquables sur l'air, la composition de l'eau, la combustion, dont il donna la vraie théorie ; il a créé ou renouvelé la science de la chimie. Condamné à mort par le tribunal révolutionnaire, il demanda un délai de quinze jours pour achever des expériences utiles à l'humanité. Le président lui répondit : La République n'a pas besoin de savants et de chimistes. Il monta sur l'échafaud, d'un pas ferme, le 8 mai 1793. Traité élémentaire de chimie, méthode de nomenclature, mémoires nombreux et encore recherchés.

LEBLANC, Nicolas, 1753-1806, né à Issoudun.

LIBAVIUS, André, né en Saxe, mort en 1616 ; médecin, auteur d'un grand nombre d'ouvrages de chimie.

LIEBIG, Justus, 1803-1873, né à Darmstadt, il fut envoyé à Paris pour se perfectionner dans l'étude de la chimie, et professa pendant vingt-cinq ans à l'Université de Giessen (Hesse-Darmstadt), où il établit le premier laboratoire-école de l'Allemagne, et vit accourir à ses leçons de nombreux élèves de toutes les parties de l'Europe. Il a professé depuis à Heidelberg et à Munich. Un des des créateurs de la chimie organique, il a développé la philosophie chimique. Traité de chimie organique, dictionnaire, mémoires, lettres sur la chimie et l'agriculture.

MITSCHERLICH, 1794-1863. Travaux de cristallographie, a énoncé le principe que tous les corps isomorphes ont une composition chimique analogue.

MARSH, James, 1789-1846, médecin irlandais.

MOISSAN, né en 1852 ; chimiste français, professeur à l'école de pharmacie, membre de l'Académie des sciences.

PASTEUR, Louis, né à Dôle en 1822 ; professeur de chimie à Strasbourg, à Lille, puis à Paris, il a fait des travaux considérables sur la chimie moléculaire, les fermentations, les générations spontanées. Il a découvert en 1884 le principe de l'affaiblissement, par certaines cultures, des propriétés virulentes des microbes ou bactéries de plusieurs maladies ; et en les inoculant aux animaux, comme le vaccin, il les préserve de ces maladies, notamment les moutons du charbon, et, plus récemment, l'homme de la rage à la suite de morsures de chiens enragés.

PAYEN, Anselme, né à Paris en 1795, professeur de chimie au Conservatoire des Arts et Métiers. Chimie en vingt-deux leçons, cours de chimie élémentaire et industrielle, de chimie appliquée, précis de chimie industrielle.

PETIT, Alexis, 1791-1820, né à Vesoul ; à onze ans, il était en état d'entrer à l'Ecole Polytechnique ; il en sortit premier, hors ligne, il fut aussitôt chargé de plusieurs chaires, mais il succomba bientôt à l'excès de travail.

Pictet, né en 1846, professeur à Genève. Travaux sur la liquéfaction des gaz.

Pline le naturaliste ou l'Ancien ; gouverneur romain de l'Espagne, puis préfet de la flotte à Misène ; il périt lors de l'éruption du Vésuve de l'an 79. De ses nombreux écrits, il nous reste une histoire naturelle en trente-sept livres.

Priestley, Joseph, 1733-1804 ; ministre protestant, théologien téméraire et violent, il dut quitter l'Angleterre pour se retirer en Amérique. Physicien et chimiste circonspect, il s'est placé au nombre des premiers savants du monde; quoique partisan du phlogistique, il a fourni un très grand nombre de faits, qui ont servi à d'autres pour créer la chimie ; il a découvert plusieurs gaz nouveaux : l'azote, qu'il nomma air phlogistiqué, l'oxygène ou air déphlogistiqué. Ses œuvres sont en 70 vol. in-8°, sur la physique et la chimie, l'éducation, et surtout les controverses politiques et religieuses.

Proust, Joseph-Louis, 1755-1826, né à Angers ; il fut pharmacien à la Salpêtrière, puis à Madrid ; ruiné par la guerre, il revint à Paris. On lui doit le sucre de raisin, de savantes recherches sur les hydrates et les sulfures, et la loi des proportions définies.

Raspail, François, 1794-1878, né à Carpentras ; élevé par un ecclésiastique, il professa la théologie au Séminaire d'Avignon, sans entrer dans les ordres; il vint à Paris, s'occupa à donner des leçons, à faire de la politique active dans les sociétés secrètes et à étudier les sciences naturelles, surtout la chimie organique.

Ruolz, François (comte de), né en 1810 ; après l'Ecole Polytechnique, il entra dans le génie, et le quitta en 1848, pour s'occuper de manipulations chimiques ; un des inventeurs de la dorure et de l'argenture électrique.

Rutherford, 1712-1771, physicien anglais.

Sainte-Claire Deville, Henri-Étienne, 1818-1881, né aux Antilles; après ses études en France, il construisit à ses frais un laboratoire de chimie et y travailla neuf ans, sans maître ni élèves ; depuis 1851, professeur de chimie à la Sorbonne et à l'Ecole Normale. Ses recherches concernent l'acide azotique anhydre, qu'il a découvert, le silicium, l'aluminium, les carbonates, les essences, les résines. Son frère Charles-Joseph, 1814-1876, a été un géologue distingué.

Scheele, Ch.-Guil., 1742-1786, pharmacien suédois ; il a découvert beaucoup de corps : oxygène, chlore, manganèse, baryum, hydrogène sulfuré, arsenic. Traités et mémoires de chimie.

STAS, 1813-1891. Chimiste belge.

THÉNARD, Louis-Jacques, 1777-1857, né dans l'Aube, professeur à Paris ; auteur de travaux considérables sur le sulfure d'arsenic, le protoxyde de fer, le potassium, l'acide acétique, les éthers. Traité de chimie générale.

VALENTIN, Basile, moine bénédictin, né à Erfurt en 1394 : en cherchant la pierre philosophale, il a fait un grand nombre de découvertes utiles. Il est probable qu'il n'a jamais existé et que son nom est un nom emprunté par quelque alchimiste du xve siècle.

VOLTA, Alexandre, 1745-1826, né à Côme, professa trente ans la physique à Pavie et découvrit, en 1794, la pile électrique.

WATT, James, 1736-1819, habile mécanicien écossais, perfectionna les machines à vapeur et fit en chimie d'importantes découvertes.

WELTER, Jean-Joseph, 1763-1852, né à Valenciennes, collaborateur de Gay-Lussac.

WOHLER, Frédéric, 1800-1882, né près de Francfort, élève de Berzélius, professeur de chimie à Berlin, à Gœttingue ; il a isolé l'aluminium et trouvé la fabrication du nickel. Traité de chimie très estimé, mémoires nombreux.

WOLLASTON, Will., 1766-1823, physicien anglais, a trouvé le palladium, le rhodium et le moyen de rendre le platine malléable.

WURTZ, Charles-Adolphe, 1817-1884, né à Strasbourg, docteur en médecine ; venu à Paris, il a été préparateur du cours de chimie organique, en 1845, professeur de chimie médicale et longtemps doyen à la Faculté de médecine. Auteur d'un grand nombre de découvertes et de travaux considérables sur les ammoniaques composées, les radicaux, il a donné à la chimie organique une grande impulsion. Traité de chimie médicale, de chimie moderne, dictionnaire de chimie terminé en 1878.

TABLE DES MATIÈRES

LIVRE III : CHIMIE ORGANIQUE

TABLE ALPHABÉTIQUE DES MATIÈRES

Angers, imp. Germain et G. Grassin. — 1413 95.

ERRATA

P. 61, 2ᵉ formule, au lieu de « *H* », lisez « *H²* ».

P. 70, remarques, 3ᵉ ligne, au lieu de « hydrogène », lisez « oxygène ».

P. 85, dernière ligne, au lieu de « 3 d'oxygène », lisez « 5 d'oxygène ».

P. 91, formule de l'anhydride azoteux, au lieu de « AzO² », lisez « AzO³ ».

P. 94, propriétés chimiques, 5ᵉ ligne, lisez « avec de la soude, il donne de l'azotate de sodium ».

P. 107, formule du chlorh. d'ammoniaque, lisez

$$\begin{array}{c} Cl \\ H \end{array}\!\!\diagdown\!\!\diagup\!\!\begin{array}{c} H \\ Az-H \\ H \end{array}$$

P. 135, formule du bicarbure d'hydrogène, au lieu de « C⁴H³ », lisez « C⁴H⁴ ».

P. 152, 2ᵉ formule, au lieu de « *HgCy* », lisez « *HgCy²* ».

P. 158, formule, lisez « 3MnO⁴ = 2O + Mn³O⁴ ».

P. 162, 2ᵉ formule, au lieu de « *2SO³H²* », lisez « *2SO⁴H²* ».

P. 168, 2ᵉ formule, au lieu de « HO », lisez « HO ».

P. 172, action sur les métaux, 2ᵉ ligne, au lieu de « l'argent », lisez « le platine ».

P. 191, 13ᵉ ligne, au lieu de « un précipité jaune », lisez « un précipité blanc ».

www.ingramcontent.com/pod-product-compliance
Lightning Source LLC
Chambersburg PA
CBHW031609210326
41599CB00021B/3117